KB143031

히틀러 최고사령부
1933~1945년

KODEF 안보총서 21

히틀러 최고사령부 1933~1945년

사상 최강의 군대 히틀러군의 신화와 진실

| 제프리 메가기 지음 • 김홍래 옮김 |

추천사

윌리엄슨 머리Williamson Murray

지난 20년 동안 독일군이 전장에서 보여준 효과적 특성을 칭찬하는 저작물들이 홍수를 이루었다. 사실 그 저작물들 속에는 어느 정도 사실적인 부분도 존재한다. 하지만 독일의 전쟁 수행 방식에서 본받을 만한 가치가 있다고 주장한다면, 그 사람들은 두 가지 중요한 부분을 간과했다. 첫째는 독일의 군사적 효과성이 많은 부분 병사와 지휘관들의 이념적 헌신에 의존한다는 사실이다. 이 요인은 오메르 바르토프Omer Bartov가 증명해 보인 바와 같이, 전쟁 말기의 동부전선에만 해당하는 것이 아니라 전쟁 초기 독일군이 폴란드와 스칸디나비아 반도, 저지 국가들, 프랑스에서 승리를 거둘 때에도 상당히 높은 기여를 했다. 따라서 독일군의 전술적인 그리고 작전상의 탁월한 기량에 대해 유효성을 주장하려면, 사상률이 지극히 높음에도 불구하고 독일군 장병들이 기꺼이 임무를 수행했다는 사실을 인정하는 내용이 포함돼야만 한다. 예를 들어 1940년 5월 14일 뫼즈Meuse 강 도하작전에서 7기갑사단과 19기갑군단의 돌파에 첨병이 됐던 선봉중대들은 70퍼센트가 넘는 사상자가 발생했음에도 불구하고 3일 뒤 **스톤느Stonne에 도달할 때까지 계속 전투에 참가했다.** 이런 사례에서 볼 수 있는 이념적 헌신은 독일군의 승리에 중요하면서도 수치화할 수 없는 특정 요인의 전형을 보여준다.

하지만 독일의 군사적 효과성을 언급할 때 지적해야 할 또 다른 사항은 훨씬 더 중요한 의미를 갖는다. 그것은 독일군이 1939년 두 번째 세계 전쟁에 돌입했을 때, 독일군이 제1차 세계대전에서 저질렀던 거의 모든 실수를 되풀이했다는 사실과 관련이 있다. 우리는 독일이 전쟁에서 패배할 당시 최고사령부를 지배하고 있던 사고방식이나 전략적 틀을 어떻게 설명해야 할까? 최고사령부는 어떻게 결론에 도달하고 그것을 실행했을까? 이제까지는 누구도 이 문제에 대해 체계적인 대답을 내놓지 못했다. 제프리 메가기Geoffrey Megargee의 이 비범한 책은 제2차 세계대전을 다루었던 다른 역사 문헌들이 남겨 둔 빈 공간을 채웠다. 메가기는 전쟁을 지휘한 독일 측 인물들에 대한 검토에서 멈추지 않고 고위 지도자들이 전쟁의 여러 가능성을 계산할 때 사용한 지적인 틀과 그들이 활동했던 조직의 구조와 기능에 대해서도 검토했다.

이 책의 이야기가 매력적일 수밖에 없는 것은 오랫동안 진리로 간주됐지만 실제로는 부정확했던 일부 대중적 믿음들을 떨쳐버리는 데 크게 기여하기 때문이다. 전쟁이 끝났을 때 히틀러는 이미 자살한 상태여서 더 이상 자신의 이력에 대해 변호할 수 없었기 때문에 그가 독일의 비극적인 패배에 대해 사실상 모든 비난을 떠안게 됐다는 것은 그리 놀라운 일이 아니다. 장군들과 제독들은 열정적으로 총통을 비난하며 제3제국의 터무니없는 전략적 실수(더불어 대부분의 작전상의 실수까지)를 그의 탓으로 돌렸다. 하지만 독일의 근시안적인 전략은 자신을 나폴레옹이라고 생각했던 예비역 상병이 부린 허세만으로 설명할 수는 없는 문제다.

아마도 1941년 6월 소련 침공을 결정했을 때, 독일 육군이나 루프트바페는 아무런 반대 의견을 제기하지 않았다는 점을 가장 분명한 사례로 들 수 있다. 루프트바페의 경우, 그들은 영국 전투와 런던 대공습에서 좌절을 겪은 이후 내부적으로 새로운 모험의 등장을 상당히 열광적으로 반기는 분위기였다. 육군 지도부는 거대한 지상전을 계획하고 그것을 집행하는 데 따르는 제반 어려움에도 불구하고 열정적으로 그 일에 매진했다. 독일 해군 사령관인 에리히 라에더Erich Raeder 원수는 소련 침공에 대한 대안으로 소위 지중해 전략이라는 것을 들고 나왔지만, 그것은 너무 늦게 등장하는 바람에 진지한 고려의 대상조차 되지 못했다. 더 나아가 사람들은 라에더가 바르바로사Barbarossa 작전에 대한 대안을 제시했던 이유가 진정한 전략적 의미를 고려한 결과가 아니라 육군과 해군 사이의 파벌 싸움 때문이라고 의심하기도 한다.

소련 침공 6개월 뒤, 독일은 두 번째이자 훨씬 더 심각한 실수를 저질렀다. 히틀러는 일본의 진주만 공습을 성실하게 뒤따라서 미국에 선전포고를 했다. 해군은 미국과의 전쟁을 열렬하게 지지했는데, 그들은 지난 4개월 동안 그 노선을 강력하게 주장하고 있었다. 한편 육군과 루프트바페는 동부전선에서 어렴풋이 모습을 드러내기 시작한 대참사의 난국에 깊이 빠져 있었기 때문에 미국에 대한 선전포고가 어떤 의미를 갖는지 검토할 만한 처지가 아니었다. 독일 최고사령부의 전반적인 전략적 무지를 간단하게 보여주는 사례로, 총통이 진주만의 위치를 물었을 때, 동프로이센의 히틀러 사령부에 근무하는 고위 지휘관이나 참모들 중 누구도 진주만이 어디에 있는지 심지어 지도를 보고도 찾아줄 수 없었다고 한다.

독일군이 좀 더 원대한 공동의 이익을 위해 동맹국 군대와 공동으로 작전하는 데 서툴렀다는 사실은 그리 놀라운 일도 아니다. 독일군 지휘관들에게 동맹은 일종의 성가신 존재에 불과했고, 기껏해야 동맹군이란 그저 그들의 이해관계는 전혀 고려하지 않는 독일군 지휘관의 명령을 수행하면 되는 존재였다. 이런 행태는 추축국의 적, 특히 미영 동맹의 경우와 너무나 선명한 대조를 이룬다. 이런 단점은 전쟁이 진행될수록 점점 커다란 불이익을 초래했다.

이와 같은 전략적 오류나 지휘에 관한 문제의 근원은 그 뿌리가 깊다. 독일은 자신들의 군사 문화에 철저히 사로잡혀 있었을 뿐만 아니라, 지정학적으로 유럽의 중부에 위치하다 보니 더 넓은 바깥 세계에 대한 이해가 부족했다. 독일군은 작전 기동이라는 신앙을 너무나 깊이 숭배한 나머지 전략이라는 광범위한 요소는 망각해버렸다. 그들은 마치 자신이 충분히 많은 승리를 거두기만 하면 모든 상황이 저절로 해결될 것이라고 생각하는 듯했다. 하지만 충분한 승리를 거두기에는 자신들의 능력이 경제적 · 정치적 · 지정학적인 한계를 갖고 있다는 사실을 인식하지 못했다. 메가기의 저서는 이와 같은 지적 성향 뒤에 존재하는 배경을 설명하고 전쟁에서 그런 성향이 일으킨 파문들에 대해 자세히 설명했다.

메가기의 이번 저서는 독일인의 사고방식을 검토하면서 독일군이 정보와 인사, 군수 분야에서 실패할 수밖에 없었던 여러 요인들을 명확하게 설명하고 있다. 첫 번째 분야인 정보의 경우, 여러 문헌들이 연합국의 정보전을 다루면서 그들이 독일군 암호체계를 해독하여 입수한 정보인 울트라Ultra를 통해 승리를 거두었다는 사실을 자세하게 설명하고 있다. 암호해독 덕분에 연합군은 U-보트의 위협에 성공적으로 대처할 수 있었고 독일 경제의 취약 지대를 집중적으로 노릴 수 있었으며, 독일 지상군의 작전 의도를 파악할 수 있었다. 비슷한 사례로 스탈린그라드의 동부 전선에서는 소련군이 성공적으로 기만전술(마스키로프카*maskirovka*)을 실행함으로써, 소련은 사실상 독일 군사정보 담당자들을 완전히 장님으로 만들어 독일 국방군이 수행했던 작전을 재앙으로 만들어버렸다. 독일의 체계는—체계라고 부를 만한 것이 존재하기나 했다면—인사와 군수 부분에서도 비슷한 결점을 노출시켰다. 독일의 기동계획 자체는 눈부신 걸작인 경우가 많았지만 끊임없는 인력과 자원의 부족에 시달리다 보니 성공적으로 실행될 수 없었다.

이에 대해서는 잘 알려지지 않은 사실도 있다. 독일군의 이러한 실패 사례들은 전투지원 병과를 경시하는 풍조에서 시작됐다. 독일군의 총참모부와 장교단의 사고방식은 그들이 마음속 깊이 품고 있던 가치관을 반영하고 있으며, 그 속에서 인사와 군수는 독일 국방군의 우선순위의 최하위에 속해 있었다. 1939년과 1940년의 전역이 가리키는 바와 같이 중부와 서부 유럽 전역에서 이런 결점들은 그렇게 큰 문제가 되지 않았다. 하지만 전쟁이 노르곶North Cape으로부터 지중해로, 카리브 해와 스탈린그라드까지 확대되자 상황은 달라졌다. 이제 세계 전역에 걸친 자원기지와 엄청난 산업 생산능력을 갖춘 강대국들을 상대하게 되자 독일군 지도부는 말 그대로 어쩔 줄 모르는 난처한 지경에 처하게 된 것이다.

독일 장성들이 이런 문제들을 조금만 더 이성적이고 일관적으로 생각했다면, 그들이 히틀러 정권에서 그렇게 오랫동안 자리를 지키지 못했을 것이라는 주장도 어느 정도 타당성이 있음은 인정한다. 하지만 여기서 중요한 사실은 독일군 지도부가 이 문제의 커다란 부분을 차지한다는 것이다. 작전 수준에서 그들이 히틀러에게 얼마나 많이 반대를 했든, 독일 국방군의 고위 장교들은 히틀러가 내린 전략적 평가가 자신과 다르다고 주장하거나 독일이 갖고 있는 능력의 한계에 대해 약간이라도 이해하고 있는 모습을 사실상 전혀 보여주지 않았다.

독일 최고사령부가 갖고 있었던 또 하나의 커다란 결점은 독일군이 자신의 지적인 취약점을 그대로 반영할 뿐만 아니라 문제점을 더욱 악화시키는 지휘 구조를 만들어냈다는 것이다. 최고위층에서는 지휘 구조가 갖고 있는 문제점으로 인해 광범위한 전략적 · 정치적 · 군사적 요인들을 심층적으로 저울질해보는 것이 불가능했으며, 바로 이런 요인들은 2차 세계대전의 결과를 결정할 정도로 중요한 것이었다. 그들의 지휘 구조에는 사실상 육 · 해 · 공군이 함께 광범위한 전략적 문제들을 평가할 수 있는 어떤 통합적 조직체가 존재하지 않았다. 그 대신, 이른바 국방군 최고사령부라는 기구는 작전상 육군 최고사령부와 비슷한 위치에 존재하면서 특정 전구에 대한 작전 운영권을 가졌지만, 그 전구 내에 존재하는 해군과 루프트바페, 친위대, 나치당 조직에 대해서는 아무런 통제권이 없었다. 부분적으로 이와 같은 서글픈 현실을 초래한 원인은 분명 히틀러의 편애에 있기는 하다. 하지만 독일군 고위 지도자들은 파벌싸움에 몰두하면서 고위 지도부 수준에서 육 · 해 · 공군 사이의 어떤 의미 있는 협조도 완고하게 반대했기 때문에 히틀러와 똑같이 비난을 당해야 마땅하다.

어떤 측면에서 봐도 메가기는 세심한 주의가 필요한 주제로 뛰어난 저서를 집필해냈다. 그는 우리가 검토해볼 수 있도록 독일이 전쟁을 수행한 방법을 일목요연하게 제시했다. 한 가지 더 기억해야 할 사실은, 독일 최고사령부의 전쟁 수행으로 인해 단지 독일뿐만 아니라 유럽 전체가 대재앙의 소용돌이 속에 파묻혔으며, 당시 서구 문명은 거의 파멸 직전의 위기까지 몰렸다는 것이다.

서문

1941년 12월, 훗날 히틀러 암살 사건을 일으키게 되는 독일군 참모장교 육군 소령 클라우스 셴크 폰 슈타우펜베르크 백작Claus Schenk Graf von Stauffenberg은 총참모본부의 새로운 장교 후보들 앞에서 수업 도중 이렇게 말했다. "2차대전에서의 우리 최고사령부는 가장 우수한 참모장교가 가능한 한 가장 어리석은 전시 최고지휘부 조직을 만들어보라는 명령을 받았을 때 만들어낼 수 있는 그 어떤 조직보다 훨씬 더 열등하다."[1] 슈타우펜베르크의 논평은 제3제국 역사에서 근본적인 모순 중 한 가지를 강조한 것이다. 즉 과대망상증 환자를 수장으로 하고 각종 기관들과 인물들이 서로 경쟁을 벌이며 혼란스럽게 뒤엉켜 있는 형편없는 최고사령부를 갖고 있음에도 불구하고, 독일군은 단 2년 만에 유럽 대륙의 거의 전체를 장악했을 뿐만 아니라 이후 3년 이상 적들을 저지해냈던 것이다. 독일군

사령부 조직 내의 문제점들은 실제로 많은 사람들이 알고 있는 것보다 훨씬 더 광범위하고 심각했다.

전쟁이 끝난 뒤 널리 알려진 관점에 따르면, 아돌프 히틀러와 몇몇 최측근들이 독일을 재앙에 빠뜨렸으며, 독일 육군의 우수성과 총참모본부의 지속적인 반대는 그 과정에서 별다른 영향을 미치지 못했다. 언급된 총참모부는 나치즘에 반대하는 고도로 전문화된 단일체로서, 자신이 복무하고 있는 정권에 반대했음에도 불구하고 기계적인 효율성으로 각종 전역들을 계획했다고 기록되어 있다. 대부분의 신화들처럼 이런 관점도 어느 정도 진실의 핵심을 포함하고는 있다. 하지만 최고사령부 내부에서 실제로 벌어졌던 상황은 이런 식의 신화가 보여주는 것보다 훨씬 더 복잡했다. 사실 전쟁이 시작되기 전부터 히틀러가 전략에 대한 통제권을 완벽하게 장악하고 있었고, 전쟁이 진행되는 과정에서 작전에 대한 그의 영향력 또한 점점 커져서 장군들은 거의 아무런 재량권을 가질 수 없는 지경에 이르렀다. 하지만 히틀러는 전적으로 잘못했고 그의 장군들은 옳았다거나, 장군들이 그에게 일관되게 반대의사를 보였으며 그때마다 그들이 옳았다거나, 그들이 주도권을 쥐고 있었다면 전쟁이 독일에게 유리하게 전개됐을 것이라는 등의 널리 퍼져 있는 주장과 억측에도 불구하고 현실에서 신화가 만들어지는 과정은 분명해 보인다. 사실 독일군 지휘부는 대체로 자기 스스로 곤경을 초래하고 그 속에서 허우적거렸으며, 독일이 패배한 뒤에는 생존자들이 히틀러와 그의 측근들을 아주 그럴듯하게 보이는 희생양으로 활용했다는 것이 진실이다.

역사 기록상의 특정한 상황들이 이런 신화를 가능하게 만들었다. 우선 이 문제를 다룬 원본 자료들이 너무나 광범위하고 복잡하다는 것이 문제다. 전후, 수백만 쪽 분량의 1차적인 기초 자료들이 역사가들의 손에 쥐어졌다. 연설문이나 비망록, 개인의 일기와 공적인 일지, 기록문, 명령서 등이 여기에 해당한다. 학자들이 이들 자료를 이해하기까지 시간이 필요했지만, 제한된 수의 학자들만이 그 자료에 접근할 수 있었다. 가장 단순한 질문에 대한 확실하고 정확한 해답조차 수십 년이 흐른 뒤 비로소 모습을 보이게 됐다. 독일군부의 고위 생존자들이 역사 연구에서 수행한 역할은 문제를 더욱 악화시켰다. 그들의 전후 회고록이나 편지, 인터뷰, 조사 활동 등은 사용 가능한 자료의 순수 분량을 증가시켰다. 물론 적어도 초기에는 그들이 제시한 답안이 역사 기록물들이 제공하는 것보다 더 분명하고 포괄적이었다. 역사학자들이 그와 같은 자료를 사용할 수 있게 되었다는 사실에 흥분했다는 것도 이해할 만한 일이다. 많은 2차 문헌들이 이들 생존자의 기고문에 크게 의지했다. 생존자의 회고록과 함께 이들에 기초한 2차 문헌들이 실제로 많은 대중들에게 읽히게 된 결과, 그들은 이후 역사 논쟁에서 유리한 고지를 차지하게 되었다.

이와 같은 일련의 전개 과정에 도사리고 있는 문제는 생존자들의 이야기가 여러 가지 측면에서 결점이 많다는 것이다. 그 이야기를 적은 사람들은 학자도 아니며 원본에 해당하는 기록물을 그렇게 많이 보지도 못했다. 심지어 많은 경우 그들에게는 숨겨야 할 사실들도 있었다. 따라서 무의식적이면서도 동시에 교활한 의도에 따라 생존자의 증언은 완전한 진실과 절반의 진실, 생략, 새빨간 거짓 등이 복잡하게 얽혀 있으며, 그 실타래를 풀기란 대단히 어려운 일이다. 허구로부터 진실을 구분해내는 과업을 수행하기 위해 독일 지도자들의 증언을 다른 사람의 증언이나 전시의 기록과 비교해보는 노력이 필요하다. 이 과정은 느릴 뿐만 아니라 많은 노고가 필요하다.[2]

따라서 평범한 사람들이 독일 최고사령부에 대한 결론에 도달하고자 할 경우 그들은 불가능에 가까운 도전에 직면하게 된다. 그 주제에 대해 권위를 갖는 단 한 편의 문헌도 존재하지 않고, 회고록은 신뢰할 수 없으며, 기타 출처들 역시 타당성, 즉 정확성이 의문시되는 경우가 많다. 게르하르트 바인베르크Gerhard Weinberg의 『전쟁 상태의 세계A World at Arms』와 『독일제국과 제2차 세계대전German and the Second World War』의 경우처럼 전쟁사 전반을 다룬 일부 문헌들은 통사로서는 우수하지만, 넓은 범위를 다루고 있다 보니 우리가 여기서 다룰 주제는 피상적으로만 다루고 있다. 특정 군사 조직이나 전역, 기타 주제에만 범위를 제한한 일부 문헌들이 우리의 목적에 좀 더 적절하지만, 그 질적인 수준의 격차가 극도로 심한 데다 수준 높은 문헌들 중 다수는 오로지 독일어로만 발표됐다. 특정 인물의 전기도 사정은 마찬가지다. 크리스티안 하르트만Christian Hartmann의 『할더 : 1938~1942년, 히틀러의 참모총장Halder : Generalstabschef Hitler 1938~1942』은 학술적으로 대단히 뛰어난 문헌이다. 다른 문헌들은 영웅 숭배를 글로써 실천한 것에 불과하다. 간단히 말해 모든 문헌은 세심한 비평을 요구하며, 당시의 기록보다 전후의 진술에 더 많이 의지하고 있는 작품은 무엇이든 별다른 가치가 없다.[3] 균형 잡힌 평가를 내리는 데 꼭 필요한 시간이나 기술을 갖고 있던 저자가 별로 없었던 것이다.

이 책의 목표는 현재의 잘못된 인식을 수정하는 것이다. 이를 위해 독일군 최고사령부의 발전이나 업적을 세밀하게 평가한다. 이 책이 다루는 주제는 대단히 복잡한 것이다. 이 주제는 여러 해에 걸쳐 서로 복합적인 상호작용을 일으켰을 뿐만 아니라, 그 기원은 몇 세기 앞으로 거슬러 올라가는 다수의 요인들로 구성되어 있다. 따라서 이 연구의 기본적 질문에—최고사령부 조직은 어떤 식으로 작동했는가?—대답하기 위해서, 우리는 몇 가지 서로 중첩되는 의문을 검토해야 한다.

최고사령부 내에서 파벌 간의 정치적 균형은 어느 선에서 이루어졌는가? 어떤 분쟁이 진행 중이었고, 그것은 지휘부 조직 자체는 물론 조직이 기능을 발휘하는 데 필요한 능력에 어떤 영향을 주었는가?

지휘부의 효과성과 지휘 조직의 발전에 있어서 특정 개인이 수행한 역할은 무엇인가?

전쟁과 전략, 지휘에 대해 독일인이 갖고 있는 근본적 개념은 무엇인가? 이들 개념은 지휘체계의 조직과 기능에 어떤 영향을 주었는가? 그런 개념들은 국가사회주의 이념과 어떤 식으로 상호작용을 했는가?

최고사령부 내에서의 하루 일과는 어떤 식으로 진행됐는가? 정보는 어떤 식으로 전파되었는가? 핵심 인물들은 어떻게 결론에 도달하고 실행했는가? 그들이 처한 물리적 환경과 업무의 요구는 그들의 상황 인식이나 능력에 어떤 영향을 미쳤는가?

군수와 인사관리, 군사정보 체계는 계획 과정에 어떤 식으로 적용되었는가?

지휘부에서는 어떤 구조적 변화들이 진행되었으며, 그것들이 미친 영향은 무엇인가? 그와 같은 변화를 추진하게 된 구동력은 무엇이며, 변화는 어떤 식으로 발생했는가?

지휘부는 전쟁의 상황변화에 어떤 식으로 대응했는가?

이 책은 이 질문들에 대해 대답하기 위한 일종의 기본 틀로서 전략적, 작전상의 의사 결정을 집중적으로 다룰 것이다. 여기에는 두 가지 이유가 있다. 첫째, 이 분야는 자료도 풍부하고 그에 대한 분석도 활발하게 이루어졌기 때문에 당시 상황에 대해 가장 완벽한 밑그림을 제공한다. 둘째, 논란의 여지는 있지만 지휘부가 내리는 결정 중 전략적 결정과 작전상의 결정이 가장 중요한 것이기 때문이다. 앞으로 논의를 위해 몇 가지 용어를 설명해두어야겠다.[4] 전략은 전쟁과 관련하여 광범위한 배경 속에서 이루어지는 사고와 행동의 영역이다. 다시 말해 전략은 국가가 군사력을 사용해 자신의 정치적 목적을 달성하는 방법이다. 전략 계획은 전쟁의 시기와 목표, 목적을 정의한다. 예를 들어 1939년 폴란드를 침공하겠다는 결정은 전략적 결정이다. 그와 같은 결정에는 관련된 위험과 군사행동을 지원할 사회의 역량, 전략을 성공적으로 적용할 수 있는 군사 역량 등과 같은 사항들이 계산에 포함된다.

전략 계획의 마지막 요소들이 끝나는 부분에서 작전 계획 단계가 시작된다. 작전 수준에서는 군사 지도자들이 전략 목표를 달성하는 데 필요한 전역을 계획하게 된다. 그들은 반드시 전략 목표의 본질을 고려해야만 하며, 더불어 자신들의 병력 구조와 군사교리, 장점과 단점, 적의 계획을 비롯해, 자신이 작전하게 될 지역의 지리적 · 기후적 요인들까지 고려해야 한다. 군사 정보와 군수 계획, 인력 관리 등은 이 작전 수준에서 대단히 중요한 역할을 담당하게 된다. 독일이 폴란드를 점령하기 위해 수행했던 전역에서는 항공 지원을 받은 기동부대가 적의 지휘 체계를 교란시키고 예하 전투부대를 포위, 섬멸하기 위해 선택된 적진 깊숙이 침투하는 등의 일련의 활동들이 필요했는데, 이런 것들이 바로 작전의 영역에 해당되는 요소들이다.

비록 전쟁의 이 두 가지 단계가 서로 다르기는 하지만 둘은 서로 상호작용을 하게 되며, 그것은 단순히 전쟁이나 전역의 계획 단계에만 그치는 것이 아니다. 전략 목표는 정치와 경제는 물론 사회적 고려 사항에도 기반을 두고 있으며, 분명 작전 계획을 결정하는 데 도움을 준다. 하지만 작전이 전략에 영향을 미치기도 한다. 히틀러는 폴란드가 굴복한 직후 1939년 가을에 서유럽에 대한 전역을 요구했는데, 그 이유는 시간이 흐

를수록 연합국은 강해지고 독일은 약해질 것이라고 믿었기 때문이다. 반면 그의 장군들은 육군의 전쟁 준비가 아직 미흡하기 때문에 신속하게 공세로 나가는 것은 실패를 자초하게 된다고 생각했다. 논쟁을 벌이는 동안 양측은 모두 서부유럽 전역의 결과가 심각한 전략적 파장을 불러일으키게 된다는 사실을 잘 알고 있었다. 성공은 독일이 동쪽으로 방향을 전환해 전략의 다음 단계를 추진할 수 있는 길을 열어줄 것이다. 실패는 독일을 소모전이라는 운명에 빠뜨릴 수도 있는데, 독일은 소모전에 대한 대비가 취약했다. 따라서 작전 능력은 국가 전략이 기반을 두는 계산에 영향을 미치게 된다. 전역의 진행 상황도 각종 전략적 계산 결과에 변화를 주며 따라서 전쟁이 진행되는 도중에 국가 전략이 바뀔 수도 있다.

내가 제기한 질문에 대해 전략과 작전의 범위 내에서 가능한 완벽한 답변을 제시하고 연구 범위를 합리적인 수준으로 제한하기 위해, 나는 연구 대상의 측면에서 몇 가지 희생을 감수해야만 했다. 첫 번째이자 가장 중요한 희생은, 이번 연구를 위해 나는 '최고사령부'라는 용어를 히틀러와 그의 최측근 보좌관들을 의미하는 것으로 제한했다. 즉 국방군 최고사령부 OKW Oberkommando der Wehrmacht와 그들의 군사 계획 주요 전담 부서인 국방군 지휘참모부 Wehrmachtführungsstab, 육군 최고사령부 OKH Oberkommando des Heeres와 그것의 핵심기관인 육군 총참모본부 Generalstab des Heeres가 최고사령부를 구성한다. 시간과 공간적 제약으로 인해 루프트바페와 독일 해군의 지휘 구조는 국방군과 독일 육군만큼 세밀하게 다루지 못했다. 게다가 나는 루프트바페와 해군의 지휘부에 관한 한, 그들이 전략이나 작전에 직접적인 역할을 수행하지 못했다는 무자비한 평가를 내려야만 했다. 군비계획이나 병기감찰과 같은 분야들은 지면관계상 다루지 못했다.

하지만 이처럼 조사 범위를 한정했음에도 불구하고 문제는 아직도 대단히 복잡한 양상을 띠고 있으며, 가장 기본적인 역사적 연구물을 제외하면 수준이 균일하고 읽기 쉬우며 완벽한 설명을 제공하려는 노력으로 인해 진실이 왜곡되어 있었다. 글과 달리 현실은 그렇게 깔끔하게 정리되지 않는다. 최고사령부의 인물들은 일상적으로 완전한 정보도 갖지 못한 채, 때로는 격심한 스트레스 속에서 결정을 내려야 했던 경우가 많았다. 다수의 개인이 동시다발적으로 활동하여 발생한 최종 결과는 과도한 외부 요인들과 결합됐고 그런 일이 장기간에 걸쳐 반복됐다. 역사가들은 이미 벌어진 일을 다룬다는 점에서 유리했지만 동시에 불완전한 지식으로 인해 곤경에 처했다. 하지만 그럼에도 불구하고 학자들은 모든 것을 하나의 일관된 흐름으로 묶어서 전체 상황을 이해 가능한 것으로 만들어야만 했다. 따라서 그들은 현실을 정확하게 반영할 수 없다. 하지만 이 모든 어려움을 고려했을 때 유일하게 남아 있는 가능성은 그저 앞을 보고 돌진하면서 항상 자신이 다루고 있는 문제를 잊지 않는 것이다. 무엇보다, 아직 많은 부분에서 통찰력이 발휘될 수 있는 여지가 남아 있기 때문이다.

내용의 구성을 보면, 내가 연대에 따른 접근법과 주제에 따른 접근법 사이에서 수용 가능한 수준의 균형을 유지하려고 했다는 사실이 잘 나타난다. 이 책은 1933년까지 독일 지휘 체계가 발전해가는 동안 발생했던 주요 경향들을 소개하는 것에서 시작했다. 다음 두 개의 장은 세계대전 이전의 나치 정권 시기를 다루고 있으며, 이 기간에 군부와 히틀러는 침략 전쟁을 위한 초석을 다졌다. 4장과 5장은 2차대전의 첫 2년간을 다루고 핵심적인 전략적 결정들을 특히 집중적으로 살피는데, 이들 결정으로 인해 이후 전쟁의 흐름이 거의 결정됐다고 할 수 있다. 6장과 7장에서는 소련 침공, 즉 '바르바로사' 작전의 계획 과정을 일종의 기본 틀로 활용하여 그 속에서 전투 지원 부서들—정보와 군수, 인사—을 조사한다. 이들 부서는 작전 영역에서 독일군의 아킬레스건이었다. 8장에서는 한 주 동안 최고사령부에서 일어나는 일들을 자세하게 기술하는데, 이것은 독일군의 두 최고사령부가 갖고 있는 업무 유형과 의사 결정 과정을 간략하게 보여줄 것이다. 이어지는 세 개의 장에서는 전쟁의 나머지 기간을 다루지만, 이들은 앞에 나온 장들과 다른 부분에 초점을 맞추게 된다. 전쟁이 계속되면서 전략상의 결정, 심지어는 작전상의 결정까지도 중요성이 지속적으로 감소하기 때문에 마지막 장에서는 점점 더 심각해지는 최고사령부의 문제점들을 실례를 들어 설명하는 데 주력할 것이다. 특히 자원을 사이에 둔 이전투구 식의 내분과 나치당의 영향력 강화에 초점을 맞추게 된다.

나는 이 책이 본질적으로 복합적인 성격을 갖고 있다는 사실을 알고 있다. 내 생각에 전문적으로 독일군을 연구하는 사람들은 이 책을 보고 몇 가지 뜻밖의 내용을 발견하게 될 것이다. 분명 나는 전쟁 전반에 대한 급진적인 해석은 전혀 제시하지 않았다. 이 책이 갖고 있는 진정한 가치는 엄청난 수의 출처들 속에 흩어져 있던 정보를 하나로 집대성했다는 것으로, 그 출처들 중 다수는 아직까지 독일어로만 기록되어 있다. 내 목표는 독자들에게 최신 정보를 제공하고 지난 50여 년에 걸쳐 등장했던 신화와 오류들을 수정하는 데 있다. 더불어 이 책이 제공하는 독일최고사령부에 대한 묘사는 충분한 시간과 전문성을 갖춘 독자가 단독으로 자료를 연구하여 얻은 결과보다 훨씬 더 정확할 뿐만 아니라 정교함의 측면에서 더욱 완벽한 수준에 도달하게 만들겠다는 것이 나의 희망이다. 전체는 단순히 부분을 합쳐놓은 것보다 크다. 따라서 우리는 전체적으로 연구할 필요가 있다. 보통 교육을 받은 일반 독자들이 명확하게 받아들이고 읽기 쉬우며, 지식을 늘이는 데 도움이 되게 내 연구가 수행되었다면, 나는 목적을 달성한 것이다.

이 연구는 많은 사람들의 도움 없이는 결코 완성될 수 없었다. 가장 크게 감사를 드려야 할 사람은 이제는 고인이 된 찰스 버딕Charles Burdick이다. 그는 석사 학위 논문의 주제로 이것을 제안했고, 처음에는 어쩔 줄을 모르며 애쓰던 나에게 길잡이가 되어주었으며, 죽는 날까지 계속 격려하며 조언을 해주었다. 오하이오 주립대학 시절, 내 지도교수였던 윌리엄슨 머리는 이 논제로 박사 학위논문을 쓸 수 있게 격려해주었다. 그는 내 분석 능력을 향상시켜주었고 내가 작문 능력을 개선할 수 있도록 도움을 주었으며, 자료를 찾거나 해석할 때에는 조언을 아끼지 않았다. 또한 나는 포츠담에 있는 독일 전사연구소Militärgeschichtliches Forschungsamt의 위르겐 푀르스터Jürgen Förster에게 특별히 감사의 뜻을 전한다. 그는 여러 해에 걸쳐 나에게 귀중한 정보를 제공해주었을 뿐만 아니라 내가 독일을 방문했을 때 환대와 우정을 베풀어주었다. 이는 알베르트 루트비히스 프라이부르크 대학교Albert-Ludwigs-Univerität Freiburg의 베른트 마르틴Bernd Martin 교수에게도 해당되는 이야기이다. 그는 내가 풀브라이트Fulbright 장학금을 받는 동안 후원자가 되어주었고 매주 대학원생을 대상으로 개최하는 세미나에 내가 참석할 수 있게 해주었으며, 내가 더듬거리며 학술적인 내용을 독일어로 표현하는 동안 그것을 잘 참고 들어주었다. 또한 책이 탄생할 때 다양한 부분에서 귀중한 제안들을 제공해주었던 동료와 친구들에게도 감사의 뜻을 전하고 싶다. 알란 바이어켄Alan Beyerchen, 빌헬름 다이스트Wilhelm Deist, 로버트 도일Robert Doyle, 올리버 그리핀Oliver Griffin, 마크 그림슬리Mark Grimsley,

존 길마틴John Guilmartin, 러셀 하트Russell Hart, 크리스티안 하르트만, 티머시 호간Timothy Hogan, 켈리 맥펄Kelly McFall, 리처드 메가기Richard Megargee, 만프레트 메서슈미트Manfred Messerschmit, 알란 R. 밀레트Allan R. Millett, 하인리히 슈벤데만Heinrich Schwendemann, 데니스 쇼월터Dennis Schowalter, 게르하르트 바인베르크, 데이비드 자베키David Zabecki 등이 바로 그들이다.

나는 또한 본Bonn의 풀브라이트 위원회와 미국 해외공보처에게 진심으로 감사의 뜻을 전한다. 두 기관은 내가 독일에서 공부할 수 있도록 풀브라이트 장학금을 제공했다. 프라이부르크의 독일연방 문서보관소 군사문서고Bundesarchiv-Militärarchiv의 직원들은 내가 독일에 머무는 동안 집중적인 도움을 제공했다. 사실 그들은 우리가 비슷한 기관들을 평가할 때 적용할 기준이 될 수 있을 정도로 능률적이었다. 또한 독일 전사연구소의 롤프디터 뮐러Rolf-Dieter Müller와 한스에리히 폴크만Hans-Erich Volkmann에게도 감사의 뜻을 전한다. 그들은 1997년 9월에 개최된 독일 국방군 컨퍼런스에 나를 초청해주었으며, 그 자리에서 나는 귀중한 영감을 많이 얻었다. 오하이오 주립대학 도서관 직원들은 언제나 친절하고, 도움이 되며, 박식한 모습을 보여주었다. 또한 오하이오 주립대학 역사학과에도 감사의 뜻을 전하고 싶다. 역사학과가 나를 조교로 임명해서 내가 공부를 계속할 수 있었고 또한 루스 히긴스Ruth Higgins 연구 장학금을 주었기 때문에 1998년 여름 나는 박사 학위논문을 완성할 수 있었다.

특별히 퇴역 장성 요한 아돌프 킬만스에크 백작Johann Adolf Graf von Kielmansegg과 울리히 데 메지에르Ulrich de Maizière에게 감사를 드린다. 두 사람은 나와 만나기 위해 시간을 내주었고 그들이 2차대전 이전부터 전쟁 기간 동안 독일군 총참모부에 근무하면서 경험했던 사실을 바탕으로 나의 질문에 답변해주었다. 두 사람 모두 다른 곳에서는 결코 얻을 수 없었던 귀중한 배경 지식을 제공했다.

기타 많은 사람들이 헤아릴 수 없을 정도로 다양한 방법으로 도움을 제공했으며, 가끔 그런 일들은 나도 모르게 이루어졌다. 독일과 미국의 모든 친구들에게 고맙다고 말하고 싶다.

마지막이자 가장 중요한 사람인 나의 아버지, 안토니 쉐러 메가기 Anthony Scherer Megargee에게 감사드린다. 그는 몹시 절실했던 물질적 지원을 제공했을 뿐만 아니라 나를 이 자리에 올라설 수 있게 해준 역사와 언어에 대한 사랑도 고취시켜 주었다.

여기에 언급된 모든 사람들은 이 책이 지닌 장점이 무엇이든 거기에 상당한 공헌을 했다. 실수가 있다면 그것은 오로지 나의 잘못이다.

차례

약어

독자들은 몇몇 약어들이 실제로는 문헌에 따라 다를 수도 있다는 사실을 알아두기 바란다. 예를 들어 WFA는 W. F. A.일 수도 있으며, gK. Chefs는 gK. Ch.나 g.Kdos. Chefs.라고 표기될 수도 있으며, 기타 많은 사례가 존재한다.

Abt. Abteilung : 과(이 책이 다루는 범위를 벗어날 경우 '대대大隊' 혹은 '대隊'의 의미로 사용될 수도 있다.)

Abt.L Abteilung Landesverteidigung : 국가방위과

a.D. ausser Dienst : 퇴역

ADAP *Akten zur deutschen auswärtigen Politik* : 『독일 외교정책문서』

Ausb.-Abt. Ausbildungsabteilung : 훈련과

BA-MA Bundesarchiv-Militärarchiv : 프라이부르크 독일연방 문서보관소 군사문서고

Bd. Band : (어떤 책이나 잡지의) 권

Betr. Betreffend : ~와 관련하여

DRZW *Das Deutsche Reich und der Zweite Weltkrieg* : 『독일제국과 제2차 세계대전』

FHO Fremde Heere Ost : 동부전선 외국군사정보과

FHq Führerhauptquartier : 총통사령부

FHW Fremde Heere West : 서부전선 외국군사정보과

GAHC *The German Army High Command, 1939~1945* : 『1939~1945년 독일군 육군 최고사령부』

geh. geheim : 비밀

Gen d Inf General der Infanterie(or Artillerie, etc) : 보병대장

GenQu Generalquartiermeister : 병참감

GenLt Generalleutnant : 중장

GenMaj	Generalmajor : 소장
GenStdH	Generalstab des Heeres : 육군 총참모본부
GFM	Generalfeldmarschall : 원수
gK.Chefs	geheimeKommandoschen-Chefsachen(최고 보안등급)
GMS	*German Military Studies* : 『독일군 연구』
GZ	Generalstab-Zentralabteilung : 총참모본부 중앙과
H.Dv.	Heeresdienstvorschrift : 육군 복무규정
HGr	Heeresgruppe : 집단군
HQu	Hauptquartier : 본부
Ia	집단군이나 그 하위 사령부의 작전참모 혹은 OKH 총참모본부 예하 특정 부서의 부서장
I. A.	"*im Auftrag*" : 명령에 의거
Ib	보급참모
Ic	정보참모
I. G.	"*im Generalstabsdienst*" : 총참모본부 근무. 총참모본부 소속임을 나타내는 표시
IM	총참모본부의 작전과 소속 참모(I)로 "중부(*Mitte*)"반 소속. 중부집단군 담당. 비슷한 조직으로 남부집단군 담당 IS(*Süd*)와 북부집단군 담당 IN(*Nord*)가 있다.
KTB	Kriegstagebuch : 전쟁일지
L	(Abt.L 참조)
LdsBef	Abteilung Landesbefestigungen : 방어시설과
MGFA	Militärgeschichtliches Frschungsamt : 독일 포츠담의 전사연구소
N	Nachlass : 개인서류
NAMP	미국 국립문서보관소 마이크로필름
Nr.	Nummer : 번호(No.)
NS	Nationalsozialistisch : 국가사회주의
ObdH	Oberbefehlshaber des Heeres : 육군 최고사령관
ObdW	Oberbefehlshaber der Wehrmacht : 국방군 최고사령관

o. D.	ohne Datum : 날짜 미상
OKH	Oberkommando des Heeres : 육군 최고사령부
OKL	Oberkommando der Luftwaffe : 공군 최고사령부
OKM	Oberkommando der Marine : 해군 최고사령부
OKW	Oberkommando der Wehrmacht : 국방군 최고사령부
OpAbt	Operationsabteilung : 작전과
OQu	Oberquartiermeister : 참모차장
OrgAbt	Organisationsabteilung : 편제과
Qu	Quartiermeister : 보급
PA	Personalamt : 인사국(육군의 경우 HPA로 표기하는 경우도 있다)
RH	(BA-MA의 육군문서 표시)
RL	(BA-MA의 공군문서 표시)
RM	(BA-MA의 해군문서 표시)
RW	(BA-MA의 국방군문서 표시)
SA	Strumabteilung : 돌격대
SD	Sicherheitsdienst : 보안대
Skl	Seekriegsleitung : 해군 총참모본부(해군의 최고위 작전 계획 조직)
SS	Schutzstaffen : 친위대
T	Truppenamt : 병무국局(뒤에 붙는 숫자는 과를 의미함)
WA	Wehrmachtamt : 국방군국
WB	Wehrmachtbefehlshaber : 국방군(통합)사령관
WFA	Wehrmachtführungamt : 국방군 지휘국
WFSt	Wehrmachtführungsstab : 국방군 지휘참모부
WNV	Abt.Wehrmachtnachrichtenverbindung : 국방군 통신과
WPr	Wehrmachtpropaganda Abteilung : 국방군 선전과
WZ	Wehrmachtzentralabteilung : 국방군 중앙관리과

문헌과 번역물에 대한 주석

앞의 약어 목록과 함께 다음의 설명을 보면, 독자들이 독일어 문헌들을 이해하는 데 도움이 될 것이다.

가장 좋은 설명 방법은 사례를 드는 것이다. 여기에 제시된 사례는 2장의 66번 각주이다.

Der Reichskriegsminister und Oberbefehlshaber der Wehrmacht. W. A. Nr.1571/35 geh. L Ia, 24.8.1935, *Betr.* : Unterrichtung des W. A., *Bezug* : Nr. 90/34 g.K. W II b v. 31.1.34, Ziffer 3 und W. A. Nr. 1399/34 g.K. L I a v.17.10.34, in BA-MA RH 2/134, 48.

첫 번째 부분('Der Reichskriegsminister und Oberbefehlshaber der Wehrmacht')은 명령을 내린 당국자의 명칭으로 이 경우에는 전쟁부장관 겸 국방군 최고사령관, 블롬베르크가 된다. 다음 부분은 명령서를 작성한 기관이다. 여기서, 'W. A.'는 국방군국Wehrmachtamt이다. 다음에 이어지는 숫자는 문서번호로 사선 다음의 두 자리 숫자는 연도를 의미한다. 그 뒤의 표시는 비밀등급으로 이 사례의 각서는 'geh', 즉 '2급 비밀'이다. 다음에 이어지는 내용은 명령서 작성부서를 좀 더 자세하게 기술하고 있다. 예문의 "L I a"는 국가방위과(L)의 작전담당(Ia)이다. 이어서 날짜가 나오는데, 독일식 체계에서는 월보다 날짜를 먼저 표기하기 때문에 이 문서의 배포 날짜는 1935년 8월 24일이다. 다음은 제목이다. '*Betr.*'은 *Betreff*의 축약형으로 '답신'과 같은 의미로 사용된다. 예로 든 각서는 앞서 배포된 두 개의 문헌을 인용하고 있다('*Bezug*'는 '참조'를 의미한다). "BA-MA RH 2/134, 48"은 문서의 위치를 의미하며, 여기서는 독일연방문서보관소 군사문서고(프라이부르크), 기록실 RH 2, 134권, 48쪽을 의미한다.

가끔은 표제부분을 약간 다르게 만든 문서가 사용된 경우도 있다. 예를 들어, 'Chef OKW/WFSt/Op(H)', 즉 '국방군 총사령관/국방군 총참모본부/국방군 지휘참모부/작전과(육군)'과 같이 직책과 부서가 같이 표시되는 경우도 자주 등장한다.

이 책에서는 특별히 언급되지 않는 한 모든 독일어 번역은 저자가 한 것이다. 혼란을 피하기 위해, 저자는 가급적 독일 용어의 사용을 자제했으며, '베르마흐트Wehrmacht'나 '루프트바페Luftwaffe', '레벤스라움Lebensraum'과 같은 대부분의 독자들이 알고 있는 용어만 예외로 했다.

독일군이 참모부서에 사용한 명칭은 영어에서는 저자마다 다른 용어가 사용되곤 한다. 그 결과 어떤 작가가 'Office'라고 번역한 부서를 다른 작가는 'Department'나 그것도 아니면 'Branch'로 번역하기도 한다. 하지만 이런 부분은 관련된 내용을 읽는 독자라면 누구나 인식하고 있어야 하는 문제이다. 이 책에서는 다음과 같이 번역했다.

Leitung	지휘부
Abteilung	과
Stab	참모부
Gruppe	반
Amt	국
Referat	부
Sektion	과

독일군 계급은 다음과 같이 번역했다.

Generalfeldmarschall	원수
Generaloberst	상급대장
General(der Infanterie, etc.)	대장
Generalleutnant	중장
Generalmajor	소장
Oberst	대령
Oberstleutnant	중령

Major	소령
Hauptmann or Rittmeister	대위
Oberleutnant	중위
Leutnant	소위

1 / 독일군 지휘체계의 기원

물론 독일군 최고사령부는 1933년 이전에는 없었다가 갑자기 등장한 것이 아니다. 히틀러는 한 세기 이상 진행된 특정 진화 과정의 결과물을 물려받은 셈이었다. 그 결과물은 조직적 · 문화적 · 지적 요소들을 포함하고 있었는데, 이후 전개되는 상황을 이해하기 위해서는 이들에 대한 약간의 이해가 요구된다. 조직적 요소는 군사적 관료 체계로 구성되어 있으며, 그 체계는 프로이센이 군사작전의 계획과 지휘를 더욱 효과적으로 수행하기 위해 창조했던 것이다. 문화적 요소는 총참모본부의 문화를 그대로 반영하고 있다. 독일군 총참모본부는 19세기부터 강력한 기관으로 부상하여 1차대전 이후에도 독일 육군을 장악하고 있었다. 총참모본부 구성원들이 갖고 있던 행동 양식이나 집단적인 욕구와 야망, 그리고 전쟁이나 권위, 참모 업무에 대한 그들의 신념은 독일 군부의 역량이나 의도가 구체화되는 데 영향을 미치곤 했다. 결국 독일은 군사정책과 전략, 작전에 대해 자신만의 독특한 개념에 도달했으며, 그 개념들은 2차대전의 특성과 진로를 결정하는 데 중요한 역할을 하곤 했다. 독일군 최고사령부가 가진 조직과 문화, 개념이 하나로 어우러져 강점과 약점, 유리함과 불리함을 제공했다. 그들이 이 책의 주된 내용을 구성하는 테마가 될 수 있었던 것은 제3제국의 초기의 성공과 궁극적인 패배가 대체로 그들에 의해 설명된다는 단순한 이유 때문이다.

조직

19세기 말, 어떤 익살꾼들이 역사가들이 도저히 거부할 수 없는 격언을 만들어냈다. 그 표현에 따르면 유럽은 다섯 가지 완벽한 조직을 갖고 있다. 로마의 교황청과 영국의 의회, 러시아의 발레단, 프랑스의 오페라, 프로이센의 총참모본부가 바로 그 다섯 가지이다. 겉을 둘러싸고 있는 과장된 유머에도 불구하고 그 속에는 진실을 내포하고 있기 때문에 이 말은 커다란 의미를 갖는다. 총참모본부는 평화 시에 군사 계획을 개발하고 전쟁 시에 그것을 집행하는 역사상 최초의 관료적 기구였으며, 독일제국의 통일에 결정적인 역할을 수행했다.[1] 주목해야 할 또 다른 사항은 총참모본부가 앞에 언급된 다섯 가지 중 가장 나중에 등장한 조직이라는 것이다. 프로이센은 1790년대 이래로 유럽을 휩쓸었던 정치와 산업, 군사 혁명을 배경으로 참모본부를 창조했다. 이 조직은 19세기가 진행되는 동안 등장했던 다른 조직들을 모델로 삼았다. 참모본부는 결국 독일군 지휘 체계에서 지배적인 세력으로 자리를 잡게 되지만, 그것은 길고 고통스러운 일련의 관료적 투쟁을 겪은 뒤에나 가능했다. 따라서 같은 목적을 가진 두 가지 구조적 경향이 참모 조직이 처음 등장한 이래 한 세기에 걸쳐 지속됐다. 즉 참모 조직의 내적 체제의 진화와 그것을 포함하는 더 큰 규모의 프로이센-독일 지휘 기구의 진화이다.[2]

이러한 진화 경향의 시초는 적어도 18세기가 종반으로 치닫던 무렵에 프로이센 장교 크리스티안 폰 마센바흐Christian von Massenbach가 작성한 일련의 각서로* 거슬러 올라간다. 그는 외무성과 육군성, 상무부가 한 자리에 모여 전쟁의 목표와 수단에 대해 서로 의견을 교환할 수 있는 방안을 제시했다. 그의 제안에 따르면, 일종의 참모본부가 각 부의 지침, 잠재적 적대국과 전쟁 지역에 대한 정보, 전쟁사 연구와 체계적인 교육, 훈련을 통해 육성된 전문성을 바탕으로 사전에 전쟁 계획을 작성하게 되어 있었다. 동시에 일부 참모장교들은 전투부대에 근무하면서 실제적 경험을 획득하고 부대의 지휘관에게 조언을 제공한다. 마센바흐의 방안은 나폴레옹을 상대했던 전쟁을 통해 어느 정도 신뢰를 얻었고, 1824년이 되면 총참모본부는 29명의 장교가 각각 서로 다른 지리학적 영역을 담당하는 세 개의 부서에 근무하는 형태로 확대되었다.

이후 30년의 평화기 동안에는 참모부의 권위나 역량의 측면은 별다른 발전이 없었다. 하지만 1857년 헬무트 폰 몰트케Helmut von Moltke가 참모총장이 되면서 변화가 시작됐다.[3] 여러 변화들 중에서 특히 중요한 부분은 그가 프로이센의 동원 계획을 작성하면서 전보와 철도를 동원계획 속에 결합했다는 사실이다. 독일 통일 전쟁에서(1864년 프로이센-덴마크 전쟁, 1866년 프로이센-오스트리아 전쟁, 1870~1871년 프로이센-프랑스 전쟁) 몰트케와 그의 참모진이 보여준 실적으로 인해 관료적 체계가 전역의 계획과 지휘에 있어서 대단히 유용하다는 사실이 확인됐다. 참모본부 조직의 규모와 권위는 이후 수십 년에 걸쳐 꾸준히 증가했다. 1914년 당시 대참모본부Great General Staff로 불리던 총참모본부 조직은 21개의 부서와 300명 이상의 장교를 거느리고 있었다. 참모본부의 조직과 거기에 속한 참모들의 업무는 표준화된 업무 절차 속에 명확하게 규정되어 있었다. 독일군의 참모장교는 세계에서 가장 명성이 높은 군사 엘리트가 되었다.

하지만 총참모본부가 내부적으로는 관료주의적 질서를 유지하고 있

● 본문의 주는 모두 옮긴이 주임.

* 각서는 일반적인 지시, 일반명령, 문서회람 또는 규정이 부적합할 때 사용하며, 그 종류는 지휘각서, 교육각서, 참모각서로 구분된다.

었던 것에 반해, 상위에 속하는 정책이나 전략 담당 주체들 사이에서는 불명확한 관할 영역과 부처 간의 관료주의적 경쟁이 거의 일상적인 것으로 자리 잡고 있었다. 1914년까지 관료들의 경쟁은 황제의 사람들에게 집중되어 있었다. 제국 수상이나 육군상, 군사 내각의 수장들, 참모총장을 비롯해 각종 기관의 고관들이 자기 자신은 물론 자기 부서를 위해 어떤 식으로든 독립성을 확보하고자 황제의 귀를 두고 경쟁을 벌였다. 빌헬름Wilhelm 2세가 황제로 있을 때, 적어도 40명의 육군 장교와 8명의 해군 장교들이 황제를 직접 알현할 수 있는 권리를 갖고 있었다. 행정권은 모병과 군비 계획, 예산 등의 다른 권한들과 함께 지휘권에서 분리되어 있었으며, 지휘권은 군대 조직과 군사교리, 군대의 운용을 다루었다. 그들에게 통합된 최고사령부나 위원회 제도 같은 것은 존재하지 않았기 때문에 정책 입안자들과 군사 전략가들은 관련된 문제들을 조직화된 환경 속에서 고려할 수가 없었다. 이와 같은 조직상의 혼란은 독일이 1914년 전쟁에 돌입했다가 결국 패전하게 된 근본적 원인들 중 하나다.

1차대전에서 총참모본부는 권력의 최고 절정기를 맞이했다. 그들이 갖고 있던 전시의 권한은 처음부터 전략과 작전에 대한 통제권을 자기에게 부여하고 있었다. 그러던 중 1916년 독일군이 베르됭Verdun과 솜Somme에서 엄청난 손실을 입은 여파로, 육군 원수 파울 폰 힌덴부르크Paul von Hindenburg와 육군 대장 에리히 루덴도르프Erich Ludendorff가 지휘권을 인수하면서 독일 경제에 대한 통제권을 육군성과 총참모본부로 일원화한다는 야심찬 계획을 실행에 옮겼다. 두 기관은 그들 두 사람이 각각 장악하고 있었다. 따라서 이른바 전쟁 사회주의라는 것이 시작되었다. 이때까지는 총참모본부가 어느 정도 사회 문제로부터 분리되어 있었지만, 이제 그들은 전쟁을 수행하는 데 필요한 인력과 장비, 무기, 탄약 등을 확보하기 위해 어느 정도는 사회 문제를 직접 관리해야만 했다. 곧 총참모본부는 산업 물자와 식량의 생산, 원자재의 할당, 정치, 군사, 언론, 영화, 선전 등과 같이 광범위한 문제에 개입하게 되었다. 이에 덧붙여 루덴도르프는 참모들로 하여금 독일 사회의 모든 문제를 다루게 하려는 계획을 갖고 있었으며, 여기에는 교육이나 주택은 물론 심지어 출산율과 성병 예방과 같은 문제들도 포함되어 있었다.[4] 하지만 결국 이런 계획들은 실패로 끝났다. 그리고 전쟁의 문제들은 조직 차원의 해결책으로 처리하기가 쉽지 않다는 사실이 증명됐다.

1919년의 베르사유 조약으로 독일은 총참모본부를 폐지시킬 수밖에 없었다. 연합국은 총참모본부를 강력한 계획 기관 정도가 아니라 프로이센 군국주의의 상징으로 간주했던 것이다. 서류상으로 이것은 독일군 지휘체계에 심각한 타격이었다. 하지만 실제는 겉으로 보이는 것과 많이 달랐다. 독일은 국방부 소속 육군 지휘부Heeresleitung 예하의 소위 트루펜암트Truppenamt, 즉 병무국으로 위장하여 계획과 조직, 정보 분야와 같은 총참모본부의 핵심 기능을 그대로 유지했다. 군사軍史 연구부와 같은 다른 요소들은 따로 분리됐지만, 다른 부처들 속에서 계속 명맥을 유지하고 있었다. 이런 조직들을 곳곳에 숨겨둔 채 독일은 총참모본부가 1차대전 이전에 갖고 있었던 것과 똑같은 기능들을 그대로 수행할 수 있었다.

비록 이렇게 위장된 형태로 존재는 유지했지만, 총참모본부가 이전에 갖고 있던 정치적 권력을 상당 부분 잃어버렸다는 점도 부정할 수 없는 사실이다. 새로운 공화국의 대통령, 즉 일개 민간인이 군대의 최고사령관이 됐다. 국방장관은 육군국과 해군국을 감독하면서 대통령과 제국의회인 라이히스타크Reichstag에 보고할 의무가 있었다. 육군 지휘부는 육군 지휘부장을 수장으로 하여 5개의 국을 감독했으며, 병무국도 그중 하나였다. 따라서 1차대전 당시 명목상으로만 아니었지 사실상의 군사적 절대 권력자였던 참모총장의 지위는 지휘 계통에서 네 단계나 아래로 하락했다. 하지만 이런 변화 역시 겉보기만큼 급격하지 않았다. 첫째로 공화주의 정부가 질서를 유지하기 위해 육군에 의지했던 것이다. 총참모본부는 바이마르 체제 성립 후 곧 육군 대장 빌헬름 그뢰너Wilhelm Groener를 내세워 국내 질서 유지를 육군이 맡겠다는 계약을 맺었다. 그리고 1919년 7월 4일부터 병무국장을 맡은 한스 폰 제크트Hans von Seeckt는 육군의 베르사유 이후 체제로의 전환을 감독하면서, 총참모부의 영향력을 1917년 당시의 전성기에 비할 바는 못 되더라도 1차대전 이전보다는 높은 수준으로 유지할 수 있었다. 그는 단순히 총참모부가 병무국으로 전환되는 과정을 지도한 것이 아니라 총참모부 장교들이 새로운 공화국 육군Reichsheer의 장교단을 지배할 수 있도록 세심한 주의를 기울였다.[5]

제크트가 1920년 육군 지휘부장에 취임하면서 그의 영향력은 더욱 증가했고, 이러한 영향력의 증대는 독일이라는 국가가 비록 좀 더 이성적으로 보이기는 했지만 군대의 지휘 체계로 인해 겪고 있는 문제를 완전히 해결하지 못했다는 사실을 암시했다. 제크트는 바이마르 공화국군Reichswehr은 정당 정책의 바깥에 머물러야 한다고 주장하면서도 자신은 직접 정책을 주도하려고 노력했으며 은밀한 수단을 통해 합법적으로는 얻을 수 없는 것들을 확보했다. 그는 모든 정치적 통제에 대해서도 완강하게 저항했으며 국방장관을 정책 입안의 변두리로 밀어냈다. 그가 1926년 육군 지휘부장직을 떠난 이후 힘의 균형은 다시 국방부로 기울어졌지만, 국방부와 육군 지휘부가 경쟁 중이라는 기본적인 사실은 변함이 없었다.[6] 전임 총참모부 장교인 그뢰너가 1928년 국방장관에 취임했다는 사실조차 경쟁 구도를 제거하지는 못했다. 독일인들은 아직도 정부와 군

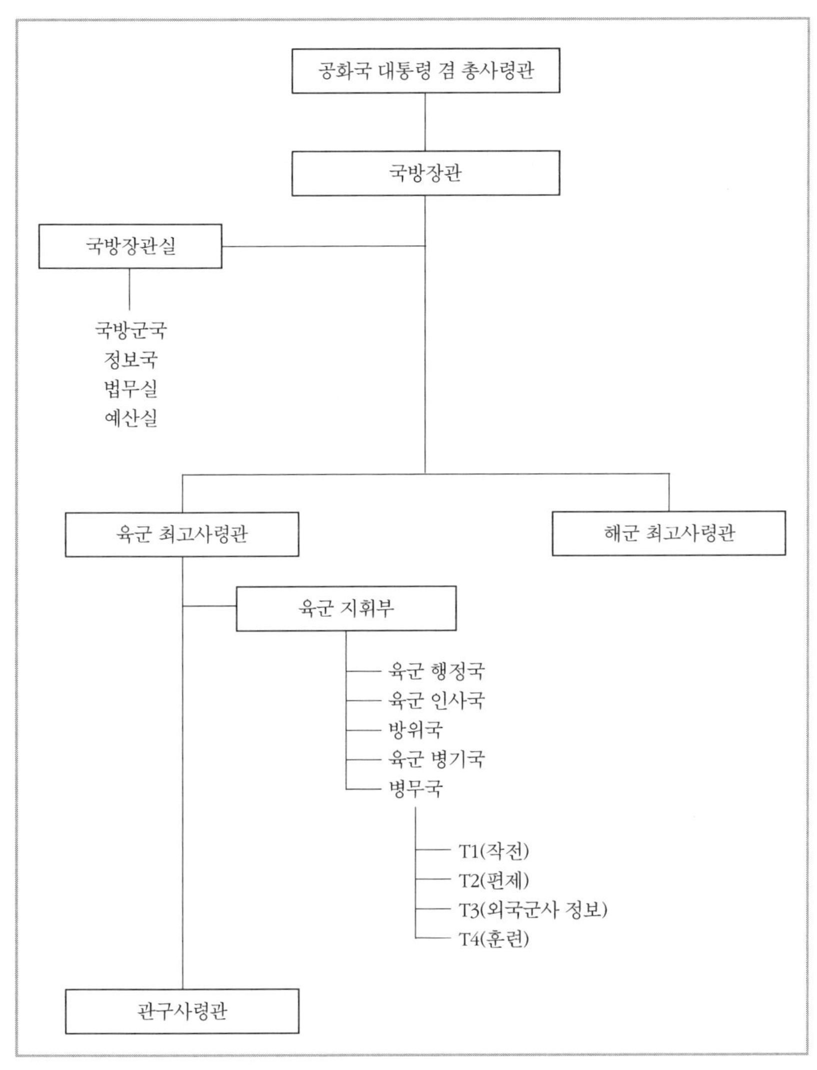

〈그림 1〉 1920~1935년 독일 최고사령부

부가 한목소리를 낼 수 있는 방식으로 권력을 분배하는 데 성공하지 못하고 있었다. 부분적으로 이런 사실은 어떤 관료주의적 체계에서 구조적 변화는 불화를 제거하는 데 별로 도움이 되지 않는다는 사실을 암시했다. 상황이 상당한 수준으로 개선되려면 오로지 총참모본부의 문화가 바꿔는 방법밖에는 없음에도 불구하고 그와 같은 변화는 결코 일어나지 않았다.

문화

제크트가 소규모의 배타적인 공화국 육군 장교단 내에서 참모장교들을 지배적 위치에 배치하는 데 성공했다는 사실이 의미하는 바는 이전부터 독일군 장교들의 정체성의 기초를 형성했던 참모장교들의 독특한 문화가 바이마르 공화국과 나치 정권 시기를 통해 앞으로도 계속 육군의 정체성을 형성하게 된다는 것이다. 참모장교들의 문화는 1890년대 이래 근본적으로는 아무런 변화 없이 유지되고 있었다. 1890년대는 이후의 독일 국방군에서 막강한 영향력을 행사하게 될 구성원들이 막 군문에 들어서던 시기였다. 그들의 문화는 일련의 가치와 관행으로 구성되어 있었고, 그것은 독일 육군에게 가장 커다란 장점이자 동시에 가장 치명적인 단점이기도 했다.

독일 육군, 특히 총참모부에서 장교들은 기능적인 엘리트였다. 참모본부 체계 속에서 장교들은 자신이 보여준 능력을 기반으로 참모로 선발됐으며, 그들의 능력은 이후 더욱 정교하게 다듬어졌다. 그것은 지적인 능력과 성격상의 장점 사이에서 균형을 이루고 있었다. 그들은 세심하게 계획하고 명확하게 명령을 작성하며, 권위를 위임하고 독단권을 활용하는 방법을 배웠다.[7] 총참모부가 자신의 참모장교들을 선발하고 교육하는 데 활용했던 절차가 바로 참모 문화의 연속성을 유지하는 데 핵심적인 역할을 수행했다. 그 절차를 조사해본 결과 가장 먼저 근본적으로 상이

한 두 가지 접근법의 대립 양상이 드러났다.

19세기 프로이센 장교단에서 전문화 과정이 시작된 이래로, 장교라면 자신의 지적 능력을 개발해야 한다고 생각하는 측과 장교의 도덕적 인자가 더욱 중요하다고 믿는 측 사이에 분쟁이 계속됐다.[8] 19세기 후반기에는 전자가 분명한 우세를 점했다. 장교단의 후보생들은 엄격한 교육적 요구 조건을 만족시켜야만 했는데, 참모본부 요원들에게는 조건이 더욱 엄격했다. 나폴레옹 전쟁 당시 위대한 군사 개혁가인 게르하르트 요한 폰 샤른호르스트Gerhard Johann von Scharnhorst가 처음으로 이런 사고방식을 현실화했지만 그의 교육 개혁은 지속되지 못했다. 1850년대 말에는 대大몰트케가 더욱 엄격하고 오랫동안 지속된 교육 체계를 설립했다. 참모장교 후보들은 육군대학Kriegsakademie(1872년 이후 총참모본부가 관리했다)을 이수하고 2년에 걸친 참모본부 수습 근무 기간 동안 수용 가능한 실적을 보여야 했으며, 이어서 참모총장 앞에서 실시되는 참모 훈련에 참가해야만 했다. 그리고 오로지 선택받은 소수만이 이 모든 장애물을 통과할 수 있었다.

몰트케 시대 이래로 직업적인 전문성을 중시하는 풍조를 계속 유지하면서 독일인들은 전쟁에 대해 지적이고 '과학적'인 접근법을 점점 더 중시하게 되었다. 총참모본부의 사회적 구성 비율을 보면 이런 접근법이 그대로 드러났다. 참모들은 능력 위주로 선발되었고 그 속에서 장교들의 전통적인 공급원인 귀족들은 점차 설 땅을 잃었다. 1913년이 되면 참모장교들의 절반이 중산계급 출신이었다. 하지만 거의 2세기 이상 동안 장교단을 지배했던 프로이센 귀족의 전통적 가치들은 사라지지 않았으며, 심지어 '지적' 수준이 가장 높은 이 장교 집단의 정신 속에도 그것은 여전히 존재했다. 그와 같은 가치들을 유지하기 위해 육군은 지휘관들에게

'인성'의 필요성을 강조했다. 이것은 정의하기가 애매하지만 매우 중요한 자질로 전투에서 장교가 효과적으로 능력을 발휘할 수 있게 해주는 특성이었으며, 2차대전 중에도 여전히 중요한 고려 사항으로 남아 있었다. '인성'에는 인내력과 결단성, 온건한 사고, 추진력, 규율, 복종심, 충성심 등이 포함되어 있었다.[9]

지성과 인성의 상대적인 중요성에 대한 논쟁과 전쟁에 대한 독일인의 이해 사이에는 강력한 연관성이 존재한다. 실제로 그의 작품을 끝까지 읽어본 장교는 별로 없었지만 그들의 전쟁에 대한 이해에는 여러 측면에서 근본적으로, 위대한 군사이론가 카를 폰 클라우제비츠Karl von Clausewitz의 사상이 반영되어 있었다.[10] 클라우제비츠의 관점에 따르면 전쟁은 본성적으로 혼란스럽지만 그렇다고 전적으로 무작위적인 현상이 아닌, "질서와 예측 불가능성의 혼란스러운 혼합물"[11]이었다. 즉 법칙과 우연이 동시에 전쟁을 지배하며 "오직 명확하고 깊은 이해를 통해 얻은 일반 원리와 태도만이 교전에 대한 **포괄적**인 지침을 제공한다."[12] 그와 같은 이해는 부분적으로 연구를 통해서 얻어야 한다는 사실을 클라우제비츠도 알고 있었다. 그는 장교 교육의 초기 옹호자 중 한 사람이었다. 하지만 동시에 그는 아무리 많은 연구를 하더라도 장교가 완벽하게 전투 준비 상태에 도달할 수 없다는 사실도 알고 있었다. 전쟁을 기계적인 훈련으로 축소시킬 수 있는 엄밀한 규칙은 존재하지 않으며, 결국 인성은 여전히 장교의 근본적인 자질로 남게 될 것이다.

따라서 지성과 인성의 상대적 장점에 대한 논쟁의 결과로 독일인들은 일종의 실용적인 절충안에 도달했고, 그 절충안에서 두 가지 요소는 모두 중요성을 갖고 있었다. 다시 말해 독일인들은 지성과 인성을 모두 갖추어야 클라우제비츠가 교전에 대한 지침을 제공할 수 있는 것으로 언급했던 "일반 원리와 태도"에 정통하게 된다고 믿었다. 결국 그들은 그런 원리와 태도를 '전쟁 지휘Kriegführung'라는 개념 속에서 하나로 통합했다. 군사교범인 『부대 지휘Truppenführung』는 그와 같은 공생 관계의 특성을 기술하기 위해 전쟁 지휘를 다음과 같이 정의했다. "일종의 기술로서 과학적 원칙에 기반을 둔 자유롭고 창조적인 활동. '전쟁 지휘의 교훈들을 …… 단 한 권의 교범으로 모두 다룰 수는 없다. 있는 그대로의 원리는 상황에 따라 적용돼야만 한다.'"[13] 장교는 지성과 직관을 모두 갖추어야 한다. 그는 생각하고 행동할 수 있어야 한다. 교범은 이렇게 설명했다. "기술의 발달에도 불구하고 인간이 결정적인 역할을 수행해야 한다. 인간의 중요성은 전투의 확산과 함께 더욱 증가한다. 전장의 공백은 독립적으로 생각하고 행동할 수 있는 전투원을 요구하며, 그는 심사숙고한 뒤 어떤 상황에서든 결정적이고 과감하게 자신에게 유리한 점을 활용하고 승리가 자신의 손에 달려 있다는 확고한 신념을 갖고 있어야 한다."[14] 『총참모본부의 전시 임무 편람Handbook for General Staff Duty in War』 1939년도 판에서는 이 개념을 더욱 자세히 설명하고 있다.

> 총참모본부 장교들은 최고 수준의 인성적 덕목과 기지를 갖고 있어야 한다.
>
> 명확하고 창조적인 사고와 논리적으로 일관된 행동, 냉정한 계산, 불굴의 활력, 업무에 대한 지칠 줄 모르는 역량, 굳건한 자신감, 신체적 건강. 이와 같은 모든 사항들이 그를 두드러지게 만든다. 일선 병사들과 전우애로 뭉친 친밀감을 갖고 그들의 어려움에 대한 끊임없는 관심을 갖는 것은 총참모본부 장교의 최우선 임무에 속한다.
>
> 참모장교는 병사들의 맥을 정확하게 짚고 있어야 하며, 이를 통해 자신의 지휘관에게 병사들의 역량에 대한 정확한 평가를 제공한다. 병사들 사이에서

그에 대한 평가는 그의 효과성을 나타내는 분명한 척도이다.

참모장교는 불확실성으로 가득 찬 전쟁에서 선견지명을 갖고 적에게 주도권을 빼앗기지 않겠다는 불굴의 의지로 사고하고 조언해야 한다.[15]

하지만 '일반 원리와 태도'를 가장 잘 요약한 사람은 아마 몰트케일 것이다. 그는 다음과 같은 글을 남겼다. "위대한 승리의 전제 조건은 위험 감수이다. 하지만 위험을 감수하기에 앞서 신중한 사고가 선행되어야 한다."[16]

분명 독일인들은 장교에게 많은 것을 기대했다. 지성이나 인성은 드물게 존재하는 자질이며 그 둘을 모두 소유하고 있는 인물은 더욱 찾기 어렵다. 총참모본부는 선발 과정의 일환으로 양쪽 모두를 가려내는 데 최선을 다했다. 육군대학 지원자는 시험을 봐야 했을 뿐만 아니라 원소속 부대 지휘관이 그의 성격에 대해 증언하는 소개서도 제출해야 했다. 육군대학은 입학이 허락된 지원자들을 대상으로 교육과 훈련을 통해 그들의 지적, 행동적 특질을 더욱 발전시키려고 노력했다.(참모장교의 육성 과정은 전문화된 지식을 전달하는 교육, 그리고 기능과 습관, 태도를 개발하는 훈련, 양쪽 모두에 중점을 두고 있었다). 훈련은 공통적인 사고 습관과 표준화된 의사 결정 과정의 틀 내에서 명확하고 창조적으로 의사소통을 할 수 있는 능력의 주입을 목표로 했다. 이 목표는 특정 상황에 대해 유형화된 반응을 보이게 만드는 것이 아니라 특정 '게당켄강Gedankengang', 즉 사고방식을 개발하는 데 있었다. 어떤 훈련은 특별히 장교로 하여금 자신이 받은 명령에서 벗어날 것을 요구했는데, 이를 통해 참모 후보들은 독자적 판단에 대한 감각을 키우게 되어 있었다.[17] 참모 후보들은 육군대학 교육에 이어서 총참모본부에서 일정 기간 수습 근무를 해야 했는데, 그것의 목표 중 하나는 후보 장교들이 참모 업무의 스트레스를 얼마나 잘 견딜 수 있는지—'인성'의 핵심적 요소—를 확인하는 것이었다.[18] 이와 같은 지성과 인성, 두 가지를 동시에 강조하는 경향은 총참모본부의 참모 선발과 교육, 훈련의 두드러진 특징으로서 바이마르 공화국 시대까지 계속 이어졌다.[19]

몇 가지 핵심적인 원리와 관행들을 살펴보면 프로이센-독일제국 장교단, 특히 참모장교들의 문화를 쉽게 정의할 수 있다. 그중 하나가 '지령指令에 의한 지휘' 관행이다. 즉 정해진 임무 지침 내에서 독단성을 장려하는 것이다. 19세기 초, 샤른호르스트와 그의 동료인 군사 개혁가 아우구스트 나이트하르트 폰 그나이제나우August Neidhardt von Gneisenau는 이제는 한 사람의 선임 지휘관이 각각의 예하 지휘관들이 마주하고 있는 상황들을 완벽하게 파악할 수 없다는 사실을 깨달았다. 그 결과 그들은 적절한 명령서는 목표만 지시하고 그것을 달성하는 방법을 결정하는 부분은 예하 지휘관들에게 가능한 한 최대의 자유를 허용해야 한다고 생각하게 되었다. 동시에 그들은 하급 장교를 위한 훈련 과정을 도입해 그들이 독단성을 발휘해 지휘관의 의도를 달성하면서 동시에 인접 부대나 상급 부대 본부와 긴밀한 협조 관계를 유지할 수 있게 했다.[20] 몰트케는 참모총장 재임 기간 동안 그런 관행을 표준으로 정착시켰으며, 한번은 후대 군사 지휘관들이 주목할 필요가 있는 몇 가지 조언을 기록으로 남겼다. "어떤 지휘관이 지속적인 간섭을 통해 무엇인가 이득을 얻을 수 있다고 믿는다면 그것은 단지 표면적인 것에 불과하다. 그는 원래 다른 사람이 수행하게 되어 있는 활동을 본인이 담당하게 될 뿐만 아니라 그 과정에서 자신의 효과성 또한 해치게 되며, 그런 식으로 자신의 업무를 증가시키다가 결국은 더 이상 그것을 완벽하게 수행할 수 없는 지경에 몰리게 된다."[21]

1차대전에서 독일은 '지령에 의한 지휘' 원칙을 더욱 확장시켜 특정 상황에 대해 이미 검증된 능력이나 지식을 보고 상대적으로 낮은 계급의 장교에게 이례적인 권한을 부여했다. 두 명의 장교, 게오르크 브루흐뮐러Georg Bruchmüller와 프리츠 폰 로스베르크Fritz von Lossberg의 전시 경력은 이런 원칙이 어떻게 작용했는지를 보여주는 실례가 된다. 브루흐뮐러는 일시적으로 현역에 편입된 소령으로서 전쟁을 시작했으며 명예대령 이상의 계급으로 진급한 적이 단 한 번도 없었지만, 그럼에도 불구하고 그의 포병 전술 덕분에 계속해서 상급자들에게 주목받을 수 있었다. 1918년 봄이 되자 그는 빌헬름 왕세자 집단군에 소속된 모든 포병부대의 실질적인 지휘관 역할을 하고 있었다. 보통 이 자리는 대장이 임명되는 보직이었다.[22] 로스베르크 대령은 비슷한 수준의 하위 장교였지만 방어전에 대해서는 독일 최고의 전문가 중 한 명이었다. 결국 그는 일종의 1인 소방대 역할을 수행하게 되었다. 육군 최고사령부는 어떤 구역이든 가장 큰 위기를 맞은 지역의 군단이나 군의 참모장으로 그를 보냈다. 일단 임지에 도착하면 그는 독일만의 독특한 지휘 권한을 발휘했다. 그것은 바로 '폴마흐트Vollmacht', 즉 전권 위임으로 상관의 이름으로 예하 부대에 지령을 내릴 수 있는 권한이었다.[23] 더 나아가 로스베르크는 적의 공격을 받고 있는 지역의 현장 지휘관이 증원부대의 작전 통제권을 갖도록 지령에 명문화했는데, 이 경우 증원부대 지휘관의 계급은 무시되었다. 그와 같은 혁신은 곧 육군 전체의 작전교리가 되었다.[24]

독일 특유의 또 다른 지휘 원칙은 참모장교를 야전 지휘관으로 임명하는 관행에서 나왔다.[25] 이런 관행은 19세기 초부터 시작됐는데 두 가지 목표를 염두에 두고 있었다. 하나는 참모장교가 일선에서 벌어지는 교전 상태를 좀 더 잘 이해할 수 있는 기회를 제공함으로써 그들이 비현실적인 명령을 내리지 않도록 하는 것이었다. 나머지 하나는 공통적인 견해와 교육을 공유하고 있는 참모장교들을 활용하여 육군 지휘 체계가 어느 정도 통일된 전술교리를 갖도록 하는 것으로, 이런 활동이 없다면 통일된 전술교리는 존재할 수 없었다. 두 번째 목표를 지원하기 위해 프로이센은 소위 '연대 책임의 원칙'이라는 것을 창조했는데, 그것은 모든 지휘 결정에서 참모장이 지휘관과 똑같은 책임을 진다는 내용이다. 따라서 참모장교는 지휘관의 계획에 대해 자신이 갖고 있는 모든 의견 차이를 말로써 표현할 뿐만 아니라 글로써 기록해야만 하는 의무를—선택이 아니었다—갖고 있었다. 이 원칙은 공식적인 지휘 계통과 나란히 공존하는 비공식적 참모 네트워크의 존재와도 딱 들어맞았다.[26] 만약 어떤 참모가 자기 지휘관의 행동에 대해 다른 견해를 갖고 있을 경우 그는 자신의 반대 의견을 상급 부대의 참모장에게 보고할 권리가 있었고, 만약 필요하다면 보고 단계를 계속 높여 참모총장에게도 보고할 수 있었다. 만약 상급 부대의 참모장교도 반대 의견에 동의할 경우 그는 자기 지휘관의 지원을 끌어내 문제의 하급 부대 지휘관을 반대 의견에 동의하게 만들었다. 이런 체계를 총참모본부 채널(제네랄슈타프스딘스트베크General-stabsdienstweg)이라고 불렀다. 이런 체계를 취하게 된 목적은 "총참모본부의 정신적 일체감을 확실하게 다지고 완고하거나 의견 수용에 적극적이지 못한 육군 지휘관들에게 참모의 의지를 확실하게 하는 것" 이었다.[27]

연대 책임 원칙은 20세기 프로이센-독일제국 육군과 총참모본부 모두에게 커다란 혜택으로 작용했다. 이 원칙으로 인해 참모장교가 자기 지휘관에게 복종해야 하는 기본적 의무에서 벗어난 것도 아니었으며 궁극적인 의사 결정권은 바로 지휘관에게 있었다. 실제로 이 문제를 다루었던 역사학자들은 참모장교들이 자신의 반대 의사를 서면으로 보고한다거나 총참모본부 채널을 통해 중재를 호소했던 경우가 거의 없었다는 점에 일치된 견해를 보이고 있다. 지휘관과 그의 참모장교 사이의 관계는 결혼이 모델이라고 할 수 있다. 그들은 항상 의견 일치를 보지는 않았겠지만, 의견 차이를 조용하면서도 은밀한 방법으로 해결했다. 하지만 연대 책임 원칙으로 인해 지휘관과 참모가 질서정연한 방법으로 자신의 의견 차이를 해결하는 방식이 아예 하나의 체계로 자리를 잡을 수 있었으며, 그것은 지휘관이—그들 중 대다수는 포괄적인 군사 교육을 받지 않은 귀족들이었다—단순히 새로운 대안을 접하는 정도가 아니라 그 대안을 진지하게 고려해야 하는 논리적 이유도 들을 수 있게 해주었다. 참모들의 입장에서는, 자신도 최종 결과에 대해 책임을 져야 하기 때문에 자기의 조언이 건전해야만 한다는 사실을 명심할 수밖에 없었다. 또한 이 원칙으로 인해 총참모본부가 육군 내에서 자신의 목소리를 낼 수 있었기 때문에 그들의 권위와 독립성이 더욱 강화되었다.[28]

프로이센-독일제국 시기를 거치는 동안 총참모본부 참모장교들의 가치관과 관습이 독일제국 장교단 전체의 가치관과 관습을 결정했기 때문에 그 시기 독일 육군은 몇 가지 중요한 장점들을 습득할 수 있었고, 그런 장점들은 바이마르 공화국군과 그 이후의 군대에도 전승됐다. 지성과 인성을 동시에 강조하는 풍조 덕분에 독일 육군은 아마도 다른 나라에 비해 전술이나 작전 수준에서 현대전에 대한 대비가 더 잘 되어 있는 장교들을 보유하게 되었다. 지령에 의한 지휘와 전권 위임, 연대 책임 원칙 등을 통해 프로이센-독일제국 육군은 더욱 유연하고 혁신적인 조직이 되었다. 하지만 어떤 군사 체계도 완벽할 수는 없다. 각기 자신의 장점에 상응하는 단점을 갖고 있기 마련이다. 독일군의 경우에는 좁은 시야, 널리 퍼진 오만, 인간의 의지에 대한 도가 넘친 신뢰가 합쳐져 단점으로 작용했다. 그 결과 그들은 자신의 상황 통제력을 실제보다 더 크게 과장해서 생각했고, 마치 기차 시간표를 준수하듯이 전쟁을 관리할 수 있으며 순전히 인성의 힘으로 어떤 장애물이든 극복할 수 있다고 믿었다.

독일군의 장교 교육 훈련 체계는 장점이 되기도 했지만 약점도 반영하고 있을 뿐만 아니라 그것을 조장했으며, 특히 장교들의 시야를 협소하게 만들었다. 총참모본부가 진화하는 동안 지성과 인성에 대한 논쟁 외에도 장교들이 받아야 할 교육의 성격에 대한 논쟁도 함께 벌어졌다. 원래 장교들은 다양한 분야의 교육을 받았다. 예를 들어 1860년대와 1870년대 육군대학 교과과정에는 문학이나 철학, 역사학, 자연과학과 같은 선택 과목들이 존재했다. 하지만 19세기가 막바지에 도달했을 때, 육군대학은 교과과정을 좀 더 실제적이고 기술적인 과목으로 축소시켰다. 그 결과 전술과 참모 업무, 전사戰史가 교과과정의 대부분을 차지하게 됐다. 심지어 과목 명칭에도 육군대학의 임무에 대한 변화가 반영되어, 기존의 '전쟁기술Kriegskunst(Art of War)'은 예술을 뜻하기도 하는 'Art'가 사라지고 대신 과학을 집어넣어 '전쟁과학Kriegswissenschaft(Science of War)'으로 바뀌었다. 19세기 말, 육군대학의 목표는 기술적 전문가들을 배출시키는 것으로 바뀐 것이다.[29]

전사 과목은 장교의 지적 시야를 제한하는 데 중요한 역할을 했다. 언뜻 보기에 그것은 육군대학의 여러 과목들 중 하나에 불과한 것처럼 보인다. 하지만 그것의 영향은 침투력이 강했다. 전사는 장교들이 참석하는 전술 수업의 이론적 기반은 물론 실제 전쟁 계획에서도 출발점이 되었다. 게다가 1871년 이후 수십 년에 걸쳐 실전을 경험한 장교들이 현역을 떠나게 되자 그 중요성은 더욱 빠르게 증가했다. 더 나아가 총참모본부의 사료 편찬 방식에도 문제가 있었다. 총참모본부는 역사 연구를 전문으로 하는 별도의 부서가 있었다. 그 부서 근무자들은 역사를 전공한 학자가 아니었지만 장교라는 지위를 근거로 자신이 역사학을 연구할 자격을 갖고 있다고 생각했다. 그들이 생각하는 역사는 기술적으로 대단히 편협했다. 그들은 거의 배타적으로 보병 전술과 지휘 활동에만 관심을 집중시켰으며, 당시 정황과 관련하여 좀 더 광범위한 내용은 무엇이든 배제시켰다. 또한 그들은 자신이 쓰는 전쟁을 인공적인 틀 속에 억지로 맞추었는데, 그들의 틀은 방어에 대한 공격의 우월성, 물질적 요인에 대한 정신의 우월성을 강조했다.

독일인을 공정하게 평가하기 위해 언급해두지만, 사실 19세기 말에는 어느 나라의 육군도 20세기의 산업화된 전면전을 수행할 준비를 완벽하게 갖추지 못했다. 그리고 독일군의 체계는 다른 나라 육군이 갖추고 있지 않은 유연성과 전술적 탁월성이라는 측면에서 장점을 갖고 있었다. 하지만 독일군의 접근 방식은 대단히 치명적인 오류를 저지를 수 있는 씨앗을 내포하고 있었다. 독일군이 1차대전에 돌입할 때 사용한 슐리펜 Schlieffen 계획은 그 점에 있어서 고전적인 사례이다. 알프레트 폰 슐리펜 Alfred von Schlieffen 백작은 1891년부터 1905년까지 참모총장으로 근무했다. 그는 편협한 기술적 전문가였으며, 그의 작전 계획은 유연성이나 독단성이 개입될 수 있는 여지를 하나도 남기지 않으려고 했다. 그는 클라우제비츠가 강조한 전쟁의 예측 불가능성이나 "적과 최초로 조우하는 그 순간 어떤 작전도 살아남지 못한다"는 몰트케의 금언을 인정하지 않았다.[30] 그는 현대화된 대규모 군대에 대한 중앙집권적 통제가 가능하다고—실제로는 중앙집권적인 통제를 '할 수밖에' 없다고—믿었다. 슐리펜은 '지령에 의한 지휘' 원칙을 어겨가며 공세를 취하게 될 부대에 정확한 목표와 엄격한 시간표를 부여했다. 1914년 8월과 9월 독일군이 슐리펜 계획을 실행하려고 시도했을 때, 그와 같은 중앙집권적 통제가 갖고 있는 모든 문제점들이 분명하게 드러났다.[31] 그에 따른 논쟁의 결과로 독일군은 좀 더 유연한 지휘 체계로 회귀했다. 하지만 전쟁에 대한 그들의 접근법은 여전히 협소한 기계론에 치우쳐 있었고 모든 물질적 어려움을 극복하는 데 있어서 의지력에만 의존하려는 경향이 강했다. 이런 태도는 바이마르 공화국군 내에서 벌어진 정치나 전략, 작전에 대한 논쟁에 영향을 미쳤다.

개념

바이마르 공화국군 시기에 총참모본부 체계가 갖고 있는 문화적, 지적 배경은 독일이 처한 전략적 상황이나 1차대전의 경험 등의 요인들과 상호작용을 해가면서 하나의 미래관을 형성했다. 물론 모든 사항에 대해 합의점에 도달하지는 못했으며 몇 가지 주제에 대한 논쟁은 완전히 사라지지 않았다. 하지만 독일 장교들은 대체로 공통적인 사고의 틀을 공유하고 있었고, 따라서 그들은 별로 중요하지 않은 사항에서만 견해차를 보였다. 그들은 독일이 세계적 강대국이 되는 것을 보고 싶다는 소망을 버리지 않았고 육군이 그와 같은 소망을 충족시킬 수 있는 핵심적 수단이라고 생각했다. 다만 육군이 어떤 식으로 그와 같은 역할을 수행해야 하는가의 방법론에서만 때때로 의견 차를 보였을 뿐이다. 그들이 만들어낸 지적 환경으로 인해 나치즘이 권력을 잡았고 또 한 차례 거대한 전쟁의 폭풍이 밀어닥치게 된 것이다.

양차 세계대전 사이의 기간 동안 총참모본부 장교들 대다수는 두 가지 개념을 적극적으로 수용했다. 첫 번째 개념은 앞으로 있을지 모르는 모든 전쟁에서 총참모본부가 군사 전략이나 작전에 대한 결정을 내릴 자격을 갖춘 유일한 기관이라는 것이다. 그런 자격이 있기 때문에 총참모본부는 전쟁 혹은 평화를 선택하게 되는 모든 결정에서 지배적인 목소리를 갖게 되고, 일단 전쟁이 선포된 이후에는 어떤 민간인의 간섭도 없이 자신이 적합하다고 생각하는 방식에 따라 전쟁을 수행하게 될 것이다. 이와 같은 관점은 대몰트케를 그 시조로 할 정도로 뿌리가 깊다. 클라우제비츠는 전쟁이 정치의 목적에 기여하기 때문에 정치가 전쟁의 수행에 지속적인 영향을 미쳐야만 한다고 했다.[32] 반면 몰트케는 전쟁 이전이나 이후에는 정치적 작용이 있어야 하지만 일단 교전이 진행되고 있는 상황에서는 육군의 활동이 군사적 작전의 필요성에 의해서만 결정돼야 한다고 주장했다.[33] 몰트케와 비스마르크Bismarck는 1870~1871년의 프로이센-프랑스 전쟁에서 이 문제를 두고 격렬하게 논쟁을 벌였으며, 오로지 빌헬름Wilhelm 1세의 직접 개입에 의해서만—비스마르크에게 유리하게—논쟁의 종지부를 찍을 수 있었다.[34] 1890년 프로이센-독일제국에서 일종의 삼두정치 체계가 수명을 다하자 군사 분야와 민간 분야 사이에서 적절하게 균형을 잡아주는 기능도 사라졌다. 비스마르크의 뒤를 이은 수상들은 심지어 총참모본부의 계획이 분명히 국가 전략에 영향을 미칠 때조차 그들의 계획 업무에 가급적 관여하지 않으려고 했으며, 빌헬름 2세는 정계와 군부가 계획 과정에서 서로 협조하도록 주장할 능력이 없었거나 아니면 의사가 없었다. 예를 들어, 적어도 세 명 이상의 수상이 슐리펜의 서부전선 전역 계획에 대해 알고 있었지만 그들 중 누구도 자신이 그 계획의 전략적 기본 전제에 대해 의문을 제기할 권리를 갖고 있다고 생각하지 않았다.[35] 1차대전 이후 바이마르 공화국은 전략 문제에서 좀 더 적극적인 역할을 수행할 의사가 있다는 점을 보여주었지만, 공화국 육군의 유력 인사들은 정부의 지시를 무시하기 위해 수단과 방법을 가리지 않았다.

총참모본부 장교들이 애지중지했던 또 다른 개념은 또 한 차례의 전쟁이 불가피하다는 것이었다. 사실 전쟁은 독일이 베르사유 조약을 개정하고 유럽에서 적절한 지위를 회복할 수 있는 유일한 방법이었다. 1923년 4월의 국방부 장관 문서에는 독일이 전쟁을 통해서만 자국의 자유와 독립을 비롯해 경제적, 문화적 부흥을 얻을 수 있다고 기록되어 있었다. 당시 병무국 정치과장이었던 쿠르트 폰 슐라이허Kurt von Schleicher 중령은 12월 군 지휘부의 목표를 다음과 같이 세부적으로 제시함으로써 그 관점을 뒷받침했다. "1) 국가의 권위를 강화한다. 2) 경제를 회복시킨다. 3) 군사 역량을 재건한다. 그리고 이 모든 사항들을 대독일Greater Germany을 창조하기 위한 외교 정책의 기본 전제로 삼는다." 1925년 5월 또 다른 국방부 문서는 다음과 같이 노골적으로 말했다. "미래에 독일이 민족과 국가로서 자신의 존재를 지속시키기 위해 전쟁을 벌이게 될 것이라는 사실은 너무나 분명하다."[36] 1926년 3월 병무국의 메모는 더욱 구체적인 내용을 담고 있었다. 그것은 독일의 정책적 목표를 라인란트Rheinland의 재점령과 자를란트Saarland, 폴란드 회랑Polish Corridor, 북부 슐레지엔Schlesien의 회복, 비무장지대의 제거로 정의했다. 병무국의 예측에 따르면 이런 목표를 달성하기 위한 노력은 프랑스를 비롯해 벨기에, 폴란드, 체코슬로바키아와의 전쟁으로 이어질 것이고 어쩌면 이탈리아까지 상대하게 될 수도 있었다. 총참모본부의 궁극적인 목표는 먼저 독일이 유럽 대륙에서 강대국의 지위를 회복한 다음 세계적인 강대국의 지위를 확보하는 데 있었다.[37]

총참모본부가 유럽의 전략적 균형을 바꾸는 데 사용할 도구로서 쉽게 전쟁을 받아들였다는 사실로부터 독일에는 뛰어난 전략적 사상가가 부족했다는 사실을 알 수 있다. 독일 군부는 통일 전쟁과 같은 짧고 집중적인 전쟁 속에서 작전적 승리를 거둠으로써 전략적 목표를 달성할 수 있다는 개념에 집착하고 있었다. 거기에 집착하는 동안 그들은 상대가 갖고 있는 역량이나 동기에 대해서는 거의 아무런 이해가 없었다. 그들이 갖고 있는 개념은 '대륙의 관점'을 반영한 것으로, 여기서는 전략과 작전을 대등한 위치에 놓았기 때문에 국제적 역학 관계에 대한 적절한 고려가 부족했다. 이런 지적인 경향들은 별로 새로운 것이 아니었다. 슐리펜도 이런 경향에 전적으로 의지해 자신의 작전을 계획하면서 영국의 잠재력에 대해서는 가볍게 무시하는 태도를 보였던 것이다. 총참모본부는 슐리펜 계획을 계속해서 수행했으며, 심지어 전쟁은 틀림없이 독일이 도저히 감당할 수 없을 정도로 장기적인 투쟁이 될 것이라는 정확하고 분명한 증거를 보고도 아랑곳하지 않았다.[38] 1916년에 벌어진 베르됭 공세나, 무제한 잠수함전을 개시하겠다는 1917년의 결정, 1918년 춘계 공세의 완벽한 전략적 파탄 등은 하나같이 독일 지휘부가 현대 세계의 현실을 전략적으로 볼 수 있는 안목이 없었다는 주장에 무게를 실어주고 있다.[39]

때때로 패배는 어떤 군사 체계가 내부의 근본적 개혁에 착수할 정도로 충분한 자극을 제공하기도 한다. 1806년 프로이센군이 나폴레옹에게 패했을 때도 그런 경우에 해당한다. 하지만 1차대전의 패배는 그것이 초래한 끔찍한 결과에도 불구하고, 그때와 똑같은 효과를 초래하지 못했다. 그렇게 될 수밖에 없었던 이유는 총참모본부가 패배에 대한 일련의 원인을 분석하면서 가장 중요한 문제를 놓쳤기 때문이다. 군부 지도자들은 전쟁이 시작되기 전 프로이센-독일제국이 갖고 있던 전략적 전제 조건을 검토해보지도 않았고, 전쟁이 교착상태에 빠졌을 때에도 독일제국이 수행했던 전략적 방침의 타당성에 대해 의문조차 제기하지 않았었다. 그 대신 총참모본부의 장교들은 대부분 서로 결합된 다른 요인들로 인해 독일이 전쟁에 패했다고 믿게 되었다. 대부분 마른Marne과 베르됭 전투에서의 작전상의 실책, 국내 정책의 실패, 육군과 후방 국민들 사이의 불화, 강력한 중앙집권적 지휘부의 부재 등이 바로 그 요인이다.

그와 같은 믿음의 핵심적 요소는 '등 뒤의 칼stab in the back'이라는 신화* 이다. 일련의 사건에 대한 이와 같은 해석에서는, 처음에는 정부가(그리고 특별히 유대인이) 독일 사회를 단결시켜 한마음으로 전쟁을 수행하는 데 실패하더니 나중에는 육군이 여전히 싸울 수 있음에도 불구하고 반역적인 전투 중지 결정을 내려 전투원들의 기대를 저버렸다고 간주한다. 이 신화는 두 가지 기능을 충족시켰다. 첫째, 국민들이 희생양을 찾고 있을 때 총참모본부는 떳떳할 수 있었다. 바로 그것이 종전 당일부터 그뢰너가 취했던 정책의 목표였다. 그는 분명하게 총참모본부와 정전협상 사이에 거리를 두었다.[40] 둘째, 그 신화로 인해 총참모본부는 자기 행동이 초래한 결과를 똑바로 바라보는 불편한 상황을 피할 수 있었다. 그 동기는 무의식적일지는 모르나 그렇다고 해서 결코 존재하지 않았던 것은 아니다. 총참모본부는 단지 자신의 전략적 전제 조건에 대해 의문을 제기할 준비가 되어 있지 않았던 것이다.

---

* 독일어로는 Dolchstoßlegende, 1차 세계대전 이후 독일에서 인기 있었던 이론으로 독일의 패배 원인은 전장에 있던 독일군에게 있는 게 아니라 가장 중요한 시기에 애국적으로 대응하지 않은 후방의 대중들, 특히 전쟁 노력을 방해한 유대인과 사회주의자들 그리고 공산당원들에게 있다는 주장이다. 이 신화는 히틀러의 떠오르는 권력에 중요한 근거로 이용되었는데, 나치가 1차대전 퇴역 군인들과 이 신화에 공감하는 이들로부터 자신들의 정치적 기반을 키우는 데 이용되었다.

따라서 독일 군부의 지도자들은 세계대전으로부터 진정한 교훈을 배울 수 있는 기회를 놓쳤으며, 아마 당시 그 교훈들을 배웠다면 그들은 수십 년 앞서 자기 조국을 엄청난 불행으로부터 구원할 수도 있었다. 세계 전략이나 수단과 목적의 관계에 대한 그들의 이해는 조금도 나아지지 않았다. 그 대신 군부는 유일한 해결책으로서 전쟁이라는 개념에 집착했고 다음에는 전쟁을 더 잘 수행하는 방법을 찾는 일에 착수했다. 그러는 과정에서 육군은 세 가지 영역에 주의를 집중했다. 당연히 첫 번째는 신무기와 전술 그리고 작전 개념의 상호작용을 통해 참호전이라는 교착상태를 타개하는 것이었다. 두 번째는 심리전과 그것을 활용해 대중의 사기를 유지하는 것이었다. 세 번째는 전쟁을 위한 사회의 조직이었다. '총력전'이 총참모본부의 모델이 됐다. 미래의 전쟁은 단순히 군사력만이 아니라 적이 가진 힘의 근원을 모두 목표로 삼게 될 것이다. 여기서 전투원과 비전투원 사이의 구분은 존재하지 않게 될 것이며 따라서 국가의 모든 자원은 생존을 위한 투쟁과 결합되어야만 할 것이다. 이런 노력은 전제적인 정부를 요구하며, 다만 그 정부는 군사 문제에 있어서 총참모본부의 우위를 인정해야만 한다.[41] 다음 전쟁에서 승리의 열쇠는 총동원과 중앙집권적 지휘, 작전상의 신속한 승리가 될 것이다.

목표를 이처럼 원대하게 설정했지만 독일 군부는 커다란 문제에 부딪쳤다. 베르사유 조약으로 인해 독일에는 소규모 육군만이 남았고, 병무국의 전쟁 연습에서 증명된 것처럼 그 정도 전력으로는 프랑스는 고사하고 폴란드와의 전쟁도 힘에 겨울 것 같았다.[42] 따라서 계획과 이론적 토대 구축 작업은 두 가지 수준으로 진행됐다. 한 수준에서는 독일이 어느 시점에서 재무장하게 될 것이라고 가정하고 그때를 대비하여 몇 가지 계획을 작성하는 작업이 군부에서 진행됐다. 동시에 그때까지 단기적으로 독일의 안전을 보장해줄 수 있는 특정 군사 정책이나 병력 구조, 전략에 대한 탐색 작업도 시작되었다. 결국 이들 두 가지 사고 노선은 미래의 전쟁이 어떤 형태를 띠게 될 것인지를 놓고 벌어진 논쟁 속에서 다시 한 갈래로 통합됐다. 모두가 동의한 사실은 독일이 소모전에서 결코 승리하지 못한다는 것이었다. 따라서 그에 대한 대안으로 무엇이 남아 있는가, 라는 문제가 남게 되었다. 의견들이 분분했지만 결국 군부는 자신의 전략적 문제들을 더욱 심화시킬 뿐만 아니라 독일을 정치적으로 위험한 상황에 빠뜨리게 될 노선을 선택했다.

제크트는 1920년에서 1926년까지 육군 지휘부장으로 근무하면서 독일이 처한 전략적 딜레마의 해결책은 최고로 전문화되고 고도의 기동성을 가진 소규모 부대에 있다고 믿었다. 그는 1차대전의 동부전선에서 얻은 자신의 경험에 의지하고 있었는데, 당시 동부전선에서는 병력이 열세이지만 더욱 효과적이었던 독일군이 규모가 더 큰 러시아군을 물리쳤었다. 그는 보다 작은 군대가 신속한 기습적 공격을 통해 진지전의 한계를 극복할 수 있다고 주장했다. 그가 구상한 체계에서는 인간의 정신에 기술을 결합함으로써 병력의 열세를 극복할 수 있었다. 제크트는 구식의 대규모 부대는 기동이 불가능하며, 그런 군대는 오로지 병력의 무게에만 의존해 적을 분쇄할 수 있다고 주장했다. 그가 구상한 부대라면 신속하고 결정적으로 타격을 가해 적의 대규모 병력을 무력화시킬 수 있을 것이다. 하지만 제크트의 개념은 부분적으로 환상의 영역에 속할 수밖에 없는 운명이었다. 그것은 베르사유 조약이 여전히 유효한 상태에서 독일이 결코 육성할 수 없는 군사력을 요구하기 때문이다. 프랑스가 1923년 루르Ruhr를 점령함으로써 제크트의 개념이 시험대에 올랐을 때, 독일군은 속수무책이었다.[43] 그동안 또 다른 사고를 가진 학파가 등장하고 있었다.

일부 장교들 특히, 병무국의 베르너 폰 블롬베르크Werner von Blomberg와 요아힘 폰 슈튈프나겔Joachim von Stülpnagel은 기존의 전략이 절망적일 정도로 시대착오적이라고 생각했다. 그들은 독일이 나폴레옹을 상대로 사용했던 방식의 민족주의적 해방 전쟁에 초점을 맞춘 전략을 주장했다. 그들의 관점에서는 어떤 침략군을 상대하든 무장 시민들이 게릴라전을 수행하게 되어 있었다. 이런 '인민 전쟁'은 국가의 대부분을 폐허로 만들 수도 있지만 이론상 침략자들은 훨씬 더 소규모 부대의 반격에도 패배할 정도로 취약해질 것이다. 1926년 제크트가 물러나자 블롬베르크와 슈튈프나겔은 자신들의 개념을 실행에 옮기려고 시도했다가 도저히 극복할 수 없는 문제에 직면했다. 그들의 계획이 성공하려면 두 가지 전제 조건을 갖추어야만 했다. 국가가 사전에 전쟁을 준비해야 하며 특히 국민들을 정신 무장시켜 그들을 유사시에 전투원으로 활용할 수 있을지와 반격 부대가 강력한 기갑 전력을 보유할 수 있는지가 선결되어야 했던 것이다. 베르사유 조약의 제약과 더불어 정치적 의지나 재정적 자산이 부족했기 때문에 이들 두 전제 조건 모두 충족 불가능한 것으로 결론이 났다. 더 나아가 1930년의 연구 결과, '인민 전쟁'은 국가의 상황을 고려했을 때 성공할 가능성이 별로 없다고 입증됐다.44

1928년부터 1932년까지 국방장관으로 재직했던 그뢰너와 그의 보좌관인 슐라이허 역시 제크트의 개념에 반대했다. 전적으로 완전히 다른 전제 조건에서 출발하는 그들의 제안은 양차 세계대전의 사이에 제출된 어떤 제안보다도 합리적이었다. 제크트는 군사력 증강이 최우선 과제가 되어야만 한다고 주장했으며, 그 근거로 국제무대에서 무력을 갖지 못하면 어떤 국가도 경제 재건에 대한 희망을 가질 수 없다고 주장했다. 슐라이허는 경제를 먼저 재건해야 한다고 맞서며 그것이 재무장을 위한 기반을 제공하게 될 것이라고 했다. 슐라이허와 그뢰너 모두 제크트가 품고 있는 개념보다 더 국제화된 접근법에 동의했다. 그뢰너는 국방장관이 되자 독일 군사 계획을 현실적 토대 위에 올려놓는 일에 첫발을 내딛었다. 그는 만약 독일이 군사 행동을 고려한다면 정치적 목적이 군사적 수단과 일치해야만 한다고 주장했다. 그는 어떤 상황에서는 독일이 자기방어의 희망조차 가지지 못할 수도 있으며, 따라서 그런 경우 유일한 해결책은 전쟁을 회피하는 것뿐이라고 규정했다. 그의 관점에 따르면 프랑스와 독일 사이에 전쟁이 일어날 가능성은 매우 적었다. 왜냐하면 양측 모두 미국의 재정 지원에 의존하고 있기 때문이다. 미국의 지원을 받는 동안 그 지원금은 독일 내에서 예산 재분배 과정을 거칠 필요도 없이 재무장의 자금으로 사용될 수 있을 것이다. 폴란드가 독일을 침공하는 경우,—그뢰너는 폴란드가 침공할 가능성이 있다고 봤는데, 폴란드는 프랑스만큼 국제 질서에 강하게 얽매어 있지 않았기 때문이다—독일은 지연전을 수행하면서 반격을 준비하게 될 것이며, 반격 이후에는 다른 열강이 개입하여 평화를 강요하게 될 것이다. 그는 이어지는 협상에서 독일이 경제적으로 더 중요하기 때문에 폴란드보다 유리한 입장에 서게 될 것이라고 말했다.[45]

장교단의 대부분은 그와 같은 계획에 가담하고 싶은 마음이 전혀 없었다. 왜냐하면 그들이 가진 군사 문화에서는 전략의 교묘한 특성에 대한 인식이 별로 높지 않았고, 그러다 보니 국제적 역학 관계를 적절하게 평가할 수 있는 능력도 없었기 때문에 독일에 무엇이 유리한지를 제대로 판단할 수조차 없었던 것이다. 동시에 그들은 여전히 자신이, 그리고 오로지 자신만이 전쟁 준비와 전쟁 수행을 지도해야 한다고 믿고 있었다. 그들은 여러 세대에 걸쳐 그와 같은 원칙을 고수했고 이제 와서 그것을 포기하려고 하지도 않았다. 그들은 전쟁이 불가피하다고 생각했다. 특히 그들이—그리고 민간인 지도자들 상당수가—추구하려는 공격적인 목표를 고려하면 더욱 불가피했다. 그들은 병력 10만 규모의 육군이라는 형태로 현재 상태가 그대로 유지됐다가는 그들이 원하는 전쟁에서 결코 승리를 거둘 수 없으며 심지어 독일을 방어하는 것조차 불가능하다고 보았다. 1930년이 되면 그뢰너와 그의 지지자들이 추구하는 국제적 협력은 이미 막다른 골목에 다다른 것처럼 보였다. 그와 같은 결론에 따라 군부의 지도자들은 신속하게 재무장을 추진하고 이어서 전쟁에 돌입하는 방안을 추구하게 되었으며, 그 전쟁은 그들의 지도하에 전광석화와 같은 일련의 작전상의 승리를 지원하기 위해 모든 국가적 역량을 하나로 결집시키게 될 것이다. 그들이 생각할 수 있는 유일한 해결책은 바로 이것이었다.[46]

하지만 이런 결론에 도달하자 군부는 한 가지 중요한 문제에 봉착했다. 군대는 독일의 정치와 사회 체제에 속한 '종속적 기구'에 불과했다. 즉 군대는 정책을 지원할 수는 있지만 지도할 수는 없었던 것이다.[47] 공화제 정부가 독일을 지배하는 한 군대가 선택할 수 있는 사안들은 심각하게 제한될 수밖에 없었다. 이런 상황은 세계적인 경제 위기와 그에 따른 정치적 붕괴가 1920년대 말 독일을 강타하면서 바뀌게 되는데, 그뢰너의 노력은 물거품이 됐고 히틀러가 권좌에 오르게 됐다. 장교단은 군사력을 보존하고 현대의 총력전을 수행하는 데 필요한 요구 조건들을 만족시켜줄 권위주의 정부의 등장을 오래전부터 원하고 있었다. 이제 그들은 자신의 원하던 것을 얻은 것처럼 보였다.[48] 『나의 투쟁Mein Kampf』에서 히틀러가 했던 발언들 속에서 군부는 그가 대륙을 지배하는 투쟁에 나서게 되리라고 추정할 수 있었다. 1933년 2월 3일 군부의 유력한 장성들과 회합을 가졌던 자리나 기타 여러 경로의 발언들 속에서, 히틀러는 재무장과 징병제의 부활, 국제연맹 탈퇴, 베르사유 조약의 개정을 요구했다. 분명 이런 발언들에 대해 군부는 전혀 불만을 품지 않았다. 사실 1933년 대부분의 장교들은 나치와 손을 잡는 방안을 선호하고 있었다.[49]

이것이 바로 나치가 정권을 잡았을 당시의 상황이었다. 19세기 중에 독일은 일관되고 일정한 방식으로 군사 작전을 계획, 조직, 지휘할 수 있는 하나의 관료적 체계 ─ 총참모본부 ─ 를 창조했다. 하지만 최고위층에서는 관료주의적 경쟁과 혼란이 일상화되어 있었다. 최근에는 총참모본부와 국방부 사이의 경쟁으로 인해 정책과 전략을 수립하는 과정에서 문제가 발생했고, 그 경쟁은 계속될 것이었다. 총참모본부가 전형적으로 보여주는 지적, 문화적 행동 양식은 상층부의 불화는 물론 하층부가 보여주는 효율 모두의 배경으로 작용했다. 그 조직에 속한 구성원들은 자신이 군사 문제에 대해 결정을 내릴 자격을 갖춘 유일한 존재라고 생각했다. 하지만 정치와 전략, 더불어 현대전의 본질적인 특성에 대한 그들의 관점에는 심각한 결함이 존재했다. 더 나아가 그들은 자기 자신을 어떤 인물의 처분에 내맡기기 직전의 상황이었다. 그들은 독일을 유럽의 지배 국가로 만드는 데 필요한 자원과 군부의 독립성을 그 인물이 제공해줄 것이라고 믿었다. 하지만 히틀러가 원했던 것은 바로 그들이 그렇게 믿는 것이었다.

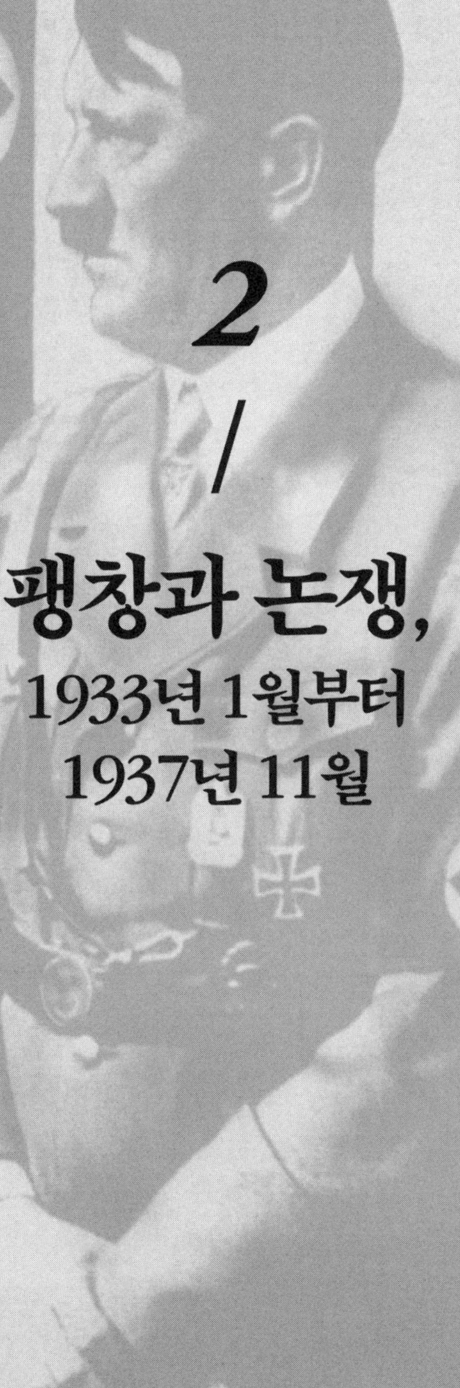

2 / 팽창과 논쟁, 1933년 1월부터 1937년 11월

1933년 1월 30일 히틀러는 독일 수상에 취임했다. 결과적으로 봤을 때 히틀러는 처음부터 군부를 직접 장악하려고 생각하고 있었지만, 그가 정권을 잡은 뒤 초기 5년 동안 장성들은 자신들의 지위가 확실하다는 환상에서 벗어나지 못하고 있었다. 히틀러는 '획일화(글라이히샬퉁 Gleichschaltung)' 과정에 집중하는 동안 장성들의 지원이 필요했고, 그리고 획일화 과정을 통해 나치는 독일 사회의 모든 이질적 요소들을 군건하게 장악했다.[1] 더 나아가 초기에는 그와 장성들이 의견 충돌을 벌일 만한 이유가 별로 없었다. 한동안 새로운 수상은 군부의 지도자들에게 원하는 것을 주거나 아니면 간섭하지 않고 내버려두는 태도를 보였다. 그에 대한 답례로 군부 지도자들은 수상의 인품이나 프로그램의 그다지 달갑지 않은 측면을 기꺼이 눈감아줄 수 있음을 보여주었다. 장군들이 대규모 재무장 프로그램과 최고사령부의 구조에 대한 논쟁, 외교정책의 전개 상황, 좀 더 구체적인 전쟁 계획의 작성 등의 문제에 한창 시간과 관심을 투자하고 있는 동안 히틀러는 착실하게 자신의 권력 기반을 다지고 있었다.

히틀러는 권좌에 오름과 거의 동시에 장군들에게 그들이 가장 간절히 원하는 것을 약속했다. 2월 3일, 육군 지도부장인 쿠르트 폰 함머스타인 에쿠오르트Kurt von Hammerstein-Equord 대장의 집에서 가진 저녁 만찬에서 히틀러는 상비군을 재건하겠다는 언질을 주었다. 그는 또한 육군에 커다란 골칫거리가 되고 있는 의회정치를 중단하겠다고 약속하면서 자신의 정부는 절대 마르크스주의와 반전론을 허용하지 않을 것이라고 말했다. 또한 그 자리에 모인 장성들에게 바이마르 공화국군을 내부 소요를 진압하는 용도로 사용하는 일도 없을 것이며, 또한 자신의 정치적 군대인 돌격대(슈트룸아프타일룽Strumabteilung), 즉 SA와 군대를 통합하는 일도 없을 것이라고 보장했다. 그가 추진할 정책의 전반적 목표는 베르사유 조약의 파기를 통해 독일이 강대국 지위를 회복하는 것이었다. 그는 정확하게 어떤 방식으로 그 강대국의 힘을 사용하게 될지 미리 예측하고 싶지는 않았지만, 최선의 진로는 동부에서 더 많은 삶의 공간을 점령하는 데 있는 것 같다고 밝혔다.[2] 2월 7일 국방부에서 바이마르 공화국군 지휘관들에게 한 연설에서도 그는 똑같은 보장을 반복했다.[3] 이 모든 내용들이 군부에게는 기쁜 소식이 아닐 수 없었다. 그의 말을 들었던 사람들은 히틀러의 견해에 대해 조심스럽지만 낙관적인 반응을 보였다. 그 후 몇 개월에 걸쳐 그는 기회가 있을 때마다 그런 낙관적 분위기를 더욱 강화시켰다. 히틀러가 원했던 것은 육군으로 하여금 그들이 과거에 거의 3세기 동안 그랬던 것처럼 앞으로도 국가의 초석으로 남게 될 것이라고 믿게 하는 것이었다.

히틀러는 힌덴부르크 대통령이 국방장관으로 선택하게 될 인물, 육군대장 베르너 폰 블롬베르크를 동맹으로 끌어들이는 행운도 얻었다. 힌덴부르크는 바이마르 공화국군을 앞으로도 국가의 비정치적 기관으로 유지하면서 외부의 개입으로부터 보호해줄 수 있는 인물을 원했다.[4] 그와 블롬베르크는 상당히 좋은 관계를 유지하고 있었고 실제로 당시 힌덴부르크에게는 블롬베르크가 유일하게 수용 가능한 장관 후보였지만, 문제는 블롬베르크의 견해가 결코 비정치적이지 않다는 데 있었다. 그는 이미 나치당에 긍정적인 태도를 보이며 동프로이센의 보조 방위군으로 히

게르트 폰 룬트슈테트와 베르너 폰 프리치, 베르너 폰 블롬베르크 (독일연방 문서보관소 제공, 사진 번호 73/23/7).

틀러의 SA를 활용하기 위해 그와 함께 일을 했던 적이 있었다.[5] 사실 그와 히틀러는 주요 목표들을 다수 공유하고 있었고, 블롬베르크는 육군을 나치당과 더욱 밀접한 관계로 만들고 싶어 했다. 히틀러가 육군 지휘관들 앞에서 연설했던 바로 그날, 블롬베르크는 일단의 육군 고위 지휘관들에게 현 정부가 "광범위한 국가적 열망과, 수많은 최고 인물들이 오랜 기간 달성하려고 분투해왔던 그 열망의 현실화"를 대표한다고 말했다.[6] 따라서 히틀러는 힌덴부르크의 선택에 기뻐할 수밖에 없는 충분한 이유를 갖고 있었던 것이다.

블롬베르크는 그가 국방장관으로 수행했던 역할 때문에 다양한 진영으로부터 격렬한 비난을 받아왔다. 그런 비난 중 일부는 과장되기도 했지만, 독일에 블롬베르크가 치명적인 선택이었다는 사실에는 의문의 여지가 없다. 이때까지 그는 너무나 성공적인 경력을 쌓아왔다. 1904년 육군대학에 입학했고, 1908년에서 1911년까지 총참모본부에서 근무했으며, 1차대전에서는 다양한 여러 참모 보직을 수행했다. 그리고 1927년이 되면 가장 고귀한 지위인 참모총장(당시에는 병무국장으로 불렸다)에까지 올랐다.[7] 하지만 이후 그는 군사정책과 전략을 두고 국방장관인 그뢰너와의 논쟁에 휩쓸리게 되며 1929년 9월 그뢰너는 블롬베르크를 동프로이센에 있는 방어관구 사령관으로 전출시켜버렸다.[8] 인간적으로 그는 열성적이고, 예리하고, 에너지 넘치고, 개방적이며, 정직했지만, 종종 충동적인 성향도 보였다. 두 차례나 블롬베르크 밑에서 복무한 적이 있었던 육군 대장 베르너 폰 프리치 남작Freiherr Werner von Fritsch은, 블롬베르크는 낭만적인 환상에 치우치는 경향이 너무나 심했고 결단을 주저하는 경향이 있었으며 항상 새로운 것을 추구했고 외부의 영향에 쉽게 흔들려 모시기 어려운 상관이었다고 말했다. 분명 히틀러는 그가 쉽게 지배할 수 있는 인물임을 알았을 것이다. 곧 블롬베르크를 부르는 두 가지 별명이 떠돌기 시작했다. 히틀러를 숭배하는 영화 속 등장인물의 이름을 딴 '히틀러 소년단 크벡스Hitler-junge Quex'와 '구미뢰베Gummi-Löwe', 즉 '고무 사자'가 그것이었다.[9]

블롬베르크는 자신의 참모장과 함께 새로운 임지에 부임했는데, 이것은 독일 육군의 관행이었다. 그는 발터 폰 라이헤나우Walter von Reichenau 대령을 국방장관실장으로 임명했는데, 이것은 1929년 그뢰너가 각 군의 이해관계로부터 국방부의 이익을 지키기 위해 설치했던 기구였다.[10] 여기서 새로운 수상에게 또 하나의 행운이 찾아왔는데, 라이헤나우는 자기 상관보다 훨씬 더 열렬한 친親나치 성향을 갖고 있었던 것이다. 라이헤나우는 이미 자신의 관심을 정치에 너무 많이 쏟았던 관계로 동료들로부터

발터 폰 라이헤나우 (미국 국립문서보관소 제공, 사진번호 242-GAP-102-R-1).

거리가 멀어지고 있었다. 그는 광범위한 교육을 받은 인물이었기 때문에 분명 국가사회주의 운동 속에 내재되어 있는 약점을 꿰뚫어봤을 것이다. 하지만 그는 또한 나치를 독일이 세계무대에 복귀하는 데 필요한 최적의 도구로 생각했다. 따라서 그는 초기부터 나치 지도부를 공개적으로 지지하고 나선 독일군 장교들 중 한 명이 되었고, 이제는 군대와 나치당 사이의 관계에 영향을 미칠 수 있는 지위를 갖게 된 것이다.[11]

군부의 최우선 과제는 1928년 시작된 재무장 프로그램에 더욱 박차를 가하는 것이었다. 이 부분에서 히틀러는 군대가 프로그램을 주도하게 했다. 그리고 자신은 1936년이 될 때까지 재무장과 관련된 전반적 사항에 크게 신경 쓰지 않았다.[12] 이제 블롬베르크가 군사 정책과 전략에 대해 품고 있는 생각들이 진정한 의미를 갖게 되었다. 블롬베르크는 대부분의 그의 동료들처럼 방위 정책에 관련된 사항들을 전적으로 군사적인 관점에서만 바라보았고, 따라서 그는 신속하고 일방적인 재무장을 추진해 독일이 무력으로 자신의 목표를 추구할 수 있게 만들려고 했다. 그와 같은 정책으로 인해 다른 국가들이 독일을 상대로 더욱 단결할 수 있다는 생각 같은 것은 그에게 전혀 문제가 되지 않았다. "그렇게만 된다면 적이 많아지니 승리의 영광도 커지겠군!" 그는 한 동료에게 이렇게 말했다.[13] 그의 새로운 정책은 곧 구체적인 형태를 갖기 시작했으며, 그는 외무장관 콘스탄틴 폰 노이라트Konstantin von Neurath와 함께 제네바 군축 회담을 방해하려고 노력했다. 독일이 너무 일찍 고립 상태에 빠지지 않도록 히틀러가 두 사람을 억제시켜야할 정도였다.[14]

육군 재무장 프로그램의 세부 계획을 작성하는 임무는 병무국이 맡게 되었다. 이제 그들은 자신들의 가장 웅대한 꿈이 실현된 절호의 기회가 왔다는 사실을 깨달았다. 육군은 이제까지 유례가 없었던 자율성을 확보했고, 히틀러는 재무장을 신속하게 진행하는 데 필요한 자금을 제공했으며, 병무국은 계획 과정을 총괄했다. 이제 총참모본부는 지난 세계대전 이래로 끊임없이 갈망해왔던 전력 구조를 창조해낼 수 있게 되었다.[15] 향후 5년에 걸친 육군 재무장 과정에서 육군 지휘 계통의 두 사람이 특별히 중요한 역할을 수행하게 된다. 육군 지도부장 프리치 대장과 병무국장 루트비히 베크Ludwig Beck 중장이 바로 그들이다.

1934년 2월 1일 육군의 지휘권을 인수한 프리치는 블롬베르크 밑에서 병무국 작전과장으로 근무했던 참모장교였다. 그는 대단히 정력적이고, 규율에 충실하고, 신앙심이 깊고, 대단히 지적이며, 능력이 뛰어났지만 그럼에도 겸손했다. 그는 쉽게 친해질 수 있는 성질의 인물은 아니지만 그럼에도 그의 부하들은 대부분 그를 좋게 생각하고 존경했다. 그는 정치나 정치가에 대해 전혀 관심이 없었고 나치에 대한 개인적 애정도 별로 없었다. 오히려 나치나 그 지도부는 그의 귀족적인 정서와 잘 맞지 않았다. 그의 옛 동료인 제크트의 중재가 있었기에 그나마 그가 마음을 돌려 육군 최고 지휘관에 취임할 수 있었던 것이다. 그는 히틀러가 제시한 여러 목표에 동의했고 블롬베르크만큼이나 재무장에 관심이 많았다. 하지만 육군에 국가사회주의 원칙을 심는 문제에 대해서는 블롬베르크만큼 열성적이지 않았다.[16]

루트비히 베크는 1933년 10월 1일 과거 참모총장에 해당하는 지위에 취임했다. 그가 참모총장으로 재임했다는 사실은 후일 특별한 의미를 갖는데, 그가 1937~1938년에는 히틀러의 침략계획에 반대했고, 1944년 7월에는 쿠데타 시도에도 가담하기 때문이다. 그의 인간성에 대한 평가는 엄청난 편차를 보인다. 2차대전 이후 10년 간 그리고 지금도 지속되고 있는 평가에 따르면, 그는 군사적 · 정치적 통찰력을 가진 인물이어서 국가

루트비히 베크 (독일연방 문서보관소 제공, 사진번호 102/17587).

사회주의가 독일을 어느 방향으로 몰고 갈지를 미리 알고 있었으며, 동료들의 지원만 있었다면 히틀러를 저지할 수도 있었다. 하지만 좀 더 최근의 평가는 훨씬 비판적이다.[17] 우리는 베크가 지적으로 대단히 뛰어난 사람임을 알고 있으며, 그가 여러 문제에 대해 동시대 사람들보다 훨씬 더 폭넓은 관점을 표현하는 경우를 많이 보았다. 그럼에도 불구하고, 그리고 부분적으로는 무심결에, 그는 스스로는 종종 반대하곤 했던 어떤 전쟁의 무대를 설치하는 데 일조했던 것이다.

베크와 프리치는 군사문제에 있어서 같은 견해를 상당히 많이 공유하고 있었다. 두 사람은 오랜 친구였고, 1931년과 1932년에는 함께 군사교범 『부대 지휘』의 발간 작업을 수행했다. 이 교범은 단순히 전술 교리만 설명한 것이 아니라 전쟁의 본질과 장교의 역할에 대한 철학적 기반도 제공했다.[18] 그들은 총참모본부가 군사정책의 결정에 있어서는 최고 권위를 가져야 한다는 사상을 공유했으며, 전쟁 지휘에 대한 총참모본부의 배타적 권리를 지키는 일에 전념했다. 베크는 이와 같은 관점들을 기반으로 그 위에 유럽의 정세와 대륙 내에서 독일이 처한 상황에 대해 예리한 시각으로 자신이 파악하고 있던 사실들을 통합시켰다. 슐리펜의 경우와 달리 1차대전에서 그가 얻은 교훈은, 전략가들은 순전히 군사적인 관점으로만 생각해서는 안 되며, 반드시 가능한 한 넓은 의미에서 정치적인 측면도 고려해야 한다는 것이었다. 그는 장차 유럽에서 벌어질 전쟁이 여러 전선에 걸친 장기전이 될 가능성이 높다고 판단했다. 그런 측면에서 독일의 상황은 분명한 기회를 제공하지만 거기에는 또한 상당한 위험이 따르게 될 것이다. 따라서 독일이 몇 차례의 전투에서 승리하는 것 이상의 성과를 내려면 군부 지도자들은 전쟁의 전반적인 상황 전개 속에서 작전을 생각할 필요가 있었다.[19]

하지만 거기에는 어떤 독일 전략가도 벗어날 수 없는 딜레마가 존재했다. 정부의 목표는 절대 현상 유지를 받아들이지 않았다. 그 목표들을 실현하려고 노력하다 보면 여러 강대국을 상대로 전쟁을 벌이게 될 가능성이 있으며, 육군은 이미 오래전부터 이 사실을 인정하고 있었다. 여기에서 수십 년 동안 독일 작전 계획 입안자들을 괴롭혔던 것과 똑같은 문제가 등장한다. 어떻게 독일은 우월한 연합 세력을 격파할 수 있을까? 베크는 독일은 오로지 군사적 수단에 의해서만 승리를 거둘 수 있다고 믿었다. 즉 독일은 경제 전쟁이나 외교적 수단을 포함하는 제한 전쟁에 국가의 운명을 걸 수 없었다. 더 나아가 소모전 역시 선택할 수 없는 대안이었다. 신속하고 결정적이며, 공세적인 군사작전을 통해서 승리를 달성해야만 했다.[20] 베크는 광범위한 유럽 정세에도 주의를 기울였지만, 결국 그보다 앞서서 슐리펜이 생각했던 것과 똑같은 전략적 결론에 도달했다. 그는 앞으로 일어날 전쟁이 여러 적대국을 상대로 한 장기간의 전쟁이 될 것이라는 사실을 알고 있었지만 독일의 유일한 희망은 오직 단기간의 결정적 교전을 치르는 것뿐이라고 생각했고, 따라서 그와 같은 전쟁을 위한 필수적 전제 조건들을 갖추는 작업에 착수하려고 했다. 그의 시각은 슐리펜의 그것처럼 독일의 전략적 딜레마에 대한 작전적 해결책이었다.

하지만 여기서 베크는 프리치와 블롬베르크와 더불어 또 하나의 더욱 실제적인 장애물에 부딪혔다. 그것은 베르사유 조약으로 인해 독일은 군사적으로 너무나 열세인 상황에 빠져버렸고 그것을 따라잡기 위해서는 몇 년에 걸친 집중적 노력이 필요하다는 사실이다. 그에 대한 해답은 신속한 일방적 재무장이었다. 1933년 12월 중순, 베크는 30만 상비군의 편성을 인가하는 문서에 서명했고 그해가 끝나기 전에 1934년 4월부터 병력 확충을 시작하라는 명령서가 발송됐다.[21] 이것은 새로운 재무장 프로그램으로, 4년 안에 21개 사단(전력의 3배 증가)의 창설을 목표로 하고 있었다. 하지만 1934년 5월, 히틀러는 이 병력이 1935년 4월 1일까지 준비되기를 바란다는 자신의 요구를 밝혔다. 프리치와 베크, 그리고 병무국은 그의 요구에 반대했지만 그것은 전적으로 군사적인 이유 때문이었다. 그들이 우려한 것은 그처럼 급속한 팽창을 하면 훈련 시간의 부족으로 병력의 질이 떨어질지도 모른다는 데 있었다.[22] 그들은 자신의 주장에 외교나 물자에 대한 고려를 넣지는 않았지만, 그 부분에서도 이미 문제가 부각되고 있었다. 물자에 관해 육군 병기국Heereswaffenamt의 리제Liese 중장은 1934년 5월, 육군이 보유하고 있는 탄약과 연료의 재고로는 전투를 6주 이상 지속할 수 없다는 사실을 지적했다.[23] 외교적인 부분을 보면, 독일의 적극적 행동으로 인해 같은 해 봄부터 프랑스와 영국과의 관계가 악화되기 시작했다. 군부는 자신의 입장에서 한 발도 물러서지 않은 채 남부 유럽의 국가와 동맹을 맺는 문제를 고려했으며, 그러면서도 재무장에 더욱 박차를 가했다. 그 과정에서 그들은 재정적 고려 사항들 역시 생각에서 지워버렸다.[24]

재무장이 진행되는 동안 독일 육군과 국방부의 고위 장교들은 앞으로 취해야 할 최고 지휘부의 구조에 대해서도 생각하고 있었다. 블롬베르크와 라이헤나우, 프리치, 베크는 중앙집권화된 지휘부가 필요하다는 점에 대략적으로 의견 일치를 이루고 있었다. 나치 정권은 군부가 독일의 역량을 군사 분야에 집중시키는 데 필수적인 정치적 지원을 제공했다. 따라서 오로지 부족한 것은 평시와 전시에 그 역량을 지휘할 조직이었다. 하지만 지휘 구조의 성격에 대해서는 의견이 엇갈려 이미 익숙한 노선들을 따라 분열된 양상을 보였다. 국방부와 총참모부의 해묵은 경쟁심이 다시 발동된 것이다.

블롬베르크와 라이헤나우는 국방부가 전시 지휘 체계의 핵심이 되어야 한다고 생각했다. 그들의 관점에 따르면 세 개의 군종이 동등한 지위를 가지고 그들 상위에 중앙 본부를 두어야 했다. 이들 두 사람은 자신의 계획을 실현시키기에 좋은 위치에 있는 것처럼 보였다. 블롬베르크는 바이마르 공화국 역사상 현역 장교로서 국방장관이 된 최초의 인물이었다. 1933년 4월, 그는 새로운 국방위원회Reichsverteidigungsrat에서 수상의 상임 대리인에 임명됐으며, 국방위원회에는 외무와 내무, 경제, 재정, 선전 등 각 부처 장관들이 참석했다. 4월 말, 힌덴부르크는 그를—비록 공식적으로 발표되지는 않았지만—국방장관 겸 국방군 최고사령관에 임명했다. 4월 말의 인사는 기존의 전통을 크게 벗어난 조치였다. 그전에는 명목상으로도 현역 장성이 그렇게 많은 권한을 가지고 국가의 전쟁 노력에 대한 조정에 나섰던 적이 한 번도 없었다.[25] 한편, 블롬베르크와 라이헤나우는 막후에서 육군 지도부장 함머스타인의 권위를 약화시키는 작업을 진행했다. 함머스타인은 나치에 대한 비판적 시각으로 인해 정치적 지위가 약해졌기 때문에 자신의 영역을 침범하는 월권행위들을 저지할 수 없었다.[26]

블롬베르크는 자신이 새로 갖게 될 권위를 고려한 지휘 체계를 공식화시키고 싶어 했다. 따라서 1933년 10월 17일, 그는 각 군에 이 문제와 관련된 연구에 착수할 것을 명령했다.[27] 베크는 여기서 기회를 포착했다. 그를 비롯해 병무국 소속의 여러 참모들은 "전적으로 군사적인 문제에 대해 정치 조직인 국방장관실이 영향력을 행사하는 것"을 우려하고 있었다. 베크는 병무국의 편제과에 지시해 다음과 같은 구조를 제안하는 초안을 작성하게 했다. 국방위원회는 수상과 국방장관을 포함하며, 국가의 전쟁 수행 노력을 계획하고 조직하는 책임을 담당한다. 국방위원회 운영회의는 국방위원회의 다양한 일상 업무를 수행한다. 국방위원회 운영위원에는 국방부와 각 군 소속 전문가들이 포함된다. 국방장관은 국방군 최고사령관Chef der Wehrmacht이 맡는다. 지령의 준비와 집행 분야에서 그를 보좌하기 위해 국방장관은 국방군 참모부를 둘 수 있으며 그 구성은 육군 참모 2명, 해군 참모 1명, 공군 참모 1명, 경제 담당 참모 1명으로 한다. 초안에서는 참모총장이 국방위원회 운영회의의 의장이 될 수 있으며 국방군 참모부의 역할을 총참모본부가 통제할 수도 있다는 내용을 추가했는데 이는 거의 마지막 순간에 제안된 것이다.[28] 초안의 취지는 국방장관을 군대 지휘 절차에서 배제하고 육군 지휘관이 정책 결정에서 자기 목소리를 낼 수 있는 길을 확보하는 데 있었다.

베크는 이 초안과 다른 여러 초안들을 자신의 근거로 삼아 각서를 작성하고, 1934년 1월 15일에 그 각서를 국방부에 제출했다. 그 속에는 자신의 제안에 대한 이론적 근거로서, 향후 4년에 걸쳐 그리고 그 이후에도 육군의 주장에서 핵심이 될 개념들을 제시했다. 그는 3군을 한 사람의 최고 사령관 예하로 통합하는 것은 필요 불가결한 사항이지 "단지 현 국방장관의 제안으로 등장한 문제가 아니다"라고 말했다. 당연히 최고 사령관은 자신의 명령을 기안할 참모를 두어야 하며, 또한 경제나 선전과 같은 활동을 통제하기 위해 기타 여러 사무국을 두어 장관 소관의 업무를 처리해야 한다. 하지만 국방군 참모부는 작전에 대한 영향력이 없다. 더 나아가 유럽 대륙에 대한 독일의 포부를 생각할 때, 육군은 현재도 그렇고 앞으로도 3군 중 가장 결정적인 병종으로 남게 될 것이다. 따라서 육군 지휘부장은 국방군 최고사령부의 차상급자가 되어야 하며 육군이 수행하는 작전 지휘의 모든 권한을 가져야 한다. 베크의 초안은 비록 비공식적이기는 하지만 함축적으로 육군이 해군과 루프트바페에 대해서도

상당한 권한을 갖도록 되어 있었다.[29]

이 시점에서 프리치가 무대에 등장하여 2월 1일 육군 지휘부장의 지위를 인수할 준비를 하고 있었다. 국방장관이 가해오는 위협으로 인해 프리치와 베크 사이의 동맹 관계가 더욱 공고해졌음은 의심할 여지가 없다. 두 사람 모두 육군의 독립성을 유지하면서 새로운 지휘 체계의 핵심이 되기를 바라고 있었으며, 이것은 블롬베르크와 라이헤나우가 원하는 체계가 아니었다. 프리치는 블롬베르크와 그의 보좌관이 함머스타인 재임 기간 동안 육군 지휘부의 권위를 잠식했던 행위에 대해 신속하게 반격을 가했다. 그는 부하들에게 군사 문제에 대해 국방부에 직접 보고하는 행위를 금지하고 육군의 각 부처에서 국방부에 보내는 모든 정치적 내용의 보고서에 대해서도 지휘부장에게 사본을 제출하게 했다.[30]

그러는 동안 블롬베르크와 라이헤나우도 놀고 있지만은 않았다. 아마 1월에 제출된 베크의 초안에 대한 반응이었거나 혹은 그들 나름대로의 판단에 의해, 그들은 2월 12일 국방장관실을 베르마흐트암트Wehrmachtamt, 즉 국방군국이라는 명칭으로 변경했다. 변경된 명칭은 상징적으로 중요한 의미를 갖고 있었다. 그 명칭은 두 사람의 목표가 특정 조직을 창설하여 블롬베르크로 하여금 3군에 대해 더 많은 통제권을 갖게 하고 군사 계획에 대해 더 많은 간섭을 하려고 한다는 사실을 강조하고 있었다. 새로운 국방군국은 법률이나 방첩, 예산을 다룰 조직을 포함하고 있었으며, 그중에서도 특히 국가방위과, Abt.LAbteilung Landesverteidigung이라는 조직은 중요한 의미를 지녔다. 그것은 블롬베르크의 군사 계획 부서가 될 예정이었다. 라이헤나우의 전망에 따르면, 국가방위과는 국방군 총참모부로 확대되어 3군에 대한 통제권을 갖게 되어 있었다. 1934년 5월에는 라이헤나우가 실제로 그런 조직 배치 방안을 제안했다. 그러자 7월에 육군은 각 군이 독자적인 작전 계획 권한을 가져야 하고 각 군은 국방군 참모장이 아니라 국방군 총사령관의 직접 지휘 아래 머물러야 하며, 국방군 참모부는 오로지 운영 부서에 불과하다고 반격에 나섰다.[31] 육군의 주장이 블롬베르크에게 어떤 영향을 주었다는 징후는 전혀 보이지 않았을 뿐만 아니라 오히려 그는 라이헤나우에게 더 많은 권력을 장악하라고 촉구했다. 그해 가을, 라이헤나우는 베크로부터 국방위원회 운영회의의 의장직을 인수했고, 11월 1일에는 각 군의 군비 프로그램을 조율하려는 시도로써 국방군국에 경제과와 병기과를 추가했다.[32]

이런 경쟁을 부채질한 것은 과연 무엇일까? 여기에는 여러 인자들이 복합적으로 작용했다. 분명 논란의 주역들은 중앙집권화된 지휘 체제가 필요하다는 점에서 일치된 견해를 보였다. 각 방안의 주창자들은 모두 육군의 이익을 타군의 이익보다 우선시했다. 육군은 그런 생각을 국방부보다 더 노골적으로 표현했다. 하지만 사실상 양측의 핵심 당사자들은 모두 육군 장교였다. 그들 중 누구도 해군이나 루프트바페에 소속된 장교, 혹은 히틀러의 정치적 군대, SA의 장교가 전군의 지휘권을 가져야 한다고 말하지는 않았다. 그들은 목적에 대해서는 생각이 같았지만 단지 수단에서만 의견이 달랐던 것에 불과하며, 결국 논쟁은 대체로 육군 내부를 벗어나지 못했다.

이 논쟁에서 객관적 요인과 주관적 요인들 사이의 균형은 판단하기가 어렵다. 한편으로는 조직에 대한 주장의 대다수가 정당성을 갖고 있었다. 그래서 각 당사자들은 자신이 독일의 미래 지휘 구조에 대해 최적의 해결책을 옹호하고 있다고 믿었다. 이것은 누구도 객관적인 시각으로 결정을 내리기가 어려운 논쟁이었다. 각각의 제안이 장점을 갖고 있었던 것이다. 이런 측면이 있었기 때문에 각 안의 주창자들은 자신의 특정 해결책에 지속적으로—어떤 사람은 고집스러워 보일 정도로—지지를 보냈던 것이다. 반면 이 분쟁에서 인간적 자존심과 욕망도 분명히 커다란 역할을 했다. 그리고 그 논쟁이 작전 지휘 문제에만 편중되어 있는 이유도 바로 거기에 있다. 육군의 지도자들이 총참모본부의 전통과 역사에 너무 깊이 빠져 있었던 것이다. 그들이 경제 관리나 무기 생산과 같은 문제의 중요성에 대해 어느 정도 이해하고 있었다고 해도 그들은 지휘권에 훨씬 더 큰 비중을 두었다. 영광은 바로 그곳에 있었던 것이다.[33] 무엇보다 대몰트케는 병력 구조를 놓고 제국의회와 논쟁을 벌임으로써 명성을 얻은 것이 아니었다. 더 나아가 총참모본부의 전통이 이기심을 배척하며 군이 자신의 이름이 드러나지 않도록 근무하는 태도를 강조하기는 하지만, 참모장교들이 정말 아무런 욕망도 갖고 있지 않다고 자부한다면 그 사람이 오히려 어리석은 사람일 것이다. 알프레트 요들Alfred Jodl 대령은 나중에 에리히 폰 만슈타인Erich von Manstein 소장에게 이렇게 말했다. "정말 부끄러운 것은 육군 최고사령부 OKHOberkommando des Heeres의 인물들이 하나같이 고집이 세다는 것입니다. 만약 프리치 장군과 베크 장군, 각하께서 OKW에 계셨다면, 각하께서는 분명 육군 최고사령부의 편을 들지는 않으셨을 겁니다." 만슈타인은 요들의 논평이 옳다는 사실을 인정했다. 그리고 그는 만일 자신과 프리치, 베크가 OKW, 즉 국방군 최고사령부에 근무했다면 분명 모든 지휘권을 장악하여 국방군과 육군 지휘부가 완벽하게 병렬 관계를 이루는 조직 구조를 허용하지 않았을 뿐만 아니라, 국방장관이 떠안은 업무까지 책임지게 되는 짓 따위는 하지 않았을 것이라고 말했다.[34] 논쟁의 주창자들이 하나같이 자신은 충분히 자격을 갖추고 있어서 작전 지휘권을 행사하고 전략이나 정책적 수준의 조언을 제공하거나 더 나아가, 어쩌면 그런 활동을 지도할 수 있다고 생각했다는 것은 사실이다. 양 당사자가 자기 자신과 조직에 대해 믿음을 갖고 있었다는 점을 고려하면, 그들이 자신에게 권력을 안겨줄 특정 해법을 내놓았다는 사실은 별로 놀라운 일도 아니다.

마침내 개인적 적대감과 정치 논리가 논쟁의 동기에 추가되기에 이르렀다. 프리치와 베크, 기타 다수의 고위 육군 장교들이 약간의 의심을 가지고 블롬베르크와 라이헤나우를 주목하기 시작했다. 두 사람이 육군을 국가사회주의의 틀 속으로 더욱 깊숙이 밀어 넣으려고 노력하자 많은 장교들이 그들을 급진적이라고 생각하게 되었다. 라이헤나우는 '나치 장성'이라는 평판 때문에 특히 큰 손상을 입었다. 더 나아가 그는 많은 고위 장교들이 사회적으로 용납할 수 없다고 생각한 방식으로 행동했을 뿐만 아니라 자신과 의견이 다른 사람을 향해 신랄한 비평을 퍼붓는 바람에 적도 많이 만들었다.[35] 그에 대한 동료 장교들의 적대감을 반反나치 정서와 혼동하는 것은 곤란하다. 베크와 프리치 모두 넓은 범위에서 보면 초기 나치 동조자에 속했다. 그들은 나치 운동을 독일의 발전에 긍정적인 운동으로 보았다. 베크는 1930년 자기 휘하의 장교 세 명을 위해—그리고 결국은 히틀러를 위해—증언대에 선 적이 있다. 문제의 장교들은 나치 선전물을 유포해서 반역죄로 기소된 것이었다. 베크가 증언을 통해 그들의 인성을 옹호한 부분은 문제가 없었지만, 그들의 정치적 관점을 옹호한 부분은 그의 해임이 거론될 정도로 큰 문제를 일으켰다.[36] 하지만 베크와 프리치는 다른 고위 장교들과 마찬가지로, 나치당이 육군의 문제에 개입하려고 할 때마다 반대했다. 그들은 육군이 독립적으로 남아 있길 바랐다. 자신의 입장에서 블롬베르크와 라이헤나우, 그리고 주로 젊은 장교들을 중심으로 점점 더 증가하고 있는 특정 집단은 육군 지도부의 고위 장교들을 절망적으로 구시대적이고, 현실과 동떨어져 있으며, 심지어 조직으로서 육군의 정치적 생존에 위협이 되는 존재로 간주했다.

그 근본 원인이 아무리 복잡하더라도 주도권 분쟁의 진정한 의의는 그것이 전혀 무익한 에너지 낭비였다는 데 있다. 이러한 연속적인 내부 분란에 매달리다 보니 육군 지도부와 국방부의 수장들은 독일의 정치적, 군사적 발전에서 매우 중요한 순간에 육군을 분열시켜 버렸다. 히틀러에 대한 저항은 별로 중요하지 않았다. 사실 군부 지도자들 중에는 굳이 저항할 만큼 히틀러를 싫어하는 사람도 없었다. 지도부가 서로 공조를 이루어가며 행동했을 경우 효과적으로 기능을 발휘할 수 있는 통합 지휘 체계를 구축할 기회가 아직은 있었다. 하지만 그러기는커녕, 그들은 자기들끼리 논쟁을 벌이는 데 너무나 많은 에너지를 소모했기 때문에 단결해서 군사 정책을 추진해나가지도 못했고 그들이 지배하려고 했던 조직, 해군과 루프트바페의 정치적 움직임에 대응하지도 못했다. 블롬베르크가 국방군 최고사령관으로서 자신의 권위를 발휘하려고 시도했을 때, 이들 조직의 지도자들은—각각 에리히 라에더와 헤르만 괴링Herman Göring—그의 시도가 성공하지 못하도록 최선의 노력을 기울였다. 또한 그들은 프리치나 베크의 예하로 들어갈 생각도 전혀 없었다.

라에더 제독은 히틀러에게 깊은 인상을 받았다. 제독은 수상의 정치적 수완과 사람을 지배하는 능력, 추진력, 지능을 존경했다. 그는 히틀러가 해군의 역할에 대해 건전한 생각을 갖고 있다고 믿었다. "나는 이 점을 기쁘고도 만족스럽게 밝힐 수 있다." 그는 1933년 일단의 장교들에게 이렇게 말했다. "수상 각하는 …… 해군의 거대한 정치적 의미에 대해 깊은 확신을 갖고 계시다."[37] 두 사람 사이에는 즉시 강한 신뢰감이 형성됐다. 그래서 블롬베르크가 해군 문제에 대해 발언권을 가지려고 했을 때, 그는 불리한 입장에 처하게 됐다. 라에더는 해군의 통제권을 일개 육군 장교에게 넘겨줄 생각이 전혀 없었던 것이다.[38]

공군장관 헤르만 괴링은 1935년 3월 이후 공군 최고사령관으로서 육군에 더욱 어려운 문제를 제기했다. 그는 정치적 음모에 능숙했고 야심이 컸으며, 잔인하고, 양심이라고는 눈곱만큼도 없었다. 그는 고위 지휘관 경력이 부족했지만 그럼에도 불구하고 그가 가질 수 있는 모든 군사적 권력에 달려들었다. 게다가 그는 블롬베르크에게 부족한 한 가지 커다란 이점을 갖고 있었다. 그는 히틀러의 정치 측근이었던 것이다. 1934년 초의 그에게는 공식적인 권한이 별로 없었다. 사실 공식적으로 그는 블롬베르크의 하급자에 불과했다. 하지만 블롬베르크는 현실에서 그를 통제할 수 없었다. 그는 육군과 해군의 반대에도 불구하고 이제 막 날갯짓을 시작한 루프트바페의 지휘권을 한곳에 집중시키는 데 성공해 1933년 5월 공군부를 창설했다. 블롬베르크는 최선을 다해 괴링의 지위를 약화시키려고 했지만 아무런 소용이 없었다. 괴링은 기회가 될 때마다 블롬베르크를 무시했고, 그가 있었기 때문에 루프트바페는 국방군 최고사령관의 통제 범위 밖에서 굳건하게 발판을 마련했다. 오래지 않아 괴링은 심지어 블롬베르크의 자리까지 넘봤다.[39]

비록 해군과 루프트바페가 귀찮게 하기는 했어도 초기 단계의 루프트바페는 물론 해군도 에른스트 룀Ernst Röhm이 이끄는 SA만큼 육군에게 심각한 위협이 되지는 않았다. 룀은 나치 운동의 초창기부터 히틀러의 가장 가까운 동맹이었다. 그는 타고난 군인이었거나 적어도 자신은 타고난 군인이라고 주장했다. 하지만 그는 자신의 군인 기질에 국가사회주의의 '사회주의' 요소와 불안정성, 기회주의, 폭력성을 결합시켰다. 특히 폭력성은 환멸에 빠진 대다수의 1차대전 참전 용사들이 공유하고 있는 성향이기도 했다. 게다가 그는 제크트가 공화국 육군에서 제거했던 '일선 장교'들 중 한 명이었다. 따라서 그와 같은 육군 측의 냉대를 절대 용서하지 않았으며 특히 총참모본부를 증오했다. 룀의 원대한 희망은 그의 SA를 새로운 '인민 육군'으로 전환시키고 구舊육군을 그 속에 병합시키는 것이었다.[40] 룀의 야심은 장성들을 경악하게 만들었다. 하지만 히틀러가 아직 자신의 권력을 다지고 있는 동안 그는 그 장성들의 도움이 절실하게 필요했다. 1934년이 되자 룀은 히틀러의 지도력, 그리고 군사 문제에서 국가사회주의 '혁명'이 취하는 노선에 대해 공개적으로 불만을 표시하기 시작했다. SA는 무기를 축적하고 여러 곳에 있는 자신의 본부에 경비병을 세우기 시작했다. 히틀러는 룀을 진정시키기 위해 최선을 다해 SA와 육군 사이의 화합을 도모했지만 결국 실패했다. 룀이 계속 저항하자 히틀러는 그를 비롯해 여러 SA 지도자들을 체포하고 1934년 6월 30일 즉결 총살형에 처했다.[41]

이 사건의 정치적 의미는 사건의 복잡성만큼이나 중요했다. 비록 장군들이 SA의 숙청에 배후 세력으로 깊이 관여하고 있기는 했지만, 숙청이 그렇게 잔혹한 방식으로 이루어지자 깜짝 놀라지 않을 수 없었다. 그들은 좀 더 제한적인 방식, 적어도 겉으로는 적법하게 보이는 수단을 기대했었다. 게다가 전임 수상 슐라이허와 여러 고위 공직자들이 포함된 히틀러의 오래된 정적들까지 동시다발적으로 살해당하는 사태는 분명 예상치 못한 일이었다. 프리치 장군은 블롬베르크에게 사건을 조사해야 한다고 이야기했지만 국방군 사령관은 그것을 거부했다.[42] 그들의 입장에서 블롬베르크와 라이헤나우는—대부분의 다른 장교들과 마찬가지로—모든 문제가 해결됐다는 사실에 만족할 뿐이었다. 그들은 SA의 운명에 만족했기 때문에 쓸데없는 풍파를 일으키려 하지 않았다. 오랜 전우인 슐라이허가 잔인하게 살해됐음에도 이들 고위 장교들이 그것을 묵인했다는 사실은 전체 장교단에 보이지 않는 파문을 일으켰다. 그것의 의미는 분명했다. 즉 나치가 장교단 자신들에게 위해를 가하는 순간에도 육군 지휘부는 나치의 편에 섰다는 것이다. 더 나아가 SA의 몰락으로 인해 히틀러의 개인 경호 부대인 친위대, 즉 SS가 더욱 위험한 경쟁자로 부상할 길이 활짝 열렸다.[43]

SA를 제거함으로써 히틀러는 군부에 대한 자신의 충성심을 증명했다(비록 오래가지는 않지만). 그리고 곧 군부는 은혜에 보답할 기회를 갖게 되었다. 1934년 8월 2일, 힌덴부르크 대통령이 사망하자 히틀러는 즉시 대통령직과 수상직을 통합하여 스스로 독일 제국 총통이자 바이마르 공화국군 총사령관이 되었다. 군부는 신속하게 그에 대한 지지를 선언했다. 바이마르 공화국 체제에서 군인들은 헌법을 준수하겠다고 선서했다. 이제 블롬베르크와 라이헤나우는 자신의 의지에 따라 바이마르 공화국군으로 하여금 새로운 충성의 선서를 하게 만들었다. "나는 신의 이름으로 이 신성한 맹세를 한다. 나는 독일 국가와 민족의 지도자, 국군 최고 사령관 아돌프 히틀러에게 무조건적인 충성을 바칠 것이며, 이 맹세를 지키기 위해 한 사람의 용감한 병사로서 언제든 목숨을 기꺼이 바칠 준비가 되어 있다."[44]

그와 같은 맹세가 어떤 결과를 초래하게 될지 검토해볼 기회를 가진 장교는 거의 없었다. 왜냐하면 블롬베르크와 라이헤나우는 힌덴부르크 장례식의 마지막 순간에 그것을 추가했기 때문이다. 훗날 베크는 그날을 자신의 삶에서 가장 암울했던 순간으로 기록했을 정도로 충격을 받았으며, 프리치가 간신히 그를 설득해 사임을 막을 수 있었다.[45] 프리치 본인도 블롬베르크에게 그 행동의 합법성에 대해 이의를 제기했다. 하지만 대부분의 장교들은 별로 개의치 않았다. 아마 총통의 행동이 그들의 근심을 달래주는 역할을 했을 것이다. 바이마르 공화국군이 충성심을 표현하자 히틀러는 당연히 기쁨을 감추지 못했다. 그는 블롬베르크에게 공개 서한을 보내 이렇게 말했다. "국방군의 장병들이 나의 새로운 국가에 충성을 서약했으니 나는 국방군의 존재와 불가침성을 지키는 것을 최고의 의무로 간주할 것이며, 고인이 되신 육군 원수의 유언과 내 자신의 진실한 의지에 따라 육군이 국가의 유일한 무장 수단으로 남아 있기를 바란다." 라이헤나우가 새로운 서약을 통해 얻기를 원했던 바로 그 결과가 나타난 것처럼 보였다. 즉 국방군이 총통에 예속되는 만큼 총통도 군대에 얽매이게 되는 것이다.[46] 히틀러가 정권을 잡고 18개월이 흘렀지만 그의 장교 집단은 아직도 그의 인간됨을 제대로 파악하지 못하고 있었다.[47]

이후 장군들의 불평을 초래할 상황이 벌어지지 않은 채 3년이 흘렀고, 어쨌든 그 기간 동안 장군들은 몹시 분주하게 움직였다. 1933년 12월의 재무장 프로그램에 따른 업무가 1935년까지 계속 이어졌고, 히틀러가 베르사유 조약의 군사력 제한 조항들을 공개적으로 파기하면서 일의 진척 속도가 더욱 빨라졌다. 3월 5일 히틀러는 공군부에서 루프트바페의 창설을 선언했다.[48] 이어서 3월 16일에는 독일의 재무장과 징병제의 재도입을 선언했다. 그리고 두 달 뒤, 5월 21일에 그는 비밀 국가방위법에 서명을 하여 그 법에 따라 소규모 직업군인 위주의 육군이 국방군 육군으로 증강됐다. 바이마르 공화국 시절의 바이마르 공화국군은 국방군으로 이름이 바뀌었다(하지만 국방군이라는 용어는 이미 광범위하게 사용되고 있었다. 블롬베르크의 직책명이 그 예이다). 국방부 장관은 전쟁부 장관이라는 새로운 명칭을 받았고, 최고사령관으로서 국방군에 대한 지휘권을 행사하면서 오로지 총통이자 총사령관인 히틀러에게만 예속됐다. 육군 지도부와 해군 지도부는 각각 육군 최고사령부와 해군 최고사령부 OKM Oberkommando der Marine으로 바뀌었으며, 각 부의 부장이 최고사령관에 취임했다.[49]

대부분의 경우 호칭의 개정이 어느 정도 의미 있는 조직 개편으로 이어지지는 않았다. 총참모본부가 규모를 팽창시키며 내적으로 조직을 재정비하기는 했지만 그밖에 다른 상부 조직에는 별다른 변화가 없었다. 변화는 하위 수준에서 일어났는데, 재무장의 영향을 가장 많이 받은 부분은 바로 그곳이었다. 1935년과 1936년 재무장 프로그램은 목표를 계속 확장시켰다. 1936년 여름까지 육군은 전시 동원 병력을 4년 이내에 준비시키려는 계획을 작성하고 있었다. 계획에 따르면 그 병력은 예비군까지 포함하여 102개 사단의 총병력 260만이 될 예정이었다. 이는 1914년 수준보다 50만이 더 많은 병력이다. 총참모본부는 이미 육군이 방어전을 수행할 수 있는 수준에 도달했다고 판단하면서, 1940년까지는 공세적 전쟁을 추진할 수 있는 준비 상태에 도달할 것이라고 기대했다. 총통은 4개년 계획으로 그 목표를 지원했는데, 그는 4개년 계획을 통해 경제적 영향에는 관계없이 재무장을 최우선 순위에 둘 것을 요구했다.

하지만 육군이 모든 것을 자기 뜻대로 추진하지는 못했다. 재무장에 따른 문제점이 이미 나타나고 있었다. 사실 '프로그램'이라는 용어 자체가 어쩌면 과장인지도 모른다. 독일은 일관된 노선을 따라 재무장을 위한 노력을 계획하거나 집행하지 않았다. 히틀러는 명확한 목표를 제시하지도 않았고, 어떤 행동이 이루어지기를 원하는 시한도 밝히지 않았다. 따라서 각 군은 각자 자신의 목표를 설정하고 상호 협조를 전혀 고려하지 않은 계획을 수립한 뒤 한정된 자원을 두고 서로 싸우고 있었다. 윗선에서는 적어도 3개 이상의 부서들이 재무장 활동의 전반적 통제권을 두고 경쟁을 벌이고 있었다. 전쟁부 국방군국의 국방경제 및 병기부는 전쟁 경제 총장과 4개년 계획 총장을 두었다. 괴링은 1936년 10월 마지막이자 최신의 조직인 4개년 계획부를 맡았으며, 자기 시간의 대부분을 투자해 육군과 해군을 경제 계획 과정에서 배제시키려고 노력했으며, 이에 따라 육군과 해군도 그의 의도를 저지하려고 했다.[50] 이런 경쟁의 결과로 재무장을 위한 노력은 대체로 비계획적이고 비협조적이며 통제 불가능의 상태로 진행됐다. 각 군은 그저 가능한 최대의 자원을 확보하는 데 혈안이 되어 독일이 당면하고 있는 실질적 한계나 급속한 재무장이 초래한 손실은 대부분 무시했다.

한 가지 문제는 장교의 충원과 관련이 있었다. 1933년 10월, 육군에는 약 3,800명의 현역 장교들이 복무 중이었는데, 다음 해 그 수는 72퍼센트 이상 증가하여 6,533명이 되었다.[51] 전체 장교단은 —그리고 특히 총참모본부 장교단 —그처럼 신속한 팽창을 감당하기 위해 장교 자격 요건을 완화하고 훈련 시간을 단축할 수밖에 없었다. 그럼에도 독일은 여전히 부족한 인원을 모두 충원할 수 없었다. 1936년 7월 24일 총참모본부의 편제과가 배포한 각서는 평시의 육군은 1941년까지 1만 3,000명 이상의 장교가 부족하게 될 것이며 정상적인 상황에서는 1950년까지 그와 같은 부족분을 충당하지 못할 것이라고 밝혔다![52] 육군 인사국Heerespersonalamt 또한 총참모본부에게 인력 문제를 경고했다. 인사국은 1933년에 전체 병력의 7퍼센트에 해당하는 장교 인력 확보를 계획했다. 하지만 1935년이 되자 실제 장교 인력 비율은 1퍼센트 미만으로 하락했고, 이런 추세가 계속된다면 육군의 효과성에 심각한 손실이 예견되었다.[53]

새로운 장교의 유입으로 정치적인 파문도 일었다. 장교의 수를 늘려야 했기 때문에 육군은 이미 나치를 신봉하고 있는 인물들을 많이 받아들일 수밖에 없었다. 국가사회주의는 한동안 장교단 속으로 은밀하게 침투했지만, 이제는 전적으로 다른 차원으로 문제가 전개되기 시작했다. 블롬베르크와 라이헤나우는 이것을 긍정적인 발전이라고 믿었다. 사실 전쟁부 장관은 이미 각 군에 장교 후보들이 국가사회주의에 대해 적절한 태도를 보이는지 확실하게 증명할 것을 요구하고 있었다. 예를 들어 1935년 7월 22일에 각 군의 지휘관에게 보낸 각서에서 그는 이렇게 용건을 시작했다. "국방군이 국가사회주의의 국가 개념에 지지를 선언하는 것은 자명한 일이다."[54] 1937년 4월에 행한 연설에서는 한 걸음 더 나아가 장교 임관에 필요한 학력 제한을 낮추어야 한다는 히틀러의 생각을 수용하는 태도를 보였다. 그는 이런 조치가 "독일의 새로운 사회주의를 위해 가장 중요한 요구 사항" 중 하나이며, 이를 통해 육군의 도덕적 체질이 강화될 것이라고 믿었다.[55]

나치를 신봉하는 장교의 수가 증가하면서 장교단의 결속력 또한 약화됐는데, 결속력이야 말로 엄정한 군기와 효율성 그리고 정치적 안정성을 유지하는 데 필수적인 요인이었다. 육군은 점점 더 크게 양극화되어 프리치나 베크 같은 소수의 연륜 있는 장교들은 나치당과 거리를 두려고 했고, 그 수가 급격히 불어나고 있는 젊은 장교들은 육군이 전적으로 국가사회주의 조직이 되기를 원했다. 따라서 육군 내부의 논쟁에 정치적 요소마저 가미되면서 거대 조직 어디서나 나타나기 마련인 일반적인 세대 간의 갈등이 더욱 악화되었다. 동시에 육군의 팽창으로 인해 발생한 엄청난 수의 진급 기회와 국가사회주의가 초래한 기회주의가 상승작용을 일으키자, 이전 공화국 육군에서는 볼 수 없었던 엉뚱한 욕구가 분출했다. 비열한 질투심이나 개인적 욕망, 진급을 위해 연줄을 이용하는 작태들이 이제는 예외가 아니라 일상적 현상으로 자리 잡았다. 육군 지휘부는 예전의 육군 전통에 결부시킬 경우 대단히 유용할 것으로 생각되는 몇 가지 국가사회주의 원칙에 기반을 두고, 1935년 이후 장교단 내에 새로운 공동체 의식을 형성하기 위해 온갖 노력을 경주했다. 그러나 이런 노력은 결국 성공하지 못했다. 장교단은 결코 분열을 일으키지는 않았지만, 1920년대에 그랬던 것만큼 정신적으로 단합된 조직체도 아니었다.[56]

단기적으로 볼 때, 장교단의 성장통은 재무장으로 초래된 경제적 파장에 비하면 사소한 문제였다. 간단히 말해, 독일 경제에는 각 군의 수요를 감당할 수 있는 재정적 · 물질적 자원이 충분하지 않았다. 할마르 샤흐트Hjalmar Schacht 국립은행 총재는 재무장 프로그램이 독일 경제를 붕괴시킬 것이라고 경고했다. 국방경제 및 병기부의 게오르크 토마스Georg Thomas 대령은 현재의 '광범위한 재무장'은 신속한 전력의 육성을 강조하고 예비전력에 대해 별로 신경을 쓰지 않기 때문에 실제로 군대에 필요한 '심도 깊은 재무장'을 저해하게 될 것이라고 말했다. 그리고 1936년 8월, 프리드리히 프롬Friedrich Fromm 소장은 프리치가 지시한 연구를 끝내고 육군의 최신 군비 확장 계획으로 인해 탄약과 장비, 원자재, 산업 시설, 기능공의 가용성 측면에서 심각한 어려움이 발생했다고 지적했다. 계속해서 그는 만약 필요한 자금과 외화를 조달할 수 있을 경우 육군의 계획은 달성될 수 있지만, 과연 자금의 조달이 가능할지는 의문이라고 밝혔다. 그는 결론에서 독일이 재무장 기간의 막바지에 가서 국방군을 사용하거나 아니면 재무장 규모를 축소할 수밖에 없을 것이라고 말했다. 프롬은 자신의 연구에 대해 아무런 대답을 듣지 못했지만 그의 보고서에 기술된 원본 자료들은 프리치가 재무장 프로그램에 필요한 비용을 설명하는 목적으로 사용되었다. 그는 무슨 수를 쓰든지 계속 프로그램을 진행할 생각이었다![57]

군부 지도자들에게 선택의 폭은 그리 넓지 않았지만, 그들은 그런 사실을 받아들일 수도, 받아들이려고도 하지 않았다. 그들이 현재의 프로그램을 그대로 밀고 나간다면, 경제는 붕괴하고 외교 상황은 악화될 것이며, 각 군은 서로에 대한 경쟁심으로 자신의 무장 프로그램을 위해 더 큰 자원을 차지하고자 이전투구를 벌이게 될 것이다. 하지만 모든 실질적 이유에도 불구하고 재무장 계획의 축소는 군부는 물론 히틀러가 그렇게 염원하던 목표들을 포기한다는 의미였으며, 더욱이 지도자들이 재무장을 위한 다른 모든 대안들을 이미 오래 전에 무시해버린 상황이었기 때문에 여기서 포기한다는 것은 곧 종말을 의미했다. 그것은 지휘 체계의 윗선에 자리 잡은 그 누구도 미처 생각해보지 않은 심각한 문제였다. 다시 말해 1936년까지도 베크는 재무장 프로그램을 지연시킬 수 있는 것은 무엇이든 단호하게 거부했다. 융통성 없게도 국제 환경과 독일의 고립이 점점 더 격화됐기 때문에 지연은 생각할 수도 없는 일이 된 것이다! 유일한 대안은 준비가 부족하더라도 국방군을 활용하는 것이었지만 장군들은 거기에 대해서도 아무런 대비가 되어 있지 않았다.[58]

다행스럽게도—육군의 관점에 볼 때—히틀러의 외교 정책은 1937년으로 이어지는 기간 동안 무모함과 자제력이 적절하게 혼합되어 있는 양상을 보이는 것 같았다. 그는 1934년 폴란드와 불가침조약을 맺었고 다음에는 영국과 해군 조약을 체결했다. 후자는 장기적으로 봤을 때 아무런 의미가 없었지만 독일의 재무장 프로그램에 동요하고 있는 외국 정부를 진정시키는 데는 도움이 되었다. 1934년에는 오스트리아 정부를 전복시키려던 그의 시도가 오히려 역효과를 낳았지만, 그 이후로는 이탈리아와 밀접하게 결합하면서—이는 사실상 오스트리아 진출에 반대되는 전략이었다—일본과 긴밀한 관계를 유지했다. 1936년 3월 라인란트의 재점령은 당시로서는 대단히 위험한 무리수인 것처럼 보였지만 총통은 그것을 대담하게 해치웠다. 히틀러의 성공에 군부의 지도급 인사들은 깊은 인상을 받았을 것이다. 총통은 혐오스러운 베르사유 조약을 파기하고 독일의 주권과 자존심을 회복시켜주었을 뿐만 아니라, 유럽 열강의 강압적 반응을 촉발시키지 않으면서 그 모든 일을 해냈던 것이다. 마찬가지로 그는 스페인 내전에서 프란시스코 프랑코Francisco Franco를 지원함으로써 다른 나라의 관심을 독일의 무력 증강에서 벗어나게 만들었으며, 더불어 국방군에게 새로운 전술교리를 시험해볼 기회도 제공했다.[59]

그러나 모든 정책이 긍정적인 반응만을 이끌어냈다는 의미는 아니다. 1935년 5월 2일, 블롬베르크는 프리치에게 체코슬로바키아 침공 계획(암호명 슐룽Schulung, 즉 훈련)을 작성하라고 명령했다.[60] 다음 날 베크는 프리치에게 각서를 제출하여 이렇게 말도 안 되는 계획을 제안한 고위 지휘부를 비난했다. 그리고 그는 체코슬로바키아 침공은 어리석은 짓이며 독일 육군의 현재 상태와 다른 유럽 열강들이 틀림없이 개입하게 될 것이라는 사실을 고려해야 한다고 주장했다. 계속해서 그와 같은 절망적 행동으로 인해 군부의 지도력에 대한 국민과 병사들의 신뢰를 잃게 될 것이며, 동시대 사람들은 물론 역사도 그것을 지시한 자들을 저주하게 될 것이라고 말했다. 그는 프리치에게 보내는 각서의 첨부 문서에서 만약 블롬베르크가 사실상 전쟁 준비나 다름없는 계획을 계속 추진할 생각이라면 자신은 사임하겠다는 말까지 했다.[61]

베크의 각서는 한 가지 사실을 분명히 하고 있었다. 다시 말해 그는 슐룽 작전에 내포되어 있는 외교 정책의 목표에 대해서는 반대하지 않았다. 그는 물론 프리치도 히틀러의 장기 계획에 어떠한 이견도 갖고 있지 않았다. 베크의 주장은 체코슬로바키아를 공격하는 것이 잘못됐다는 것이 아니라 단지 독일군이 아직 완벽한 전비 태세를 갖추지 못했다는 의견일 뿐이었다.[62] 당분간 슐룽 작전에는 아무런 진전이 없었다. 따라서 베크가 사임하겠다는 위협을 실행에 옮길 필요도 없어졌다. 그리고 독일군의 배치 계획은 조금도 멈추지 않고 계속 추진됐다. 그것은 독일군의 전력이 증강됨에 따라 꾸준히 진행됐다. 마이클 가이어Michael Geyer가 지적했다시피, 총참모본부는 재무장이 끝나는 즉시 육군이 공세로 나갈 것이라고 가정하고 있었다.[63] 재무장이 진행됨에 따라 총참모본부의 계획 또한 점점 더 구체성을 띠게 됐다. 1936년 중반이 되자 군부에서는 의심할 여지없이 분명하게 침략 전쟁을 준비하고 있었으며, 그 첫 번째 대상이 바로 체코슬로바키아였다.[64] 하지만 군부의 사고방식 속에 존재하는 모순은 작전의 계획에도 영향을 미쳤다. 독일의 목표를 산업과 경제의 역량과 동조시킬 수 있는 방법이 전혀 없었지만 계획 입안자들은 그와 같은 사실을 전혀 인식하지 못했다. 그들의 계획은 온갖 가정들로 가득했고, 그런 가정들은 독일이 전쟁을 시작하기 전에 반드시 충족되어야만 했지만 그러기는커녕 독일의 급속한 재무장 프로그램으로 형성된 외교적, 경제적 상황과 배치되는 경우가 많았다.

베크와 프리치가 전쟁부를 상대로 벌이는 논쟁은 그들이 전략이나 정치적 문제를 두고 벌였던 논쟁만큼이나 이 시점에서 여전히 발전 단계에 있는 새로운 고위 지휘 체계의 권위와 구조에 대한 지루한 싸움과 관계가 있었다. 1935년 5월 2일 블롬베르크의 명령은 "슐룽 작전의 전반적인 지휘권은 이것이 3군 통합 작전인 관계로 공화국 국방장관이 갖게 된다"고 되어 있었다.[65] 작전 계획 단계에서 블롬베르크는 총참모부가 꼭두각시 역할을 맡기를 원했는데 베크는 이를 거부했다. 블롬베르크의 지령은 정치적, 전략적 수준의 타당성 연구나 기타 어떤 조언도 요구하지 않았다. 단순히 작전 계획만을 요구하고 있을 뿐이었다. 베크와 프리치는 전쟁 혹은 평화를 결정하는 기본적 문제에도 자신의 목소리를 낼 수 있어야 한다고 믿었기 때문에, 자신들이 그와 같은 목소리를 낼 수 있는 지휘 구조를 만들기 위해 투쟁했다.

1935년 하반기에, 전쟁부와 OKH(육군 최고사령부)는 각각 좀 더 유리한 입장에 서기 위한 노력으로 다양한 간접적 접근법을 시도했다. 예를 들어 8월 24일 블롬베르크는 각 군에 각서를 보내 모든 기본적 결정 사항들, 즉 편제와 작전, 동원, 예산 문제와 관련된 결정 사항에 대한 정보를 국방군국으로 제출하라고 요구했다. 이런 조치의 목적은 그가 각 군의 지휘관들에게 적절한 조언을 제공할 수 있도록 사전 준비를 하는 데 있다고 밝혔다. 하지만 분명 그의 각서는 상당한 반대에 부딪혔던 것으로 보인다. 왜냐하면 블롬베르크는 10월 31일에 또 다른 각서를 배포할 수밖에 없었기 때문이다. 그 각서를 통해 그는 이렇게 말했다. "내게는 국방군국에 정보를 제공하라는 나의 명령이 엄격하게 수행돼야 할 필요가 있다는 점을 강조할 이유가 있다."[66] 이들 각서는 부분적으로 베크가 자신의 예하 참모들에게 보낸 명령에 대한 반응이었을 수도 있는데, 베크의 명령은 예하 참모들로 하여금 국방군 지휘관이나 국방군국과 직접 접촉하는 것을 금지하는 내용이었다.[67]

육군으로서는 자신이 갖고 있는 인사권을 활용해 힘의 균형을 바꾸어 보려고 시도했다. 프리치와 베크는 핵심 보직에 육군의 관점을 옹호하는 장교들을 임명함으로써 전쟁부의 야망을 무력화시킬 수 있다고 믿었다. 예를 들어, 1935년 초가을에 베크는 육군 인사국장인 빅토르 폰 슈베들러Viktor von Schwedler 대장의 사무실을 찾아가 라이헤나우를 대신해 병무국장을 맡을 인물을 원한다고 말했다. 베크는 덧붙여, 그 장교는 뛰어난 행정가이어야 하지만 두뇌가 명석할 필요는 없으며 육군을 배신하지 않을 인물이어야 한다고 말했다. 슈베들러는 딱 한 사람밖에는 생각나지 않는다고 대답했다. 그는 바로 빌헬름 카이텔Wilhelm Keitel 소장이었다. 베크는 프리치에게 그를 제안했고 프리치는 블롬베르크에게 카이텔을 천거했다. 블롬베르크가 수락하자 카이텔은 10월 1일 새로운 보직에 취임했다. 하지만 곧 카이텔은 라이헤나우만큼이나 굳건하게 중앙집권화된 국방군 지휘 원칙을 신봉했고, 히틀러에 대한 충성심에서는 오히려 라이헤나우를 능가한다는 사실을 증명해보였다.[68]

카이텔은 전쟁부와 좋은 관계를 유지했으며 베크가 전쟁부의 보직에 추천했던 모든 인물들이 편을 바꾸었기 때문에, 전쟁부에 대한 영향력을 확대해보려던 베크의 기도는 모두 무위로 돌아갔다. 알프레트 요들 대령은 특히 의미심장한 사례였다. 베크는 1935년 7월 그를 전쟁부로 전출시켜 국가방위과장에 취임하도록 했는데, 국가방위과는 블롬베르크의 군사 계획 참모 조직으로서 아직은 초창기에 있었다. 요들도 카이텔처럼 오랫동안 총참모본부에 복무한 참모장교였지만 그 경험이 조직에 대한 충성심으로 전환되지는 않았다. 그는 즉시 국가방위과를 계획 참모부에 적합한 형태로 바꾸는 작업에 착수했다. 베른하르트 폰 로스베르크Bernhard von Lossberg 중령이나 쿠르트 차이츨러Kurt Zeitzler 중령, 발터 바를리몬트Walter Warlimont 대령과 같은 다른 젊은 장교들은 요들의 지도를 충실하게 따랐다.[69]

1935년 10월, 전쟁부는 전군에 대한 중앙 지휘부로서 자신의 입지를 강화하기 위해 한 걸음을 더 나아갔다. 베르마흐트아카데미Wehrmacht-akademie, 즉 국방대학을 설립한 것이다. 이 학교의 목표는 선발된 영관급 장교들—중령이나 대령급—을 대상으로 고차원 전략, 군사 경제, 육해공 합동 작전 등을 교육시켜 그들이 합동참모본부의 보직을 수행할 수 있도록 하는 데 있었다. 학교는 또한 자신의 특별한 사명을 위해 1920년대 말과 1930년대 초의 소위 라인하르트 과정Reinhardt Course에도 관심을 가져, 선발된 장교들이 참모 교육 과정을 이수한 뒤 베를린 대학에서 경제학과 정치학을 공부하도록 했다. 국방대학은 또한 일종의 역할 모델로서 영국의 제국국방대학Imperial Defense College을 참조하기도 했다. 국방대학의 초대 학장은 빌헬름 아담Wilhelm Adam 장군으로 이전 병무국장이자 베크의 절친한 친구였다. 따라서 국방대학의 적절한 기능에 대한 총참모본부와 전쟁부의 생각에는 처음부터 대립이 존재했다. 하지만 루프트바페와 해군의 반대가 더 심했고, 결국 두 개의 과정만을 운영한 뒤 학교는 폐교됐다.

1935년 12월부터 OKH와 전쟁부 사이의 각서 전쟁이 다시 불을 뿜기 시작했다. 국방군국은 체코슬로바키아와 프랑스를 상대로 한 양면 전쟁에 대한 연구 보고서를 발표했고 베크는 이것을 자신이 생각하는 최적의 지휘 편제를 구현하기 위해 투쟁할 수 있는 좋은 기회로 생각했다. 이번에도 그는 프랑스와 체코슬로바키아와의 양면 전쟁은 불가피하게 지상전이 될 수밖에 없으며 따라서 육군이 결정적 병종이 돼야 한다고 주장했다. 계속해서 그는 육군 총사령관이 정치적 성격을 가진 것을 포함해 모든 주요 결정에 의견을 밝힐 수 있어야 한다고 제안했다. 더 나아가 육군 지휘관이 지상전 수행과 관련된 모든 문제에 대해 국방군 지휘관의 유일한 조언자가 되어야 하며, 전시에 육군 지휘관은 완벽한 독립성을 보장받아야 한다는 제안까지 곁들였다. 또한 육군 총참모본부가 지휘 계통의 최고 조언 집단이 되어야 하며, 그 이유는 국방군 참모부가 갖고 있지 않은 자산을 육군 총참모본부는 갖고 있기 때문이라고 주장했다.[70]

전쟁부에서는 누구도 베크의 주장에 귀를 기울이지 않았다. 블롬베르크와 카이텔, 요들은 그들의 권위가 미치는 영역을 확대하기로 한 결정을 바꾸지 않았다. 그들은 지난 세계대전에서 육군이 갖고 있던 권력을 결코 부활시킬 수 없다고 확신했다. 현대전의 성격이나 국가사회주의 국가라는 체제 모두 그와 같은 결과를 거부했다. 1936년 봄에 육군에게 유리한 전조로 보이는 사건이 벌어졌다. 4월 20일 히틀러가 자신의 생일을 맞이해 프리치를 상급 대장으로 진급시키면서 그에게 장관의 지위를 부여했다. 비록 블롬베르크(그 역시 진급하여 원수가 됐다)가 국방군 총사령관으로서 여전히 프리치의 상관이기는 하지만, 이제 프리치도 내각의 일원이 된 것이다. 처음으로 육군의 대표자가, 적어도 명목상으로는 블롬베르크와 동등하게 총통에게 조언할 수 있게 되었다.[71] 하지만 이런 변화에 프리치가 느꼈던 환희는 오래가지 못했다. 히틀러가 각료 회의를 많이 이용하지 않았기에 회의 자체가 아주 드물게 열렸다.

지휘 체계와 관련하여 육군에 커다란 타격이 된 다음 사건은 1937년 여름에 발생했다. 그 사건은 블롬베르크가 발령하고 싶어 했던 "국방군의 통일된 전쟁 준비에 대한 지령"과 관계가 있었다. 카이텔은 여러 차례 베크를 만나 지령문의 초안에 대해 토의했지만, 지휘권이라는 근본적인 문제에 대해 두 사람은 결코 합의점에 도달할 수 없었다. 결국 블롬베르크는 6월 24일 자기 뜻대로 지령을 내렸다. 그 지시 각서는 독일의 전략적 상황에 대한 개관을 서술한 뒤 각 군에 두 가지 우발 사태에 대비하라고 지시했다. 독일에 대한 프랑스의 기습 공격인 팔 로트Fall Rot(적색 사태)와 체코슬로바키아에 대한 독일의 기습 공격인 팔 그륀Fall Grün(녹색 사태)이 그것이다. 지시 각서는 오스트리아와 스페인에 대한 잠재적 문제에 대해서도 어느 정도 관심을 표현했다. 육군은 전쟁부가 자신에게 전략을

지시하도록 허용할 마음의 준비가 되어 있지 않았기에 그 문서는 요란한 반대에 부딪쳤다.[72]

프리치도 8월에 장문의 각서를 작성하여 반격에 나섰다. 그는 전략적 문제를 다루려 하지 않고 오로지 지휘 체계의 문제에만 집중했다. 그는 다시 한 번 전군에서 육군이 가장 중요하다는 사실을 설명하며 "육군 지휘부와 별개인 전략적 국방군 최고사령부는 생각할 수도 없다"고 말했다.[73] 계속해서 그는 지휘부 통합 문제에 대한 최적의 해결책은 국방군국의 국방군 지휘부를 편성해 육군 총참모본부에 배속시키는 것이라는 안을 내놓았다. 총참모본부가 실질적으로 전쟁을 지휘하며, 지휘부는 타군과 협동 작전을 조율하는 역할을 수행하는 것이다. 그에 대한 답변에서 블롬베르크는 프리치의 제안을 기각하면서 단지 이 말만 했다. "나는 오로지 합당한 일만 할 뿐이며, 그것은 당신의 생각을 돌려놓는 것이 아니라 지시를 내림으로써 육군 사령관인 당신을 나의 지휘와 작전 절차 속으로 편입시키는 것이다."[74] 프리치는 자신의 각서를 히틀러에게 전달하지 않을 경우 사임하겠다고 위협했다. 이에 대해 블롬베르크도 프리치가 그 문제를 강요하면 자신도 사임하겠다는 위협으로 맞섰다. 결국 프리치가 굴복하고 말았다.[75]

통합 사령부에 대한 자신의 논점을 더욱 강화시키기 위한 시도로, 블롬베르크는 1937년 9월 20일에서 26일까지 국방군의 합동기동훈련을 명령했다. 블롬베르크는 그와 같은 기동훈련이 육군의 입장과 달리, 단일 중앙조직이 행정 문제의 처리뿐만 아니라 작전 지휘까지 담당해야 한다는 사실을 증명해줄 것이라고 믿었다. 하지만 그의 시도는 역효과를 초래했다. 블롬베르크는 곧 자신의 참모부, 국방군 참모부가 대규모 기동작전을 계획하고 집행하기에는 규모가 너무 작다는 사실을 인정할 수밖에 없었다. 즉 국방군 사령관은 결국 총참모본부에게 기동작전의 계획과 집행의 임무를 부여하여 그들을 흡족하게 만들었던 것이다.[76]

블롬베르크와 육군이 지휘권 문제를 두고 싸움을 벌이고 있는 동안, 요들과 카이텔은 자신의 영역을 재조직 및 확장하는 데 필요한 조치를 취하고 있었다. 1937년 요들의 일지에는 지휘 구조와 관련하여 몇 차례의 회의와 각서에 대한 내용이 기록되어 있었다. 10월부터 카이텔은 국방군국의 부분적 개편에 착수했다. 국방군국이 처리해야 하는 추가적 요구사항들로 인해 참모조직의 규모가 확대됐고, 이와 같은 조직개편의 일환으로 '과abteilung'가 '국amt'으로 승격되는 등등 부서 명칭이 변하기도 하는데, 이는 하위 조직의 책임 영역이 확장됐다는 사실을 반영한 결과였다. 또 다른 변화는 좀 더 근본적인 것이었다. 카이텔은 국방군국의 행정적 임무로부터 지휘 기능을 분리시키기를 원했는데 그 결과 블롬베르크는 명백하게 구분된 두 개의 업무 영역을 갖게 되었다.[77]

카이텔과 요들은 자신의 안을 실행에 옮기기 위해 몇 개월을 기다려야 했지만, 어쨌든 그 기회는 실제로 오게 될 것이다. 그것은 지휘 구조에 대한 논란의 소산물이 아니라 여러 요인들이 복합되어 일어난 결과물이었다. 그 요인에는 육군과 친위대 사이의 긴장과 급격한 재무장으로 인해 끊임없이 발생하는 문제들, 자신의 고위 장교들에 대한 히틀러의 불신, 핵심인물의 개인적 삶이 겉보기에는 불필요할 정도로 높은 비중을 차지했던 역사적 사례들 중 하나에 해당하는 스캔들이 포함되어 있었다. 이런 요인들이 1938년 1월 독일군 지휘 체계 속에서 발생한 위기에 기여하게 된다. 그 사태로 인해 결국 블롬베르크와 프리치가 제거되고 최고사령부는 오로지 사소한 변화만을 겪은 채 2차대전 첫 해까지 꾸준히 유지될 형태를 갖추게 된다.

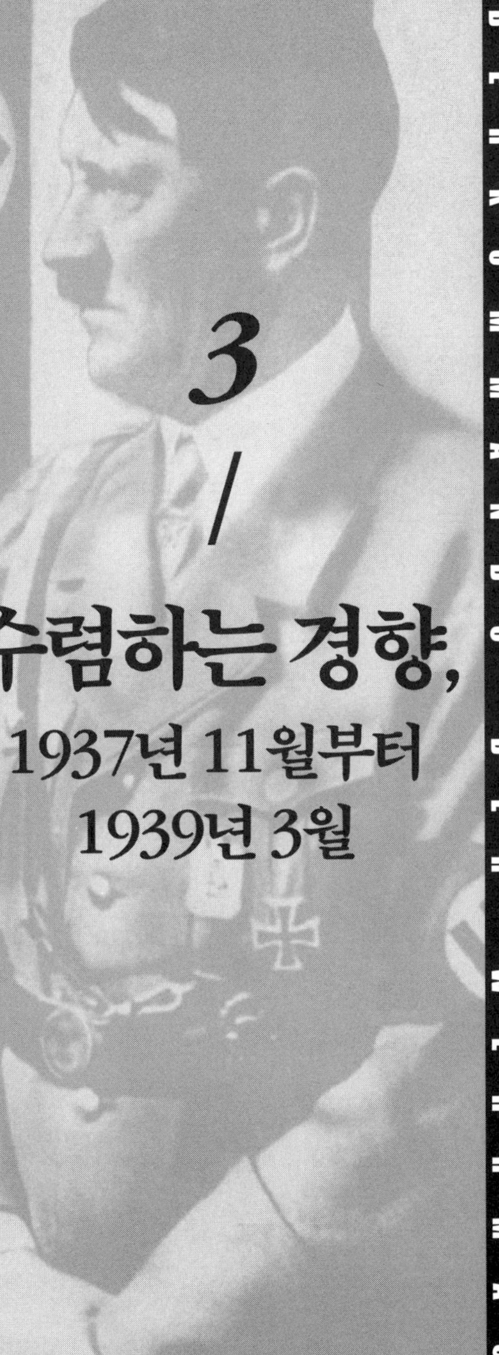

3 / 수렴하는 경향, 1937년 11월부터 1939년 3월

1938년은 독일이나 다른 모든 세계에 있어 대단히 운명적인 해가 될 것이다. 그해에는 히틀러의 외교 정책으로 인해 앞선 5년간의 모든 논쟁과 문제들이 봉합되는 수순을 거치게 된다. 총통은 영토에 대한 자신의 목표를 추구하기 위해 재무장 프로그램을 계속 밀어붙일 필요가 있었지만 경제 문제가 그의 발목을 잡았다. 동시에 독일은 경제적 취약성 때문에 군사력을 동원해 자원 획득에 나설 수밖에 없는 압력을 받기 시작했다. 대외 정책상의 장기적인 목표와 군사력 · 경제력이 균형을 이루는 선에서 전략 노선이 결정되었지만, 동시에 전략을 둘러싼 논쟁에는 지휘권과 그에 따른 최고사령부 조직이라는 또 다른 문제가 포함되어 있었다. 물론 정치적 대립이 지휘권 문제에 대한 모든 분쟁의 핵심이기도 했다. 히틀러가 갖고 있는 정치적 · 외교적 수완과 국내외 적들이 보여준 약점과 판단 착오, 일련의 우발적인 사태 등을 통해 1938년 독일과 나치당은 상당한 힘을 축적하게 될 것이고, 동시에 독일 육군은 거의 전적으로 도구적인 역할을 떠맡게 되어 이제 대재앙을 초래할 전쟁은 피할 수 없게 될 것이었다.

계속되는 조직과 정책에 대한 논란

1937년 11월 5일 오후에 개최된 회의는 히틀러가 이미 어느 선까지 권력을 장악했는지를 보여주는 실례가 된다. 또한 그 회의는 비록 전환점까지는 아니더라도 특정 추세가 증폭되고 가속화되는 계기가 될 운명이었다. 블롬베르크는 천연자원 할당을 논의하기 위해 회의의 소집을 요청했다. 각 군은 한정된 자원을 두고 경쟁 중이었으며, 다른 많은 영역들과 마찬가지로 이 부분에서도 히틀러가 유일한 중재자였다. 히틀러는 해외정책에 대한 자신의 목표도 토의 대상으로 삼음으로써 회의의 논제를 더 확대하기로 결심했다. 그 문제를 토의하기 위해(블롬베르크가 제기한 의제를 포함하여), 히틀러는 소수의 주요 인사들을 소집했다. 여기에는 노이라트와 블롬베르크, 프리치, 괴링, 라에더가 주요 참석자였다. 더불어 히틀러의 국방군 보좌관인 프리드리히 호스바흐Friedrich Hossbach 대령도 참석자 중 한 명이었다. 회의장에서 그가 기록한 메모는 5일 후 공식적인 요약문으로 발전하는데, 그 요약문이 그날 회의에 대한 유일한 기록으로 남아 있다.[1]

늘 그랬듯이 이 회의에서도 히틀러는 전반적 상황에 대해 장황하게 설명했다. 그는 독일을 위해 더 많은 생활권을 확보해야 하는 필요성에 대해 이야기했으며, 그 이유로 자급자족은 불가능하고 세계 경제에 합류하는 것도 독일의 경제 문제에 대한 해결책이 되지 못한다고 밝혔다. 국가는 1943년에서 늦어도 1945년 사이에 레벤스라움Lebensraum(생활권) 문제를 해결해야만 한다. 이 시기를 넘기게 되면 다른 유럽 열강들이 군비경쟁에서 우위에 서게 되고 나치당 지도부는 너무 노쇠하게 될 것이다. 오스트리아와 체코슬로바키아가 첫 번째 목표가 될 것이고, 프랑스나 영국이 개입하게 되는 위험을 무릅쓰지 않고도 그들을 타격할 수 있는 기회가 곧 다가올 것이다. 두 나라를 합병함으로써, 특히 두 나라의 인구 300만을 강제 이주시킴으로써 독일은 귀중한 인적 · 물적 자원을 확보할 수 있을 것이다. 따라서 군대는 기회가 생기는 그 순간 바로 공격에 나설 수 있는 태세를 갖추어야 한다. 히틀러에게 있어서는 타이밍의 문제가 가장 중요했다. 재무장은 경제적 어려움에 봉착했으며—더불어 초래하기도 했다—히틀러도 그 문제를 결코 무시할 수 없었다. 경제난의 중요성은 그들이 회의의 나머지 절반을 전적으로 그 문제에 집중했다는 사실에서 잘 드러난다.[2]

히틀러가 자신의 자문관들에게 지원을 기대했을 것이라는 사실에는 의심의 여지가 없다. 하지만 그들의 반응은 충격과 실망이었음이 분명하다. 총통의 일장 연설에 이어진 토의에서 블롬베르크와 프리치는 정색을 하고 그의 계획에 반대 의견을 제기했다. 그들의 반대는 윤리적인 차원이 아니었다. 장성들 중 누구도 두 개의 독립국을 폭력적으로 전복시키고 그 국가의 국민 수백만 명을 추방하겠다는 말에 불쾌함을 느낀 사람은 아무도 없었다. 어쨌든 블롬베르크와 프리치는 히틀러의 장기적 목표에 대해 자신도 전적으로 동의하고 있음을 이미 여러 차례에 걸쳐 증명해 보인 바 있었던 것이다.[3] 장군들을 불안하게 만든 것은 국방군이 전투태세를 갖추기 전에 독일이 프랑스와 영국을 상대로 전쟁에 휩쓸릴 수도 있다는 가능성에 있었다. 그들은 히틀러의 정세 분석에서 몇 가지 특정 사항에 대해 의견을 달리했으며 히틀러에게 너무 성급하게 행동하지 말라고 경고했다.

군부 지도자들 중 프리치와 베크가(베크는 나중에 호스바흐의 메모뿐만 아니라 자신의 상관으로부터 회의에 대해 알게 되었다) 히틀러의 견해를 가장 진지하게 받아들였다. 프리치가 두 달 동안 이집트로 휴가를 떠나기 직전인 11월 9일, 그가 그 문제에 대해 히틀러와 다시 한 번 이야기를 나누었다는 여러 증거들이 존재한다. 만약 그가 실제로 그랬다면, 그의 노력이 총통을 언짢게 만드는 것 이상의 효과를 발휘했다는 증거는 어디에도 없다.[4] 베크는 당시 직접적인 행동을 취하지는 않았지만 자신의 반대 의견을 서면으로 작성했다. 11월 12일 자로 되어 있는 일련의 논평에서 그는 히틀러의 분석에 대해 항목별로 반박 이론을 전개했다. 그는 독일이 심각하면서도 예측 불가능한 결과를 초래하지 않고 국경선을 조정할 수 있다는 관점을 거부했다. 그리고 히틀러가 자신의 군사 분야 전문가들에게 조언을 구하지 않은 채 나름대로 상황을 분석했다는 사실에 반감을 가졌다. 그는 프랑스에 대한 히틀러의 예측을 "희망사항"이라고 무시했다. 그리고 오스트리아와 체코슬로바키아 문제는 더욱 신중한 사고를 필요로 한다는 말로 자신의 견해를 요약했다.[5] 12월 14일, 그는 더 나아가 블롬베르크에게 각서를 제출했고, 거기에서 육군은 1942년이나 1943년까지 전투태세를 완비할 수 없다고 밝혔다.[6]

블롬베르크는 히틀러의 계획을 완화시키기 위해 약간은 덜 직접적인 방법을 시도했다. 그와 요들은 베크와 총참모본부의 지원을 받아 6월 24일 자 "국방군의 통합 전비태세에 대한 지령"의 수정안을 기안했다. 그리고 12월 21일에는 녹색 사태, 즉 체코슬로바키아 침공을 위한 새로운 작전 계획이 모습을 드러냈다. 히틀러는 이 작전 계획이 자신의 목표에 대해 특별히 열정적으로 지지의사를 표명한다는 인상을 받지 못했다. 이 계획은 독일이 완벽한 전비태세에 도달했을 때 공격에 나설 것을 요구하고 있었다. 그런 전제조건은 어떤 식으로든 해석이 가능했다. 여기서 독일의 전략적 딜레마가 다시 부각됐다. 그들은 준비가 완료될 때까지 공격할 수 없었지만, 스스로 만든 경제적 함정에서 벗어나기를 바란다면 빠른 시일 내에 공격해야만 했다.[7] 그와 같은 문제에 당면하자 고위 장성들은 시기를 늦추는 방향으로 나가려고 했다. 그와 반대로 히틀러는 공격을 밀고 나가는 것보다 기다리는 방안에 더 많은 위험이 도사리고 있다고 판단했다.

대외정책에 대한 이런 식의 의견 차이도 육군 고위 장교들에 대한 히틀러의 불신이 더욱 커지는 데 어느 정도 기여를 했다. 히틀러는 육군 장교단 중 좀 더 귀족적인 성향을 가진 프로이센계 장교들에 대해 친근감을 느낀 적이 없었다. 그들은 히틀러가 가진 정치적 기술을 존경하면서도 인간적으로는 독특한 경멸감을 가지고 그를 바라보았으며, 그러한 경멸감은 북부 독일인들이 남부 출신 이웃들에게 드러내는 감정이었다. 또한 그들은 히틀러가 전략가로 자부하는 것도 인정하지 않았다. 블롬베르크와 프리치, 베크의 저항에 부딪치자 히틀러는 불만을 집중시킬 대상이 누구인지를 알게 되었다. 11월 5일 회의 이후 그가 자신에게서 저들 3인조를 떼어놓을 방법을 적극적으로 모색한 것 같지는 않지만 그들에게 점점 더 질리기 시작한 것은 분명했다.[8] 단순히 장성들만 그의 외교 정책 계획에 반대했던 것이 아니라 히틀러 쪽에서도 재무장의 진도가 더디다고—그의 관점에서—장성들을 비난했다.[9]

장성들과 히틀러 사이의 관계가 악화되는 데는 독재자의 측근 그룹에 속하는 다양한 인물들의 노력도 한몫을 했다. 괴링과 블롬베르크는 이미 여러 해 전부터 사이가 좋지 않았고, 결국 독일 공군 최고지휘관은 전쟁부 장관 자리를 노리게 됐다.[10] 한편 룀이 축출된 자리는 하인리히 힘러 Heinrich Himmler가 차지했다. 게다가 그는 자신의 친위대가 독립된 무장병력으로 성장하기를 바라고 있었다. 괴링과 힘러 두 사람, 특히 후자는 프리치와 블롬베르크를 비롯해 여러 육군의 고위 장성들을 상대로 계획적인 인신공격을 시작했으며, 여기에는 힘러의 보좌관인 라인하르트 하이드리히Reinhard Heydrich와 그의 SD[Sicherheitsdienst, 즉 보안대는 SS(친위대)소속의 극악무도한 핵심 기관을 가리키는 애매모호한 관료적 명칭이다]가 일조했다.[11] 히틀러가 인신공격을 집행하도록 허용했다는 사실은 장성들에 대한 그의 태도에 대해 많은 사실을 알려준다. 그는 힘러나 다른 측근들이 하는 말을 전부 믿지는 않았지만 그렇다고 그들의 시도를 제지하지도 않았다.

그러던 중, 1938년 1월 말에 히틀러는 블롬베르크의 새 신부 에바 그룬Eva Gruhn이 포르노 사진을 촬영한 적이 있다는 보고를 받았다. 모든 장교들이 결혼 전에 승인을 받아야만 하는 군대에서 이것은 엄청난 스캔들이었다. 따라서 히틀러를 비롯해 육군 지도부는 일치단결하여 블롬베르크에게 현직을 사임하고 육군에서 퇴역할 것을 요구했다. 동시에 힘러는 총통의 교사를 받고 프리치에 대한 조서를 다시 제출했는데, 그것은 이전에 히틀러가 기각한 적이 있었던 것으로, 그 속에는 문제의 장군이 동성연애를 했다는 기소 내용이 들어 있었다. 그 혐의는 물론 거짓이었고 힘러는 물론 히틀러도 그 사실을 알고 있었지만 두 사람은 그것을 이용해 프리치 역시 사임하도록 강요했다.[12]

블롬베르크와 프리치가 제거되자 히틀러는 그들의 후임자를 결정해야만 했다. 그는 1월 26일과 27일의 모임에서 블롬베르크와 국방군 최고사령관 후보에 대해 의논했다.[13] 블롬베르크는 결국 치명적인 제안을 했다. 총통께서 직접 그 자리를 겸임하지 못할 이유가 무엇입니까? 결국 궁극적인 의미에서 총통은 이미 총사령관이었다. 히틀러가 이전에는 그 방안에 대해 고려해본 적이 없었고 겉으로는 명백한 의사를 밝히지는 않았지만, 분명 그 제안은 히틀러의 관심을 끌었다. 그래서 그는 만약 자신이 그 자리를 맡는다면 거기에 요구되는 모든 참모 업무를 처리할 보좌관이 필요하게 될 것이라고 말했다. 히틀러는 물었다. "지금까지 당신이 옆에 두고 있던 장군이 누구요?" 블롬베르크는 이렇게 대답했다. "아, 카이텔입니다. 그는 고려하지 않는 것이 좋겠습니다. 그는 단지 저의 사무관리자chef de bureau에 불과하니까요." 그러자 히틀러가 말했다. "그런 사람이 바로 내가 원하는 인물이오." 그리고 카이텔에게 출두하라고 명령했다. 카이텔은 그날 오후 히틀러를 만났고 그 만남은 그다음 날에도 이어졌다. 처음 히틀러의 생각은 블롬베르크의 뒤를 이을 만한 인물에 대해 의논해보자는 정도의 수준이었다. 괴링은 카이텔을 자기편으로 끌어들여 자신을 천거하게 만들었다. 하지만 히틀러는 그 제안에 강력하게 반대했다. 그는 괴링이 그 자리에 적합하지 않다고 생각했다. 결국 히틀러는 카이텔에게 자신이 직접 국방군을 지휘하기로 결심했으니 그는 참모장을 맡으라고 말했다. 그는 카이텔이 그에게 "반드시 필요한 인물"임을 확인해주었다.[14]

이 순간부터 카이텔은 히틀러 직속으로 복무했고 그 관계는 7년 이상 지속됐다. 히틀러에게 카이텔은 정말 완벽한 선택이었다. 하지만 다른 사람들에게 있어서 카이텔의 역할은 불명예스러운 것이었으며 그에 대한 비난이 널리 퍼져나갔다. 이후 육군 참모총장이 되는 프란츠 할더Franz Halder는 그를 중재자로 묘사했다.

가교를 형성하고 알력이 생길 수 있는 여지를 없애며, 적과 화해하거나 적어도 가깝게 지내는 것이 그에게 주어진 임무였다.…… 그는 훌륭한 인물이며 그의 자질은 결국 우리가 존경할 수밖에 없는 훌륭한 것이다. 즉 극단적일 정

빌헬름 카이텔 (독일연방 문서보관소 제공, 사진번호 183/H 30 220).

도로 부지런하며, 말 그대로 일중독자이고 자신의 분야에 대해 고도의 양심을 갖고 있는 그런 인물인 것이다. 하지만 항상 자신을 드러내지 않기 때문에 그는 결코 앞에 나서서 주도적으로 일을 끌고 나가지는 않았다.…… 부드러우면서도 융통성이 있어서, 그는 어떤 식으로든 히틀러와 충돌을 일으키지 않도록 자신을 적응시켰다.[15]

아마 이것은 카이텔의 역할에 대해 가장 관대한 평가일지도 모른다. 다만 우리는 그가 곧 군사적 · 정치적 지도자로서 히틀러가 천재적인 재능을 갖고 있음을 확신하게 된다는 점에 주목해야만 한다. "내 마음속 깊은 곳으로부터, 나는 아돌프 히틀러의 충성스러운 방패지기*였다." 그는 전후 연합군 심문관에게 이렇게 말했다. "나의 정치적 이념은 국가사회주의라고 할 수 있다." 더 나아가 그는 히틀러의 인간적 매력에 완전히 매료당했고, 그가 분쟁을 피하기 위해 주로 사용하는 방법은 총통이 제안하는 것이라면 무엇이든 큰 소리로 동의하는 것이었다. 결국 그는 라카이텔Lakeitel이라는 별명—오로지 그가 없는 자리에서만 사용됐다—을 갖게 되는데, 'Lakei'의 발음은 종복從僕이라는 의미의 'Lakai'와 발음이 같았다.[16]

카이텔과 히틀러는 또한 프리치의 후임자에 대해서도 의논했다. 히틀러는 라이헤나우를 제안했다. 카이텔은 육군이 결코 라이헤나우를 받아들이지 않을 것이라는 사실을 알고 있었기 때문에 발터 폰 브라우히치Walther von Brauchitsch 대장을 천거했다. 히틀러는 자신이 생각한 후보를 떨어뜨리고 싶지 않았지만 당시에는 카이텔의 의견에 동의했다. 하지만 브라

* 중세시대 기사의 종자從者.

우히치를 둘러싼 협상은 순탄하지 않았다. 히틀러는 카이텔을 통해 새로운 후보자에게 세 가지 단서 조항을 전달했다. 즉 브라우히치는 육군을 국가와 국가의 이념에 더욱 충성하게 만들며, 이를 위해 필요하다면 참모총장을 교체할 수 있어야 하고, 현재의 지휘 체계를 인정해야만 한다.[17] 더 나아가 브라우히치도 이후 며칠에 걸친 사건의 전개를 통해 알게 되는 바와 같이, 히틀러는 일단의 고위 장교들을 해임하거나 전보 발령하려고 했다. 브라우히치는 첫 번째 조건에는 아무런 이견이 없었지만 지휘 체계나 인사 문제에 대해서는 유보적인 태도를 보였다. 덧붙여 그는 사생활이 불안한 상태였다(히틀러도 그 부분을 걱정했다). 브라우히치는 이미 두 차례나 결혼한 경력이 있는 다른 여자와 결혼하기 위해 현재의 아내와 이혼 절차를 밟고 있었는데, 그의 아내는 상당한 액수의 위자료를 요구하고 있었다.

결국 여러 당사자들이 어려운 문제들을 해결해서 브라우히치는 자신의 새로운 보직에 취임하게 되었으며, 정식 취임은 1938년 2월 4일이었다. 이혼을 위한 협상이 브라우히치에게 육군 최고사령관이 될 수 있는 길을 열어주었지만 동시에 그와 육군에 많은 문제를 제공했다. 사실은 이러했다. 브라우히치의 첫 번째 부인은 엄청난 위자료를 챙겼는데, 그 중 일부를 히틀러가 제공했던 것이다. 그리고 곧 브라우히치의 이혼과 재혼이 이어졌다. 브라우히치는 베크를 해임하지는 않았지만 다른 고위 장교들의 해임을 처리해야만 했고, 더 나아가 육군의 구미에 맞지 않는 새로운 지휘 체계가 구성되는 것을 지켜볼 수밖에 없었다. 브라우히치도 역시 히틀러 숭배자가 되었다. 따라서 그는 육군에 국가사회주의 이념을 주입하는 데도 협조했다. 이런 사실들로 인해 장교단 내부에서는 브라우히치가 돈을 받고 히틀러에게 매수됐다는 소문까지 돌았다.[18] 아마 그것

발터 폰 브라우히치 (독일연방 문서보관소 제공, 사진번호 183/E 780).

은 너무 가혹한 평가일지도 모르지만, 분명 브라우히치는 자신을 최고사령관으로 임명해준 히틀러에게 고마워하고 있었다. 그리고 그 자리를 얻은 것만큼이나 쉽게 잃을 수도 있다는 사실을 잘 알고 있었다. 어쨌든 실제 진실과는 아무런 상관없이 그와 같은 소문이 돈다는 그 자체로도 새로운 사령관의 효력은 크게 떨어졌다. 이런 소문들은 브라우히치에 대한 많은 장교들의 적개심을 더욱 부추겼다. 브라우히치는 프리치의 유죄 여부가 아직 분명하지 않은 상황에서 그의 자리를 차지했을 뿐만 아니라 그 과정에서 육군의 다른 고위 장교들과 협의조차 거치지 않았던 것이다.

외적인 요인들을 제외하더라도 브라우히치의 성격은 그의 새로운 보직에 적합하지 않았다. 그는 히틀러와 의견이 다를 때 그에게 맞설 수 있을 정도로 강한 성격이 아니었다. 그의 육체적 상태도 그런 문제에 어느 정도 기여했을 가능성이 있다. 그는 심장질환을 앓고 있어서 만성적인 피로와 체력 저하에 시달렸으며, 종종 실신이나 두통, 우울증에 빠지는 경향이 있었다. 사람들 앞에서는 주저하는 태도를 보였고 심지어는 소심한 모습을 보이기도 했다. 또한 그는 냉담하고 비인간적이며 완고하고 거만한 사람으로 보이는 경우도 많았다. 히틀러도 종종 그의 태도에 격분했지만 그래도 그를 위협하는 데 일말의 어려움이라도 느껴본 적은 거의 없었다. 그런 점에서 볼 때 히틀러의 관점에서는 브라우히치 역시 또 하나의 완벽한 짝이었는데, 그는 강한 성격의 육군 책임자를 원하지 않았기 때문이다.[19]

고위 지휘 체계의 발전에서 블롬베르크-프리치 사건이 미친 영향은 즉각적이고도 의미심장했다. 블롬베르크의 해임으로 인해 그와 함께 중앙집권화된 지휘 체계 개념을 연구했던 카이텔은 두려움을 느꼈다. 그래서 히틀러가 지휘권을 인수하자 카이텔과 요들은 크게 기뻐했다. 요들은 그 소식과 함께 카이텔의 심중을 자신의 일기에 기록했다.

> K[카이텔] 장군이 내게 말했다. 국방군의 단합이 지켜졌다. 모든 결정을 내리는 부담을 총통 혼자 감당케 할 수는 없기에 나는 좀 더 강한 권한을 가져야만 한다. 또한 일상 업무에서 좀 더 자유로울 수 있어야만 한다. 이를 위해 이미 계획되어 있는 국방군국의 조직개편이 부분적으로 4월 1일, 아니 3월 1일부터 실행되어야 할 필요가 있다. 귀관은 이 문제에 대해 나를 실망시켜서는 안 된다. 우리는 즉시 바를리몬트에게 [국가방위과의] 과장을 맡으라고 하고 귀관은 지휘부장을 맡을 수도 있다.[20]

카이텔과 요들은 제국수상 비서실장인 한스 하인리히 람머스Hans Heinrich Lammers의 협조를 받아 즉시 히틀러의 재가를 받기 위한 지령문 작성에 들어갔으며, 이를 통해 그들이 원하던 대로 국방군에게 전군의 지휘권을 부여하려고 했다.[21]

전쟁부에서 이와 같은 활동이 격렬하게 전개되고 있는 동안 베크는 각서를 작성한 뒤 1월 28일에 제출함으로써 다시 한 번 그가 원하는 지휘체계의 구축과 육군의 이익을 보호하려는 시도에 나섰다. 이번에 그는 새로운 시도로 지휘부의 이중 분리 방안을 내놓았다. '제국 방위장관'은 국가의 전쟁 노력을 조율하는데, 이 직책은 베크가 카이텔의 비위를 맞추기 위해 만들어낸 것에 불과했다. 군사적인 측면에서 육군 최고사령관은 일종의 '제국 참모총장' 역할을 수행하며 타 군에 대한 지휘권을 갖게 되어 있었다. 베크는 자신의 제안을 정당화하기 위해 이번에도 전쟁에서는 육군이 결정적인 역할을 수행하게 될 것이라고 주장했다. 끝으로 국가방위과는 일종의 각 군의 협동작전 조율기관으로서 육군 총참모부에

배속시키자고 했다.[22]

베크를 비롯해 육군의 다른 모든 장성들은 분명 충격을 받았을 것이다. 1주일 뒤 히틀러가 람머스와 카이텔, 요들이 그렇게 부지런하게 작성한 내용을 바탕으로 법령을 반포하기 때문이다. 1938년 2월 4일 자 총통 훈령에서 국방군 지휘 관계에 대한 조항들은 다음과 같다.

> 현시점부터 모든 국방군에 대한 지휘권은 내가 직접 행사하게 될 것이다. 전쟁부의 이전 국방군국은 국방군 최고사령부 OKW로 바뀌고 그 기능들도 모두 OKW가 인수한다. 나의 군사 참모부는 내가 직접 관할할 것이다. 국방군 최고사령부 참모총장은 '국방군 최고사령관'으로서 이전 병무국장의 임무를 수행한다. 그는 장관의 지위를 갖는다. 국방군 최고사령부는 동시에 전쟁부의 업무를 관할한다. 국방군 최고사령관은 나를 대신해 전쟁부 장관이 갖고 있던 권위를 행사한다. 국방군 최고사령관은 나의 지령에 따라 평시 제국 방위를 위한 3군의 방위 준비를 총괄하여 책임진다.[23]

이와 같은 상황전개는 지휘 체계에서 주연을 맡고 싶어 했던 베크의 희망에 치명타가 되었다. 이때까지도 육군의 계산 어디에도 국가수반이 국방군을 직접 지휘할 수 있다는 생각은 전혀 존재하지 않았다. 하지만 이것이 2월 4일에 육군이 받은 유일한 충격이 아니었다. 전쟁부에서 국방군 수뇌부를 대상으로 한 연설에서 히틀러는 블롬베르크와 프리치가 관련된 스캔들을 공개했다. 그는 두 사람이 가능한 최악의 모습으로 비칠 수 있도록 하기 위해 세심한 주의를 기울였다. 참석자의 대부분은 두 사람에 대한 기소 내용을 처음 듣기 때문에 충격으로 망연자실했다. 히틀러는 정말로 분개하는 모습을 보여서 청중들이 육군 수뇌부에 대한 그의 신뢰가 크게 떨어졌다고 믿게 만들었다. 그의 연설로 인해 그 자리에 참석했던 장교들은 완전히 겁에 질려버렸다. 그들은 총통이 이렇게 크게 당혹감을 느끼고 있으니 앞으로 무슨 일이 벌어지든 어쩌면 그것은 당연한 일일지도 모른다고 생각하게 되었다.[24]

사실 군법회의를 기다리고 있는 프리치를 보호하기 위해 육군이 단결력을 과시할 경우 발생할 위기의 가능성은 아직 사라지지 않은 상태였다. 심지어 나치당 내부에서는 육군이 쿠데타를 일으킬지도 모른다는 공포감까지 존재했다. 하지만 히틀러는 외교 정책상의 쿠데타라고 할 수 있는 사건을 일으켜, 프리치 사건이나 그가 군대에 일으키고 있는 각종 변화들로부터 육군과 국가의 관심을 떼어놓을 수 있었다. 1938년 2월이 되자 오스트리아와의 긴장 상태는 결정적 국면에 도달했고, 히틀러는 오스트리아 나치주의자들과 공모해 수상인 쿠르트 폰 슈슈니크Kurt von Schuschnigg를 압박함으로써 나치당원의 정부 참여를 허용하게 만들었다. 2월 12일, 슈슈니크는 베르히테스가덴Berchtesgaden에 있는 히틀러의 별장에서 열린 회담에서 그의 요구에 동의했었다. 하지만 그는 빈Wien으로 돌아간 뒤 3월 9일에 국민투표를 요구했다. 히틀러는 분노했다. 3월 10일 그는 카이텔을 소환해 육군이 이틀 내에 오스트리아로 진격할 수 있도록 준비할 것을 요구했다.[25]

히틀러의 명령은 육군을 경악하게 만들었다. 게다가 육군은 그런 작전을 수행하는 데 필요한 계획조차 마련해두지 않은 상태였다. 베크와 그의 작전과장인 에리히 폰 만슈타인은 그날 오후 카이텔과 협의를 한 뒤 OKH로 돌아와 저녁 내내 필요한 명령들을 기안했다. 그들이 그 일에 매달리고 있는 동안 동원이 시작됐고, 몇 가지 상당한 문제가 발생했음에도 불구하고 침공은 계획대로 3월 12일에 시작됐다. 며칠이 지나자 오스트리아의 합병은 기정사실이 되었다. 히틀러는 또 한 차례 외교적 승리를 이끌어내면서 서방의 열강들을 다시 한 번 조롱했으며, 이 과정에서 프리치의 재판은 연기되어버렸다. 군법회의는 3월 17일에 재개되어 곧 프리치가 무죄임이 밝혀졌지만, 이미 이때는 히틀러의 지위가 견고해진 상태였다.

또한 총통은 국내적으로도 조치를 취해 블롬베르크-프리치 사태의 피해를 최소화하는 동시에 거기에서 최대의 이익을 뽑아냈다. 2월 4일, 그는 다음과 같은 발언으로 육군 지휘부에 대한 비난에 종지부를 찍었다. "이렇게 비통한 일을 겪고 나니 나는 누구도 상상조차 할 수 없는 짓을 할 수 있다는 사실을 주목하게 됐다. 10만 명 규모의 육군은 훌륭한 지도자를 배출하는 데 실패했다. 이제부터는 내가 직접 인사 문제를 챙겨 적절한 인사가 이루어지도록 하겠다."[26] 실제로 그는 인사 분야에서 이미 자신의 첫 번째 행보를 시작한 상태였으며, 그것은 부분적으로 프리치를 제거하게 된 동기를 감추려는 목적과 부분적으로는 개인적 혹은 당파적으로 적대감을 갖고 있는 자들을 제거하려는 목적을 갖고 있었다. 2월 3일, 브라우히치는 슈베들러를 만나 보직에서 해임시켜야만 하는 장교들의 명단을 전달했다. 따라서 그들은 베를린을 떠나 부대의 지휘관으로 자리를 옮겨야만 했다(카이텔은 슈베들러의 후임으로 자신의 동생인 보데빈Bodewin을 히틀러에게 천거하여 이미 승인까지 받은 상태였다). 베크의 보좌관이라고 할 수 있는 만슈타인도 똑같은 운명에 처했지만 베크 본인은 잠시 더 자리를 지켰다. 대체로 전부 합쳐 14명의 장성이 현역에서 물러났고, 46명의 장교들이 보직을 옮겨야 했다.[27]

히틀러는 블롬베르크-프리치 사태 기간 동안 또 하나의 중요한 결정을 내렸다. 국방군 보좌관인 프리드리히 호스바흐가 프리치에게 제기된 혐의 내용을 본인에게 알려주었는데, 그것은 히틀러의 명령에 반하는 행동이었다. 따라서 총통은 카이텔에게 그를 쫓아버리라고 명령했다. 호스바흐는 참모장교로서 프리치와 베크의 든든한 동지이자 귀중한 정보원이며 어느 정도의 영향력도 갖고 있는 인물이었다. 게다가 그는 두 가지 직책을 갖고 있었다. 그는 육군 참모본부의 중앙과장이기도 했는데, 중앙과는 무엇보다 참모장교의 임명과 인사기록을 관리하는 부서였다. 호스바흐의 후임자로 카이텔은 자신의 오랜 동지, 루돌프 슈문트Rudolf Schmundt 소령을 추천했으며, 히틀러도 동의했다.[28]

슈문트는 호감이 가는 성격의 충성스러운 인물로 능력 있는 참모장교이기도 했다. 그는 베크를 숭배했는데, 그가 육군대학을 다닐 때 베크가 그의 교관이었다. 따라서 통상적인 관례에 따라 그가 새로운 임지로 부임하기 전 베크에게 보고하러 갔다가 참모총장의 냉담한 반응을 마주했을 때, 슈문트는 분명 크게 실망했을 것이다. 호스바흐 역시 그를 똑같은 태도로 맞이했으며, 심지어 처음에는 사무실의 서류를 넘기는 것조차 거부할 정도였다. 그만큼 슈문트가 임명됐다는 사실에 대해 그들의 적대감이 컸다. 왜냐하면 정상적인 경우라면 이 인사는 베크의 소관이었던 것이다. 어쨌든 슈문트는 신속하게 OKW 진영으로 편을 바꾸어 총통의 열렬한 추종자가 되었다. 그는 곧 총참모본부 내에서 '자기 주인의 입'이라는 별명을 얻게 되었다. 이제 국방군 보좌관실과 총참모본부 중앙관리부의 결합은 육군에게 이점이 아니라 약점이 되었으며, 별도의 육군 보좌관 게르하르트 엥겔Gerhard Engel의 임명도 상황을 호전시키는 데 별로 도움이 되지 않았다.[29]

이제 OKW가 존재하게 되면서 지휘 체계에 대한 논쟁은 일단락이 된 것처럼 보였다. 하지만 육군은 2월 4일 자 히틀러의 법령이 오로지 평시

루돌프 슈문트 (독일연방 문서보관소 제공, 사진번호 J 27 812).

에만 OKW가 계획과 협조를 책임지도록 규정했다는 사실에 주목했다. 바로 거기에 허점이 있었다. 즉 전시 지휘권의 문제는 아직 결정되지 않은 것이다. 육군은 전적으로 군사적인 자신의 영역, 즉 작전 영역 내에서는 가질 수 있는 만큼 최대한의 권위를 확보하고 전략에 대해서는 능력이 닿는 한 최대한의 영향력을 발휘할 수 있기를 바랐다. 베크와 브라우히치는 이제 타 군의 지휘관들도 OKW에 반대하게 만들기 위해 최근 베크가 제안한 방안('제국 참모총장' 설치 방안이 포함되어 있는 것)을 논거로 삼았다. 라에더는 어느 정도까지 육군에 협조할 의사를 보였지만, 한편으로는 새로 제안된 지휘 체계 속에서 자신의 영향력이 육군 사령관의 영향력과 대등해지기를 원했다. 괴링은 아예 제안 자체를 거부하고 육군이 지배하는 무슨 제국 총참모본부인가 하는 것보다 전적으로 명목뿐인 카이텔의 지휘부를 택했다.[30]

의도했던 것처럼 일이 진행되지 않자 육군 지휘부는 지휘 체계에 대한 대안을 밀어붙이기 위해 다시 한 번 선제공격에 나섰다. 1938년 3월 1일 자 각서에서 그들은 육군 최고사령관의 권한에 대한 새로운 정의를 제시했으며, 요들의 말에 따르면 그것은 "OKW의 전면적인 지위 격하"를 초래하게 되어 있었다.[31] OKW는 만약 육군이 해군과 루프트바페의 찬성을 얻어낼 경우 히틀러도 분명 육군의 계획을 지지하게 될 것이라는 말로 대응했다. 타 군의 지지를 얻는 것은 불가능했기 때문에 브라우히치는 3월 7일 새로운 각서를 제출했으며, 그것은 1937년 8월에 제출됐던 프리치의 각서와 자신의 3월 1일 자 각서를 약간 수정한 것에 불과했다. 근본 논리는 여전히 똑같았다. 즉 국방군은 가장 중요한 병종을 중심으로 통합되어야만 한다는 것으로, 그 병종은 바로 육군이었다. 각서에 따르면 전쟁부 장관은 국가의 전쟁 노력을 체계적으로 준비하는 책임을 맡게 되어 있었다. 육군 최고사령관은 제국 참모총장을 겸임하면서 전쟁부 장관의 조언자 역할을 담당하게 될 것이다. 그리고 그는 육군의 작전에 대해 전면적인 통제권을 가지며 일종의 작전부서를 통해 해군과 루프트바페에 개략적인 지침을 제공하는 역할을 수행하게 되어 있었다.[32]

카이텔과 요들은 육군의 최신 제안을 받고 열심히 대응책을 모색했다. 그들은 대립되는 주장들—그들의 주장과 육군의 주장—을 1938년 3월 22일 자 비망록에 나란히 열거한 뒤 육군에게 특정 논점을 분명하게 밝힐 수 있는 기회를 주었다. 그리고 "조직 차원에서 본 전시 지휘권"이라는 제목의 각서를 만들었는데, 그것은 카이텔이 서명하여 4월 19일에 공개되었다. 카이텔은 먼저 육군의 제안과 달리 어느 누구도 작전 행동에서 경제 전쟁이나 심리전, 국가 전쟁 수행 조직의 요소들을 분리해낼 수 없다고 밝혔다. 말하자면, "장차전은 순전히 군사적인 전략에만 국한되지 않을 것이다."[33] 이어서 그는 비록 육군이 어떤 전쟁에서든 결정적인 역할을 수행하게 될 것이라는 점에는 의심의 여지가 없지만, 상황에 따라서는 해군이나 루프트바페의 필요에도 최우선 순위가 부여될 수 있다고 말했다. 따라서 육군은 지배적인 위치를 가질 수는 없다. 게다가 지난 세계대전의 경우에서 봤듯이 육군은 타 군의 요구를 적절하게 고려하지 않으려는 경향이 있다. 클라우제비츠의 말을 인용하면서 카이텔은, 2월 4일 자 총통훈령에 따라 설립된 체계는 전쟁의 정치적 측면과 군사적 측면의 합일점을 찾는 데 있어서 가능한 최선의 방식을 구현했다고 주장했다. 하지만 그는 육군에게 "전시 국방군 통합지휘체계는 3군의 개별 지휘부에 대해 결코 간섭하지 않을 것이며, 일상적인 지령이 아니라 기본적 명령을 내리는 것이 국방군 최고사령부(OKW)의 정책이 될 것이다."라고 보장했다. 따라서 그의 견해에 따르면 "전제주의 국가에서는

현재의 군대 관리 체계가 최선이자 최적"이었다.[34]

히틀러는 4월 19일 자 각서를 승인한 뒤 카이텔이 브라우히치에게 그것을 발송했을 것이라는 점은 거의 틀림없는 사실이다. 2월 4일 이후 몇 주 동안 히틀러는 수차례에 걸쳐 중재를 시도하며 끊임없는 이어지는 논쟁을 잠재우려고 했지만 그럴수록 그의 좌절감만 커질 뿐이었다. 2월 25일, 히틀러는 브라우히치에게도 장관의 지위를 부여했다. 이어서 3월 2일에는 몇 가지 권한을 선정해 그것을 카이텔로부터 각 군의 최고사령관에게 이관했다. 이런 조치들조차 육군을 만족시키지 못하자 히틀러는 육군이 제출했던 각서들을 일종의 인신공격으로 간주하고 브라우히치가 당연히 그것을 막았어야만 했다고 생각하기 시작했다. 이제 그는 카이텔이 결코 국방군 참모총장이 되지 않을 것이라고 육군을 안심시키고 자신은 그 문제를 좀 더 심사숙고하겠다고 말했다.[35]

얼마 지나지 않아 지휘 체계 문제는 대외정책 문제와 중첩되기 시작했다. 일단 오스트리아가 제거되자, 히틀러는 다시 한 번 체코슬로바키아에 관심을 집중시켰다. 1938년 4월 21일, 그는 카이텔에게 우발적인 군사 대결의 가능성에 대비한 계획을 수립하라고 지시했다. 히틀러는 곧바로 전쟁을 시작할 의도는 아니었지만 그래도 기회가 온다면 신속하게 행동할 수 있는 준비를 미리 갖추고 싶었던 것이다. 카이텔은 요들의 도움을 받아 그와 같은 작전에 필요한 훈령들을 준비했지만 처음에는 그런 사실은 물론 히틀러의 의도에 대해서도 육군에 공개하지 않았는데, 이는 그것이 초래할지도 모르는 육군의 반발을 우려했기 때문이었다. 이제는 OKW와 OKH 사이에 그 정도로 높은 불신감이 존재하다 보니 정치적으로나 전략적으로 극히 중요한 정보들을 서로 상대방에게 알려주지 않았다.[36]

그 직후 베크는 브라우히치에게 독일의 정치적, 전략적 상황에 대해 또 다른 각서를 제출했다. OKW가 전쟁 계획을 작성하고 있다는 이야기를 그가 들었는지는 의문이나 그의 5월 5일 자 각서가 갖고 있는 의도를 고려하면, 분명 그는 그런 이야기를 듣지 못한 것으로 보인다. 바로 전해 11월에 그랬던 것처럼, 베크는 유럽의 전면전을 초래할 수 있는 어떤 행동도 해서는 안 된다고 경고하고 있었던 것이다. 그는 새로운 각서를 브라우히치에게 보냈지만 브라우히치는 이 문제를 가지고 다시 총통의 얼굴을 보기가 싫었다. 결국 그는 그 각서를 갖고 카이텔을 만났으며, 두 사람은 각서의 내용을 희석시키기 위해 정치적이거나 전략적인 문제들을 다룬 부분들을 제거하고 전적으로 군사적인 문제에 한정된 부분만 남겨놓았다. 히틀러는 여전히 대단히 불쾌한 언사로 그 내용의 수용을 거부했다.[37]

5월이 중반을 넘어서면서부터 체코슬로바키아와의 긴장이 고조됨에 따라 논쟁은 더욱 귀에 거슬리는 잡음을 일으키게 됐다. 국경지대에서 독일군이 병력을 집중시키고 있다는 보고에 대한 대응조치로 체코슬로바키아는 5월 21일 부분적인 병력 동원에 들어갔다. 체코슬로바키아의 병력 동원에 따라 외교적 긴장이 조성됨과 동시에 체면이 손상된 히틀러는 분노했다. 5월 28일 행정부와 당, 군부의 지도급 인사들이 모인 자리에서 그는 서부유럽 열강들과의 전쟁의 위협을 불사하더라도 체코슬로바키아를 파멸시키겠다는 자신의 의도를 밝혔다. 그의 발표로 인해 베크는 5월 29일로 날짜가 기록된 더욱 강력한 내용의 각서를 작성하게 됐으며, 그것을 통해 그는 다시 한 번 지휘 체계에 대한 문제를 전략적 문제와 전술적 관점에 결부시켰다.

전쟁수행의 문제와 더불어 모든 군사작전 전반에 걸쳐 정기적이고 정확한 조언을 국방군 총사령관에게 제공하기 위해서는 책임 영역을 분명하게 설정하고 그것을 존중하는 관행이 반드시 필요하다. 점점 더 참기 어려운 상태로 악화되고 있는 현재의 관계를 바꾸기 위해 필요한 조치들이 조속한 시일 내에 취해지지 않는다면, 더불어 현재와 같은 무질서가 상황을 주도하는 상태가 장기적으로 계속된다면, 전시와 평시에 있어서 국방군의 먼 장래는 물론 독일의 운명조차 우리는 가장 암울한 시각에서 바라볼 수밖에 없다.[38]

하지만 5월 30일, 브라우히치가 최근에 제기된 베크의 불평을 두고 고민에 빠져 있는 그 순간에 히틀러는 '녹색 사태'에 대한 최신 명령을 배포했으며, 거기에는 남동쪽에서 독일과 이웃하고 있는 국가에 대한 그의 분노와 그들을 파멸시키겠다는 의지가 반영되어 있었다. 5월 30일 자 명령은 이렇게 시작했다. "가까운 장래에 군사적 수단을 통해 체코슬로바키아를 분쇄하겠다는 것은 결코 바뀔 수 없는 나의 결심이다."[39]

같은 날, 히틀러는 또한 2월 4일 자 훈령을 정확히 카이텔과 요들이 원하는 노선에 따라 수정함으로써 지휘 체계 문제에 대해서도 대응에 나섰다. 새로운 훈령에서는 카이텔의 권한이 미치는 범위를 히틀러의 지령에 따른 전군 통합 방어 태세의 감독과 국방군 전체에 관련된 문제의 처리, 모든 군정 업무들이 포함되는 것으로 정의했다. 더 나아가 이 훈령은 국방군 전체에 관련된 문제에 있어서, 실제 업무를 처리하는 각 군 최고사령부 예하 장교들은 OKW 최고사령부의 지휘하에 들어간다고 규정했다. 동시에 각 군은 모든 주요 사안들을 카이텔에게 통보하라고 지시했다.[40]

하지만 베크는 아직 포기할 준비가 되어 있지 않았다. 6월 3일로 날짜가 명기된 또 다른 각서를 통해 그는 체코슬로바키아에 대한 작전에서

OKW가 건전한 조언을 제공할 능력이 있는지 단도직입적으로 의문을 제기했다. 그는 자신도 공격의 필요성을 인정하지만 육군 총참모본부가 그 공격에 필요한 작전 계획을 작성하는 업무를 상당히 오랫동안 담당해왔다고 적었다. 하지만 베크의 말에 따르면 OKW는 그 계획에 대해 별로 아는 바가 없기 때문에 총사령관에게 조언할 수 있는 적임자가 아니었다.[41] 뒤를 이어 독일이 녹색 사태에 따라 행동을 개시한 결과 유럽 전체가 전쟁에 돌입하게 되는 상황을 가정한 전쟁 연습을 마친 뒤, 7월 16일에 이르러 베크는 더욱 강력한 반론을 담은 각서를 준비했다. 같은 날 그는 브라우히치에게 군사적 분쟁을 피하기 위해 반드시 필요할 것으로 보이는 대응책을 설명했다. 즉 선임 장성들이 총통에게 보내는 청원서에 서명하는 것으로, 만약 그것이 효과가 없을 경우 그들은 집단적으로 사임해야만 했다. 7월 19일 베크는 자신의 경고를 재차 반복했으며, 8월 4일에는 육군 고위 장성들이 모인 자리에서 자신의 대응책에 대해 설명했다. 하지만 브라우히치는 그에 대한 지원을 거부했고 장성들은 그의 간청을 거절했다. 그들은 유럽의 전면전이 독일에 재앙을 초래할 수 있다는 점에는 동의했지만, 체코슬로바키아와의 전쟁이 유럽 전체로 확산되리라고 생각하지는 않았던 것이다.[42]

7월 말, 당시 사단장으로 복무하고 있던 만슈타인은 베크에게 어느 정도 자발적인—동시에 깨우침을 주는—조언을 했다. 그의 관점으로 볼 때 베크가 겪고 있는 문제는 지휘 체계에 내재되어 있는 결함의 결과물이었다. "제게 그것은 전적으로 피할 수 없는 문제인 것으로 보입니다. 즉 총통께서는 양쪽으로부터 군사 문제에 대한 조언을 듣고 있기 때문에 결국 조언 그 자체에 대한 확신마저 흔들릴 수밖에 없는 겁니다." 그는 이렇게 썼다. "또한 의견 분열이나 중요성이 떨어지는 인사들로 채워진

OKW의 무능이 군부 지도자들에 대한 총통의 불신이 커지는 역할을 했을 수도 있습니다."[43] 만슈타인은 이어서 전시에 총통이 국방군뿐만 아니라 '육군의 지휘관'도 겸임하는 방안을 제시했다. 그렇게 되면 군부 내의 분쟁이 사라질 것이고(이미 육군은 그 분쟁에서 서서히 패배하고 있었다), 참모총장은 여전히 엄청난 권한을 갖게 될 것이다. 체코슬로바키아 공격에 관한 한 만슈타인은 그것을 정치적 결정이라고 간주했으며, 그런 결정은 전적으로 히틀러의 몫일 뿐만 아니라 그에 대한 책임도 전적으로 그에게 있었다. 끝으로 만슈타인은 단지 육군 최고사령관과 육군 참모총장이 히틀러와 밀접한 개인적 유대관계를 형성하기만 한다면 두 사람은 히틀러의 신뢰를 얻어서 OKW가 제공하는 잘못된 조언을 무력화시킬 수 있다고 주장했다.

만슈타인의 편지는 히틀러의 계획을 반대하는 세력을 고무시키려던 베크의 노력이 얼마나 무익했는지를 강조했다. 사실 만슈타인은 최고사령부 장교들이 갖고 있는 문제들을 불과 몇 쪽의 분량으로 요약해냈다. 만슈타인에 따르면 그들은 '정치'라는 광범위한 문제가 아니라 작전과 조직에 대한 세부사항에만 집착하는 경향이 있었다. 그리고 그들은 지휘권의 통합을 위해 개인적인 권한을 포기하기를 주저하며, 독일의 전략적 상황이 안고 있는 위험에 대해 전혀 신경을 쓰지 않는다는 것이다. 베크는 성인도 아니었고 그렇다고 천재도 아니었다. 그는 히틀러의 목표에 공감했으며 총참모본부가 전통적으로 안고 있었던 여러 지적인 문제점들을 그 역시 갖고 있었다. 비록 그렇게 되기까지 너무 오랜 시간이 걸렸을지 모르지만, 그가 가진 약점에도 불구하고 만슈타인이나 대부분의 다른 장교들보다 더 높은 지위에 오른 사람은 바로 베크였다.

8월 4일의 만남도 베크와 브라우히치의 관계에 별로 도움이 되지 않았으며, 두 사람의 관계는 처음부터 삐걱거렸다. 베크는 브라우히치가 참모총장인 자신에게 평소의 역할인 조언자 역할을 수행할 기회도 주지 않고 육군 최고사령관 자리를 얻기 위해 히틀러와 협상에 응했던 것을 불쾌하게 생각했다. 그 이래로 베크가 지속적으로 경고나 훈계를 하려 들면서 서서히 브라우히치의 신경을 건드리기 시작했다. 결국 육군 최고사령관은 베크와 직접 업무를 처리하기보다는 새로 임명된 작전 담당 총참모차장인 프란츠 할더 대장에게 점점 더 많이 의지하게 됐다. 브라우히치의 고립은 점점 더 심해졌다. 프리치의 자리를 적극적으로 차지했을 뿐만 아니라 군법회의에서 프리치의 무죄가 증명된 뒤에도 그의 복직을 거부했다는 사실 때문에 고위 장교단 내에서는 그의 적이 많아졌다. 분명 그는 OKW의 지지를 받지 못할 것이다. 게다가 요들과 슈문트, 카이텔 형제와도 사이가 좋지 않았다. 또한 육군의 반대를 히틀러에게 전달하려고 시도하다 보니, 그것이 아무리 미약한 방식을 취했더라도 그는 끊임없이 튀어나오는 히틀러의 독설을 들어야만 했다.[44]

베크는 그해 여름 히틀러의 외교 정책 방향을 전환시키기 위해 마지막 시도를 감행했다. 그는 브라우히치에게 자신의 각서를 총통에게 전달해야 한다고 주장했으며, 브라우히치는 8월초에 각서를 전달했다. 이어서 격렬한 논쟁이 벌어졌다. 전후 브라우히치의 증언에 따르면 이 논쟁은 히틀러가 자신의 계획에 육군 총참모본부가 제기할 어떤 저항도 단호하게 일소하겠다는 결의를 더욱 다지게 만드는 결과만 초래했을 뿐이었다고 한다. 8월 10일과 11일, 15일에, 베크는 일단의 장교들에게 연설을 하여 그들로 하여금 자신의 사고방식에 동조하게 만들려는 시도를 했다. 그것은 절반의 성공만 거두었다. 장교단은 아직 베크의 저항 요청에 따를 수 있을 정도로 마음의 준비가 되어 있지 않았지만, 동시에 전적으로 히틀러의 정책을 묵인하지도 않았다.[45] 어쨌든 베크도 이제는 할 만큼 한 상태였다. 8월 18일 그는 사임을 요청했고 히틀러도 그것을 승인했지만, "외교 정책상의 이유"라는 절차 정지 단서조항을 달아 그 당시에는 인사상의 변화를 공표하지 않았다.[46] 베크는 1938년 8월 말 자신의 지위를 포기하고 10월 31일에는 육군에서 퇴역했다. 하지만 그는 직위를 떠나기 전 총참모본부의 내부 기록에 마지막 메모를 추가했다. "미래의 역사학자들에게 우리의 입장을 밝히고 최고사령부의 명예를 지키기 위해, 나는 육군 참모총장으로서 내가 국가사회주의자들의 어떠한 모험도 승인을 거부했다는 사실을 기록으로 남겨두고자 한다. 최종적으로 독일이 승리를 거두는 것은 불가능한 일이다."[47]

베크를 대신할 인물로 물망에 오른 사람들 중 프란츠 할더는 진실한 격찬에서부터 신랄한 비평에 이르는 온갖 평가를 한 몸에 받았다. 그와 같이 심하게 엇갈린 평가는 복잡하면서 심지어 모순적이기도 한 그의 성격을 반영하는 것으로 어떤 면에서 그것은 독일 참모장교의 전형적인 특성을 구체화했다고 볼 수 있다. 한편으로 보면 할더는 평균 이상의 능력을 가진 군사 기술자였지만, 세계 전략이나 독일이 처한 세계정세에 대해서는 이해가 그만큼 부족했다. 그는 지휘의 도덕적 요인, 즉 정의하기가 애매한 '인성'이라는 것을 모든 장교들이 갖추고 있어야 한다고 굳게 믿었다. 전후 인터뷰에서 그는 이렇게 말했다. "역사는 여러 번 되풀이하여 우리에게 정신이 기술을 압도하고 정복하며 새로운 방식으로 보여준다는 사실을 가르쳐주었다."[48] 개인적으로 그는 놀라운 인내력과 자제력을 통해 자신의 '인성'을 증명해 보였다. 할더가 군문에 들어섰던, 그리고 일찍이 총참모본부에 들어갔던 그 순간부터, 그의 상관들은 그가 가진 극도의 근면성에 주목하면서 그 뒤에 숨어 있는 야망과 자부심을 정확하게 인식하고 있었다. 그는 성실한 종교인이자 보수주의자였으며 의무감도 강했다. 보통 공적인 장소에서 그의 태도는 격식에 치우쳐 거의 항상 정확한 예법을 지켰고 때로는 현학적이거나 냉담한 반응을 보였으며, 대체로 상상력이 부족했다. 대부분의 사람들은 그의 태도를 보고 학교 선생을 떠올렸다. 다만 그에 대한 관찰자의 태도에 따라 대학 교수이거나 고등학교 교사가 될 수 있었다. 그는 그와 같은 외면적 모습 뒤에 극도로 민감한 성격과 특정 순간의 분위기나 상황에 쉽게 압도당하고 마는 경향을 감추고 있었는데 어쩌면 그의 겉모습은 자신이 의도적으로 보여주는 것일지도 모른다. 그의 동료들 중 다수는 그가 쉽게 울음을 터뜨리는 경향이 있다고 진술했으며, 그는 친구와 적에게 똑같은 헌신을 보였다.

할더와 히틀러의 관계는 할더의 성격만큼이나 복잡했다. 겉으로 드러난 그의 행동은 그 독재자의 불안감을 자극하여 그의 의심과 분노를 격화시켰다. 더불어 할더는 군대 경력 전체를 통해 참모로만 근무를 했는데 히틀러는 종종 자신의 일선 경험을 뽐내면서 전투병들이 참모장교에 대해 갖고 있는 불신감을 노골적으로 드러냈다. 할더는 기술적 전문성과 논리적 절차를 중시했다. 따라서 그는 히틀러의 직관이나 지휘통솔에 대한 아마추어적인 접근법에 거의 아무런 감동도 느끼지 못했다. 겉으로 볼 때 그는 히틀러가 취하고 있는 대외정책 노선에 대해 베크와 마찬가지로 깊은 우려를 하고 있었다. 하지만 베크와 달리 직접 거기에 맞서는 방식을 취하지는 않았다. 그는 공개적인 논쟁을 회피하는 쪽을 더 선호했는데, 이는 감정적으로 쉽게 격해지기 쉬운 자신의 성격을 의식했기 때문일 수도 있고 아니면 직접적인 반대가 별로 효과가 없다고 생각했기 때문일 수도 있다. 대신 그는 일종의 의사진행 방해자로서 다양한 유형의 행동을 취했다. 따라서 짧고 퉁명스러운 논평이나 가혹한 표현을 통

프란츠 할더 (독일연방 문서보관소 제공, 사진번호 70/52/8).

해 반대의사를 표현하는 방법을 주로 사용하곤 했는데, 이는 오히려 총통을 짜증나게 만드는 효과만을 거두었을 뿐이었다. 그는 또한 막후에서 활동하며 히틀러의 명령을 조작하거나 회피하거나 방해했다. 그런 방식이 때때로 효과를 거두기는 했지만 결국에는 오히려 역효과를 냈는데, 히틀러가 그의 전술을 눈치채고 그에 대한 대응책을 내놓았기 때문이다. 결국 할더는 참모총장으로 재임하던 초기에 독재자를 쫓아낼 수 있는 기회가 올 것이라는 희망을 갖고 쿠데타 음모에 가담하게 된다.

체코슬로바키아를 대상으로 위기상황이 전개되자 히틀러를 물러나게 만들 기회가 온 것처럼 보였다. 할더는 히틀러의 정책이 대규모 전쟁을 초래할 수도 있다고 믿었지만 동시에 대부분의 대중들은 물론 고위 장교들 대다수가 자신과 의견이 같지 않다는 사실도 알고 있었다. 그것이 그에게는 최대의 장애물이었다. 그는 다른 공모자들과의 접촉에 착수하고 자신의 의도에 진지하게 몰두했지만 전쟁이 실제로 임박하기 전에는 쿠데타에 전념할 수 없었다. 또한 그는 자신이 참모장교 신분이기 때문에 병력에 대한 지휘권이 전혀 없다는 또 다른 장애를 안고 있었으며, 더욱이 브라우히치는 태도가 너무나 불분명해서 공모자들 중 누구도 그를 음모에 참여시키고 싶어 하지 않았다. 하지만 확실히 몇몇 핵심 지휘관들로부터 지원을 받을 수 있을 것처럼 보였기 때문에 쿠데타 계획은 외교적 위기가 최고조에 달했던 1938년 9월까지 계속 진행되었다. 공모자들이 거의 쿠데타를 일으키기 직전까지 갔을 때인 9월 29일, 영국과 프랑스가 히틀러의 요구에 굴복하여 뮌헨 조약을 체결하고 말았다. 히틀러는 또 한 차례 외교적 승리를 이끌어냈을 뿐만 아니라, 그것은 이제까지 그가 거둔 승리 중 가장 큰 것이었다. 쿠데타 음모는 순식간에 좌절됐고 할더는 스트레스로 인해 거의 신경쇠약에 걸릴 뻔했다. 어쩌면 속으로는 만족하지 않았을지 모르나, 그 순간부터 할더는 자기 자신과 육군을 위해 자신의 도구적인 역할에 전적으로 순응하고 그에 맞추어 행동했다.[49]

이번 위기를 통해 할더가 어쩔 수 없이 대면해야만 했던 뜻밖의 불쾌한 사태는 뮌헨 조약이 전부가 아니었다. 체코슬로바키아 침공 계획을 작성하던 중, 할더는 히틀러가 정치적이거나 전략적인 지침을 제시하는 것으로 자신의 역할을 한정시키지 않으려 한다는 사실도 알게 됐다. 히틀러는 할더와 그의 참모진이 준비하고 있는 계획에 대해 처음으로 보고를 받은 뒤 작전 개념에 결함이 있다고 판단했다. 브라우히치와 할더가 계획을 수정하기를 바란다는 히틀러의 희망은 카이텔을 통해 당사자들에게 전달됐고, 처음에는 노골적인 반대에 부딪혔다. 결국 히틀러는 두 사람을 자기 앞에 출두하도록 명령했다. 그는 브라우히치와 할더의 방식에 있는 오류를 설명하려고 시도했지만 그들은 여전히 자신의 관점을 포기하려고 하지 않았다. 그러자 히틀러는 갑자기 계획을 수정하라고 명령한 뒤 두 사람을 해산시켜 버렸다. 할더는 심하게 동요했다. OKH는 이미 오래전부터 전략적 문제에 대한 발언권을 모두 잃은 상태였으며, 이제는 더 이상 작전에 대한 전적인 통제권을 장악하고 있는 것처럼 행동할 수도 없게 되었다.[50]

독일군은 10월 1일 뮌헨 조약에 따라 평화롭게 수데텐란트Sudetenland에 진입했다. 히틀러의 작전 계획은 결국 시험대에 오르지 않았지만 그의 장성들이 제기했던 불길한 경고도 결국 현실화되지 않았다. 이번 성공으로 히틀러는 다시 한 번 장교단에 대대적인 숙청을 추진할 자신감을 갖게 되었다. 이 시점에서 베크의 퇴역이 발표되었고 히틀러는 정권에 어느 정도 반감을 표현했던 다른 몇몇 장성들도 해임시켰다. 브라우히치는 자신의 충성심을 더욱 크게 과시하기 위한 반응을 보였다. 육군에게 내린 12월 18일 자 명령에서 그는 히틀러를 "우리의 천재적인 지도자"라고 부르며 장교단에게 "그의 국가사회주의적 관점의 순수성과 진실성에 있어서 누구도 그의 천재성을 능가하려고 하지 말라"고 충고했다.[51] 이러한 브라우히치의 반응이 히틀러에게 깊은 인상을 남겼는지는 모르겠지만 그런 증거는 어디에도 보이지 않는다. 총참모본부와 고위 장교단에 대한 히틀러의 회의적 태도와 불신은 그대로 남아 있었다. 또한 그는 자신의 권력이 확고해졌으며, 이제 육군이 그를 저지하기 위해 어떤 일을 벌일 능력이나 의지가 더 이상 남아 있지 않다는 사실을 알고 있었다.

히틀러는 뮌헨 조약을 일종의 패배로 간주한다는 사실을 전혀 숨기지 않았다. 그는 체코슬로바키아를 파괴하고 싶었지만 서구 열강들이 그에게서 기회를 빼앗아갔다. 독일의 경제문제는 여전히 심각한 상태였고 체코슬로바키아의 나머지 부분을 점령하는 것이 경제 상황을 호전시키는 데 큰 도움이 될 것이다. 게다가 뮌헨 조약으로 인해 체코슬로바키아는 군사적으로 무장해제를 당한 것이나 마찬가지였다. 그래서 히틀러는 즉시 자신이 시작한 일을 마무리하기 위한 계획을 세우기 시작했다. 1939년 3월 독일은 체코슬로바키아의 나머지 부분을 합병했고, 그 이후 며칠이 채 지나지 않아 히틀러는 브라우히치에게 폴란드 작전을 위한 계획을 준비하라고 지시했다.[52] 독일은 그 사실을 모르고 있었지만 그들은 방금 막 한계선을 넘어섰다. 체코슬로바키아 점령으로 독일에 대한 서구의 태도는 급속하게 냉각됐다. 독일이 다시 한 번 전쟁의 위협을 제기한다면 그들은 끝장을 볼 때까지 전쟁을 치러야 할 운명이었다. 이 시점에서 사건의 전개 과정에 대한 진술을 잠시 멈추고 먼저 전쟁 직전에 존재했던 지휘체계를 살펴본 뒤 1937년 말부터 일어난 변화가 어떤 의미를 갖는지를 검토하도록 하겠다.

1939년 봄 최고사령부의 체계

모든 관료적 체계에는 공식적인 것과 비공식적인 것, 두 가지의 체계와 절차들이 존재한다. 즉 관료제도라고 하는 것은 특정한 방식으로 기능하도록 설립되며 대체로 그렇게 기능하기 마련이다. 하지만 동시에 관료체제 속에서 활동하는 모든 사람들이 알고 있는 바와 같이, 조직도상의 모습은 실제로 벌어지는 모든 양상들 중 한 단면에 불과하다. 인간관계와 권력투쟁이 형식적인 계층 구조를 왜곡시키고 사람들은 규칙을 자의적으로 해석하거나 아예 지키지 않으며, 권한의 영역이 중첩되고 비효율과 부적절한 의사소통으로 최선의 계획조차 엉망이 된다. 1938년 초에 발생한 변화와 함께 독일군 지휘체계는 2차대전의 처음 두 해가 지날 때까지 사소한 수정 외에는 그대로 유지될 구조를 갖게 되었다. 이 시점에서 그 체계가 갖고 있는 공식적 구조를 검토해보면 두 가지 종류의 결과를 얻게 된다. 첫째, 전반적인 체계를 살펴봄으로써 우리는 비공식적 절차를 생각하지 않은 상태에서 그 구조가 갖고 있는 객관적 장단점들을 식별하게 될 것이다. 둘째, 비공식적 절차들은 지휘체계의 공식적 요소들이 만들어내는 이미지에 대비되어 더욱 선명하게 부각될 것이다.

국방군 총사령관으로서 히틀러는 계층 구조의 최상층을 차지하고 있다. 그의 군사계획참모본부인 국방군 최고사령부는 그의 주요 정보원으로서 그가 원한다면 언제든 조언을 제공했다. 카이텔이 1938년에 마음속에 그렸던 것처럼 OKW의 군사적 임무는 각 군에 개략적인 지령을 내리는 것이며, 그 지령은 대규모 군사 행동에 대한 전략적 · 작전적 지침을 제공하게 되어 있었다.[53] 임무가 대단히 제한적인 범위에 그쳤기 때문에, OKW는 OKH에 비해 자신이 보유한 자산 중 대단히 작은 부분만을 실제 군사 계획 업무에 투입했다. OKW의 주요 구성 요소는 네 개의 총국Amtsgruppe이었다. 그중 하나는 국방경제총국Amtsgruppe Wehrwirtschaftsstab으로 게오르크 토마스가 국장이었다. 그 외에 헤르만 라이네케Hermann Reinecke 대령의 국방군 일반총국Amtsgruppe Allgemeine Wehrmachtangelegenheiten은 보급과 조직 내부문제를 다루었으며, 규율이나 행정과 같은 사항들이 국방군 전체에 일괄 적용될 경우 그것은 이곳의 소관이었다. 세 번째는 정보총국Amtsgruppe Auslandnachrichten und Abwehr으로 빌헬름 카나리스Wilhelm Canaris 제독이 책임자였다. 네 번째가 지휘총국Amtsgruppe Führungsstab으로 이곳은 국방군 최고사령관에게 군사작전의 수행과 관련된 모든 문제에 대한 조언을 제공하는 역할을 수행했다. 이 총국은 막스 폰 피반Max von Viebahn 중장이 책임자로 있었지만 수데텐 사태가 벌어지는 동안 그가 노이로제 증상을 보였기 때문에 카이텔은 그를 해임했다. 그 뒤로 요들이 국장 대리 역할을 수행하다가 이어서 발터 바를리몬트 대령이 그의 뒤를 이었다. 이 참모부서는 곧 "요들의 실무 참모부"나 "바를리몬트의 참모부"로 통하게 된다.[54]

하지만 엄밀히 말하면 지휘부 내에서도 일부의 자원만이 군사적 임무에 종사했다. 지휘부는 다시 국방군 선전과와 국방군 통신과, 국가방위과의 세 개 부서로 나뉘어 있었다. 마지막 국가방위과는 히틀러의 군사계획 참모부였기 때문에 실제 전쟁과 관련된 모든 문제를 다루었다. 기본 지령에 따르면, 그들은 총통의 모든 지령들을 배포 가능한 형태로 가다듬고 히틀러와 국방군 최고사령관에게 지속적으로 정보를 제공하는 역할을 수행하게 되어 있었다. 어떤 측면으로 봐도 그곳은 인력이 풍부하게 배치되지 않았는데, 그들은 육군과 해군, 루프트바페를 비롯해 보급과와 통신, 군사행정 병과에서 차출된 소규모 작전 계획 담당자들과 몇몇 연락장교들로 구성되어 있었다. 전부 합쳐 30명 이하의 장교들과 공무원, 그 수의 2배 내지 3배 정도에 달하는 서기와 타자수, 통신전문가, 기타 근무지원 인력이 배치되었다.[55]

국가방위과는 요들이 꿈꾸었던 것과 달리 국방군 총참모본부의 단계까지 성장하지 못했기 때문에 지상전의 작전 계획을 비롯해 육군과 관계가 있는 다른 여러 임무들이 여전히 OKH의 소관으로 남아 있었다. 1933년 히틀러가 권력을 잡았을 당시만 해도 육군의 지휘체계는 1920년의 체계에서 크게 바뀌지 않은 상태였지만, 1933년 이래로 육군의 팽창과 함께 지휘조직도 확대됐다. 병무국 예하의 T2, 즉 편제과는 새로운 편제를 창설하는 임무를 맡고 있었는데, 평시의 조직을 구축하는 것이 그들의 최우선 과제였다.[56] 이제까지 개편된 지휘 구조는 한 세대 이전의 총참모본부 장교들에게는 낯익은 것이었을지도 모른다. 왜냐하면 그것을 설계한 사람이 과거 만족스럽게 작동했던 구시대의 조직모델을 재도입했기 때문이다.

육군 최고사령관Oberbefehlshaber des Heeres이 육군 지휘계통의 수장이었다. 평시에 그의 임무는 육군의 훈련을 감독해 군기와 사기를 높이고 육군의 전비태세를 유지하는 것이었다. 전시의 경우 그는 야전군의 지휘를 담당하며, 동시에 야전군을 지원하는 행정 기구들을 감독하게 되어 있었다. 히틀러가 사실상 전쟁부 장관의 지위를 없애기 전까지 육군 최고사령관은 전쟁부 장관의 예하에 있었다. 전쟁부가 폐지된 이후 육군 최고사령관은 히틀러에게 직접 보고를 했다. 평시에는 방어관구 사령관이, 전시에는 집단군 사령관이 육군 최고사령관의 직접 지휘 아래 있었다.[57]

OKH는 육군 최고사령관을 위한 계획과 집행 기관이었다. 그것의 가장 중요한 임무는 육군을 편성 및 지휘하고 장병을 훈련시키며, 육군이

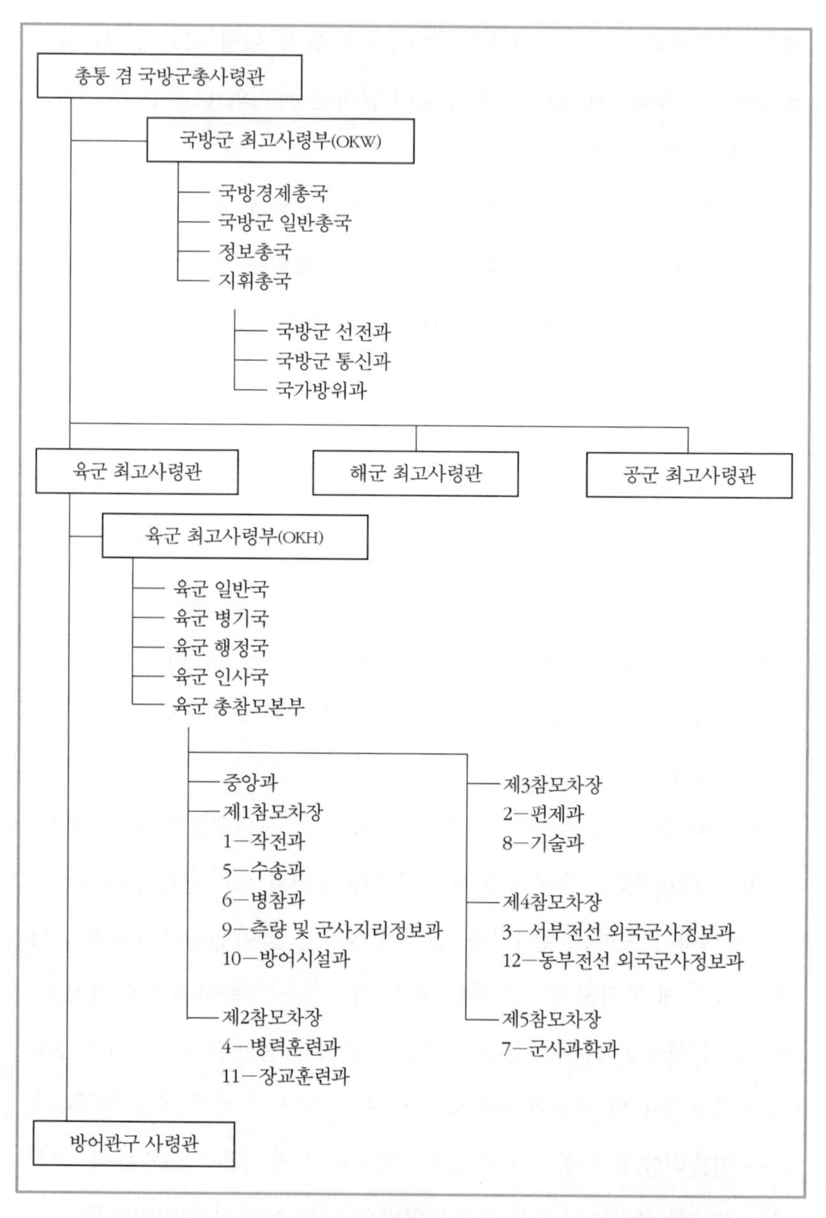

〈그림 2〉 1939년 1월 1일의 독일군 최고사령부 조직으로 1935년에서 1938년 2월 사이에 있었던 변화를 반영하고 있다.

요구되는 전력을 유지하기 위해 필요한 모든 물자를 조달하는 것이었다.[58] OKH는 각각의 부서장이 관리하는 다섯 개의 주요 부서로 구성되어 있었다. 육군 일반국Allgemeines Heeresamt과 육군 병기국, 육군 행정국Heeresverwaltungsamt은 행정과 조달에 관련된 다양한 업무를 처리했다. 육군 인사국은 장교와 관련된 문제들, 즉 장교의 선발과 훈련, 평가, 진급, 보직 등을 다루었다. 마지막, 육군 총참모본부는 군사작전의 계획과 준비, 지휘를 위해 존재했다. 독일 육군은 이 기능을 지휘관의 가장 중요한 임무라고 생각했기 때문에 대부분의 경우 총참모본부가 OKH의 다른 부서들이 수행하는 활동들을 조율하고 지도했다.[59]

참모총장의 지위는 그가 책임진 조직이 갖고 있는 특별한 권위를 반영하고 있었다. 참모총장 임무 지시의 첫 번째 항목은 그가 육군 최고사령관의 상임 대리인이자 지상 작전의 수행에 대한 모든 문제에 있어서 육군 최고사령관의 최고 조언자라고 기술하고 있다. 더 나아가 그의 책임 영역은 전쟁의 수행과 관련된 모든 문제를 포함하며, 그는 육군의 편제와 훈련, 무장, 장비에 대한 지침은 물론 육군의 인사, 물자, 경제적 요구사항들을 결정할 수 있는 권한을 가졌다. 참모총장은 자신의 영역에 영향을 미칠 수 있는 모든 결정에 대해 사전에 견해를 밝힐 수 있는 권리를 갖고 있었다. 따라서 참모총장은 OKH의 다른 부서의 부서장들과의 관계에서 만인지상 일인지하萬人之上一人之下의 지위를 가졌다. 비록 다른 부서의 부서장들이 그의 부하는 아니지만 참모총장의 의견이 다른 부서장들의 의견에 비해 훨씬 더 중요시됐다. 결국 그는 베를린에 있는 자이든 일선 부대에 있는 자이든 상관없이 모든 참모장교들에 대한 책임을 갖고 있었다.[60]

하지만 참모총장이 비록 최고위 장교라고 해도 결국은 참모장교이기 때문에, 본질적으로 직접 명령을 내릴 권한은 없었다. 전시든 평시든, 그는 최고사령관으로부터 기본적인 명령을 받은 뒤 명령의 집행을 감독하게 되어 있었다. 이것은 미묘하지만 대단히 중요한 부분이다. 실제에서는 참모총장이 전시에 예하 부대의 사령부에 지시를 내리는 경우가 빈번하게 발생했다. 하지만 그런 경우는 최고사령관이 개념적으로 그 작전에 대해 승인을 한 경우로만 제한됐다. 참모총장은 명령서에 "I. A.", 즉 "*Im Auftrag*(최고사령관의 지시에 의거)"라는 약자를 병기한 뒤 서명을 하곤 했다. 따라서 최고사령관이 궁극적인 책임을 지는 가운데 참모총장은 상당한 행동의 자유를 누렸다.[61]

육군 총참모본부는 참모총장을 도와 그가 임무를 수행할 수 있게 했으며, 이는 OKH가 하나의 단일체로서 육군 최고사령관을 지원하는 것이나 마찬가지였다. 1933년 이후 육군의 확장으로 인해 참모들이 수행해야 할 업무가 크게 증가했으며, 그에 따라 총참모본부 역시 규모가 확대됐다. 첫 번째 중요한 변화는 1935년 6월에 발생했는데, 비밀리에 승인된 5월 21일 자 국가방위법이 국방군국을 총참모부로 전환한다고 결정한 후에 발생했다. 이 순간부터 과Abteilungen의 숫자가 두 배로 늘어 8개의 과를 갖게 됐다. 이후 3년에 걸쳐 추가적인 변화가 점진적으로 진행됐다. 그 뒤 1938년 가을 할더 장군이 참모총장직을 인수받은 이후부터는 그가 주요 조직 개편을 감독했다.[62] 각각의 경우, 변화는 새로운 책임 영역을 창조하기보다 기존의 책임 영역을 재할당하는 방향으로 진행됐다.

1938년이 되면 육군 총참모본부는 14개의 과를 갖게 되며 각각의 과마다 과장이 있어 그 부서의 조직과 기능에 대한 책임을 맡았다. 부서들은 독립적으로 자신의 과업을 수행했으며 육군 규정과 참모총장이 정한 지침을 업무 수행의 기준으로 삼았다. 부서장은 참모총장에게 보고하거나 상황에 따라 육군 최고사령관에게 직접 보고했다. 후자의 경우 해당 부서장은 나중에 참모총장에게 상황의 전개를 보고하는 것이 관례였다. 각 부서는 현재 진행 중인 과제를 완료하기 위해 필요하다면 총참모본부 내의 다른 부서 혹은 외부의 다른 육군 기관, 더 나아가 OKH 범위 밖에 있는 조직들과도 협력했다.[63]

총참모본부가 OKH의 핵심 부서인 것처럼 1과(작전과)는 총참모본부 내에서 중심적 위치를 차지했다.[64] 1과는 육군의 전역을 계획하고 지도했다. 작전과장은 참모총장 예하의 최고 선임 과장이었고 다른 과장들은 모두 그의 결정을 존중했다.[65] 다른 부서들은 일련의 연관된 기능들을 수행했는데, 그것은 어떤 측면에서 육군이 작전을 수행하는 능력을 지원하는 기능이었다.

3과와 12과(각각 서부전선 외국군사정보과, 동부전선 외국군사정보과)는 잠재적 적국은 물론 동맹국 군대를 포함해 외국의 군대가 갖고 있는 역량에 대해 사전 연구를 수행했다. 2차대전 이전까지 이들 두 과는 주로 재외무관과(번호 미지정)에서 제공하는 정보를 갖고 연구를 수행했다. 재외무관과는 독일 장교들을 외국 군대에 군사참관단으로 파견했을 뿐만 아니라 독일 주재 외국 무관의 활동을 감시했다.

2과(편제과)는 평시 및 전시의 육군 부대 창설과 편제에 대한 계획을 세웠다. 2과는 또한 매년 육군의 동원계획을 상황에 맞게 개정하고 연료와 탄약을 제외한 각종 물자에 대한 소요를 파악했다. 6과(병참과)는 그 물자들을 준비하고 야전부대에 전달하는 과정을 감독했다.

4과와 11과는 모두 훈련과 관계있는 문제들을 책임졌다. 4과, 즉 병력훈련과는 징집된 병사들의 훈련과 관련된 모든 일을 처리했으며 훈련장의 사용이나 훈련의 편성, 예비군 훈련 등이 그들의 업무에 포함됐다.

11과는 장교 훈련을 담당하며 참모장교들의 교육도 이곳에서 관리했다. 11과는 육군대학을 운영하고 참모장교후보생 선발시험에 대비하며, 『총참모본부의 전시 임무 편람』을 준비했다.

중앙과(번호 미지정)는 1934년에 육군 총참모본부에 편입되었는데, 그 전에는 육군 인사국의 P4반이었다. 중앙과는 총참모본부의 행정 업무를 처리하며, 여기에는 육군 총참모본부의 편제와 참모장교의 선발 및 배치 업무도 포함되어 있다. 또한 지휘관의 배치에도 중요한 역할을 수행하는데 특히 사단장급 이상의 지휘관 인사에 주로 관여했다.

총참모본부의 기타 부서들은 전문적인 기술적 임무를 수행했다. 5과(수송과)는 육군은 물론 국방군 전체를 위해 병력 동원이나 배치에 필요한 철도와 내륙 수운의 운용계획을 담당했다. 8과(기술과)는 군사기술과 관계된 모든 문제에 있어서 육군 병기국과 함께 일했으며, 외국의 병기 개발 상황도 예의 주시했다. 10과(방어시설과)는 방어체계의 설계와 건설을 감독했다. 7과(군사과학과)는 과거에 수행했던 작전들을 평가함으로써 전투능력을 향상시킬 수 있는 교훈을 도출하는 연구에 전념했다. 9과는 '측량 및 군사지리정보과'라고 불리며, 총참모본부에 필요한 모든 지도와 지역정보를 제공할 뿐만 아니라 특정한 작전을 계획하는 데 필요한 지리적 연구를 수행했다.

이 모든 부서들을 서로 유기적으로 연결시켜 업무를 수행하기란 결코 쉬운 일이 아니었다. 그리고 육군과 참모조직의 규모가 팽창함에 따라 유기적인 업무처리는 더욱 어려워졌다. 각 부서의 유기적인 업무 협조를 위해 베크는 과거의 '오버크바르티어마이스터Oberquartiermeister(병참부장)' 제도를 부활시켜야만 했는데, 이 직책은 국방군 이전의 바이마르 공화국군이었던 시절에는 참모조직 자체가 너무 소규모였기 때문에 필요가 없었다. 단어의 표면적 의미에도 불구하고 이 직책은 병참이나 보급하고는 아무런 관계가 없으며, 따라서 '참모차장assistant chief of staff'이 가장 적절한 번역이다. 각 참모차장들의 역할은 참모총장의 지시에 따라 총참모본부 내에서 관련 부서들의 활동을 조율함으로써 참모총장의 업무 부담을 어느 정도 줄여주는 것이었다. 이들은 공식적인 결정을 내릴 수 있는 권한이 전혀 없었고, 참모총장에 대한 각 과장들의 관계를 바꿀 권한도 없었다. 하지만 현실에서는 자신이 맡은 기능적 영역 내에서 상당한 권한을 행사할 수 있었고 실제로 그렇게 했다. 베크는 1935년에 세 명의 참모차장 직책을 신설했고 1937년에 한 자리를 더 만들었다. 그리고 1938년, 할더가 다섯 번째 참모차장을 추가했다.[66]

총참모본부에 제5참모차장이 추가되면서 육군 최고사령부는 그들이 성공적으로 전역을 수행하는 동안 기본적인 형태를 그대로 유지하게 될 지휘체계를 완성했다. 비록 형태가 기능에 영향을 미치지는 않더라도 지휘구조는 그 자체로 최고사령부에 관한 네 가지 중요한 특징을 보여준다. 첫 번째 특징은 육군 총참모본부가 명확한 조직적 연속성을 갖고 있으며 그것은 관료주의적 진화 과정을 통해 1939년의 조직 형태로 연결된다는 것이다. 1914년의 참모장교라면 1939년의 조직 형태를 보고 고향에 온 듯한 느낌을 받았을 것이다. 4반세기에 걸쳐 전쟁이나 정치에서는 변화가 있었음에도 불구하고 대부분의 부서들은 같은 기간 동안 기능상 아무런 변화가 없었거나 약간의 변화만을 겪었을 뿐이었다. 둘째, 구조상의 변화가 거의 없었다는 사실은 총참모본부의 지적인 토대에도 거의 변화가 없었다는 사실을 반영한다. 육군 최고사령부 내에서 총참모본부가, 총참모본부 내에서는 작전과가 최고의 권위를 갖는다는 사실에서 볼 수 있듯이 독일군은 작전을 중요시하는 사고방식을 버리지 않았다. 셋째,

최고위 수준으로 국방군 최고사령부라는 새로운 존재가 있기는 하지만 그것은 이론상으로 그럴 뿐이었다. 만약 그것이 진짜 힘을 가지고 있었다면, 전군을 통합하는 중앙 사령부의 설치는 독일군에게 유례가 없던 협동작전 능력을 부여했을지도 모른다. 하지만 실제로는 최고사령부 조직들 사이의 반목이라는 구태가 반복되었다. 바로 이 부분에서 집단의 공식적인 조직과 비공식적 조직이 가장 극명하게 분리된다. 마지막이자 가장 명확한 사실은 히틀러가 지휘권을 잡았다는 것이다. 그의 공식적 직책은 그에게 명령을 내릴 수 있는 합법적 권한을 부여했고, 이 권한은 국가수반을 군대의 최고지휘관으로 간주하는 군사적 전통에도 잘 부합되었다. 이와 같은 사실은 다가올 전쟁에서 최고사령부의 역할을 이해하는 단서로 작용하게 될 것이다.

세력 균형

히틀러 정권의 처음 5년간 육군의 고위 지휘관들은 바이마르 공화국 체제 속에서 꿈꾸었던 모든 것을 이루어가고 있다고 말할 수 있었다. 히틀러의 인솔하에 독일은 세계적인 강대국의 지위에 복귀하고 있었다. 재무장은 순조롭게 진행되고 있었고 민주 정부의 짜증나는 간섭도 없었다. 국내 공산주의 세력의 위협은 더 이상 존재하지 않았다. 더 나아가 총통은 독일의 유일한 국가적 무력으로써 육군의 지위를 보호해주겠다는 적극적 의사를 증명해 보인 상태였다. 이에 대해 장성들은 상당히 적극적으로 독재자에 대한 절대적 충성을 맹세했고, 심지어 그가 몇몇 전우들을 제거하는 사태조차 그대로 묵과해버렸다. 게다가 그 사태에 우려감을 갖고 있던 일부 장성들조차 국가에서 차지하고 있는 자신들의 지위나 배타적인 군사 영역에 대한 통제력에 히틀러가 감히 도전하지는 못할 것이라는 믿음을 버리지 못하고 있었다. 하지만 1938년 한 해에 걸쳐 그와 같은 믿음마저도 사라져버렸다. 히틀러는 5년 동안 육군이 상대적으로 평화롭게 지내도록 내버려두었다가 마침내 육군을 완전히 굴복시켰다. '획일화' 과정이 완료된 것이다.

블롬베르크-프리치 사태와 그에 따른 후폭풍이 전환점이었다. 히틀러가 직접 국방군의 지휘권을 장악하고 자신이 직접 통제하는 중앙집권적 지휘 기구를 설치했으며, 자신에게 반대하는 저명하고 강력한 장성들을 보직에서, 어떤 경우에는 아예 육군에서 몰아내버렸다. 빌헬름 다이스트는 다음과 같이 지적했다. "당과 그 부속조직들, 정권을 한편으로 하고 육군을 다른 한편으로 하는 긴장관계는 후자가 전자의 의도와 목적에 완전히 굴복함으로써 해결됐다."[67] 무엇보다 육군의 지도자들이 너무나 노골적인 정치적 음모로부터 프리치를 보호하는 데 실패하면서 육군의 운명은 결정되어버렸지만, 이미 그렇게 상황을 돌이킬 수 없게 된 시점에서도 그들은 여전히 육군이 정권에 대항할 수 있다고 생각했다. 많은 나치당 간부들은 실제로 쿠데타를 두려워하고 있었다.[68] 하지만 히틀러는 자신이 장성들의 인간됨을 철저하게 파악하고 있다고 자신했으며, 결국 그가 옳았다. 2월 4일 국방군 간부들을 대상으로 한 그의 연설 이후 히틀러가 몇몇 SA 대원들에게 모든 장성들은 겁쟁이 아니면 멍청이라고 평가한 것으로 추측된다.[69] 장성급 아래 영관과 위관급 장교들 다수는 그 사건을 다르게 해석했지만 어떤 측면에서는 그것조차 육군에게 더욱 불리했다. 그들은 지휘관들의 무대응을 일종의 승인으로 해석한 것이다.[70]

그 사태는 히틀러 정권에 대한 쿠데타를 시도하고 있던 소장파 집단에게 치명타가 되었으며, 더욱이 히틀러가 거둔 뮌헨의 외교적 승리로 인해 쿠데타 가능성은 더욱 희박해졌다. 소장파 집단은 이미 어려운 상황에 처해 있었다. 1938년이 되자 독일에서 히틀러의 인기는 하늘을 찌를 정도였고, 육군에서도 대부분의 고위 장교들이 그를 존경하고 있는 실정이었다. 유일한 예외 집단은 히틀러가 긴밀하게 접촉하고 있는 소수 인사들에 불과했다. 만슈타인이 베크에게 보낸 편지는 참모장교들조차도 총통에 대해 얼마나 큰 경외감을 느끼고 있는지를 지적하고 있을 뿐이었다. 그들은 문제가 있다면 그것은 그의 부하들 탓이지 총통 본인의 탓이 아니라고 생각하는 경향이 있었다. 동시에 장성급 이하의 장교들은 이미 국가사회주의의 선전에 상당히 깊이 물들어 있었다. 블롬베르크나 브라우히치와 같은 인물의 적극적인 협력에 힘입어 끊임없이 육군에 유입되는 새로운 나치 선전 자료들은 오로지 그들의 국가사회주의에 대한 헌신을 더욱 강화시키는 결과를 초래했다.[71] 육군을 정권에 대항하는 도구로 사용하고자 했던 사람들에게 이 모든 현실은 그들의 모험이 비록 불가능하지는 않더라도 극도로 위험하다는 사실을 의미했다. 또 다른 의구심 역시 공모자들의 머리를 복잡하게 만들었다. 그들은 1920년의 카프 반란Kapp Putsch이 수포로 돌아갔다는 점을 상기했다. 당시에는 대중의 반대로 인해 육군의 쿠데타가 실패로 끝났으며, 이로 인해 육군의 명성이 크게 손상됐었다. 따라서 또 한 번의 실패는 공모자들은 물론 육군이라는 조직에도 치명타가 될 수 있었다.[72] 또한 그들은 합법적인 국가수반에 대한 반역 행위가 한 세기에 걸친 총참모본부와 프로이센 장교단의 전통을 무너뜨리는 결과를 초래한다는 사실도 잘 알고 있었다.

공개적으로든 비공개적으로든 심각한 저항이 발생하지 않자 히틀러는 거의 완벽한 통제력을 장악하게 되었다. 그가 육군의 손에서 전략적 결정권을 빼앗은 것은 이미 오래전 일이었으며, 1936년 라인란트의 재점령이 바로 그 시작이었다. 그 이후로 그는 전략적 결정을 두고 육군 지도부에게 단 한 차례의 조언도 받지 않았다. 대신 자신의 결정을 그저 육군에 통보하는 데 그쳤다. 이어진 체코슬로바키아 침공을 준비하는 과정에서 히틀러는 작전 계획에도 적극적으로 개입하겠다는 의도를 분명하게 드러냈다. 브라우히치는 비록 주저하기는 했어도 어쨌든 총통의 결정에 대해 저항을 시도했지만 오로지 복종이 아니면 사임을 하는 수밖에 없었고, 후자를 선택하더라도 히틀러의 결정에 영향을 미칠 수 있는 가능성은 전혀 없었다. 그렇다고 해군이나 루프트바페의 지휘관들에게 도움을 요청할 수도 없었을 뿐만 아니라 OKW 역시 도와주지 않을 것이 너무나 분명했다. 오로지 육군 지도부 전체의 단합된 행동만이 그나마 희망이 될 수 있었지만, 그와 같은 단합은 없었다.

이런 측면에서 볼 때 육군을 중심으로 지휘체계를 통합하기 위해 벌였던 투쟁은 거의 어리석은 행동이었던 것처럼 보인다. 육군이 지배하는 최고사령부가 설치됐다면 그 구성 부대들은 과연 무엇을 할 수 있었겠는가? 육군 자신조차 어떤 일을 실행하는 데 필요한 방법을 찾지 못하는 상황이니 말이다. 육군은 작전에 대해서는 완벽한 통제권을 행사하면서 더불어 전략과 정책에 대해서도 의견을 개진할 수 있기를 바랐지만, 히틀러는 그 어느 것도 허락하지 않았다. 사실 지휘권을 두고 벌어지는 다툼은 오로지 히틀러의 권력을 강화시켜주는 역할만 했을 뿐이다. 당시나 그 이후에도 많은 논평자들이 히틀러의 통치 방식을 '분할과 정복'으로 특징지었으며, 이런 방식을 통해 그는 부하들 사이에 분쟁을 조장해 자신의 권력을 강화시켰다. 논평자들은 겉보기에 제3제국 정부 전체가 혼란과 내분에 휩싸인 것처럼 보였던 이유는 히틀러의 그런 철학이 정부에 그대로 반영됐기 때문이라고 지적했다. 그와 같은 혼란이 어느 정도까지 의도적인 것이었고, 어느 정도까지가 히틀러의 관리에 대한 관심 부족의 결과인지는 여전히 의문으로 남는다. 어쨌든 한 가지 근본적인 사항은 분명하다. 즉 히틀러가 권력을 대단히 신중하게 관리했다는 것이다. 그의 장성들이 조직의 형태를 두고 입씨름을 했지만 사실 그것은 별로 중요하지 않았다. 육군이 강력한 지휘체계를 구축하게 되면 자신의 통제력이 약화되기 때문에, 처음부터 그는 그것을 허용하지 않을 생각이었다. 또한 그는 OKW에 국방군 총참모본부의 성격을 부여함으로써 카이텔이나 요들의 소원을 들어줄 생각도 없었다. 1938년 이후 존재하게 되는 조직은 정확하게 히틀러의 희망사항에 일치하는 것이었다.

히틀러는 자신의 의도에 적합한 지휘체계를 창조했을 뿐만 아니라 적어도 한동안은 인사체계를 통해 육군에 대한 자신의 영향력을 확대시켰다. 보데빈 카이텔을 육군 인사국장으로, 루돌프 슈문트를 육군 총참모본부 중앙과장으로 임명한 것은 대단히 큰 의미를 가졌다. 보데빈 카이텔은 공식적으로 육군 최고사령관 예하에 있었고 인사정책상에서는 아직 아무런 근본적인 변화가 없었다. 하지만 육군 총참모본부와 인사국 사이의 긴밀한 협력관계는 이미 과거의 일이 되어버렸다. 슈문트는 히틀러의 부관으로서 OKW에 소속되어 있었기 때문에 중앙과장으로서 수행하는 직무가 육군의 통제에서 벗어날 수밖에 없었다. 대체로 브라우히치의 긴밀한 협조를 받기는 했지만, 이들 두 보직을 장악함으로써 히틀러는 공개적으로 정권에 비판적인 태도를 취하는 장성들을 장교단에서 제거할 수 있었다. 이 시기 이후에는 총통에게 충성하고 순종적인 장교나 정치에 관심이 없는 기술관료형 장교들만이 진급되었다.[73]

따라서 1938년은 히틀러가 육군에 대한 통제력을 공고하게 다진 해라고 할 수 있다. 그는 아직도 육군에 자신에게 반대하는 인물들이 존재한다는 사실을 알고 있었지만 또한 그들을 두려워할 필요가 없다는 사실도 잘 알고 있었다. 이제 그는 곧 벌어질 것이라고 알고 있고 또 벌어지길 원하는 전쟁에 정신을 집중할 수 있게 되었다. 그는 이 전쟁이 독일의 운명을 결정짓게 될 열쇠라고 생각했다. 그의 장성들은 독일군의 전쟁 준비가 아직 완벽하지 않다고 생각했지만 그는 전혀 개의치 않았다. 그는 도박사이자 뛰어난 재능을 지닌 아마추어 군사 전문가였으며, 더불어 자신의 장성들을 지휘할 수 있다는 자신감도 점점 더 커져가고 있었다. 이제 히틀러는 새로운 군사 도구를 실험해볼 수 있는 준비와 능력을 모두 갖추게 되었다. 그의 성공은 부분적으로는 지휘체계의 효과성과 그 속에서 그가 수행할 역할에 의해 결정될 운명이었다.

히틀러는 그 역할을 대체로 자신이 정한 기본적인 원칙들 중 하나에 맞추어 정의했다. 그것은 바로 '퓨러프린치프Führerprinzip', 즉 '지도자 원리'로, 여기에 따르면 권위는 중앙에 집중되어야 하며 엄격한 위계질서를 가져야 했다. 지휘관이 결정을 내리면 부하들은 어떤 이론도 제기하지 말고 그것을 정확하게 수행하는 것이다. 그런 원리는 19세기 중엽부터 총참모본부 내에서 그처럼 중요한 역할을 담당했던 '연대책임의 원칙'은 물론 심지어 지휘관이 아니더라도 예하 장교에게 부여되던 '전권위임'의 오랜 관행에도 정면으로 배치됐다. 서로 배치되는 원칙들의 상호작용은 복잡한 양상으로 전개됐다. 비록 히틀러는 처음부터 자신의 지휘권이 절대적인 성격을 갖는다고 주장했지만 전통적인 지휘 방식은 육군의 하급부대에 여전히 존재했다. 따라서 두 원칙은 중간 단계에서 충돌을 일으켰으며, 두 원칙의 접점은 전쟁이 계속되는 동안 지휘계통을 따라 점점 더 하급 단위로 전파되었다.

연대책임의 원칙은 실질적으로 전쟁이 시작되기 전 거의 유명무실해진 상태였다. 1939년 8월, 『총참모본부의 전시 임무 편람』은 다음과 같이 기술했다. "지휘관은 행동에 대한 모든 책임을 진다. 참모장교는 조언자이자 조력자이며, 그의 지휘관이 내린 결정과 명령의 성실한 집행자이다."[74] 할더는 1938년 11월 새로운 편람의 초안을 작성하면서 자기 지휘관의 의견에 반대할 경우 그것을 기록으로 남길 수 있는 참모장교의 권리를 삭제했다. 훗날 할더는 그런 개정을 자신이 주도적으로 추진했다고 주장했다.[75] 진실은 그렇게 단순하지 않았다. 연대책임의 원칙은 원래 전쟁에 대해 별다른 기술도 훈련도 받지 못한 지휘관에 대해 통제력을 발휘할 수 있는 수단으로서 제정되었고, 19세기와 20세기 초에 임명된 왕족 출신의 지휘관들 중에는 실제로 그런 사람들이 많았다. 1차대전 이후 이 원칙은 더 이상 필요하지 않게 되었는데, 이때부터 모든 장교들은 거의 비슷한 교육 배경과 직업적 기준을 공유하고 있었기 때문에 연대책임 원칙은 즉시 필요 없어지기 시작했다. 따라서 할더가 한 일은 그저 이미 존재하고 있는 추세에 승인 도장을 찍어준 것에 불과했던 것이다.[76]

이것은 훗날 일부 사람들이 주장하는 것과 달리 총참모본부가 '지도자 원리'에 굴복했다거나 할더가 히틀러와 타협을 했다는 의미가 아니다. 반대 의견을 서면으로 기록하거나 참모계통상의 상위 조직에 특정 결론에 대해 탄원을 제기할 수 있는 권리가 총참모본부 편람에서 제외된 것은 사실이다. 하지만 현장에서는 참모장교의 권한이나 책임이 전혀 줄어들지 않았다. 크리스티안 하르트만이 『할더 : 1938~1942년, 히틀러의 참모총장』에서 지적했던 것처럼 총참모본부는 육군에서 여전히 강력하고 응집력이 강하며, 영향력이 큰 엘리트 조직으로 남아 있었다.[77] 각 부대의 전투일지를 보면 참모본부 장교들 사이에서 다양한 수준의 일상적인 타협이 이루어지고 있었으며, 그들은 또한 지휘관들 사이의 문제를 완화시키기 위해 막후에서 활동하기도 했다. 따라서『총참모본부의 전시 임무 편람』의 수정은 상황의 변화에 대한 기계적이고 거의 겉치레에 가까운 대응에 불과했다. 주요 지휘관들과 참모들이 거의 모두 참모장교 출신이기 때문에 수정된 내용에 대해 약간이라도 문제의식을 가졌던 사람은 거의 없었다. 또한 그들은 '지도자 원리'와 충돌을 일으키지 않고 회피할 수 있는 길이 있다고 믿었다. 하지만 그 문제에 있어서 그들은 결국 실망을 하게 될 수밖에 없었다.

어쨌든 한동안은 지휘부의 관계에 대한 문제가 안정을 유지하게 된 것처럼 보였다. 최상층부에서는 일련의 새로운 예규가 도출되었는데, 그 예규는 2차대전의 초기 전역이 진행되는 동안 계속 유지될 운명이었다. 이 체계가 작동하는 방식은 개략적으로 다음과 같은 형태를 가졌다. 우선 히틀러가 직접 하나 혹은 둘 이상의 각 군 최고사령관에게 개략적인 지시를 내렸다. 때로는 OKW(사실상 국가방위과)로 하여금 먼저 예비 조사를 수행하게 하는 경우도 있었지만 대부분은 그러지 않았다. 해당 병종의 최고사령부 참모들은 히틀러의 지시에 기반을 둔 작전 계획 초안을 작성했으며, 해당 병종의 최고사령관은 그것을 직접 히틀러에게 제출했다. 히틀러는 해당 병종에서 제출한 계획과 OKW에서 그를 위해 준비한 모든 정보를 바탕으로 결정을 내렸다. 그다음 국가방위과는 서면으로 된 지령을 작성 및 배포하는데, 이때 해당 병종이 제출한 작전 계획을 통합하여 좀 더 세밀하게 지령을 작성하게 된다. 그리고 이 지령서를 바탕으로 해당 병종의 최고사령부 참모들은 자군에 배포할 작전 명령을 준비한다. 이 과정에서 참모들은 명령의 각 항목들이 서로 배치되지 않는지를 확인하기 위해 긴밀한 접촉을 유지했다. 명령 작성이 끝나면 해당 병종의 최고사령관은 그것을 히틀러에게 제출해 최종 승인을 얻었고, 이때 총통은 자신의 지시와 기안된 명령 사이에 일치하지 않는 부분이 존재할 경우 최종적으로 그것을 걸러냈다.[78]

이런 과정에서 두 가지 사항에 주목할 필요가 있다. 첫째, OKW는 아무런 지휘권을 행사하지 못했다. 그들이 한 일은 오로지 히틀러의 이름으로 지령을 내리는 것으로, 이것은 마치 육군 총참모본부가 육군 최고사령관의 권한으로—*im Auftrag*—명령을 하는 것이나 마찬가지였다.[79] 둘째, 이때까지는 히틀러의 지령에 작전적인 수준의 세부사항을 추가하는 과정에서 OKW 참모들의 업무나 히틀러의 간섭에 따른 결과들이 반영되는 경우는 없었다. 이것은 히틀러가 간섭을 하지 않았다는 의미가 아니다. 그가 받은 브리핑은 꽤나 상세한 내용을 담고 있었으며, 때로는 그가 작전 계획을 많이 수정하는 경우도 많았다. 녹색 사태의 계획 과정도 그 일례이다. 하지만 세부내용 자체는 각 군의 참모들이 수행한 참모 업무의 결과물이며, 그것은 주로 총참모본부의 참모들이 수행했다. 20명 정도의 참모만을 보유하고 있는 국가방위과가 85명의 참모와 다수의 참모 업무 보조 요원들을 거느린(그것조차 업무량에 비해 결코 풍족하다고 할 수 없는 수준이었다) 총참모본부 수준의 세부계획을 작성할 수는 없었다. OKW는 그렇게 작성된 세부 작전 계획을 단순히 자신의 이름으로 배포되는 지령에 포함시킴으로써 각 군이 좀 더 쉽게 작전계획에 통합할 수 있었다.[80] 2차대전 개전 때까지 계획되고 수행된 모든 작전들 속에서 총참모본부는 계속 두드러진 역할을 수행했다. 군대를 지휘하는 일에 있어서 히틀러의 역할은 아직은 제한적이었다. 그는 아직 자신의 군사적 재능에 대해 훗날 보여주는 것만큼의 자신감을 갖고 있지 않았던 것이다.

히틀러가 전략이나 작전 계획에 어느 정도로 깊이 관여했는가의 문제는 지휘체계에 대한 논의에서 중요한 자리를 차지한다. 그가 비록 1차대전에서 일개 사병으로 뛰어난 능력을 보였다고는 하지만, 그 경험은 그가 최상위 제대를 지휘할 수 있는 역량을 갖추는 데 아무런 도움도 되지 않았다. 더욱이 성품도 그 역할에 적합하지 않았다. 업무를 처리하는 습관을 보면 그는 대체로 충동적이었고 그렇지 않을 경우에는 꾸물대는 편이었지만, 그러나 거의 늘 자신이 처음 내린 결론에 고집스럽게 집착하는 경향이 있었다. 만약 자신의 선입관에 배치되는 내용의 정보가 제시될 경우, 보통 그는 즉석에서 그것을 받아들이지 않았다. 그는 기억력이 상당히 좋았지만 너무 세밀한 부분에 집중하다 보니 광범위한 시야는 갖지 못했다. 기껏해야 그는 재능 있는 아마추어에 불과했지만 대신 절대적 권력을 지닌 아마추어였다. 하지만 이번에도 우리는 그가 지휘체계 속에 끼친 영향을 너무 과장해서 보지 않도록 세심한 주의를 기울일 필요가 있으며, 전쟁이 시작되기 전의 상황은 특히 세심한 주의가 요구된다. 그의 모든 권력에도 불구하고 히틀러 혼자의 힘으로 지휘 기구가 작동하게 만들 수는 없는 일이다. 그 역시 전쟁을 계획하고 관리하기 위해 자기 휘하의 전문적인 장교들에게 의존했던 것이다.

이런 식으로 히틀러와 그의 주요 지휘관들, 그리고 그들의 참모들은 모두 복잡한 유기체의 일부분이 되었다. 그리고 공통의 목표를 달성하기 위해 모든 부분이 함께 활동해야만 했다. 1939년까지 그 유기체의 발전 과정은 혼동과 계획, 협동과 분쟁을 통합시키는 과정이었다. 다양한 외부의 영향력이 이 과정에 개입했다. 그 결과물은 사람들이 1919년이나 1933년, 심지어는 1937년에 예상했던 것과도 정확하게 일치하지 않았다. 하지만 이제 독일은 그 결과물을 고수하게 되었고, 적어도 한동안은 그랬다. 전쟁이 시작되려는 와중이었기 때문에 고위 장교들은 지휘 구조에 대한 논쟁을 옆으로 제쳐 놓았다.—아니면 적어도 다른 문제에 의해 부차적인 것으로 밀려났다. 1930년대의 긴장관계와 분쟁들은 사라지지 않았다. 이 긴장관계와 분쟁은 2차대전 기간 내내 독일의 행동에 영향을 미치게 되며, 그렇게 해서 전쟁 자체의 성격에도 영향을 미치게 된다.

4 / 전쟁 발발과 초기의 승리, 1939년 3월부터 1940년 6월

1939년 초 히틀러는 장기적인 정책적 목표, 동부에서 레벤스라움을 획득하는 데 필요한 방법을 결정했다. 그는 결국 영국과 프랑스를 상대하게 될 것이며, 그러기 위해 후방의 안전을 확보할 필요가 있다는 사실을 알고 있었다. 그해 봄까지 독일의 동부 전선에 있는 대부분의 국가들은 아무런 위협을 제기하지 않고 있었다. 리투아니아는 너무 작았고 헝가리는 이미 종속되어 있었으며, 체코슬로바키아는 아예 존재하지도 않게 되었다. 오로지 폴란드만이 문제가 되었다. 히틀러는 한동안 폴란드에 독일의 영역에 합류하라고 압력을 가했지만 아무런 소용이 없었다. 1939년 3월 21일 폴란드가 독일의 최후통첩을 거부하자 히틀러는 폴란드가 첫 번째 목표가 되어야 한다고 결정했다. 그러면 그는 서유럽 국가들을 상대할 수 있게 되는 것이다. 채 6개월이 지나기도 전에 시작된 전쟁으로 독일 최고사령부의 평시 진화 과정은 종지부를 찍게 될 것이다. 이제 최고사령부는 자신의 가치를 증명해야만 했다. 그리고 처음에는 그 일을 눈부시게 해내는 것처럼 보였다. 폴란드를 굴복시켰고, 이어서 노르웨이와 덴마크, 네덜란드, 룩셈부르크, 벨기에, 프랑스가 뒤를 따랐다. 이 모든 일이 전쟁 개시 10개월 안에 이루어졌다. 독일이 거둔 일련의 승리는 경이적인 것이었으며, 피정복자는 물론 승자에게도 놀랍기는 마찬가지였다. 하지만 승리의 배후에서는 이미 심각한 약점들이 노출되고 있었다.

1939년 3월 25일 히틀러는 브라우히치에게 폴란드 침공계획을 작성하라고 지시했다.[1] 하지만 자신의 예전 전략 계획 본부에게는 아무런 언질도 주지 않았다. OKW는 단지 히틀러가 브라우히치에게 명령을 내린 후 며칠이 지나서야 히틀러의 의도를 전달받았을 뿐이었다.[2] 지휘총국은 카이텔의 지시로 "국방군의 통합 전비태세에 대한 지령 1939/40"을 개정하여 히틀러의 명령에 대한 후속조치를 취했다. OKW는 4월 3일 히틀러의 승인을 얻어 그 지령을 배포했다.[3] 이 문서의 부록에서는 암호명이 팔 바이스Fall Weiß(백색 사태)인 폴란드 침공 작전을 다루고 있으며, 그 내용은 상당히 광범위했다. 그것은 당시의 정치적 상황과 함께 그런 상황 속에서 공격을 시작하게 될 것이라는 점을 상세하게 기술하면서 서구의 열강은 전투에 개입하지 않을 것이라고 장담했다. 작전의 측면에서는 국방군이 기습공격을 통해 폴란드 무장병력의 파괴를 기도하게 될 것이라는 사실을 명기한 것 외에 별다른 언급이 없었다.[4] 대부분의 경우 히틀러는 기꺼이 각 군이 세부계획을 알아서 작성하도록 내버려두었다. 하지만 녹색 사태의 경우처럼 검토 절차만큼은 엄격하게 준수할 것을 요구했다. 4월 3일 자 지령은 각 군이 자신의 계획을 OKW에 제출하고 OKW가 그것을 근거로 기준 시간표를 작성하면 히틀러가 그것을 승인하도록 규정했다. 모든 준비는 9월 1일까지 완료하는 것으로 결정됐다.[5]

할더는 일종의 환희에 가까운 감정을 느끼며 침공을 계획하기 시작했다. 많은 독일군 장교들은 폴란드를 영원한 적으로 간주하고 있었다. 따라서 할더는 두 국가의 인위적인 우정이 종말을 고함과 동시에 "내 심장에 박혀 있던 돌덩어리가 떨어져 나갔다"고 말했다. 서유럽 국가들 혹은 더 나아가 소비에트연방의 개입도 국방군이 폴란드를 2주 내지 3주 안에 패배시킨다면 큰 문제가 되지 않으며, 실제로도 그렇게 될 것이라고 할더는 자신 있게 예측했다.[6] 이후 두 달에 걸쳐 육군은 작전 계획을 완성했다. 히틀러는 이 과정에 거의 개입하지 않았으며 대신 육군은 그에게 지속적으로 현황을 보고했다. 4월 26일과 27일에 브라우히치는 육군의 초안을 총통에게 제출했고 그는 아무런 큰 수정 없이 그것을 승인했다.[7] 5월 1일, 침공 부대를 구성하는 두 집단군 사령부의 참모들은 부대의 임무를 수령했다. 그리고 그들은 자신의 작전 계획을 각각 5월 20일과 27일에 제출했다. 그동안 할더는 5월 2일부터 11일까지 개최된 총참모본부 연례행사인 참모 전적지 연구행사에서 폴란드 침공을 주안점으로 삼아 집중 분석함으로써 작전 계획에 필요한 다수의 세부적인 부분들을 완성했다. OKH는 작전 계획의 최종본을 6월 15일에 배포했는데, 그것은 폴란드를 최대한 신속하게 끝장내고 부대를 서부전선으로 전환시키겠다는 육군의 주요 관심사를 반영하고 있었다. 히틀러는 서유럽 국가들이 개입하지 않을 것이라고 확신했지만 OKH는 단 한 가지도 운에 맡기고 싶지 않았다.[8] 한편 OKW는 중앙 기록소 이상의 구실은 하지 못했다. OKW는 각 군의 작전 계획을 취합한 후 다시 그것을 지령으로 만들어 각 군에 내려보냈지만 그 과정에서 어떤 지침도 제공하지 않았다. 할더는 자신의 참모들로 하여금 변동사항들을 반드시 OKW에 통보하게 했지만, 육군은 무엇이든 문제가 발생할 경우 OKW를 무시하고 지체없이 총통과 직접 문제를 다루었다. 사실상 OKW가 수행한 유일한 임무는 작전 계획을 완성할 최종일자의 목록을 작성하는 것이 전부였으며, 심지어 그것조차도 각 군에서 통보한 내용에 근거를 두고 작성해야만 했다.[9]

여름 동안 다양한 차원에서 전쟁 준비가 진척을 이루었다. 공격일자가 다가옴에 따라 ―― 원래는 8월 26일로 예정되어 있었다 ―― 일련의 위장된 병력이동과 기동훈련이 동부전선으로 부대를 집결시키는 역할을 수행했다. 또한 히틀러는 지속적인 선전전을 전개해 독일 국민의 적개심을 부채질하는 동시에 적들의 전쟁 준비를 지연시키고자 했다. 더불어 집중적인 교섭을 통해 그는 소비에트연방과 불가침조약을 체결하는 데 성공했으며, 이어서 비밀조항을 통해 두 나라가 폴란드를 분할하는 데도 합의했다. 히틀러는 8월 23일에 정식으로 발표된 이 외교적 쿠데타로 인해 서유럽 국가들이 폴란드 전역의 개입을 단념하게 될 것이라고 믿었다. 따라서 영국이 8월 25일 폴란드와 동맹조약을 체결했을 때 그는 커다란 충격을 받았다. 그 조약과 더불어 싸움에 끼어들기를 주저하는 베니토 무솔리니Benito Mussolini로 인해 히틀러는 말 그대로 최종 순간에 병력을 회군시켰지만 곧 그는 용기를 회복하고 공격일자를 9월 1일로 변경했다.[10]

이러한 최종 단계의 움직임이 진행되고 있는 동안 OKH는 자신의 동원계획을 실행에 옮겼는데, 그들은 이미 여러 해 전부터 동원계획에 집중적인 관심을 쏟아왔었다. 참모총장과 그의 고위 보좌관들은 전쟁 이전부터 정기적으로 모임을 갖고 동원을 위한 대책을 토의했으며, 토의 대상에는 전시에 OKH가 취해야 할 조직의 형태에 대한 내용도 포함되어 있었다.[11] 육군의 동원계획, '3호 특별봉인'은 전시 육군본부 조직을 다루고 있었으며, 총참모본부 2과(편제과)가 3호 특별봉인을 작성하는 책임 부서였다. 2과는 초안을 다른 부서와 관련된 다른 기관들에게 회람시킨 후 그들이 보내주는 의견을 최종 계획에 반영했다. 평시에는 이런 과정을 1년에 한 번씩 수행했다.[12]

육군본부를 위한 동원계획은 반드시 필요했는데, 이는 OKH가 1933년부터 1939년 사이에 겪었던 조직 변화에도 불구하고 여전히 전쟁을 수행하는 데 부적합했기 때문이다. OKH의 조직 일부는 작전본부의 영역이 아닌 활동들—예를 들어 전사나 인사관리와 같은 활동—을 담당하고 있었다. 더불어 평시의 OKH는 독일인들이 이상적으로 생각하는 것보다 더 많은 단계의 직책으로 구성되어 있었다. 그들은 소규모의 능률적인 조직을 선호했는데, 그런 조직이 군사적 상황 변화에 더 신속하게 대응할 수 있었다. 3호 특별봉인은 그러한 고려사항들을 반영하고 있었다. 동원과 함께 일부 직무 보직은 편제에서 제외되고 다른 보직들은 평시와 다른 임무를 맡게 되며, 그 밖에 다른 여러 보직들이 새로 편제에 추가되도록 계획되어 있었다.[13]

OKH에서 가장 의미심장한 변화는 그것을 두 개의 부분으로 분리하는 조치였다. 동원과 함께 브라우히치와 할더를 비롯한 대부분의 총참모본부 참모들은 베를린 외각의 초센Zossen에 있는 사령부 단지로 이동하며, 참모들은 그곳에서 할더의 직접 통제하에 근무하게 되어 있었다. 그리고 바로 그곳이 이른바 육군 최고사령부, OKH가 되는 것이다. 육군 최고사령부의 다른 장교들은 육군 중장 프리드리히 프롬의 지휘 아래 베를린에 남았다. 프롬은 육군 장비부장 겸 병력보충부대 사령관의 직책을 맡고 있었으며, 병력보충부대는 동원이 개시됨과 동시에 활성화시키게 되어 있었다. 감독의 역할을 수행함에 있어서 프롬은 광범위한 책무를 담당해야만 했다. 그는 육군 전체의 행정기구들을 감독했는데, 거기에는 인원보충(장교는 제외)을 비롯해 재정과 물적 자원의 운용계획, 장비 개발 · 생산 · 분배 등을 담당하는 부서들이 포함되어 있었다. 또한 그는 작전 본부의 직접 통제를 받지 않는 독일 국내의 모든 육군 자산들을 통제했다.[14]

초센에서 총참모본부는 야전군의 지휘를 비롯해 보급과 정보 평가 및 전파, 기타 전투를 치르는 데 필요한 기능들을 책임졌다. 이런 기능들을 더욱 효율적으로 수행하기 위해 총참모본부는 자기 조직에 몇 가지 변화

프리드리히 프롬 (독일연방 문서보관소 제공, 사진번호 69/168/7).

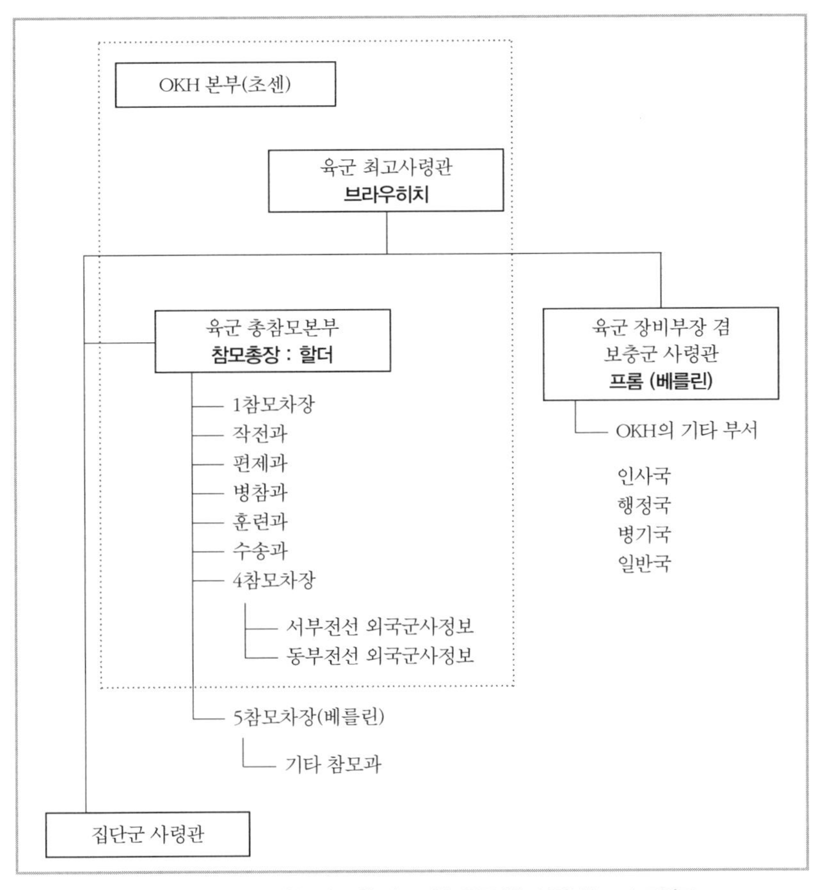

〈그림 3〉 1939년 9월 1일 동원 선포 이후 육군 최고사령부(OKH) 조직도

를 주었다. 이런 변화의 첫 번째는 참모차장과 관계가 있었다. 정보 담당 참모차장(OQu IV)인 육군 소장 쿠르트 폰 티펠스키르히Kurt von Tippelskirch는 자신의 원래 임무를 계속 지켰는데, 사실상 임무에 변화가 없었던 유일한 참모차장이었다. 훈련과 편제를 담당했던 참모차장(OQu II와 OQu III) 직책은 폐지되고 그들이 관리했던 과들은 할더의 직속 기관이 되었다. 군사과학 담당 참모차장(OQu V)인 육군 대장 발데마르 에르푸르트Waldemar Erfurth는 후방 본부에 남았는데, 그곳에서 그는 전방의 작전 본부

에는 필요 없는 총참모본부 부서들의 활동을 감독하는 역할을 맡았다.[15]

작전 담당 참모차장(OQu I)인 육군 중장 카를 하인리히 폰 스튈프나겔 Karl Heinrich von Stülpnagel은 동원과 함께 새로운 임무를 맡았다. 그는 특정 과에 대한 모든 감독 권한에서 해방되는 대신 할더의 무임소無任所 대리인이 되어 그것이 무엇이든 참모총장이 중요하다고 판단한 모든 프로젝트에서 참모총장의 업무를 도왔다. 이러한 지위에서 그는 총참모본부 전체에서 필요하다고 생각되는 모든 전문가들을 끌어모았고, 또한 OKH의 다른 부서들이나 국방군, 심지어 제3제국 행정부를 비롯해 하위 사령부들과 함께 일했다. 참모총장은 그가 전술적 훈련교리에 전술적 교훈을 확실하게 반영하게 만들고 계획된 작전에 부대를 지정하는 임무를 부여하며, 자신의 대리인으로서 전선을 방문하게 하기도 했다. 이런 임무들 중 다수는 스튈프나겔에게 매우 특수한 기술과 요령을 요구했다. 왜냐하면 그는 가끔 자기보다 지위가 높은 사람들을 상대해야 했기 때문이다.[16]

총참모본부 편제의 과 단위에서는 동원과 함께 기술과와 방어시설과, 장교훈련과가 해체됐으며, 그들이 맡았던 역할은 다른 조직으로 이관됐다. 동시에 각 과의 과장들은 자신의 새로운 임무를 처리할 수 있도록 내부 조직을 개편했다. 작전과는 총참모본부의 중심점이라는 기존의 지위를 여전히 유지했으며 꽤나 독특한 조직 형태를 갖고 있었다. 스튈프나겔이 특별한 프로젝트들을 담당하는 상황에서 전적으로 작전적인 문제들을 처리하는 책임은 작전과장인 한스 폰 그라이펜베르크 Hans von Greiffenberg 대령의 몫이 되었다. 그는 더 이상 스튈프나겔을 경유하지 않고 할더에게 직접 보고하게 되었다. 다만 OQu I에게 계속 상황을 통보하면서 그의 지침에 따라 행동해야 하는 구조는 바뀌지 않았다.[17] I반(Ia로 알려졌다)의 반장인 아돌프 호이징거 Adolf Heusinger 중령은 그라이펜베르크 대령의 선임 반장이었다. I반에 속한 세 개의 분반들—각 분반은 특정 지역을 담당한다—은 보고서를 취합하고 그 속에 있는 정보를 확인 및 분석하며, 작전 계획이나 명령서를 기안하고 참모연구 보고서를 준비했다. 동시에 II반과 III반은 I반의 업무를 지원하기 위해 다른 기관들과 협조하면서 추가적인 정보를 수집하고 지도를 준비하는 작업을 최우선으로 했다. 여기에 더해서 해군과 루프트바페에서 파견된 연락 장교들과 수송과 과장이 작전과의 한 개 반을 구성해 작전 계획에서 각자의 전문 분야에 관련된 도움을 제공했다.[18]

OKH가 전역에서 자신의 역할을 수행할 수 있도록 준비를 갖추고 있는 동안 OKW는 출전에 앞서 서둘러 자체적 준비에 돌입했다. 2차대전의 다른 교전국들의 경우, 국가수반과 최고 지휘 기관들은 적어도 가능한 한 자국의 수도에 머물러 있었다. 하지만 히틀러는 그러지 않았다. 왜냐하면 그는 일선에서 전쟁을 지휘하기로 결심했기 때문이다. 그 동기는 불명확하지만 그가 자신을 야전지휘관이자 "독일제국의 첫 번째 병사"라고 간주했던 것과 연관이 있을지도 모른다. 게다가 그와 같은 행동이 선전에 대단히 유용하게 쓰일 수 있다는 점을 생각했을 수도 있다.[19] 이유가 무엇이든 그는 9월 3일에 자신의 전용 열차, 아메리카Amerika를 타고 동부로 향했다.[20]

열차를 본부로 사용해 전쟁을 지휘하겠다는 결정으로 인해 지휘기구들의 능력은 심각한 제약을 받았다. 알려지지는 않았지만 그 어떤 이유 때문에 총통은 평시에 작성된 야전본부 관련 계획들을 모두 거부했다. OKW의 전시 활동을 위한 편제나 기술적인 틀을 준비할 기회를 아무도 갖지 못했기 때문에, 전쟁이 시작된 뒤에도 독일은 상황에 따라 업무를 수행하고 결정을 내리는 데 효과적이라고 입증된 체계를 전혀 갖고 있지 않았다.[21] 더 나아가 인원 배치에서부터 바로 문제가 발생했다. 총통의 전용 열차는 참모진의 최소 핵심 요원들 외에는 제대로 수용할 수 없을 정도로 공간이 좁았다. 히틀러와 함께 카이텔과 요들, 슈문트 그리고 3군의 보좌관들이 동행해야 했으며, 친위대와 루프트바페, 해군의 연락장교들을 비롯해 마르틴 보르만Martin Bormann(나치당 비서실장 겸 히틀러의 개인비서), 히틀러의 대변인인 오토 디트리히Otto Dietrich, 외무부 대표, 히틀러의 주치의 2명, 소수의 당번병과 서기들이 일행에 포함되어 있었다. 요들은 오로지 두 명의 보좌관만을 대동할 수 있었다. 그 결과 국가방위과의 참모진 대부분은 베를린에 남을 수밖에 없었다.[22]

그의 참모들에게는 다행스럽게도 폴란드 전역에서 히틀러의 역할이 그리 크지 않았기 때문에, 전역을 수행하는 데 있어 총통본부의 규모가 작다는 사실이 별다른 영향을 비치시는 못했다. 총통은 전선을 방문하거나 영국과 프랑스, 소비에트연방과 관계된 외교 현안들을 처리하는 데 대부분의 시간을 소비했다.[23] 침공은 너무나 순식간에 끝나서 히틀러에게는 작전에 대한 의사결정 과정에 개입할 기회조차 거의 없었다. 그는 자신이 전략적 문제라고 간주한 모든 사항들의 결정을 자신이 직접 수행했는데, 영국을 상대로 한 해전이나 바르샤바 폭격과 같은 경우가 거기에 해당한다. 브라우히치와 긴밀하게 접촉을 유지하면서 사태의 전개에 대해 지속적으로 보고를 받고 있기는 했지만 히틀러는 전투에 거의 개입하지 않았고, 그 결과 그의 소규모 참모진들은 사태의 진행속도에 보조를 맞출 수 있었다.[24] 이제 요들이 히틀러의 최고 군사문제 조언자로 부상함과 동시에 카이텔은 작전과 관련된 문제에서 손을 떼고 행정에만 집중했고, 곧 일단의 임시방편적 업무방식이 자리 잡기 시작했다.[25] 요들은 히틀러의 지시와 계획을 전달하기 위해 국가방위과장인 발터 바를리몬트 대령과 매일 대화를 나누었다. 바를리몬트와 그의 참모들은 각 반의 반장들이 각 군으로부터 수집한 정보를 보고할 수 있도록 매일 아침 회의를 열었다. 그다음, 바를리몬트는 그들에게 히틀러의 의도를 전달했다. 서면으로 작성할 필요가 있는 지시사항은 별로 없었기 때문에 각 과의 장교들은 각 군의 본부와 접촉을 유지하는 일에 바쁘게 매진했다. 상황도 세부적인 작전 계획의 작성이나 폭넓은 협조업무를 요구하지 않았다.[26]

OKH의 관점에서 볼 때, OKW가 자신들에 비해 상대적으로 활동이 적은 것은 전적으로 만족스러운 상황이었다. OKW는 전략을 계획하는 기관으로서 전역의 수행에는 별로 왈가왈부하지 말아야 했던 것이다. 할더는 카이텔과 요들에게 작전 문제에 끼어들지 말라고 경고했고, 브라우히치가 총통에 대한 연락관의 역할을 담당하면서 OKH는 자유롭게 자신의 업무에 충실할 수 있었다. 훗날 할더는 전쟁의 시작 단계에서는 OKH와 OKW 사이에 아무런 마찰이 존재하지 않았다고 술회할 수 있었다.[27] 마찬가지로 폴란드 전역에 대한 평가를 통해 OKH가 예하 집단군 사령부에 대해 적절한 지휘 관계를 유지하고 있었다는 사실도 밝혀졌다. OKH의 본래 역할은 전체 전선의 작전을 지휘하는 것이고 따라서 OKH는 폴란드 전역에서 대부분의 경우 작전의 세부사항을 집단군 사령부에 맡겨둔 채 대국적으로 상황을 보는 데 주력했다. 할더의 일지를 보면 그가 폴란드의 상황을 면밀하게 파악하고 있었다는 사실이 나타나 있는데, 그러면서도 그는 자신의 참모들과 함께 서유럽의 외교적 상황을 예의주시하고 있었다.[28] 그들은 사단급 부대까지 상황을 파악했지만 불필요하게 예하부대 지휘관들의 영역을 침범하지는 않았다. OKH의 명령은 계속 포괄적인 내용만을 다루었다. 그들은 집단군의 배치나 공세의 개략적 축선만을 지시했던 것이다.

폴란드 전역에서 독일군 작전 계획은 종심 깊이 돌파하여 폴란드의 방어체계를 교란하고 폴란드 병력이 철수하기 전에 그들을 포위, 격파하는 것이었다. 폴란드인들은 애국적이고 지리적·경제적 이유로 자국의 영토를 단 한 치도 빼앗기지 않으려는 격렬한 감정을 가지고 있었는데, 궁극적으로 그들의 그런 성향 덕분에 독일 국방군의 임무는 더욱 쉬워졌다.[29] 실제로 공세는 독일군이 예상한 것보다 훨씬 더 순조롭게 진행됐다. 9월 6일이 될 때까지 독일군의 초기 작전 개념은 상황변화에 적응할 필요 없이 그대로 유지됐을 정도였다.[30] 그렇다고 독일군에게 전혀 근심거리가 없었다는 뜻은 아니다. 9월 3일에 영국과 프랑스가 독일에 전쟁을 선포했는데, 비록 전혀 예상치 못한 일은 아니었지만 그래도 여전히 충격적이었다. 독일은 서부전선에 프랑스가 보유한 사단 수의 절반에도 못 미치는 병력을 배치해둔 상태였다. 1938년에 비해 독일의 방위태세가 강력해지기는 했지만, 만약 프랑스가 공격을 한다면 그들은 분명 독일의 장기 계획에 커다란 위협을 가할 수도 있었다. 그러나 연합군의 계산착오 덕분에 그들의 적은 절실하게 필요했던 시간적 여유를 갖게 되었다.[31] 하지만 그것은 독일이 동부전선에서 수행한 전역이 대단히 효과적이었다는 말이기도 했다.

두 종류의 사건을 통해 우리는 OKH가 사용한 지휘 방법을 볼 수 있다. 첫 번째 유형의 사건들은 9월 3일 3군과 4군이 포메라니아Pomerania와 동프로이센 사이의 폴란드 회랑에서 합류하는 데 성공했을 때 발생했다. 이 시점에서 북부집단군 사령관인 페도르 폰 보크Fedor von Bock 대장은 예하 4군의 대부분을 동쪽으로 전환시켜 바르샤바를 크게 우회하기를 바랐다. 그는 이런 기동을 통해 폴란드군이 그 지역으로 철수해서 재정비하는 사태를 예방할 수 있다고 주장했다. 그러나 OKH는 그 제안을 거부했다. 육군 최고사령부는 영국과 프랑스가 공격에 나설 경우에 대비해 가능한 한 병력을 폴란드 서부에 묶어두고 싶었던 것이다.[32] 이런 결정은 지휘체계가 적절하게 기능하고 있음을 보여준다. 즉 OKH는 예하 지휘관의 견해를 고려해볼 수는 있지만 좀 더 포괄적인 상황을 염두에 두고 적절한 권한의 범위 내에서 활동했던 것이다.

또 다른 일련의 사건들은 9월 10일에서 17일 사이에 발생했다. 이때 독일군은 바르샤바에 접근하는 중이었다. 3군(북부집단군 예하)은 북쪽에서부터 그리고 8군(남부집단군 예하)은 남서쪽에서 진격하고 있었다.[33] 폴란드 포즈난군Poznan Army은 비스툴라Vistula와 브주라Bzura, 두 강 사이에서 바르샤바를 향해 동쪽으로 퇴각하려고 시도하는 중이었다. 9월 10일, 포즈난군은 공격을 감행해 독일 8군의 좌익과 배후를 위협했다. OKH는 개입하지 않고 8군과 남부집단군 사령관에게 결정을 맡겨두는 적절한 반응을 보였다. 하지만 상황은 곧 OKH의 행동을 필요로 하는 방향으로 발전했다. 두 개 집단군 예하 부대들이 서로를 향해 접근하면서 포즈난군을 포위하고 바르샤바에 집결하기 위해 전투를 벌이고 있었다. 만약 그들의 작전 수행을 아무도 조율해주지 않는다면 두 집단군의 공격은 효과를 상실하거나 심지어 우발적으로 우군끼리 발포하는 사태가 벌어질 수도 있었다. 이에 따라 OKH는 두 집단군 사이에 새로운 지경선을 형성하고 포즈난군에 대한 공격의 통제권을 8군에 부여했으며, 그 과정에서 3군의 일부 부대를 8군에 배속시켰다.[34] 다시 한 번 지휘체계는 기대했던 기능을 발휘했다. OKH는 신속하게 건전한 판단을 내렸으며, 따라서 예하 집단군은 최대한의 효율성을 발휘해 자신의 임무를 수행할 수 있었다.

폴란드 전역에서 유일하게 심각했던 지휘상의 문제는 9월 17일에 전개됐다. 이날 독소불가침조약의 비밀 조항에 따라 소비에트연방 군대가 동부에서 폴란드를 침공했다. 그들이 진격을 시작한 시점은 모든 사람을 경악하게 만들었다. 히틀러는 소비에트연방이 가능한 한 빨리 공격을 시작하도록 설득하는 데 최선을 다했다. 그는 이런 움직임이 프랑스와 영국의 개입을 더욱 어렵게 만들 뿐만 아니라 더 나아가 연합국이 소비에트연방에도 전쟁을 선포하는 사태를 초래할 수 있기를 바랐다. 하지만 이오시프 스탈린Iosif Stalin은 그런 수를 이미 꿰뚫어보고 있었고 자신이 움직일 시기를 스스로 결정했던 것이다. 독일 군부에게 있어 이것은 완벽한 기습을 당한 셈이었다. 이는 히틀러가 소비에트연방과 맺은 비밀군사조약에 대해 독일 군부에 아무런 통보도 하지 않았기 때문에 초래된 사태였다. 더 나아가, 소련군이 전진을 시작하고 처음 며칠 동안은 독일과 소련의 군대를 분리하게 될 경계선을 두고 상당한 혼란이 벌어지기까지 했다. 일부 독일군 부대들은 최종적으로 양측이 합의한 경계선보다 180킬로미터 더 들어간 지점에서 폴란드군과 교전을 벌이고 있었다. OKH는 두 나라 군대가 충돌을 일으키기 전에 신속하게 행동에 나설 수밖에 없었지만, 어쨌든 육군은 이미 독일군 장병들이 포기할 수밖에 없는 땅을 놓고 피를 흘리고 있는 사태를 피할 수 없었다.[35] 예를 들어 소련군이 자신들을 렘베르크Lemberg의 해방자라고 선언했을 때, 독일군이 이미 그 도시를 점령한 상태였다. 할더는 이 일을 두고 "독일 정치 지도부가 수치를 당한 날!"이라고 일지에 적었다.[36]

당연히 육군 지도부는 히틀러가 그처럼 중요한 정치적 결정에 대해 그들에게 알리지 않았다고 분개했다. 그 사건은 그들로 하여금 지휘부의 계층 구조 속에서 자신들의 지위에 대해 가장 걱정스러웠던 부분이 사실임을 확신하게 만들었음이 틀림없다. 따라서 브라우히치는 9월 10일에 이미 할더에게 이런 말을 했던 것이다. "육군 지휘부(OKH)에서 정책 기능(OKW)을 분리한 것이 그 자체로 우리에게 대단히 불리하다는 사실이 증명됐다. OKH는 정치적 노선과 그에 따른 여러 잠재적 변수들을 가능한 한 정확하게 알고 있어야만 한다. 그렇지 못할 경우 우리의 책임 영역에서 질서정연한 계획적 행동은 불가능해진다. 육군 지도부는 정책에서 벗어나 있을 수 없다. 그렇게 된다면 육군은 자신감을 상실하게 될 것이다."[37] 일반적인 관점에서 보았을 때 그의 말은 정당하다. 군대가 정부의 의도를 알지 못할 경우 엉뚱한 곳에 힘을 낭비하거나, 아니면 이번 경우처럼 불필요한 목숨을 희생시키게 되는 법이다.

브라우히치의 논평이 주장하고자 하는 내용의 본질적 성격에 대해 우리는 주목할 필요가 있다. 그는 육군이 국가 정책에 대한 **영향력**을 행사해야 한다고 말하지는 않았다. 그런 지위를 확보할 수 있는 가능성은 이미 오래전에 사라져버렸다. 따라서 고위 장성들이 정책에 대한 영향력에 아직도 미련을 버리지 못한 상태라면 그들은 이때까지도 자신들의 처지에 대한 분노를 너무 잘 숨기고 있었던 셈이다. 더욱이 브라우히치가 할더에게 자신의 생각을 밝혔던 그 당시만 해도 히틀러가 전쟁을 지휘하는 방식이 겉으로는 문제점을 전혀 드러내지 않고 있었다. 더 나아가 소비에트연방의 개입이 있은 뒤에도 독일인들은 그 부분에 대해 거의 불평이 없었다. 어쨌든 히틀러의 정치적이거나 전략적인 판단들은 그때까지 상당히 잘 맞아떨어지고 있는 것처럼 보였던 것이다. 브라우히치가 걱정하고 있는 문제는 육군이 정치와 전략의 영역에서 수단적인 지위로 격하됐다는 것이 아니라 육군이 전쟁 중의 작전에서도 지휘권을 계속 상실하고 있다는 점이었다. 히틀러가 육군에게 중요한 정보를 알려주지 않았다는 사실은 미래에 대한 흉조일 수밖에 없었다. 그것은 작전상의 문제에서 육군 장성들이 설정한 우선순위에 대해 히틀러가 아무런 관심도 없다는 의미이기 때문이다.

이 문제는 소비에트연방의 얌체 같은 끼어들기가 있은 지 일주일 만에 전기를 맞게 됐다. 아직도 폴란드에서 최종단계의 작전이 진행되고 있는 상황에서 총통은 자신이 서부전선의 공세에 관심을 갖고 있음을 표현하기 시작했다.[38] 9월 25일, 할더는 최초의 암시를 들었다. 9월 27일에는 히틀러가 각 군의 최고사령관들과 사전 협의도 전혀 거치지 않은 채 결정을 내리고 시간은 연합군의 편에 있기 때문에 독일은 병력이 준비되는 대로 즉시 타격을 가해야 하며, 무슨 수를 쓰든 겨울이 되기 전에 실시해야 한다고 말했다.[39] 10월 10일, 그는 다른 모임에서 자신의 주장을 되풀이하면서 전쟁 수행을 위한 총통훈령 6호와 함께 부하들의 이해를 돕기 위해 좀 더 자세한 내용의 설명문을 배포했다.[40] 훈령은 공격이 룩셈부르크와 벨기에, 네덜란드를 가로지르게 될 것이며 가능한 가장 이른 시기에 가장 강력한 전력을 투입해서 실행해야 한다고 명확하게 지시했다. 공격 목표는 프랑스와 그 동맹국이 보유한 육군의 가장 강력한 부분을 타격하고 동시에 저지 국가들과 프랑스 북부 지역을 가능한 많이 점령하여 그곳을 영국에 대한 공중 및 해상 작전을 위한 기지이자 독일의 최대 산업지역인 루르 지방에 대한 연합군의 공습을 저지할 완충지대로 활용하는 것이었다. 총통훈령은 이런 내용 외에는 육군에 대해 아무런 작전 지침을 제시하지 않았으며, 대신 과거와 마찬가지로 히틀러에게 지속적으로 보고할 것을 요구했다.

겉으로 보기에는 총통이 가능한 빠른 시기에 공격을 밀어붙이기로 결정한 것도 충분한 이유가 있었다. 영국의 해상 봉쇄 조치로 인해 독일의 경제가 이미 타격을 받고 있었으며, 이러한 조치는 비록 독일의 현재 작전에 영향을 미칠 정도는 아니더라도 장기적인 계획에 지장을 주기에는 충분했다. 만약 독일이 전쟁을 계속하기를 바란다면 그들은 서유럽의 자원이 필요했다. 그럼에도 불구하고 대부분의 육군 고위 장성들은 총통이 이렇게 빨리 공격 명령을 내리려고 한다는 데 아연실색하고 말았다. 게다가 할더는 일정 기간에 걸친 방어전을 계획하고 있었다. 그의 작전 담당 참모차장인 스튈프나겔도 막 참모 연구 보고서의 작성을 끝마친 상태였는데, 그것은 1942년까지 서부전선에서 공격은 불가능하다는 내용을 담고 있었다.[41] 육군은 폴란드 전역을 마친 뒤 휴식과 재훈련을 하고, 손실을 보충하기 위한 시간이 필요했다. 더불어 비록 OKH의 많은 계획 담당자들이 프랑스군의 약점을 인식하고 있기는 했지만 누구도 폴란드때만큼 신속하게 프랑스를 패배시킬 수 있다고 생각하지 않았다. 그러다 보니 많은 사람들이 1차대전과 똑같은 형태의 교착 상태를 예상하고 있었다. 할더와 브라우히치는 폴란드 전역에서 사용된 방법이 서부전선에서도 비책이 될 수는 없다는 점에 동의했다. 그런 방식은 체계가 튼튼한 군대에게는 전혀 비법이 될 수 없었다.[42] 할더와 브라우히치는 10월 7일 히틀러와의 회의석상에서 히틀러의 생각에 대한 반대론을 주장했지만 그를 설득하는 데 실패했다. 브라우히치는 예하 집단군 사령관들의 간청을 받고 11월 5일 다시 히틀러를 설득하려고 시도했지만 그가 고생하고 얻은 것이란 그저 히틀러의 격노와 거부가 전부였다.[43] 결국 기상 조건만이 총통으로 하여금 다음 해 봄까지 공격을 개시하지 못하게 저지할 수 있었다.

그동안 히틀러는 육군 지도부에 자신의 개입이 점점 줄어들기보다는 점점 더 심해질 거라는 분명한 신호를 보냈다. 10월 10일 회의에서 그가 보여준 발언은 전형적인 사례였다. 그는 지루할 정도로 장황한 발언을 통해 자신이 생각하는 전략적 정세를 설명하는 데 그치지 않고 공세축의 방향이라든가 기갑부대를 시가전에 투입할 때의 위험에서부터 특수작전에 관련된 세부 전술이나 탄약을 비축해야 할 필요성까지 엄청나게 다양한 주제들을 아주 자세하게 떠들었다.[44] 히틀러의 훈령이나 명령도 그의 발언 방식만큼이나 세부적인 내용들을 다루기 시작했다. 게다가 명령과 훈령에 의지하는 횟수도 점점 더 증가했는데, 이는 히틀러가 전에는 브라우히치를 통해 구두로 지시를 내렸지만 앞으로도 OKH가 자신의 구두 지시를 따르지 더 이상 확신할 수 없다는 생각을 하게 되었기 때문이었다.[45]

히틀러는 '팔 겔프Fall Gelb(황색 사태, 프랑스 침공을 위한 1단계 작전의 암호명)'를 위한 작전 계획을 수립하는 과정에서 핵심적인 역할을 수행하려고 했는데, 이것은 거의 총통이 최초로 명령을 내렸던 바로 그 순간부터 격렬한 논쟁의 대상이 되었던 행동이었다. 계획의 원안은 총통훈령 6호에서 밝힌 목표에 맞추어 저지 국가들을 향해 직접 공격을 요구했지만, 그런 작전 개념에 만족한 사람은 아무도 없었다. 이 계획에 급진적인 변화를 일으키게 되는 추진력이 두 방향에서 뻗어 나왔다. 그 추진력의 한편에는 히틀러가 있었고 다른 한편에는 A집단군 사령관인 게르트 폰 룬트슈테트Gerd von Rundstedt와 그의 참모장인 만슈타인이 있었다. 우연히도 양측은 모두 똑같은 근본 개념에 바탕을 둔 방안을 제시했다. 공격 축선을 좀 더 남쪽으로 전환시켜 적의 방어선을 돌파하고 이어서 북쪽으로 선회하여 적을 후방에서 공격하지 못할 이유는 무엇인가?[46] 브라우히치와 할더는 다양한 이유를 들어 그 개념에 반대했지만, 점차 그 계획의 장점을 깨닫게 됐다. 총참모본부는 1월 초까지 작전 계획을 재작성하여, 만약 그 방면의 공격이 가치가 있다고 판단될 경우 아르덴Ardennes 쪽으로 공격의 중심을 전환할 가능성을 열어두었다. 이어서 1940년 1월 10일, 한 전령이 허가를 받지 않은 채 비행을 하던 도중 길을 잃고 벨기에에 착륙하는 사건이 벌어졌으며, 이로 인해 작전 계획의 중요 부분이 연합군의 수중에 들어갔다. 그 사건은 육군이 작전 개념을 바꿀 수밖에 없는 추가적인 압력으로 작용했다. 그리고 이 무렵에는 할더도 새로운 작전 개념을 완전히 신뢰하게 되었기 때문에 그는 2월 24일 새로운 작전 명령을 배포했으며, 그것은 5월에 있을 독일의 경이적인 승리에 발판이 될 운명이었다. 하지만 일부 공훈은 총통에게 돌아가야만 한다. 그는 총참모본부보다도 먼저 새로운 가능성을 발견했던 것이다.[47] 여기서 히틀러는 전쟁 초기 그가 거둔 실적을 두드러진 것으로 만드는 진기한 천재성을 과시했다. 그것은 영감이 넘치는 아마추어의 천재성이었다.

황색 사태에 대한 준비가 진행되는 동안 북쪽에서 전개되는 사태는 히틀러의 관심을 그쪽으로 끌어들였다. 1939년 11월 말 소비에트연방은 핀란드를 공격했으며, 이에 따라 총통은 어쩌면 소비에트연방의 움직임에 대한 대응책으로 영국이 노르웨이를 점령하게 될지도 모르며, 그럴 경우 스웨덴에 의존하는 독일의 철광석 공급선이 위협을 받게 될지도 모른다고 우려하게 되었다. 라에더 제독은 그와 같은 위험을 총통에게 경고하면서 노르웨이 해안을 따라 잠수함 기지를 확보할 경우 그들은 극히 중요한 역할을 하게 된다는 사실을 지적했다.[48] 따라서 12월 12일, 히틀러는 요들에게 영국보다 먼저 노르웨이를 점령할 수 있는지 그 가능성을 연구하라고 지시했다.[49] 1940년 1월 24일, OKW는 소위 북부전선 특별참모부를 설치하고 참모 연구를 수행했다. 이어서 2월 21일, 히틀러는 요들의 제안에 따라 니콜라우스 폰 팔켄호르스트Nikolaus von Falkenhorst 대장을 암호명이 '베저위붕Weserübung(베저 훈련)'인 침공 작전의 지휘관으로 임명했다. 팔켄호르스트는 군단 사령부 규모의 참모진을 대동했으며, OKW에서 작전에 필요한 참모 연구를 담당했던 인원도 자신의 참모진에 통합시켰다.[50] 이 작전에 대한 히틀러의 훈령은 OKW에 의해 3월 1일에 발령됐으며, 베저위붕에 동원될 부대는 '특별 사령부'의 예하에 들어가게 되고 다른 전구에 동원되지는 않을 것이라는 점을 명시했다.[51]

베저위붕 작전이 OKW에 할당되면서 지휘체계의 발전이 새롭고 중요한 양상으로 전개되기 시작했다. 히틀러는 처음으로 OKW에 작전 계획 임무를 부여했는데 그 이전까지는 육군 총참모본부만이 그 임무를 수행했다. 당시 그는 이런 조치를 여러 가지 방법으로 정당화시켰다. 그는 베저위붕 작전이 육해공군의 긴밀한 협동작전을 요구하기 때문에 OKH에게 지휘를 맡기기에는 너무 규모가 크다고 주장했다. 또한 외무부와 공조하여 작전을 추진하기에도 OKW가 육군보다 더 유리하다고 했다. 끝으로 그는 OKH가 앞으로 있을 프랑스 침공 작전에 집중할 필요가 있다는 점도 언급했다.[52] 히틀러가 어느 정도의 진실한 마음으로 그런 논리를 주장한 것인지는 분명하지 않다. 어쩌면 그의 머릿속에는 분명한 이유가 전혀 없었는지도 모른다. 어쨌든 몇 가지 부분에서 그의 논리는 근거가 미약했고 지휘체계의 이 새로운 결합은 새로운 문제를 초래했을 뿐만 아니라 과거의 문제를 더욱 두드러지게 만들었다.

무엇보다 OKW의 권위에 대한 문제가 있었다. OKW는 합동작전을 위한 협조 담당 기관이자 정부의 다른 부서에 대한 연락 업무 기관으로서 합법적인 역할을 갖고 있기는 했다. 하지만 원래 의도된 OKW의 임무에는 작전 계획이 전혀 포함되어 있지 않았다. 루프트바페와 해군은 OKW에 권한을 넘겨주려는 의도가 전혀 없었을 뿐만 아니라, 괴링과 라에더는 OKW를 자신의 영역에 들어오지 못하게 할 수 있는 정치적 영향력도 갖고 있었다.[53] 육군에는 정치적으로 그 정도의 영향력을 갖고 있는 인물이 없었기 때문에 OKW가 총참모본부의 기능을 인수할 수 있었던 것이다. 이런 사실로 인해 OKW와 OKH 사이의 경쟁심이 전적으로 새로운 양상을 띨 수도 있다는 새로운 가능성이 등장했는데, 이제 두 기관이 서로 비슷한 지위의 작전본부가 되었기 때문이다. 이 문제는 한동안 수면 아래에 잠겨 있게 되겠지만 나중에 결국은 재부상하게 된다. OKW 내부에도 또 다른 문제점들이 존재했다. 히틀러의 주장과는 정반대로, OKW가 베저위붕 작전을 맡았다고 해서 OKH의 업무를 크게 줄여주지는 못했다. 이는 단순히 OKW가 작전본부에 적합한 기능을 갖추지 못했기 때문이며, 심지어 팔켄호르스트의 참모들이 추가되어도 문제는 해결되지 않았다. 팔켄호르스트가 신속하게 기동 계획을 작성할 수 있었음에도 불구하고 OKW는 군수나 정보와 같이 작전에 관련된 모든 기능들을 관리할 능력이 전혀 없었다. 따라서 OKW는 OKH의 도움을 요청할 수밖에 없었다. 육군 총참모본부의 보급과와 수송과, 서부전선 외국군사정보과가 계획의 상당 부분을 대신 작성해주어야만 했고, 그 결과 동시에 두 곳의 상전을 모셔야 했던 그 부서들은 업무 효율이 떨어져버렸다.[54]

육군의 고위 관계자들은 지휘체계의 새로운 변화를 알고는 분개했다. OKW가 정상적인 육군의 지휘계통을 무시하고 팔켄호르스트의 작전에 병력을 할당하기 시작하자 할더는 그때 비로소 그의 임명을 간접적인 방식으로 알게 되었다.[55] 할더는 히틀러와 OKW가 OKH의 정당한 역할을 확실히 침해하고 있다고 결론내렸다. 그는 자신의 일지에 다음과 같이 기록했다. "이 문제에 대해 총통과 ObdH^Oberbefehlshaber des Heeres^(육군 최고사령관, 즉 브라우히치) 사이에 아무런 이야기가 오고 가지 않았다. 이런 사실은 전사에 반드시 기록돼야만 한다."[56] 어쨌든 그 외에 그가 할 수 있는 일도 없었다. 브라우히치는 자신의 직권으로 지휘체계의 변화에 반대했어야 하는 사람이었지만, 그가 실제로 그랬다는 증거는 없다. 아마 그는 총통과 언쟁을 벌였던 과거의 실적을 감안해 더 이상의 논쟁이 무익하다는 사실을 깨달았는지도 모른다.

어쨌든 작전은 계속 추진됐다. 독일이 1940년 4월 9일에 덴마크와 노르웨이를 침공한 것이다. 히틀러는 베를린에서 작전을 세밀하게 지휘하면서 대담성이 부족한 모습을 보여 사람들을 깜짝 놀라게 했다. 전투가 진행되는 동안 그는 점점 더 심한 동요를 보이며 시시콜콜하게, 그리고 때로는 서로 모순되는 명령을 남발하기 시작했다. 최악의 사례는 4월 18일에 발생했는데 당시 노르웨이 북부의 나르비크Narvik의 상황에 신경과민이 된 총통은 카이텔로 하여금 그곳의 병력이 중립국인 스웨덴으로 철수하여 그 나라에 억류되는 것을 허락한다는 명령서를 기안하라고 지시했다. 그러나 상대적으로 낮은 지위에 속하는 장교의 즉각적인 행동으로 간신히 상황이 호전됐다. 국가방위과의 육군 작전반장인 베른하르트 폰 로스베르크 중령은 당시 병석에 있었던 국가방위과장 바를리몬트를 대신하고 있었다. 로스베르크는 히틀러의 명령을 알게 된 순간 당비서실로 달려가 카이텔과 요들에게 항의했다. 그는 총통의 명령을 발송하지 않을 것이며 그 명령은 1차대전 당시 마른 전투의 실패를 초래한 것과 똑같은 신경과민 증상을 반영하고 있다고 주장했다.

카이텔은 아무 말도 하지 않고 즉시 방을 나가버렸다. 분명 그는 당시 상황이 너무 불편했을 것이다. 요들은 로스베르크의 주장을 끝까지 경청했지만—두 사람은 친분이 깊었다—, 그럼에도 총통이 직접 내린 명령을 철회할 수는 없다고 변명했다. 결국 요들은 명령의 발송을 잠시 지연시킬 수 있게 해달라는 로스베르크의 요구에 동의했으며, 로스베르크는 그 시간을 활용하여 브라우히치가 현지 사령관에게 축전을 보내도록 손을 썼다. 따라서 요들은 다음 날 히틀러를 만나 육군 최고사령관이 금방 축전을 보낸 부대에 도저히 철수 명령을 내릴 수 없었다고 해명했다.[57] 결국 나르비크의 부대는 그곳을 점령했다. 하지만 히틀러의 공황발작으로 인한 파장으로 최고사령부 전반에 불안감이 고조되었다. 브라우히치는 총통이 이미 나르비크 전선에서 겁에 질려버린 상태인데 어떻게 다가오는 서유럽 공세를 수행할 수 있겠냐고 로스베르크에게 물었다. 그러나 그것은 로스베르크가 적절하게 대답해줄 수 있는 성질의 질문이 아니었다.[58]

한편 베저위붕이 진행되고 있는 동안 육군 최고사령부는 황색 사태의 준비에 최종 손질을 하고 있었다. 그중 일부는 지휘체계 자체에 대한 내용이었다. 총참모본부는 일종의 기계적인 절차를 도입했는데, 그것을 통해 그들은 새로운 상황이 등장할 때마다 잘 적응할 수 있었다. 작전과의 변화가 대표적인 경우였다. 작전과의 특정 반은(IVb반) 작전과의 내부적 조직 문제를 담당했다. 황색 사태를 위한 작전 계획이 진행되고 있을 때 이 반은 작전의 전투 서열에 맞는 조직을 구상하는 작업에 착수했다. 1940년 4월 6일, IVb반은 새로운 편제표를 공개했는데, 그것은 바로 다음 날부터 적용됐다. 작전과의 세 개 반(I, IIa, IIb)은 서부전선의 세 집단군을 관리하게 되었다. 그들은 보고서를 취합하고 정보를 처리하여 작전과장과 과장 대리(각각 그라이펜베르크와 호이징거)에게 그 내용을 보고하고 명령서를 기안했다. 또한 I반은 동부전선의 점령지에 관련된 문제를 처리했다. III반은 OKH의 다른 부서를 비롯해 OKW와의 연락 업무를 담당하고, 육군의 예비군을 관리하며 상황 지도를 유지했다. IV반은 행정 문제를 처리했다.[59] OKH의 다른 조직들도 비슷한 노선에 따라 자체 조직을 재정비했으며, OKH 본부는 서유럽에 대한 공세가 시작되기 직전에 독일 서부지역으로 위치를 옮겼다.

고위사령부의 최상위 계층의 경우, 이곳의 변화는 OKH 내에서 벌어지는 것처럼 기계적인 성격의 변화가 아니었다. OKW가 아직도 적절한 체계를 찾기 위해 몸부림치고 있었기 때문이다. 요들은 1939년 9월의 임시방편적 체계에 만족하지 못했고, 따라서 그의 근심은 아마 총통보다 훨씬 더 컸을 것이다. 바를리몬트에 따르면 폴란드 전역이 진행되는 동안 히틀러는 전적으로 지휘체계의 구성에 만족했으며, 어차피 현대적 본부의 필요성을 별로 느끼지 않았다.[60] 하지만 그는 서부전선 근처에서 총통사령부의 일원이 될 참모진을 확대해야 한다는 요들의 요청을 수락했다. 히틀러의 유일한 요구사항은 그 참모진의 규모가 충분히 작아서 언제든 신속하게 짐을 꾸려 이동할 수 있어야 한다는 것이었다.[61]

히틀러가 1940년 5월 9일에서 10일 사이에 자신의 본부를 본Bonn에서 남서쪽으로 80킬로미터 정도 떨어진 뮌스터아이펠Münstereifel로 옮겼을 때, 소위 국가방위과의 야전제대Feldstaffel der Abteilung Landesverteidigung가 그와 함께 이동했다. 요들의 국방군 지휘국Wehrmachtführungsamt(이전의 지휘총국)에 속하는 한 부서인 국가방위과는 군사와 관련된 모든 문제를 처리했는데, 특히 총통이 내리는 모든 명령서를 작성하며 카이텔이 모든 군사 상황을 파악할 수 있도록 그를 보좌하는 임무를 수행했다.[62] 야전제대는 각각 육군과 해군, 공군을 담당하는 3개 반을 비롯해 정치 분야 연락 업무를 담당하는 한 개 반과 통신 분반, 행정 분반, 전쟁일지 기록원, 다수의 연락장교들로 구성되어 있었다. 이들의 확장된 업무 영역을 지원하는 소규모 보충인원까지 포함해 야전제대의 전체 인원은 장교 약 25명, 기타 인원 30명에서 40명 수준이었다. 각 반의 장교 한두 명은 편제 문제나 특별 프로젝트를 담당하는 다른 여러 반들과 함께 베를린에 머물렀다. OKW의 군사지휘 기구는 이와 같은 편제로 최종적인 형태를 갖추게 되었다. 따라서 전쟁의 나머지 기간 동안 OKW는 별다른 구조상의 변화 없이 정원만 약간 늘어나게 된다.[63]

프랑스 전역이 진행되는 동안 히틀러는 전해 9월에 그랬던 것보다 더 많은 시간을 투자해 더욱 엄격하게 군사 문제를 처리했으며, 그의 본부에서 전개되는 업무의 절차는 전쟁의 나머지 기간 동안 대체로 동일한 형태를 유지하게 된다. 본부의 일정은 그가 일일 상황보고를 받는 시간에 맞추어 진행됐으며, 상황보고는 이른 오후와 자정 무렵에 있었다. 이 무렵 요들은 총통의 군사 조언자로서 신용을 얻은 상태였다. 따라서 히틀러는 그에게 언제든 총통과 만날 수 있는 권한을 부여했는데, 그런 권한을 가진 사람은 극소수에 불과할 정도로 커다란 특권이었다. 결과적으로 요들은 카이텔의 부하가 아니라 그와 대등한 존재가 되었다.[64] 전쟁의 초기 단계에 그는 군사적 상황 변화를 히틀러에게 직접 보고했다. 만약 브라우히치나 할더가 참석할 경우 그들이 육군의 상황에 대해 보고했겠지만, 이들 고위 육군 지도자들은 총통본부를 자주 방문하는 편이 아니었다. 할더의 일지를 보면 프랑스 전역 기간 중 둘 중 한 사람 혹은 두 사람이 동시에 히틀러를 만났던 경우가 고작 13회에 불과했다.[65] 그에 따라 히틀러에 대한 요들의 영향력은 계속 커졌다. 사실 요들은 육군을 대표하는 장교가 출석하여 상황보고를 해야 할 필요가 없다고 생각했으며, 얼마 지나지 않아 육군 연락장교 보직도 총통본부에서 제외시켜 버렸다. 심지어 그는 자신의 부하인 바를리몬트조차 상황보고 자리에 참석하는 것을 거의 허락하지 않았다.[66]

요들은 쉽게 다가갈 수 있는 사람이 아니었다. 그는 한정된 기술적 관점에서 극도로 뛰어난 역량을 갖고 있었으며 야망도 대단히 컸다. 그는 여러 차례에 걸쳐 히틀러의 결정에 반대하기도 했지만, 그래도 히틀러의 결정을 묵인하는 경우가 훨씬 더 많았다. 그가 일지에 기록한 내용을 보면 그는 히틀러에게 경외감을 품고 있었으며, 그에게 있어 히틀러는 군사와 정치 분야의 천재였다. 요들은 또한 동료 장교들의 의무감뿐만 아니라 그들의 협소한 전략적 관점까지도 함께 공유하고 있었다. 하지만 지휘 관계에 대한 이해의 문제에 있어서 그는 총참모본부의 전통적 관점을 믿기보다는 지도자 원리를 더욱 높이 평가했다. 로스베르크는 훗날 요들이 "천성적으로 말이 없었으며 오랜 시간 대화를 나누지 않았다. 그는 다른 사람의 조언을 받아들이는 경우가 거의 없었다. 바를리몬트 예하의 참모들에게 명확하게 업무를 부여했으며, 최고사령부 소속 참모장교들이 일상적으로 예상한 것과 달리, 그의 눈에는 심지어 바를리몬트조차도 독단적으로 행동할 권한이 없는 일개 부하에 불과했다"고 기록했다.[67]

바를리몬트에 따르면 요들은 국가방위과를 단지 명령서를 준비하는 기관으로 활용하는 경우가 자주 있었으며, 그들에게 독립적인 사고나 조언을 기대하지 않았다. 때로는 국가방위과를 아예 무시했으며, 그것이 정당하다고 생각하기도 했다. 그는 육해공군의 지휘관들과 직접 협조를 하면서 히틀러가 원하는 바에 따라 자신이 직접 명령서를 기안하곤 했다. 더 나아가 히틀러의 핵심 측근 중 한 사람으로서 요들은 종종 자신의 참모들과 물리적으로 거리를 두기도 했다. 따라서 그의 참모부는 비서실이나 기록실에 불과한 존재로 전락하는 경우가 종종 발생했고, 바를리몬트는 자신의 상관이 알려주었어야 할 진전 상황을 다른 경로로 듣고는 했다.[68]

요들은 국가방위과의 작전반들이 매일 아침과 저녁에 준비하는 상황

알프레트 요들 (독일연방 문서보관소 제공, 사진번호 71/33/1).

발터 바를리몬트 (독일연방 문서보관소 제공, 사진번호 87/104/27).

보고를 이용해 히틀러에게 브리핑을 했다. 작전반들은 각자가 담당한 육해공군 최고사령부의 보고서를 취합하여 그 내용을 요약했다(전부 합치면 30쪽에 달하는 경우도 있었다). 일단 그들이 보고서의 내용을 평가하고 요약하는 작업을 끝내면 이어서 바를리몬트에게 그 내용을 브리핑하고, 순차적으로 바를리몬트가 요들에게 보고했다. 보고 대상에는 전날의 군사적 사건들과 외교문제, 경제문제가 포함되어 있었다. 이런 절차는 첫 번째 보고서가 도착하는 시간인 새벽 6시경부터 시작해 아침 내내 계속되었다. 특별 보완자료나 최신 상황으로 개정된 상황도가 기본 보고서에 추가되고, 기본 보고서에는 각 부대의 전투서열과 전력현황, 장비상태를 비롯해 총통이 관심을 갖고 있는 모든 특별 프로젝트에 대한 정보들이 포함되어 있었다. 모든 것은 세세한 부분까지 정확해야만 했는데, 이는 히틀러가 기술적 세부사항에 대해 놀라울 정도로 정확한 기억력을 갖고 있어서 내용상의 어떤 불일치에도 크게 짜증을 내기 때문이었다.[69]

브리핑이 진행되는 과정에서 히틀러는 몇 가지 질문을 던지는 경우가 자주 있었으며, 그 질문에 즉시 답을 얻어야만 했다. 그럴 경우 요들이나 그의 보좌관 중 한 명이 해당 기관이나 사령부에 전화를 걸어서 가능하다면 브리핑이 끝나기 전에 그에 대한 정보를 확보했다. 이것은 국가방위과는 물론 관련된 모든 예하 사령부에 상당한 추가적 업무 부담이 되었다. 왜냐하면 아무리 사소한 것이더라도 총통의 요구를 충족시키기 위해 다른 모든 업무를 중단해야만 했던 것이다. 그와 같은 업무는 심야 브리핑을 할 때 특히 귀찮은 존재였다. 왜냐하면 참모들은 다음 날 새벽 6시가 되면 새로운 보고서를 평가하는 원래의 임무로 다시 돌아가야만 했기 때문이다.[70]

히틀러는 브리핑을 받는 중이나 특정 군사문제에 대해 별도의 회의를 갖는 자리에서 바로 결정을 내리는 경우가 자주 있었다. 그는 그렇게 내린 결정들을 구두명령의 형태로 표현하곤 했는데, 전쟁의 초기 단계에서 그 명령은 대체로 의미가 모호한 경우가 많았다. 그래서 듣는 사람들마다 그것을 제각기 다른 의미로 해석했다. 그리고 보통은 자기에게 유리한 방향으로 해석했다. 게다가 히틀러는 자신이 누구에게 명령을 내리는지도 별로 신경 쓰지 않았다. 그는 규정상 특정 기능을 처리하게 되어 있는 개인이나 기관을 통해 업무를 처리하기보다 누구든 곁에 있는 사람에게 바로 과업을 맡겨버렸다. 그로 인해 혼란이 초래되기도 했는데, 이는 종종 서로 경쟁 관계에 있는 개인이나 조직과 같은 이해당사자들이 히틀러의 진짜 의중을 파악하려고 애를 쓸 수밖에 없기 때문이었다.[71] 이 단계에서 유일하게 정상참작을 가능하게 하는 사실은 군사 영역에 대한 히틀러의 침해 행위가 앞으로 전개될 양상에 비해 아직까지는 덜 일상적이고 덜 심각했다는 것뿐이었다.

사령부의 운용 방식 속에 자리 잡고 있는 문제들을 분명 예하 부대도 인식하고 있었을 것이다. OKW가 국방군 총참모본부라기보다는 히틀러의 전성관傳聲管에 불과하다는 사실은 너무나 분명했다. 히틀러는 카이텔이나 요들이 어떤 권한도 독단적으로 행사하지 못하게 했으며, 이는 브라우히치가 할더에게 독단권을 준 것과 대조가 된다. OKW가 배포하는 지령은 사실 전보다 더 세밀하고 육군 최고사령부의 영역을 더 많이 침해하고 있었지만, 그와 같은 현실은 사실 두 가지 종류의 입력에 의한 결과물이었다. 여기서 두 가지 입력은 바로 히틀러의 결정과 각 군 특히 육군 총참모본부가 수행한 참모 업무였다.[72] 한때 할더는 이런 글을 남겼다. "어쨌든 우리는 36시간이나 48시간 내에 우리가 오늘 보고한 개념이 상위제대의 지령이라는 형태로 다시 되돌아오게 될 것이라는 사실을 예상할 수 있다."[73] 자연스럽게 이런 관행은 분노를 초래했다. 따라서 할더는 OKH가 연구 업무를 수행했지만 겉으로는 OKW가 책임자라는 인상을 주는 그런 명령에 대한 혐오감을 이미 표출한 적이 있었다.[74] 하지만 최고사령부의 문제는 단순히 업무 수행 방식에만 국한된 것이 전혀 아니었다. 히틀러는 프랑스 전역에서 적극적인 역할을 수행하기로 결심했고, 그의 기이한 지휘 방식은 심각한 결과를 초래하기 시작했다.

서부전선의 공세는 네덜란드와 벨기에, 룩셈부르크 방향을 축선으로 삼아 1940년 5월 10일에 시작됐다. 할더는 위대한 승리를 기대하고 있었다. 새로운 사령부로 이동하기 위해 기차로 여행하면서 그는 "이번 전쟁은 1866년의 전쟁만큼이나 필수적이며, 그 결과로 유럽의 미국이 등장하게 될 것이다."라고 진술했다.[75] 하지만 전역이 시작되고 일주일이 채 지나지 않아 총사령관은 불과 한 달 전의 경우와 마찬가지로 정신적 불안의 징후를 보이기 시작했다. 히틀러는 기갑부대의 과감한 돌격에 대한 주요 지지자들 중 한 명이었지만 이제는 실패의 가능성에 대해 과민반응을 보이고 있었다. 그도 알고 있듯이 조금이라도 실패한다면 그것은 연합군에게 군사적으로는 물론 정치적으로 엄청난 자신감을 줄지도 모르는 상황이었다.[76] 5월 17일 할더는 이렇게 기록했다. "정말 불쾌한 하루였다. 총통은 엄청난 신경과민 상태에 빠졌다. 그는 자신의 성공에 오히려 겁을 먹고 더 이상의 모험을 감수하지 않으려고 했으며, 따라서 우리의 전진을 중단시키고 싶어 했다. 그의 핑계는 이랬다. 좌익이 걱정된다! 그의 간청으로 카이텔이 집단군과 대화를 나누었고 그 자신이 직접 A집단군을 방문했지만 그것은 단지 더 많은 불확실성과 의심을 야기하는 결과만을 초래했을 뿐이다."[77] 그리고 다음 날에도 이런 기록을 남겼다. "총통은 남쪽 측면에 대해 도저히 이해할 수 없는 두려움을 갖고 있다.

그는 우리가 전체 전역을 망칠 수 있는 길로 나아가고 있으며 패배의 위험에 자신을 노출시키고 있다고 격렬하게 소리쳤다.…… 총통본부에서 벌어진 가장 불쾌한 의견 충돌의 주제는 바로 그것이었고, 그 충돌의 한쪽에는 총통이 다른 한쪽에는 OB(브라우히치)와 내가 있었다."[78] 하지만 독일군 장성들의 전후 진술에서 자주 등장했던 상황과 대조적으로 히틀러는 두려움에 있어서 절대 혼자가 아니었다. 한스 움브라이트Hans Umbreit가 지적한 바와 같이 대부분 OKH 본부의 참모들로 구성된 '진보파'는 공격을 계속 밀어붙이기를 바랐지만 룬트슈테트와 같은 '보수파' 일선 지휘관들은 급격한 돌진으로 인해 이미 너무나 커다란 긴장을 느끼고 있었기 때문에 두 진영은 순식간에 논쟁에 휘말렸다.[79]

이런 긴장 상태로 인해 5월 24일, 독일군은 처음으로 중요한 작전상의 실책을 기록하게 되었다. 됭케르크Dunkirk를 목전에 두고 전진을 멈추었던 것은 지금까지 커다란 논란의 대상이 되어왔다. 독일의 전후 증언들에 따르면 히틀러에게 이 재난의 책임이 있다는 데 의견이 일치한다. 하지만 실제 상황은 그렇게 단순하지 않다. 히틀러가 24일에 진군 정지 명령을 내리기는 했지만 그의 결정은 부분적으로 룬트슈테트의 비관론에 대한 반응이었다. 기갑부대는 적과의 교전과 장거리 전진으로 인해 심각한 손실을 입었고 룬트슈테트의 일부 지휘관들은 휴식을 간청하고 있었다. 이를 위해 A집단군 예하의 지휘관들은 분명 연합군의 고립 지역을 제거하는 임무를 기꺼이 B집단군에게 넘겨줄 태세였다. 또한 괴링은 히틀러에게 루프트바페만으로 연합군을 끝장낼 수 있다고 호언장담했다. 더불어 히틀러가 육군이 모든 영광을 차지하기를 원하지 않았다는 시각도 일부 존재한다. 브라우히치와 할더는 정지 명령에 강하게 항의했으며, 5월 25일 히틀러는 룬트슈테트에게 전진을 재개할지 여부를 결정할 선택권을 주었지만 룬트슈테트는 하루를 더 지체했다. 이때가 되면 이미 영국은 대단히 강력한 방어선을 구축한 상태였고, 결국 그곳에서 독일군을 저지함으로써 대부분의 영국 지상군은 바다를 통해 탈출하는 데 성공했다.[80] 할더의 일기는 그와 브라우히치 모두 그와 같은 지연과 그에 따른 결과에 분개했지만 그들이 할 수 있는 일은 아무것도 없었다는 사실을 보여준다.[81]

하지만 '뒹케르크의 기적'에 대한 독일인의 불만은 그리 크지 않을 수 있었다. 프랑스에 대한 신속한 승리가 독일인에게 충분한 위안거리가 되었던 것이다. 5월 25일이 되자 할더와 그의 참모들은 벌써 프랑스 전역의 2단계를 위해 병력을 재집결시키는 방법을 준비하고 있었다. 필요한 재배치 작업은 뒹케르크가 함락되기 전부터 이미 시작되었고, 작전 계획을 놓고 히틀러와 약간의 의견 차이가 있었음에도 불구하고 6월 5일에는 공세가 시작됐다.[82] 그리고 3주가 채 지나지 않아 전역은 종결됐다. 독일인에게 이번 승리는 거의 마법과도 같았다. 1차대전에서는 4년 이상 그들의 손길을 피해 다녔던 목표가 7주일도 채 안 돼서 독일의 손아귀에 떨어졌던 것이다. 히틀러는 승리를 축하할 만한 특별한 이유를 갖고 있었다. 그에게 있어서 이것은 '자기'의 승리였다. 그는 자신이 보여준 신경과민이나 실책, 지휘 경험의 부족 따위는 까맣게 잊었다. 이제 그는 자신의 군사적 재능이 예하 지휘관들만큼이나 뛰어나다는 자신감을 갖게 되었다. 더불어 자신의 능력에 대한 확신이 커지는 것만큼 육군 총참모본부에 대한 불신도 빠르게 증가했다. 이 시점 이후부터 히틀러는 자신이 거느린 최고 군사 두뇌들의 조언을 귀담아듣지 않는 경향이 점점 더 강해졌다.

1939년과 1940년에 독일군이 승리를 거둘 수 있었던 원인은 사실 그 뿌리가 깊다. 독일군은 전술과 작전 · 지휘 분야의 교리들을 개발해왔고,

그 교리들은 분명 상대방에 비해 우월했다. 건실한 작전 계획이나 상대방의 실수, 필요한 만큼의 행운이 독일군의 이점으로 작용하기도 했다. 하지만 독일 국방군이 승전을 구가하고 있는 그 순간에도 최고사령부에서는 이미 피로 골절 현상이 나타나고 있었다. 일단 전략에 대한 문제들은 고려하지 않는다면(이 문제는 다음 장에서 다룬다), 독일군 최고사령부는 폴란드 전역에서 상당히 우수한 수행 능력을 보여주었다. 각각의 구성 요소들이 자신의 영역 내에서 효율적으로 작동했던 것이다. 하지만 위대한 장래가 보장되었던 바로 그 순간부터 지휘체계는 이미 익숙해진 노선을 따르며 퇴화하기 시작했다. OKW와 각 군 최고사령부 그리고 히틀러와 그의 장성들 사이의 마찰은 점점 더 심해졌다. OKW도 루프트바페나 해군에 대한 자신의 지위를 개선하기 위해 아무런 조치도 취할 수 없는 처지였지만 육군은 더욱 불리한 상황에 처하게 되었다. 이는 육군이 히틀러의 신뢰를 완전히 잃어버렸기 때문이다. 베제위붕 작전이 OKW에 할당됨으로써 OKW와 OKH의 경쟁 구도는 새로운 의미를 갖게 되었다. 반면 히틀러의 자신감이 점점 커지는 상황에 맞서 육군의 지도자들은 작전에 대한 육군의 독립성을 결연하게 지켜나갈 태세였다. 분명 그들은 앞으로도 계속 히틀러의 명령을 회피, 무시, 왜곡하는 방법으로 자신이 원하는 것을 얻을 수 있다고 생각했다. 하지만 그런 접근법은 한계가 있었다. 히틀러가 이미 그들의 수법을 눈치챘기 때문이다. 앞으로 전세가 독일에게 불리한 쪽으로 전환되기 시작하면 이런 경향은 더욱 심각해질 것이다. 그리고 그에 따라 한 가지 유형이 고착된다. 전세가 불리해질수록 그에 대한 최고사령부의 대처능력은 점점 더 떨어지게 되는 것이다.

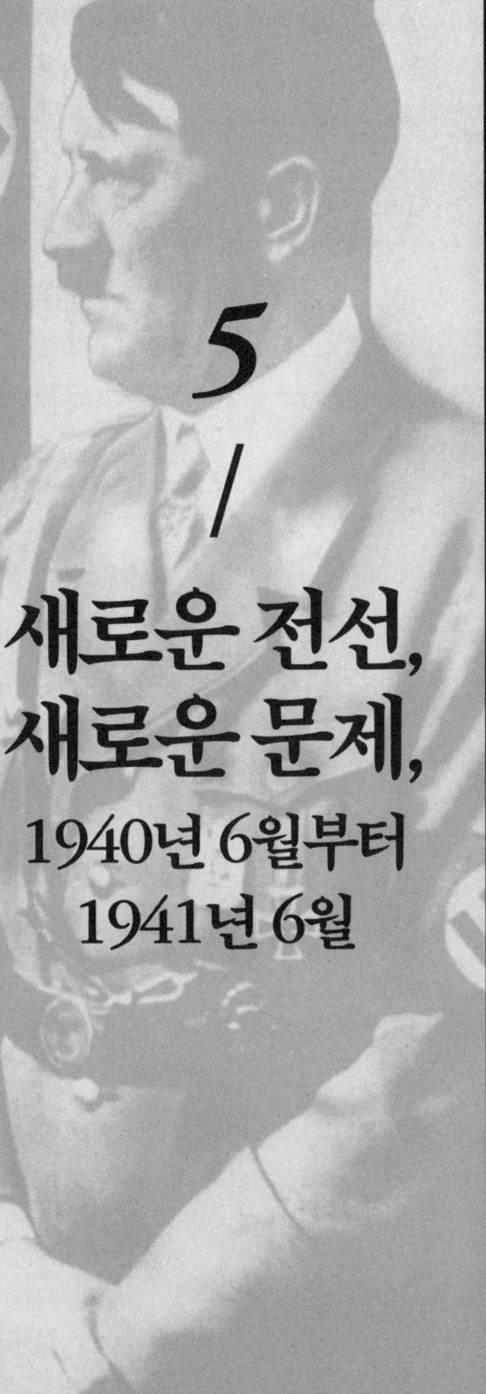

5 / 새로운 전선, 새로운 문제, 1940년 6월부터 1941년 6월

눈부시게 프랑스를 패배시킨 이후 1940년은 독일의 군사 지도자들에게 소중한 시기였다. 처음에는 그들이 몹시 부러운 자리에 있는 것처럼 보였다. 그들은 세계 최고의 군대를 거느렸고, 아직 남아 있는 적들은 이미 상처를 입고 그것을 치유하느라 정신이 없어서 무기력해 보였다. 그리고 프랑스의 자원은 그들의 손길만을 기다리고 있었다. 게다가 독일에게 위협을 줄 수 있는 유일한 존재, 소비에트연방은 독일과 좋은 관계를 유지하기 위해 모든 노력을 아끼지 않고 있었다. 이제 남아 있는 유일한 과제는 전쟁을 성공적으로 결말짓는 것뿐이었다. 하지만 바로 이것이 아주 곤란한 문제였다. 겉으로는 독일이 압도적으로 우세한 것처럼 보였지만 독일은 아직 갈 길이 멀었다. 1941년 내내 히틀러와 그의 조언자들은 자신들이 봉착한 전략상의 막다른 골목을 타개할 방안을 찾기 위해 노력을 경주하게 될 것이다. 바로 그해, 이제 선전기관에서 '역사상 가장 위대한 사령관'으로 부르고 있는 총통은 마지막으로 몇 가지 중요한 전략적 결단을 내리게 될 것이다.[1] 그리고 한편, 최고사령부는 조직이나 기능면에서 미묘하지만 심각하게 계속 퇴보할 것이다.

전략적 딜레마를 해결하려는 노력

1940년 6월 22일 콩피에뉴Compiègne에서 평화조약에 서명한 다음, 히틀러는 시간을 내서 측근들과 함께 파리 시내와 젊은 시절 그가 복무했던 전장을 관광했다. 그는 승리를 음미하고 싶어 했고, 또 그러지 말아야 할 이유도 없었다. 무엇보다, 영국은 더 이상 위협이 되지 않았다. 거의 모든 독일인들이 그랬던 것처럼 히틀러는 영국이 전혀 아무런 희망이 보이지 않는 자신의 현 상황을 깨닫고 평화를 간청하게 될 것이라고 기대하고 있었다. 영국이 즉시 그런 반응을 보이지 않자 요들은 각서를 준비했는데, 그의 각서는 승리는 시간문제라는 전제로부터 출발했다. 그리고 그것을 달성하기 위해 독일은 두 가지 방안을 선택할 수 있었다. 첫 번째 방안은 영국 본토에 대한 직접적인 행동으로 공군과 해군이 영국공군과 산업기지, 보급물자, 해운시설을 공격하는 것은 물론 추가적으로 인구 밀집지역에 테러 공습을 가하는 것이었다(요들은 그것을 '응징'이라는 표현으로 정당화했다). 오로지 해군과 공군의 공격이 영국을 치명적인 수준까지 약화시킨 이후에만 마지막 수단으로서 국방군이 그 섬을 침공해서 점령할 수 있을 것이다. 영국에 대한 작전이 실제로 필요하다는 사실이 입증될 경우에 대비해 그에 대한 준비가 즉시 시작돼야만 했다. 이런 직접 공격의 대안으로서(아니면 직접 공격의 대상을 확장시키는 방안으로서—이 부분에 대해 각서의 내용은 명확하지 않다) 독일은 대영제국 전체를 공격대상으로 삼을 수 있으며, 이를 위해 동맹으로 끌어들일 수만 있다면 어떤 나라의 도움도 받을 수 있다. 요들은 이탈리아와 스페인, 러시아, 일본을 가능성이 있는 동맹 후보로 제안했으며, 수에즈Suez 운하와 지브롤터Gibraltar에 대한 공격이 가장 효과적인 선제행동이 될 것이라고 기술했다.[2]

히틀러는 힘든 결정사항들에 직면했다. 요들처럼 그는 정치적 해결책에 기대를 걸고 있었으며, 영국인들의 의지가 무너진다면 그와 같은 해결책이 자연스럽게 이어질 수 있었다. 영국인의 의지를 무너뜨리지 못할 경우 요들의 자신감에도 불구하고 그의 각서에 제시된 행동방향들은 결국 신속한 군사적 해결책이 될 수 없었다. 그리고 히틀러도 그 사실을 알고 있었다는 증거는 도처에 존재한다. 지난 50년에 걸쳐 역사학자들은 수천 쪽에 달하는 분석결과를 출판해가며—그리고 서로 적지 않은 비난들을 주고받으며—히틀러와 그의 군부 지도자들이 이런 전략적 딜레마에 어떤 식으로 대응했는지 이해하려는 노력을 경주했다. 역사가들은 독일이 1940년 6월 프랑스에서 승리를 거둔 뒤 다음 해 소비에트연방을 공격하게 되는 의사결정 과정에 질서를 부여하려고 노력했지만 그들의 정황 설명은, 특히 일반 독자들에게 혼란만을 조장할 뿐이었다. 모순적이기는 하지만 오히려 그런 혼란이 적절한 평가일 수밖에 없는데, 그것은 이 기간 동안 혼란이 독일 최고사령부를 지배했기 때문이다. 주요 관계자들이, 심지어 본인들에게조차 그런 혼란을 잘 숨겼다고는 해도—이것은 실제로 그들이 어리석다기보다는 본인도 인식하지 못한 무능의 사례라고 할 수 있다—독일 지휘부가 전쟁을 성공적으로 끝낼 수 있는 방법을 몰랐다는 사실에는 변함이 없다.

히틀러는 전략과 관련된 의사결정에 필요한 경력은 물론 기질도 갖고 있지 않았다. 그는 자신의 사상과 불가분의 관계에 있는 장기적인 목표들을 갖고 있었다. 즉 동방의 유대-볼셰비키 국가들을 붕괴키는 동시에 독일인을 위한 레벤스라움을 확보하는 것이다. 하지만 그는 이런 장기적 목적을 달성하기 위한 수단을 결정하는 부분에서 기회주의자가 되었으며, 이제 그의 눈에는 더 이상의 기회들이 보이지 않았다. 그는 언제까지나 영국 하나를 처리하지 않은 채 그대로 남겨둘 수 없다는 사실을 잘 인식하고 있었지만, 그들을 패배시킬 수 있는 방법을 생각해낼 수 없었다. 그의 군사 조언자들은 어떤 부분에서는 총통보다 더 훈련이 잘 되어 있었음에도 불구하고 방법이 없기는 마찬가지였다. 군부는 물론 그들의 지도자도 똑같이 전략적 문제에 대해 여러 가지 작전상의 해결책을 들고 이리저리 궁리하는 독일군의 전통에 매달렸다. 다양한 가능성을 접하게 되자 히틀러는 우선 아무것도 선택하지 않는 방법을 택했다. 따라서 그는 여러 가지 노선을 시도하면서 그중 하나라도 원하는 결과를 만들어내기를 막연히 기대했다.

몇 가지 방안은 총통에 의해 즉시 제외됐다. 공습이나 해안봉쇄만으로 문제를 해결하기에는 국방군에게 가용한 전력이 부족했다. 더불어 무제한 잠수함전은 미국을 위협해 참전하게 만들 수 있었으며, 실제로 1917년에 그런 일이 벌어진 적도 있었다. 또한 히틀러는 한동안 '공포 폭격'이라는 개념도 거부했다. 그는 영국의 대중들과 관계가 악화되는 것을 원하지 않았는데, 그는 영국인들이 정부에 압력을 행사해 절충적 평화협정에 이를 수 있기를 바랐던 것이다.[3] 대영제국과 정치적으로 분쟁을 해결하는 것—그것이 비록 잠정적일지라도—이 히틀러의 최고 희망사항이었다. 그런 해결책이 성공한다면 그는 시간과 노력을 아낄 수 있을 뿐만 아니라, 대영제국이 붕괴할 경우 독일이 아닌 일본과 미국 등 다른 국가들이 순이익을 얻게 되는 위험도 피할 수 있었다.[4] 히틀러는 영국에 협정을 제안해서 영국이 그로 하여금 대륙을 장악하도록 허용한다면 그도 대영제국을 괴롭히지 않겠다는 선에서 타협을 시도했다. 하지만 그런 시도를 통해 히틀러는 영국이 어떤 이해관계를 갖고 있으며 무엇에 헌신하는지 이해하지 못했다는 사실을 폭로하는 결과만 얻었다.[5]

이제 독일의 입장에서는 침공만이 신속하게 결말에 도달할 가능성이 높은 방법으로 보였다. 하지만 여기에도 심각한 장애물이 존재했다. 영국육군은 1940년 6월에 유혈참극을 경험했지만, 영국공군과 해군은 여전히 난공불락의 상대였다. 영국공군은 뒹케르크 상공에 대한 독일의 제공권을 거부했으며, 분명 영국 본토를 대상으로 한 전투에서는 더욱 격렬하게 저항을 보일 것이 분명했다. 제공권을 장악하지 못하면 독일은 영국해군을 패배시킬 가망성이 거의 없었고, 따라서 침공 병력을 영국에 상륙시키고 계속 유지할 수 있는 가망성은 더욱 적어졌다. 그럼에도 히틀러는 직접 공격 준비를 결정했다. 7월 2일, 그는 지휘관들에게 그들이 적절한 상황을 창조해낼 수 있다면—적절한 상황의 가장 중요한 부분이 바로 제공권이었다— 영국침공을 실행하겠다고 말했다.[6] 2주일 후, 요들을 통해 육군이 좀 더 구체적인 작전 계획 지침을 제공하자 이어서 히틀러는 "영국 상륙작전 준비에 대한" 총통훈령 16호로 자신의 최초 명령을 더욱 확대시켰다.[7] 이 훈령에서 히틀러는 국방군에게 영국해안으로 폭넓게 상륙할 수 있는 준비를 갖추라고 명령했다. 늦어도 8월 중순까지는 준비가 완료되어야 했다. 암호명 '제뢰베Seelöwe(바다사자)' 작전은 영국이 "군사적으로 아무런 희망이 없는 상황임에도" 계속 완강하게 저항할 경우 집행될 예정이었다. 이 작전은 히틀러가 전반적인 지휘를 맡고 각 군의 최고사령관들이 해당 병종을 지휘하게 되어 있었다. 이어서 각 군의 임무에 대한 세부 지침이 명시되었다.

히틀러가 이 작전을 얼마나 진지하게 고려했는지에 대해서는 약간의 의문이 있다. 그 역시 잘 알고 있었듯이 이 작전은 실패할 위험이 대단히 높았고, 그 실패로 인해 전략적으로 심각한 결과가 초래될지도 모르는 상황이었다. 더 나아가 히틀러가 할더와 브라우히치에게 지적했듯이 심지어 성공을 한다 해도 위험은 남아 있었다. 대영제국의 붕괴가 반드시 독일의 이익에 직결되지 않을 수도 있었던 것이다. 아마도 이런 이유들 때문에 이미 각 군이 영국본토 침공 준비에 돌입한 상황에서도, 요들의 표현처럼 '주변부'에 대한 공격이 히틀러의 관심을 끌었을지 모른다. 히틀러는 7월 내내 거의 모든 회의석상에서 그 개념을 언급했다. 그의 군사 보좌관들이 참석한 회의는 당연했고 다른 장교들이나 공무원, 심지어 이탈리아 외교관이 참석하는 회의에서도 언급했다. 이것은 결코 한순간의 관심이라고 할 수 없었다.[8] 히틀러는 대륙 블록이라는 개념을 고려했는데, 그것을 통해 노르곶으로부터 모로코에 걸쳐 영국에 대한 통일전선을 구축한다는 것이었다. 7월 21일, 그는 심지어 소비에트연방을 동맹으로 끌어들이는 방안도 시도할 수 있다는 말까지 했다.[9] 하지만 당시 그의 가장 직접적인 관심은 스페인과 함께 지브롤터를 점령할 가능성에 있었다.[10] 이것은 7월 5일, 해군이 요들의 최초 발안과 별도로 제안한 계획이었다. 곧 OKW와 압베르Abwehr(독일군 정보기관), 두 기관에서 스페인에 정찰팀을 파견했고, 동시에 히틀러는 스페인 독재자 프란시스코 프랑코에게 대리인을 보내 자신의 의향을 전달했다.

영국 본토와 대영제국의 주변부에 대한 공격 계획이 진전되고 있음에도 불구하고 히틀러는 또 다른 가능성을 고려하기 시작했다. 이미 6월 23일에 그는 브라우히치에게 만약 영국이 계속 전쟁을 수행한다면—그는 당시 그렇게 될 가능성이 별로 높지 않다고 생각했었다—, 그것은 결국 미국이나 소비에트연방이 영국을 지원할 것이라는 희망이 있기 때문이라고 말한 적이 있었다.[11] 주변부 전략의 경우와 같이 히틀러가 그 주제를 언급하는 횟수로 볼 때, 그는 분명 이 문제에 관심을 갖고 있었다. 그는 7월 1일에도 이탈리아 대사 디노 알피에리Dino Alfieri에게 그 문제를 언급했고, 7월 13일에는 할더와 브라우히치에게 한 차례 더 이야기했으며, 7월 21일에는 라에더와 브라우히치가 있는 자리에서 그 문제를 거론했다. 그리고 7월 21일의 회의에서 히틀러는 육군 장교들에게 가능하다면 이번 가을까지 '러시아 문제'의 해결책을 고려해보라고 요구했다. 실제로 브라우히치는 당시 OKH가 이미 작성해놓은 계획에 대해 히틀러에게 보고할 수 있었다.[12]

온갖 다양한 요소들이 7월 31일 정오에 하나로 합쳐졌다. 그날 히틀러는 다른 누구보다도 카이텔과 요들, 브라우히치, 라에더, 할더와 함께 회의를 했다. 그 회의는 제뢰베 작전에 대한 토의로 시작됐다. 라에더는 그 작전이 여전히 실현 가능성을 갖고 있지만 9월 15일까지 준비를 완료할 수는 없을 것 같다고 말했다. 히틀러는 작전의 연기를 승인하면서 만약 루프트바페가 그때까지 제공권을 확보하지 못한다면 다음해 5월까지 추가로 연기할 수도 있다고 덧붙였다. 또한 그는 스페인이 참전하여 지브롤터를 점령하게 되기를 바란다고 했으며, 북아프리카의 이탈리아군을 지원하기 위해 2개 기갑사단을 파견한다는 육군의 제안에도 호의적인 답변을 했다. 이어서 그는 전반적인 전략적 상황에 대해 장황하게 독백을 늘어놓기 시작했다. 영국은 러시아와 미국의 도움을 기대하고 있다는 자신의 견해를 또다시 언급했다. 그리고 말하기를, 러시아가 현재의 정세에서 밀려나면 결국 미국도 떨어져 나가게 되는데 왜냐하면 러시아가 몰락할 경우 일본은 동아시아에서 자유롭게 팽창정책을 추진할 수 있게 되기 때문이라고 말했다. 그렇게 되면 독일은 유럽과 발칸 반도의 지배자가 될 것이다. 그의 결론은 다음과 같았다. 러시아를 제거해야만 한다. 하지만 1940년 가을보다는 1941년 봄이 적절한데, 그렇게 함으로써 단 한 차례의 전역으로 겨울이 오기 전까지 정복을 완료할 수 있다. 그가 말한 작전 목표는 '러시아의 생명력 파괴'와 발트 해 연안 국가들과 우크라이나, 백러시아*의 획득이었다.[13]

이후 다섯 달이 지나는 동안, 히틀러는 이들 각각의 전략적 수단들을 시도하여 절반의 성공을 거두었다. 제뢰베 작전은 환상에 불과하다는 사실이 증명되었다. 작전은 영국 남부지역 상공에 대한 제공권을 장악할 수 있는 루프트바페의 능력에 달려 있었지만, 9월 중순이 되자 독일공군이 실패했다는 사실이 분명해졌다. 히틀러는 각 군으로 하여금 제뢰베 작전에 대한 준비를 계속 진행하게 했는데, 이는 대체로 영국에 대한 심리적 압박 수단에 불과했다. 자체 정보에 따라, 히틀러는 9월 17일 각 군 지휘관에게 침공에 대한 결정을 '잠정적으로' 연기한다고 말했고 10월 12일에는 명확하게 침공을 다음 해 봄까지 연기한다고 밝혔다.[14] 그 시점 이후 계획입안자들이 신지하게 제뢰베 작전의 가능성을 고려했다는 증거는 거의 존재하지 않는다.

주변부 전략은 해군과 OKW, 외무부의 지원을 받으며 좀 더 오래 지속됐다. 특히 해군은 제뢰베 작전의 성공 가능성에 대해 항상 어느 정도의 의구심을 갖고 있었기 때문에 9월부터 라에더는 히틀러에게 브리핑을 하는 동안 지중해 방안을 더욱 강력하게 권하기 시작했다.[15] 지브롤터 점령 계획(암호명 펠릭스Felix)은 프랑코의 동의가 있을 것이라는 기대와 함께 추진됐다. 그 스페인 독재자는 이미 6월부터 적극적으로 전쟁에 합류하려고 했고 9월까지 계속 전쟁에 대한 열정을 잃지 않고 있었다. 하지만 결국 그는 독일로부터 자신이 바라는 양보를 얻어내지 못했다. 10월 23일 히틀러가 펠리크스 작전에 끌어들이기 위해 그를 만났을 때, 프랑코

* 현재는 벨라루스.

는 참여를 약속하지 않았다.[16] 히틀러는 그 방안을 완전히 포기하고 싶지 않았기 때문에 축소된 형태라도 계획은 계속 진행됐다. 히틀러는 심지어 1941년 봄에 우발적인 계획(이자벨라Isabella)까지 추가해가며 영국군이 이베리아 반도에 상륙할 경우 스페인과 포르투갈에 진입하여 그들의 반격을 지원하려는 생각도 했었다. 결국 이 계획들은 아무런 결과도 이끌어내지 못했다.

주변부 전략에 대한 대안 혹은 부속물인 '대륙 블록' 개념 또한 늦여름부터 초가을까지 몇 주 동안 고려 대상으로 남아 있었다.[17] 외무장관인 요아힘 폰 리벤트로프Joachim von Ribbentrop는 이런 접근방식의 주요 대변인이었는데, 그의 주장은 대륙 블록 전략을 통해 비시 프랑스와 이탈리아, 스페인, 일본, 소비에트연방을 이끌고 영국에 대항하자는 것이었다. 하지만 이 개념에 충분한 힘이 실렸던 적은 한 번도 없었다. 스페인은 너무 신중한데다 너무 탐욕스러웠고, 비시 프랑스는 전혀 협조적이지 않았다. 게다가 히틀러가 장기적으로 소비에트연방을 붕괴시키고 그 땅을 독일인의 생활영역으로 확보하는 것을 목표로 삼고 있음을 생각하면, 그 나라와 동맹을 맺는 것은 히틀러의 마음속에서 일시적인 해결책이 될 수밖에 없었다. 어쨌든 11월 중순이 되자 독일-소비에트연방 사이의 긴장으로 인해 히틀러는 '대륙 블록' 전략을 포기해야 한다고 확신하게 됐다.

지중해와 북아프리카에서 독일과 이탈리아가 협력하는 것은 모든 주변부 전략의 실행방안들 중 가장 중요한 부분이 될 수 있겠지만, 그것은 여전히 미정인 채로 남아 있었다. 7월 31일 회의에 이어서 OKW는 육군에 지시해 리비아Libya로 병력을 파견하는 문제를 기술적으로 검토했다. 요들은 독일과 이탈리아가 공동으로 영국을 패배시킬 수 있는 기회가 무르익었다고 믿었다. 9월 초, 독일은 무솔리니에게 군사적 지원을 제공하겠다고 제안했지만 두체Duce*는 이탈리아가 단독으로 이집트를 점령할 수 있다고 믿었기 때문에 제안을 거절했다.[18] 하지만 오래 지나지 않아, 아탈리아군의 패배로 인해 그들의 지도자는 태도를 바꿀 수밖에 없게 되었다. 북아프리카에서 수에즈 운하를 향한 이탈리아군의 공세는 멈춰버렸다. 그리고 1940년 12월 9일에 시작된 영국군의 반격으로 이탈리아군은 몇 주일 만에 리비아의 절반을 내주고 말았다.[19] 같은 시기에 이탈리아군은 알바니아Albania에서도 전투를 치르고 있었는데, 그들은 10월 28일에 그곳에서 그리스Greece를 침공했다가 그리스군의 반격으로 순식간에 출발선까지 밀려났던 것이다.[20] 이와 같은 재앙의 결과로 독일은 1941년 1월, 기갑부대와 공군병력을 북아프리카로 파견했고(조넨블루메Sonnenblume, 해바라기 작전), 또 다른 부대를 알바니아에 파병하는 계획(알펜파일헨Alpenveilchen, 알파인 바이올렛 작전)을 짜고 봄에 그리스를 침공하는 작전(마리타Marita 작전)을 계획하기 시작했다.[21]

하지만 독일이 지중해 전구에 참여했다고 해서, 히틀러가 영국에 대한 간접적 전략에 참여했다는 사실을 의미하지는 않는다. 비록 해군이 계속해서 그 개념을 지지하고 있었지만 그것은 별개의 문제였다.[22] 발칸 반도와 북아프리카에 대한 작전 준비가 시작될 무렵, 총통은 시선을 동쪽에 고정시켜놓은 상태였다. 한스 움브라이트와 안드레아스 힐그루버Andreas Hillgruber가 지적했던 바와 같이, 소비에트연방을 공격하겠다는 히틀러의 결단이 언제 변동될 수 없는 것으로 굳어졌는지 정확하게 밝히기는 불가능하다.[23] 하지만 볼셰비즘에 맞서야 한다는 사상은 이미 전쟁 전부터 히틀러의 사고에서 핵심을 차지하고 있었으며, 1940년 7월 31일에 이루어

* 무솔리니의 별명.

진 그의 '결단'은 분명 그런 생각을 최종적으로 밝힌 것에 불과하다는 것에는 의문의 여지가 없다. 다른 한편으로 히틀러는 분명 심지어 12월 5일까지도 '대륙 블록' 개념을 진지하게 고려하고 있었던 것으로 보이며, 그날 브라우히치와 할더가 소비에트연방 침공 작전 계획을 브리핑하는 자리에서 히틀러는 그의 조언자들로 하여금 그가 진정 소비에트연방 침공에 전념하고 있는지 의심을 품게 만드는 발언을 했었다.[24] 그들의 의심은 단순한 오해였을 가능성이 높다. 가을이 절정에 이른 시점에서 히틀러는 스스로 전략적 궁지에 빠져들고 있었다. '제뢰베 작전'은 그야말로 바닷속에 침몰해버렸다. 주변부 전략은 여전히 그 상태로 남아 있었지만 그것은 총통이 원하는 신속한 결말을 가져다 줄 수 없었다. 이제 남아 있는 대안은 소비에트연방을 불시에 타격하는 것이었고, 히틀러는 그것이 정치적 · 이념적 · 경제적 · 전략적 이유에서 대단히 매력적이라는 사실을 깨달았다.[25]

지휘체계에 등장한 새로운 문제

따라서 1940년의 후반부를 장식한 전략적으로 아무런 방안을 결정하지 못했던 상황은 종말을 고하게 되지만, 단지 그것은 어떤 방침에 의해서 이루어졌다기보다 어쩔 수 없이 그렇게 된 것이었다. 히틀러는 중요하든 중요하지 않든 다양한 방안들을 고려했으며, 결국 그가 항상 추진하고 싶었던 어떤 경로에 전념하게 되었다. 이 전략적 의사결정 과정에서 그의 군사 조언자들은 자신의 총통에게 거의 아무런 영향도 미치지 못했다. 그들은 총통에게 선택 가능한 여러 방안들을 제출했으며 심지어 어떤 것은 총통이 원하기도 전에 미리 입안되기도 했다. 하지만 의사결정 과정의 주된 추진세력은 바로 총통이었다. 그런 사실은 최고사령부의 계획 조직에 하나의 문제를 초래했다. 히틀러가 혼란에 빠지면 그 자신은 물론 OKW 수뇌부의 누구도 명확한 전략적 방향을 제시하지 못한다는 것이다. 할더의 일기에는 이 문제에 대한 언급으로 가득했다. 1940년 11월 24일에는 다음과 같이 기록되어 있다.

> 이번에도 OKW와 우리들 사이에 발칸 문제와 관련된 연락은 거의 없었다. 그 문제에 대한 논의가 더 구체적으로 진행된 것 같고, 실제로 우리 쪽에서 터키를 공격하는 것이 가능하다는 방안도 나온 것 같다. 당연히 그런 전략은 이제까지와 전혀 다른 상황을 초래하게 된다. 우리가 터키에 전념하게 될 경우 러시아와 관련된 전략적 가능성은 사라지게 될 것이라는 점을 우리들 자신부터 분명하게 인식하고 있어야만 한다. 지난번 논의에서 총통은 내게 이렇게 말했다. "우리는 러시아를 패배시킨 뒤에나 도버 해협으로 이동할 수 있다." 그의 말은 결국 우리가 러시아를 패배시킬 때까지 터키와의 전쟁을 피해야만 한다는 뜻이다. 우리가 전략을 고려할 때 지금까지 우리의 첫 번째 전제조건은 모든 수단을 다 동원해서 터키와의 분쟁을 피하는 것을 우리의 정책으로 삼는다는 것이었다. 만약 이 개념이 다른 개념으로 대체된다면…… 그렇다면 우리는 러시아라는 목표를 보류할 수밖에 없다![26]

바로 다음 날에도 할더의 불평은 이어졌다. "오늘은 하루 종일 불필요한 일들로 바빴던 날이다. OKW 쪽에서 확실한 지도력을 발휘하지 못하기 때문에 총참모본부에게 이런 사태는 예견된 일이다."[27] 여기서 할더는 한 가지 중요한 사실을 밝혔다. 히틀러가 전략적인 결정을 내리지 못하고 있을 때 그것은 단순히 어떤 기회의 상실을 의미하는 정도가 아니라 그의 밑에 있는 사람들에게 추가적인 업무를 초래했다는 것이다. 더 나아가 이 문제는 히틀러가 마침내 동쪽을 공격하기로 결정한 다음에도 사라지지 않았다. 프랑스가 함락된 다음 해의 경우만 보아도 최고사령부의 계획자들은 기타 여러 업무들 중에서 무엇보다 제뢰베와 조넨블루메, 알펜파일헨, 마리타, 펠리크스, 이자벨라, 소련 침공작전, 혹시 있을지도 모르는 스위스 침공, 카나리아Canaria 제도와 아조레스Azores 제도에 대한 작전, 급박하게 이루어진 유고슬라비아와 크레타Crete의 점령, 프랑스의 나머지 지역을 점령하는 계획, 루마니아와 이라크에 대한 군사적 임무 등에 매달렸다. 이처럼 많은 수의 프로젝트를 수행하려면 엄청난 업무량은 필연적이다.

이런 과도한 업무량이 심각한 문제라는 데에는 의심의 여지가 없지만 그것도 단 한 가지 측면만을 반영할 뿐이며, 그것이 독일군 최고사령부에서 전개되고 있는 문제의 가장 중요한 측면도 아니었다. 1940년 6월과 1941년 7월 사이에 상당히 중요한 구조적 문제가 출현하게 된다. 폴란드와 프랑스 전역 기간에 보여주었던 상대적으로 명확했던 지휘계통이 붕괴되기 시작했고, 지휘계통의 붕괴를 초래한 과정 그 자체도 어떤 규칙이나 일관성 없이 사례마다 다른 양상으로 전개됐다. 각각의 작전은 자신만의 독특한 지휘구조를 가졌으며, 그 지휘구조는 각 군종 간의 경쟁심은 물론 히틀러의 희망사항도 반영하고 있었다.

예를 들어 제뢰베 작전을 계획할 때 육군과 해군은 즉시 서로 뿔을 맞대고 조금도 양보하지 않으려고 했다. 아무도 프랑스에서 신속한 승리를 거두리라고 예상조차 하지 못했다. 해군의 일부 이론적인 연구를 제외하면 프랑스에서 작전이 거의 종료될 때까지 영국 침공을 생각한 사람은 거의 아무도 없었다. 육군과 해군이 마침내 세부적인 계획 작성에 돌입했을 때 양측이 가진 작전개념은 도저히 양립할 수 없다는 사실이 드러났다.[28] 제뢰베는 특별한 어려움을 수반했는데, 이는 양 당사자들이 베저위붕에서 마주했던 것과 비슷했지만 이번에는 규모가 훨씬 더 컸다. 육군과 해군 모두 상륙전 경험이 없을 뿐만 아니라 양측 모두 각자의 요구조건을 갖고 있었다. 이전의 작전 계획들의 경우와 마찬가지로 작전에 대한 총통훈령(16호)은 주로 육군의 업무에 대한 내용이었다(1940년 7월 19일에 할더는 이렇게 기록했다. "총통훈령 16호가 도착했다. 대부분은 내가 7월 13일 베르크호프Berghof에서 보고했던 내용을 명령화한 것이다.…… 요구되는 문서의 양을 이루 말할 수 없다. 이렇게 형태를 갖게 된 사고를 통해 새로운 지령이 나오게 될 것이다").[29] 비록 영국의 힘이 약화된 상태라고 해도 그들의 저항이 엄청날 것이라는 사실을 알기 때문에 육군은 넓은 전선으로 일제상륙을 원했다. 7월 말, 해군은 자신의 능력으로는 그런 작전을 감당할 수 없다는 결론에 도달했다. 해군은 제안된 병력이 해협을 건너가는 데 필요한 수송수단도 없을 뿐만 아니라 그들을 호위할 해군 자산도 부족했다. 베저위붕과 이후의 작전에서 그들은 너무나 많은 함정을 잃었던 것이다.[30]

의견의 차이는 1940년 7월 말과 8월 초 사이에 더욱 뚜렷해졌다.[31] 7월 31일, 히틀러가 카이텔과 요들, 라에더, 브라우히치, 할더를 모아놓고 회의를 가졌을 때, 그들은 영국 침공을 위한 계획을 좀 더 세밀하게 논의했다. 라에더는 육군이 제안한 것보다 더 좁은 전선에 대한 집중상륙 이루어져야 한다고 강력히 주장했다. 히틀러와 브라우히치는 아무런 의견도 제시하지 않았다. 따라서 라에더는 회의장을 나설 때 자신이 다른 사람들을 설득했다고 확신하게 됐다. 하지만 그가 문을 나서자마자 브라우히치는 해군의 계획에 대해 심각하게 의문을 제기했다. 그는 히틀러를 설득해 적어도 잠시 동안은 육군의 작전 개념을 지지하게 만들었으며, 다음 날 히틀러는 그런 취지의 명령을 내렸다. 하지만 그동안 해군 총참모본부Seekriegsleitung(육군 총참모본부에 해당하는 해군 조직)는 라에더가 이해하고 있는 개념에 맞추어 작전 계획을 작성하고 있었다.[32] 결과적으로 광범위한 혼란이 발생했고 OKW는 사태를 정리하는 일에 나설 수밖에 없었다. 육군과 해군 사이에 일련의 회담이 열렸다. 이들의 분쟁은 거의 2주를 더 끌었다. 그러는 동안 루프트바페는 그들의 분쟁으로 인해 자신들의 작전 계획 업무가 차질을 빚고 있다고 불평했다. 그들은 OKW가 작전 계획 과정을 좀 더 적극적으로 지도해야 한다는 제안까지 내놓았다! 하지만 OKW는 실제로 그 정도로 막강한 권한을 갖고 있지 않았다. OKW는 관련 당사자들이 합의안에 도달하게끔 촉구할 수는 있지만 명령을 내릴 수는 없었다. 최종적인 결정권은 오로지 히틀러만이 갖고 있었던 것이다. 마침내 히틀러는 8월 27일—해군의 의견을 지지하며—직접 논란을 해결했다.

이것은 정확하게 OKW가 존재해야 하는 이유에 해당하는 상황이었다. 누군가가 나서서 서로 충돌하는 각 군의 작전 개념을 조종하고 작전을 계획하는 그들의 노력을 조율해야 할 필요가 있었던 것이다. 비록 불완전하기는 했지만 OKW가 베저위붕을 계획하는 조직체계 속에서 그런 역할을 수행했던 선례도 있었다. 하지만 그 체계는 히틀러의 생각이 낳은 서자에 불과했고 그는 그와 같은 자식을 또 만들어내려고 하지 않았다. 히틀러의 권위가 그들의 뒤를 받쳐주지 않는 한 OKW의 장교들은 각 군을 상대하는 자신들의 역할이 비공식적인 조율의 수준에서 벗어날 수 없다는 사실을 재차 확인했다. 할더는 이렇게 기록했다. "우리는 기묘한 광경을 보고 있다.…… OKW는 이제 진짜 자신이 지휘해야 할 합동작전을 두고 이제는 아예 죽은 척을 하고 있다."[33] 이런 평가는 어쩌면 너무 지독한 것인지도 모른다. 어찌 됐든 OKW는 각 군의 의견차를 조율하기 위해 많은 노력을 했던 것이다. 그럼에도 할더의 주장에는 일리가 있다. 지휘체계가 적절하게 기능을 발휘했다면 넓은 전선으로 일제상륙을 해야 하는가와 같은 작전상의 문제가 히틀러의 귀에까지 들어갈 이유가 없었던 것이다.

어쩌면 제뢰베 작전에 따른 문제는 독일인이 그들의 지휘체계를 중앙집권화하고 합리화시키는 방향으로 나갈 수 있는 좋은 이유가 되었을 수도 있지만, 실제로 그들은 그것과 정반대 방향으로 움직였다. 1941년 중반이 되자 OKW는 전략계획 기관의 기능을 계속 수행하기보다는 자기 스스로 더 많은 전구에 대한 직접적인 책임을 담당하기 시작하고 OKH는 동부전선에서 제한된 작전 영역만을 통제하게 만들었다. 이런 과정은 베저위붕 작전의 지휘를 OKW가 담당하는 순간부터 시작됐다. 그 이후로 노르웨이와 덴마크는 OKW의 작전 관할지역으로 계속 남게 되었다. 이때부터 이러한 추세는 아주 서서히 진행된다. 실제로 너무나 느려서 한참 뒤 전쟁이 상당히 진행될 때까지 아무도 그 사실에 주목하지 않았을 정도였다.[34]

서유럽 점령지—프랑스와 벨기에, 네덜란드—에서 전개된 상황은 지휘체계상의 이와 같은 균열이 얼마나 점진적으로 진행될 수 있는지를 보여준다. OKH는 이 나라들이 항복하고 얼마 되지 않아 해당 국가에 군대 지휘관을 임명했다. 1940년 10월 OKH는 또한 서부전구사령부 Oberbefehlshaber West를 창설했다.[35] 하지만 1941년 초가 되자 OKW가 이미 그 지역에 대한 작전 지시를 하달하고 있었다. 2월 2일, OKW는 동부유럽에서 대규모 전투작전이 진행되는 동안 영국이 서유럽의 해안지역을 공격할 경우에 대비해 기본적인 작전명령을 하달했다.[36] 비슷한 명령들이 계속 이어지면서 사실상 OKW는 서부유럽 지역의 작전본부가 되어버렸다. 누구도 지휘권 이양에 대해 공식적인 명령을 내리지 않았기 때문에 1941년 말 이후에도 OKH는 여전히 서부전선의 작전에 개입하고 있었다.[37]

다른 경우에는 담당자를 변경하는 일이 노골적으로 이루어졌다. 핀란드는 1941년 3월에 'OKW 전구'가 됐다. OKW는 OKH와 협의도 거치지 않고 한 개 사단을 노르웨이에서 핀란드로 이동시켜 다가오는 소련 침공작전에 대비하게 했다. 브라우히치는 OKH가 관할하는 영역에 대한 이와 같은 무단 침입에 분노했는데, 노르웨이에 OKW가 관할하는 작전구역이 생겼다는 사실에 대한 분노도 아직 사라지지 않은 상태였기 때문에 그는 OKW가 핀란드에 대한 전반적인 책임까지 모두 떠맡으라고 주장했다.[38] 이와 같이 발끈하는 태도로 인해 브라우히치의 단점이 드러났는데, 바를리몬트도 그 점을 지적했다. 바르바로사(임박한 침공 작전의 암호명) 작전 기간 동안 중요한 역할을 하게 될 전구를 포기해야 할 이유가 전혀 없었던 것이다.

발칸 반도의 지휘권 또한 OKW에게 돌아갔는데, 이번에는 히틀러가 주도적으로 그와 같은 조치를 취했다. 그 과정은 핀란드의 경우보다 훨씬 더 점진적으로 진행됐지만 서부전구의 경우보다 더 노골적이었다. 그것은 마리타 작전을 계획하는 단계에서 이미 시작되고 있었다. 총통 훈령 20호는 OKW에서 1940년 12월 13일에 배포한 것으로, 거기에서 히틀러는 "발칸 반도에 대한 군사 작전을 준비함에 있어서 이 작전이 특히 엄청난 정치적 영향력을 갖고 있다는 점을 고려했을 때, 각 군의 지휘부가 갖고 있는 관련된 모든 수단을 정확하게 지도해야 할 필요가 있다"고 규정했다. 그는 계속해서 루마니아나 불가리아, 이탈리아인들과 토의한 모든 사항들은 자신의 승인을 받아야 한다는 점을 분명히 하고 이어서 각 군의 지휘관들에게 그들의 의도를 보고하라고 요구했다.[39] 그리고 그리스 침공이 개시되기 직전인 1941년 3월 27일, 이제 막 독일의 편에 서기로 결정했던 유고슬라비아 정부가 반나치 쿠데타로 붕괴되어버렸다. 히틀러는 즉시 그의 군대에 그리스와 더불어 유고슬라비아까지 점령하라고 명령했다.[40] 총통훈령 26호, "발칸 반도의 동맹국들과 협동"에서 총통은 그가 마리타 작전을 위해 제시했던 지침들을 보강했다. 4월 3일 자 훈령에서 히틀러는 이렇게 선언했다. "이번 전역은 이탈리아와 루마니아의 군대를 위한 작전 목표를 설정해야 하는 문제를 포함하고 있기 때문에 내가 이번 전역의 통합적 지휘를 담당한다." 그는 이와 같은 조치를 정당화하기 위해 동맹군 지도자들의 정서를 보호해줄 필요가 있다고 밝혔다. 그리고 해당국가의 타당한 국가수반들에게 육군과 루프트바페의 지원소요를 그가 직접 전달하게 될 것이라고 밝혔다. 그 사이에 OKW는 동맹군 협동공세의 특정 측면들을 조율하게 될 것이다.[41]

발칸 반도에서 OKW의 역할로 인해 작전 통제권까지 주어진 것은 아니었다—OKH는 히틀러나 OKW로부터 별다른 간섭을 받지 않은 채 마리타 작전과 25호 작전Unternehmen 25(유고슬라비아 전역)을 운영했다—하지만 이번에도 전역이 종료되자마자 히틀러가 개입해 지휘부의 배치를 조정했다. 1941년 6월 9일, 그는 총통훈령 31호를 발령하고 이를 통해 육군 원수 빌헬름 리스트Wilhelm List를 남동전구 국방군사령관Wehrmachtbefehlshaber에 임명했다. 이 훈령에 의해 리스트는 OKW를 통해 총통에게 직접 보고하게 되었다.[42]

마리타 작전의 부가물로서 독일은 5월에 크레타 섬을 점령했다. 암호명이 메르쿠르Merkur(머큐리)인 이 작전의 지휘계통은 형태가 독특했다. 작전은 공정부대의 공격으로 시작됐지만 루프트바페와 해군 부대들도 참가했다. 베저위붕이나 제뢰베 작전의 경우처럼 이 작전 또한 OKW의 조율을 요구했다. 하지만 공정사단airborne division과 공수사단air-landing division들이 모두 루프트바페에 소속되어 있으며, 루프트바페가 영국 전투의 실패로 인한 당혹감을 지워버릴 기회를 간절히 원했기 때문에 히틀러는 OKL(공군 최고사령부Oberkommando der Luftwaffe)에 작전 지휘권을 주었다.[43] OKL은 지상전과 해전에 대한 경험이 부족했기 때문에 그 결과는 피루스 왕의 승리Pyrrhic Victory*가 되어버렸다. 독일군은 크레타를 함락시키기는 했지만 공정부대가 너무나 큰 손실을 입어서 이후 히틀러는 전쟁이 거의 끝날 때까지 다시는 공정 공격을 시도하지 않게 된 것이다.[44] 전역 이후의 지휘부 배치에 있어서 히틀러는 크레타 섬을 지중해 동부지역에 대한 항공공격의 핵심 요소로 판단했기 때문에 섬을 루프트바페 지휘관의 관할로 남겨두었으며, 결과적으로 그 지휘관은 리스트의 휘하가 되었다. 이런 배치는 문제가 많았다. 총통훈령 31호 따르면 리스트의 사령부는 남동전구의 모든 부대들을 포함하는 것으로 되어 있었지만, 현실에서 그는—다른 전구사령관들과 마찬가지로—경쟁관계에 있는 해군과 루프트바페의 현지 지휘부에 대한 권위를 행사하는 데 애를 먹었다.

또 한 차례의 주요 작전이 1940년 겨울과 1941년 봄에 있었다. 그것은 독일군의 북아프리카 전개작전인 조넨블루메(해바라기) 작전이었다. 이

---

* 전투에서는 이겼으나 너무 많은 사상자를 내 끝내 멸망한 고대 그리스 피루스 왕의 사례에서 나온 말로 큰 희생을 치르고 얻은 승리, 희생이 너무 커서 무의미해진 승리를 뜻한다.

작전의 현지 지휘권 관계는 순식간에 그 어떤 경우보다도 복잡한 양상으로 돌변했다. 공식적으로는 이탈리아군이 전구의 작전을 통제했다. 1월과 2월에 발령되어 독일군 개입의 출발점이 되는 총통훈령에 따르면, 현지의 독일군은 해당지역 이탈리아군 사령관의 지휘를 받게 되어 있었다. 작전 계획에 따르면 OKW는 이탈리아군과 의견을 조율하면서 독일군의 활용을 감독하게 되어 있었다. 그러나 OKH는 다른 의도를 갖고 있었다. OKH가 부대와 지휘관을 제공하고 이탈리아군이 '전술' 지휘권을 행사하지만 그 이외의 경우에는 브라우히치가 리비아의 독일군을 통제한다는 단서를 달았다.[45]

그 전구에서 독일군 지휘부는 문제를 단순화시키는 데 아무런 역할도 하지 않았다. 아프리카 군단—이후에 부여된 파견부대의 명칭—은 에르빈 롬멜Erwin Rommel 중장의 지휘 아래 배치됐는데, 그는 재능이 뛰어난 전술 지휘관인 동시에 자신의 능력에 대해 엄청난 확신을 갖고 있는 엄격하고 독립심이 강한 장교이기도 했다. 롬멜은 히틀러를 영웅시했고 총통도 자기를 지지하고 있다는 것을 잘 알고 있었다. 또한 그는 자신의 부대가 이탈리아군의 붕괴를 저지하기 위해 북아프리카로 가게 될 것이라는 사실도 알고 있었다. 그와 같은 상황 하에서 그가 이탈리아군과—혹은 그 일과 관련된 어느 누구와—어느 정도까지 좋은 협력관계를 이룰지는 모를 일이었다. OKH는 롬멜을 지휘관으로 임명한 뒤 그를 엄격하게 통제하려고 노력했다. 그는 총참모본부의 참모장교 출신이 아니었다(그는 2차대전에서 참모장교 출신이 아닌 유일한 육군 원수가 될 운명이었다). 그의 선임자들은 그가 히틀러에게 대단히 인기 있는 인물이라는 사실과 그가 그런 인기를 적극적으로 활용해 자신들의 지시를 회피하곤 한다는 사실에 주목했다. 브라우히치와 할더는 롬멜이 아프리카로 출발하기 전

직접 그와 브리핑을 가졌지만 그런 방법이 원하는 효과를 달성하지 못했다는 사실은 너무나 분명했다.[46] 롬멜은 OKH가 통제하기에 너무나 힘든 인물이라는 점이 밝혀졌다. 할더는 심지어 자신의 작전참모차장, 프리드리히 파울루스Friedrich Paulus 중장을 아프리카로 보내며 "이 군인이 완전히 미치지 않게 막으라"고 지시하기도 했다.[47]

롬멜의 행동을 감독하려고 한 것은 육군만이 아니었다. 히틀러와 OKW도 거의 규칙적으로 아프리카 군단에 명령을 보냈다. 그것은 롬멜에게 직접 전달되거나 이탈리아군 최고사령부의 독일군 연락장교인 육군 소장 엔노 폰 린텔렌Enno von Rintelen을 경유하는 형식을 취했다. 이 명령들은 종종 OKH의 명령에 배치됐을 뿐만 아니라 롬멜의 이전 상관인 이탈리아군의 명령하고도 상충됐는데, 당시 린텔렌은 이탈리아군 지휘부와 우호적인 관계를 유지하기 위해 엄청난 노력을 기울이고 있었다. 따라서 히틀러가 OKH로부터 북아프리카에 있는 부대의 통제권을 인수하겠다는 명령을 내리지 않고 OKH는 북아프리카 전구에서 어떤 역할을 계속 유지하고 있었으며 이탈리아군이 명목상의 권위를 계속 갖고 있었다고 하더라도, OKW는 그곳의 작전을 지도하는 문제에 있어서 점점 더 중요한 역할을 담당하게 되었다.[48] 롬멜은 그와 같은 혼란을 적절하게 활용하여 때로는 자신의 의사와 일치하지 않는 명령은 무시하고, 자신을 지지해줄 것으로 생각되면 어떤 사령부에든 매달렸다. 그가 작전에서 성공을 거두고 히틀러와의 친밀한 관계가 굳건하게 유지되면서 이탈리아군과 OKH로부터 간섭을 받지 않으려는 그의 노력은 더욱 큰 힘을 얻었다.[49] 이처럼 지휘권을 사이에 둔 다자간의—롬멜과 이탈리아군 최고사령부, OKW, OKH 사이의—투쟁은 1942년까지도 계속 이어졌다.

주목할 가치가 있는 또 다른 지휘권의 배분 형태는 바르바로사 작전에 관계된 지휘구조로, 1941년 말이 되자 이 작전에 대한 준비는 상당한 수준까지 진척되어 있었다. 3월 13일, 히틀러는 OKW를 통해 소련 전역 기간 동안 적용될 "특별 지역"에 대한 "지침"을 배포했다. 간단히 말해 이들 지침은 러시아에서 OKH의 책임범위를 전선의 바로 뒤만 해당되는 협소한 작전 지역으로 제한한다는 내용이었다. 문제의 특별 지역 내에서 친위대 원수, 하인리히 힘러Heinrich Himmler는 히틀러가 인가한 "특수 임무"를 수행하게 되며, 그 임무는 "대립하는 두 정치 체계 사이의 투쟁에서 발생된 것"이었다. 그 특별 지역보다 더 후방에 있는 점령지는 제국판무관의 행정적 지배하에 들어가게 되며, 그들 또한 총통으로부터 지침을 받게 되어 있었다.[50] 히틀러의 논리는 명쾌했다. 그는 동유럽에서 자신의 인종적, 이데올로기적 정책을 실행할 작정이었던 것이다. 육군 지도부는 명령에 아무런 이의를 제기하지 않았다. 왜냐하면 그 명령은 그들에게 히틀러가 머릿속에 그리고 있는 "특수 임무"에 전적으로 협력하면서도 그것과 직접적으로 연관되는 것을 피할 수 있는 기회를 제공했기 때문이다.[51]

지휘 책임의 점진적인 이전에 있어서 한 가지 주목할 만한 사실은, 사태가 이 정도 단계에 이르렀을 때까지 누구도 그 부분에 관심을 갖지 않거나 심지어 인식조차 못하고 있는 것처럼 보인다는 점이다. 많은 장교들이 나중에 이와 같은 사태의 전개에 대해 비평을 가하기는 하지만, 겉으로 보기에는 그들도 당시 이 부분에 대해 어떤 발언도 하지 않았다. OKW와 OKH의 기록에는 지휘구조의 변화에 대해 어떠한 논평도 담겨 있지 않았다. 그것은 할더의 일기도 마찬가지다. 참모총장이 노르웨이에 OKW의 전구가 생긴 것에 대해 분노를 느꼈다는 점을 고려해 보면, 우리는 그가 지휘구조의 변화에 어떤 중요성이 있다고 생각하고 이런 추가적인 변동에 대해 강력하게 반응했을 것이라고 예상하게 된다. 새로운 지휘관계가 갖고 있는 모호하면서 겉으로 보기에는 일시적인 속성으로 인해 모든 당사자들이 별다른 관심을 보이지 않았다는 설명이 가능할지도 모른다. 육군은 서유럽 점령지에서 여전히 건전한 지휘계통을 유지하고 있었으며 또한 다른 전구에서도 강력한 결속력을 잃지 않고 있었다. 바르바로사 작전의 준비가 진행되면서, 어쩌면 OKH는 OKW로 하여금 "조용한" 지역의 업무를 담당하게 내버려두는 것이 더 낫겠다는 어떤 논리를 생각해냈는지도 모른다. 무엇보다 거의 모든 사람들이 동부유럽의 전역은 신속하게 끝날 것이라고 생각했기 때문에 OKH는 그 이후에는 자신이 다시 서부유럽의 작전권을 장악해서 영국과 최종적인 대결에 나서게 될 것으로 기대하고 있었다. 훗날 바를리몬트는 1942년까지 "OKW 전구"가 "예외적인 법칙"으로 간주되었다고 진술했다.[52] 사실 그것은 사후의 평가가 오히려 잘못된 결과에 도달하는 사례 중 하나이다. 당시와 같은 2차대전의 초기 단계에서 지휘체계가 분리되어 초래되는 문제는 현실이라기보다 잠재적인 위협에 더 가까웠던 것이다.

하지만 이미 언급된 내용들과 더불어 OKW 전구의 창설은 몇 가지 즉각적이면서 해로운 결과를 초래했다. 그중 하나는 최고사령부의 업무 부담을 더욱 가중시킨 것이다. OKW는 곧 자신이 엄청나게 확장된 일련의 책무를 담당하고 있다는 사실을 깨달았다. OKW는 모든 전구의 작전현황을 히틀러에게 브리핑하고 전략적 문제에 대한 지령을 준비하며, 자신의 전구에 대한 작전 지휘권을 행사하고 동맹국을 비롯해 위성국들과의 군사 계획을 조율했다. 뿐만 아니라 히틀러가 잠깐이라도 관심을 보였다면 그것이 무엇이든 모든 특별 프로젝트들—몇 가지만 예를 든다면, 해안 방어나 장거리 무기, 게릴라전과 같은—을 처리해야만 했다.[53] 더 나아가, 새로운 지휘 배치는 베저위붕 때와 같이 똑같은 어려움을 초래했을 뿐만 아니라 오히려 문제의 규모는 더욱 커졌다. OKW는 아직도 자신의 팽창된 책무를 감당하기에 충분한 인력을 확보하지 못한 상태였다. 따라서 OKH의 총참모본부에 소속된 몇 개 과들과 다른 여러 부서들에 속한 일부 기구들이 상시적으로 OKW를 지원할 수밖에 없었다. 이들 지원 부서들의 업무는 더욱 많이 불어났고 처리하기가 어려워졌다. 왜냐하면 그들은 한 군데 이상의 상급자들이 제기한 요구사항들을 만족시켜야만 했기 때문이다.

이들 모든 문제에는 OKH와 OKW 사이의 끊임없는 조직적 경쟁심과 개인적 반감이라는 배경이 깔려 있었다. 불행하게도, 두 조직 사이의 업무 흐름이나 관계를 밝혀줄 수 있는 특별한 정보는 존재하지 않는다. 하지만 둘 사이의 긴장관계를 보여주는 증거들은 풍부하게 남아 있다. 전후에 로스베르크는 다음과 같은 기록을 남겼다. "OKW와 OKH 사이의 관계는 비참한 수준이었다."[54] 요한 아돌프 킬만스에크 백작은 총참모본부의 작전과에 근무했던 사람으로 OKH의 장교들이 OKW에 당직근무를 보고하러 가는 다른 장교를 봤을 때, 서로 "그가 OKW 세균에 감염되기까지 얼마나 걸릴까?"라는 질문을 던지곤 했다고 진술했다.[55] 할더와 요들은 점점 더 기묘한 양상으로 흘러가는 지휘체계 속에서 서로 대등한 지위에 있었는데, 몹시 이채롭게도 두 사람 모두 자신의 일기에 서로의 만남에 대해 거의 언급하지 않았다. 요들은 보통 할더의 부하인 작전담당 참모차장이나 작전과장을 상대했으며, 반면 카이텔은 할더와 주로 이야기를 하는 편이었다. OKW에 속한 두 참모장교는 아마 그런 식으로 하급자와 문제를 토의할 때 좀 더 자신 있게 자신의 의견을 표현할 수 있었을 것이다.[56] 그들보다 지위가 낮은 참모들 사이에서는 좀 더 전문적인 상호작용이 이루어졌을 가능성도 있지만 확실한 사실은 그들보다 높은 수준에서 벌어지고 있는 대인관계의 문제는 대단히 극복하기 어려웠다는 것이다.

사정이 이렇다 보니 의견충돌이 일어나 일처리가 지연되는 것은 당연한 수순이었다. 이런 면을 잘 나타내는 특정 사례를 꼬집어내기는 어렵지만 몇 가지 문제는 기록에도 남았다. 예를 들어 1941년 3월 1일 할더는 카이텔에게 보내는 각서를 기안했는데, 그 속에서 그는 OKW가 바르바로사 작전에 필요한 트럭들을 차출해 아프리카로 보내버렸다고 불평했다.[57] 그리고 4월 말에는 수송문제를 갖고 OKH와 OKW 사이에 또 한차례 논쟁이 벌어졌다. OKW는 한 개 사단을 그리스로 이동시켜 메르쿠르 작전에 참가하기를 바랐지만, 그 이동은 한 개 수송부대가 러시아 작전에 참가할 수 없게 만들었다. 육군과 해군, 루프트바페, 국방군 수송국의 대표들이 바를리몬트와 만나서 문제의 해결책을 강구할 수밖에 없었다.[58] 이런 논란은 사소한 것에 불과했지만 그런 문제가 계획 과정에 지장을 초래했고, 나아가 이후 지휘체계에 분열을 초래하게 되는 더욱 심각한 문제의 전조가 됐다.

또한 OKH와 OKW 사이의 경쟁심은 자기 조직을 상대방의 조직보다 더 우월한 입장에 서게 하려는 끊임없는 과정에서 지속적으로 표출됐다. 요들은 아직도 OKW가 독립적으로 권위를 발휘할 수 있는 영역을 구축하겠다는 꿈을 버리지 않았고, 할더는 여전히 OKW가 이미 결정된 사항에 대해 형식적으로 도장이나 찍어주는 기관이라며 무시하고 있었다. OKW 전구의 탄생은 아마 요들의 욕망이 낳은 한 가지 결과물이었을 가능성도 있다. 무엇보다 참모장교들이 하나같이 공유하고 있는 것처럼 보이는 특징 중 하나는 야전의 부대에 대해 작전상의 통제권을 발휘하고자

하는 욕망이다. 관료주의적 팽창은 그와 같은 목적을 달성하는 또 다른 수단이었다. 한 참모장교는 이렇게 말했다. "군대의 부서들 중 자기 부서를 확장시키고 싶어 하지 않는 기관은 아직 발명되지 않았다."[59] 참모진의 규모를 작게 유지하려는 히틀러의 집착은 팽창을 원하는 OKW의 욕망에 제약이 됐다. 하지만 한 가지 변화가 일어났다. 1940년 8월 8일, 국방군 지휘국의 전쟁일지 기록 담당관은 이렇게 간략한 기록을 남겼다. "오늘부터, 국방군 지휘국은 국방군 지휘참모부 WFSt Wehrmachtführungsstab로 명칭이 바뀐다."[60] 명칭 변경의 발단은 7월 19일로 거슬러 올라가는데, 그날 히틀러는 고위 장성들을 모아놓고 프랑스 전역에서 거둔 그들의 성과를 치하했다. 행사 전 카이텔과 대화를 나누던 중 총통이 새로운 명칭을 생각해냈던 것이다.[61] 어떤 수준에서 보면, 이 결정은 거의 아무런 의미가 없는 것처럼 보인다. 호칭을 제외하고 변한 것은 아무것도 없었다. 참모들의 임무나 조직, 업무 방식 등 모든 것이 전과 똑같았다. 하지만 다른 측면에서 보면 새로운 호칭은 중요한 의미를 갖고 있었다. 독일 관료체계의 방식에서, '부'는 '국'보다 더 상위에 있었다. 따라서 명칭의 변화로 인해 그만큼 위상이 높아지게 된다. 이제 OKW는 가장 중요한 계획 기관으로서 OKH에 있는 계획 기관과 똑같은 호칭을 사용하게 된 것이다. 크리스티안 하르트만은 자신이 쓴 할더의 전기에서, 호칭의 변화는 육군 총참모본부가 아니라 국방군 지휘참모부가 히틀러 본인의 군사계획 기관임을 공식적으로 확인한 것으로 그 일의 성격을 기술한다고 해도 전혀 과장이 아니라고 말했다.[62]

아직은 유지되고 있는 작전의 효과성 – 유고슬라비아

하지만 이 모든 분쟁과 하찮은 관료주의가 판치는 와중에도 우리는 이 단계까지 전쟁이 진행된 상태에서 독일군 최고사령부가 여전히 효율적인 기관이었다는 점을 명심할 필요가 있다. 그들의 체계가 얼마나 매끄럽게 기능했는지는 유고슬라비아 전역만을 봐도 충분하다. 3월 27일에 유고슬라비아에서 쿠데타가 발생했다. 그날 오후 1시까지 요들은 이미 전화로 자신의 참모들에게 히틀러가 침공을 결정했다는 사실을 통보하게 된다. 그런 뒤 그와 카이텔, 브라우히치, 할더는 총통을 만나 침공계획을 안출해냈다. 할더는 초센에서 출발하면서 이미 몇 가지 초기 개념들을 생각해두었고 그것은 이전에 그가 착수했던 조사결과에 바탕을 두고 있었다.[63] 오후 2시 30분이 되자 그들은 대략적인 작전 계획에 합의했고, 요들은 로센베르크와 루프트바페 작전부에 있는 그의 상대역과 은밀하게 토의한 뒤 총통훈령 25호를 기안했다. 히틀러는 그날 저녁 훈령에 서명을 했고, 그것은 곧 각 군에 전달됐다. 한편 할더는 초센으로 돌아가 작전과 참모들과 작전 계획에 대해 의논했다.[64]

다음 날 12시 30분, 할더는 파울루스와 호이징거를 대동하고 히틀러를 만나 작전에 대한 육군의 개념을 세밀하게 검토했다.[65] 총통은 몇 가지 가능한 행동노선에 대해 이야기를 꺼내기는 했지만 분명 육군의 개념에 큰 변화를 주지는 않았다. 3월 29일, OKH는 예하 사령부에 침공 명령을 발령했으며, 동시에 군수부분의 준비가 진행되기 시작했다. 할더는 그날 육군 보급부대의 수장인 병참감 에두아르트 바그너Eduard Wagner를 두 차례나 만나 작전에 대해 의논했다. 또한 그는 당시 공격을 수행하게 되어 있던 12군 사령관인 리스트 원수하고도 작전을 논의해야만 했다. 리스트는

프리드리히 파울루스 (독일연방 문서보관소 제공, 사진번호 226-P-25-9044).

할더의 계획 중 일부 내용에 동의하지 않았다. 할더는 그날 밤 9시와 다음 날 아침 8시 30분, 두 차례에 걸쳐 브라우히치와 그 문제에 대해 이야기를 나눈 뒤 이어서 오후에는 히틀러와도 문제를 논의했다. 히틀러는 할더의 편을 들어주었고, 할더는 그날 일기에 그 사실을 잊지 않고 기록했다.[66]

한편에서는 현지의 독일 동맹국들이 이번 작전에서 맡을 역할을 정하는 작업이 진행되고 있었다. 쿠데타가 일어난 다음 주에는 불가리아와 헝가리, 루마니아를 상대로 그들의 역할에 대한 논의가 다각적인 수준에서 진행됐다. 국방군 지휘참모부는 그 결과물을 총통훈령 26호로 작성했고 히틀러는 4월 3일에 그 훈령에 서명했다. 그 훈령은 포괄적인 언어를 사용해 각국이 담당하게 될 정치적 목표와 그들이 그 목표의 달성을 지원하기 위해 수행해야 할 군사적 작전들을 설명했다. 거기에서부터 지휘부의 배치가 이루어졌고 그 지휘부를 통해 국방군은 독일 동맹국의 지휘부와 작전을 공조해나갈 수 있었다.[67]

4월 6일, 그리스 침공과 동시에 유고슬라비아에 대한 공격이 시작되었다. 이것은 베오그라드Beograd에서 쿠데타가 발생한 지 불과 10일, OKH가 최초의 명령을 발령한 지 8일 만의 일이었다. 유고슬라비아 육군이 붕괴되기까지는 단 며칠밖에 걸리지 않았다. 이어서 4월 17일 유고슬라비아는 무조건항복을 선언했다. 마르틴 반 크레펠트Martin van Creveld가 지적한 것처럼, 훨씬 이전부터 진행되고 있었던 독일의 사전준비가 그들의 노력에 엄청난 도움이 됐다는 것은 의심의 여지 없이 분명한 사실이다.[68] 이와 마찬가지로, 여기서 우리는 그처럼 짧은 시간 동안 하나의 작전을 종합해낼 수 있는 특정 조직의 효율성을 결코 무시할 수 없다. 특히 다른 무엇보다도, 그 조직이 동시에 소비에트연방에 대한 침공을 준비하고 북아프리카와 지중해의 전황을 감독하고 있었으며, 서유럽 점령지의 방어체계를 조직하고 있었다는 점을 고려하면 그것의 효율성은 더욱 크게 부각된다.

분명 독일인들 스스로도 자신들의 군사적 재능을 잘 인식하고 있었다. 그들은 폴란드와 노르웨이, 네덜란드, 벨기에, 그리스, 유고슬라비아를 비롯해 심지어 프랑스까지 그리고 일부 전선에서는 영국마저 패배시켰다. 그들은 이 세상에 그 누구도 자신들과 대적할 수 없으며, 적어도 육상에서는 그렇다고 믿었다. 어떤 측면에서 보면 그런 믿음은 진실이기도 했지만 또한 위험한 사고방식이기도 했다. 그들은 전술적, 작전적 수준에서 자신의 강점으로 적의 약점을 치는 데 성공했다. 하지만 이제 그들은 훌륭한 전술과 영리한 기동술만으로는 충분하지 않은 어떤 특정한 단계에 도달해 있었다. 그들의 전략은 처음부터 약점이 많았는데, 이제는 도를 넘어선 자만심으로 인해 그들의 약점이 작전 개념에도 영향을 미치기 시작했다. 아직 그들은 패전의 길에 들어서지는 않았지만, 적어도 승리를 경험하지 못하는 순간들은 시작되었다.

INSIDE HITLER'S HIGH COMMAND

6

군사정보와 동쪽을 향한 공격계획

OBERKOMMANDO DER WEHRMACHT

1940년 후반기에 독일군은 바르바로사 작전 준비에 돌입했으며 히틀러는 이 작전을 통해 자신의 오랜 꿈을 실현할 생각이었다. 즉 유대인과 볼셰비키들의 위협을 제거하고 독일이 생존하기 위해 필요한 레벤스라움을 확보하는 것이다. 또한 그는 소비에트 사회주의 공화국연방Union of Soviet Socialist Republics, USSR이 붕괴될 경우 영국도 유럽대륙에서 동맹국을 확보하겠다는 희망을 버릴 수밖에 없을 것이라고 믿었으며, 영국을 단념시키는 것이 바로 그의 군사 고문들이 집중하고 있는 목표였다. 미약하나마 그들이 갖고 있는 전략적 안목 속에서는 소비에트연방을 타격하는 것이 대영제국, 더 나아가 어쩌면 미국을 상대로 전쟁을 벌이는 데 필요한 행동의 자유와 자원을 확보하는 방안이 될 수 있었다. 어쩌면 그 전략이 효과를 볼 수 있었을지도 모른다. 적어도 단기적으로는 말이다. 하지만 그것은 소비에트연방에 대한 신속한 승리를 전제조건으로 한다는 점에서 치명적인 단점을 갖고 있었다. 따라서 우리는 전적으로 히틀러에게 책임이 있는 전략적 안목의 부재가 아니라, 좀 더 좁은 영역인 군사적 계산 착오에서 그 전략이 실패하게 된 이유를 찾아야 한다. 그런데 군사적으로 승산을 계산하는 일은 총참모본부가 자신의 특별한 권한으로 간주하는 영역에 속한다. 게다가 그들은 기동계획을 작성하고 실행하는 데 있어 당시까지만 해도 누구도 따라올 수 없는 능력을 갖고 있었다. 하지만 문제는 기동계획의 작성에 있었던 것이 아니라 작전 계획 과정에서 덜 매력적이지만 덜 중요하지는 않은 부분들과 관계가 있었다. 그것은 바로 정보와 군수, 인사관리 분야이다.

일단 독일이 바르바로사 작전에 돌입했을 때, 그들은 전쟁에 승리할 가능성이 거의 없었다. 어쩌면 1941년의 전반기에는 그다지 분명하지 않았을지 모르지만 지금에 와서 당시를 돌아보면 그것은 분명해진다. 그 전역이 독일의 운명을 그렇게 크게 결정했기 때문에, 더불어 실패의 근원이 국방군의 전쟁 능력을 적군의 그것과 대등한 수준으로 만들지 못한 총참모본부의 무능력에 있기 때문에, 바르바로사 작전은 최고사령부가 전투지원 기능들을 처리하는 문제에 대해 특히 설득력이 강한 연구사례를 제공한다. 따라서 이 장에서는 독일군의 군사정보 체계와 바르바로사 작전을 준비하는 과정에서 그것이 수행한 역할을 검토하게 될 것이다. 그리고 다음 장에서는 소비에트 침공의 결과와 더불어 군수와 인사 문제를 다룰 것이다. 앞으로는 이런 새로운 주제들로 인해 이미 복잡한 내용이 한층 더 복잡하게 될 것이다. 하지만 우리가 독일군 최고사령부를 완벽하게 이해하기 위해서는 이런 사항들에 대한 연구가 필수적이다.[1]

작전 계획 단계의 낙천적 분위기

전후에 이루어진 증언에서 생존한 독일군 장성들은 소비에트연방을 공격한다는 히틀러의 결정에 반대했다고 주장했다. 그들에 따르면 1차대전의 경험을 통해 양면전쟁은 어리석은 짓임이 이미 드러난 상태였다는 것이다. 할더는 전후에 히틀러가 소련의 전력을 과소평가했다며 가장 신랄하게 비난했으며, 더불어 소비에트연방에 대한 정보가 "전적으로 부적절하다"는 항의에 대해 아무런 조치도 취하지 않았다고 말했다.[2] 또한 호이징거는 그 결정을 대하는 총참모본부의 태도는 경악 그 자체였다고 증언했다.[3] 하인츠 구데리안Heinz Guderian은 히틀러가 1914년에 독일을 양면전쟁으로 몰아넣었던 바보들에게 격렬한 비난을 퍼부었기 때문에 자신은 그 결정을 도저히 믿을 수 없었다고 기록했다.[4]

소련 침공으로 초래된 참사를 고려하면 이와 같은 주장도 별로 놀라운 일이 아니다. 하지만 대전에 참전했던 독일국방군의 고위 장교들이 제공한 정보들의 상당수가 그렇듯이, 이와 같은 주장들은 진실과 절반의 진실, 새빨간 거짓말이 뒤섞인 잡탕에 불과하다. 많은 장교들이 다가오는 전역에 대해 불안감을 느끼고 있었다는 것은 사실이다. 1940년 7월 30일, 히틀러가 자신의 의도를 명백하게 밝히기 하루 전날의 한 회의에서 할더와 브라우히치는 "우리는 러시아와 우호관계를 유지하는 것이 더 현명한 처사이다"라는 결론을 내렸다.[5] 다르다넬스Dardanelles 해협과 페르시아Persia 만을 노리고 있는 소련의 욕망은 독일에 아무런 위협을 제기하지 않으며, 따라서 소련과 좋은 관계를 유지할 경우 독일은 지중해에서 영국을 상대로 전투를 벌일 수 있게 된다고 두 사람은 생각했다. 호이징거는 이런 의견에 공감했다. 더 나아가 그의 관점이나 대부분의 다른 참모장교의 관점에서 볼 때 러시아를 공격한다고 해서 영국이 항복할 리가 없었다. 더욱이 장교단은 1812년 프랑스군이 만났던 운명을 과도할 정도로 잘 인식하고 있었다. 나폴레옹을 따라 러시아 전역에 참가했던 한 프랑스 장교의 책이 당시 독일에도 널리 알려져 있었기 때문에 일부 장교들 사이에 러시아 공격을 주저하게 만드는 분위기가 형성됐다.[6] 분명 카이텔은 히틀러가 그런 생각을 버리도록 처음에는 구두로 그 뒤에는 자필로 작성한 각서를 통해 설득하려고 했다.[7] 요들도 자기 상관의 의구심에 공감했는데, 다만 그것을 밖으로 표출하는 부분에서는 상관보다 덜 적극적이었다. 심지어 1941년 1월이라는 늦은 시점에서도 할더와 브라우히치는 바르바로사 작전의 타당성을 발견할 수 없었다. 그들은 그것이 영국에 타격을 가할 수 있는 효과적인 방법이라고 생각하지 않았다.[8]

따라서 전후 장성들의 증언은 그들이 전략에 대해 불안감을 느낀 분위기를 정확하게 전달하고 있으며, 결국 그런 불안감은 근거가 있는 것이었음이 증명되기도 했다. 하지만 장성들이 작전상의 근거를 바탕으로 바르바로사 작전에 반대했다는 주장은 별로 정직하지 않은 증언이다. 히틀러의 군사 고문들은 대부분 "러시아를 상대로 한 전역은 [서유럽 전역에 비해] 비교적 수월해서 도상연습 수준이 될 것이다"라는 히틀러의 평가에 동조했다.[9] 거의 한 사람도 남김없이 독일군 고위 장교들은 볼셰비키와의 대결이 필수적이고 불가피한 일일 뿐만 아니라 독일군은 러시아를 쉽게 이길 수 있다고 믿었다. 7월 3일, 히틀러가 자신의 의도를 공식적으로 밝히는 시기보다도 한참 이른 시점에 할더는 그라이펜베르크에게 장기적인 안목에서 대對 소련 작전에 필요한 계획 작성에 착수하라고 명령했다. 그의 말에 따르면, 최우선 고려사항은 "소련이 결국 유럽에서 독일의 지배적인 위치를 인정할 수밖에 없도록 하기 위해 러시아를 군사적으로 타격하는 방법"이었다.[10] 에른스트 클린크Ernst Klink가 지적한 것처럼, 할더의 일기에는 히틀러의 결정을 듣고 그가 느꼈다고 나중에 밝혔던 그 충격에 대한 기색이 전혀 표현되어 있지 않았다.[11] 더욱이 구데리안은 자신이 작전에 대해 반대했다고 증언하는 과정에서 그의 참모들과 OKH 모두 자신의 반대에 깜짝 놀라는 반응을 보였다는 점을 폭로하기도 했다. 그조차도 육군의 고위층에서 낙관론 외에 다른 분위기를 볼 수 없었던 것이다.[12]

이와 같이 거의 근심이 없는 낙관적인 분위기 속에서 소련 침공 계획은 1940년대 하반기 동안 일사천리로 진행됐다.[13] 7월 4일, 할더는 게오르크 폰 퀴흘러Georg von Küchler 대장과 그의 참모장인 에리히 마르크스Erich Marcks 소장에게 작전을 위한 계획을 작성하라고 통보했다(퀴흘러는 18군 사령관으로 그의 부대는 동프로이센과 폴란드에 주둔하며 독일의 동부전선을 담당했다). 마르크스는 작전 계획을 완성한 뒤 7월 9일에 제출했다. 첫 번째 시안은 방어적인 성격을 갖고 있어서 러시아가 선제공격을 가하면 이어서 독일군이 그에 대해 반격을 가하는 내용이었다. 그것은 7월 21일 브라우히치가 히틀러를 만나 총통이 '러시아 문제'를 그해 가을에 해결하기를 바란다는 사실을 알고 난 뒤에 바뀌었다. 그날 이후 며칠 동안 할더와 참모본부의 주요 부서들은 새로운 작전 계획을 위한 기본 토대를 만들고 마르크스에게 그것을 바탕으로 세부안을 작성하게 했다. 마르크스는 자신의 '동부전선 작전 계획 초안'을 8월 첫째 주 주말에 제출했다. 초안에서 그는 육군이 최소 8주에서 최대 11주 동안 전투 작전을 수행하게 되면 레닌그라드Leningrad와 모스크바, 하리코프Kharkov를 점령할 수 있다고 계산했으며, 그 이후에는 소련이 더 이상 조직적인 저항을 하지 못할 것으로 예측했다. 이 수치에 육군은 초기의 진격 이후 휴식과 재정비에 필요한 3주 휴지기를 추가했다. 이렇게 계산된 최대 기간을 고려하면 독일군의 전역은 6월 22일에 시작해서 늦어도 9월 말까지는 끝날 수 있었다. 9월 3일 작전담당 참모차장에 임명된 후 파울루스는 마르크스의 개념을 바탕으로 작전계획을 짰다. 그는 10월 29일에 할더에게 작전 계획을 보고했고 12월 초에 일련의 전쟁 연습을 통해 그것을 검증했다. 그 최종결과는 12월 5일 히틀러를 위한 할더의 브리핑 내용에 그대로 반영되었다.

육군 총참모본부가 자신의 계획을 작성하고 있는 동안, 국방군 지휘참모부의 로스베르크 대령도 자기들만의 계획을 세우고 있었다. 그는 전역에 관련된 몇 가지 작전 인자들을 고려하면서 1940년 6월 말 혹은 7월 초부터 작전을 계획하기 시작했다. 이어서 7월 29일, 요들은 총통이 볼셰비즘의 위협을 이 세상에서 "단번에, 영원히" 제거하기 위해 1941년 5월에 기습공격을 하기로 결심했다는 사실을 지휘참모부의 주요 요원들에게 전달했다.[14] 7월 31일에 있은 히틀러의 논평으로 작전 계획은 더욱 강하게 탄력을 받았다. 그에 따른 즉각적인 결과물은 OKW가 "아우프바우오스트Aufbau Ost(동부의 준비)"라는 제목으로 발령한 8월 7일 자 명령으로 나타났으며, 이것은 침공군이 중간 대기 구역으로 사용할 수 있도록 동프로이센과 점령지 폴란드의 기반시설을 보강하라는 지시를 담고 있었다. 또한 요들은 작전에 필요한 사전조사 작업을 지시했고, 로스베르크는 9월 15일에 그 작업을 완료했다. 로스베르크와 마르크스의 계획에는 약간의 차이가 존재했지만, 러시아군이 국내로 깊숙이 후퇴하여 전역의 기간이 늘어나지 않도록 독일 국방군이 가능한 한 동쪽으로 멀리 나가지 않은 상태에서 러시아군을 전멸시켜야만 한다는 전제조건에는 생각을 같이하고 있었다.[15] 로스베르크는 계획 과정 중 단 한순간도 이 목표의 실현가능성에 대해 의문을 나타내지 않았다. 그는 마르크스와 같이 러시아인들이 지연전을 수행하며 후퇴할 수 있는 작전 능력이 없음은 물론이요, 국내로 깊이 후퇴한다고 해도 침공군을 저지하는 데 필요한 예비전력을 보유하고 있지 않다고 가정했다.

이런 엄청난 자신감은 하나의 의문이 떠오르게 한다. 마르크스와 로스베르크는 무엇에 바탕을 두고 계획을 세운 것일까? 이들은 결코 바보가 아닐 뿐만 아니라 수년에 걸친 경험도 갖고 있었다. 두 사람은 모든 가능성을 검토했으며 자신이 내린 결론이 타당하다고 믿었다. 그 의문에 대한 답은 서로 중첩되는 두 가지 요인 속에 존재한다. 그것은 바로 계획자들이 사용할 수 있었던 정보와 그 정보에 대한 그들의 해석이라는 요인이다. 따라서 그들의 결정을 이해하기 위해 먼저 우리는 독일군이 정보를 수집하는 기구와, 그리고 이보다 더 중요한 요인으로서 계획자들이 군사 정보나 자신의 적에 대해 갖고 있는 태도와 생각을 이해해야만 한다.

정보 체계

OKW는 몇 개의 정보수집 및 평가 조직을 통제했다. 그중 첫 번째이자 가장 중요한 기관은 대외정보 및 방첩국Amt Ausland/Abwehr으로 국장은 빌헬름 카나리스 제독이었다.[16] 이 기관은 다른 무엇보다 외국의 정치와 군사문제에 대한 정보를 수집하여 국방군을 비롯해 다양한 정부기관에 전파하는 것이 임무였다. 대외정보 방첩국은 야전군의 정보장교에게 직접 정보를 전달하거나 OKH에 연락장교 부서인 A반Gruppe A을 운영했는데, A반은 총참모본부 내에서 정보담당 참모차장(제4참모차장)의 참모진에 배속됐다.

카나리스의 정보국은 네 개의 과로 구성되어 있으며 그중 오직 두 개만이 이 책의 내용과 관계가 있다. 즉 대외정보과Abteilung Ausland와 방첩 I과Abteilung Abwehr I가 그것이다. 이들 중 첫 번째 과는 다른 나라의 외교정책과 군사문제에 대한 사안들을 다루었다. 대외정보과는 다양한 정보원으로부터 정보를 수집했으며, 그들의 정보원은 외무부, 군사 보고서, 외국 신문의 기사 등이 포함되어 있었다. 그리고 알아낸 내용들을 카이텔과 카나리스, 국방군 지휘참모부, 그리고 각 군에 전달했다. 방첩 I과의 공식적인 역할은 사실 방첩업무와 아무런 관계가 없었다. 이곳은 육군과 해군, 루프트바페를 위해 비밀 정보 활동을 수행하는 기관으로 다시 말해 첩보원을 운영했다. 그들은 또한 국가비밀경찰(즉 게슈타포GeStaPo, Geheime Staatspolizei)과 외무부, 기타 부처들의 외무 및 방첩 관련 기관들과 긴밀하게 협조하며 군대가 관심을 갖고 있는 모든 정보를 수집, 기록했다.[17]

대외정보 방첩국 내의 조직체계는 다음과 같이 기능적, 지리적 계통을 따라 구성되어 있었다. 첫 번째 하위 조직들은 기능에 따라 편성됐다.[18] 예를 들어 핵심적인 정보수집 집단인 대외정보과는 다음과 같은 기능들을 수행했다.

I과 : 외교 및 국방정책

II과 : 외국의 군부나 장성들을 대상으로 한 대인정보

III과 : 외국 군대. OKW에 전달할 보고서의 수집 전담

V과 : 외국 언론

각 과는 다시 기능적인 조직들로 세분화될 수도 있었다. V과의 경우 몇 개의 부Referate로 구성되어 있으며, 이들은 각각 외국의 신문기사를 평가하고 거기에 대한 요약문을 작성하거나 자료실과 긴밀하게 협조하고 동유럽의 언어로 된 문서를 번역하는 역할을 담당했다. 반면 I과의 조직은 주로 지리적 구분에 따라 편성됐다. I과에 속한 부들은 각각 전반적인 정치문제와 대영제국, 남부 및 남동부 유럽, 동부와 북부 유럽, 서유럽(영국을 제외한), 미국을 담당했다.[19]

대외정보 방첩국과 별도로 OKW는 국방군 통신과Abteilung Wehrmacht-

Nachrichtenverbindungen 산하에 암호 해독반을 운영했는데, 이 조직은 각 군이 흥미를 갖고 있는 모든 사항에 대해 군사 및 외교 통신문을 도청하고 그 속에 담겨 있는 암호를 해독했다. 끝으로 OKW의 국방경제과Wehrwirtschaftliche Abteilung는 적국의 생산능력에 대한 정보를 제공했다.[20]

물론 OKW의 자산을 활용하는 것에 추가하여 육군 또한 직접 정보를 수집하고 평가했는데, 그것은 단지 협소한 군사적 영역에만 한정되지 않았다. 1941년 중반까지 육군의 수뇌부들은 전쟁에 영향을 미칠 광범위한 정황에 세심한 주의를 기울이고 있었다. 대외정보 방첩국이 직접, 혹은 총참모본부 연락장교를 통해서 전달하는 보고서들이 정보 출처의 한 축을 형성하며, 이것들은 정보담당 작전차장인 티펠스키르히를 통해 할더와 브라우히치에게 전달됐다.[21] 여기에 추가적으로 할더는 자신만의 외부 연락책을 갖고 있었다. 그는 종종 카나리스 제독을 비롯해 이탈리아 대사인 알피에리와 같은 독일 주재 외교관을 만났다. 또한 외무부의 대변인과도 자주 접촉했다. 예를 들어 1940년 7월 초에서 10월 말까지 그의 일기에는 외무부의 OKH 연락장교인 하소 폰 에츠도르프Hasso von Etzdorf 대위나 외무차관 에른스트 폰 바이츠제커 남작Ernst Freiherr von Weizsäcker과 아홉 차례 이상 만났다고 쓰여 있다.[22](이 만남 중 많은 경우에 해당하는 흥미로운 사실은 할더가 브라우히치를 만날 때 자주 발생하는 일들과 마찬가지로 그들이 독일의 의도를 예측하는 데 오히려 더 신경을 쓰고 있다는 것이다. 이는 육군 지도부가 히틀러의 머릿속에 들어 있는 생각을 이해하는 데 어려움을 겪고 있었다는 또 하나의 분명한 표시이다.)[23]

OKH 내에서는 티펠스키르히가 육군의 정보평가 노력을 감독했다.[24] 그는 정보과가 모든 정보의 평가를 일정한 기준에 따라 수행하고 업무가 서로 중첩되지 않게 하는 데 주의를 기울였다. 덧붙여 개별적인 특정 과의 영역에 해당되지 않는 문제를 처리하는 것도 그의 책임이었다. 또한 그는 각 과가 찾아낸 정보들을 요약하고 그것을 OKH에 속한 모든 해당 부서, 특히 브라우히치와 할더, 작전담당 참모차장, 작전과장에게 구두 혹은 문서 보고의 형태로 전달했다.[25] 티펠스키르히는 항상 할더의 브리핑 자리에 참석했으며, 또한 두 사람은 매주 한두 차례씩 별도의 만남을 가졌다.[26]

총참모본부의 정보기관은 주로 두 개의 과로 구성되어 있었다. 즉 서부전선 외국군사정보과와 동부전선 외국군사정보과이다. 명칭이 의미하는 것처럼 이들 각각은 동쪽과 서쪽에서 독일과 국경을 접하고 있는 국가들에 대한 중앙 정보처리 장소였으며, 이와 같은 구분은 좀 더 거리가 먼 국가의 경우 경계가 애매해졌다. 예를 들어 1941년 5월 1일 당시 서부전선 외국군사정보과는 다른 지역과 더불어 대영제국을 담당하고 있었는데 여기에는 이라크와 인도, 극동의 영국 식민지들을 비롯해 미국과 남아메리카가 포함되어 있었다.[27] 한편 동부전선 외국군사정보과는 동유럽과 소비에트연방, 중국, 일본은 물론 스칸디나비아 반도의 국가들까지 담당했다.[28] 이런 상황에서 티펠스키르히가 맡은 것과 같은 역할이 필요하다는 것은 분명한 일이었다. 예를 들어 후일 미국과 일본의 전쟁 상황에 대한 정보요약을 어떤 과가 처리할지 누군가가 결정해주어야만 했을 것이다. 대부분의 경우 그런 업무분장에는 어떤 논리가 적용되기도 했지만, 티펠스키르히는 단순히 업무량을 균등하게 맞추기 위해 몇몇 국가들을 과별로 배당하기도 했다.[29]

외국군사정보과의 과장들은 자신의 과를 지리적 계통에 따라 여러 개의 반으로 세분했지만, 과 자체가 그렇듯이 이 반들은 하나의 전체로서 모두 똑같은 기능을 수행하며 똑같은 정보원情報源에 의지했다. 평시에는 외국의 공식 출판물들이나 군사 논문들, 언론 보도, 라디오 방송, 영화, 통신 감청과 무선 방향 탐지 정보를 비롯해 외국주재 대사관 무관이나 OKW의 정보기관 등이 정보의 원천이 되었다. 전시에는 이 중 일부 정보원, 예를 들어 대사관 무관과 같은 원천은 줄이 말라버리곤 했지만, 대신 다른 출처를 활용할 수 있었다. 즉 야전부대의 정찰 결과나 전쟁포로의 심문, 항공정찰, 노획된 문서 등이 그것이다. 매일 두 차례 각 과장들은 자기 과의 정보를 요약하여 티펠스키르히에게 보고서를 제출했고, 그는 할더와 브라우히치를 거쳐 지휘계통을 통해 OKW로 전달했다. 또한 두 과는 매일 적의 정보를 담은 상황도를 작성했다.[30] 마지막으로 두 과장은 종종 할더를 직접 만나 특정 부분에 대한 정보 판단을 보고했다.

이 시점에서 우리는 효율적인 계층구조의 이미지를 떠올리게 된다. 육군의 전투부대와 정찰 자산들이 획득한 정보가 정기적으로 총참모본부로 보고되며, 총참모본부에서는 정보장교들이 그것을 타 군, 특히 루프트바페와 OKW의 정보기관에서 들어온 정보들과 통합했다. 정보장교들은 그 정보를 처리하여 군단사령부와 군사령부, OKW에 이르는 모든 관련 당사자들에게 배포했다. 그렇다면 독일군의 정보평가에서 문제가 발생한 이유는 도대체 어디에 있는 것일까?

문화적 약점과 바르바로사 작전을 위한 입력 정보

독일의 정보업무와 관련된 문제는 사실 구조적인 것이 아니라 태도의 문제이다. 더불어 그것은 정보의 양은 물론 심지어 질하고도 별로 관계가 없으며, 오히려 그 정보를 올바르게 평가하고 사용할 수 있는 최고사령부의 능력하고 관계가 깊다. 실제로 독일군 정보체계의 결점은 두 가지 요소로 분류된다. 이들 중 하나는 민감하지만 널리 퍼져 있는 정보 기능 그 자체에 대한 편견으로, 어느 정도까지는 정보장교 자신들도 무의식중에 거기에 공감하고 있다. 나머지 한 요소는 이해하기 어려운 사실이 등장하게 되면 편리하게 선입견에만 만족하려는 경향이다. 특히 정보를 분석하는 작업이 작전의 영역을 벗어나 정치나 경제, 사회적 문제를 포함하게 될 경우 그런 경향이 심해진다. 이런 경향들 중 그 어느 것도 독일 국방군만의 독특한 현상은 아니지만, 그러나 유달리 이 기관에서만 특히 잠행성과 분열성이 강한 형태를 띠었다.

군사정보에 대한 편견은 보통 어떤 형태로든 눈으로 확인할 수 있는 기능의 저하를 초래하지는 않았지만 대신 좀 더 민감한 방식으로 영향력을 발휘했다. 1942년 4월 동부전선 외국군사정보과 과장직을 인수한 라인하르트 겔렌Reinhard Gehlen은 훗날 이렇게 기록했다. "정보업무에 있어 포괄적인 사실들에 대한 지식 다음으로 가장 중요한 핵심은 역사적 발전이 미래에 어떤 노선으로 전개될 것인지 거의 예언적으로 결정할 수 있는 능력에 있다."[31] 그런 임무는 과거부터 지금까지 그래왔듯이 앞으로도 정확한 과학의 영역에 들어가지 못할 것이다. 무엇보다 정보평가는 어떠한 해석도 가능하고 논쟁으로부터 자유롭지 못하다. 따라서 그들이 갖고 있는 설득력은 본질적으로 미약할 수밖에 없다. 더 나아가 독일 육군에서 정보와 관련된 노력은 제약이 심한 환경 속에서 이루어지며, 그 환경 속에서는 모든 것이 작전개념과 기동계획을 중심으로 돌아간다. 실제로 독일군 내부에서 널리 통용되는 지혜에 따르면 작전장교는 정보특기 장교만큼이나 적의 의도를 잘 분간할 수 있다고 한다. 하지만 적의 의도와 관련된 인자들을 따로 분리해내서 평가하는 것은 대단히 어려운 일이다.

한편으로 적의 의도는 관련된 일련의 규칙들과 개인의 지모, 기타 사항들을 통하거나 다른 한편으로는 일련의 사건들에 대한 분석(이 부분에서 해당 장교가 갖고 있는 선입관의 영향력 또한 분명하게 드러난다)을 통해서만 인간의 눈앞에 모습을 드러낸다.

정보에 대한 편견은 무엇보다 장교를 위한 육군의 가장 기본적인 규정을 담은 『부대 지휘』에서 잘 드러난다. 이 교범이 특히 의미가 있는 이유는 이것이 모든 독일군 장교들에게 특수한 전술적 기법만이 아니라 군대에 복무하면서 계속 지니고 있어야 할 기본적인 태도에 대해서도 가르치고 있기 때문이다. 『부대 지휘』는 정보의 가치를 무시하지 않았다. 오히려 의사결정 과정에서 정보의 기능이 중요하다고 강조했다. 동시에 불확실성이 전투를 지배하며, 따라서 지휘관은 완전한 정보를 확보할 때까지 기다렸다가 결단을 내릴 수는 없다고 명기한 것도 꽤나 정당하다. 또한 지휘관에게 이르기를 아군의 임무 달성에 가장 심각한 지장을 초래할 수 있는 적의 행동을 고려하라고 지시했다. 바로 이 부분이 결정적인 사항이다. 왜냐하면 그 규정은 적이 취할 수 있는 가장 '파멸적인' 행동을 강조함으로써 적이 취할 '가능성이 가장 높은' 행동을 찾아낸다는 정보의 가장 중요한 원칙을 제거시켜버렸기 때문이다. 따라서 그것은 사실상 정보장교의 역할을 평가 절하한 셈이 되는데, 그 이유는 적의 가장 '파멸적인' 행동을 찾는 것이 가장 '가능성이 높은' 행동을 찾아내는 것에 비해 기술적으로 높은 수준이나 치밀성을 요구하지 않기 때문이다.[32]

『총참모본부의 전시 임무 편람』은 정보기능에 대해 『부대 지휘』보다 더 직접적으로 언급했다. 『총참모본부의 전시 임무 편람』은 정보와 정보참모를 의미하는 'Ic'의 역할이 갖는 중요성에 대해 두 쪽이 넘는 분량을 할애했다. 하지만 이 편람은 Ic가 작전부서에서 작전참모(Ia)의 보좌라는 점을 분명하게 밝히면서 Ic는 Ia에게 긴밀하게 협조해야 한다고 지시했지만 그 반대의 경우는 언급하지 않았다.[33] 총참모본부가 정보 기능을 관리하는 별도의 규정을 처음으로 배포했을 때—전쟁이 벌어지고 일 년 반이 지난 시점에—그것은 여전히 Ic를 Ia에 예속된 존재로 만들었고, 더 나아가 이렇게 말했다. "적의 상황을 평가하는 것은 참모장과 작전참모의 협조를 받아서 수행하는 지휘관의 업무이다. 적의 상황에 대한 판단은 일개 Ic가 아니라 지휘부에 의해 수행된다."[34] 따라서 프랑스나 미국의 경우처럼 적어도 명목상으로나마 정보참모와 작전참모를 참모장 밑의 같은 지위에 놓음으로써 정보장교가 작전장교와 같은 위상을 갖게 하려는 시도는 전혀 없었다.[35] 비록 OKH의 조직체계가 군단이나 군 사령부의 참모조직과 어느 정도 차이가 있다고는 해도 적용되는 원칙은 어디나 똑같았다. 정보장교가 첫 번째이자 최우선의 정보 공급원으로 남아 있기는 했지만 그의 독립적인 정보평가가 그 자체로 특별한 의미를 갖는 그런 중요 인물이 되지는 못했다. 게다가 정보장교, 특히 고위 정보장교는 작전기능을 강조하는 정규 총참모본부 훈련과정을 거쳐서 성장하기 때문에, 그들은 정보기능에 대한 이런 식의 근본적인 태도에 공감하는 경향이 있었다.

반면 전쟁이 끝난 후 일부 정보장교들은 독일군 내에 널리 퍼져 있던 자신들의 역할을 바라보는 관점에 대해 불평하기도 했다. 그들의 관점에서 볼 때 정보 분야에 대한 편견은 몇 가지 구체적인 결과를 초래했다. 그 장교들은 OKH에 있는 정보 참모진의 규모가 너무 작았고, 예하 부대의 사령부에 있는 정보장교들은 너무 젊고 경험이 부족했거나, 어떤 경우에는 아예 비자격자로 자리를 채웠다고 주장한다.[36] 이들 주장 모두 어느 정도는 일리가 있었다. 예를 들어 1939년 11월 1일에 서부전선 외국군사

정보과에는 불과 19명의 장교들이 5개의 반으로 분산되어 있었으며, 이들 중 6명만이 총참모본부 참모장교로서 훈련을 받은 인원이었다. 서유럽과 미국에서, 특히 가까운 장래에 프랑스의 앞바다에서 주요 군사 작전을 실행해야 할 상황에서 19명이라는 인원 규모가 여유로운 수준이라고 주장할 사람은 아무도 없을 것이다.[37] 하위 정보장교들의 자질과 경험 부족으로 인한 문제 또한 인력 부족 문제만큼이나 심각했다. Ic의 지위는 Ia에 버금가는 특권을 갖고 있지 않았다. 대체로 장교들은 가능한 신속하게 Ic의 보직에서 벗어나고 싶어 했다. 더 나아가 전쟁이 계속 진행됨에 따라, 육군은 Ic 보직을 총참모본부 참모장교 대신에 점점 더 많은 수의 예비군 장교로 충당했다. 이런 방침은 예비역 장교들이 자신의 보직에 좀 더 오래 머물게 된다는 장점이 있기는 하지만, 그들은 총참모본부 참모장교들만큼 교육이 잘되어 있지 않았다. 그들의 효과성은 예비군이라는 그들의 지위와 작전장교에 비해 낮은 지위로 인해 더욱 심각하게 타격을 받았다. 이렇게 된 한 가지 이유는 많은 총참모본부 장교들이 예비군 장교들을 무시했다는 데 있다. 또 다른 이유는 각 정보장교가 지휘관은 물론 작전장교에게 자신의 평가가 유효하다는 점을 확신시킬 능력이 있어야만 했다는 점이다. 하지만 심지어 다른 나라 군대에 비해 계급의 차이가 절대적인 가치를 지니는 경향이 덜한 독일 육군 내에서조차, 정보장교들은 더 나이가 많고 경험도 더 풍부하며 계급이 높은 동료를 마주했을 때 자신의 주장을 내세우기 어려운 상황에 처하기 마련이었다.[38]

그러나 여기서의 요점은, 독일군 정보체계와 관련하여 가장 심각한 문제가 작전 장교들이 정보 특기를 갖고 있는 동료들을 무시하거나 과소평가해서 발생한 것이 아니라는 점을 재차 강조하는 것이다. 문제는 참모부 내의 작전 및 정보장교들이 비슷한 사고방식을 가진 개인들의 집합체였다는 데 있다. 양쪽 집단이 모두 똑같은 태도와 선입견을 공유하고 있었기 때문에 결국 그들이 똑같은 결론에 도달하는 경우도 자주 발생했던 것이다. 정보에 관한 한 바르바로사 작전의 계획은 주로 할더와 티펠스키르히(나중에 게르하르트 마츠키Gerhard Matzky로 교체), 동부전선 외국군사정보과장인 에버하르트 킨젤Eberhard Kinzel 대령을 중심으로 진행됐으며, 바로 거기에서 우리는 체제의 결점이 실제로 어떻게 작용했는지를 볼 수 있다. 정보장교들을 포함한 육군 최고사령부의 주요 인사들은 소비에트 연방에 대해 완전한 내용의 정확한 정보가 부족한 현실과 부딪쳤을 때 주로 자신이 갖고 있던 선입견에 의지해 의사결정 과정을 수행했던 것이다. 이번에도 또한 요점은 그들이 히틀러의 전략적 결정에 저항할 기회를 놓쳤다는 것이 아니다. 히틀러는 그들에게 그런 기회를 허용한 적이 단 한 번도 없었다. 요점은 그들이 나중에 증언한 내용과 달리 그들은 러시아의 작전역량을 평가하는 과정에서 오히려 히틀러의 결정을 지지했다는 것이다.

독일군은 러시아에 대한 오랜 고정관념—안드레아스 힐그루버가 만든 용어처럼 '러시아 심상Russland Bild'—에서 출발했으며, 그 고정관념에서 벗어나는 사고를 전혀 하지 못했다.[39] 그들의 고정관념은 상호 모순되는 두 가지 인상에 바탕을 두고 있다. 한편으로는 러시아가 서유럽의 민족들에게 실질적인 위협이 되는 것처럼 보였다. 그들의 위협은 볼셰비즘이라는 정치철학으로 인해 더욱 심각해졌다. 볼셰비즘은 원래 태생적으로 서구의 정치 체계에 대한 적대감을 갖고 있었는데, 그런 적대감은 1918년 독일이 붕괴했을 때 하나의 배후 세력으로 작용했기 때문에 독일군 장성들은 러시아를 특별히 골치 아픈 존재로 인식했다.[40] 하지만 좀 더 지배적인 또 다른 관점에서는 러시아는 "진흙으로 만든 거인"에 불과하며, 정치적으로 불안정하고, 불만을 품고 있는 소수민족이 득실거릴 뿐 아니라, 비효율적으로 통치가 이루어지고, 군사적으로 취약한 나라였다. 그들은 한 차례의 적절한 타격만으로도 틀림없이 붕괴하게 될 것이었다.[41]

독일 국방군은 좀처럼 자신의 가정을 확실한 정보로 검증하지 않았다. 나치당이 권력을 잡으면서 소련과 독일의 관계는 계속 긴장이 고조되었기 때문에 많은 정보의 출처들이 말 그대로 증발되어버렸다. 모스크바 주재 독일 무관인 에른스트 쾨스트링Ernst Köstring 대장은 할더에게 소련 보안대의 감시로 인해 정보수집 활동이 거의 불가능할 정도라고 불평했다.[42] 압베르는 여러 해에 걸쳐 러시아에 정보원을 심으려고 노력했지만—비록 그렇게 진지하지는 않았지만—성공하지 못했다. 동부전선 외국군사정보과는 1939년 가을부터 러시아에 대해 진지한 태도를 취했지만 어떤 능력을 발휘하기에는 가지고 있는 자원이 너무 빈약했다. 국가 자체가 너무 넓다보니 항공정찰로는 많은 사실을 파악하기가 곤란했지만, 독일은 러시아의 항의에도 불구하고 항공정찰을 수행했다. 무전통신을 도청하는 신호정보는 가장 유용한 정보 출처였지만 통신보안에 대한 러시아군의 엄격한 규율과 암호화 능력으로 인해 신호정보의 유용성에도 커다란 제약이 있었다.[43]

정보 출처의 부족으로 인해 독일군은 자신들이 갖고 있는 막연한 인상의 수준을 크게 벗어나지 못했다. 그들은 러시아군의 능력을 스페인과 폴란드, 핀란드 전역의 사례를 통해 주의 깊게 관찰했으며, 그 결과 파악된 사실은 독일군에게 별로 좋은 인상을 남기지 못했다. 당시 수행된 작전들은 소련군 내부의 몇 가지 심각한 문제점들을 보여주었으며, 비록 독일인들도 소련군이 문제점을 고치기 위해 노력을 기울이고 있음을 알고 있었지만 몇 년 내에 어떤 의미 있는 개선이 이루어지리라고 기대하지 않았다.[44] 독일군의 입장에서 봤을 때 소련군의 효율성이 떨어지게 된 배경에는 1937년과 1938년에 자행된 스탈린의 장교단 숙청이 있었다. 존 에릭슨John Erickson은 대부분의 고위 지휘관들을 포함해 약 2만에서 2만 5,000명의 소련군 장교들이 사망했다고 추정했다.[45] 1940년 9월 쾨스트링은 소련군이 숙청 이전 수준으로 자신의 효과성을 회복하기 위해서는 앞으로 4년이 더 필요할 것이라고 평가했다.[46] 나중에 그의 보좌관인 한스 크렙스Hans Krebs 중령은 그가 평가한 결과를 20년으로 더욱 늘렸다.[47] 독일군이 그렇게 쉽게 패배시켰던 프랑스군과 비교해도 소련군은 훨씬 더 쉬운 상대로 보였다.

동부전선 외국군정보과는 소련군의 전력이나 편제에 대해 가치가 높은 정보를 제공하지 못했다. 할더는 1940년 7월 22일 처음으로 킨젤에게 동부를 목표로 한 공격 계획에 대해 통보했다.[48] 나흘 뒤 킨젤은 적의 상황에 대한 자신의 평가를 제출했다. 불행하게도 할더는 킨젤의 정보평가에 대해 세부적인 내용을 기록으로 남기지 않았다. 대신 그는 그의 정보평가가 모스크바로 진격한 뒤 우크라이나를 공격한다는 작전 개념을 지지한다고 간단하게 언급했다.[49] 어쨌든 킨젤의 보고서가 질적으로 적정한 수준을 갖추었는지는 의문의 대상이 될 수밖에 없다. 일단 원천 정보가 양적으로 빈약했을 뿐만 아니라 킨젤 자신이 정보특기 훈련을 받은 적이 없으며 러시아어를 알지도 못했고, 그 나라에 대해 특별히 친숙하다고 말할 수 있는 수준이 전혀 아니었던 것이다. 독일군이 그런 인물에게 그처럼 중요한 임무를 맡겼다는 사실 자체가 이미 많은 것을 시사한다.[50]

마르크스가 1940년 8월 초 할더에게 제출한 작전 계획을 준비할 때,

에버하르트 킨젤 (독일연방 문서보관소 제공, 사진번호 85/48/28).

아마 그는 동부전선 외국군사정보과의 정보평가를 활용했을 것이다. 그는 소련의 붉은 군대가 221개의 대규모 부대(보병과 기병의 사단급 부대와 기갑여단)로 이루어져 있으며, 그중 유럽 러시아 지역에서 활용할 수 있는 부대는 143개로 이들이 독일군 147개 사단의 공격에 저항하게 될 것이라고 추정했다. 상대적으로 양측의 전력이 대등한 상황임에도 불구하고 마르크스는 작전의 결과를 자신하고 있었다. 그는 작전이 불과 11주 만에 종결될 수 있다고 전망했을 뿐만 아니라 소련군이 선제공격을 함으로써 독일군에게 명분을 제공하는 친절을 베풀지도 않을 것이라며 유감을 표시하기도 했다. 어떤 경우가 되었든 이번에는 러시아가 1812년과 똑같은 전략을 사용하지 못할 것이라고 생각했다. 즉 대^大러시아에 해당하는 지역과 우크라이나 서부가 갖고 있는 산업 자산과 자원의 가치로 인해, 소련군은 결코 그 지역에서 후퇴하지 못할 것이다. 그는 계속해서 모스크바가 핵심이라며 그곳을 점령하면 소련제국은 붕괴될 것이라고 말했다.[51]

동부전선 외국군사정보과는 10월 17일에 제출한 보고서에서 좀 더 신중한 태도를 취했다. 그들은 시간과 공간이라는 인자가 러시아에게 유리하게 작용할 것이며, 붉은 군대는 여전히 강력한 방어능력을 보유하고 있기 때문에 결코 그들을 무시해서는 안 된다고 지적했다. 하지만 그 보고서는 계속해서 소련군이 대규모 기동전을 수행할 능력을 갖고 있지 않다고 말했다.[52] 어쨌든 이 보고서가 독일군의 작전 계획에 어떤 방향으로든 특정한 영향을 주었다는 증거는 존재하지 않는다.

동부전선 외국군사정보과가 수행한 가장 광범위한 평가는 1941년 1월 15일에 등장했다. "1941년 1월 1일 기준 소비에트 사회주의 공화국 연방의 군사현황"[53]이 바로 그것이다. 이 조사보고서는 평시 소련군의 전력을 병력 약 200만 명으로 평가했다. 그리고 이 수치는 전시가 되면 200개 보병사단과 기타 부대에 소속된 병력 400만 명 수준으로 증가하게 된다고 보았다. 계속해서 보고서는 기계화 부대는 육군의 정예 부대이지만 소련의 전차와 장갑차들은 시대에 뒤떨어진 구식이거나 외국 모델의 개량형에 불과하다고 언급했다. 더 나아가 동부전선 외국군사정보과도 스스로 자신의 정보 출처가 극도로 제한되어 있다는 점을 시인하기는 했지만, 그럼에도 불구하고 계속해서 소련군의 전투서열이나 전술교리, 역량, 의도 등에 대해 광범위한 결론을 도출하고 있다. 또한 붉은 군대의 장점은 병사들의 수와 그들의 금욕적 생활태도, 인내심, 용기에 있다고 언급했다. 이런 인자들로 인해 소련군은 특히 방어전에 효과적인 군대가 될 것이다. 하지만 독일군은 소련군의 단점이 그들의 장점을 모두 상쇄시키고도 남는다고 생각했다. 소련군의 훈련과 전술교리는 독일군의 수준보다 한참 뒤떨어졌으며, 이로 인해 붉은 군대는 현대적인 기동전을 수행할 수 없다는 것이다. 더 나아가 독일군은 소련군 장교들이 독일군 장교들에 비해 능력이 부족할 뿐만 아니라 기꺼이 결단을 내리거나 책임을 감당하려고 하지도 않으며, 기존의 방식에만 집착하는 경향이 너무 심하다고 생각했다.

동부전선 외국군사정보과는 1941년 5월에 적군의 상황에 대한 또 하나의 평가서를 제출했다.[54] 이때가 되면, 동부전선 외국군사정보과는 유럽 러시아 지역의 소련군만 중요 부대 192개 규모로 산출하며 전력 추정치를 대폭 상향조정하게 된다. 이번 보고서에서는 극동의 소련군 전력을 포함시키지 않았는데, 이는 정보장교들이 일본의 공격 위협 때문에 붉은 군대가 그 지역의 병력을 유럽 러시아 방면으로 전용시킬 수 없을 것이라는 일반적인 가정에 공감하고 있던 탓이었다. 5월 20일 자 보고서에서도 이제는 러시아인들이 1812년과 같이 자국 영토 안으로 깊숙이 철수하는 전술을 사용하지 못할 것이라는 주장을 그대로 유지했다. 그것은 독일군이 동쪽으로 멀리 진출하지 않아도 국경 근처에서 섬멸전을 수행할 수 있을 것이라는 의미였다.

이들 여러 정보평가보고서는 여러 가지 결점을 갖고 있었다. 첫째, 독일군은 가용한 부대의 수나 장비의 양과 질, 장교단의 기술과 유연성에 대한 항목 전반에 대해 소련의 군사적 잠재력을 크게 과소평가했다. 예를 들어 동부전선 외국군사정보과는 1941년 1월 초 소련군 병력 수를 200만이라고 평가했으나 실제로는 425만에 달했으며, 그 수치도 6월 22일에는 500만 5,000명으로 증가하게 된다. 독일군이 1만 대를 보유하고 있다고 추정했던 소련군의 전차는 2만에서 2만 4,000대의 수준으로 판명되었으며(이에 비해 독일군은 3,500대의 전차를 보유), 더욱이 그중에는 T-34 전차도 포함되어 있는데, 이 전차는 당시 독일 국방군이 보유한 어떤 전차보다도 우수했다.[55] 또한 독일군은 소련군의 부대 수를 3분의 1이나 과소평가했는데, 심지어 소련의 서부지역에 속한 전구들의 부대 수를 30에서 50퍼센트나 과장하고도 이런 결과가 나왔다.[56] 분명 이런 계산착오들은 단 한 차례의 전역으로 소련을 패배시키겠다는 바르바로사 작전에 악영향을 미쳤을 것이다. 이런 오류들 중 가장 심한 것은 소련이 극동에서 병력을 이동시키지 않을 것이라고 결론을 내린 덕분에 전략적 영역에서 저지른 엄청난 계산착오였다. 결과적으로 소련은 독일군이 가정한 것보다 정치적으로 더 안정되어 있었고, 경제적으로도 더 굳건했으며, 심리적으로 더욱 강인했다.

여러 작가들은 러시아를 과소평가한 나라가 비단 독일만이 아니라는 점을 지적하고 있다. 영국과 미국의 당국자들도 독일 국방군이 붉은 군대를 무너뜨릴 것이라고 예상했다. 그들은 러시아의 저항이 아주 짧게는 10일에서 길게는 3개월까지 지속될 것이라고 예상했지만 누구도 소련군의 승리를 예측하지는 못했다.[57] 하지만 이것은 서방 국가들도 독일과 똑같은 정보 부족에 시달리고 똑같은 전제조건에 따라 정보를 평가했다는 사실을 증명할 뿐이다. 핵심적인 문제는 여전히 남아 있다. 독일인들은 어떤 다른 결론에 도달했어야 하는데 그러지 못한 것일까? 그들이 사용할 수 있었던 정보를 볼 때—이 경우에는 정확하게 말해 사용할 수 없었던 정보를 고려할 때—육군의 지도부는 그렇게 자신만만하게 러시아 전역을 시작할 수 있었을까?

이런 정황에서 볼 때, 우리는 제일 먼저 독일군이 정보수집에서 놓친 정보들에 먼저 주목할 필요가 있다. 어쩌면 2차 대전 당시 가장 우수한 전차였을지도 모를 T-34 전차의 존재가 가장 잘 알려진 사례이다. 이미 1939년 8월에 할힌 골Khalkhyn Gol 전투에서 일본군이 이미 경험했음에도 불구하고, 이 전차의 출현은 독일군에게 완전히 뜻밖의 사태였다. 할힌 골 전투가 독일군에게 어떤 교훈을 줄 수도 있었는데, 그 전투에서 소련군은 대다수의 외부인들이 생각하는 것처럼 전적으로 무능력하지만은 않다는 사실을 과시했기 때문이다. 이 전투에서 게오르기 주코프Georgi Zhukov 장군의 지휘를 받은 소련군은 이미 기동전과 제병협동 전술의 원리들을 충분히 습득하고 있음을 보여주었다. 하지만 독일군이 그 전투에 대해 관심을 갖고 있었다는 증거는 어디에도 존재하지 않는다.[58]

독일군의 작전 입안자들이 자신의 가정이나 계획에 배치되는 내용의 정보를 받았을 때 보여준 반응은 더 심각한 문제점을 드러낸다. 분명 그와 같은 정보도 총참모본부가 전역의 계획 수립에 착수한 순간부터 존재했다. 최초의 경계 신호는 1940년 8월 10일 자 문서에 나타나는데, 그것은 총참모본부의 군사지리정보과가 작성한 "유럽 러시아 지역에 대한 군사지리조사 보고서 1차 초안"이었다.[59] 조사보고서는 레닌그라드와 모스크바, 우크라이나가 가장 중요한 군사목표임을 확인해주었다. 그러면서 동시에 원유가 생산되는 캅카스Kavkaz 지역도 가치가 높은 목표로 선정했지만 그 지역은 독일군의 행동반경을 한참 벗어나 있다고 언급했다. 하지만 조사보고서는 계속해서 이 목표들이 국방군의 수중에 떨어진다고 해도 승리의 가능성은 불확실하다고 밝혔다. 아시아 러시아도 더 이상 불모지대가 아니었다. 거기에는 4,000만의 인구가 거주하며, 훌륭한 철도망을 통해 농업은 물론 소비에트 사회주의 공화국 연방의 산업과 천연자원의 상당 부분을 담당하고 있었던 것이다. 동시에 조사보고서에는 어떤 형태의 공격이든 러시아의 공간과 기후가 심각한 장애물로 작용하게 될 것이라는 점도 지적되어 있었다. 마르크스가 군사지리정보과의 초기 조사보고서를 보았음을 암시하는 여러 가지 증거도 존재한다. 어떻든 간에 그의 계획은 레닌그라드와 모스크바, 하리코프를 점령당한 뒤에도 소련이 항복하거나 붕괴되지 않을 수 있다는 가능성을 언급하면서 초기의 자신감을 상실했다. 여기에서 그는, 만약 소련군이 계속 버틴다면 육군이 우랄 산맥까지 그들을 추격해야 할지도 모른다고 언급했다. 그렇게 될 경우 소비에트연방은 유럽 지역에 해당하는 가장 중요한 영토를 상실하고 대규모 전투 작전을 수행할 능력이 사라진 상태가 되겠지만 그럼에도 "아시아 러시아의 지원을 받아 무한한 기간 동안 적대적 국가로 남아" 있을 수 있을 것이다.[60] 따라서 에른스트 클린크가 지적한 것처럼, 마르크스는 "군사지리정보과의 평가보고서 속에 있는 정보를 파악까지는 하고 있었지만, 그 정보의 내용에 대응하는 데 필요한 방안까지 끌어내지는 않았다."[61] 할더는 마르크스의 계획에 담긴 이런 내용에 대해 언급조차 하지 않았다. 그는 소련군을 파멸시키고 특정한 양의 영토를 점령함으로써 전쟁을 끝낼 수 있을 것이라는 가정을 한없이 믿을 뿐이었다.

자신의 첫 번째 계획을 제출하고 4주가 흐른 뒤 마르크스는 한 걸음을 더 나아갔다. 그는 티펠스키르히에게 자신의 판단에 따라 작성한 포괄적인 전략적 평가서를 제출했다. 거기에서 그는, 만약 독일이 러시아를 공격할 경우 동맹국 간의 국제적 전쟁이 발발하게 될 것이며 결국 미군도 이 전쟁에 참전하게 될 것이라고 말했다. 그럴 경우 독일은 고립되어 러시아의 반격과 공조를 이룬 미영 연합군의 침공에 취약한 상태에 빠지게 될 것이다. 오로지 러시아 서부지역의 주요 공업지대와 농업지대를 확보할 경우에만, 독일은 이와 같은 '붉은 동맹'에 맞서 생존을 기대할 수 있을 것이다. 겨울이 닥치면서 독일군이 목표에 도달하기도 전에 제자리에 발이 묶이는 경우에는 위기가 초래될 가능성도 있다. 따라서 가능한 한 동쪽으로 멀리 진출하지 않은 상태에서 결정적인 전투를 치루는 데 모든 노력을 경주해야 하며, 이를 통해 전역의 목표를 향해 신속하게 전진할 수 있는 길을 열어야 한다.[62] 티펠스키르히와 킨젤은 함께 마르크스의 우려에 대응했지만, 그들의 대응은 피상적인 것에 불과했다. 실제로 그들은 '붉은 동맹'의 전망에 대해 한 번도 언급하지 않았다. 두 사람 모두 국방군이 마르크스의 마지막 필요조건을 충족시킬 수 있다고 믿었으며, 따라서 그가 앞서 언급한 내용들은 무시했다. 심지어 티펠스키르히는 마르크스의 각서를 할더에게 보여주지도 않았다.[63] 하지만 그가 설사 마르크스의 각서를 보여주었다고 해도 할더의 계획에 어떤 변화를 초래할 수 있었을 것이라는 증거는 없다.

마지막 사례는 할더가 자신의 작전 계획에 맞추어 모든 사실을 기꺼이 왜곡할 수 있다는 점을 분명하게 보여준다. 1941년 초 히틀러는 프리파트Pripyat 습지대에 대한 조사를 명령했는데, 독일군 진격 노선의 한가운데에 철썩 달라붙어 있는 이 광대한 지형은 대략 7만 2,000제곱킬로미터의 면적을 차지하고 있으며 차량 통과가 불가능했다. 동부전선 외국군사정보과는 12월 12일까지 정보보고 초안 작성을 마쳤지만 할더는 분명 그 보고서의 결론에 마음이 심란해졌을 것이다. 왜냐하면 그는 히틀러가 자신의 작전 계획 업무에 끼어들 구실을 조금도 제공하고 싶지 않았던 것이다. 할더는 보고서의 개정을 명령했고 새로운 보고서는 12월 21일에 준비가 됐다. 새 보고서는 그 지역이 초래할 수 있는 위험의 심각성을 축소시켰다. 히틀러는 확신을 가질 수 없었다. 3월 17일 그는 할더에게 소련군 병력이 모두 그 지역으로 이동할 수도 있다고 말했다.[64] 할더는 총통의 우려가 과장된 것이라고 생각했지만 결국은 히틀러가 옳았다. 3년의 점령기간 동안 독일군은 단 한 번도 프리퍄트 습지에서 적군을 완전히 소탕하는 데 성공한 적이 없었다. 그 지역에서 작전하는 빨치산 부대들은 독일군의 두 집단군에게 심각한 문제를 초래했다. 하지만 한동안 할더는 자신의 원래 계획에만 집착했다.

분명 독일군의 상급 제대는 자신의 계획이나 선입관과 일치하지 않는 정보에는 관심이 없었다. 히틀러에 대한 마이클 가이어의 결론은 그의 고위 군사 지도자들까지 대상을 확대할 수 있다. 즉 그들이 정보를 수집한 이유는 중요한 결정을 내리기 위한 것이 아니라 이미 내린 결정을 실행하기 위한 계획을 작성하는 데 있다는 것이다.[65] 독일군 정보 담당자들의 입장은 자신이 받은 총참모본부 교육의 내용과 비슷한 교리나 전술을 평가하는 일은 잘 수행했지만, 익숙하지 않은—이를 테면 소련군과 같은—군대의 교리를 다룰 경우 과거의 선입관에 의지하는 경향이 있었다. 일부 하위제대 특히 집단군 사령부의 작전 계획자들은 바르바로사 작전의 문제점을 예상하고 있었으며, 이는 쾨스트링 등과 같은 소수의 진정한 러시아통들도 마찬가지였다. 하지만 그들의 반대의견은 거의 상급 제대에 전달되지 않았고, 설사 전달됐다고 해도 별로 관심을 끌지 못했다. 결국 독일군의 체계는 자신의 가정을 뒷받침하는 '사실'들만 수용하고 그 외에 다른 모든 것들은 거부했다. 지도부가 사용한 정보가 부적절했다는 점을 고려할 때 그들이 보여준 자신감은 그다지 사려 깊은 행동은 아니었다. 독일군은 적에 대해 너무나 빈약한 정보만을 가진 채 역사상 가장 큰 전투 속으로 기꺼이 뛰어들려 하고 있었다.

INSIDE HITLER'S HIGH COMMAND

7

군수와 인사, 그리고 바르바로사 작전

OBERKOMMANDO DER WEHRMACHT

1941년 6월 독일군이 침공을 개시했을 때 그들에게 부족했던 것은 단지 소비에트연방과 군사력에 대한 건전한 정보만이 아니었다. 특히 부여된 임무의 범위를 고려했을 때 인원과 탄약, 연료, 장비, 수송수단 모든 것이 부족했다. 바르바로사 작전이 실패할 수밖에 없었던 이유는 단순하다. 독일은 단 한 차례의 전역으로 소비에트연방을 패배시킬 만한 자원을 보유하고 있지 않았다. 전후에 이루어진 여러 증언에 따르면 이와 같은 일이 벌어진 원인은 분명 히틀러가 제공한 것이었다. 예를 들어 만슈타인은 총통에 대해 이렇게 묘사했다. "그는 작전상의 가능성에 대해 특정한 비전을 갖고 있었지만 특정 작전 개념을 집행하는 데 필요한 필수적 전제조건들에 대해서는 전혀 이해하지 못했다. 그는 하나의 작전 목표와 그 작전에 필요한 시간과 전력 수요 사이에 어떤 관계를 맺고 있는지 이해하지 못했고 군수의 중요성에 대해 전혀 신경 쓰지 않았다."[1] 만슈타인의 말이 일리는 있지만 그를 비롯해 다른 여러 장군들이 자기들의 전문성은 히틀러의 그것에 비해 훨씬 더 높았다는 식의 뉘앙스를 풍긴다면 그것은 너무 심한 과장이다. 작전 계획의 입안자들은 육군의 약점에 대해 완벽하게 인식하고 있었지만 그럼에도 그들은 승리에 대한 절대적 확신을 가지고 작전을 진행시켰다. 육군의 약점과 자신감 모두 군수와 인사관리 체계 속에 내재되어 있는 심각한 문제들이 반영된 결과물이다.

군수분야

군수계획은 주로 육군의 업무였다. 따라서 OKW는 제한적인 역할만을 수행했다. 1940년 11월 요들과 카이텔은 국가방위과내에 군수지원반Quartiermeister-Gruppe을 설치하여 국방군 전체의 군수지원 활동을 감독하게 했으며, 당시 과장은 베르너 폰 티펠스키르히Werner von Tippelskirch 대령이었다.[2] 독일군은 곧 리비아에 전개될 예정이었기 때문에 그와 같은 조직이 반드시 필요했다. 요들은 별도의 참모 부서를 설치하기보다 국가방위과 IV반을 재조직하여 군수 문제를 다루게 했다. 어쨌든 새로운 부서는 여러 사령부의 지원에 크게 의존할 수밖에 없었다. 또한 군수지원을 담당하는 OKW 소속 여러 부서의 대표단과 각 군에서 파견된 대표들이 국방군 군수지원참모부Wehrmacht-Quartiermeister-Stab를 구성했지만, 이들은 특정한 문제를 조율하기 위해 가끔씩만 모임을 가질 뿐이었다.[3]

육군 내부의 경우, OKH의 양대 부서인 육군 총참모본부와 '육군 장비부장 겸 보충군 사령관'인 프리드리히 프롬 장군 예하의 조직들이 모두 주요한 역할을 수행했다. 넓게 보면 육군 총참모본부가 군수지원에 대한 소요를 결정하고 육군 장비부장 예하의 기관들이 그것을 충족시킨다고 할 수 있었다.[4] 좀 더 구체적으로 들어가면 네 개의 부서가 군수지원 업무에 관여했다. 육군 장비부장 겸 보충군 사령관 예하의 육군 일반국과 육군 총참모본부의 수송과, 편제과, 병참감실이 그들이다. 아주 간략하게 업무처리 방식을 살펴보면, 육군 참모총장이 현재 군사 상황과 앞으로 전개될 모든 작전에 대해 진행 중인 사항들을 바탕으로 편제과장인 발터 불레Walter Buhle 대장과 병참감 에두아르트 바그너 대장과 토의했다.[5] 두 사람 혹은 그들의 대리인이 할더의 아침 브리핑에 참석했다.[6] 이어서 이들 두 사람의 부서는 할더의 지침에 따라 육군의 물자 소요, 즉 수송과 장비, 병기, 식량, 연료, 사료, 탄약 등에 대한 소요를 산출했다. 편제과는 새로운 부대의 창설과 장비를 계획했고 병참감은 기존의 부대에 대한 보급과 더불어 보충용 장비의 처리를 담당했다. 두 참모부서는 모두 육군 일반국과 협조하여 요구되는 물자를 획득했다. 편제부의 경우, 종종 작전담당 참모차장에게 협조업무에 필요한 지원을 제공받기도 했다.

일단 육군 일반국이 물자의 준비를 마치게 되면, 다음 절차로 그 물자를 적절한 곳으로 보내야 한다. 이 과정의 첫 단계는 수송과의 담당인데, 수송과장인 루돌프 게르케Rudolf Gercke 소장은 동시에 국방군 수송감 직책을 겸임했다. 그는 OKW에서 내리는 지시에 따라 모든 철도운송과 내륙수운을 통제했다. 하지만 OKW가 그에게 어떤 임무를 부여하든 상관없이 그는 공식적으로 할더의 예하에 있었으며, 따라서 육군의 요구가 어느 정도 우선권을 가졌다.[7] 일단 보급품들이 종착역에 도달하게 되면 그것은 바그너의 관할이 됐다. 그는 전선 뒤에 있는 이른바 통신선 지역 내에서 이루어지는 모든 자동차 수송 업무를 통제했다. 게르케의 경우와 마찬가지로 그 역시 두 가지 직책을 겸임했는데, 그는 OKW 전구에 소속된 모든 육군 부대들의 보급을 책임지면서 동시에 루프트바페와 해군, 친위대, 기타 작전 지역 내에 배속되어 있는 모든 조직에 특정 항목의 보급품을 제공하는 책임도 맡고 있었다.[8]

바그너의 조직은 좀 더 세밀하게 살펴볼 필요가 있는데, 그 이유는 바그너의 조직이 보급품을 '소유'하면서 그것을 전방으로 수송해 병사들에게 전달했기 때문이기도 하지만, 그러나 무엇보다도 군수 계획에서 가장 중요한 역할을 수행했다는 점 때문이다. 바그너 부서의 임무는 1935년에 정의된 것처럼, "육군이 타격력을 유지하는 데 필요한 모든 것을 보급하

발터 불레 (독일연방 문서보관소 제공, 사진번호 78/127/21).

루돌프 게르케 (독일연방 문서보관서 제공, 사진번호 242-GAP-101-G-5).

에두아르트 바그너 (독일연방 문서보관소 제공, 사진번호 81/41/16A).

는 것"과 "육군의 역량을 감소시킬 수 있는 모든 사태로부터 육군을 보호하는 것"이었다.[9] 그 목적에 맞게 바그너(그의 부서 내에서는 네로 황제라는 별명으로 통했다)는 총참모본부 내에서 가장 규모가 큰 조직을 통제했다. 바그너 자신과 그의 개인 참모들, 그리고 조직 전체의 인사문제를 다루는 총괄반Chefgruppe 아래 2개의 과와 5개의 독립적인 반들이 있었다. 보급의 관점에서 볼 때, 이들 중 가장 중요한 부서는 육군 보급과Abteilung Heeresversorgung와 육군 보급분배반Gruppe Heeresnachschubführer이었다. 다른 부서들은 점령지의 행정업무나 기타 중요성이 덜한 임무를 맡았다.[10] 육군 보급과는 실제 군수계획 업무를 담당했다. 즉 어느 부대에서 어떤 보급품이 얼마나 요구되는지 등과 같은 사안들을 결정하는 것이다. 이 조직은 기능에 따라 편성된 4개의 반으로 구성되었다. 예를 들어 3반은 탄약과 차량, 연료, 무기, 장비들을 담당한 반면, 이른바 기술반이라고 불리는 곳에서는 공병 장비와 도로 건설, 보급로, 건축자재 및 장비 등을 다루었다. 육군 보급분배반은 이른바 그로스트란스포르트라움Grosstransportraum, 즉 수송연대와 수송대대들을 담당했으며, 이들 수송부대는 철도 종착역과 일선 전투부대 사이의 간격을 메웠다.

이 체계에는 두 가지 커다란 경향의 문제가 존재했다. 첫 번째 경향은 구조적인 문제로, 때로는 책임과 권한의 한계가 불분명하거나 불합리한 경우가 있었다. 이런 유형에 속하는 가장 골치 아팠던 문제점은 개별적인 병종들이 너무나 많은 독립성을 갖고 있었다는 것이다. 그들의 독립성은 시간이 지남에 따라 심지어 더욱 커지는 경우도 있었다. 해군과 루프트바페, 친위대는 시간이 흘러감에 따라 독자적인 보급 조직을 설립했는데, 그럼에도 병참감은 여전히 그들에게 기본적인 보급품을 제공해야 할 책임을 지고 있었다. 그로 인해 초래된 공급과잉은 물자와 인력의 낭비였을 뿐만 아니라 수송체계에도 과도한 부담을 초래했다. 수송 영역 자체 내에서도 각 군은 아무런 배경 자료를 제시하지 않은 채 철도와 내륙수운의 운송공간에 대한 각자의 요구서를 개별적으로 제출했다. 따라서 국방군 수송감은 각 군의 요구에 적절한 우선순위를 부여할 기회조차 갖지 못했다. 병참감은 루프트바페와 해군의 화물차에 대해 아무런 통제권이 없었고, 수송감은 항공기나 선박에 대해 아무런 권한이 없었다.[11] 따라서 각 군의 경쟁심과 OKW의 상대적인 무능력이 다시 한 번 드러날 수밖에 없었다.

하지만 아직 전쟁의 이 시점에서는 보급과 수송체계의 구조적 문제로 인해 커다란 장애가 발생하지는 않았다. 군사정보의 경우처럼 여기서도 더 심각한 문제는 보급과 수송을 대하는 태도에 있었다. 모든 계획업무가 기동 개념을 중심으로 추진됐다. 작전장교들이 먼저 기동 개념을 설정한 다음 군수전문가들이 계획에 참여했다. 전후 할더는 심문관에게 이렇게 말했다. "우리의 개념에 따르면 물질이 정신을 위해 봉사하게 되어 있었다. 따라서 우리의 병참지원부는 결코 작전 개념에 장애요인이 될 수는 없었다."[12] 이와 같은 태도가 실제에서 가장 노골적으로 표현된 경우는 아마 프랑스 전역 이전에 쿠르트 차이츨러 중령이 일단의 사단 보급장교들에게 행한 브리핑일 것이다. 그는 이렇게 말했다. 만약 군수에 의존하는 어떤 작전이 존재한다면 이것이 바로 그것이다. 하지만 이어서 그는 모든 사단의 보급장교들에게 그저 뫼즈 강을 도하하라고 지시했다. 장교들이 그것을 어떻게 수행하느냐는 전적으로 그들의 문제였다![13] 독일 참모들 사이에 존재하는 위계질서에서 독일군 내의 지배적인 태도가 드러난다. 보급장교들은 정보부서의 동료들처럼 작전장교에 비해 계급과 지위가 낮았다. 그들의 임무는 작전장교들이 무엇을 하든 그들을 지원하는 것이었다. 심지어 군사용어에도 이런 개념이 드러난다. 로지스티크Logistik(병참)라는 용어는 1945년 이후에나 일반적으로 사용됐다. 그 이전에는 그 분야에 속하는 모든 것이 나흐슈프Nachschub(보급) 혹은 페르조르궁Versorgung(급양)의 범주에 속했는데, 두 단어 모두 훨씬 협소한 용어인 '보급'을 의미했다.

독일군의 접근방식은 프랑스에서는 충분히 효과적이었는지는 몰라도 그렇다고 해서 러시아에서도 문제가 없으리라는 보장은 없었다. 1940년 11월 12일, 할더에게 브리핑을 하는 자리에서 바그너는 병력 200만 명과 30만 필의 말, 50만 대의 차량(여기에 포함되는 차량들은 종류만 해도 2,000가지가 넘었다)으로 구성된 군대에 대해 이야기했다.[14] 그 군대는 서로 1,000에서 1,500킬로미터 떨어져 있는 목표들을 노리게 되어 있었다. 하지만 러시아에서 사용하는 열차의 궤간 간격은 서유럽의 것과 다르기 때문에 전역의 초기 단계에는 보급열차가 곧바로 전방에 도달할 수 없었다. 특수 철도수송 부대가 전진하는 육군의 뒤를 따르며 열차의 궤간을 독일의 기준에 맞추어 재조정하고 파괴된 부분을 수리하겠지만, 그들이 뒤따라올 때까지 전투부대는 보급을 그로스트란스포르트라움(수송연대, 수송대대)과 자체 운송능력에 의존해야만 했다. 더욱이 러시아에는 도로도 많지 않을 뿐만 아니라 있다 해도 열악했다. 작전 입안자들은 각 집단군에 두 개의 간선도로를 할당했다[15](당시 기준에 따르면 한 개 군단에 하나의 보급로를 할당해야만 했다. 그리고 한 개 집단군은 적어도 네 개의 군단을 보유하고 있었다. 하지만 러시아 전역에서는 거의 대부분의 집단군이 그보다 더 많은 수의 군단으로 편성되어 있었다). 육군이 계획된 진격속도로 진격할 경우 그 간선도로들은 길이가 수백 킬로미터로 연장되어야 했지만, 육군은 보급지원부대의 속도에 맞추어 자신의 진격속도를 늦출 수는 없었다. 그랬다가 러시아군이 국경선 뒤로 더욱 깊숙이 후퇴하게 되면 모든 작전 개념이 무의미해지기 때문이다. 고속의 기갑사단들은 곧 보병집단의 진격속도를 추월하게 될 것이고, 결국 기갑부대의 보급종대가 사용하게 될 도로는 보병들로 정체에 빠지게 될 것이다. 게다가 이런 모든 조건들보다 더욱 심각한 문제는 일부 자재의 보급이 심각하게 부족하다는 것이었다. 고무 타이어와 연료는 가장 우려되는 항목이었다. 일부 평가보고에 따르면 연료는 7월 초쯤 보급이 부족하게 되어 있었다.[16]

이 문제에 대해 접근하면서 그 누구도 독일인들이 창조성이나 근면성이 부족했다고 말하지는 못할 것이다. 바그너는 보급사령부를 설치했고, 그것은 바그너의 지휘를 받으면서도 집단군과 공조를 이루는 데 최대의 효율성을 보여주었다. 이들 보급사령부들은 각각 다수의 보급창과 함께 '보급 관구'를 통제하게 되어 있었다. 또한 바그너는 독일을 비롯해 점령지에서 그가 찾을 수 있는 모든 트럭을 긁어모아 그로스트란스포르트라움에 추가했다. 이런 조치로 인해 육군은 각 집단군의 후방에 최소 요구량인 트럭 운송능력 2만 톤을 확보했다. 보병사단과 기갑사단 간의 상이한 전진속도로 인해 발생할 문제에 대처하기 위해 바그너는 돌격의 초기단계에 각 기갑사단들이 어떤 보급기지에도 종속되지 않는 방안을 시도해보기로 결정했다. 이를 위해 그는 기갑사단에게 추가적인 연료를 보유하도록 했으며 기갑사단은 그 연료를 자신의 제일선 부대 바로 뒤에 있는 보병부대의 전방에 설치된 임시보급기지에 축적해둠으로써 기갑사단의 자체 트럭 종대가 그것을 사용할 수 있도록 하라고 지시했다. 작전 계획에 따르면 육군은 가능한 한 많은 물자를 현지에서 조달해야 할 필요가 있기 때문에 이를 위해 각 집단군은 특별 보급품 집적소들을 설치해 온갖 품목의 노획된 물자들을 처리하고 수송했다.[17]

계획 입안자들은 이런 대응책이 모스크바와 그 너머로 끊임없이 이어질 돌격을 지원하기에는 아직 충분하지 않다는 사실을 알고 있었다. 파울루스는 1940년 12월 초, 전쟁 연습을 통해 마르크스의 조사보고서를 바탕으로 자신이 작성한 전역 계획의 타당성을 점검했다. 그 결과 최초 공세가 끝난 뒤 육군은 3주의 휴지기를 통해 철도선을 재건하고 전투부대의 보급물자를 축적하며, 차량과 장비를 수리해야만 한다는 결론이 나왔다. 휴식은 북부전선에서는 레닌그라드, 중부전선에서는 스몰렌스크Smolensk, 남부전선에서는 키예프Kiev까지 도달하는 여정의 4분의 3을 완료한 시점에서 갖게 될 예정이었다. 휴식이 끝난 뒤 중부집단군은 모스크바를 향해 전진하는데, 이는 공격의 최종단계에서 남부와 북부집단군이 정지할 수밖에 없다는 의미였다.[18]

파울루스나 할더, 바그너를 비롯해 기타 계획 입안자들 중 누구도 소련은 너무 거대한 국토를 갖고 있다는 단순한 사실로부터, 그들이 구상하고 있는 전역을 수행하기에는 독일이 갖고 있는 보급물자의 양이나 수송능력이 턱없이 부족하다는 생각을 했으리라는 증거는 어디에도 없다. 실제로 독일인들은 전역을 수행하면서 새로운 난제들을 발견할 때마다 그 전역을 완료하는 데 필요한 시간을 오히려 더 짧게 평가하는 경향을 보였다. 첫 번째 추정에서는 5개월이 걸릴 것처럼 보였던 것—1940년 7월 31일 자 할더의 브리핑 내용—에 대해 마르크스는 재보급에 필요한 시간을 제외하고 8주 이하가 걸릴 것으로 예측했다. 12월 초가 되면 입안자들은 육군이 재보급 단계까지 포함하여 8내지 10주 안에 전역을 완료할 수 있을 것이라고 생각하고 있었다. 그리고 1941년 4월, 브라우히치는 국경지역의 장병들 앞에서 격렬한 전투에 대해 이야기했으며, 그 전투가 "4주일 동안" 지속되고 그 이후에는 적의 저항이 무시할 만한 수준으로 떨어지게 될 것이라고 밝혔다.[19] 육군 수뇌부가 갖고 있는 군수분야에 대한 태도는 러시아가 신속하게 붕괴될 것이라는 믿음과 결부되고 있었다. 우리는 그들이 자기기만을 위해 엄청난 노력을 경주했다는 결론에서 도저히 벗어나지 못할 것이다.

인사관리

독일군의 환상은 군수분야만이 아니라 인력분야에도 적용됐다. 2차대전에서 독일의 상황에 대해 일반인들이 생각하고 있는 여러 사항들 중 하나는 간단한 산수에서 유추된 것이다. 어떻게 독일 정도 규모의 국가가 단지 이탈리아와 일본 및 몇몇 약소 동맹국들만의 도움만 받아가며 대영제국과 소비에트 사회주의 공화국 연방, 미국을 상대로 승리를 꿈꿀 수 있었단 말인가? 물론 전쟁의 결과에 영향을 미치는 인자가 단지 인구수 하나뿐인 것은 아니지만, 그렇다고 해도 그것은 여전히 중요한 인자이다. 히틀러가 좀 더 이성적이었던 시절에는 심지어 그조차도 거대한 적대적 동맹국들을 상대로 장기전을 치르면 승리할 수 없다는 사실을 인정했다. 그와 그의 장성들이 적대적 동맹이 형성될 수밖에 없는 상황을 초래했을 때, 그들은 적국이 자신의 모든 자산을 집중시키기 전에 승리할 수 있다고 예상했기 때문에 그렇게 했던 것이다. 인사의 측면에서는 서로 연관된 두 가지 쟁점이 이와 같은 단기 결전론에 영향을 미쳤다. 첫 번째 쟁점은 직접적인 인력부족 특히 장교들의 부족이었다. 둘째는 히틀러와 나치당이 육군에 대한 통제력을 더욱 강화함에 따라 발생한 정책상의 새로운 변화였다.

할더와 브라우히치 모두 인력 현황에 대해 세심한 주의를 기울이고 있었다. 할더의 일기에는 편제과장인 불레와 육군 인사국장인 보데빈 카이텔을 정기적으로 만났던 내용이 기록되어 있다. 할더와 마찬가지로 브라우히치 역시 카이텔을 통해 인력문제를 다루었으며, 장교단의 문제에 관한 한 카이텔은 공식적으로 브라우히치에게 예속되어 있었다. 하지만 할더와 브라우히치는 겉으로 보이는 것과 달리 자신의 영향력이 계속 줄어들고 있음을 깨달았다. 1939년 9월 11일에 히틀러는 육군의 사단장급 이상에 해당하는 보직과 그에 상응하는 해군 및 루프트바페의 보직에 대한 인사권을 장악했다. 또한 그는 대장급 이상인 모든 장성들의 진급과정을 감시했다.[20] 게다가 할더의 일기를 보면 히틀러가 인사정책의 세부 사항에서 점점 더 적극적인 역할을 수행하고 있었다. 예를 들어 1940년 10월 19일의 경우, 보데빈 카이텔은 '가진급假進級'이나 이른바 잉여장교들의 편제, 훈장의 수여 등에 대해 지적하는 총통의 몇 가지 논평을 전달하고 있다.[21]

여기서 사람들은 그와 같은 개입의 배경에 OKW의 농간이 있었을 것이라고 예상할 수도 있지만, 이미 이 시기가 되면 거의 대부분 히틀러 자신이 주도적으로 나섰지 어떤 관료적 기관의 영향을 받지 않았다. OKW 내에서 인사문제는 국방군 일반국Wehrmacht Zentral-Abteilung이 담당했으며, 그 부서는 빌헬름 카이텔의 직할 조직이었다. 이 조직은 OKW의 인사와 관련된 문제들을 포함해 3군이 모두 해당될 정도로 충분히 일반적인 사안들, 즉 히틀러의 결정이 필요한 문제들도 다루었다. 아마도 이 조직의 가장 중요한 기능은, 그 기준이 국방군 전체에 적용될 경우, 각 군이 장교를 선발하고 평가, 서훈, 진급, 배치, 퇴역시킬 때 적용할 기준을 제정하는 일이었을 것이다.[22] 하지만 국방군 일반국은 당시와 같은 전쟁 초기 단계부터 육군의 인사결정에 별다른 영향을 미치지 못했다. 히틀러의 개인적인 영향력이 훨씬 더 막강했던 것이다.

위르겐 푀르스터는 1990년의 연구에서 히틀러가 간섭을 하는 방법과 인사문제에 대한 총통의 철학이 육군 엘리트들의 그것과 어떤 식으로 다른지를 지적했다.[23] 양차 세계대전 중간기의 구공화국 육군은 배타적인 지도부 집단—총참모본부—이 지배하는 조직이었다. 그들은 자기 인원을 선발하면서 능력만큼이나 독특한 관점과 태도를 중시했다. 따라서 공화국 육군은 단 한순간도 바이마르 공화국 사회 전체를 대표하는 기관이 되지 못했다. 그 대신 그들은 "절대주의 시대에 시작된 상비군의 현대적 모델" 수준의 지위에 있었다.[24] 그것은 육군의 고위 지도부에게 가장 낯익은 모델이었지만, 히틀러가 원하는 모델은 아니었다. 비록 그가 룀의 야욕으로부터 육군을 지켜주기는 했지만 그가 가진 장기적 계획은 육군과 약간 차이가 있었다. 히틀러의 입장에서 국방군과 국가, 그리고 사회는 모두 동일한 조직 원리를 채택해야만 했다. 즉 인종과 인성, 경쟁의 원리가 적용되어야 했다. 이를 위해 그는 다른 무엇보다 장교의 진급이 다른 모든 전제조건들을 배제하고 오로지 실력에 의해서만 결정되는 인사제도를 요구했다. 이는 만약 전시라면 진급대상자의 전투 기록이 가장 중요해진다는 의미였다. 이런 개념은 육군에서 한 세기 이상의 기간에 걸쳐 꾸준하게 성장해온 직업군인의 특성에 배치될 뿐만 아니라 제크트가 공화국 육군 장교단을 구축하면서 적용했던 기준에도 맞지 않았다. 하지만 1937년 4월 블롬베르크는 히틀러의 인사방침을 수용해 국방군을 위한 지침으로 삼았다. 비록 육군 내에서는 그 방침이 여러 해 동안 전면적으로 시행되지는 못했지만, 추세는 분명했다. 히틀러는 계속해서 지능보다 인성을 강조했고, 결국 육군의 전통적 엘리트주의는 나치의 평등주의로 대체되는 중이었다.

'인성'에 대한 히틀러의 인식은 어떤 면에서는 육군과 비슷하기도 했지만, 동시에—당연하게도—국가사회주의의 개념을 강하게 내포하고 있었다. 히틀러가 요구하는 핵심적 특성 중 하나는 인간적 충성심이었다. 그는 '지도자 원리'라는 틀 속에서 충직하게 복종하는 하인을 원했지 머리를 쓸 줄 아는 독립심 강한 부하는 바라지 않았다. 그는 무엇보다도 고위 장교의 선발과 진급, 보직에 대한 인사권을 활용해 충성심을 얻었다. 1940년 7월 19일 히틀러가 12명이나 되는 대장들을 원수로 진급시켰을 때, 착하게 굴면 어떤 보상이 주어지는지가 분명해졌다. 더불어 그와 같은 보상에 더하여 히틀러는 일종의 조직적 뇌물을 도입했는데, 그 자금은 수상 기밀비에서 조달했다. 육군과 루프트바페 대장 이상의 장성과 그와 같은 지위에 속하는 해군의 제독들은 매달 비과세 비밀 보수를 받기 시작했으며, 그 액수는 그들이 공식적으로 받는 월급의 두 배를 넘었다. 또한 히틀러는 특별한 날이면 여러 장성들에게 현금으로 선물을 지급했으며, 때때로 그 액수는 한 번에 수십만 제국마르크에 달하기도 했다. 이와 같은 보상을 받은 장교들에게 그 의미는 수정 구슬을 들여다보듯 분명했다. 이미 실행되고 있던 폴란드의 유대인과 지식인 말살 정책 등과 같은 나치의 정책에 조금이라도 이의를 제기하기만 하면 다시는 그런 돈을 만질 수 없게 될 것이었다.[25] 물론 이와 같은 매수가 특정한 결정에 영향을 미쳤던 경우는 확인이 불가능하며, 또한 고위 장교들이 때때로 히틀러에게 이의를 제기했다고는 해도 종전 후 그들이 그런 돈을 받았다는 사실을 숨겼던 것으로 보아 그 돈의 효과에 대해 어느 정도 짐작은 할 수 있다.

이런 매수정책과 대조적으로 히틀러의 전반적인 인사정책은 당시 상당한 저항을 초래했는데, 부분적으로 그 이유는 그의 인사정책으로 인해 많은 장교들이 진급에서 곤란을 겪게 되었기 때문이다. 총참모본부의 저항은 특별히 심했는데, 그로 인해 새로운 인사정책은 몇 걸음의 양보를 거치며 시행이 미루어졌다. 새로운 정책은 참모장교들에게 가장 혹독하게 영향을 미쳤다. 그들은 대체로 참모직에 장기간 복무하다보니 전선에서 전공을 세울 수 있는 기회가 거의 없었던 것이다. 결국 그런 사실은 더욱 즉각적이고 심각한 어떤 문제를 반영하는 것이었다. 총참모본부 장교들은 지휘관 보직 대신 참모보직에 머물러 있을 수밖에 없었다. 통상적인 보직순환제도를 적용하기에 참모장교들의 수가 너무 적었기 때문이다.

할더는 총참모본부의 인사정책을 직접 통제했으며 따라서 인사문제의 중심에는 그가 있었다. 참모총장 임무지시에 따르면 육군 참모총장은 다음과 같은 임무를 수행했다.

> 참모총장은 총참모본부의 모든 장교들과 참모장교 교육을 위해 총참모본부에 배속된 모든 장교들의 최고선임자이다. 참모총장은 이와 같은 자격을 가지고 참모장교단의 이해관계에 따라 행동해야 한다. 그는 장교들을 훈련시켜야 하는 책임이 있으며 육군 인사국장의 협조를 받아, 총참모본부 근무자와 총참모본부에 배속되어 참모교육을 받을 장교 선발에 대해 육군 최고사령관에게 조언한다. 그는 이 장교들을 평가하고 그에 대한 견해를 밝힐 수 있다.[26]

할더는 이와 같은 책무를 대단히 진지하게 받아들였다. 그의 일기는 그가 구스타프 하이스터만 폰 질베르크Gustav Heistermann von Ziehlberg 대령과 자주 만났음을 보여주는데, 그는 총참모본부 중앙과 과장으로 참모장교의 선발과 배치를 포함한 참모업무를 담당했다.

1933년에서 1939년 사이에 육군의 전력이 급격히 증강되면서 이미 총참모본부는 상당히 과중한 업무량에 시달렸다. 전쟁에 필요한 요구사항은 상황을 더욱 악화시키기만 할 뿐이었다. 독일은 참모장교 자격을 이수한 415명의 총참모본부 장교들과 93명의 교육 배속 장교들, 303명의 육군대학생 등 811명의 총참모본부 관련 인원을 확보한 채 전쟁에 돌입했다. 전쟁이 발발하자 육군대학은 폐쇄되고 그곳의 학생장교들은 현역부대에 복귀했다. 심지어 그런 상태에서도 참모장교는 정원에서 33명이 부족했다. 육군은 정규군 장교들과 1차대전시 참모장교로 근무했던 예비역들을 현역에 복귀시켜 빈자리를 채웠다.[27]

전쟁이 진행되는 동안 할더와 중앙과가 모든 노력을 기울였음에도 불구하고 문제는 더욱 심화되기만 했다. 육군대학이 폐쇄됐기 때문에 추가적으로 참모장교를 충원할 수 있는 원천마저 사라져버렸다. 분명 그런 상황에는 변화가 있어야만 했지만 간단하게 실행할 수 있는 해결책은 하나도 없었다. 기존의 기준에 맞춰 참모장교를 훈련시키려면 시간이 너무 많이 필요해서 육군은 도저히 감당할 수 없었다. 결국 1940년 1월 초, 총참모본부는 단기 교육과정을 개설했지만 첫 번째 과정에서는 불과 44명의 참모장교만이 배출됐다. 육군이 바르바로사 작전을 위한 준비에 들어갔을 때, 총참모본부 장교의 수요는 다시 증가해 1941년 2월 15일에는 1,209명이나 필요했다. 참모부는 이와 같은 수요를 충족하기 위해 교육과정을 확장하고, 더 많은 참모장교 출신 예비역 장교들을 현역으로 재편입시켰으며(연령 제한을 높이는 방법으로), 각급 부대단위로 확대된 교육과정을 새로 개설했다. 하지만 이런 노력에도 불구하고 전문적인 참모교육을 받지 않은 장교들이 점점 더 많이 보직을 채울 수밖에 없었다. 정보장교(Ic)의 보직들이 처음으로 이런 정책에 따라 자리를 메웠다. 1941년

1월 중순이 되자 사단급 사령부의 Ic는 대부분 예비역들로 채워졌다. 그 시점에서 질베르크는 사단 보급참모(Ib) 보직이 그다음 차례가 될 것이라고 보고했다.[28]

그와 같은 엄청난 인력 부족에 직면하게 되자 총참모본부는 교육 수준을 유지하기가 어렵게 됐지만 특정한 핵심 원칙만은 고수하려고 노력했다. 각 부대가 예하 장교를 참모장교 후보로 천거할 때 적어도 6개월 이상 일선에서 근무한 경험이 있는 사람이어야 한다는 자격제한을 두었던 것이다. 오로지 능력이 입증된 전투병과 장교만이 교육과정에 참여 할 수 있었다. 후보 장교들은 사단이나 군단, 군 사령부 참모진에 속해 6개월에 걸친 현장 교육을 받음으로써 정규교육 기간을 6개월로 단축시킬 수 있었다. 일단 공식적인 교육이 끝나면 후보 장교들은 대체로 일련의 보직을 경험함으로써 자신의 기능을 개발하고 그에 대한 검증을 받았다. 새로운 참모장교들은 보통 가장 먼저 사단본부 Ib의 보직을 받았으며, 이를 통해 그가 보급문제를 다룰 수 있는지 검증을 받았다. 이어서 기회가 된다면, 그는 Ia(작전) 보직을 받았다. 그런 뒤에는 중앙과가 그의 희망과 능력에 따라 그가 작전이나 보급, 정보 분야에서 계속 근무할 것인지 아니면 편제와 훈련, 수송과 같은 특과의 분야에서 근무할지를 결정했다. 만약 그가 작전 분야에 탁월한 재능을 보였다면 중앙과는 그를 더욱 주목하면서 군이나 집단군 사령부, 심지어 OKH의 작전 장교로 보내기도 했다.[29]

두 가지 근본방침이 교육과정의 모든 부분들을 지배했다. 인간적으로 훌륭하고 풍부한 군사적 지식을 갖춘 보좌관을 지휘관의 곁에 배치해야 한다는 것과 참모단의 사상적 일체성을 유지해야 한다는 것이었다. 첫 번째를 충족시키는 핵심적 부분 중 하나가 지휘관의 인성과 그 지휘관의 참모장이 가진 인성이 서로 맞물릴 수 있게 하는 것이었다. 과단성이 있는 지휘관들에게는 차분하고 사려 깊지만 강한 성격의 인물이 조언을 제공할 필요가 있었다. 결정을 주저하는 경향이 있는 지휘관에게는 과감하고 직선적인 참모장이 필요했다. 보통 중앙과는 참모장의 인선과 관련하여 해당 지휘관에게 자문을 구하지 않았다. 만약 두 사람 사이에 의견충돌이 일어날 경우 중앙과는 참모장을 교체하겠지만 그런 경우는 거의 발생하지 않았으며 특히 전쟁의 첫해에는 전혀 없었다.[30]

할더는 모든 기초적 문서나 명령서를 직접 검토했을 뿐만 아니라 참모교육과정을 감독하는 방법으로 총참모본부 내에서 사상적 통일성을 유지했다. 그가 항상 신경 썼던 부분들 중 하나는 참모진이 전시의 경험을 잘 활용하도록 조치를 취하는 것이었는데, 이를 위해 그는 OKH와 예하부대 사령부 사이에 그리고 최저 단위부대의 사령부하고도 의견교환을 장려했다. 더불어 이런 목적을 좀 더 집중적으로 추구하기 위해 그는 참모단에 속하는 모든 장교들에게 임지로 전출이나 전입을 하는 과정에서 OKH 근처를 지날 경우 반드시 그에게 직접 신고할 것을 요구했다. 전후에 할더는 지휘 책임은 전적으로 지휘관에게 있기 때문에 이런 수단은 단지 그들의 참모들이 제공하는 조언에 통일성을 부여할 뿐이라고 기록했다. 하지만 그런 조언이 육군 내에서 지휘부의 통일성을 확보하는 데 충분한 역할을 수행했다고 주장했다.[31]

할더의 주장에는 논란의 여지가 있다. 특히 전쟁 막바지에 일부 장교들은 총참모본부의 이해관계보다 자신의 이익에 더 집착했으며, 더욱이 사고의 통일성이라는 목표도 상당히 애매한 개념이 될 수 있다는 부분에서 논란의 여지가 많다. 전술이나 작전기동, 편제, 참모업무 절차 등과 같이 특정 협소한 범위 내에서는 총참모본부의 통일성이 제대로 구실을 했다. 하지만 그것은 또한 분명—예를 들어 정보와 군수, 전략에 대한—몇 가지 해로운 태도를 고착시키는 결과를 초래하기도 했다. 총참모본부는 급진적 사상가가 어울릴 장소가 아니기는 하다. 공정하게 말해 대부분의 군사조직(그리고 많은 민간조직)들도 그와 같은 속성을 갖고 있기는 하다. 하지만 조직의 창조성과 통일성 사이에서—두 가지 모두 중요한 조직의 목적이다—균형점을 찾기도 어려울 뿐만 아니라 그것을 유지하기는 더 어렵다.

총참모본부의 엘리트주의나 지적 일관성의 경우 그것을 유지하기가 훨씬 더 쉬웠는데, 이는 독일인들이 참모진은 가급적 작은 규모를 유지해야 한다고 굳게 믿었기 때문이다. 여기서 1939년 가을 당시 서부전선 외국군사정보과의 경우를 검토해볼 필요가 있다. 당시 19명의 장교들이 서유럽과 미국에 대한 정보를 담당하고 있었는데, 게다가 육군은 곧 대규모 공세를 시작할 예정이었다. 작전과라고 사정이 낫지는 않았다. 1941년 6월 1일 당시 작전과의 조직도는 불과 31명의 장교와 관계자만을 보여주고 있는데, 그들 중 10명만이 참모장교였다. 게다가 동부전선 전체와 덴마크, 노르웨이, 스웨덴, 핀란드, 폴란드, 체코슬로바키아, 루마니아, 헝가리 등에 대한 모든 업무를 불과 11명의 인원이 처리했다.[32] 참모장교의 부족이 이런 현상에 대한 적절한 설명처럼 보일 수도 있겠지만 겉보기와 달리 이 현상은 원칙상의 문제였다. 다만 그 원칙은 어떤 형태로든 문서로 규정된 적이 없었다. 독일인들은 참모진은 규모가 작을수록 효율적이라고 믿었다. 그래야 서류작업이나 브리핑, 불필요한 세부 업무의 양이 줄어들며, 참모들 사이의 활발한 인간적 교류를 통해 명료성을 확보할 수 있다고 믿었던 것이다. 이러한 작은 규모에 대한 강조는 동시에 참모들이 가진 업무능력의 질적 우월성에 대한 독일인들의 신념을 반영하는 것이기도 했다. 따라서 그들은 연합군과 달리 대규모 참모진을 구성할 필요가 없으며, 여기서 그들이 주장하는 논리는 독일 장교들이 연합군 장교들보다 훨씬 뛰어나다는 것이었다.[33] 고위 장교들이 받은 히틀러의 뇌물처럼 이런 정책이 초래한 좀 더 광범위한 효과를 밝히는 모든 시도는 전적으로 추측에만 기반을 두고 있다. 분명 독일군 참모진의 규모가 독일인들이 유럽의 대부분을 점령하는 데 방해가 되지는 않았다. 하지만 그들이 정복한 것을 지키는 데 도움이 되지도 않았다. 여기서 더욱 의미심장한 부분은 참모진의 규모로 인해 발생한 문제들이 다른 전투지원 기능들이 갖고 있는 약점들을 특히 더 심하게 악화시키는 경향이 있었다는 것이다. 작전 부분의 참모진은 소규모 참모들만으로도 기능을 잘 발휘했지만 군수나 정보 분야는 그렇지 못했으며, 인사관리 부서들 또한 마찬가지였다.

인사관리 분야의 경우도 군수분야의 경우처럼 서로 다른 다수의 참모 요소들이 상호작용을 함으로써 체계가 기능을 발휘하게 되어 있었다. 여기에는 육군 최고사령관의 직할 조직인 육군 인사국과 총참모본부의 편제과와 중앙과, 보충군 사령관 예하의 육군 일반국이 개입되어 있었다. 이미 앞에서 언급했듯이 중앙과는 참모장교들에게 관심을 기울였다. 육군 인사국은 참모장교들을 제외한 모든 장교들의 교육과 평가, 진급, 배치, 징계, 의전, 상훈 등과 같은 인사 문제를 다루었다. 또한 육군 인사국은 장교의 자격 요건을 결정하고 장교충원 체계를 감독했는데, 이는 편제과와 육군 일반국의 협조를 통해 이루어졌다. 편제과는 참모총장이 제공하는 지침에 따라 새로 창설되는 모든 부대의 인사 수요──장교와 사병 모두──를 산출했다. 더불어 편제과는 육군 일반국과 협조하여 야전군 소속 부대에 보충병을 할당하는 일도 맡았다. 육군 일반국은 광범위한 역할을 수행했다. 먼저 육군 일반국은 OKW의 지시를 받는 모든 군종을 대상으로 보충인력의 할당을 조정했다. 다음으로 육군의 영역 내에서 새로운 징집병들을 훈련부대로 보내고, 편제과의 협조하에 훈련된 병력을 할당하여 새로 창설되는 부대의 인원을 채우거나 전투로 인해 기존 부대에서 발생한 인력손실을 보충했다.[34]

바르바로사 작전의 계획과 준비과정에서 독일은 인력 부분의 문제에 봉착했는데, 그것은 정보나 군수에 관련된 문제만큼이나 심각한 것이었다. 일반적인 관점에서 볼 때(그리고 이 일반적 관점은 군수분야에도 적용되는 것이었다) 육군이 겪고 있는 문제의 커다란 원인 중 하나는, 러시아 침공으로 이어지는 수개월 내에 육군이 급속히 자신의 구조를 바꾸어야만 한다는 사실이었다. 1940년 5월 28일, 프랑스에서 승리의 순간이 임박했다고 예상한 히틀러는 브라우히치에게 육군을 평시 수준으로 감축하기를 바란다고 말하고 35개 사단의 해체를 지시했다. 7월 중순, 그는 해체될 사단의 숫자를 17개로 줄이는 대신 나머지 사단의 병사들에게 휴가를 주었다. 그리고 이어서 소비에트연방을 공격한다는 결정을 내렸고 이로 인해 상황이 180도 바뀌었다. 이제 육군은 120개 사단에서 180개 사단(이후 9개에서 19개로 늘어난 기갑사단을 포함해 최종 207개 사단이 되었다)으로 전력을 팽창시켜야만 했다.[35] 추가되는 부대의 인력공급과 훈련, 장비보급은 전혀 간단한 문제가 아니었으며, 영국본토 침공을 위한 준비도 동시에 진행되고 있었기 때문에 어려움은 더욱 가중됐다. 병력 확장은 바르바로사 작전이 시작될 때까지 완료되었지만, 질적인 측면에서 육군은 분명 1940년 5월의 그 육군이 아니었다.

바르바로사 작전 개시 전날에도 육군의 전반적 인력 상황은 그리 호의적이지 않았다. 1941년 5월 20일 프롬이 할더에게 보고한 내용에 따르면 보충군에 가용한 병력은 38만 5,000명이며 추가로 야전보충대대에 9만 명의 병력이 더 있었다. 그의 사무실은 국경지역의 전투에서 27만 5,000명의 사상자가 발생하고 이어서 9월까지 추가로 20만 명의 보충병이 더 필요할 것으로 예측했다. 이에 따라 프롬은 OKH가 다음해 징병대상자를 조기에 소집하지 않을 경우 10월이면 육군은 훈련된 보충병이 고갈된다고 말했다. 하지만 그는 조기 소집할 필요가 없다고 생각했다. 더 이상 훈련된 인적자원이 없는 상태에서 전역이 진행되는 가운데 육군이 당면하게 될 위험은 "감당할 수 있는 수준"이라는 것이다. 만약 할더가 그 보고 내용에 조금이라도 동의하지 않았다면 그는 프롬이 보고한 내용을 기록으로 남기지도 않았을 것이다.[36] 분명 그는 병력공급이 고갈되기 전까지 전역을 끝마치게 될 것이라고 가정한 것이다.

에른스트 클린크가 지적했듯이, 육군의 인력과 장비 제공과 관련된 문제는 단기전이 될 것이라는 지도부의 가정을 아예 의무조항으로 만들어버렸다. 독일군은 어떠한 작전 실패도 감당할 수 없게 되어버렸는데, 작전이 실패하면 그것은 곧 겨울에도 전역을 계속해야 하는 사태를 초래했다. 1941년 6월 22일, 공격을 개시했을 때에도 그들은 겨울 전역이라는 돌발 상황에 대해 아무런 준비가 되어 있지 않은 상태였다.[37] 여기서 우리가 덧붙일 수 있는 말은 독일이 적에 대해 갖고 있는 정보의 공백을 고려하면, 독일 지도자들이 갖고 있던 자신감을 점점 더 이해하기 어려워진다는 것뿐이다. 총참모본부가 희망적인 생각을 품고 그와 같이 엄청난 일을 벌일 수 있었다는 사실은 그들의 전문가적 수준을 평가하는 데 아주 불리한 증거이다. 그들의 행위는 심지어 자신들이 교육받은 바로 그 원칙들하고도 일치하지 않았다. "전쟁에서 상황은 무한한 변화의 가능성을 갖고 있다. 그것들은 자주 그리고 급격하게 바뀌며, 사전에 명확하게 파악되는 경우는 거의 없다. 미지의 변수는 종종 결정적인 영향력을 발휘한다. 독자적인 적의 의지가 우리 자신의 의지와 충돌을 일으킨다. 여기서 마찰과 오류는 일상적인 현상이다."[38] 당연히 육군의 고위 장교들은 자신에 대한 혐의에 반발할 것이다. 하지만 바르바로사 작전에서 실제로 벌어진 일들이 그들의 혐의를 증명한다. 이 작전은 2차대전에 대한 문헌에서 자세하고 세심하게 다루어지는 주제이며 특히 작전적 측면에서 많이 다뤄진다. 따라서 여기서 그 전역의 세부적인 내용까지 검토하기는 지면도 부족하고 그럴 필요도 없다. 하지만 두 가지 주제는 관심을 가질 필요가 있다. 작전의 지휘에 있어서 히틀러와 브라우히치, 할더가 각각 담당했던 역할들—지휘 부분에 있어서 총통과 육군 사이에 전개됐던 분쟁을 중심으로—과 자신은 물론 적의 역량에 대한 독일 측의 계산착오로 초래된 결과들이 그것이다.

바르바로사 작전

전역의 목표를 두고 히틀러와 고위 육군 조언자들 사이에 벌어진 대립양상은 이미 1940년 12월부터 조성되고 있었다. 할더는 모스크바를 최우선 목표로 삼아야 한다고 믿었다. 그곳은 소비에트 정부의 중추부이자 대규모 공업중심지이며 교통망의 주요 교차점이기 때문에 그 자체로 귀중한 목표물이었다. 뿐만 아니라, 할더가 보기에 소련은 잔존 병력 중 최대 규모의 최정예 병력을 모스크바를 방어하는 데 투입하려고 할 것이기 때문에 붉은 군대의 완벽한 파멸을 이끌어낼 수 있다는 점에서도 모스크바는 가장 좋은 목표물이었다. 히틀러는 생각이 달랐다. 그는 우크라이나의 경제적 목표물과 발트 해 지역의 소련군 병력 역시 똑같이 중요한 목표물이라고 생각했다. 그와 같은 견해 차이는 앞으로 시작될 대립의 핵심이 될 것이었고 두 사람의 불편한 관계를 여실히 보여주게 될 운명이었다.

이미 12월 5일에 히틀러는 할더로부터 육군의 작전 계획을 보고받은 후 모스크바를 중요시하는 개념에 의문을 제기했다. 그러나 두 사람은 당시 그에 대한 결정을 유보했다. 12월 18일 히틀러는 총통훈령 21호 '바르바로사 작전'에 서명을 하게 되는데, 이것은 작전의 목표를 다음과 같이 정의했다. 가능한 서쪽에서 러시아 군대를 파괴하여 광대한 후방지역으로 러시아군이 철수하는 사태를 미연에 방지한다. 이어서 러시아의 공습이 제국에 도달하지 못할 정도로 먼 곳까지 진출한다. 최종적으로 루프트바페가 우랄 산맥 너머에 있는 소련의 마지막 공업지대를 제압할 수 있도록 아르한겔스크Arkhangelsk에서 볼가Volga 강에 이르는 선까지 전진한다. 계속해서 총통훈령은 공세의 중점을 프리퍄트 습지 북부지역으로 지정했다. 더 나아가 그 공격축선의 남쪽에 있는 집단군, 즉 중부집단군은 모스크바를 향해 전진하게 되어 있었는데, 먼저 북쪽으로 크게 선회하여 발트 해 지역에 대한 공격을 지원하고 이어서 소련의 수도를 점령해야만 했다.[39]

할더의 대응은 그가 총통을 다루는 데 있어 새로운 접근법을 채택했다는 사실을 보여준다. 적어도 그는 이렇게 초기 단계에서 논쟁을 벌일 정도로 어리석지는 않았다. 그래봐야 아무런 소용이 없었다. 대신 그는 자신의 개념에 일치하는 작전 계획을 작성하는 일에 차분하게 매진했다. 자신의 계획이 히틀러의 것과 달라지는 부분에서 그는 그저 차이를 무시하고 히틀러가 마치 전적으로 동의하기라도 한 것처럼 자신의 개념을 고집했다. 심지어 그는 로스베르크로 하여금 총통훈령 21호에서 육군의 작전을 논의하는 구절이 시작되는 부분에 특정 문구를 추가하게 만들었다. 그 문구는 "나[히틀러]에게 보고된 계획을 승인하며"라는 것이었는데, 그것은 사실과 전혀 달랐던 것이다! 육군의 배치와 공격에 대한 명령들은 1941년 1월 말에 배포되었는데, 그것들은 히틀러의 의도에서 상당히 많이 벗어나 있었지만 할더는 브리핑에서 그 사실을 그럴싸하게 얼버무렸다. 분명 그는 일단 전역이 시작되기만 하면 자신의 개념에 따라 작전이 진행될 것이라고 기대하고 있었다.[40]

바르바로사 작전의 초기에는 침공 목표에 대한 대립이 크게 부각되지 않았다. 모든 사람의 관심이 초기의 놀라운 성공에만 집중되어 있었던 것이다. 공격이 시작되고 불과 3주가 흐른 시점인 7월 10일, 독일군은 모스크바와 레닌그라드의 중간 정도에 이르렀고, 키예프가 거의 코앞에 있었다. 수십만의 소련군 포로들이 독일인의 수중에 떨어졌고 그와 함께 엄청난 물자들을 노획했다. 7월 4일, 히틀러는 "실질적으로 말해, 그들, 러시아는 이미 전쟁에 졌다"라고 선언했다. 그는 국방군이 이미 러시아군의 기갑부대와 항공 전력을 분쇄했다는 사실(그가 이해하고 있는 바에 따르면)에 흡족해하며 이런 말을 했다. "러시아는 그것들을 대체하지 못할 것이다." 요들과 브라우히치는 히틀러의 재촉을 받고 전역이 종결된 후 육군을 배치하는 데 필요한 계획을 작성하기 시작했다.[41] 할더도 이와 같이 자신감 넘치는 분위기에 공감했다. 7월 3일 그는 이렇게 기록했다.

> 전반적으로 이제 우리는 진정 드비나Dvina와 드네프르Dnepr [강] 앞쪽의 러시아군 대부분을 파괴하는 임무를 달성했다고 이야기할 수 있다.…… 따라서 내가 러시아에 대한 전역이 14일 이내에 승리를 거두게 될 것이라고 주장한다고 해도 그것은 그렇게 과장된 말이 아니다. 물론 전쟁은 아직 끝나지 않았다.

우리는 모든 수단을 다 동원해 몇 주에 걸쳐 광활한 영토와 끈질긴 저항에 주의를 집중하게 될 것이다. 일단 우리가 드비나와 드네프르를 건너게 되면, [전역은] 적군의 병력을 파괴하는 것이 아니라 적의 공업도시들을 점령하는 것에 [임무의] 비중을 더 두게 되며 이를 통해 적이 공업지대의 생산품과 무한정에 가까운 인적 예비자원을 동원해 새로운 군대를 형성하지 못하게 저지하게 될 것이다.[42]

같은 날 파울루스는 총참모본부의 각 과에 각서를 보내 바르바로사에 후속하는 작전을 위한 기초 작업에 들어갔다.[43] 7월 23일, 할더는 다음 달이 되면 육군이 레닌그라드와 모스크바에 도착하게 될 것이며, 10월 초에는 볼가 강에 그 다음 달에는 캅카스 유전지역의 바쿠Baku와 바투미Batumi에 도달할 것으로 예측했다.[44] 그렇게 많은 권위자들이 예상했던 그 붕괴가 곧 일어날 것처럼 보였다.

실제로 할더의 호언장담은 그가 적의 전력이나 자신의 군수 현황에 대해 알지 못하고 있다는 암시였다. 소련군이 거의 소모됐다는 그의 믿음은 어쩌면 이해할 만한 것인지도 모른다. 그는 아직도 동부전선 외국군사정보과에서 전역이 시작되기 전에 작성했던 한심할 정도로 부정확한 정보평가에 따라 생각하고 있었다. 하지만 자기 군대가 3개월도 안 되는 짧은 시간에 수백 킬로미터 이상을 전진할 수 있다는 그의 믿음은 도저히 납득이 되지 않는다. 육군은 이미 보급물자가 부족하다고 아우성을 치고 있었다. 압베르의 지도가 대단히 부정확하다는 사실도 드러났다. 거기에는 거칠고 좁은 길이 간선도로로 표시되어 있을 정도였다.[45] 열악한 도로상황과 적의 활동이 겹쳐 그로스트란스포르트라움의 능력은 한 달도 지나지 않아 25에서 30퍼센트나 감소했다. 철도의 궤도 변환 요원들은 일전의 진격속도를 좇아오지 못했다. 노획된 식량의 확보량이나 수송도 결코 예상했던 양에 도달하지 못했고, 러시아의 휘발유와 석탄은 질이 너무 조잡해 아무런 쓸모가 없었다. 일부 선봉부대는 심각한 연료와 탄약의 부족분을 보충하기 위해 반드시 공중 재보급을 받아야 할 상황에 처했다.[46] 7월 중순이 되자 독일의 돌진은 전역 시작 전 작전 계획에서 예상했던 것과 거의 정확하게 일치하는 지점에서 정지했지만 다음 단계를 위한 준비는 생각했던 것보다 훨씬 더 느리게 진행됐다. 이렇게 한 가지 측면에서만 봐도 할더가 세웠던 목표들은 완전히 환상의 영역에 속했다.

오래지 않아 최고사령부의 허울 좋은 자신감에 타격을 주는 첫 번째 사태가 모습을 드러내기 시작했다. 8월 6일, 바를리몬트는 "동부전선 전역 이후 전쟁의 지속에 대한 간략한 전략적 개요"를 작성했다. 거기에서 그는 국방군은 1941년까지 작전 목표—캅카스 유전지대로부터 볼가강을 거쳐 아르한겔스크와 무르만스크Murmansk에 이르는 전선—에 도달하지 못할 것이며 따라서 전방의 탁 트인 공간은 그대로 존재하게 될 것이라는 사실을 군부의 지도자들이 생각하고 있어야 한다고 말했다.[47] 더 나아가 할더는 8월 11일에 자신의 일기에서 이렇게 고백했다.

전반적인 전황의 측면에서 우리가 거대한 러시아를 과소평가했다는 사실이 점점 더 분명해지고 있으며, 그들도 의식적으로 전쟁을 준비하면서 전체주의 국가의 전형적인 부도덕성을 유감없이 발휘했다[!]. 이 진술은 조직적인 측면만큼이나 경제력의 측면과 교통 통행량 관리에 해당되는 것이며, 무엇보다도 순수한 군사적 효율성에 대해 언급하는 것이다. 전쟁을 시작할 때 우리는 적이 200개 사단을 보유하고 있다고 계산했다. 지금 우리는 이미 360개까지 파악했다. 이 사단들은 우리가 생각하는 수준으로 무장을 갖추고 있지 않으며, 그들은 전술적으로 여러 가지 측면에서 부적절한 지휘를 받고 있다. 하지만 그들은 존재한다. 그리고 우리가 12개 사단을 전멸시키면, 러시아는 그 자리에 새로운 12개 사단을 투입했다.[48]

히틀러의 행동도 육군 참모총장에게 또 다른 근심거리였다. 총통은 야전지휘관의 역할을 하겠다고 고집부리고 있었다. OKW의 전쟁일지는 국방군 지휘참모부가 동부전선의 상황을 대단히 세밀하게 파악하고 있으며, 요들과 슈문트 모두 그곳에서 작전 수행에 대해 조언을 하고 있었음을 보여준다.[49] 히틀러는 집단군 사령관들에게 훈령을 내리고, 때로는 그들의 사령부를 방문하기도 했다. 또한 카이텔을 중개인으로 활용하기도 했다. 예를 들어 7월 25일에는 국방군 최고사령관이 중부집단군 사령관인 페도르 폰 보크 원수를 만나 러시아에서는 작전상의 대규모 포위가 효과를 거둘 수 없을 것이라는 총통의 메시지를 전달하기도 했다. 따라서 육군은 좀 더 소규모의 전술적인 포위에 집중할 필요가 있다는 것이다.[50]

이번에도 할더의 반응은 가능한 소극적으로 저항하는 것이었다. 이미 6월 25일에 그는 다음과 같이 기록했다. "저녁에 중부집단군과 남부집단군의 작전 수행에 대한 총통의 명령이 도착했는데, 총통은 우리가 너무 종심 깊이 작전을 전개하고 있다고 우려했다. 또 그 이야기라니! 그 부분에 있어서 우리의 행동은 아무것도 바뀌지 않을 것이다."[51] 그런 뒤 6월 29일, 그는 드네프르 강에 교두보를 확보하여 스몰렌스크와 모스크바로 가는 길을 열어야 할 필요가 있다고 언급하면서 이런 말을 덧붙였다. "중간 단계 지휘부는 명시적인 명령이 없어도 스스로 올바른 조치를 취할 것을 기대하고 있으며, 총통이 [브라우히치에게] 내린 지시가 있기 때문에 우리가 도하 명령을 내릴 수는 없다."[52] 그리고 7월 3일 그는 재차 이렇게 기록했다.

> 우리는 또다시 ObdH와 작전과를 통해 총통사령부로부터 일상적인 잔소리를 들었다. 이제 잔소리는 엄청난 수위에 도달했는데, 이는 총통이 쐐기 형태로 동부로 전진하는 남부집단군이 북쪽과 남쪽으로부터 측면공격을 당하게 될 위험에 처했다고 믿고 두려움에 빠졌기 때문이다. 물론 전술적으로 이야기해서 이런 우려가 전혀 근거 없는 것은 아니다. 하지만 군 사령관이나 군단 사령관들이 존재하는 이유가 바로 거기에 있는 것이다. 최고 자리에 있는 사람[히틀러]은 우리가 우리 지도력의 최고 강점 중 하나인 지휘체계에 대해 갖고 있는 신뢰감을 이해하지 못하며, 그는 우리 지휘관들이 공통적으로 경험한 훈련과 교육의 장점을 인식하지 못하고 있다.[53]

분명 자신의 주장이 내포하고 있는 모순이 할더의 머릿속에는 떠오르지 않았다. 그가 신뢰에 대해 기록하고 있는 바로 그 순간, 그와 브라우히치는 본인들 스스로는 지지할 의사가 없지만 그렇다고 적극적으로 저항할 능력도 없는 명령에 예하 부대 지휘관들이 불복종할 것을 기대하고 있었던 것이다. 더 나아가, 훗날 할더는 자기 밑에 있는 사람들의 의견을 아무렇지도 않게 무시한다는 점에서 자신도 히틀러와 똑같은 사람임을 증명하게 된다.

브라우히치는 OKH가 총통을 상대로 수행 중인 시치미 떼기 전쟁의 교섭 창구였다. 그는 스스로 작전의 핵심에서 크게 벗어나 히틀러와 할더 사이의 완충지대 역할을 수행했으며, 대신 할더가 전역을 운영했다.[54] 하지만 오래지 않아 히틀러는 브라우히치가 왜곡하거나 할더가 도저히 무시할 수 없는 방법으로 전역의 지휘에 개입하기 시작했다. 7월 19일 자 총통훈령 33호("동부전선에서 전쟁의 추이")는 중부집단군의 병력을 북쪽과 남쪽으로 전환시키라고 명령함으로서, 결과적으로 모스크바를 향한 전진을 중단시켜버렸다. 이후 몇 달 동안 브라우히치와 할더, 보크를 비롯해 널리 인정받는 기갑전의 대가 하인츠 구데리안 대장을 포함한 여러 육군 장성들이 히틀러의 마음을 돌리려고 노력했지만 그는 여전히 완강했다. 심지어 요들도 국방군 지휘참모부가 준비한 연구보고서를 통해 설득에 나섰지만, 그 역시 성공하지 못했다.[55] 8월 25일 독일군은 우크라이나에서 대규모 포위공격에 나섰는데, 보고된 바에 따르면 이를 통해 합계 66만 5,000명의 소련군 포로들을 포위망 속에 가두었으며 동시에 소련의 가장 비옥한 생산 지대를 빼앗는 데 성공했다. 이를 위해 독일군이 치른 가장 큰 대가는 10월 2일까지 모스크바를 향한 공격이 지연된 것인데, 그로부터 3주 뒤 추계 라스푸티차rasputitsa*가 시작됐다. 이 기간에는 비로 인해 비포장인 러시아의 도로가 거의 통과 불가능한 상태에 빠졌다.[56] 독일군의 전진과 그들의 보급종대는 모두 진창에 빠져버렸고 그 자리에 멈춘 채 지면이 얼기만을 기다려야 했다. 10월 20일 바그너는 아내에게 보낸 편지에 이렇게 기록했다. "이제 이것은 더 이상 비밀도 아니오. 우리는 완전히 수렁에 빠져버렸소."[57]

그 시점이 될 때까지 OKH는 압도적으로 긍정적인 분위기를 유지하고 있었다. 10월 공세가 시작되기 전, 독일군은 잔존하는 러시아 사단들이

* 비와 진창의 계절. 러시아에서 봄에는 눈 녹은 물 때문에, 가을에는 장맛비로 도로가 진창이 되어 차량 기동이 거의 불가능하게 되는 기간.

단지 "뼈다귀만 남은 채 여기저기서 긁어모은 부대" 일 것이라고 확신했다.[58] 10월 5일까지도 바그너는 여전히 다음과 같은 생각을 갖고 있었다.

최후의 붕괴가 바로 우리 눈앞으로 다가왔다.…… 이번에 설정된 작전 목표들은 예전 같았으면 우리의 모골을 송연하게 만들었을 것들이다. 모스크바를 향해 동쪽으로! 그런 뒤에 나는 전쟁이 대체로 종결될 것이고, 그리고 아마도 이번에는 진정 [소비에트] 체계가 붕괴될 것이라고 예상한다.…… 나는 언제나 총통의 군사적 판단에 깜짝 놀라지 않을 수 없다. 그는 작전의 전개과정에 개입하고 있으며, 우리는 단호하게 말할 수 있다. 지금까지 그의 행동은 항상 옳았다고. 남쪽에서 거둔 위대한 승리는 그의 작품이다.[59]

여기에는 분명 공세를 중단하는 문제에 대해 아무런 언급이 없다. 사실 이때까지도 여전히 캅카스를 통해 11월에 공격을 개시하는 계획이 고려되고 있었는데, 그 공격은 1942년 말에 이란을 거쳐 이라크에 진입하는 통로까지 도달하게 되며, 그 결과 중동에서 영국의 지위에 위협을 가할 수 있었다.[60] 10월 24일이 돼야 비로소 결국 파울루스가 관련 참모부서의 대표들을 모아놓고 그 공격이 다음 해 봄까지 연기될 것이라고 발표하게 된다.[61] 같은 날 바그너는 아내에게 보내는 편지에 이렇게 적었다. "내 생각에 올해 [이 전쟁을] 종결짓는 것이 가능하지 않을 것 같소. 전쟁은 앞으로도 한동안은 계속될 거요. 어떻게? 라는 문제는 아직 해결되지 않았고…… 이 전쟁이 한층 더 길고도 고통스러울 수 있다는 점은 이미 작년 말에 분명해진 사실이오." [62]

파울루스와 바그너의 편지는 라스푸티차가 공격의 정체를 초래하면서 독일은 어쩔 수 없이 전역을 시작한 이래 최초로 장기적인 관점에서 장래를 생각할 수밖에 없게 되었음을 보여준다. 11월 7일, 결국 히틀러도 브라우히치에게 독일군이 1941년 안에 무르만스크나 볼가 강, 캅카스 유전지대와 같은 최종 목표에 도달할 수 없음을 인정했다.[63] 같은 날 할더는 집단군과 군 사령부의 참모장들에게 일주일 내에 오르샤Orsha에서 회의를 개최해 현재 상황을 논의하려고 계획하고 있음을 통보했다. 회의를 준비하기 위한 서류작업에서 할더는 두 종류의 경계선을 포함하고 있는 한 장의 지도를 준비했는데, 경계선에는 각각 '최대'와 '최소' 경계라고 표시되어 있었고, 최소 경계는 육군이 틀림없이 도달할 수 있을 것으로 생각되는 목표를 의미했다. 최소 경계선은 레닌그라드에서 동쪽으로 상당히 진출한 지점에서 시작하여 남쪽으로 이어지며 모스크바 동쪽 260킬로미터 지점을 통과한 뒤 돈Don 강 하류의 로스토프Rostov에서 끝났다. 최대 경계선은 러시아의 북쪽과 중앙부에서 동쪽으로 120내지 150킬로미터를 더 진출한 지점으로 확대되어 무르만스크를 고립시키고 볼로그다Vologda와 고르키Gorki 산업지대를 포함하면서, 남쪽 구역으로 이동하여 스탈린그라드 동쪽 50킬로미터 지점을 통과한 뒤 남동쪽으로 320킬로미터를 뻗어서 마이코프Maikop 유전지대까지 이어졌다. 하지만 할더는 전쟁이 1942년에도 계속될 것이라는 사실을 인정했다. 심지어 마침내 그는 한 번의 전역으로 소비에트연방을 파괴시키겠다는 꿈도 사라져 버렸음을 인정해야만 했다.[64]

오르샤 회의는 11월 13일에 열렸다. 그날 회의와 11월 23일 자신의 참모차장들과 가진 또 다른 회의에서 할더는 자신과 히틀러 모두 단순히 전력을 보존하기보다는 현재 활용 가능한 자원을 가지고 가능한 최대의 이익을 추구하는 전략을 원한다고 밝혔다. 그는 다음과 같은 것이 "가능하다"고 말했다.

군사적 임무를 바꾸지 않아도 전쟁을 군사적 승리의 차원에서 도덕적, 경제적 인내력의 차원으로 전환시키는 것, 즉 가능한 모든 수단을 동원해 적에게 최대의 피해를 입히는 것이 가능하다.…… 러시아의 군사력은 이미 유럽의 재건에 위협이 되지 않는다.…… 적은…… 아직 파괴된 것이 아니다. 아무리 칭찬을 해도 부족할 정도로 우리 병사들은 커다란 노력을 기울였지만, 우리는 올해 안에 적의 완전한 파괴를 성취하지 못할 것이다. 끝없는 영토와 무한정 공급되는 인력으로 인해 우리는 분명 그 목표를 100퍼센트 달성하지는 못할 것이다. 물론 우리는 처음부터 그 점을 알고 있었다.[65]

오르샤에서 그는 먼저 육군이 최대 경계, 아니면 적어도 최소 경계까지 진출하기 위해서는 어느 정도 위험은 감수할 수밖에 없을 것이라고 주장했다. 그 자리에 참석한 참모들의 강한 압박으로 인해 그는 그처럼 멀리 떨어진 목표는 전혀 현실적이지 않다고 인정한 뒤 그날 회의를 끝냈다. 하지만 여전히 그는 3개 집단군이 모두 12월 중순까지 전진을 계속할 것이며, 중부집단군의 경우 그들이 비록 거기서 더 멀리까지 진출하지는 못하더라도 모스크바는 점령하게 될 것으로 예상하고 있었다. 그는 11월 중순부터 12월 말까지 6주에 걸쳐 춥지만 건조한 기후가 계속될 것으로 기대했으며 그럴 경우 작전 수행이 가능했다(모스크바와 관련해 좀 더 정확하게 말하자면, 계획은 그 도시를 점령하는 것이 아니라 포위하여 농성자들을 굶겨 죽인 뒤 도시를 완전히 파괴하는 것이었다. 10월 12일, 히틀러는 중부집단군에게 적이 항복을 하더라도 절대 그것을 받아들이지 말라고 명령했다).[66]

공격을 계속하겠다는 할더의, 동시에 히틀러의 결단은 다시 한 번 그들이 받고 있는 정보의 부정확성과 함께, 자원이 한정되어 있음에도 기꺼이 도박에 나설 수 있는 소름끼치는 적극성을 보여준다. 동부전선 외국군사정보과는 11월 중순 러시아가 200개의 주요 부대를 보유하고 있다고 평가했지만, 그 부대의 장교와 사병들 중 절반이 훈련을 받지 못한 상태라는 이유로 그 부대의 전투능력은 50퍼센트 이하라는 내용을 추가했다. 실제로 소련은 주요 부대를 373개 보유했을 뿐만 아니라 러시아 서부에 있는 일부 부대들은 전투력이 뛰어났는데, 이는 독일군의 예측과 반대로 소련이 이미 극동에서부터 부대를 이동시키고 있었기 때문이다.[67] 할더의 일기에 따르면, 독일군의 상황은 11월 10일까지의 인력 손실이 전사와 부상, 실종자를 합쳐서 장교 2만 2,432명, 사병 66만 3,676명에 달했다.[68] 편제과는 독일군 136개 사단의 전투력을 83퍼센트에 불과한 것으로 평가했다.[69] 수송체계는 여전히 위기 속을 헤매고 있었다. 11월 7일 중부집단군 지역에 서리가 내렸고 그 결과 진창이 얼어붙으면서 도로는 다시 통행 가능한 상태가 됐지만, 추위가 차량과 기관차에 끼친 피해로 인해 도로 사정의 개선으로 발생된 효과가 상쇄되어 버렸다.[70] 공세를 지속하는 데 필요한 보급품을 운반해야 한다는 것은 겨울용 의복과 장비들이 훨씬 더 후방에 있는 창고 속에 남아 있어야 한다는 의미이기도 했다.[71] 하지만 중부집단군 보급참모인 오토 에크슈타인Otto Eckstein 대령이 오르샤 회의에서 할더에게 상황이 얼마나 위태로운지를 지적하자 할더는 그의 등을 두드리며 이렇게 대답했다. "귀관의 계산에 따르면 분명 귀관이 걱정하는 것도 무리는 아닐 것이다. 하지만 보크 원수 스스로 그 일을 할 수 있다고 생각하는데 우리가 붙잡고 싶지는 않다. 게다가 사실 전쟁을 하려면 어느 정도 운도 필요한 법이다."[72]

독일군은 11월 15일과 16일에 모스크바의 양쪽 측면에 대한 공격을 개시했다. 처음에는 공격이 상당한 진전을 보였지만 11월 말이 되자 공격의 추진력이 고갈되어버렸다. 11월 27일, 바그너는 할더에게 독일 육군이 "인적, 물질적으로 능력의 한계"에 도달했다고 말했다.[73] 그 직후 보크는 브라우히치에게 러시아군이 붕괴될 것이라는 예측은 허구에 불과하며, 자신은 모스크바를 포위할 능력이 없기 때문에 지금은 앞으로 무엇을 할 것인지를 결정할 때라고 보고했다. 그는 며칠 더 공격을 계속했는데, 주도권을 잃는 것보다는 그것이 더 낫다고 생각했기 때문이다. 하지만 12월 4일 아침, 기온이 영하 17도 밑으로 떨어진 가운데 소련군이 대규모 공세를 감행했다. 그것은 완벽한 기습이었다. 보크의 참모진이나 동부전선 외국군사정보과 어느 쪽도 러시아가 그 정도 공격을 감행할 수 있는 병력을 보유하고 있다고는 꿈에도 생각하지 못했다. 12월 6일까지도 독일군은 분투를 하고 있었지만 그것은 전진을 위한 것이 아니라 현 전선을 고수하기 위한 분투였다.[74]

독일군이 아직 소련의 공격으로 인한 초기의 충격에서 비틀거리고 있을 때 그들 수중에 새로운 정보가 전달되었고, 그것은 히틀러를 자극해 그가 마지막으로 커다란 전략적 결정을 내리게 만들었다. 12월 7일, 할더는 일기에 간략한 메모를 남겼다. "일본이 미국에 대한 적대행위에 들어갔다."[75] 12월 11일 히틀러는 미국에 선전포고를 했다. 그날 이후 역사가들은 히틀러의 오만에 놀라움을 감추지 못하고 있었지만, 사실 게르하르트 바인베르크가 지적한 것처럼 히틀러는 이미 여러 해 전부터 결국 미국하고도 싸우게 될 것이라고 생각하고 있었던 것이다. 미국과 싸울 수밖에 없다는 그의 결심은 결국 프랑스의 몰락 이후 그의 정책이나 계획을 형성하는 데도 영향을 미쳤다. 미국을 직접 상대하기에는 독일 해군이 너무 약하다는 사실을 히틀러도 알고 있었다. 하지만 일본을 같은 편으로 삼을 경우 그는 강력한 함대를 보유하고 있는 동맹국을 얻는 셈이었다. 따라서 독일의 선전포고는 독일의 정책적 변화를 의미하는 것도, 국방군 지휘부의 관점에서 볼 때 커다란 위험을 감수하는 것도 아니었다. '등 뒤의 칼' 신화의 신봉자로서, 그들 대부분은 1차대전에서 독일이 패배하는 데 미국이 커다란 기여를 했다고 생각하지 않았다. 따라서 오늘날 미국이 제기하고 있는 위협을 그들은 쉽게 무시할 수 있었다. 라에더가 적극적으로 싸움을 원했던 반면 육군과 루프트바페는 거의 아무런 관심도 보이지 않았다. 할더는 여전히 가끔 자신의 일기에 국제정세를 기록해두었음에도 불구하고 독일의 선전포고라는 주제에 대해서는 아무런 언급이 없었다. 그가 동부의 위기상황에 온통 정신이 팔려 있었기 때문이든, 혹은 전략적으로 생각하기를 완전히 포기했기 때문이든, 그는 독일의 운명을 결정짓는 사건에 대해 아무런 논평이 없었다.[76]

그것은 그렇다고 쳐도, 할더는 여러 가지 문제로 머릿속이 복잡했다. 지금까지 독일 국방군은 지상에서 이렇다 할 위기를 경험한 적이 없었기 때문에 최고사령부 내에서 긴박한 상황이 초래됐으며, 그 중심에는 브라우히치가 있었다. 전역이 진행되면 될수록 그의 입장은 점점 더 힘들어졌다. 총통은 그의 위에 있으면서 자신이 다른 누구보다 전역을 운영하는 방법을 잘 알고 있다고 주장했다. 10월 말에 히틀러는 이렇게 말했다. "나는 내 의사와 상관없이 야전지휘관이 됐다. 만약 내가 조금이라도 군사문제에 관여를 했다면 그것은 현 시점에서 나보다 그 일을 더 잘할 사람이 없기 때문이다."[77] 아무리 사소한 실패나 실패로 간주 될 수 있는 상황이나, 혹은 조금이라도 주저하는 태도만 보여도 총통이 육군 최고사령관에게 분노를 터뜨릴 수 있는 충분한 이유가 됐으며, 동시에 육군 최고사령관은 할더를 비롯한 부하들도 상대해야만 했다. 브라우히치는 부하들의 평가나 의도에 동의하는 경우가 많았지만 히틀러의 견해에 영향을 미칠 능력은 없었고, 거의 모든 부하들이 그 사실을 금방 눈치챘다. 7월 31일 할더는 이렇게 기록했다. "지난번 총통의 훈령[중부집단군 병력의 방향 전환]에 대한 OKW의 실행명령이 도착했다. 육군 최고사령관은 불행하게도 이 명령에 자신의 의사를 암시조차도 하지 못했다. 그것은 아예 구술되어 지휘부 내에 어떤 반대가 존재하더라도 개의치 않았다."[78] 전역이 진행됨에 따라 브라우히치의 정신적 부담감은 점점 더 커졌다. 11월 10일 할더는 브라우히치가 전날 저녁 심한 심장발작을 일으켰다고 기록했다. 하지만 육군 최고사령관은 병상에서도 계속 집무를 봤으며 불과 3주도 지나지 않아 업무에 복귀했다. 동부전선에서 위기가 고조됨에 따라 브라우히치에게 가해지는 압박도 더욱 격렬해졌다. 12월 7일 할더는 그가 느끼는 딜레마에 대해 기록했다. "육군 최고사령관은 이제 더 이상 전령도 아니다. 총통은 그를 무시하고 집단군사령관들을 직접 지휘하고 있다."[79] 그러는 동안 총참모본부 내에 브라우히치가 완전히 무기력해졌다는 소문이 널리 퍼졌다.[80] 12월 15일 할더는 브라우히치가 "크게 낙담하고 있으며, 현재의 난관에서 육군을 구해낼 수 있는 길을 전혀 찾지 못하고 있다"고 기록했다.[81] 그의 심장질환은 계속해서 그에게 고통을 안겨주었고 신경은 평정을 잃고 있었다. 12월 19일, 히틀러는 브라우히치의 요청을 받아들여 그를 해임했다. "저는 이제 집에 갑니다." 브라우히치는 히틀러를 면담한 뒤 카이텔에게 이렇게 말했다. "그가 저를 해임했습니다. 더 이상 버틸 수 없었거든요."[82]

1938년 2월에 블롬베르크가 히틀러에게 국방장관을 겸임하라고 권했을 때와 달리, 이번에는 누구의 권고도 필요 없었다. 히틀러는 즉시 육군의 지휘권을 자신이 인수했다. 총통은 그 순간 임박한 동부전선의 실패를 브라우히치와 OKH(더불어 3명의 집단군 사령관들과 그가 이 기간 동안 해임시킨 기타 고위 장교들)에게 돌리면서 동시에 자신이 난국의 구원자로 등장할 수 있는 절호의 기회를 보았던 것이다.[83] 이에 대한 육군의 반응은 많은 사실을 알려준다. 많은 장교들이 전후에 회상하며 그 순간을 육군의 독립성에 조종弔鐘을 울리는 최후의 일격으로 보았다. 하지만 당시에는 누구도 그와 같은 불길한 예감을 표현하지 않았다. 그러기는커녕 총통의 지휘권 인수가 육군이 갖고 있는 문제에 대한 완벽한 해결책으로 간주되었다.[84] 심지어 할더조차 최선을 다해 새로운 상황에 적응하여 브라우히치와 달리 히틀러와 호흡을 잘 맞출 수 있기를 바라고 있었다.[85] 게다가 사실 초기에는 육군이 열광할 수밖에 없는 이유도 있었다. 예를 들어 히틀러가 육군 최고사령관이 되면서 갑자기 제3제국 내의 민간인 철도 관계기관들이 육군의 요구에 더욱 적극적인 반응을 보이기 시작했던 것이다.

좀 더 광범위한 사태의 추이는 더욱 부정적이었다. 첫째로 이제 히틀러는 너무나 많은 직책을 차지하고 있었다. 그는 국가수반이면서 국방군의 총사령관이자 육군 최고사령관이었으며, 마지막 직책의 경우 직접 작전을 지휘하면서 적극적으로 역할을 수행했다. 총통이 하나같이 중요한 이 모든 직책들을 성공적으로잘 처리하기를 기대할 수 없을 뿐만 아니라, 심지어 그가 직책에 따르는 권한의 대부분을 다른 사람에게 위임하더라도 그것은 불가능했다. 게다가 그는 권한 위임에 전혀 소질이 없는 사람이었다. 그는 모든 부분에 대한 통제권을 지키려고 하다가 오히려 그것을 잃고 있었다. 그가 세부적인 작전지휘나 새로운 무기의 설계에 대한 투자를 비롯해 여러 가지 자질구레한 사항들로 분주한 동안 행정부와 군사 부분에 속한 대부분의 관료조직들은 사실상 독립적인 조직으로 변질되어 가고 있었다. 이 과정에서 관료조직이 갖고 있는 일상적인 야망과 나치의 부도덕성으로 인해 협조보다는 경쟁의 분위기가 만연하게 되었다. 오로지 공통적인 관행과 가정, 목표들만이 체제 속의 이질적인 요소들로 하여금 어느 정도 기능을 유지하게 만들어줄 뿐이었다.

이번 변화로 인해 히틀러 치하의 최고사령부 체계는 더욱 비이성적인 것이 됐다. OKW의 입장에서는 히틀러가 육군 지휘관에 취임함으로써 업무량은 증가하는 대신 조직적 경계의 명확성은 줄어들었다. 히틀러는 국방군 총사령관의 역할보다 육군지휘관으로서의 역할에 일체감을 더 많이 느끼면서 거의 모든 정신을 동부전선에만 집중시키고 있었다. 이런 이유로 히틀러는 OKW를, 좀 더 명확하게 말해 국방군 지휘참모부를 육군 총참모본부에 상응하는 또 하나의 작전지휘 기구로 간주하는 경향이 점점 더 심해졌다. 더불어 육군 총참모본부는 베크가 처음에 꿈꾸었던 전략 지휘기구의 성격을 완전히 상실했다. 대신 육군 총참모본부의 직속상관인 히틀러는 그것의 역할을 점점 더 동부전선에만 한정시켰다.[86] 2차대전에서 바로 이 순간은 사실 독일군이 지휘구조를 통합할 수 있는 좋은 기회가 될 수도 있었지만, 히틀러는 그 반대 방향으로 나가고 있었다.

이 새로운 지휘 기구와 함께 이루어진 행정적 변화는 흙탕물을 더욱 어지럽히는 결과만 초래했을 뿐이다. 결국 육군은 OKW와 나치당에 비해 더 많은 권력을 상실했다. 육군이 하나의 통일된 조직체로서 OKW와는 별개로 존재하는 한, 육군은 자신의 권위를 침해당할 때 제한적이나마 저항할 수 있는 능력을 유지할 수 있었다. 그러나 이제 그 상황마저도 변했다. 히틀러는 브라우히치가 담당했던 모든 행정적 문제를 직접 관리하려는 의사가 전혀 없었고, 보충군 사령관이나 육군 인사국, 육군 병기국 등과 같이 육군 최고사령관 밑에 있던 기관들의 관리는 모두 카이텔의 책임이 되었다.[87] 기존의 조직에 더해 새로운 조직을 관리하는 것은 카이텔에게는 어려움을 가중시켰고, 뿐만 아니라 문제의 부서들 입장에서도 그들은 이제 히틀러의 측근과 기타 나치당의 관료들에게 점점 더 많은 간섭을 받게 되었다. 해당 부서의 부서장들 또한 명목상 자신의 최고 지휘관을 만날 기회가 브라우히치 예하에 있을 때보다 더 줄어들었다.[88] 더 나아가 이런 변화로 인해 카이텔과 할더 사이에 긴장이 고조되기 시작했는데, 할더는 히틀러와 육군에 대한 자신의 영향력을 지키기 위해 나설 수밖에 없는 상황이라 피할 수 없는 일이었다.[89]

또한 새로운 지휘 구조로 인해 육군에도 변화가 생겼다. 작전에 대한 직접적인 영향은 최소한에 그쳤는데, 이는 할더가 여전히 총참모본부를 운영하고 있었기 때문에 가능했다. 하지만 간접적인 영향이나 미래에 미칠 잠재적 피해 또한 상당한 수준이었다. 총참모본부는 OKH 내에서 '동급최강'의 부서였다. 하지만 이제 그들의 영향력은 크게 감소했다. 총참모본부는 더 이상 보충이나 편제, 무기조달과 같은 분야의 정책 결정과정에서 강력한 목소리를 낼 수 있는 처지가 아니었다. 사실상 OKH는 더 이상 통합된 조직으로 존재하지 않았다.[90] 전쟁 막바지에 쓰디쓴 열매를 맺게 될 씨앗이 이미 뿌려졌다.

하지만 1941년 12월에도 또다시 겉으로는 그런 사실이 거의 드러나지 않았다. 당시에는 대부분의 독일군이 동부전선의 상황에 너무나 정신이 팔려 있어서 그와 같은 문제에 신경 쓸 겨를이 없었다. 전세가 완전히 뒤바뀐 현실에 많은 장교들은 커다란 충격을 받았다. 예를 들어 1941년 8월 초만 해도 당시 30세였던 중부집단군 18(차량화)보병사단 소속 보급장교인 울리히 데 메지에르는 어머니에게 보내는 편지에 이렇게 적었었다. "9월 초까지는 러시아군을 패배시킬 수 있을 겁니다." 하지만 10월 10일

편지에는 이렇게 적혀 있었다. "전역이 아직 끝나지 않았습니다." 12월 12일의 편지는 아예 이렇게 말했다. "미국이 참전했기 때문에 전쟁이 상당히 길어질 것 같습니다. 제 생각에 앞으로 3년 동안은 평화를 기대하기 힘들 것 같습니다."[91] 데 메지에르의 진술은 당시 독일인들이 1941년 6월부터 12월 사이에 느꼈던 감정의 변화를 잘 보여준다. 6월에 그들은 신속한 승리를 기대하며 도박을 벌였지만, 사실 독일인 대다수는 러시아 전역에 도박적인 요소가 포함되어 있다는 생각조차 하지 않았다. 그만큼 승리가 확실해 보였던 것이다. 7월과 8월의 승리는 그들의 믿음을 확인시켜주는 것처럼 보였다. 그 뒤로도 3개월에 걸쳐 독일군은 계속 러시아군을 궁지에 몰아넣고 있었지만, 12월 초가 되자 가장 자신감 넘치는 독일군조차 적을 완전히 굴복시킬 수 없다는 사실을 알고 있었다. 그리고 러시아가 반격을 가했을 때, 많은 독일군이, 대부분은 처음으로 자신이 어떤 상황에 빠져들고 있는지 의문을 품게 됐다.

바르바로사 작전의 수행과 관련하여 오늘날까지도 논쟁은 식을 줄 모른다. 대부분의 관심은 모스크바 전투의 의미나 중부집단군으로부터 병력을 전용하기로 한 히틀러의 초기 결정에 집중되었다. 어떤 역사학자들은 독일이 모스크바만 점령했어도 러시아는 전쟁에서 밀려났을 것이라고 주장하고 있으며, 그들 중 대다수는 승리가 바로 눈앞에 있을 때 중앙의 공세를 약화시키는 치명적인 실수를 저질렀다고 히틀러를 비난한다. 분명 육군의 고위 장성들은 그렇게 생각했다. 당시에도 그들은 중부집단군의 병력을 전환시키라는 명령에 반대했고, 전쟁 후에도 그해 여름 히틀러가 치명적인 실수를 저질렀다는 주장을 바꾸지 않았다. 그들의 주장이 별로 설득력이 없는 이유는 여러 가지가 있지만 그중 가장 중요한 것은, 독일은 오로지 소련의 붕괴에 승리의 희망을 걸고 있었지만 그 당시에도 소련은 그럴 기미가 전혀 없었다는 사실이다. 설사 붕괴의 기미가 존재했다고 해도 점령지 러시아에서 자행된 독일군의 잔학행위가 알려지면서 저항은 더욱 격렬해지기만 했다. 독일의 예상과 달리 후방의 소련 행정기구들은 여전히 기능을 발휘하고 있었을 뿐만 아니라, 아직도 소련은 우랄 산맥 너머에 상당한 산업 자산을 보유하고 있었다(전역을 시작하기 전부터 독일도 알고 있었던 것처럼).[92] 11월 독일군이 모스크바를 향해 마지막 공세에 돌입하기 전날, 소련은 기존 방어선의 후방 지역에서도 이미 추가 방어선을 구축하기 시작한 상태였다.[93] 그것은 비록 절망적인 대응책이기는 했지만, 그래서 소련이 아직 포기할 생각이 없다는 사실이 극명하게 드러난다. 이 무렵 독일의 자원상황은 한계에 도달했다(그렇게 될 것이라는 사실을 그들도 알고 있었다). 사실 동부전선에서 조금이라도 영토를 더 확장하게 되면 그것은 오히려 상황을 더 악화시키기만 할 뿐이었다. 국방군은 작전의 승리를 통해 전략적 위험을 극복하려고 했다. 이제 독일의 계산착오가 그들에게 나쁜 결과를 가져오기 시작했다. 바르바로사 작전이 실패하고 미국이 참전한 상황에서, 기적만이 독일의 패배를 막을 수 있었다.

별로 놀라운 일도 아니지만 당시 대다수 사람들에게는 아직 이러한 사실이 분명하게 보이지 않았다. 연합군에게 승리는 먼 장래의 이야기에 불과했다. 분명 독일인들은 비록 좌절을 겪기는 했지만 아직 자신들이 패배했다고 생각하지는 않았다. 그들은 유럽의 대부분을 지배하고 있었고, 그들의 적은 약화됐거나 아직은 멀리 떨어져 있었다. 이제까지의 전투보다 더욱 피비린내 나는 전투가 앞으로 3년 이상이나 더 지속되어야 했다.

8

조직의 작동, 한 주간 최고사령부의 일상

전쟁사에서 '영웅' 위주의 접근법은 피하기 어려운 유혹이다. 무엇보다 군사 지휘체계는 상대적으로 엄격한 계층구조를 갖고 있다. 물론 지휘관은 한 사람의 개인에게 가능한 한도 내에서 자신의 병력이 어디로 가서 무엇을 할 것인지를 결정한다. 하지만 실제에서는 지휘관 혼자서 자신의 임무를 수행할 수는 없다. 그는 결정을 내리기 전에 반드시 정보를 파악하고 있어야 하지만 현대전은 너무나 복잡하기 때문에, 최하위 장교를 제외한 모든 장교들은 현재의 진행상황을 알기 위해 서로에게 의지할 수밖에 없다. 그런 뒤 일단 어떤 결정을 내리면 고위 지휘관은 연속되는 일련의 관계 기관들에 의지해 결심을 좀 더 구체적인 명령으로 전환하고 최종적으로 그것을 실행하게 된다. 따라서 특정 군사조직은 한 개인의 의지에 따른 창조물인 것처럼 보일수도 있지만 사실은 대단히 복잡한 하나의 체계이고, 그 속에서 독립적인 요소들이 적절하게 기능을 발휘하며 하나의 전체로서 지휘관의 명령을 수행한다.

2차대전 독일 국방군의 경우도 분명 예외가 아니다. 전쟁을 설명하는데 있어서 우리는 히틀러를 유일한 의사결정자로 묘사할 수도 있다(사실 생존한 많은 독일 장성들이 정확히 그렇게 하려고 했다). 하지만 그와 같은 묘사는 일단 완벽하지 않을 뿐만 아니라, 카이텔이나 요들, 브라우히치, 할더와 같은 인물들을 더한다고 해서 독자적인 인물이 주체성이 없는 거대한 병력을 통제하고 있다는 인상에서 크게 벗어나는 것도 아니다. 이번

장에서 우리는 지금까지 이 책의 지면 대부분을 차지했던 지휘조직에 대한 묘사와 서술에 이어서, 그 체계가 작동하는 세부적인 방식을 잠깐 살펴보며 그와 같은 상투적 이미지에서 벗어날 것이다. 아무래도 짧은 시간의 관찰은 내용이 불완전할 수밖에 없다. 하지만 그것은 어쩔 수 없는 일이다. 우선 모든 참모부서 속에 있는 모든 인물이 매 순간 어떤 활동을 했는지 재구성할 수 있을 정도로 기록이 풍부하지 않다. 또 다른 이유는, 일단 자료가 존재하더라도 그런 식으로 묘사를 한다면 그것은 포괄적인 이해가 불가능한 기록이 될 것이라는 데 있다. 심지어 모든 교육을 전부 이수하고 여러 해에 걸친 참모근무 경험을 가진 참모장교조차도 총참모본부에서 새로운 보직을 맡고 숙련된 업무처리 능력을 발휘하게 되기까지 여러 달이 걸리며, 그렇게 업무에 숙련됐다고 해서 그가 조직 전반을 파악할 수 있는 능력을 가졌다는 의미는 아니다. 그럼에도 최고사령부의 세계에 들어가 그들의 업무에 대해 어느 정도 이해를 높일 수 있는 기회는 존재한다.

그런 목적으로 이번 장은 1941년 12월 15일부터 12월 21일에 이르는 한 주간의 시간에 초점을 맞추게 될 것이다. 이 시기는 위기의 순간으로 당시 국방군은 동부전선에서 처음으로 실패를 경험했으며, 전선의 상황에 따른 압박으로 인해 지휘체계 전반에 걸쳐 위기의 심각성을 절감하고 있었다. 히틀러와 그의 조언자들은 다음 상황을 미리 예측하고 재앙을 막는 데 필요한 결정을 내리며 일련의 사태를 좀 더 넓은 시각에서 파악하려고 고심했다. 그들 밑에서는 다수의 인원들이 각자가 담당한 좁은 영역 내에서 자기 지휘관의 요구에 부응하기 위해 똑같이 분투했다. 폭넓게 사고하기에는 그들에게 시간이 너무 부족했지만, 어쨌든 상황에 따른 스트레스가 그들의 내면까지 스며들었다. 그리고 이 시기에 그들이 경험한 상황이 종전의 것과 전혀 다른 낯선 것이라고 해도 그런 낯설음은 그리 오래가지 않았다. 최고사령부 내에서 위기는 곧 익숙한 사태가 될 것이기 때문이다.

배경

1941년 12월 5일까지 독일은 서쪽, 흑해의 로스토프에서 북쪽으로 모스크바를 거쳐 레닌그라드를 지나는 전선을 장악하고 있었으며, 전체 길이는 약 2,000킬로미터——대략 직선거리로 보스턴에서 마이애미에 이르는 거리이다——에 달했다. 바로 그 12월의 첫 주에 독일군은 그해 그들이 전진한 최대 진출선에 도달해 있었다. 이미 중부집단군이 11월 28일 로스토프에서 후퇴했으며, 이는 히틀러로 하여금 중부집단군 사령관을 해임하게 만들었다. 모스크바에서는 12월 5일과 6일 소련군이 반격에 나서 자국 수도에 대한 독일군의 공세를 저지했다.[1] 최초의 공격은 단지 그 정도 수준에 그쳤다. 독일군은 소련군의 반격에 앞서 약간 뒤로 후퇴했으며, 소련군의 공세 역시 느리게 전개됐다. 동시에 빌헬름 리터 폰 레프 Wilhelm Ritter von Leeb 원수 휘하의 북부집단군은 강력한 소련군의 압박을 받아 약간 뒤로 후퇴해야만 했다. 12월 8일, 히틀러와 브라우히치는 각각 개별적인 명령을 통해 동부전선의 모든 집단군에게 방어태세로 전환하도록 지시했다.[2] 히틀러의 명령은 후방에 미리 방어진지가 준비되어 있지 않는 한 절대 후퇴는 있을 수 없다고 명시했지만, 몇몇 지역에서 소련군은 히틀러의 군대에 그와 같은 사치를 허락하지 않았다. 12월 15일까지 러시아는 모스크바 남쪽과 북쪽의 독일군 돌출부를 제거했고 그곳과 러시아 북부지역에서 새로운 공세를 준비하고 있었다. 독일군은 이미 적의 공격과 매서운 추위로 인해 엄청난 인원과 대규모의 장비를 상실했으며, 그들의 자신감도 심각한 타격을 입은 상태였다. 보급 상황도 절망적인데다 비축물자도 없었다. 육군은 거의 붕괴 직전에 도달한 것 같았다. 할더는 이 상황을 "두 번의 세계대전을 통틀어 최악의 위기"라고 적었다.[3]

물론 독일군이 러시아에만 배치되어 있는 것도 아니었다. 그들은 노르웨이부터 프랑스에 이르는 영토를 점령하고 있었고 리비아에서는 아직도 영국과 교전 중이었다(그곳에서도 독일군은 총퇴각 중이었다). 하지만 동부전선만큼 상황이 심각한 곳은 어디에도 없었고, 그 어디도 동부전선보다 패전의 대가가 크지 않았다.

1941년 12월 15일 월요일

이 주의 월요일 아침이 채 밝기도 전에 OKH의 본부구역, '마우어발트 Mauerwald'의 총참모본부 작전과로 전문들이 들이닥치기 시작했다. 작전과는 바르바로사 작전이 시작되기 전 조직을 개편했다. 작전과장(육군 소장 호이징거)과 그의 작전차장(이른바 Ia, 헬무트 폰 그롤만 Helmuth von Grolman 중령)의 밑으로 세 개의 반이 있었다. I반, '동부전선반'은 겔렌 소령을 반장으로 세 개의 분반(IN과 IM, IS)으로 구성되어 있었으며, 각 분반은 해당 집단군의 작전을 관할했다.[4] 이제 전화와 텔레타이프를 통해 각 집단군의 아침 상황보고가 도착했다. 보고는 간략했다. 아침 보고는 전적으로 자정 이후의 상황만을 다루었다. 각 반의 장교들은 그 정보를 보고 몇 시간 전에 도착했던 좀 더 포괄적인 내용의 보고서에 새로운 변동사항을 추가했다. 이들 포괄적 보고서들은 여러 가지 내용을 담고 있었지만, 무엇보다 아군과 적군에 대한 정보와 의도, 손실규모, 전력 현황, 보급품 재고량, 기상에 대한 내용이 중요했다. 작전과의 각 반에서는 매일 같은 장교가 보고서를 처리함으로써 내용의 일관성을 보장하고 수령된 보고서의 내용을 신속하게 옮겨 적을 수 있게 했다. 전화로 보고를 받을 경우, 장교는 보고서의 양식에 맞추어 미리 인쇄해둔 양식지에 내용을 받아 적었다.[5]

새로운 정보를 확인한 뒤 각 분반장들(북부집단군 담당 분반장은 데틀레프 폰 루모르Detlev von Rumohr 소령이고 중부집단군 담당 분반장은 하인츠 브란트Heinz Brandt, 남부집단군 담당 분반장은 알프레트 필리피Alfred Phillippi였다)은 한 번에 한 명씩 호이징거의 방으로 들어가 그에게 상황을 보고했으며, 이때 최신 현황을 표시한 1:300,000 축척 지도를 사용했다. 호이징거 역시 동부전선 전체를 표시한 1:1,000,000 축척 지도를 갖고 있었으며, 그의 대리인인 그롤만은 적의 상황을 평가한 정보 개요를 갖고 있었는데 그것은 동부전선 외국군사정보과가 작성한 것이었다. 이런 방법으로 호이징거는 최소한의 시간을 투입해 상황을 완전히 숙지하게 되었다. 9시 30분이 되면 최초 보고서 접수로부터 호이징거를 위한 브리핑까지 모든 절차가 완결되었다.

그 시점부터 호이징거는 총참모본부 아침 브리핑을 위해 소규모 집단에 합류했다. 당연히 그 자리에는 할더와 그의 작전담당 참모차장과 정보담당 참모차장인 파울루스, 마츠키가 참석했으며, 그 외에 킨젤(동부전선 외국군사정보과장)과 게르케(수송과장), 불레(편제과장), 그리고 병참감실의 알프레트 바엔치Alfred Baentsch 대령이 모였다(바그너가 직접 참석하는

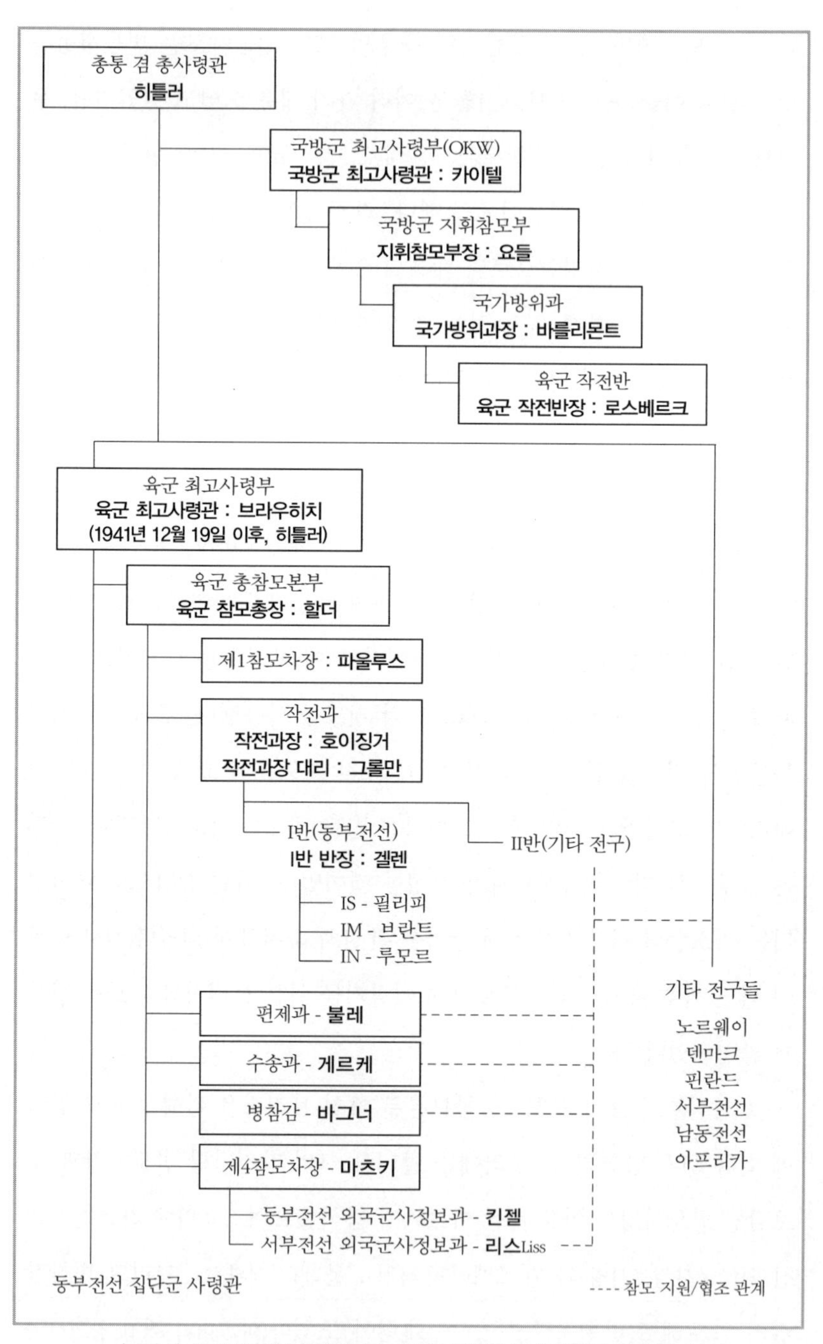

〈그림 4〉 1941년 12월, 독일군 최고사령부의 핵심 작전지휘 부서와 보직자.

경우는 드물었다). 호이징거가 먼저 밤새 일어난 우군의 상황을 개략적으로 보고했다. 이어서 킨젤이 적의 현황에 대한 평가를 보고했다. 이어서 각 부서의 과장들이 차례로 자신이 맡은 부분의 정보를 공유했다. 브리핑이 진행되는 동안 할더는 자신의 생각을 추가하거나 질문을 던졌으며, 새로운 과제를 부여했다. 이런 식으로 총참모본부의 모든 부서장들은 현재의 상황이 어떻고 자신은 물론 동료들이 수행하게 될 임무가 무엇인지를 파악했다.[6]

보통 할더와 주요 부서장들은 이어서 브라우히치에게 간략하게 현황을 브리핑하고 그러면 육군 최고사령관은 그 자리에서 필요한 모든 기본 명령을 내렸다.[7] 하지만 이날은 브라우히치가 아직 사령부에 도착하지 않은 상태였다. 그는 전선에서 보크 원수와 그의 예하 지휘관인 한스 폰 클루게Hans von Kluge 원수(4군 사령관), 구데리안(2기갑군 사령관)을 만나 전황에 대한 의견을 나누고 돌아오고 있는 중이었다.[8] 따라서 회의실에 모였던 인원들은 각자 자신의 업무를 수행하기 위해 해산했다. 그들 모두에게 이것은 추가적인 회의와 전화통화, 보고서 작성, 명령문 기안 등을 의미했다.

이날 할더의 활동은 평소와 별로 다르지 않았다. 정오에서 오후 1시 사이에 그는 3개 집단군의 참모장 한스 폰 그라이펜베르크Hans von Greiffenberg(중부집단군) 소장, 이어서 쿠르트 브렌네케Kurt Brennecke(북부집단군) 중장, 끝으로 게오르크 폰 조덴슈테른Georg von Sodenstern(남부집단군) 대장 순으로 이어졌다. 각각의 경우, 할더는 지상전의 최신 전개 상황과 그에 대해 집단군이 취해야 할 대응조치에 대해 꼼꼼하게 점검했다. 마지막 통화가 끝난 후 호이징거가 들어와 중부집단군의 상황에 대해 토의했다. 이어서 1시 20분 프롬이 들러서 전날 저녁 히틀러와 가졌던 회의 내용을 보고하고 두 가지 특별 계획(암호명 발퀴레Valküre와 라인골트Rheingold)에 대해 의논했는데, 이 계획들을 통해 보충군은 독일 본토에서 더 많은 부대를 창설할 예정이었다. 1시 30분 게르케가 들어와 철도와 관련된 몇 가지 문제점을 보고했다. 괴링이 완고하게 굴고 있었고 할더와 게르케는 다음 날 히틀러와 그 문제에 대해 의논하기로 했다. 게르케가 용무를 마쳤을 때 브라우히치가 도착했고, 할더는 그에게 그날 있었던 일들을 보고했다.[9]

두 사람에게 가장 큰 걱정거리는 중부집단군과 북부집단군의 전황이었다. 중부집단군의 경우, 보크는 집단군 전체가 100킬로미터 내지 150킬로미터 후퇴해 새로운 방어선을 구축하기를 바랐다. 문제는 보크 본인도 인정한 것처럼 그 방어선에 아무런 방어시설이 존재하지 않는다는 것과, 더불어 그의 병력은 엄청난 양의 중장비들을 남겨놓고 후퇴할 수밖에 없다는 것이었다. 12월 14일 히틀러는 정확하게 바로 그런 이유로 후퇴안을 거부했지만 그 결정과 관련해 약간의 혼란이 있는 것이 분명했다. 15일 오후 호이징거는 할더와 그라이펜베르크에게 말하기를, 앞서 자신이 요들과 이야기를 나누었으며, 요들이 제한적인 철수를 승인하는 히틀러의 명령을 전달했다고 했다.[10]

북부집단군 구역의 경우, 레프도 후퇴하여 볼호프Volkhov 강 뒤에서 방어선을 구축하고 싶어 했다. 그는 그와 같은 희망사항을 그날 오전 10시 15분에 작전과에 알렸지만, 그때 모든 선임 장교들은 브리핑에 참석하느라 자리에 없었다. 오후 4시 45분에 브렌네케는 호이징거에게 전화를 걸어 가능한 한 빨리 철수 결정을 내려달라고 요청했으며, 1시간도 채 지나지 않아 레프가 베를린에 있던 히틀러와 직접 통화했다. 총통은 제안된 철수안이 러시아에게 레닌그라드의 포위를 풀 기회를 제공하게 될 것이라고 확신했지만, 레프의 의견에 반박하고 싶지 않았던지 그 문제를 미해결 상태로 남겨놓았다. 카이텔은 오후 7시에 확인 전화를 걸어 히틀러가 아직 결심을 하지 못했다고 레프에게 알렸다. 그리고 계속해서 히틀러는 북부집단군이 반격을 할 수 있는 상황이 아닌지 물었다는 말을 전했다. 레프는 반격이 불가능하다고 대답했다. 이어서 카이텔은 다음 날 그 문제를 논의할 수 있도록 레프에게 히틀러를 만나러 와달라고 요청했다. 한 시간 뒤 요들은 브렌네케에게 명령서의 한 단락을 읽어주게 되는데, 그것은 OKW가 그날 저녁 배포할 예정인 명령서였다. 명령의 취지는 히틀러가 다음 날 레프를 만났을 때 철수에 대한 결정을 내리게 될 것이며 북부집단군은 그다음에나 기갑부대를 볼호프 강 뒤로 철수시킬 수 있지만, 그 외에 다른 부대는 절대 안 된다는 것이었다.[11]

실제로는 그때 이미 모든 논쟁이 무의미해진 상태였다. 북부집단군의 전쟁일지에는 레프가 그날 아침 이미 철수를 결심했다고 되어 있다. 그의 개인 달력에 적힌 메모와 저녁 상황보고를 토대로 작성한 할더의 상황개요 모두 집단군 사령부가 그날 철수 명령을 내렸다는 사실을 보여준다.[12] 전쟁의 이 시점까지도 일부 야전 지휘관들은 여전히 히틀러의 의도를 교묘히 회피했으며, 때로는 그러고도 별다른 문책을 받지 않았다.

OKH 본부의 상황으로 되돌아가면, 그날은 대체로 아침과 같이 계속 진행되었으며, 각각의 개인들은 자신에게 부여된 과업을 수행하고 있었다. 오후에 할더는 잠시 중앙과장인 질베르크를 만나 총참모본부에 관련된 문제를 검토했다. 그리고 오후 6시에는 브라우히치를 만나 한 시간 반에 걸쳐 전선의 상황을 의논했다. 바로 이 순간 육군 최고사령관은 자신의 참모총장에게 "크게 낙담"하고 "빠져나갈 길을 찾지 못하고 있다"는 인상을 주었다. 할더는 그가 이미 일주일 전에 사임을 요청했다는 사실을 전혀 알지 못했다.[13] 이어서 대략 밤 10시경, 할더는 호이징거와 파울

루스를 데리고 집단군 사령부에서 보낸 중간 보고서들을 검토하고 몇 가지 최종 명령을 내렸다.[14]

할더가 회의를 끝낼 무렵, 히틀러와 그의 보좌관들은 12월 11일 베를린에서 미국에 선전포고를 한 뒤 기차를 타고 동프로이센 라스텐부르크 Rastenburg 바로 동쪽에 면한 야전지휘소로 돌아가고 있었다. 요들은 그 기회를 이용해 오랜 친구 사이인 국가방위과의 육군 작전반장인 베른하르트 폰 로스베르크와 나란히 앉아 이야기를 나눌 수 있었다. 로스베르크는 히틀러의 전쟁 운영에 대단히 비판적이었다. 그는 총통이 동부전선에서 어떠한 후퇴에도 주저하는 태도를 보이는 것은 잘못이라고 생각했다. 그는 필요할 경우 육군이 그 뒤로 후퇴할 수 있도록 후방의 방어선을 따라 거대한 '동부방벽'을 건설해야 한다고 주장했다. 더 나아가 그는 전쟁의 전략적 방향을 제시하는 일은 히틀러도 의견을 경청할 수 있는 '탁월한 군인'에게 위임돼야 한다고 말했다. 로스베르크는 그 자리에 만슈타인을 제안했다. 요들은 애매한 태도를 취했다. 그의 말에 따르면 그 역시 동부전선에서의 질서정연한 후퇴가 많은 득이 될 것이라는 사실을 알고 있었다. 하지만 요들은 후퇴에 따른 위험이 장점보다 더 크다는 히틀러의 관점에 동의하는 경향이 있었다. 더 나아가 요들은 어떤 뛰어난 장군이 지휘권을 인수해야 한다는 것과 아마도 만슈타인이 최적의 후보라는 데에는 동의했지만, 히틀러가 그런 변화를 결코 승인하지 않을 것이라고 주장했다. 거기서 두 사람은 이야기를 멈추고 잠자리에 들었다.[15]

1941년 12월 16일 화요일

12월 16일 이른 아침, 히틀러의 특별열차가 라스텐부르크를 통과해 작은 괴를리츠Görlitz 역에 도착했다. 이 기차역도 암호명 '볼프스산체Wolfsschanze'(대충 '늑대 소굴'이라는 의미)인 총통사령부의 일부였다. 독일은 바르바로사 작전을 계획하고 있을 때 이 단지를 건설했다. 1942년과 1943년 우크라이나에 있는 또 다른 사령부 단지에서 몇 주를 보낸 때를 제외하고, 볼프스산체는 1941년 6월부터 1944년 11월까지 히틀러의 본부였다. 사령부 단지는 숲과 "바람 한 점 없이 지독한 악취를 풍기는 소택지"에 자리를 잡고 있었고, 크기는 대략 가로 1.5킬로미터, 세로 2킬로미터였으며, 지뢰밭과 두터운 철조망 지대로 둘러싸여 있었다.[16] 또 다른 철조망이 단지의 안쪽을 세 개의 보안구역, 즉 슈페르크라이제Sperrkreise로 분리했다. 제1 보안구역은 히틀러가 기거하며 업무를 보는 커다란 지상 벙커를 비롯해 카이텔의 벙커와 요들의 벽돌집을 포함하고 있었다. 슈문트 대령과 엥겔 소령, 카를예스코 폰 푸트카머Karl-Jesko von Puttkamer 중령, 니콜라우스 폰 벨로Nicolaus von Below 소령(순서대로 히틀러의 국방군, 육군, 해군, 루프트바페 부관이다) 또한 단지 내에서 생활했지만 소수의 하급 보좌관들을 제외하면 제1 보안구역에 거주하는 군인들은 이들이 전부였다. 국방군 지휘참모부의 나머지는 거의 1킬로미터나 떨어진 제2 보안구역에서 생활하며 일했다.

히틀러 본부의 위치나 배치는 모두 문제가 있었다. 우선, 무엇보다도 공간부족이라는 문제 때문에 정부의 부처들과 군대의 행정기구들은 베를린에 남아 있어야만 했다. 외따로 떨어진 본부 단지 속에 은둔함으로써, 히틀러는 자신을 비롯해 참모들을 베를린의 핵심 기관들로부터 거의 완전히 단절시켜버렸다. 사실 그는 2차대전에서 그런 식으로 자신을 고립시킨 유일한 국가수반이었다. 카이텔은 자서전에서 이런 상황에 대해 불만을 토로했다. 그가 적은 글에 따르면, 자신이 베를린에 있지 않았기 때문에 그곳에 있는 OKW의 부처들은 베를린에 있는 경우보다 훨씬 더 큰 독립성을 갖게 되었다.[17] 물론 동프로이센의 본부 참모들은 베를린의 부처들과 접촉을 유지하는 데 필요한 조치를 취하고 있었다. '볼프스산체'는 최신형 통신장비들을 모두 보유하고 있었고 전령들이 매일 비행기 편으로 드나들었다. 또한 장교들은 야간열차를 이용해 두 곳의 중추 기관들 사이를 오고 갔으며, 통신문이 들어 있는 자루들이 그들과 동행했다. 더 나아가 국방군 지휘참모부의 야전제대에는 OKW의 여러 다른 기관에서 파견된 연락장교들이 포함되어 있었다. 하지만 이런 수단들은 기껏해야 부분적인 해결책에 불과했다.

카이텔의 불평이 있기는 했지만, 총통사령부의 고립으로 인해 초래된 문제들을 문서화하기는 어려웠다. 때로는 총통사령부와 베를린 사이를 이동하면서 소비된 시간 때문에 결론에 도달하고 그것을 실행하는 과정이 지연되기도 했다. 분명 관계자들이 서로 정기적인 직접 접촉을 갖지 못한 결과 발생한 사소한 오류들도 많았을 것이다. 독일인들은 특히 그와 같은 문제를 일으키기 쉬운 경향이 강했는데, 이는 그들이 참모진을 소규모로 제한하면서 그만큼 더 많이 개인적인 상호협조에 의지할 수밖에 없었기 때문이다. 그 밖에도 베를린에서는 바로 옆에 있는 각종 지원 기능들이 총통사령부에는 없었기 때문에 기타 여러 가지 문제들이 발생하기도 했다. 예를 들어 국방군 지휘참모부는 지도 보관실이나 인쇄소의 기능을 전혀 사용할 수 없었다. 국방군 지휘참모부의 제도사가 손으로 직접 지도를 그리고 차트를 작성해야만 했던 것이다.[18]

하지만 히틀러의 사령부 선정과 관련하여 가장 중요한 문제는 아마도 지도자가 사건을 파악하는 데 미친 영향과 관계가 있었을 것이다. 히틀러와 그의 측근 보좌관들이 자신만의 협소한 세계에 갇힌 채 외부 세계의 사건과 사람들로부터 철조망으로 분리되어 있는 형국에는 단순히 상징적인 의미 이상의 것이 존재한다.[19] 한때 요들은 총통 구역 안의 분위기를 "수도원과 강제 수용소의 혼합물"이라고 기술했다.[20] 고립된 생활로 인해 그는 전선의 상황이나 국내의 현실을 완벽하게 파악할 수 없었다. 더 나아가 히틀러와 카이텔, 요들은 외부세계 뿐만 아니라 국방군 지휘참모부 자체와도 단절되어버렸다. 업무와 관련이 있든 없든 요들과 바를리몬트가 며칠씩 얼굴을 대하지 않고 흘러가는 경우도 있었다.[21] 물리적으로 요들이 자신의 참모들과 고립되면서 그의 냉담한 성향이 더욱 심해졌으며, 국방군 지휘참모부의 조언 기능은 점차 사라져버렸다. 그것은 단순히 히틀러와 요들의 희망사항을 종이 위에 옮겨 적고 심지어는 요들이 직접 기안한 명령문을 등록하는 기관으로 점차 변질되어갔다. 훌륭한 참모 업무의 특징이라고 할 수 있는 정보와 사고의 자유로운 흐름은 OKW 사령부 단지 내에서는 존재하지 않았다.

OKW 사령부 단지의 물리적 환경 또한 장애요인이었다. 여름의 '볼프스산체'는 무덥고 습도가 높았으며, 겨울에는 축축한 가운데 추웠다. 습기는 특히 대부분의 업무가 이루어지는 콘크리트 벙커에 커다란 문젯거리였다. 벙커가 두터운 소나무 숲에 덮여 있고 창문이 작았기 때문에 비좁고 답답한 방들은 거의 햇빛을 받지 못했다. 게다가 환기시설은 끊임없이 소음을 만들어냈다. 이런 이유들로 인해 참모장교들은 가급적이면 단지 안에 있는 목재 병영에서 생활하며 일하고 싶어 했다.[22] 종합적으로 이런 환경은 좋은 업무실적을 내는 데 도움이 되지 못했다. 어쩌면 환경적 영향은 사소한 수준에 불과했을지도 모르지만, 그럼에도 분명히 영향을 끼쳤다.

어쨌든 히틀러가 화요일 아침 일찍 자신의 '수도원'에 재진입하면서 그곳의 업무는 일상적인 흐름으로 되돌아갈 수 있었다. 히틀러의 첫 번째 주요 일과는 레프를 만나는 것으로 그는 그날 아침 북부집단군 사령부에서 비행기로 도착했다. 레프는 사령부의 분위기가 '침울'하다고 생각했다. 요들은 전선의 상황을 1812년 프랑스군의 상황에 비유했다. 하지만 레프는 회의에서 만족스러운 결과를 얻었다. 그는 집단군의 북익北翼을 후퇴시키도록 히틀러를 설득하는 데 성공했던 것이다. 물론 이미 철수가 진행 중이라는 말은 꺼내지 않았다.[23] 그런 결정을 내리고 히틀러는 기분이 나빠졌다. 그는 브라우히치 면전에서 북부집단군의 위기를 OKH의 잘못이라고 비난했다. 이어서 레프는 '마우어발트'를 찾아가 할더에게 회의결과를 보고했고 그동안 히틀러는 중부집단군의 상황에 관심을 집중시켰는데, 그곳에서는 소련군의 압박이 점점 더 거세지고 있었다. 이날 아침, 히틀러는 국방군 지휘참모부에게 육군과 루프트바페의 총참모본부, 보충군 사령관, 국방군 수송국장에게 보내는 총통훈령을 기안하게 했다. 이 훈령은 각 집단군이 취해야 할 행동을 규정하고 가능한 한 빨리 전선으로 보내야 할 보충부대를 지정했다.[24]

거의 동시에 당시 중부집단군 지역에 있었던 슈문트가 구데리안의 긴급한 회의 요청에 응했다. 두 사람은 구데리안의 구역 후방에 위치한 오룔Oryol의 비행장에서 30분에 걸쳐 이야기를 나누었다. 구데리안은 슈문트를 통해 상황이 얼마나 심각해지고 있는지를 총통에게 전달하려고 했으며, 슈문트에게 그가 전선에서 받은 인상을 총통에게 전해달라고 부탁했다.[25] 여기서 슈문트가 취하는 행동은 히틀러가 전선에서 벌어지는 사건에 대해 정보를 얻는 독특한 방식을 잘 보여준다. OKH는 종종 장교를 파견해 현장에서 전황을 파악했는데, 브라우히치 자신의 여행도 그런 활동의 하나였다. 하지만 하급 장교들도 그와 같은 목적으로 여행을 했으며 귀환한 뒤 자신이 발견한 사실을 상관에게 보고했다. 하지만 히틀러는 자신의 군사 참모들이 잠시라도 사령부를 벗어나는 것을 용납하지 않았으며, 요들은 자기 나름대로의 이유로 부하들이 그런 목적으로 출장 가는 것을 못마땅하게 생각했다. 따라서 요들을 비롯해 국방군 지휘참모부의 장교들은 전투지역에서 벌어지고 있는 일에 대해 직접적인 정보를 얻을 기회가 전혀 없었다. 반면 전쟁이 진행되면서 히틀러는 특정 장교의 보고가 육군 총참모본부의 견해에 반대되는 자신의 견해를 지지하는 경우 그를 전방으로 보내거나 혹은 전방의 지휘관을 사령부로 호출했다. 그런 목적으로 그는 슈문트나 루프트바페와 친위대 소속 장교들을 활용했으며, 히틀러는 OKH의 입장에 반대되는 입장을 취할 인물로 그들을 신뢰할 수 있었다.[26]

히틀러가 한쪽에서 중부집단군의 위기를 다루고 있을 때, 할더는 보크에게 전화를 걸어 히틀러가 곧 배포하게 될 명령의 대략적인 내용을 알려주었다. 할더에 따르면 모스크바 북서쪽의 전선을 유지하기 위해 애를 쓰고 있는 3기갑집단과 4기갑집단은 만약 다른 대안이 없을 경우, 점진적인 후퇴가 가능했다. 그밖에 다른 군은 현 위치를 고수하게 되어 있었다.[27] 그런데 할더의 말이 국방군 지휘참모부에서 아직 기안 단계에 있는 명령에 대해 이야기하는 것이라면 그는 그 내용을 알 수 있는 위치가 아니었을 것이다. 문제의 명령서가 발송되어 저녁에 작전과에 도착했다. 각 분반은 명령을 담당 집단군사령부에 맞도록 고쳐서 해당 사령부로 전송했다. 중부집단군은 명령서를 12월 17일 오전 1시 5분에 수신했다.[28]

그것은 중부집단군의 장교들에게 그들의 병사들을 다그쳐 "광적인 저항에 나서며 …… 측면이나 후방으로 돌파해 들어온 적에 대해서는 신경 쓰지 못하게 만들 것"을 요구했다.[29] 명령서의 표현에 따르면, 오로지 그러한 저항만이 예비 병력을 투입하는 데 필요한 시간을 벌 수 있었다.

대략 밤 10시경, 슈문트는 그라이펜베르크에게 전화를 걸어 히틀러가 그날 전황에 대한 토의를 하던 중 브라우히치를 '해임'했다는 사실과 그(슈문트)는 한동안 중부집단군과 긴밀한 접촉을 가져야 한다는 사실을 알렸다. 그날 저녁 보크는 자신의 부대가 처한 상황이 훨씬 더 심각해졌다는 사실을 깨닫고 슈문트에게 전화를 걸었다. 그는 브라우히치가 자신의 상황보고서를 히틀러에게 전달했는지 알고 싶었다. 슈문트는 전달하지 않았다고 말했다. 그러자 보크는 전화로 자신의 보고서를 슈문트에게 읽어주었다. 보고서는 히틀러가 철수 여부를 결정해야만 하며, 어느 쪽을 선택하든 별로 희망이 많지는 않다고 말했다. 보크는 집단군이 후퇴를 하더라도 상당히 먼 후방에서 전선을 유지하는 데 필요한 전력을 계속 유지할 수 있을지 확신하지 못했다. 왜냐하면 너무나 많은 장비들을 남겨놓고 가야 하기 때문이었다. 그러자 슈문트는 히틀러가 몇 군데 전선을 돌파당했다고 해서 모든 것을 희생시킬 수도 있다고 생각하지는 않는다고 말했다. 계속해서 슈문트는 총통이 자신이 할 수 있는 모든 수단을 동원하고 있으며 더 많은 병력을 전선에 보내기 위해 최선을 다하고 있다고 말했다. 그리고 그는 이런 말을 덧붙였다. "총통께서 상황의 심각성에 대해 적절한 보고를 받지 못하고 있다는 사실은…… 대단히 유감스러운 일입니다." 그러자 보크는 정오에 할더에게도 말했던 것처럼, 자기에게는 예비 병력이 전혀 남아 있지 않다는 점을 지적했다. 그는 자신의 건강이 '한 줄의 명주실로' 위태롭게 지탱하고 있으며, 만약 총통이 이곳에 새로운 인물이 필요하다고 생각한다면, 총통은 조금도 주저하지 말고 그(보크)의 건강상태를 참작해야만 한다고 말했다. 슈문트는 보크의 의사를 잘 이해했으며 히틀러에게 보크의 보고서를 전달하겠다고 말했다. 이들의 대화를 보면 이후에 이루어진 많은 진술에 비해 히틀러가 유리한 입장에 서게 된다. 분명 보크는 아무런 대안을 제시하지 못했다. 그는 자신도 일조하여 공격에 버틸 수 없게 만든 집단군의 상황을 대신 책임져줄 누군가를 찾으려고 애쓰는 것처럼 보인다.[30]

분명 육군의 고위지도부는 위기가 깊어지면서 계속 힘을 잃고 있었다. 히틀러는 직접 혹은 OKW 참모장교들을 통해 집단군사령관은 물론 군사령관들을 상대하고 있었다. 그는 브라우히치를 의사결정 과정으로부터 완전히 배제시켜버렸고, 비록 할더와 충돌을 일으키지는 않았지만 적어도 서로 평행선을 그리며 업무를 처리하고 있었다. OKW와 육군의 고위인사들은 모두 더 이상 이런 상황이 계속될 수는 없다고 불평하기 시작했다.

1941년 12월 17일 수요일

최고사령부에서는 언제 화요일에서 수요일로 바뀌었는지도 모르고 지나갔으며, 이런 식으로 날짜가 바뀌는 것은 일상적인 일이었다. 무엇보다 그것은 시간적인 형식에 불과했다. 수면 시간을 기준으로 보면 화요일은 아직 끝나지 않았다. 자정 직전, 브라우히치와 할더, 호이징거는 '볼프스산체'의 제1 보안구역에 보고했고 경비병을 통과해 히틀러의 상황실에 들어갔다. 보통 히틀러의 자정 브리핑은 정오에 받는 브리핑보다 간략하게 이루어졌다. 보통 요들이 혼자 브리핑을 하곤 했던 것이다.[31] 하지만 이런 위기상황에서 히틀러는 육군 장교들을 참석시키라고 명령했다.

할더는 회의의 주요 의제를 일기에 기록했다. 대체로 그들은 OKW가 발령한 명령에 동의하고 있었다. 히틀러는 철수를 절대 입에 올리지 말라고 말했다. 적은 불과 몇 군데 지점을 돌파했을 뿐이다. 후방에 진지를 구축한다는 이야기는 환상에 불과하다. 전방의 상황에서 유일하게 잘못된 부분은 적이 우리보다 병력이 더 많다는 것이다. 그 밖에 다른 모든 부분에서 그들은 우리보다 훨씬 더 불리하다. 새로운 사단들이 동부로 이동 중이다. 하지만 열차의 수는 제한되어 있다. 따라서 우리는 수송의 최우선 순위를 경무장한 보병과 대전차포에 둘 수밖에 없다. 그 외에 다른 것들은 기다려도 상관없다.[32]

중부집단군과 일련의 사후 점검 전화통화가 브리핑 바로 뒤에 이어졌다. 대략 12시 반경에 히틀러는 제일 먼저 보크에게 전화했다. 그는 방금 슈문트에게 보고를 받았다고 운을 뗐다. 이어서 병력이 현 위치를 고수해야 한다는 자신의 논리를 설명했다. 병력이 철수하게 되면 며칠 지나지 않아, 이제는 중장비나 대포도 없이 다시 똑같은 곤경에 처하게 될 것이다. 따라서 현 위치를 고수하는 것밖에 다른 도리가 없다고 말했다. 보크도 이미 현 위치를 고수하라는 명령을 내렸지만 상황이 너무 절박해 언제든 집단군 전선에 커다란 돌파구가 뚫릴 수 있다고 대답했다. 히틀러는 그런 상황이 벌어지면 모든 책임을 자신이 지겠다고 밝혔다. 그의 말과 함께 대화는 끝났지만 히틀러와 카이텔은 새벽이 되기 전 다시 한 번 보크와 통화를 하게 될 것이었다.[33]

브리핑이 끝나자, 브라우히치와 할더, 호이징거는 노면전차에 올랐는데, 그것은 '볼프스산체'와 '마우어발트' 사이를 운행하는 것으로 그들을 OKH 단지까지 태워주었다. OKW 사령부처럼, OKH의 사령부도 여러 방으로 세분화되어 있었다. 총참모본부의 모든 장교들은 암호명 '프리츠Fritz'라고 불리는 야전사령부의 한 부분에 각자의 사무실과 주거구역을 갖고 있었는데, '마우어발트'의 절반을 차지하면서 '크벨레Quelle'라는 암호명으로 통하는 병참감 사무실은 거기에 포함되지 않았다.[34] 전체 사령부 단지의 규모는 엄청났다. 당시 육군 보급분배반에서 대위로 근무했던 페르디난트 프린츠 폰 데어 라이엔Ferdinand Prinz von der Leyen은 훗날, 사람들은 단지 내에서 특히 야간에는 길을 잃기 쉬웠고, 그곳에서 4년을 근무했지만 아직까지도 몇몇 참모부서는 위치가 어디인지 모르는 경우도 있었다고 기록했다.[35]

할더는 자신과 보좌관이 정확하게 몇 시에 '볼프스산체'를 출발했는지 기록해두지 않았지만 그들이 히틀러와 보크의 첫 번째 통화가 끝난 다음 그곳을 떠났다고 가정하면, '마우어발트'로 돌아오는 노면전차는 거의 새벽 2시가 될 때까지 출발하지 못했을 것이다. OKH 단지까지 거리가 약 16킬로미터이기 때문에 그들은 아마 2시 반경에 그곳에 도착했을 것이고, 그렇다면 그들은 새벽 3시경에는 자신의 숙소로 돌아가 잠자리에 들었을 것이다.—그들이 최종 업무를 처리하지 않았다고 가정할 때 그렇게 말할 수 있는데, 잠자리에 들기 직전에도 일거리가 생기는 경우가 많았다. 이런 일상은 육군의 고위 지도자들이나 핵심 참모부서의 장교들에게는 특이한 일이 아니었다. 할더의 부관인 콘라트 퀼라인Conrad Kühlein 대위는 그에 대해 이렇게 기록했다. "그는 한 번에 몇 달씩 새벽까지 정력적으로 일을 한다는 측면에서 피로를 모르는 일꾼이었으며 그 때문에 건강이 위험할 정도였다. 나는 병영으로 출근하다가 그가 브리핑을 위해 아침 7시에 사무실을 나서는 장면을 여러 차례 목격했다. 그리고

9시가 되면 다시 사무실로 돌아와 업무를 수행했다."[36] 대부분의 경우 할더는 대략 8시경에 출근했으며, 자정을 넘긴 시간까지 계속 일을 하다가 몇 시간 동안 독서를 한 다음 잠자리에 들었다.[37] 이런 면에서 볼 때 그는 대몰트케의 금언, "천재는 근면하다"의 화신이었을 뿐만 아니라 자신의 부하에게도 똑같은 수준의 근면성을 기대했다. 독일군의 사령부에는 미국 참모제도처럼 '당직교대'라는 개념이 존재하지 않았다. 적어도 이론상으로는 모든 사람들이 24시간 당직근무 중이었다.[38]

당연히 참모장교들이 깨어 있는 시간 내내 일만 한 것은 아니다. 비록 짧기는 하지만 자신의 임무에서 오는 스트레스를 해소할 수 있는 몇몇 제한적인 기회도 있었다. 이 장에서 설명하는 것과 같은 위기의 순간에는 사실상 그런 기회조차도 없었지만, 가끔 상황이 별로 긴박하지 않은 시기에는 장교들도 산책이나 승마, 스포츠 활동에 참가할 시간이 있었다. 어떤 활동에 참가할 것인지에 대한 선택은 개인의 몫이었다. 신체단련과 같이 의무적으로 참가해야 하는 활동은 없었다. 가끔 장교들에게 휴가가 주어지기도 했는데, 다만 참모진이 너무 소규모이다 보니 그들의 상관은 장교들이 너무 자주 혹은 장기간에 걸쳐 자리를 비우게 할 수 없었다. 자유시간의 양은 어느 정도 각자가 근무하는 참모부서에 따라 달랐다. 일부 참모부서들은 전선의 상황에 자극을 받지 않는 장기간의 프로젝트를 수행했다. 그런 부서의 인원들은 업무시간이 좀 더 규칙적이었다.[39]

최고사령부 내의 사회적 환경은 중요하면서도 복잡했다. 친분이나 적대, 상호지원과 하찮은 질투심, 이 모든 요소들이 장교의 사교활동은 물론 업무에도 영향을 미쳤다. 어떤 경우에는 자신이 속한 병과에 대한 충성심이 개입했고, 그렇지 않은 경우에는 보충군과 총참모본부 장교 사이의 긴장감이 작용했다. '볼프스산체' 내부의 상황이 가장 복잡했다. 우선 그곳에 있는 사람들 중 다수가 자신만을 위한 개인적 권력투쟁에 몰두하고 있었고 그런 현실이 사교의 영역에도 영향을 미쳤다. 예를 들어 친위대 계급을 갖고 있는 한 외무부 관료는 바를리몬트에게 보낸 초대장을 취소했는데 이는 분명 힘러가 모든 친위대 장교들에게 바를리몬트와의 접촉을 금지했기 때문이며, 그 이유는 바를리몬트가 보여준 '반反친위대적 태도'에 있었다.[40] 더불어 히틀러를 직접 대해야 하는 특수한 어려움도 존재했다. 예를 들어 슈문트는 국방군 지휘참모부의 장교 중 한 명이 매일 저녁 히틀러의 저녁식사에 동석해야 한다고 결정했다. 처음에는 장교들―특히 젊은 장교들―도 그 아이디어에 커다란 열의를 보였다. 하지만 나중에는 슈문트가 저녁식사에 참석할 장교를 지정해야만 했다. 아무도 자원하지 않았던 것이다.[41] 히틀러의 식단은 오로지 야채뿐이었으며, 금연이었고, 전선에서 나쁜 소식이 전해지기라도 하면 분위기가 금방 심각해졌다. 거기다 저녁식사 후 여러 시간 동안 이어지는 총통의 독백은 수면유도 효과가 있는 것으로 유명했다.[42]

최고사령부 내부의 인간관계도 근무시간이나 업무량으로 인한 스트레스의 경우와 마찬가지로 참모들의 업무능력에 분명 영향을 미치겠지만 그것을 분석하기는 거의 불가능에 가깝다. 수면과 여가 시간의 부족―독일식 참모진이 규모가 작아서 생기는 당연한 결과물일 뿐만 아니라 다른 모든 국가의 군대에서도 공통적으로 보이는 현상―은 독일 참모들의 실적에 악영향을 미쳤겠지만, 그것들이 초래한 결과를 따로 분리해내기란 거의 불가능하다. 사교 관계도 다른 모든 조직들의 경우에서와 마찬가지로 여기서도 중요한 요인이다. 장교들은 지휘체제 속에서는 공식적인 계급이 단지 제한적으로만 의미를 갖는다는 사실을 빠르게 파악했다. 적절한 사람을 알고 있다는 것은 특정한 장교가 위계질서 속에서는 거의 불가능한 일들을 달성하거나 아니면 달성이 가능한 일을 더욱 신속하게 처리할 수 있게 된다는 의미였다.[43] 하지만 또 한편으로 일상적인 참모업무를 수행하는 과정에서 그와 같은 관계의 중요성을 보여주는 특정한 사례를 찾기란 대단히 어려운 일이다. 그런 내용들은 분명 어떤 공식적인 기록이 관심을 가질 만한 사안이 아니며, 총참모본부의 정신적 성향은 인간성보다는 업무절차를 더 중시했다. 특히 독일군이 1941년 12월에 당면했던 것과 같은 위기의 경우, 최고사령부의 요원들은 바로 눈앞에 있는 과제에만 정신을 집중했을 것이다.

여기서 다루는 그 수요일에는 그런 과제들이 많았을 뿐만 아니라 자세히 묘사되어 있다. 지휘부는 상황의 요구에 따라 이미 작전과 관련된 중요한 결정들을 내린 상태였다. 이 순간부터 남은 일은 오로지 그 결정들을 집행하는 것이었다. 가장 중요한 과제는 증원 병력들을—완전한 부대 단위의 증원 병력과 보병의 인원 손실을 메울 보충병들 모두—전선으로 보내는 것이었다. 실제로 그것은 전혀 새로운 임무가 아니었다. 어느 정도까지는 이미 몇 주 전부터 독일군이 그런 문제와 씨름을 하고 있었고 며칠 전부터는 그 문제에 대한 긴박성이 더욱 커지고 있었다. 여기서 그들의 노력을 자세히 언급할 필요는 없다.

12월 15일, 국방군 지휘참모부는 남동전구 국방군사령관을 비롯해 로마, 자그레브Zagreb 주재 독일군 장성들에게 명령을 내려 발칸 반도에서 이탈리아군과 불가리아군의 전력을 증강시키고 그곳의 독일군을 러시아 전선으로 전환시키는 조치에 들어가게 했다.[44] 또한 그날 저녁 히틀러는 명령을 내려 가능한 한 빨리 몇 개 사단을 동부전선으로 이동시키고, 7산악사단은 핀란드로 이동시키라고 지시했다.[45] 이미 파울루스와 호이징거가 그에 필요한 업무를 추진하고 있던 것으로 보아, 실제로는 사전에 총참모본부로 7산악사단을 이동시킨다는 말이 전달됐던 것이 분명하다. 호이징거는 훈련과를 통해 그 부대의 상태를 점검했다. 훈련과의 응답에 따르면 7산악사단은 전투태세가 완료되지 않은 상태였다.[46] 호이징거는 파울루스에게 훈련과의 응답문서와 함께, 7산악사단은 아직 배치가 불가능하며 OKW가 이 문제에 대한 보고를 기다리고 있기 때문에 파울루스가 가능한 빨리 답신을 주기 바란다는 메모를 보냈다. 같은 날 파울루스가 답신을 보냈다. 답신에는 그가 바를리몬트와 그 문제를 논의했으며, 바를리몬트의 말에 따르면 즉시 북부전구를 보강하는 것이 총통이 바라는 것이라고 적혀 있었다. 따라서 파울루스는 7산악사단이 즉시 출발해야 하며, 대신 OKW에 제출할 보고서에는 7산악사단이 핀란드에서 좀 더 많은 훈련시간을 가져야 한다는 점을 반드시 언급하라는 내용을 덧붙였다.[47]

병력 증원 문제에 대한 업무는 12월 16일에도 계속됐다. D집단군을(더불어 서부전구 최고사령부를) 담당하는 작전과 IIa분반은 그 사령부에 각서를 보내 예하의 5개 사단이 동부전선으로 출발할 일자를 알렸으며, 이들 사단의 전출이 집단군의 임무에 어떤 영향을 미칠지를 평가해달라고 집단군사령부에 요청했다.[48] 작전과 IIa는 또한 중부집단군에 한 개 사단은 전출이 지연될 것이라는 사실을 통보했다.[49] 두 경우 모두 통보문의 사본이 수송과와 중앙과, 편제과, 훈련과, 할더의 부관, 병참감, 육군 인사국, 작전과 Ia, I, III에도 전달됐다. 이것은 표준적인 유형이었다. 작전과의 분반들은 전출시키는 사령부와 전입을 받는 사령부 사이에서 부대전출 업무를 협조하고 모든 결정사항에 대한 정보를 그 정보를 필요로 하는 모든 참모부서에 전달했다. 모든 전출현황을 파악하기 위해 작전과의 분반들은 부대와 그들의 상태를 표시하는 도표를 관리했다.[50]

히틀러와 OKW는 12월 16일에도 증원 현황에 직접 개입했다. 우선 히틀러는 국방군 수송감인 게르케를 만나 철도운송의 우선순위에 대해 생각해둔 내용을 전달했다. 히틀러는 이렇게 말했다. 전방에는 사람이 필요하다. 따라서 철도는 완전편제 부대보다는 보병 보충병의 수송에 우선순위를 두어야 한다. 게르케는 그의 지침을 할더에게도 전달했고 그는 다른 부서장들에게 통보했다.[51] 추가로, 그날 집단군들에 대한 국방군 지휘참모부의 명령은 보병의 보충이 긴급한 상황임을 강조하면서, 1942년 1월 1일부터 2월 1일 사이에 중부집단군에 도착하게 될 5개 보병사단을 명시했다. 물론 OKW는 이들 사단을 순전히 이론적인 근거에서 선택한 것이 아니었다. 이들 중 두 개 사단은 그 전날 작전과 IIa가 작성한 D집단군의 전비태세에 대한 각서에 이미 포함되어 있었다. 분명 OKW와 OKH는 이 문제와 관련하여 긴밀하게 협조하고 있었다.[52]

이제 수요일이 되자, 총참모본부는 국방군지휘참모본부의 명령을 실행에 옮기는 작업에 들어갔다. 아침 브리핑이 끝나는 즉시 할더는 파울루스와 호이징거, 알프레트 바엔치, 킨젤 등과 함께 전날 저녁 브리핑에서 히틀러가 지시한 명령과 지침들을 검토했다. 그들의 주요 임무는 수송체계를 조직해 가능한 한 빨리 보병을 전방으로 이동시키는 것이었다. 그 회의가 끝나고 여러 참모장교들이 각자의 과제에 매달리기 시작했을 때 할더는 몇 가지 문제를 두고 브라우히치와 잠시 이야기를 나누었으며, 거기에는 추가로 1,000대의 트럭을 중부집단군으로 이동시키는 문제가 포함되어 있었다.[53] 나중에 그는 브라우히치를 다시 찾아갔는데, 이번에는 프롬과 함께 갔다. 여기서도 병력의 교체와 보충이 토의의 주안점이었다.[54]

할더가 브라우히치와 프롬과 함께 회의를 하는 동안 그의 부하들은 업무를 진행하고 있었다. 호이징거는 보충 병력을 전선으로 수송하기 위한 계획을 기안 중이었는데, 그의 계획에 따르면 보병은 모부대에서 분리되어 먼저 전방으로 이동하게 되어 있었다. 덧붙여 발퀴레 계획의 병력, 즉 보충군에서 긁어모은 병사들은 새로운 사단으로 편성하기 보다는 전방의 사단에 배치하기로 했다. 그동안 게르케는 히틀러와 교통부장관을 만났다. 세 사람은 동부전선으로 가는 열차의 수를 1942년 1월 1일까지 하루 122량에서 140량으로, 3월 1일까지는 다시 180량으로 증편하는 계획에 합의했다.[55] 작전과 '동부전선' 반장인 겔렌은 그날 오전 11시 15분에 중부집단군 사령부의 작전참모 헨닝 폰 트레스코프Henning von Tresckow 중령에게 전화를 걸어 몇 개의 보급품 수송열차를 병력수송용으로 전용한다는 수송과장의 계획에 대해 의논했다. 놀랍게도 트레스코프는 그 방안에 반대했다. 그는 보급품 현황이 대단히 어렵기 때문에 그와 같은 방안을 결코 허용할 수 없다고 말했다.[56] 전방의 전력을 보강하는 것은 분명 쉬운 문제가 아니었다.

1941년 12월 18일 목요일

이날 일일보고와 아침보고에 따르면 독일군의 상황은 별로 변화가 없었다. 남부집단군이 수행 중인 북해의 항구 세바스토폴Sevastopol에 대한 공격은 바로 전날부터 시작됐는데, 강력한 저항에도 불구하고 상당한 진전이 이루어졌다. 남부집단군의 다른 전선은 소강상태를 유지했다. 러시아는 북부집단군에 대해 국부적인 공격을 가했고, 그럼에도 불구하고 독일군은 큰 어려움 없이 후퇴를 완료했다. 중부집단군은 여전히 위기를 벗어나지 못하고 있었다. 러시아 측에서는 새로 12개 사단이 출현했다. 모스크바 북서쪽에서는 4군이 새로운 진지로 후퇴하여 그곳을 유지할 수 있기만을 바라고 있었다. 하지만 그들의 좌익에서는 러시아군이 독일 4군을 우회하여 9군을 공격하려는 준비를 진행하고 있는 것처럼 보였다. 모스크바의 남쪽에는 독일군이 도저히 봉쇄할 수 없는 간격이 벌어져 있었고, 4군은 그 부분에 가해진 적의 공격을 간신히 격퇴했다. 모든 지점에서 독일군은 수적으로 불리했으며, 그들의 보급지원은 붕괴 일보 직전의 상황에 몰려 있었다. 필요한 물자의 극히 일부만이 전선에 도착했다. 연료와 식량, 탄약은 모두 보급이 부족했고 동계군복은 전체 병력 중 3분의 1에게만 전달됐는데, 이는 전투에 필요한 물자에 더 높은 우선순위가 부여됐기 때문이다.[57]

당연히 전선의 사건들, 특히 중부집단군의 상황에 이날 모든 사람의 관심이 집중됐다. 할더는 그라이펜베르크하고 수차례, 브렌네케와는 한 차례 통화했다. 북부집단군 참모장 브렌네케와의 통화에서 할더는 중부집단군의 북쪽 측면이 곧 압도당할 수도 있다는 사실을 경고했고, 그 경우 브렌네케의 집단군이 필요하게 될지도 모르는 추가적 자원이 무엇인지 물었다.[58] 그는 또한 보크와도 두 차례 통화했는데, 히틀러는 보크를 클루게로 교체한다는 결심을 한 상태였다. 브라우히치는 저녁에 그런 취지를 보크에게 전달했다.[59] 하지만 할더는 시간을 내 숲으로 산책을 나가 그곳의 경치를 감상하기도 했다. 그는 마츠키와 에츠도르프에게 태평양 전쟁, 일본과의 협력 가능성, 그리고 터키의 분위기 등을 포함해 국제 정세를 전해 들었다. 또한 핀란드군의 OKH 연락장교인 하랄드 외키스트Harald Öhquist 장군을 만나 핀란드와 관련된 다양한 문제를 논의했다. OKH 본부대장인 에리히 폰 권델Erich von Gündell 대장은 12월 24일 크리스마스 기념행사 문제로 잠시 할더와 이야기를 나누었다. 그리고 질베르크가 총참모본부 문제로 그를 만났는데, 거기에는 군단정보장교로 근무하는 모든 참모장교들을 임무에서 제외시켜 다른 부서로 배치하는 방안이 포함되어 있었다.[60]

작전과 내에서는 참모장교들이 좀 더 일상적이지만 그렇다고 결코 중요성이 떨어지지 않는 문제들을 처리하고 있었다. 아침 9시 45분, 작전과 IS 분반장 필리피 밑에서 일하는 틸로Thilo 대위는 남부집단군 사령부에 전화를 걸어 그들은 51 제네랄코만도Generalkommando(군단사령부)를 해체하고 군단 병력을 신속하게 북부집단군에 배속시켜야 한다고 전달했다.[61] 이 '명령'은 우리의 생각보다 훨씬 더 많은 협상의 성질을 지닌 흥미로운 입씨름을 초래했다. 10시 20분, 집단군 작전참모인 아우구스트 빈터August Winter 대령은 작전과 Ia반장인 그롤만과 그 명령에 대해 이야기를 나누었다. 빈터는 집단군은 도저히 문제의 군단사령부를 제공할 수 없다고 이야기했지만, 그롤만은 양보하지 않았고 마침내 빈터는 노력은 해보겠다고 말했다. 오후 5시 30분, 두 사람은 다시 통화했지만 빈터는 아직 아무런 해결책을 마련하지 못한 상태였다. 거의 밤 10시가 되어서야 비로소 집단군사령부는 51군단사령부 대신 55군단사령부를 보내겠다고 작전과에 텔레타이프 통신문을 보냈다.[62] 이런 일련의 의사교환을 통해 어떤 식으로 공조가 이루어져야 하며 종종 효과를 발휘했는지를 볼 수 있다. 고위 사령부는 여러 요구사항에 대해 융통성 있게 대처하고 하위 사령부에서는 근본적인 목표를 달성할 수 있는 해결책을 제공하는 것이다. 또한 하급 장교들이 모든 업무를 수행함으로써 그들의 상관이 좀 더 큰 문제를 처리할 수 있는 여유를 제공했다.

작전과의 대위나 소령들에게 있어서, 또한 호이징거와 할더에게 있어서, 이 모든 세심한 노력은 정보가 없이는 불가능한 일이었다. 정보는 참모업무에 있어 현금과도 같았다. 방금 언급된 사례처럼 정보의 주제가 어느 정도 개별적인 내용이라면 어떤 정보들은 정상적인 업무협조의 과정에서 간단히 구두로 전달될 수도 있다. 하지만 현대전은 너무나 복잡해서 그와 같은 수단에만 의지할 수는 없다. 현대전은 인간이 머릿속에 기억해둘 수 있는 것보다 훨씬 더 많은 정보를 생성하기 때문이다. 따라서 독일군은 세심하게 조직된 보고체계를 만들었다. 바르바로사 작전의 경우, OKH는 1941년 6월 6일 자 명령을 통해 필수적인 보고 사항들을 정했다.[63] OKH가 요구하는 보고의 첫 번째 유형은 일상적인 상황보고로, 집단군사령부 작전과는 총참모본부 작전과의 해당 분반에 그것을 제출했다. 집단군들은 매일 세 번씩 상황보고를 해야만 했는데, 아침 상황보고(기한 오전 8시)와 중간 상황보고(기한 저녁 7시), 일일상황보고(기한 오전 2시)가 그것이다. 이들 상황보고의 내용은 주로 작전 정보로, 이를테면 중요 사건과 현재 아군의 위치, 가까운 장래에 대한 지휘관의 의도 등이 여기에 해당된다. OKH는 이들 상황보고의 범위와 양식을 대단히 엄격하게 정했다.

또한 OKH는 좀 더 특정 분야에만 집중하는 다른 종류의 보고도 요구했다. 그것은 바로 적정敵情 보고(소위 Ic 보고)로 집단군사령부에서 필요하다고 판단해 추가한 모든 내용과 함께 군이나 기갑집단 사령부에서 작성해 곧바로 동부전선 외국군사정보과로 접수됐다. 보급지원부서의 보고와 질의는 병참감에게 전달됐고 집단군사령부는 OKH의 통신과장에게 매일 그의 영역과 관련 있는 다양한 문제에 대해 보고하게 되어 있었다. 할더가 직접 서명한 6월 6일 자 명령은 OKH가 총통과 육군 최고사령관에게 최신 상황과 요구를 전달하기 위해 반드시 보고시간을 엄수해야 한다는 점을 강조하고 있다. 더 나아가 그 명령은 보고서들이 도착해야 할 정확한 시간대를 규정하여 보고서가 한때에 집중됨으로써 통신망에 과부하가 걸리는 현상을 방지하고자 했다. 예하 사령부들은 가능한 한 텔레타이프를 사용하고, 그러지 않을 경우 전화 통화나 무전통신은 가급적 짧게 끝내야 했다(모든 계층의 참모들은 가능한 한 빠르게 정보를 전달함으로써 상급부대 지휘관이 적절한 시기에 결단을 내릴 수 있게 하려고 노력했지만, 그럼에도 전선의 상황이 불안정할 때에는 전선에서 OKH에 보고가 전달될 때까지 보통 다섯에서 여섯 시간 정도가 걸리기도 했다).[64]

또한 OKH는 다른 전구의 보고도 받았는데, 다만 동부전선의 군과 집단군에서 제출해야만 하는 보고서에 비해 내용이 길지 않은 경우가 많았다. D집단군과 서부전구 사령관, 발칸전구 사령관, 아프리카군단장은 동부전선의 부대와 똑같은 보고서들을 제출할 의무가 있었다. 노르웨이 국방군사령관은 OKH의 예하부대가 아니지만 그럼에도 OKH는 그들에게 일일상황보고서와 중간상황보고서를 제출하라고 요구했다. 그와 마찬가지로 북부연락참모부(핀란드 전선)는 동부전선 외국군사정보과와 작전과에 보고서를 제출했다. 이들 외에도 OKH는 해군과 루프트바페로부터도 주기적으로 상황정보를 통보받았다. 이 두 집단은 매일 몇 가지 보고서를 제공했는데, 이는 그들의 작전이 육군과 너무나 밀접하게 연관되어 있었기 때문이다. 해군은 OKW와 OKH에 각각 하루 두 차례 상황보고서를 보냈다.[65]

일단 OKH가 모든 예하 사령부들과 기타 출처들의 보고서를 전부 수령하게 되면 자신의 보고서와 기타 문서를 작성하는 작업을 시작했다. 작전과는 전쟁일지를 기록하는데, 그것은 군단급 혹은 특별한 경우에는 사단급 부대에서 일어난 그날의 사건들을 다루며, 다른 보고서를 작성할 때 기초자료가 되었다.[66] 작전과 IIIb 분반은 핀란드와 이탈리아, 헝가리에 있는 연락참모부를 위해 동부전선의 일일상황개요를 준비했다. 개요는 대단히 간략해서 각 집단군에 하나 내지는 두 개의 문장만이 할당됐지만, 이것도 OKW가 일반에 발표하는 국방군 일일군사현황의 작성을 위해 OKH가 제공하는 내용만큼 간략하지는 않았다. 일일군사현황의 육군 부분은 동부전선과 북아프리카전선을 단 두 문장으로 압축했다.[67] 작전과 IIb 분반 역시 일일보고서를 작성했는데, 이것은 OKH 내부 회람용으로 IIb가 아프리카와 로마에 있는 독일군 참모진으로부터 수령한 보고서에서 내용을 추려냈다.[68] 이것은 지휘체계 내부에서 회람되는 여러 상황보고서들 중 하나였다. 분명 모든 참모부서들이 모든 개별 사령부에서 작성한 보고서를 전부 원하거나 필요로 하지는 않았지만 모든 참모들은 전반적인 상황에 대해 계속 통보받기를 원했던 것이다.

OKH 예하 정보조직들도 각자 보고서를 작성했다. 서부전선 외국군사정보과는 본토와 해외에 있는 영국군과 프랑스군에 대한 일일상황보고서를 만들었는데 이것들은 매우 자세한 내용을 담고 있었다. 북아프리카의 영국군은 일상적인 관심거리였고, 이에 비해 다른 지역은 상황이 요구할 때만 가끔 언급되었다.[69] 동부전선 외국군사정보과는 소련에 대해 다양한 보고서를 작성했다. 여기에는 "적정의 주안점(동부전선)"이라는 제목의 일일보고도 포함되는데, 이것은 OKH의 거의 모든 참모부서들을 비롯해 예하 사령부에도 배포되었다.[70] 이에 더해서 동부전선 외국군사정보과는 소련군의 전력과 배치에 대한 일일보고서를 작성했다. 이것은 일련의 도표들로 구성되었으며, 각 집단군의 전방에 배치된 소련군 부대(군단사령부와 보병사단, 기병사단, 기갑사단, 기갑여단)의 개수와 총계를 보여주는 미가공 수치만이 표시되어 있었다. 이 보고서는 특정 일자까지 계속 확인되는 부대와 더 이상 확인되지 않는 부대, 소련의 다른 전구에서 발견되는 부대들을 보여주었다. 보고서에 첨부된 문서는 새로 발견된 부대와 재등장한 부대들을 보여주었다.[71] 이들 보고서에서 한 가지 흥미로운 점은 통상 동부전선 외국군사정보과는 적의 의도를 예측하려고 하지 않았다는 것이다. 대신 그들은 적의 이동이나 증원 등과 같은 사항에 대해 아무런 분석이나 해석 없이 순수 정보만 제공했다. 때때로 동부전선 외국군사정보과는 적의 공격이 임박했음을 알리는 포로 심문 내용을 언급하기도 했지만, 그들의 보고서는 보통 임박한 미래의 시점을 넘어서는 내용을 다루지는 않았다. 두 개의 외국군사정보과들은 또한 주간, 월간 보고서, 혹은 필요에 따라 좀 더 개략적인 보고서들을 작성했다. 예를 들어 서부전선 외국군사정보과는 매월 영국 육군의 전투가능 부대에 대해 일종의 안내서를 배포했다.[72] 또 다른 보고서는 동부전선 외국군사정보과가 단 한 차례만 작성하여 12월 15일에 육군 병기국에 보낸 것으로 그것은 일본군의 무기를 다루었다.[73]

OKW 내의 보고체계는 OKH와 비슷한 방법으로 운용됐다. 국방군 지휘참모부는 각 군으로부터 이미 언급된 것과 같은 다양한 종류의 보고를 받았다. 또한 OKW는 일부 전구사령부로부터 별도의 보고를 받았는데, 보고내용은 대체로 상당히 광범위했다. 예를 들어 네덜란드 국방군사령관의 12월 16일 자 보고서는 항공기 활동(영공침범 횟수, 폭격, 피해규모, 사상자)과 지상 및 해상활동, 특기 사항, 정치 상황(독일 병사나 관리에 대한 공격행위, 유대인 체포 기록, 네덜란드인의 분위기, 특히 현지 분위기에 대해서는 "의기소침해 있고 적대적이다"라고 묘사했다) 등을 다루었다.[74] OKW는 이런 보고 내용을 이용해 OKW 전쟁일지를 항상 최신의 내용으로 유지하거나 자신의 보고서를 작성하는 데 활용했다.

최고사령부 내에서 회람되는 모든 다양한 보고서들과 함께 또 하나의 내부 문서를 특별히 언급할 필요가 있다. 그것은 포르트락스노티츠 Vortragsnotiz, 즉 '정보 고시'이다. 이런 유형의 문서는 지휘체계 전반에서 흔히 작성되며, 일종의 다목적 각서로서 지휘관이나 선임 참모에게 정보를 제공하여 그들의 결정을 유도하거나 지지하는 목적으로 사용됐다. 그것이 다루는 분야는 광범위할 수도 협소할 수도 있어서, 한 가지 특정 상황을 두고 모든 세부 사항을 전부 포함하거나 광범위한 전략적 분석을 담고 있을 수도 있다. 때로 이것은 명령을 내리는 기초자료가 되기도 했으며, 그렇지 않을 경우에는 명령의 실행에 대한 지침을 제공했다. 예를 들어 12월 17일 훈련과에서 호이징거에게 보냈던 문서는 7산악사단의 훈련 상태에 대한 정보를 담고 있었다(앞에 언급한 내용을 참고하기 바란다). 작전과 III반은 12월 22일 그와 같은 범주에 속하는 또 하나의 문서를 할더와 파울루스, 작전과 IN 분반에 보냈다. 이 문서는 두 가지 사항을 포함하고 있었다. 첫째는 OKW가 소위 육군 지원단(즉 특별지원부대로 OKH가 직접 통제하는 부대) 중 어느 것이 7산악사단의 작전에 동원될 수 있는지 알고 싶어 한다는 사실을 통보하는 것이었다. 둘째는 핀란드의 상황 변화로 인해 그곳의 지휘체계를 개편하는 것이 바람직하다며, 새로운 체계가 갖춰야 할 형태를 제안하는 내용이었다.[75]

지금까지 개략적으로 살펴본 독일군 최고사령부의 보고체계는 참모진에 속하는 소수의 인원들이 얼마나 많은 업무를 처리해야 하는지를 시사한다. 단 하나의 특정 활동에 대한 서류작업을 따라가는 것도 복잡한데, OKH의 참모부서가 맡고 있는 역할로 인해 참모들은 이런 활동들을 백여 개까지는 아니더라도 십여 개씩 관리할 수밖에 없는 현실이었다. 심지어 그런 문서를 실제로 작성하는 일을 타자수들이 맡는다고 하더라도, 여전히 대단히 상세한 내용들을 기안하고 편집해야 하는 엄청난 양의 업무가 남아 있었다. 어떤 주어진 상황에 대한 결정을 내리기 위해 대여섯 개의 참모부서들로부터 자료를 받아야 하는 경우도 있는데, 이때 각 해당 참모부서들은 가능한 한 가장 정확한 정보를 제공해야만 했다. 그리고 이 결정이 잘못됐을 경우 그에 따른 대가가 엄청나다는 사실을 모두가 인식하고 있었다. 최고위층에서 약간의 혼란이라도 발생하면 명령이 지휘계통을 따라 밑으로 전달되는 과정에서 혼란이 기하급수적으로 증폭되고, 그 혼란은 지연과 실수, 그리고 불필요한 희생으로 연결된다.

1941년 12월 19일 금요일

목요일부터 소련군은 중부집단군에 대한 반격작전 2단계에 돌입해 전선의 중앙을 공격하기 시작했다. 할더는 이날 일기에서 제일 먼저 중부집단군을 언급하면서 그저 이렇게만 적었다. "전 전선에 걸쳐 공격을 받았다."[76] 독일군은 그날 그 구역에서 네 개의 러시아 보병사단과 두 개의 기갑여단을 추가로 확인했다. 저녁이 됐을 때 할더는 소련이 세 곳에서 돌파구를 형성했다는 사실을 알고 있었다. 그래서 이렇게 적었다. "상황이 몹시 절박하다."[77] 그는 그라이펜베르크와 클루게(이제는 그가 중부집단군사령관이었다), 귄터 블루멘트리트Günther Blumentritt 대장(소련군 공세의 대부분을 감당하고 있던 4군의 참모장)과 이야기를 나누고 상황에 대한 그들의 평가를 들었다. 블루멘트리트가 특히 심하게 낙담했다. 그는 병사들이 점점 더 무감각해져가고 있으며 야간에 공격했던 러시아군이 동틀 녘에는 전방 진지의 배후에 도달했다고 보고했다. 하지만 용기를 주는 것 외에 동프로이센에 있는 할더가 할 수 있는 일은 아무것도 없었다. 이른 오후에 그는 중부집단군이 곤경에 처했음을 히틀러에게 보고했지만 히틀러 역시 별다른 뾰족한 수가 없었다. OKH는 이미 보충병과 증원부대를 전선에 보내기 위해 가능한 모든 노력을 경주하고 있는 상태였다. 현실적으로 중부집단군이 할 수 있는 일이란 그저 현 위치를 고수하기 위해 발버둥치는 것이 전부였다.

전황이 너무나 절박했던 만큼 이날의 다른 사건은 전황을 더욱 어둡게 만들기만 했다. 적어도 최고사령부의 소규모 장교들에게는 그랬다. 이날이 바로 히틀러가 브라우히치의 사임을 수락한 날이었던 것이다. 오후 1시에 히틀러는 할더를 자신의 사령부로 소환하여 그 소식을 알리며 이렇게 말했다. "작전지휘와 같은 하찮은 일은 누구라도 수행할 수 있다. 육군 최고사령관의 임무는 육군을 국가사회주의 사상에 따라 훈련시키는 것이다. 내가 알고 있는 육군의 장성들 중에는 내가 바라는 바대로 과업을 완수할 수 있는 인물이 없다. 따라서 나는 육군의 지휘권을 내가 직접 인수하기로 했다."[78] 그리고 할더에게 통보하기를 그는 계속해서 육군 참모총장으로서 작전을 감독하는 임무를 계속 수행하게 될 것이며 대신 브라우히치가 담당했던 모든 행정적 임무는 카이텔이 인수하게 된다고 했다. 또한 히틀러는 할더가 매일 자기에게 브리핑하기를 기대한다고 말했다. 이 엄청난 소식을 전한 뒤 히틀러는 전형적인 방식으로 할더에게 설교를 계속 이어갔다. 그가 말하기를 이제까지 두 가지 실수가 있었다. 첫째는 병사들 사이에 '후방진지'라는 표현이 정착될 수 있게 방치했다는 것이다. 그와 같은 진지는 사용할 수도 없고 만들어낼 수도 없다. 두 번째 실수는 동절기에 대한 준비가 충분히 이루어지지 않았다는 것이다. 히틀러는 여담으로 육군이 너무 도식적으로 업무를 처리했다는 말도 덧붙였다. 히틀러는 육군과 대조적인 사례로서 루프트바페의 경우를 지적했는데, 그는 괴링이 루프트바페를 육군과 다른 방식으로 훈련시켰다고 말했다. 전방의 상황에 관한 한, 지금 해야 할 일은 측면의 위협을 두려워하지 말고 현 위치를 고수하는 것이었다.[79]

그날 저녁 히틀러는 "금일의 주요 사안"을 배포하여 육군의 지휘권을 직접 행사하기로 한 자신의 결정을 알렸다.

> 육군과 무장친위대의 병사들이여!
>
> 우리 민족의 자유를 향한 투쟁은 이제 절정으로 치닫고 있다.
>
> 세계를 위해 중요한 결단의 순간이 임박했다.
>
> 육군은 맨 앞에서 이번 투쟁을 수행하고 있다.
>
> 따라서 나는 오늘부터 육군의 지휘권을 직접 행사한다.
>
> 세계대전의 많은 전투에 참가했던 한 사람의 병사로서, 나는 귀관들과 함께 굳은 의지로 승리하는 그날까지 싸울 것이다.[80]

브라우히치 또한 자신의 "금일의 주요 사안"을 배포했는데, 거기에서 그는 자신의 지휘 아래에서 싸운 병사들을 대단히 자랑스럽게 생각하며 대단히 기쁜 마음으로 총통에게 지휘권을 넘긴다고 밝혔다.[81] 할더는 이날 오후 브라우히치와 이야기를 나누었지만 그 내용에 대해서는 일기에 기록하지 않았다. "어떤 의미를 가질 만큼 새로운 관점은 전혀 없었다"라는 한 마디 수수께끼 같은 논평이 전부였다.[82] 그날 저녁 참모총장은 예하 장교들을 집합시켜 지휘부의 변동사항과 그에 따른 새로운 업무절차를 통보했다. 하지만 여기서도 그가 정확하게 어떤 생각을 하고 있었는지를 알려주는 기록은 없다. 하지만 브라우히치는 이미 인내력의 한계에 도달했으며 히틀러가 직접 지휘권을 잡는 것이 육군에게는 이익이라는 생각이 당시의 분위기였던 것으로 보인다.[83]

1941년 12월 20일 토요일

만약 할더가 자신과 히틀러의 관계에 대해 조금이라도 환상을 갖고 있었다면—모든 증거를 보면 실제로 그는 환상을 갖고 있었다—, 이날 그는 적어도 자신의 환상에 대해 어느 정도 의구심을 가졌어야만 했다. 더불어 할더는 두 사람 사이의 관계가 자신의 업무에 미칠 영향에 대해 강한 암시를 받았을 가능성도 있다. 이때까지 그는 히틀러를 위한 브리핑에 가끔씩만 참가했으나 이제 그것은 그의 삶에서 일상적인 부분이 되었다. 브리핑 자체에 걸리는 시간은 지나치게 길지 않았지만 할더의(그리고 그의 참모들의) 모든 아침 일정을 혼란에 빠뜨렸다. 왜냐하면 할더는 예하 참모들에게 세부적인 사항들을 기록한 메모를 요구했으며 그것을 바탕으로 자신도 히틀러에게 보고할 브리핑을 준비했기 때문이다. 더 나아가 과거에는 그가 히틀러의 결정과 대립할 때마다 보통 일종의 방패막이로서 브라우히치가 존재했기 때문에 히틀러가 내뿜는 과대망상과 옹고집을 고스란히 뒤집어쓸 일이 없었다. 그러나 이제 그는 자신이 직접 그것을 감당해야만 했다.

히틀러가 육군의 지휘권을 인수하면서 정오 브리핑 형식이 바뀌었다. 이전까지는 요들이 모든 전선에 대한 브리핑을 혼자서 수행했으며 가끔 브하우히치와 할더가 참석했을 경우만(일주일에 한두 차례 정도) 그런 형태에 예외가 있었다. OKH가 전과 같이 OKW에 상황보고를 제출하면 참모들이 그 내용을 추려서 요들의 노트에 기록했다. 그러나 단지 일반적인 내용만을 적을 뿐이었다. 이제 요들은 브리핑에서 전반적인 상황을 다루게 되었는데, 서부전선과 남부전구들을 자세히 다루고 동부전선의 상황을 1:1,000,000 축척 지도를 사용하여 개략적으로 언급하며 그의 브리핑은 끝을 맺었다. 이어서 할더가 1:300,000 축척의 지도와 자세한 내용을 기록한 노트를 사용하며 동부전선에 대해 자세한 내용을 보고했는데, 그 속에는 군사령부나 군단 심지어는 사단급 부대의 사건까지 언급되어 있었다.[84] 호이징거를 비롯해 한두 명의 참모장교가 더 참석하여 히틀러가 요구할 경우 추가적으로 더 자세한 정보를 제공했다.

이렇게 설명하면 브리핑이 마치 질서정연하게 진행된 것처럼 보이지만 실제로는 그렇지 않다. 소위 히틀러의 측근들 사이에서 자주 분열이 발생했던 것이다. 이들 측근자 집단은 국방군 최고사령부의 요원들과 군부 인사들, 당 관료들로 구성되었으며, 이들 관료들도 총통을 따라 브리핑에 참석하는 경우가 자주 있었다. OKW 쪽으로는 카이텔과 슈문트, 각 군 보좌관(엥겔과 푸트카머, 벨로)과 보통 한 명의 친위대 대리인이 참석했다. 때로는 괴링이나 그의 대리인인 카를 보덴샤츠Karl Bodenschatz 대장도 참석하곤 했으며, 그 외에도 한 명 혹은 그 이상의 고위 당 관료들이 모습을 보이는 경우도 자주 있었다. 카이텔은 자신의 별명에 걸맞게 히틀러가 그에게 직접 질문을 던지지 않는 한 보통은 자신의 의사 표현을 "맞습니다, 총통!"이나 그와 비슷한 아첨에 가까운 표현들로만 했다. 할더가 브리핑을 수행하는 동안 요들은 대부분 침묵을 지켰으며, 예외적으로 히틀러가 한 말에 찬성의사를 표현할 경우에만 입을 열었다. 그 외에 다른 사람들은 아무 때나 자신의 생각을 표현하거나 질문을 던지면서 거리낌없이 브리핑에 끼어들었으며, 히틀러는 대체로 할더의 견해보다 그들의 논평을 더 진지하게 받아들였다. 집단군이나 전구의 사령관들도 총통이 특정 사안에 대해 자신에게 유리한 결정을 내려주기를 바라며 브리핑 시간에 정기적으로 전화를 걸었다. 아니면 히틀러가 전선의 특정 사령부에 전화를 걸기도 했는데, 그런 때는 보통 할더가 보고한 사항에 대해 반론을 원하는 경우가 많았다.[85]

바를리몬트가 지적했던 것처럼, 히틀러의 개인적 성향이 아마 두 사람의 일상적인 상호작용 속에서 할더의 신경을 가장 크게 자극하는 요인이었을 것이다. 총통은 끊임없이 세부적인 내용까지 파악하려고 했을 뿐만 아니라 어떤 순간이든, 그것이 새로운 것이든 아니든, 중요하든 중요하지 않든 상관하지 않고 어떤 주제든 일단 대상으로 정하면 순식간에 독백 모드에 돌입해 계속해서 혼자 떠들기도 했으며, 그 과정에서 구체적인 질문이나 제안들은 무제한으로 격렬하게 쏟아져 나오는 수다에 휩쓸려 흔적도 없이 잊혀버렸다.[86] 히틀러의 이러한 인간적 측면은 12월 20일 브리핑 과정에서 작성한 엄청난 분량의 메모를 통해 잘 드러나는데, 심지어 이날은 히틀러가 대부분 동부전선에 대한 논평만으로 자신의 수다를 자제했음에도 메모의 양이 엄청났다. 그는 특정 지점에 대한 방어를 명령하고 특정 군이나 군단의 교전을 지시했다. 그는 육군에게 촌락들 사이에 화력거점을 구축하고 루프트바페에게는 적이 점령하고 있는 마을을 파괴할 것을 요구했다. OKH 명의로 발령될 명령에 대해서도 지침을 내려 적의 공세로 인한 심리적 영향에 대응하게 했다. 총통의 주장에 따르면 '러시아의 겨울'이라는 말은 아무도 사용하지 못하게 금지시켜야 했다. 계속해서 그는 특정 구역에 대한 증원 부대를 지정하고 철도와 보급 지원 문제에 대해 언급했다. 그는 대전차 전술과 진지의 건설에 대한 지침도 제공했다. 심지어 병사들에게 난로를 지급해야 할 필요성도 지적했다. 끝으로 그는 육군에게 전차와 대전차 병기를 아프리카로 보내라고 지시했다. 전부 합쳐, 이번 한 번의 회의에서 히틀러가 지시한 내용을 할더가 받아 적은 뒤 요약한 기록물은 인쇄물 분량으로 세 쪽이 넘었다.[87] 할더를 비롯해 다른 총참모본부 장교들이 자신의 시간을 이런 식으로 사용하는 것에 대해 어떻게 느꼈을지 상상하는 것은 그렇게 큰 상상력을 요구하지 않는다.

히틀러에게 브리핑하는 시간에 나온 명령들은 여러 가지 형태를 취할 수 있었다. 가장 광범위한 내용은 총통의 '훈령*Weisungen*'이 됐다. 이들은 각 군에 내리는 전략적 지침이거나 혹은 작전상의 지침——점점 더 이쪽의 비중이 높아졌다——이었으며, 훈령을 내리는 의도는 기간을 한정하지 않고 항구적으로 그 지침을 적용하겠다는 것이었다. 이론적으로 훈령의 집행은 각 군의 재량이었지만, 현실에서는 히틀러가 그 부분에도 개입했으며 그 빈도도 날이 갈수록 증가했다. 종종 개별적 훈령은 육해공 각 군 중 어느 한쪽의 영향력을 보여주는 경우가 있었는데, 특히 세부항목에서 그런 영향력이 많이 드러났다. 이는 어떤 경우든 세부항목은 각 군에서 작성한 그대로 반영되기 때문이다. 또 어떤 때는 히틀러가 노골적으로 국방군의 바람과 반대로 나갔는데, 동부전선 전역의 초점을 모스크바에서 다른 곳으로 바꾸어버렸던 1941년 7월과 8월의 명령이 이 경우에 해당된다. 훈령 외에도 문서의 형태를 취하는 명령이 몇 가지 더 있었다. 내용의 측면에서는 그런 문서화된 명령을 구분하기가 어려운 경우가 많지만 대부분의 경우 각자의 특정한 영역 내에 머무는 경향이 있었다. '특별훈령*Sonderweisungen*'은 보통 개별 전구의 국방군지휘관에게 특별한 과제를 지시하는 데 사용됐다. '전투지시*Kampfanweisungen*'는 작전이나 전술에 대한 지침을 제공했으며, 특히 동부전선에서 전쟁을 수행하는 데 자주 사용됐다. '임무지시Dienstanweisunge'는 고위장교들의 책무를 정의했다(이것은 지휘계통 전반에 걸쳐 일반적으로 사용되는 명령의 형태이다). '지침Richtlinien'은 대부분 경제나 행정, 보급 문제를 다루었다. 통상적인 명령들은 가장 일반적인 유형이다. 이들 중 총통명령Führerbefehle이 가장 비중이 높았고 긴급하게 처리해야 했다. 기초명령 혹은 기본명령Grundsätzliche Befehle 또한 대단히 광범위하면서 강력했다.

이들 명령서들에 대한 중요한 한 가지 사실은 히틀러가 여전히 OKW를 통해 OKH에 명령을 내리는 것이었다. 육군 최고사령관의 직책을 맡은 이상 그는 예하 집단군사령관들에게 직접 명령할 수 있는 권리가 있는데도 그러지 않았던 것이다(실제로 전화상으로 직접 명령을 내린 경우도 여러 차례 있었다).[88] 따라서 이때까지도 OKW는 여전히 동부전선의 작전에 밀접하게 참여하고 있었으며, 마찬가지로 총참모본부는 다른 전구에서 벌어지는 상황들을 계속 주시하고 있었다.

12월 20일의 브리핑에 이어, 히틀러는 기회를 이용해 할더에게 내린 지시를 문서로 뒷받침했다. 그는 같은 날 요들의 참모들에게 각서를 기안하게 했다. 히틀러가 최종 승인한 각서는 12월 21일 총참모본부의 작전과 앞으로 발송됐다. 이 각서는 정상적인 명령서의 명칭이 붙어 있지 않았다. 대신 각서는 첫 번째 줄을 통해 자신의 정체를 간단히 "12월 20일 총통께서 육군 참모총장에게 설명한 향후 육군의 임무 편람"이라고 밝혔다. 그것은 히틀러가 브리핑 시간에 언급했던 거의 모든 사항들을 다루었는데 다만 좀 더 논리적인 체계를 갖추고 몇 가지 정보가 추가되어 있었다. 무엇보다 그것은 북부집단군과 남부집단군으로 보내야 할 일부 특정 부대들을 지정하고 그 외의 모든 증원은 중부집단군에 집중해야 한다고 규정했다(각서는 또한 육군에게 모든 지역 거주민과 포로들로부터 겨울 의

복을 '무자비하게' 압수하라고 요구했다).[89] 분명 히틀러는 자신이 말한 것을 할더가 전부 기억하고 있을 것이라고, 혹은 그가 기억하는 사항들을 모두 실행에 옮길 것이라고 믿지는 않았다.

OKW의 참모들이 각서를 기안하느라 분주히 움직이는 동안 할더와 호이징거를 비롯한 브리핑 참석자들은 '마우어발트'로 돌아와 자신의 업무를 시작했다. 중부집단군은 여전히 위기의 정점에 있었다. 할더는 상황을 "여전히 매우 절박하다"라는 말로 표현했다.[90] 러시아는 중부집단군이 담당한 모든 전선을 따라 강력하게 국지적인 공격을 가하고 있었다. 독일군은 비록 다수의 공격을 저지하는 데 성공하기는 했지만 그 외의 지역에서는 돌파당했으며, 러시아군이 전선에 이미 뚫어놓은 커다란 간격을 봉쇄할 가망도 거의 없었다. 할더는 이미 오전 11시에 클루게와 한 차례 이야기를 나누었다. 오후 3시 45분에 그들은 다시 한 번 통화를 했고 할더는 히틀러가 조금의 후퇴도 허용하지 않는다는 소식을 전했다. 총통은 클루게가 원하던 행동의 자유를 허용하지 않으려고 했다. 클루게는 자신의 부대가 대단히 약체화됐으며, 그에게는 예비부대가 하나도 없다는 점을 강조했다. 이어서 그는 총통이 그 결과를 분명히 알아야만 한다고 말했다. 그날 저녁 6시에 두 사람은 다시 통화했지만, 할더는 어떤 후퇴도 반대하는 히틀러의 지시를 반복할 수밖에 다른 도리가 없었다. 또한 두 사람은 구데리안에 대해서도 논의했는데, 그는 클루게를 뛰어넘어 히틀러에게 직접 후퇴를 탄원하려고 막 볼프스산체에 도착한 상태였다. 클루게는 구데리안이 명령을 따르지 않고 있으며, 그가 '겁을 먹고' 후퇴할 준비를 하고 있다고 할더에게 말했다.

구데리안은 그날 저녁 총통을 만났으며 그들의 면담은 단 한두 번만 중단된 채 5시간 동안 진행됐다. 카이텔과 슈문트를 비롯해 OKW의 여러 장교들이 그 자리에 동석했다. OKH에서는 아무도 모임에 참석하지 않았지만 할더는 구데리안이 총통을 만나기 직전에 중부집단군의 상황이나 구데리안의 의도에 대해 총통에게 미리 보고했다. 구데리안은 그의 관할부대에서 발생하고 있는 일을 이야기한 다음 자신이 계획하고 있는 철수작전에 대해 설명하기 시작했다. 히틀러는 즉시 어떠한 형태의 철수도 금지한다고 말했다. 구데리안은 정식으로 이동이 이미 진행되고 있다고 보고했다(그는 자신의 회고록에서 브라우히치가 이미 6일 전에 철수를 승인했으며, 히틀러가 그 사실을 전혀 모르고 있었다는 사실에 충격을 받았다고 주장했다). 두 사람은 서로 논쟁을 벌였지만(할더는 후에 그들의 토론이 '극적'이었다고 적었다), 총통은 결코 양보하려고 하지 않았다.[91] 그동안 슈문트는 클루게에게 전화를 걸어 그의 예하 군들은 결코 후퇴해서는 안 된다고 강조했다. 저녁 8시, 카이텔은 할더에게 전화를 걸어 통지했다. 구데리안의 후퇴는 중단돼야만 한다. 이어서 할더는 그라이펜베르크에게 전화를 했고 내용을 그대로 전달했다. 나중에 요들이 다시 전화를 걸어 다시 한 번 명령을 반복했다. 9시 30분, 할더는 클루게와 또 한 차례 전화 통화를 했으며 클루게는 구데리안의 명령을 취소시켰다고 알렸다.

할더의 기록에 따르면, 그날 저녁 상황은 "대체로 변동이 없었다." 하지만 이것은 결코 상황이 좋다는 의미가 아니었다.[92] 11시 30분 호이징거는 그라이펜베르크와 이야기를 하면서 소련군이 모스크바 북서쪽, 4군의 왼쪽 측면에서 계속 전진 중이라는 사실을 알았다.[93] 더 남쪽에서는 새로운 소련군이 2군과 2기갑군을 향해 접근하면서 이미 형성된 돌파구를 향해 집결하고 있는 것처럼 보였다. 소련 기병들이 12월 16일 전선의 후방 50킬로미터 지점에 집중하면서 상황은 암울해 보였다.

1941년 12월 21일 일요일

아침이 왔지만 좋은 소식은 없었다. 소련군의 공격으로 중부집단군은 계속 땅을 내주고 있었다. 밤새 소련군은 4군의 주요 보급기지까지 밀고 들어왔다. 그 남쪽으로는 2군과 2기갑군 사이에 80킬로미터의 간격이 노출되어 있었다. 4군의 전선도 비슷한 양상이 진행되고 있었다. 할더는 이렇게 기록했다. "지휘관들은 자신의 병력이 기력을 잃었으며 더 이상의 공격을 감당할 수 없다고 보고했다. 그들은 현 위치를 사수하라는 명령을 받았다."[94] 9군에 대한 적의 공격은 그리 성공적이지 못했지만 그곳에서도 병사들은 체력의 한계에 도달했다. 북부집단군도 강력한 공격에 시달리고 있었지만 그들은 성공적으로 방어하고 있었다.

전선을 보강하기 위한 시도의 일환으로 할더는 새로운 조치를 취했다. OKH에서 다섯 명의 고위 장교들을 전선과 후방지역에 파견하여 지휘관의 자신감과 질서를 회복시키려고 했다[95](전날 브리핑 시간에 히틀러가 이와 비슷한 조치에 대해 제안했었지만 그 제안이 이들이 맡게 된 임무의 발단인지는 확실하지 않다). 할더는 어떤 특별한 기준을 갖고 그들을 선택하지 않았지만——그들의 현재 보직은 작전이나 군수와 관계가 없었다—— 할더는 그들이 공통적으로 갖고 있는 참모장교 훈련과 경험에 의지했던 것이 분명한데, 그런 자질을 통해 그들이 현장의 문제를 발견하고 그것을 수정하는 데 필요한 조치를 취할 수 있으리라고 기대했을 것이다. 참모장교들 사이에서 회자되는 말, "Wem Gott ein Amt gibt, dem gibt er auch den Verstand." 즉 "신께서 어떤 장교에게 보직을 주셨다면, 거기에 필요한 이해력도 주신다"라는 말이 여기에 해당된다.[96]

우리는 할더가 이날 내려온 어떤 명령에 대해 심사숙고하면서 그 말을 생각하지는 않았을지 의문을 갖게 된다. 사실 그 명령은 히틀러가 12월 19일 육군의 지휘권을 인수하기 위해 내렸던 명령의 보충명령이었다. 문서의 발신자는 '육군 최고사령부'라고 되어 있지만 서명은 카이텔의 것이었다. 명령서에는 기초적인 문제와 관련하여 총통이 보충군 사령관과 육군 인사국장에게 직접 명령을 내리기로 결정했다고 적혀 있었다. 더 나아가 특별 임무를 위해 히틀러는 그의 국방군 보좌관인 슈문트 대령(혹은 그를 대신해, 엥겔 소령)을 활용하게 될 것이며 그는 새로운 참모부서인 OKH 참모실과 긴밀하게 연계하게 될 것이라고 적혀 있었다. 명령서는 계속해서, 이전 육군 최고사령관 보좌관실을 OKH 참모실로 개편해 이제 카이텔이 수행하게 된 육군관련 업무를 지원하게 될 것이라고 했다. 따라서 그 목적을 수행하기 위해 OKH 참모실은 육군 총참모본부와의 연락 부서가 되며 이전에는 브라우히치의 보좌관이었던 하인츠 폰 길덴펠트Heinz von Gyldenfeld 대령이 OKH 참모실을 맡게 되었다.

행정적인 차원에서 연락 기구를 이렇게 정리해두는 것은 분명 사려 깊은 조치였는데, 이미 카이텔은 과중한 업무에 시달리고 있었고 히틀러는 대부분의 행정적인 문제에 별로 관심이 없었기 때문이다. 두 기관은 서로 협력하지 못하는 모습을 자주 보였기 때문에 OKW와 OKH 사이의 협력을 강화시킬 수 있는 것은 무엇이든 대체로 유익한 조치였다. 어떤 차원에서는 두 참모기관이 밀접한 공조관계를 형성하기도 했다. 많은 전투지원 기능에 있어서 OKH의 협조에 대한 OKW의 의존도는 점점 더 높아졌으며 특히 정보와 군수 분야에서 그런 경향이 두드러졌다. 이때까지 이 분야에서는 두 기관의 협조가 원활하게 이루어지고 있었다. 물론 수송과장과 같은 일부 장교들은 양쪽 기관에서 보직을 겸임하기도 했다. 양쪽 기관에서 상관들이 의견일치를 보이는 한 그들의 업무는 원활하게 진행됐다. 심지어 작전 부서들——OKH 작전과와 OKW 국가방위과——내에서도 하위 수준에서는 아직까지 건전한 관계가 유지되고 있었다. 두 곳의 사령부 사이에는 아직까지 이후에 전개될 커다란 분열 양상이 보이지 않았다. 하지만 각 기관의 최고위층에서는 분명 공동의 노력이 부족했다. 그 수준에서는 사람들이 서로 마찰을 빚고 있었는데 특히 할더와 호이징거를 한편으로 하고 카이텔과 요들, 바를리몬트를 다른 한편으로 하여 심각한 대립양상을 보였다. 이들은 서로 상대방의 얼굴을 자주 대면하면서 각자의 브리핑을 들었고, 상대방의 영역에 대해 모든 정보를 통보받고 있었다. 하지만 아무런 유대감도, 취지나 의견의 진정한 교환도 이루어지지 않았다. 하지만 아직까지는 이런 사실들이 단순히 불쾌한 수준에만 그치고 있었는데, 이는 아직까지 양 당사자들 사이의 경쟁관계가 심각한 수준에 도달하지 않았기 때문이지만 그런 상황은 곧 변하게 될 것이었다.

에필로그

일요일 자정, 히틀러가 적군은 정면공격을 그 이상 길게 지속할 수 없으므로 앞으로 14일 동안 장병들이 전선을 고수한다면 모든 위기가 끝날 것이라고 그라이펜베르크에게 자신 있게 단언했음에도 불구하고, 동부전선의 위기가 곧 끝나리라는 징조는 조금도 보이지 않았다.[97] 하지만 순전히 실용적인 이유로, 비록 그 중단점의 선택이 인위적이기는 하지만 독일군 지휘체계의 일상적 기능에 대한 검토는 여기서 중단한다. 이제는 한 걸음 뒤로 물러서 어떤 폭 넓은 결론이 도출되는지를 살펴볼 때이다.

최고위층에서부터 시작해보자. 히틀러의 지휘 방식, 특히 이른바 '퓨러프린치프', 즉 '지도자 원리'가 지휘체계에 눈에 띄지 않는 영향력을 미치기 시작했다. 지도자 원리에 따르면, 모든 지휘관은 자신의 지휘권이 속하는 범위의 모든 결정을 책임지는 유일한 인물이고 또한 자신의 상급 지휘관에게 받은 모든 명령에 복종할 의무가 있었다. 물론 총통은 계층구조의 최정점에 있었다. 따라서 그의 의지는 사실상 법이었다. 모든 고위 지휘관들(그리고 전쟁이 뒤로 가면서 더 많은 수의 하위 지휘관들 또한)은 히틀러가 어떤 명령이든 내리고 또 변경시킬 수 있는 권력을 가졌음을 알고 있었다. 12월 20일 구데리안의 경우처럼 지휘관들이 히틀러에게 직접 청원하는 경우가 점점 더 많아졌는데 히틀러의 개인적 성향은 그와 같은 행동을 허용하는 쪽이었다. 심지어 그것이 명백하게 지휘계통을 무시하는 행동이더라도 그에게는 용인이 됐다.

히틀러의 역할이 갖는 그런 측면은 총참모본부의 원칙이나 관행과 엇박자를 일으켰다. 한편에서는 할더 자신이 "지휘관만이 자신의 지휘권에 속하는 모든 책임을 진다"는 개념을 장려하기도 했었다.[98] 그는 총참모본부 장교가, 그의 생각에 적절한 역할인 조언자의 자리로 되돌아가기를 원했다. 다른 한편에서는 그를 제외한 다른 많은 고위 장교들이—우리는 참모장교들이 고위 직책을 거의 독점했다는 사실을 기억해야만 한다—자신들이 보기에 적절하지 않은 명령을 철회해달라고 상급 사령부에 청원할 수 있어야 한다는 개념을 고수하고 있었다. 정확히 말하면 그들의 행동은 적절한 자격을 갖추지 않은 채 보직에 임명된 지휘관의 결정을 우회하기 위한 원래의 관행을 남용하는 것이었다. 장교를 위한 전문 교육이 표준화되면서 그와 같은 행동의 필요성도 사라졌다. 어쨌든 바로 이것이 1939년 『총참모본부의 전시 임무 편람』을 개정할 때 할더가 내세운 논리였다. 하지만 명령의 철회를 탄원해보려는 충동은 여전히 존재했다. 그런 충동을 부추김으로써 히틀러는 자신이 내세운 '지도자 원리'나 바로 밑에 있는 부하 지휘관의 권위를 모두 약화시켜버렸다. 그 결과 며칠 뒤 클루게가 구데리안과 맞서게 되는 것처럼 집단군 사령관들이 자신의 예하 지휘관들과 대립하게 되는 사태가 벌어졌다. 이것은 계층구조 속의 누구라도 최고위층에게 직접 불평을 제기할 수 있게 허용하는 체계에서 나온 당연한 결과물이었다.[99]

지휘계통의 그런 문제점은 다른 문제들과도 얽히게 되는데, 비록 그것이 일주일에 걸친 최고사령부의 활동을 살펴보는 과정에서는 나타나지 않았다 하더라도 분명 강력한 암류暗流를 형성하고 있었다. 최고사령부의 모든 장교들은 공통적으로 지휘에 대한 일종의 환상, 통신수단을 자유자재로 사용함으로써 자신들이 수백 킬로미터 떨어진 지상전의 전개를 통제할 수 있다는 생각을 품고 있었던 것처럼 보인다. 이런 태도를 문서화하기란 쉽지가 않다. 그런 사실을 문서로 기록한 유일한 장교는 병참감인 바그너뿐이었다. 1941년 9월 29일, 그는 아내에게 이렇게 편지를 보냈다. "틀림없이, **나는** 남부집단군을 돈 [강]으로, 중부[집단군]를 모스크바로 **보낼 것이다.**"[100] 그리고 10월 10일에는 이렇게 적었다. "나는 총성이 나는 곳에서 멀리 떨어진 곳에 앉아 있지만 내 팔이 충분히 길어서 한 개의 집단군과 두 개의 군 최고사령관들이 계속해서 최고 속도로 움직이도록 밀어주고 있다는 사실을 잘 알고 있다."[101] 그 외에는 문제의 태도가 아주 섬세한 방식으로 표현되어 있다. 아마 그런 태도를 가장 명확하게 보여주는 간접적 표현은 전선의 상황이 얼마나 심각한지 인정하기를 거부하는 고위 군사지휘관들의 고집이겠지만, 그런 성향조차도 측정은 거의 불가능하다. 그런 성향은 예하 지휘관에 대해 '겁을 먹었다'고 하거나 '질서'와 '자신감'을 다시 심어줄 필요가 있다고 언급하는 행동에서 드러난다. 하지만 대부분의 경우 그것은 어떤 격차에 대한 내적 좌절감의 형태를 취하게 되는데, 그 격차의 한쪽 끝에는 가정상으로 완벽한 지식과 위대한 작전 능력이, 다른 쪽 끝에는 거기에 전혀 어울리지 않는 불충분한 결과가 존재한다. 이어서 그런 좌절감으로 인해 최고지휘부는 일선의 전투를 지휘하는 데 더욱 집착하게 된다.

상황 통제능력에 대한 환상은 분명 1941년에 처음 등장한 현상이 아니다. 예를 들어 제프리 파커Geoffrey Parker가 예증했듯이, 16세기 스페인의 펠리페 2세 역시 그런 환상 속에서 행동했다.[102] 실제로 이것은 일부 독일군부 지도자들도 인식하고 있는 것처럼 보이는 위험요소였다. 분명 그들은 인식하고 있어야만 했다. 19세기의 군사 사상가이자 독일군의 참모장교들이 잘 알고 있는 척했던 『전쟁론On war』의 저자인 카를 폰 클라우제비츠는 '전장의 안개'와 그가 '마찰'이라고 부른 어떤 힘이 최선의 계획을 어긋나게 만들 수 있다고 경고했었다. 대몰트케 정도의 위대한 인물도 하급자의 결정에 불필요하게 개입할 때의 위험에 대해 기록을 남겼다. 하지만 이 모든 경고에도 불구하고 독일군 지도부, 특히 히틀러는 전쟁이 진행될수록 점점 더 많이 개입하는 경향을 보였다.

겉보기에 효율적이던 독일군 참모부와 참모업무를 지원하는 현대적인 통신 기술 두 가지가 요인으로 작용하여 통제에 대한 독일군의 환상을 부추기는 데 일조했다. 참모조직과 절차는 독일군의 커다란 장점에 속할 수도 있었다. 이것은 우리가 OKW와 OKH 사이의 최고위층에서 발생하는 문제들을 무시할 경우에 그렇다는 뜻이다. 지휘계통을 따라 엄청난 양의 정보가 규칙적이고 원활하게 전달됐다. 각 단계마다 정보의 수령자는 그것을 기록하고 처리한 다음 그것이 의사결정자에게 반드시 전달될 수 있도록 조치했다. 일단 결정이 내려지면 이어서 지휘체계는 결정의 신속하고 빈틈없는 배포와 집행을 가능하게 만들었다.

여기서 독일 참모조직의 작은 크기가 효과를 발휘했다. 지휘체계 속에서 보직을 담당하는 사람들은 대부분의 경우 놀라울 정도로 계급이 낮았다. 히틀러의 역할은 별개로 하더라도, 아직 이 순간까지는 가장 근본적인 문제만이 육군의 지휘계통에서 최고위 수준까지 전달됐다. 하위 단계의 참모요원들이 모든 일상적인 업무를 처리하면서 자신의 상관들이 좀 더 중요한 과제를 처리할 수 있는 여유를 제공했다. 독일인들 스스로 주장한 바와 같이, 소규모 참모진 속에 있을 경우 하급자가 필요한 경우 질문이나 문젯거리를 들고 자신의 상관을 찾아가기가 더 쉬웠으며, 상급자들은 지휘계통 전반에 걸쳐 어떤 일이 진행되고 있는지를 파악하기가 더 쉬웠다. 따라서 양측은 하급자들이 더 많은 업무를 처리하는 체계 속에서 더 편안하게 일을 할 수 있었다. 계층의 수가 적을수록 정보의 흐름은 더욱 빠르고 안정적이었다. 따라서 지휘체계의 부분들은 분명 매끄럽게 기능을 발휘할 수 있었고 바로 그런 매끄러움으로 인해 독일인은 과도한 자신감에 빠졌다.

이 장에서 다룬 것과 같은 일상적 일과 속에서는 참모진의 규모로 인해 발생한 문제를 확인하기가 쉽지 않다. 아마 가장 분명한 위험은 모든 사람이 장시간 근무를 해야만 하기 때문에 그에 따른 피로로 오류가 발생할 수 있다는 점일 것이다. 불행하게도 현존하는 가장 상세한 기록조차도 그런 문제를 보여줄 만큼 내용이 상세하지 않으며, 소수에 불과한 참모장교들의 개인적 진술도 그런 문제를 전혀 언급하지 않았다. 독일군은 아마 기상병과와 같은 특정 전문분야의 주특기를 가진 장교가 부족해서 발생하는 문제도 경험했을 것이다. 하지만 이에 대해서도 관련 문헌이 부족하다.[103] 가장 심각한 문제는 장기 계획을 작성하는 과정에서 발생했으며, 따라서 그런 문제들은 한 주간의 일상적 활동에 대한 검토에서는 나타나지 않았다.

전반적으로 우리는 적어도 전쟁의 이 시기에 독일 참모진이 작전에 따른 일상적 필요사항들을 잘 처리하고 있었다고 말할 수 있다. 참모부서들의 내적 작용원리만을 고려한다면, 독일인들이 이전 세기부터 축적해왔던 조직적이고 절차적인 전문성은 독일인들에게 유리하게 작용했다. 치명적인 잠재적 문제들은 상층부의 영역 속에 존재했다. 좀 더 규모가 큰 최고사령부에서 뿌리 깊은 결점들이 점차 뚜렷해지고 있었으며, 히틀러와 여러 고위 지휘관들의 개인적 지휘방식은 그 결점들을 더욱 악화시켰다. 우리가 전략적 무능력과 약점들에 인사행정과 정보, 군수를 추가하여 하나의 혼합물을 만들어낸다면, 우리는 전쟁의 추세가 제3제국에게 불리하게 뒤집힌 이유를 볼 수 있다. 1941년 말부터 그 이후로, 이 문제들은 계속 악화일로만 걷다가 결국은 참모체계의 효율성을 완전히 붕괴시켜버리게 된다.

9 / 최후의 안간힘, 1942년

1941년 말이 되자 독일에게 전쟁은 극적인 반전을 이룬다. 단 한 번의 전역으로 소비에트연방을 패배시키려고 했던 시도는 실패했고 독일군은 붕괴 일보 직전에 도달한 것처럼 보였다. 지중해 지역에서 영국군을 축출하려고 했던 초기의 시도도 마찬가지로 좌절됐다. 영국이 자신의 식민제국의 지원을 받으며 아직 정복되지 않고 독일의 배후를 위협하고 있을 뿐만 아니라, 미국의 참전으로 인해 미국인들 스스로도 처음에는 인식하지 못했던 엄청난 잠재력이 독일을 상대하게 됐다. 하지만 이런 상황에도 불구하고 독일군 최고사령부의 고위층에는 약간은 신중한 낙관주의적 분위기가 만연했다. 독일 지도자들은 아직 전쟁이 끝난 것이 아니며, 다음 해에 일어날 일들이 전쟁의 결과를 결정짓게 될 것이라는 사실을 알고 있었다. 그들은 단 한 차례의 전역으로 독일이 결국 승리하는 상황을 만들어낼 수 있다고 믿었다. 1942년 말이 되면 그런 전망은 폐허 속에 잠기게 된다. 독일군 지휘체계의 실패와 더 나아가서 퇴화가 동시에 진행될 운명이었다.

1942년을 대비하는 계획의 구체화

독일군이 초기에 가졌던 낙관적 분위기는 1941년 12월 14일에 국방군 지휘참모부가 배포한 한 연구보고서, "미국과 일본의 참전이 갖는 의미"로 인해 더욱 강화되었다.[1] 몇 가지 오류에도 불구하고 이 문서에 담긴 적에 대한 평가는 놀라울 정도로 정확했다. 그것은 일본의 참전과 서전의 승리로 인해 서구 연합국들이 세워둔 전략적 계획들은 모두 무효가 됐으며 그들은 아무리 빨라도 1942년 가을까지 전략적 주도권을 회복하지 못할 것이라고 밝혔다. 그 시점이 지나게 되면 서구 연합국들은 세 가지 방안 중 하나를 선택할 것이다. 유럽과 대서양에 전력을 집중하는 방안과 일본을 향해 집중하는 방안, 모든 전선을 그대로 유지하며 안정화시켜둔 채 전력을 축적하는 방안이 바로 그것이다. 각각의 방안은 독일에 유익한 면과 불리한 면이 있었다. 향후의 계획을 작성하기 위해 국방군 지휘참모부는 연합국이 첫 번째 방안(그리고 독일에게는 가장 불리한 방안)을 선택하게 될 것이라고 가정했다. 그 방안을 따를 경우 연합국은 1942년에 결정적인 작전을 전개할 수 없었다. 왜냐하면 그때까지는 미국의 동원이 최고 수준에 도달하지 못하기 때문이다. 연합군의 가장 심각한 위협은 아프리카 북서부나 노르웨이를 지향하게 될 것이며, 그곳에서 연합군이 성공을 거둘 경우 그들은 독일의 전략적 영역에 제약을 가하고 추가적으로 다양한 작전의 가능성을 확보할 수 있었다.

연구보고서는 이어서 다음 해의 작전을 위한 결론을 도출했는데, 여기서 국방군 지휘참모부는 통찰력을 발휘하지 못했다. 서구 연합국들이 아직 무기력할 때 독일은 동부전선의 작전을 종결짓고 전력을 축적하면서 장기적인 방어 단계에 들어갈 수 있다는 것이 보고서의 결론이었다. 구체적으로 국방군 지휘참모부는 소비에트연방에서 먼저 무르만스크와 아르한겔스크의 항구를 봉쇄하고 이어서 캅카스의 유전지대를 점령하는 작전을 제안했다. 소련이 서구 연합국으로부터 충분한 양의 물자를 공급

받지 못하게 되고 독일은 원유공급선을 확보하게 될 경우 당분간 소련의 공세를 지연시킬 수 있을 것이다. 또한 캅카스는 근동의 연합군 지역으로 진출하는 데 필요한 훌륭한 도약대 역할을 할 수도 있었다. 이 작전을 염두에 둔 상태에서 독일의 전략적 거점 주변을 방어할 필요가 있다는 전반적 상황을 고려해, 보고서는 또한 독일과 이탈리아가 행동에 나서 지중해의 상황을 안정시켜야 하며 이를 위한 보조적 수단으로 스페인과 프랑스의 긴밀한 협조를 끌어내야 한다고 제안했다. 국방군 지휘참모부는 이 영역을 모두 포함하는 연속적 방어선을 감당하기에는 독일군의 전력이 부족하지만 기동 예비부대와 내부 통신망의 개선을 통해 연속적인 방어선을 구축하지 않아도 방어가 가능하다는 사실을 알고 있었다. 정확하게 어떤 방법으로 프랑스와 스페인을 설득해 협력관계를 구축하며 이 모든 작전을 승리로 이어지게 할 수 있는지에 대해서는 설명이 없었다.[2]

히틀러의 분석도 많은 부분에서 이와 비슷했다. 총통은 동부전선의 전역을 계속 수행하기로 결심했으며, 캅카스의 유전이 독일의 전쟁수행 노력에 필수적이라는 사실은 이미 전부터 알고 있었다. 1941년 말까지 그는 전 전선에 걸쳐 다시 한 번 공세를 펼치고 싶어 했지만, 12월이 되자 마침내 그도 독일에는 그와 같은 야심적인 공세를 펼칠 만한 역량이 더 이상 남아 있지 않다는 사실을 깨달았다. 히틀러가 1941년 7월 지상전의 신속한 승리를 예상하고 전쟁물자 생산의 우선순위를 루프트바페와 해군에 부여했던 것이다. 1942년 1월 그는 생산의 최우선 순위를 다시 육군으로 전환시켰지만, 그 효과가 분명해질 때까지는 몇 달이 걸려야 했다. 따라서 히틀러는 주공을 남쪽에 두고 가능하다면 레닌그라드를 향해 조공을 펼치기로 결정했다. 그는 아직도 상황이 절망적이 될 경우 영국이 전쟁을 포기할지도 모른다는 생각을 갖고 있었다. 러시아에서 독일이 승리하고 그와 더불어 극동에서 일본의 전진이 계속된다면 대영제국을 포위하게 될 것이다. 미국을 패배시킬 방법은 아직 찾지 못했지만 히틀러는 불확실한 부분을 허세와 공갈로 채웠다. 이 모든 사항을 고려한 끝에 그는 전쟁이 몇 년 더 지속될 것이라는 인식에 도달했고, 명시적으로 그런 생각을 표현하지 않은 채 대륙에서 방어로 전환하는 전략을 결정했다.

OKH에서는 이런 전략적 사고를 하고 있을 틈이 없었다. 12월 18일에 시작된 모스크바 주변의 소련군 공세는 더욱 확장되어 전 전선에 걸쳐 몇 개의 지점에서 추가로 공격이 진행 중이었고, 여전히 중부집단군의 위기가 가장 심각했다. 처음에 히틀러는 상황에 관계없이 모든 부대가 현 위치를 고수해야 한다는 주장을 굽히지 않았다. 심지어 할더조차 그 부분에 대해 총통과 논쟁을 벌일 지경이 되었지만 아무런 소용이 없었다. 히틀러는 이에 대한 대응으로, 육군을 엄격하게 지휘하지 않고 "의회로 만들어 버렸다"고 OKH를 무자비하게 비난했다.[3] 그는 또한 승인을 받지 않은 채 철수를 명령했다는 이유로 두 명의 군 지휘관—구데리안은 12월 25일, 회프너[Hoepner]는 1월 8일에—을 해임했다. 1월 15일 레프는 자신을 해임하든지 행동의 자유를 주든지 한쪽을 택해달라고 요청했다. 히틀러는 전자를 선택했다. 할더는 비록 총통과 논쟁을 벌이기는 했지만, 레프의 참모장인 브렌네케에게 "후퇴를 부르짖는 분위기는 작전을 위해 근절시켜버려라. 북부집단군은 현 위치를 고수하라는 확실한 명령을 받았으며, 최고사령부가 모든 위험을 감수할 것이다."라고 말했다.[4] 하루 뒤 그는 총참모본부 장교들을 모아놓고 동부전선에 관해 '정신병에 걸린 숫자광'들에게 굴복하지 말라고 훈계했다. 구체적으로 그는 이렇게 말했다. "나는 (귀관들이) 적정에 대한 상황보고서를 작성하면서 적의 부대 숫자를 일방적으로 과장하는 습성을 버리고 실제 적의 전투력을 결정할 중요한 상황평가에도 정확성을 기해서 지휘 결정의 근거를 제공해줄 것을 요구한다."[5] 결국 히틀러도 굴복하고 1월 넷째 주에 중부집단군의 제한적 철수를 허용했지만 소련군이 순식간에 제안된 정지선을 돌파했으며, 몇 주에 걸쳐 상황은 여전히 절망적이고 유동적인 상태를 벗어나지 못했다. 독일군이 결국 전선을 고착시키기는 했지만 그것조차 간신히 성공했을 뿐이고 독일군 스스로의 노력만큼이나 소련군 자체의 무능력과 궁핍한 상태가 크게 작용했다. 결국 해빙과 더불어 춘계 라스푸티차, 즉 진창의 계절이 시작되면서 작전은 일단락을 지었다.

조직의 변화와 긴장

동부전선에서 동계공세가 그 절정을 달리고 있을 때, 최고사령부의 조직에는 작지만 시사적인 변화가 일어났다. 카이텔이 2주 전에 내린 명령에 따라, 1942년 1월 1일에 '국가방위과'라는 명칭이 사라진 것이다.[6] 국가방위과장이었던 바를리몬트 중장은 요들의 밑에서 국방군 지휘참모부 부부장이 되었다. 국가방위과의 작전반들은 모두 과로 승격됐다. 새로운 과의 과장들은 요들의 직접 관할하에 들어가면서 새로운 직함을 받았다. 예를 들어 육군 작전반장, 프라이허 트로이슈 폰 부틀라르브란덴펠스 Freiherr Treusch Buttlar-Brandenfels 대령은 '국방군 지휘참모부 제1일반참모(육군)'가 되었다.[7]

이와 같은 조직의 변화는 그것의 제한적인 특성 때문에 많은 것을 시사한다. 이런 변화는 지휘참모부의 인원편제나 임무에 실질적으로 아무런 변화를 주지 않았다. 카이텔의 명령은 업무 방식에 아무런 변화가 없을 것이며, 비록 나중에는 그렇게 되겠지만 참모진의 규모도 곧바로 증편되지는 않을 것이라는 사실을 규정하고 있었다. 1939년의 임무지시와 비교했을 때, 1942년의 변화는 별다른 차이점을 보여주지 못했다. 바를리몬트는 이 변화가 전적으로 자신의 밑에 있는 대령들에게 그들의 계급에 어울리는 직함을 주기 위한 조치였다고 시인했다. 또한 그의 주장에 따르면 요들은 새로운 조직을 마음에 들어 했는데, 그것은 이번 변화로 각 과의 과장들이 자신의 직할로 들어왔을 뿐만 아니라 변화된 이후의 형태가 최고사령부의 지휘참모 조직에 더 적합하다고 생각했기 때문이었다.[8] 실제로 변화는 전적으로 겉치레에 불과했다. 그것은 몇 가지 관료주의적 열망을 만족시켰지만 그 외에 다른 의미는 전혀 없었다.[9]

아마 지휘참모부의 개편은 지위에 대한 장교들의 욕구를 만족시켜주었는지는 모르지만, 그로 인해 그들이 당면한 난제를 극복하는 데 도움을 받았다고 주장할 수는 없었다. 그들의 책임은 아직도 커져만가고 있었지만 참모실의 규모와 권한은 전혀 변화가 없었다. 다행히 OKW 전구의 전투 활동 수준은 아직은 증가세를 보이지 않았지만, 그럼에도 OKW는 지휘체계 속에서 자신의 위치를 분명하게 정의하기 위해 발버둥치고 있었다. 예를 들어 1941년 12월 8일에 카이텔은 예하 부서와 각 군에 다음과 같은 각서를 발송했다. "OKW에 예속되어 있는 부서들 중에는 자신들이 관여해야 할 문제조차 국방군 지휘참모부에 의지하려는 경향이 점점 더 심해지고 있으며 이로 인해 참모부는 자신의 영역에 해당되지도 않는 일들을 처리하느라 업무 부담이 가중되고 있다. 그 결과 각종 업무연락이 증가하고 있으며 그 속에서 WFSt는 단지 중개인의 역할만 수행하고 있다."[10] 카이텔은 계속해서 지휘참모부는 오로지 병력배치와 지휘, 병참에 관련된 문제만 다루도록 규정되어 있다고 말했다. 그 외의 다른 모든 문제에 대해서는, 각 군 간 혹은 관련 부서들 사이에서 해결이 불가능할 경우, 혹은 병력배치나 지휘, 보급과 관련된 문제가 중대한 의미를 갖거나 특별히 지시가 있을 경우에만 지휘참모부가 개입하게 될 것이다. 3주 뒤에 카이텔은 겉보기에 이전의 각서와 대조되는 내용으로 또 하나의 각서를 발송했는데, 여기서는 총통이 육군의 지휘권을 인수했지만 그렇다고 해서 OKH와 OKW 혹은 타 군의 최고사령부 사이의 기존 관계에 변화가 있는 것은 전혀 아니라고 밝혔다. 해군이나 루프트바페가 관련되거나 군대조직 전체로서 국방군과 관계된 OKH의 모든 문제들은 여전히 OKW를 거쳐야만 했다.[11]

이들 각서는 약간은 사소한 문제에 대한 증거이지만, 1942년 초봄에는 OKW와 각 군 사이에 경쟁이 가열되고 있다는 징후가 나타났다. 4월, 국방군 지휘참모부는 각서를 작성하여 OKW 예하에 있는 부대와 참모진에 대한 카이텔의 권위를 정의했다. 구체적으로 카이텔은 편제와 훈련, 장비, 배치, 군율을 비롯해 기타 여러 문제를 다루는 명령을 직접 내릴 수 있는 명령권을 가졌다. 동시에 그는 행정과 인사, 보충, 재보급을 책임지는 전투지원 부서들을 장악했다. 더 나아가 그런 영역들 속에서조차 OKW는 자신의 권리를 주장하려고 시도했다. 5월, 육군 총참모본부의 편제과는 기존의 육군 참모조직에 버금가는 행정조직을 설치하려는 OKW의 뚜렷한 움직임에 주목하고 있었다. OKH는 이런 노력들이 진행되는 이유를 전혀 이해할 수 없었다. 그들이 단지 "고위 기관에 속하는 특정 전문 부서의 팽창주의적 욕망을 충족시켜주기 위한 행동"으로 보였기 때문에 OKH는 거기에 저항하기로 결심했다.[12] 아마 그와 같은 저항 때문에 5월 14일 카이텔은 이런 경고문을 각 군 사령부에 발송했는지도 모른다. "총통께서는 다음과 같이 지시하셨다. '나의 군사업무 참모부인 OKW가 국방군을 지휘하는 데 필수적이어서 지휘를 목적으로 요청한 모든 지원 자료들은 요구에 따라 무조건 제출돼야 한다. 그에 대한 어떠한 의문이라도 있을 경우, 제출 형식은 OKW의 부서들이 결정한다.'"[13] 그것은 본질적으로 끊임없이 계속된 경쟁심에서 나온 행동이었다. 하지만 지휘부의 구성요소들이 논쟁에 휘말릴 만큼 중요한 문제는 아직 등장하지 않았다. 이는 OKW 전구들이 대체로 평온한 상태를 유지했기 때문이다. 이와 같은 사소한 분쟁은 비록 뿌리 깊은 불신의 분위기 속에서 이루어지기는 했지만, 정상적인 관료주의적 제국이 형성되어 가는 과정을 반영하고 있을 뿐이었다.

청색 사태

라스푸티차의 진창 속에서 동계 전투가 결국 멈췄을 때, 최고사령부는 하계 공세를 위한 작전 계획에 최종 수정을 가하고 있었다. 하지만 국방군은 작전 수정을 진행하기 전에 기존에 발생한 손실을 보충해야만 했다. 1941년 6월 22일에서 1942년 3월 말 사이에, 독일군에서는 110만 명의 전사자와 부상자, 실종자가 발생했다. 1941년 11월 초 이후로 독일은 질병으로 낙오된 자까지 포함하여 대략 90만 명의 병력을 상실했으며, 대단히 정력적으로 노력을 경주했음에도 이중에 불과 45만 명만이 충원됐다. OKH의 계산에 따르면 동부전선에서만 1942년 5월 1일 현재 62만 5,000명의 인원이 부족했으며, 그중 대부분은 전투부대 인원이었다.[14] 물자 현황도 별로 나을 것이 없었다. 1942년 3월 20일의 집계에 따르면, 육군은 동부전선에서 11만 5,000대 이상의 수송용 차량과 3,100대의 장갑차, 1만 400문의 대포라는 순손실을 입었다. 게다가 겨울철 동안 육군은 사망과 부상, 질병 등의 사유로 18만 필의 말을 잃었으며, 단지 2만 필만을 보충할 수 있었다. 같은 기간, 육군은 거의 57만 2,000톤에 달하는 탄약과 1억 7,600만 갤런 이상의 연료를 소비했다.[15] 루프트바페도 비슷한 상태였다. 러시아 전역의 초기 9개월 동안 분명한 질적 우세를 점하고 있었음에도 불구하고, 1942년 3월에 공군은 1941년 6월보다 거의 600대나 줄어든 항공기를 보유하고 있었고, 놀랍게도 이는 1939년 9월에 보유하고 있던 항공기보다도 40대나 적은 숫자였다.[16] 독일은 5월과 6월에 엄청난 인원과 물자를 동부전선에 투입하겠지만, 독일 경제가 국방군의 손실을 보충한다거나 다가오는 여름의 손실을 감당할 수 있으리라는 희망은 전혀 없었다. 1942년에 전개될 독일의 어떤 시도도 그 전해에 비해 규모면에서 축소될 수밖에 없었다.

전후에 할더와 그의 동료들은 1942년 동부전선에서 공세를 재개한다는 결정에 반대했다고 주장했다. 예를 들어 전후에 추가한 1942년 2월 15일 자 그의 일기의 메모에 따르면, 할더는 이전에 발생한 육군의 손실을 회복하기 위해서는 많은 시간이 필요하다는 생각에 1942년에는 독일군이 전략적 방어태세에 들어가기를 원했다.[17] 하지만 할더가 정말로 그렇게 생각했다고 해도 당시에 그가 그런 발언을 했다는 기록은 어디에도 없다. 그와는 대조적으로, 오히려 많은 장교들이 공격은 바보짓이라고 믿고 있었다. 룬트슈테트와 레프도 그중 하나였는데 두 사람은 어쩌면 폴란드 국경까지 철수해야 할지도 모른다고 제안했다. 프롬과 바그너, 토마스(OKW의 국방경제 및 병기국 국장) 또한 공격에 반대했으며, 총참모본부 작전과의 많은 장교들도 같은 의견이었다. 그들 모두 독일은 히틀러의 목표를 달성하는 데 필요한 자원을 갖고 있지 않다고 믿었다. 카나

리스 제독과 같은 일부 인사들은 심지어 전쟁에서 이미 졌다고—물론 은밀하게—말하고 있었다.[18]

이처럼 현실주의가 사방에서 분출하게 된 원인은 독일 정보망의 능력이 합리적으로 개선된 데 있을 수도 있다. 하지만 그것은 사실이 아니었다. 비록 할더가 육군의 정보체계에 몇 가지 변화를 주기는 했지만, 결코 사라질 줄 모르는 그의 낙관주의는 확실한 정보에 바탕을 둔 것이 아니었다. 1942년 봄이 되자 그는 동부전선 외국군사정보과에서 받는 정보에 실망했다. 3월 31일 그는 질베르크에게 "나의 요구사항을 만족시키지 않는 인물", 킨젤을 교체하는 문제를 언급했다.[19] 다음 날 할더는 라인하르트 겔렌 중령을 작전과 동부전선반에서 동부전선 외국군사정보과의 책임자로 전보轉補시켰다. 이 선택은 시사하는 바가 컸다. 두 사람은 서로를 잘 알고 있었으며 근무도 함께 했다. 하지만 겔렌은 자신의 새로운 보직에 적합한 특수 자질을 갖추지는 않았다. 할더는 겔렌에게 일일상황에 대한 철저한 분석이나 적의 역량이나 의도에 대한 장기적인 평가를 기대하지는 않는다고 말했다. 곧 겔렌은 조직의 재편성과 방향의 재설정에 착수했다. 새로운 체계에서 I반은 일상적 정보평가를 담당했으며 그 아래에는 각각 전선의 한 개 집단군을 담당하는 분반들이 설치됐다. 이들 분반의 장교들은 작전과의 해당 집단군 담당자들과 긴밀하게 협조하며 업무를 수행했다. II반은 소련과 관련된 장기적인 과제를 수행했다.[20]

소비에트연방에 대한 전투작전이 수행되면서 새로운 정보의 출처가 생겼으며, 전선의 소련군 부대에 대한 일상적 상황 정보는 바르바로사 작전이 시작되기 전에 보유하고 있던 것보다 크게 개선됐다. 하지만 독일군의 지식에는 여전히 공백이 존재했고, 정보기관들이 장기적인 소련의 역량과 의도를 추측해보려고 할 때마다 그 공백의 존재는 더욱 커졌다. 심지어 그런 노력조차도 동계전투가 거의 끝날 때까지는 시작되지 않았는데, 그것은 정보장교들도 전역이 단 한 계절 동안 완료될 것이라는 믿음에 공감하고 있었기 때문이다. 하지만 1942년 3월 말, 겔렌이 동부전선 외국군사정보과를 인수하기 전에 이미 소련군의 인적, 물적 자원에 대한 최초의 종합적인 평가가 끝나고 그 결과는 활용 가능한 상태에 있었다.[21]

이 평가 내용이나 그것들이 미친 영향은 두 가지 점을 보여준다. 첫째, 이러한 분석 결과는 전시의 소비에트연방의 경우처럼 특정 국가에 대한 국력을 평가하기가 거의 불가능하다는 사실을 보여주었다. 두 부류의 평가가 모두 정확하지 않았던 것이다. 특히 산업 잠재력에 대한 평가는 독일군으로 하여금 단 한 차례의 전역에서 성공을 거두면 러시아가 완전히 무기력한 상태에 빠질 것이라고 믿게끔 부추겼다. 반면 인적 자원에 대한 조사 보고는 소련의 잠재력을 실제보다 낮게 평가하고 있음에도 불구하고, 소비에트연방이 전력의 한계점에 전혀 가까워지지 않았다는 사실을 보여주었다. 이런 정황을 볼 때 두 보고서의 정확성에 대해 의문이 제기됐어야만 했다. 더 나아가 정확성의 문제를 떠나 보고서가 등장한 시점은 소비에트연방이나 정보 기능에 대한 최고사령부의 근본적인 태도가 여전히 바뀌지 않았음을 선명하게 부각시킨다. 독일은 조사결과가 나오기도 전에 이미 새로운 공세를 취하기로 결정을 내렸을 뿐만 아니라 결과가 나온 뒤에 그들이 결정을 내릴 당시의 전제조건들을 재검토했다는 증거도 없다. 히틀러의 정보 기능에 대한 태도가 분명히 드러난 것은 3월 17일, 그가 OKH에 명령을 내리면서 적의 계획과 역량에 대한 모든 정보는 예하 사령부에 전달되기 전에 자신의 의도와 일치하는지 반드시 확인해야 한다고 말했을 때였다.[22] 그는 소련의 군사역량이 거의 소진됐다고 확신했다. 4월 2일, 그는 과감하게 자신은 러시아의 산업생산 능력을 근거로 그들이 상당한 전력의 군을 새롭게 조직해내지는 못할 것으로 믿는다고 밝혔다(이것은 그가 OKW의 연구보고서를 보기 전의 일이다).[23] 마찬가지로, 만약 할더의 일기에 어떤 암시가 있었다고 해도 그가 조사결과에 주목할 만한 내용이 있는 것으로 생각했다고 볼 수는 없다.[24] 작전계획을 작성하는 작업은 잠시의 지체도 없이 계속 진행됐다.

할더의 철저한 감독하에서, 총참모본부는 1941년 말부터 하계작전을 위한 개념을 형성하는 작업에 들어갔다. 하지만 겨울 내내 위기가 지속되면서 좀 더 구체적인 계획을 작성하는 것은 현실과 동떨어진 일처럼 보였다. 이제 남부집단군 사령관이 된 보크는 할더의 제안으로 「작전의 다양한 가능성에 대한 이론적 연구」를 작성하고 2월 20일에 히틀러에게 제출했지만, 그것은 곧바로 총통의 주목을 받지는 못했다.[25] 1942년 3월 28일, 할더는 히틀러에게 육군 배치계획을 브리핑했다. 총통은 그것을 승인한 뒤 계속해서 할더에게 자신이 생각한 공세의 목표를 알려주었는데, 늘 그렇듯이 광범위한 전략적 상황에 대한 장황한 독백이 먼저 나왔다. 히틀러는 전반적인 상황이 의미심장하게도 별로 절박하지 않다고 믿었다. 가장 큰 위기는 노르웨이나 프랑스에 대한 상륙작전의 형태로 발생할 수도 있었다. 스페인이나 포르투갈, 북서 아프리카에 대한 연합국의 작전은 별로 가능성이 없어 보였다. 북아프리카의 상황은 여전히 불투명했다. 군수 문제가 여전히 핵심적인 요인이었다. 어떤 경우든 전쟁은 동부에서 결판을 내야만 했다. 이 지역에서 작전의 목표는 캅카스를 점령하고 이어지는 겨울 동안 돈 강의 전선을 고수하는 것이었다. 히틀러는 계속해서, 육군은 그와 같은 목표를 달성하기 위해 신중하게 종심 깊이 돌파하는 전술을 버리고 소규모의 전술적 포위전에 전력을 집중해

야만 한다고 말했다.[26]

4월 5일, 히틀러는 남쪽으로의 진격을 명령하는 훈령에 서명하고 그 작전에 블라우Blau(청색)라는 암호명을 붙였다. 분명 히틀러 본인의 생각을 반영한 서문에서 그는 3월 28일 할더의 브리핑 때 지정했던 것보다 더 광범위하게 전역의 목표를 정의했다. 그는 작전의 목표를 "소련의 잔존하는 전투력을 파괴하고 군사적으로 의미가 큰 중요한 경제적 자원을 탈취하는 것"이라고 밝혔다.[27] 훈령에서 작전에 대한 세부사항들은 부분적으로는 육군의 연구내용을, 대부분은 보크의 조사결과를 반영하고 있었다. 하지만 히틀러는 작전 지휘관으로서 자신의 역할에 점점 더 큰 확신을 갖게 되었으며, 그런 사실은 실제로 그가 훈령 작성에 필요한 업무를 직접 처리하며 몇 가지 중요한 내용의 변화와 추가를 가했다는 점에서 잘 드러난다.[28]

훈령에서는 전선을 안정시키고 주공에 필요한 부대를 방어임무로부터 해제시킬 수 있도록 먼저 일련의 준비작전을 요구했다. 이들 준비작전 중에는 크림 반도 소탕작전도 포함되어 있었다. 준비작전이 끝나면 주공이 시작되나 그것은 여러 단계에 걸쳐 순차적으로 진행되는데, 이는 국방군이 이 정도 규모의 공세를 동시에 진행시킬 수 있는 자원을 갖고 있지 않기 때문이었다.[29] 1단계 작전에서는 독일군이 쿠르스크Kursk로부터 동쪽으로 양익 포위작전을 펼치며 로스토프 북방 480킬로미터 지점에 있는 보로네슈Voronezh로 진격했다. 일단 보로네슈가 함락되면 일부 부대는 돈 강을 따라 남동쪽으로 전진하게 되며, 하리코프에서 출발한 또 다른 공격 축과 합류하게 된다. 3단계에서는 2단계에서 합류한 부대들이 동쪽으로 진격해 스탈린그라드 동부지역으로 진출하고 그곳에서 로스토프 북서쪽의 소련군 전선을 돌파하고 전진해 온 또 다른 공격 축과 합류한다. 이제 4단계가 진행되는데, 히틀러는 이 부분에 대해 세부적인 내용을 제시하지 않았지만 이때 비로소 국방군은 남쪽으로 방향을 바꾸어 캅카스 유전지대를 점령하게 되어 있었다. 훈령에는 공세의 시작날짜를 지정하지 않았지만 육군은 최종 단계를 마칠 때까지 절대 작전을 지연시키지 말고 계속 진행하고, 그럼으로써 겨울이 작전에 지장을 초래하기 전에 국방군이 최종 목표에 도달할 수 있어야 한다고 명시되어 있었다.[30]

크림 반도 소탕작전은 5월 8일에 시작됐다. 동부에서는 작전이 원활하게 진행됐지만, 세바스토폴 포위전은 독일의 예상보다 오래 걸려 청색 사태Fall Blau 준비단계의 전체 기일을 6주로 늘려버렸을 뿐만 아니라 국방군은 10만 명의 인명 피해를 입었다. 동시에 소련은 독일군이 하리코프에 집결 중이라는 사실을 까맣게 모른 채 하리코프를 향해 구상부터 잘못된 공세를 시작했다. 소련군의 강력한 타격은 일시적으로 독일군의 방어를 무력화시켰지만 그들은 곧 전력을 회복하여 상황을 역전시켰다. 결국 소련군은 전혀 전진하지 못한 채 전사자 100만과 포로 200만 명의 손실을 초래하면서 앞으로 있을 독일군의 공세에 취약해진 상태가 되었다.

청색 사태는 6월 28일에 시작됐으며, 국방군은 신속하게 전진했다.[31] 1단계는 7월 6일에, 2단계는 7월 15일에 완료됐으며 독일군의 피해는 경미했다. 하지만 소련군은 이전보다 더 뛰어난 전투능력을 발휘한 반면 독일군은 평소와 달리 작전상의 실수를 여러 차례 반복했다. 이들 두 단계는 각각 소수의 소련군 포로만을 잡은 채 종결됐으며, 독일군은 다음 단계를 진행하기에는 부족한 상태가 되었다. 소련군은 자신의 작전 관행을 바꾸었다. 이제 더 이상 한곳을 고수하면서 독일군이 자신들을 포위할 기회를 제공하는 대신 위험에서 재빨리 물러서버렸던 것이다. 청색 사태는 히틀러의 훈령에 따라 소규모의 전술적 포위를 요구했지만 그와 같은 기동은 대부분 헛손질로 끝났다. 그럼에도 히틀러는 국방군이 커다란 승리를 거두고 있다고 믿었다.[32] 그는 전체적으로 작전개념에 변화를 주기로 결심했다. 3단계에서 모든 병력을 스탈린그라드로 보내는 대신 그들을 분리하기로 했다. 7월 23일 총통훈령 45호에서 그는 A집단군에게 남쪽으로 선회하여 캅카스로 직진하고 B집단군만 계속 동진하라고 명령했다.[33]

히틀러의 이번 작전 개입은 직접 지휘권을 행사하고 싶어 하는 그의 의욕이 약간이지만 두드러지게 더욱 구체화되었다는 표시였다. 그는 단지 자세한 브리핑만을 요구하는 데 그치지 않고—그것은 이미 하나의 표준으로 정착되고도 벌써 상당한 시간이 흐른 상태였다—더 나아가 직접 명령을 내리는 횟수가 점점 더 늘어났으며 그러면서 점점 더 세부적인 내용까지 언급하고 있었다. 이것은 히틀러에게 적합한 역할이 아니었다. 전쟁의 초기 2년 동안 그가 간헐적으로 보여주었던 폭발적인 영감은 실제 작전에 필요한 전문성으로 결코 대체할 수 없는 귀중한 것이었으며, 때때로 총참모본부의 작전 수행능력에 결함이 드러나기는 했지만 히틀러의 능력은 그보다 훨씬 더 형편없었기 때문이다. 그의 간섭이 작전에 미친 영향은 심각한 수준에 이르러서 최고사령부 내에, 특히 히틀러와 할더 사이에 새로이 긴장관계가 조성됐다. 건설적인 업무관계에 대한 할더의 희망도 이 시점에는 거의 사라져버렸다. 할더는 육군의 작전 두뇌가 되고 싶어 했지만, 히틀러는 자신의 생각이 더 우월하다고 주장했다. 더 나아가 그런 아이디어들이 실패할 경우, 그는 언제나 다른 사람에게 책임을 전가했다. 7월 23일 할더는 이렇게 기록했다.

둘 다 나의 의사에는 반대되는 조치였지만 7월 17일 그는 자신이 직접 기동부대를 로스토프 주변에 집결하라고 명령한 뒤, 7월 21일에는 24기갑사단을 6군으로 전출시켰다. 이제는 심지어 문외한[히틀러]의 시각에서 봐도 기동부대들이 로스토프 주위에 무의미하게 뒤엉켜 있는 동안 중요한 침랸스크 Tsimlyansk의 외각 측면에서는 그들을 기다리느라 애가 타 죽을 지경이라는 사실이 분명해졌다. 나는 끊임없이 두 조치의 위험에 대해 경고했었다. 이제 그 결과가 자기 눈앞에 보이는 코만큼이나 분명해지자, [그는] 분노를 터뜨리며 엄청난 독설로 지휘관들을 비난했다.

적의 능력에 대한 만성적인 평가절하는 점차 기괴한 형태를 띠기 시작했고 점점 더 위험해지고 있다. 그것을 참는 것도 점점 더 불가능해진다. 더 이상 누구도 진지하게 업무에 대해 이야기하지 않는다. 소위 '지도력'이라는 이런 행태는 순간적인 인상에 대한 병리학적 반응이나 지휘 기구와 그것이 가진 역량을 평가할 수 있는 판단력의 완벽한 결여라는 특징을 갖고 있다.[34]

할더는 히틀러만이 아니라 카이텔과 요들하고도 싸웠는데, 두 사람은 총통의 의견을 앵무새처럼 되풀이하는 것 외에 거의 아무런 구실도 하지 않았다. 히틀러의 측근자들에 대해 할더가 아무런 존경심도 갖고 있지 않았다는 사실은 그해 여름 그의 일기 속에서 점점 더 자주 그리고 더욱 선명하게 표현되어 있었다. 예를 들어 7월 6일 자 일기에는 이런 논평이 포함되어 있었다. "하루 일과가 진행되는 동안 [히틀러와 카이텔을 포함해 여러 사람과] 전화통화를 했지만 항상 문제는 똑같았다. 조용히 생각을 정리한 뒤 명료한 명령문으로 통합돼야 할 문제에 대해 이런 식으로 전화를 주고받는 것은 고통스러운 일이다. 가장 참기 힘든 것은 아무런 의미도 없는 카이텔과의 잡담이다."[35] 7월 30일 일기에는 다음과 같은 내용이 담겨 있다.

총통 브리핑 자리에서 요들은 발언을 허락받자 캅카스의 운명은 스탈린그라드에서 결정될 것이라고 장엄한 어조로 말했다. 따라서 A집단군과 B집단군에서 병력을 전환시킬 필요가 있으며 가능하다면 돈 강 남안까지 진출해야 한다고 했다. 그 생각은 내가 이미 6일 전에 총통에게 브리핑했던 것으로 당시 4기갑군이 돈 강을 도하하고 있을 때 일종의 새로운 분기점으로 제안한 내용이었다. 하지만 내가 그것을 언급했을 때에는 계몽된 OKW 사회의 그 누구도 그 개념을 이해하지 못했다.[36]

분명 육군 참모총장은 히틀러와 OKW가 작전을 운용하는 방식에 진저리를 내기 시작했지만, 그가 이런 현상에 대해 어떤 조치를 취할 수 없을 정도로 무기력하다는 점도 그만큼 확실했다. 하지만 우리는 그의 반대를 액면 그대로 받아들여서는 안 된다. 지난해 겨울 이래로 할더가 전역을 계획하고 지원할 수 있었다면 독일이 승리했을 것이라는 증거는 존재하지 않는다.

여름이 지나갈 무렵 독일군의 상황은 악화되기 시작했으며, 그것도 단지 러시아에만 해당되는 이야기가 아니었다. 러시아에서는 8월 말까지 진격이 순조롭게 이어지고 있었다.—독일군의 전진은 적의 반격보다는 연료부족으로 더 많이 지체될 지경이었다. 하지만 8월 말부터는 캅카스 산맥과 스탈린그라드의 소련군이 격렬한 저항을 보이기 시작했다. 그러자 독일군의 전진은 굼벵이가 기어가듯 정체됐다. 독일군의 선봉은 서로 멀리 분산되어 있었고 보급기지하고도 멀리 떨어진 상태였다. 캅카스의 독일군은 아직 자신의 목표인 그로즈니Grozny와 바쿠의 유전지대로부터 상당히 떨어져 있었다. 설상가상으로 북부집단군과 중부집단군이 러시아군의 공격을 받아 그 지역의 독일군 공세는 아예 싹이 잘려버렸다. 북아프리카에서는 롬멜이 8월 말에 엘알라메인El Alamein에 있는 영국군 진지를 돌파하려고 시도했지만 성공하지 못했다. 독일 본토에서는 영국군의 공습이 점점 더 그 효과를 발휘하고 있었다. 5월 말에는 1,000여 대의 영국군 항공기의 공습으로 쾰른Köln을 유린했으며, 8월이 되자 이미 독일은 자신이 보유한 전투기의 38퍼센트를 서부전선에 배치하게 되었다. 마침내 히틀러는 연합군이 유럽 대륙을 침공할 가능성에 대해 점점 더 걱정하게 됐으며, 그의 우려는 결국 동부전선으로부터 강력한 전력을 가진 사단들의 전용轉用을 더 이상 허락하지 않게 되는 수준에 도달했다.

총통을 퇴보시킨 지휘권

점점 더 고조되는 긴장관계로 인해 최고사령부에서는 새로운 위기가 발생했다. 히틀러는 의지력만으로 동부전선에 있는 부대를 계속 전진시키려고 했으며, 거기에 저항한다고 여겨지기만 하면 누구에게나 자신의 좌절감을 발산했다. 육군에 대한 그의 전반적인 불신감이 계속 커지면서 히틀러의 측근에게까지 영향이 미치기 시작했다. 9월 7일 A집단군의 전선에서 벌어지는 상황의 전개를 두고 마침내 불화가 터져 나왔다. 히틀러는 A집단군 사령관인 리스트에게 특정 산악지형을 통해 선봉부대를 계속 전진시키라고 강요했지만, 리스트는 그럴 경우 자신의 부대가 너무 취약해지며 보급도 곤란하다는 이유를 들어 그 작전개념에 반대했다. 결국 리스트의 요청으로 요들이 A집단군 사령부로 날아가 상황을 검토하고 돌아와 리스트의 의견에 전적으로 동의한다고 보고했다. 히틀러는 분개했다. 요들에 대한 그의 불만이 정확하게 어떤 성격인지는 아직도 어느 정도 의문으로 남아 있지만, 아마 히틀러는 요들이 이번 전역에서 노출된 약점을 두고 자신을 비난했다고 생각했을지도 모른다. 어쨌든 그의 반응은 즉각적이고 광범위하며 비열했다. 요들뿐만 아니라 카이텔과 바를리몬트까지 해임해버리는 방안을 고려했을 정도였다. 이후 몇 달 동안 그는 요들이나 카이텔과 악수를 거부했고 두 사람을 자신의 저녁 만찬에 부르지도 않았다. 또한 이후 모든 브리핑과 회의 석상에 두 명의 속기사를 참석시켜 장교들이 그의 말을 자신의 의사와 상관없는 내용으로 왜곡하지 못하게 했다.[37] 더 나아가 9월 9일에는 카이텔로 하여금 할더를 만나 리스트가 보직을 사임해야 한다는 말을 전달하게 했다.[38] 리스트는 다음 날 바로 사임했다. 하지만 총통은 그의 후임자를 임명하지 않고 대신 자신이 직접 A집단군의 지휘를 맡았으며, 그 직책을 11월 22일까지 유지했다. 이제 그는 계층구조에서 동시에 네 개의 단계를 차지하게 됐다. 즉 국가수반이자 국방군 총사령관이며 육군 최고사령관 겸 A집단군 사령관이었는데, A집단군은 그의 사령부에서 약 1,300킬로미터나 떨어져 있었다.[39]

히틀러의 분노는 단지 카이텔과 요들, 리스트만 표적으로 삼은 것이 아니다. 할더와 그의 관계는 점점 더 공존이 불가능해졌으며, '측근 집단'의 일부 인사들, 특히 괴링과 힘러는 그에게 참모총장을 내쳐야 한다고 주장하고 있었다. 히틀러는 할더의 뒤에서 그를 자주 조롱했으며, 면전에서 할더의 권고를 웃음거리로 만들었다. 할더는 자신의 좌절감과 분노를 숨기기 위해 최선을 다했지만 그의 성향은 끊임없이 히틀러의 노기를 자극했다.[40] 할더는 전역이 점점 더 불리한 결말로 치닫고 있음을 눈으로 보고 있었지만 히틀러의 눈에 그는 단지 입에 재갈을 물려야 할 존재에 불과했다.[41] 그는 총통에게 독일군 상황이 점점 더 위험해지고 있음을 경고하려고 노력했다. 이제 전선의 길이는 대략 4,000킬로미터나 됐고 소련군의 작전 예비부대는 아직 나타나지도 않은 상태였다. 동부전선 외국군사정보과는 이제 더욱 정확한—게다가 정신을 확 들게 만드는—평가를 내놓고 있었다. 히틀러는 그런 사실을 하나도 들으려 하지 않았다. 그리고 할더가 자신의 주장을 더욱 강하게 내세울수록 발끈한 히틀러는 더욱 가혹한 비난을 쏟아냈다.

8월 24일 마침내 두 사람 사이의 긴장이 폭발했다. 할더는 당시 북부집단군을 강타하고 있던 소련군의 공세가 실제로 위험을 초래하고 있다는 사실을 지적하기 위해 노력하고 있었다. 그는 집단군 사령부에 후퇴를 허가해서 그들이 전선을 축소하고 이를 통해 예비대를 확보할 수 있기를 바랐다. 히틀러는 이렇게 대꾸했다. "할더, 자네는 나를 만나러 올 때마다 항상 후퇴를 제안하는군. …… 우리가 위치를 굳건하게 지키는 것이 부대의 이익에 가장 큰 도움이 되네. 나는 전선에 요구하는 것과 똑같은 결의를 지휘부에도 요구하네." 할더는 이성을 잃고 이렇게 말했다. "총통 각하, 저 역시 굳은 결의를 갖고 있습니다. 하지만 저 바깥에서는 용감한 일병들과 중위들이 수천 명씩 쓰러져 무의미한 희생자가 되고 있으며, 이는 순전히 그들의 지도자가 유일하게 가능한 결정을 내리지 않고 그들의 양팔을 꽉 묶어놨기 때문입니다!" 히틀러는 잠시 할더를 노려본 뒤 고함을 질렀다. "할더 씨, 당신이 원하는 것이 도대체 뭐야, 1차대전에서도 그랬듯이 단지 회전의자만 빙빙 돌리던 당신이 병사들에 대해 내게 이야기를 해? 당신, 단 한 번도 검은색 상이기장을 달아본 적도 없는 자가?!"[42]

이런 일화가 있은 뒤 할더의 측근에 속하는 모든 사람들은 그가 사임해야 한다고 생각했다. 실제로 호이징거는 사임을 건의하기도 했다.[43] 사실 할더도 자기에게 더 이상 희망이 없다는 사실을 알고 있었지만 최종적인 단절은 그달 말이 될 때까지 오지 않았다. 9월 9일, 카이텔은 할더에게 리스트에 대해 이야기하면서 히틀러가 최고사령부에서 몇몇 사람의 인사이동을 단행할 생각이며 할더도 보직을 잃게 될 사람들 중 한 명이라는 언질을 주었다.[44] 9월 17일에는 할더도 자신이 해임될 날이 일주일도 채 남지 않았음을 이미 알고 있었다.[45] 결국 9월 24일, 일상적인 정오 브리핑이 끝나고 히틀러와 할더는 갈라섰다. 총통은 할더가 기력을 전부 소모했으며 그와 대립하다 보니 자기도 기력이 빠지기 시작했다고 말했다. 할더는 조용히 듣기만 하다가 자리에서 일어나 방을 나갔다. 그는 그만 가보겠다는 말만 남겼을 뿐이었다.[46] 그날 오후 늦게 '마우어발트'에서는 감동적인 장면이 연출됐다. 총참모본부의 장교들이 작전과 건물 밖에 있는 나무 아래에 모였다. 할더는 창백한 얼굴로 천천히 그들을 향해 걸었다. 그는 많은 말을 남기지는 않았다. 북받치는 감정을 거의 주체하지 못했던 것이다. 그는 그 자리에 모인 장교들에 대한 감사와 그들을 자랑스럽게 생각한다는 취지였을 것으로 추측되는 짧은 연설을 마치고 육군사령부를 떠났다.[47]

아이러니하게도 할더를 해임함으로써 히틀러는 그의 군인들 중 근본적으로 가장 낙천적인 군사 지도자를 제거한 셈이 됐다. 심지어 전쟁이 이만큼이나 진행된 시점에서도 할더는 독일이 얼마나 심각한 상황에 처했는지를 이해하지 못했다. 북부집단군 사령관인 게오르크 폰 퀴흘러에게 보내는 9월 21일 자 편지에 그는 이렇게 적었다. "현재 러시아 측의 병력부족 현상이 점차 뚜렷해지고 있기는 하지만, 러시아인들의 수적 우위는 앞으로 우리가 계속 마주할 수밖에 없는 사실이다. 러시아의 수적 우위는 우리 병사들의 높은 자질로 상쇄될 것이다."[48] 해임되고 일주일이 지난 뒤에도 그는 바이츠제커에게 똑같은 의견을 피력했으며 다만 이때는 서쪽에서 제기되는 위협이 걱정된다는 점을 인정하기는 했다.[49] 가장 믿기 어려운 사실은, 그가 독일이 몰락하여 패전한 뒤에도 비현실적인 관점을 버리지 않았다는 것이다. 아마 그 점을 증명해주는 가장 불리한 증거는 전쟁이 끝나고 6년 뒤 그가 쓴 한 통의 편지에 있을 것이다. "지난 세계대전의 어느 시점을 전쟁에서 패배한 순간으로 봐야 하느냐는 [어떤 미국인 역사가의] 질문은 아무런 의미도 없는 것이다. 전쟁은 정치적 행위이며 군사적으로는 아무리 긴 시간 동안 전혀 희망을 가질 수 없는 상황에서도 여전히 정치적 기회가 있을 수 있다. 그와 같은 기회가 불시에 찾아올 수도 있으며, 이는 7년 전쟁[1756~1763년]의 사례가 증명해준다. 따라서 이에 대한 정확한 답은 여전히 변함이 없다. 오직 우리가 포기했을 때만 전쟁은 진 것이다."[50] 여기서 할더는 18세기의 전략 원칙을 히틀러와 똑같은 방식으로 현대의 물량 전쟁에 적용했다. 따라서 그와 할더 사이의 여러 가지 차이점에도 불구하고, 히틀러는 할더보다 더 비슷한 사고방식을 가진 참모총장을 구할 수는 없었을 것이다. 만약 두 사람이 함께 일을 할 수 있었다면 할더가 최후의 순간까지 자신의 직책을 수행했을 거라는 데에는 의문의 여지가 없다.[51]

할더의 후임자 쿠르트 차이츨러는 할더가 떠날 때 이미 무대에 등장한 상태였다. 히틀러가 그를 선택했다는 사실은 할더와 완전히 대조적인 사람을 원하는 그의 소망을 잘 보여준다. OKH로 발령이 나기 전 차이츨러는 서부전구 사령관인 룬트슈테트 원수의 참모장이었다. 그는 할더보다 11살이나 어렸고 상대적으로 계급도 낮았는데, 소장으로 진급한 것도 불과 그해 4월의 일이었다. 하지만 그는 개인적으로도 히틀러에게 익숙한 인물이었는데, 부분적으로는 1942년 8월 연합군의 디에프Dieppe 상륙작전

쿠르트 차이츨러 (독일연방 문서보관소 제공, 사진번호 185/118/14).

을 성공적으로 격퇴할 때 그가 맡은 역할 때문이었다. 하지만 그는 또한 한때 요들의 부하였고 슈문트의 절친한 친구이기도 했다.[52] 카이텔의 말에 따르면 할더의 후임자로서 차이츨러를 제안한 사람이 바로 슈문트였다고 하지만 어쩌면 괴링도 그를 천거했을 가능성이 있다.[53] 어쨌든 히틀러는 9월 17일에 슈문트와 블루멘트리트를 파리로 보내 차이츨러를 우크라이나에 있는 총통 본부로 데려오게 했다.[54] 9월 22일 아침에 차이츨러가 도착하자 히틀러는 곧바로 그를 만났다. 바로 이 시점에 그는 처음으로 히틀러가 자신을 두 계급이나 진급시켰으며 육군 참모총장에 임명했다는 소식을 들었다.[55]

실제로 차이츨러는 할더와 다른 부류의 인물이었다. 적어도 히틀러의 눈에 할더가 전문적이고 비관적이었다면, 차이츨러는 너무 자신감 넘치고 열정적이어서 거의 충동적이라고도 할 수 있을 정도였다. 그의 별명인 '쿠겔블리츠Kugelblitz' 즉 '구전球電(공 모양의 번개)'은 그의 지휘 방식에 대해 많은 부분을 시사한다.[56] 할더의 고별연설이 끝난 직후 그가 총참모본부 장교들과 처음으로 대면했을 때 그는 우렁차게 "하일 히틀러(총통 만세)!"를 외치며 회의를 시작했고, 곧이어 육군 최고사령부의 분위기를 바꾸어야 한다고 역설했다. 또한 조직과 임기응변, 총통에 대한 믿음이 승리의 관건이라고 말했다. 그는 자신의 첫 연설 내용을 모든 참모본부 장교들에게 보내는 공고문을 통해 더욱 강조했다. 여기서 그 내용을 자세히 살펴볼 필요가 있다.

> 나는 **요구한다**. 총참모본부 장교들은 믿음을 발산해야 한다. 우리의 총통에 대한 믿음, 우리의 승리에 대한 믿음, 우리의 업무에 대한 믿음이 그것이다. 장교들은 이런 믿음을 자신의 동료와 자신의 부하와 자신이 접촉하는 전투병

들과 장교들을 찾는 지휘관들에게 발산해야 한다.…

나는 **요구한다**. 총참모본부 장교들은 엄격해야 한다. 자신에게, 동료에게, 엄격해야 한다. 그리고 필요하다면, 전투병들에게 엄격해야 한다.…

나는 **요구한다**. 총참모본부 장교들은 승리를 이끌어내기 위해 가능한 모든 수단을 전부 활용해야 한다. 그는 전통적인 수단을 뛰어넘어 끊임없이 새로운 수단을 고안하고 찾아내야 한다. 장교들은 임기응변의 대가이자 달인이 돼야 한다.…

나는 **요구한다**. 총참모본부 장교들은 보고서를 작성하고 총참모본부 자료를 편집할 때 진실에 대한 절대적이고 광신적인 사랑을 보여야 한다.… 어떤 사람들은 잘못된 표현을 통해 지휘관에게 자신이 원하는 결정을 강요하지만 그것은 사령부 전체를 위해서 옳지 않은 행동이다. 나는 총참모본부 장교가 그와 같이 계산된 보고를 할 경우 가능한 가장 강력한 수단을 동원해 행동을 취할 것이다.…

나는 **요구한다**. 총참모본부 장교들은 총통과 참모총장, 부서장, 지휘관들에게 가장 신뢰할 수 있고 믿음직한 보좌관이 돼야 한다. 여기서 나는 '보좌'라는 말을 특히 강조하는 바이다.[57]

이런 문구를 볼 때 차이츨러가 부상하게 된 이유가 분명해진다. 의지의 중요성을 강조한다든지 공공연하게 히틀러에게 충성심을 보이는 태도 덕분에 적어도 얼마 동안은 히틀러의 총신寵臣이 될 수 있었다.

차이츨러의 취임은 총참모본부의 분위기에 괄목할 만한 효과를 초래했다. 그가 참모단에게 요구한 사항들은 결코 빈말이 아니라 총통에게 강한 인상을 남기기 위해 의도한 것이었다. 차이츨러는 '마우어발트'에 도착하기 전부터 이미 '나치 장군'으로 유명했으며, 일단 그곳에 도착한 그 순간부터 자신의 명성을 더욱 공고히 다지기 위해 수단 방법을 가리지 않았다. 그는 항상 "하일 히틀러"로 인사했으며, 작전과 사무실의 벽에는 "독일 총참모본부 장교들은 하일 히틀러라고 인사한다"는 문구를 붙여놓았다. 아마 이보다 더 중요한 사실은 그가 충동적인 성향을 갖고 있는데다 신속성과 간결성을 강조하다 보니 가끔 업무가 정확하지 않고 불완전하게 처리되는 경우가 있었다는 것이다. 더 나아가 차이츨러는 자신만의 좁은 영역에만 관심을 집중하는 성향도 있어서 앞으로 그는 다른 모든 것을 도외시하고 동부전선에 우선권을 주기 위해 분쟁을 벌이게 된다.[58]

차이츨러는 자신의 임기를 총참모본부 조직에 대한 일련의 개편으로 시작했다. 그는 취임 이후 몇 주일만에 작전과 정보, 군사과학을 담당하는 참모차장실을 폐지했다. 이와 같은 개편의 배경이 되는 논리는 명확하게 알려진 바가 없다. 발터 괴를리츠Walter Görlitz는 차이츨러의 의도가 단지 총참모본부의 조직을 단순화시키는 데 있었다고 기록했다.[59] 에르푸르트는 고위 참모장교가 부족했기 때문에 차이츨러가 이 직책들을 폐지했다고 주장했으며 사실 나중에 차이츨러가 직접 밝힌 이유도 바로 그것이었다. 덧붙여 차이츨러는 OKW 전구의 창설로 인해 총참모본부의 업무 부담이 줄었기 때문에 이 장교들의 자리를 줄일 수 있었다고 말했다.[60] 하지만 에르푸르트는 이런 변화로 인해 16내지 17명의 과장들이 참모총장에게 직접 보고하게 됐는데, 그와 같은 업무량은 한 사람이 감당하기에 너무나 컸다고 지적했다.[61] 게다가 정보 분야의 측면에서 볼 때 조직의 새로운 형태로 인해 총참모본부의 전쟁에 대한 관점은 더욱 단편적이 될 수밖에 없었다. 이는 서부전선 외국군사정보과가 주로 국방군 지휘참모부와 긴밀하게 협조하는 가운데 총참모본부에서는 참모총장에게 서부유럽 연합군의 역량이나 의도에 대해 통일된 정보평가를 제공해 줄 사람이 더 이상 없었기 때문이다.

차이츨러는 총참모본부에서 특정 보직들을 제거했을 뿐만 아니라 또한 전체 요원들을 대상으로 인력을 삭감했다. 1942년 10월 1일, 그는 기본명령 1호를 발령하여 OKH와 주요 사령부의 모든 참모부서 인력을 10퍼센트 감축하고 모든 잔류 보직에 대해 그 정당성을 입증하라고 요구했다.[62] 이 명령의 논지는 너무나 많은 장교들이 참모 보직에 근무하고 있는 반면 전선에서는 지휘관의 기근 현상이 발생하고 있다는 것이었다. 참모 보직에서 해임된 장교들은 일선 지휘관 보직을 맡게 되어 있었다. 6일 뒤 차이츨러는 보조 명령을 발령했는데, 그 내용 중 가장 중요한 사항은 참모본부의 작전과와 동부전선 외국군사정보과를 인원 감축 대상에서 제외한다는 것이었다.[63] 아쉽지만 이런 명령에 대해 총참모본부의 장교들이 어떤 반응을 보였는지는 기록으로 남아 있지 않다. 하지만 기본명령 1호가 두 가지 결과를 초래했다는 사실에는 의문의 여지가 없다. 이것은 이미 소규모인 참모 부서에 압력을 더욱 증가시켰으며, 독일군 지휘체계가 태생적으로 갖고 있던 전투지원 기능에 대한 편견을 증대시켰다. 왜냐하면 조직이 개편되어도 최후까지 남아 있게 될 장교는 결국 작전 분야의 장교들이기 때문이다.

이 명령도 급진적으로 보이기는 하지만, 히틀러가 차이츨러를 참모총장에 임명하면서 최고사령부에 가한 구조적 변화에 비하면 사소한 것에 불과하다. 전해 12월 그가 육군의 지휘권을 인수하기 위해 내렸던 명령의 보충 명령에서, 총통은 이제 육군 인사국장에 대한 직접적 통제권을 행사한다고 밝혔다.[64] 동시에 그 자리에 있던 보데빈 카이텔을 슈문트로 교체했는데, 이를 통해 슈문트는 총통의 국방군 보좌관 직책을 겸임하게 됐다.[65] 결국 히틀러는 슈문트에게 총참모본부 소속 장교들의 인사문제 통제권을 부여하려는 움직임을 보이기 시작했다. 분명 차이츨러는 그 방안에 저항했지만 결국 그는 참모장교의 임명에 조언을 제공할 수 있다는 선에서 타협을 했다.[66] 1942년 11월 15일, 차이츨러는 총참모본부 중앙과에 속해 있던 여러 반들을 육군 인사국의 P3과 소속으로 이관시켰다.[67]

이와 같은 조직의 형태적 변화는 육군 내의 인사문제, 특히 장교의 선발과 진급에 관련된 정책의 근본적인 변동과 시기를 같이했다. 부분적으로는 어쩔 수 없이 이런 변동이 일어날 수밖에 없었는데, 전쟁으로 발생된 엄청난 부담 속에서 구체제가 제대로 기능을 발휘하지 못했던 것이다. 육군이 전쟁에 돌입할 당시 장교는 8만 9,000명이었다. 1942년 10월 1일에는 18만 명 이상에 달했으며, 그 사이에 발생한 장교 사상자의 수는 수천 명에 달했다. 이에 따라 대단히 자연스럽게도 장교의 진급이 가속화됐다. 대위로 진급하는 데 걸리는 시간이 1939년 9월에서 1942년 4월 사이에 40퍼센트나 줄었다. 동시에 소령으로 진급할 때까지 걸리는 전체 시간도 61퍼센트나 감소했다.[68] 덧붙여 육군은 수천 명의 새로운 장교들을 임관시켜야만 했다. 진급과 선발 모두 엄청난 수를 필요로 했기에 육군은 과거보다 자격심사에 덜 까다로워질 수밖에 없었다.

그와 같은 현실은 장교단의 근본적 성격에 변화를 일으키고 싶어 하는 히틀러의—그리고 슈문트의—희망과 정확하게 맞아떨어졌다. 두 사람의 지도하에 연공서열 우선원칙은 진급심사의 기준에서 점점 뒤로 밀려났다. 주어진 보직에서 올린 실적, 특히 전선에서의 무공이 점점 더 중요한 고려사항이 됐다. 이런 변화는 점진적으로 진행됐다. 새로운 인사원칙이 1942년 2월과 6월에 실시됐지만, 10월 4일과 11월 4일에 그 원칙을 강조하는 총통훈령이 발령될 때까지 별다른 효과를 발휘하지 못했다. 그리고 그 이후, 전투에서 뛰어난 무공을 세운 장교는 더욱 빨리 진급시키는 반면 일선 전투부대가 아닌 곳의 보직을 갖고 있는 장교는 연공서열을 따르는 구체제에 따라 진급시키게 되었다. 새로운 체계로 인해 에르빈 롬멜이나 프리드리히 파울루스, 발터 모델Walter Model과 같은 인물들이 50대 초반에 군사령관이 될 수 있었던 반면, 같은 군사령관 급에 속한 대부분의 장교들은 나이가 55세이거나 혹은 그 이상이었다.[69] 게다가 슈문트는 장교 후보는 중등교육 이상을 이수해야 한다는 오랜 요구조건도 폐지해야 한다고 히틀러에게 건의했는데, 그 이유는 그런 조건이 평등과 성취(라이스퉁스프린치프Leistungsprinzip, 즉 '실적주의')를 강조하는 국가사회주의 원칙에 위배된다는 것이었다. 이 시점부터 독일군의 모든 부사관과 선임 병사들은 전선에서 자신의 인격과 능력을 증명할 경우 장교가 될 권리를 갖게 됐다.[70]

히틀러와 슈문트의 이상이 모두 즉각적으로 어떤 결과를 초래하지는 않았다. 히틀러는 "독일군에는 오로지 한 종류의 장교단만 존재한다"는 점을 강조했다.[71] 예를 들어, 그것은 히틀러가 참모 장교들을 나머지 장교들과 별개의 집단으로 만드는 구분을 철폐하고 싶어 했다는 의미였다. 그런 구분에는 참모 장교용 제복의 바짓가랑이에 있는 심홍색 세로 줄무늬 같은 것들이 포함된다. 하지만 군대라는 조직은 본질적으로 보수적이며 독일 장교단 역시 예외는 아니었다. 히틀러는 우선 총참모본부가 그와 같은 조치에 반대할 것이고 다음으로 그들의 신분에 대한 상징물을 한동안 내버려두어도 상관없다는 사실을 알기 때문에 일단은 시간을 벌기로 했다. 더불어 그와 슈문트는 진급 문제에 대해서도 약간의 양보를 해야만 했다. 두 사람이 정한 원칙이 겉으로는 아무리 엄격하게 보일지

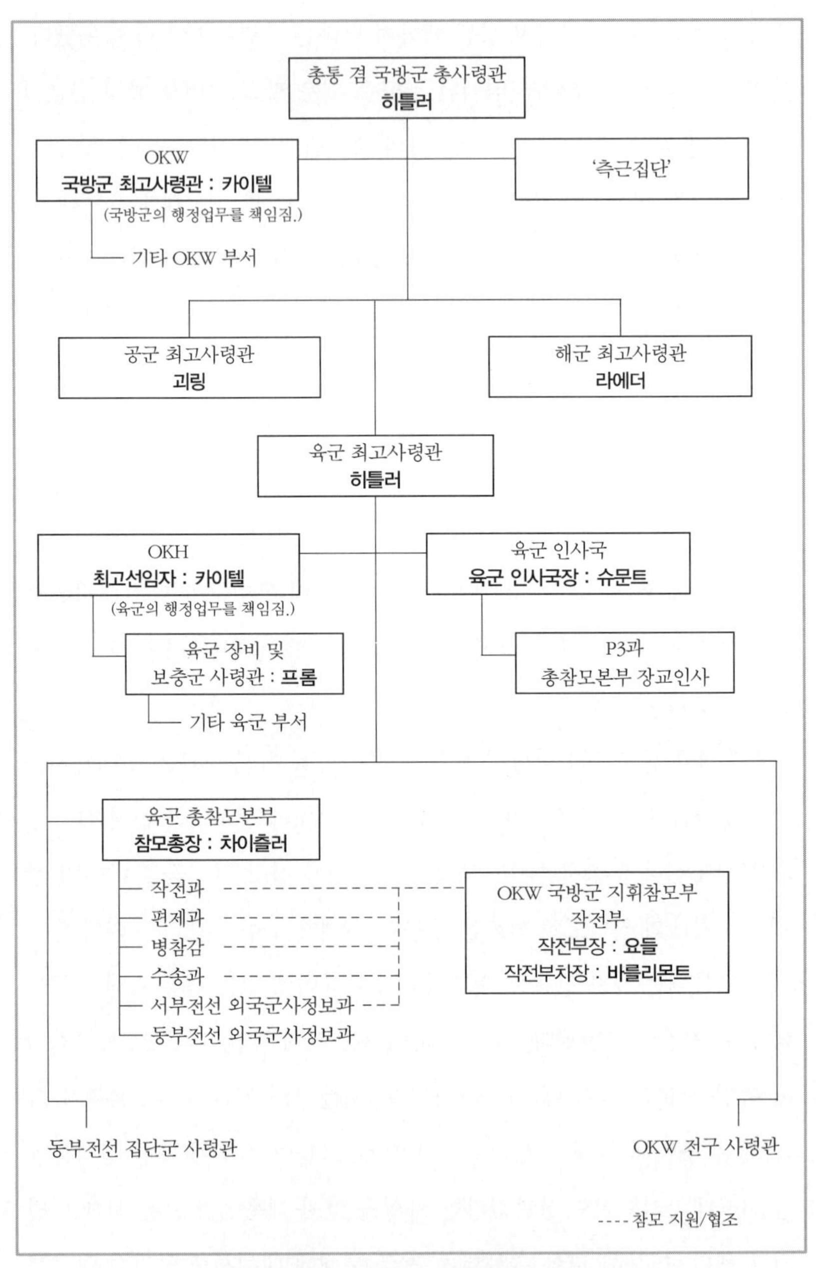

〈그림 5〉 1942년 12월 독일군 최고사령부의 간략한 조직도.
사실상 OKH와 OKW가 완전히 분리됐다는 것을 보여준다.

몰라도 이 문제는 어쩔 수 없었다. 총참모본부 장교들은 병력을 지휘하지 않기 때문에, 그들은 새로운 인사체계에서 큰 피해를 입을 수밖에 없었지만 참모장교의 수가 충분하지 않아서 그들이 전선과 참모보직 사이를 순환근무하기란 불가능했다. 따라서 육군 인사국은 총참모본부 요원들에게 다른 비전투병과 장교들에 비해 더 빠르게 진급할 수 있는 방안을 제공했다.[72]

그해 가을에 발생한 변화는 하나같이 실질적이고 의미심장했는데, 특히 모든 변화가 이념과 관계가 있다는 점에서 의미가 컸다. 슈문트는 이런 분야에서 뛰어난 히틀러의 보좌관이었다. 그는 인사문제에 대한 총통의 사고방식을 공유하고 있었을 뿐만 아니라, 보통은 모호하기 마련인 총통의 개념에 구체성을 제공한 것도 바로 그였기 때문이다.[73] 카이텔 역시 히틀러를 위해 자기 나름대로 조치를 취했다. 평등과 전선에서의 무공을 강조하는 것 외에도 국가사회주의 원칙이 카이텔의 프로그램에서 핵심적인 요소가 됐다. 1942년 3월 2일 이미 카이텔은 포고령을 내려 전쟁을 수행하기 위해서는 국방군과 나치당 사이에 훨씬 더 긴밀한 협력관계가 필요하다고 밝혔다. 그는 전적인 신뢰와 생각의 교류가 필수적이라고 썼다.[74] 10월 10일, 육군 인사국은 유대인에 대한 장교의 관점이 "장교의 국가사회주의적 자세에 결정적 요소"임을 선언하는 명령을 내렸다.[75] 또한 히틀러도 나치 사상에 충실한지의 여부가 부대의 지휘관을 임명하는 전제조건이 돼야 한다고 주장했는데, 결론적으로 빨리 진급하기 위해서는 반드시 전투 부대의 지휘관이 돼야만 했다.[76] 더 나아가 전선 근무자를 위주로 진급시키는 원칙이 인사정책에 이 정도로 깊은 영향을 미쳤기 때문에 슈문트는 사단급 이상의 모든 사령부에 선임보좌관 보직을 신설했다. 이들은 인사문제를 다루었으며, 그들을 선발하는 기준 중

에서는 국가사회주의 신념이 가장 중요했다.[77]

이 시기에 국가사회주의 이념이 실제로 총참모본부 내부에 얼마나 깊이 침투했는지를 측정하는 것은 어려운 일이다. 전후의 회고록들은 각종 비사들로 가득하고 익살스럽고, 그렇지 않은 경우는 많은 총참모본부 장교들과 나치당 사이에 존재했다고 생각되는 거리감을 보여준다. 라이엔은 많은 장교들이 정치에 대한 자신의 견해를 "주여, 감사합니다. 우리는 그 일과 아무런 관계가 없습니다"라는 표현으로 요약했다고 기록했다.[78] 또한 그는 전쟁 이전 독일주재 프랑스 대사였던 앙드레 프랑수아퐁세André Francois-Poncet가 이런 말을 했다고 밝혔다. 독일에는 일반적으로 세 가지 인물이 있다. 즉 정직한 인물과 지능이 높은 인물, 국가사회주의 이념을 가진 인물이다. 이 세 가지 요소를 전부 갖춘 독일인은 아무도 없다. 이에 따르면, 정직하면서 지능이 높은 사람은 국가사회주의자가 아니며, 정직하면서 국가사회주의자인 사람은 지능이 낮고, 지능이 높으면서 국가사휘주의자인 사람은 정직하지 않다는 것이다. 하지만 라이엔이 지적한 바에 따르면 이런 관점은 단순화가 너무 지나쳤다. 육군 인사국에 있는 라이엔의 상사는 세 가지 요소를 전부 갖추었다는 것이다. 전쟁이 끝난 뒤 라이엔이 어떻게 그것이 가능했는지 물었을 때, 그의 상사는 그저 독일의 지도자들이 하는 말이 전부 거짓말이라고 생각하지는 않았을 뿐이라고 대답했다.[79] 그의 대답이 완벽한, 혹은 모든 사실을 전부 포함하는 대답은 아니겠지만, 그것은 분명 군부의 안팎에서 많은 독일인들이 직면했던 딜레마를 지적하고 있다. 그들은 국가사회주의를 믿고 싶어 했고 그것이 주장하는 가치관과 목표 중 많은 것에 공감했지만, 나치의 프로그램 중 그들이 동의하지 않는 요소에 의문을 제기할 준비가 되어 있지 않았던 것이다.

어쨌든 한 가지 사실은 분명했다. 국가사회주의는 장교단 속에서 점차 지지기반을 넓혀가며 총참모본부의 전통적 지위를 서서히 잠식하고 있었다. 남보다 먼저 진급하고 싶은 장교는 누구나 적어도 서류상으로는 자신이 훌륭한 국가사회주의자임을 증명해야만 했다. 만약 그런 진급방식을 우회할 수 있는 방법이 여전히 존재했고, 장교들의 인사기록이 그들의 마음속에 잠재되어 있는 신념에 대한 완전무결한 지표는 아니었다고 해도, 라이덴이 주장하는 바와 같이 국가사회주의 원칙이 장교의 경력에서 지배적인 힘이 되어 가고 있다는 사실에는 아무런 변화가 없다.[80] 우리는 이런 인사원칙에 반대한 장교들의 비율이 정확하게 얼마나 되는지 알 수는 없지만, 그들은 소수에 불과했고 그들의 영향력도 계속 약화되고 있었다는 사실은 말할 수 있다.

차이츨러는 국가사회주의의 전진에 상당한 도움을 주었다. 그는 특히 전방근무를 강조하는 부분에 관심이 많았는데, 그 원칙이 자신의 열정적인 성격과 잘 맞았기 때문이다. 게다가 당연한 일이지만 그는 총통의 열렬한 지지자였다. 이런 이유들과 그가 요들의 밑에 있을 당시 정열적으로 근무했다는 사실로 인해 카이텔과 요들은 새로운 육군 참모총장과 긴밀한 협조관계를 이룰 수 있을 것으로 기대했다.[81] 또한 히틀러는 결국 할더보다는 훨씬 더 협조적인 사람임이 증명될 장교를 선택했다고 믿었다. 하지만 총통에 대한 그의 모든 충성심에도 불구하고 차이츨러는 단순한 예스맨이 아니었으며, 협소한 영역에만 집중하는 경향으로 인해 누구든 '그의' 전선에서 자원을 빼가거나 '그의' 영역에 끼어들려고 하기만 하면 싸움도 마다하지 않으려고 했다. 차이츨러에 따르면 그는 여러 번에 걸쳐 총참모본부를 개편하려는 OKW의 시도를 투쟁으로 저지했으며, 그런 경우 중 하나가 OKW가 외군군사정보과를 총참모본부에서 대외정보 및 방첩국으로 소속을 변경시키려고 했을 때였다.[82] 대체로 우리는 차이츨러의 진술—이 진술들은 모두 전쟁 이후에 이루어졌다—을 회의적인 관점으로 대해야 한다. 그의 진술은 그가 히틀러와 OKW, 나치정권의 다른 조직들과 용감하게 맞섰다는 내용들로 가득 차 있다. 그는 자신이 총참모본부에 친親나치 성향의 각서를 배포했던 일과 같은 사실들은 아주 편리하게 기억에서 지워버렸다. 우리는 또한 그에 대한 다른 사람들의 비평을 액면 그대로 받아들일 수 없다. 그만큼 그는 인기가 없는 사람이었던 것이다. 하지만 그가 히틀러에게 충성했던 것은 분명한 사실이다.

참모총장 직책을 인수했을 때 차이츨러는 히틀러에 대한 영향력이 성공의 열쇠라는 사실을 알고 있었다. 또한 총통이 자신을 믿고 있다는 사실도 알고 있었을 뿐만 아니라, 앞서 할더가 그랬던 것처럼 히틀러를 논리적으로 설득할 수 있다고 생각했다. 하지만 그는 카이텔과 요들을 비롯해 히틀러의 다른 측근자들을 거의 신뢰하지 않았다. 차이츨러는 그들이 아첨꾼에 불과하며 자신이 그들의 주장을 따르지 않을 경우 자신을 따돌리려 할 것이라고 생각했다.[83] 하지만 그는 또한 카이텔과 요들이 그 당시 지도자에게 별로 달갑지 않은 인물로 치부되고 있다는 사실을 알았다. 따라서 차이츨러는 어느 정도 독립성을 확보할 수 있는 절호의 기회를 잡은 셈이었다. 그는 정오 브리핑에서 요들보다 먼저 브리핑을 할 수 있도록 손을 썼고 동시에 저녁 브리핑에도 정기적으로 출석하기 시작했다.[84] 심지어 그는 '측근 집단'에 속하는 인물들이 어떤 영향력을 발휘하지 못하도록 저녁 때 동부전선에서 일어난 사건들을 히틀러에게 단독으로 보고하는 기회를 만들려고 노력했으며, 어느 정도 성공을 거두기도 했다.[85] OKW에 속하는 사람의 입장에서 볼 때, 차이츨러는 그게

무엇이든 간에 동부전선에서 OKW의 역할을 모두 박탈해버렸다.[86]

비록 신임 참모총장이 경쟁자를 배제시킨 것을 일종의 승리로 간주했을 수도 있지만—어느 정도는 타당한 생각이다—, 그의 행동은 최고사령부의 통일을 위한 전조가 결코 아니었다. 사실 OKW와 OKH 사이의 최종적 분열은 1942년 가을로 거슬러 올라가게 된다. 이 시점 이전까지 두 조직의 참모들은 광범위한 전쟁의 전개상황에 대해 서로 정보를 교환했다. 총참모본부 작전과의 한 개 반은 전적으로 OKW 전구의 상황을 파악하는 데 전념했으며, 또한 할더는 OKW 전구의 영역에 대한 식견을 OKH에 제공하는 임무를 맡은 OKW의 장교로부터 직접 보고서를 받았었다.[87] 게다가 히틀러 역시 동부전선에 대한 그의 작전 명령을 국방군지휘참모부를 통해 육군 총참모본부에 발령하고, 그러면 총참모본부가 그것을 현지 실정에 맞게 고쳐서 각 집단군에 시달示達하곤 했었다.[88] 하지만 차이츨러가 참모총장이 된 뒤 히틀러는 OKW 전구에 적용되는 명령이나 아니면 전쟁 전반에 대한 명령—이런 경우는 점차 사라졌다—을 내릴 때만 지휘참모부를 이용했으며, 한편 동부전선에 관한 명령은 총참모본부를 발령기관으로 이용하여 각 집단군에 직접 명령을 내렸다.[89] 이 시점 이후 어떤 단일 기관도 모든 전선에 걸쳐 육군을 통제한다고 주장할 수 없게 되었다. 통합의 필요성이 최고조에 이르렀을 때, 최고사령부는 완전히 분리되어 버린 것이다.

패배와 그에 대한 반응

1942년의 4/4분기에는 히틀러가 그 해를 위해 세운 '전략'의 실패를 목격하게 된다. 덧붙여 이 시기는 독일이 다른 모든 전선을 거의 완전히 배제한 채 오로지 한 곳의 지상전에만 집중할 수 있었던 시절의 종말을 의미하게 된다. 10월 23일 몽고메리 원수 휘하의 영국군이 엘알라메인에서 공격을 시작했고, 롬멜로 하여금 진지를 고수하게 만들려던 히틀러의 노력에도 불구하고 12일 뒤에는 독일 아프리카 기갑군의 잔여 병력이 꼬리를 물고 서쪽으로 퇴각했다. 11월 8일, 영국군과 미군이 북아프리카에 상륙해 몽고메리의 병력과 함께 독일군을 포위하기 위해 동쪽으로 진군하기 시작했다. 두 주도 채 지나지 않은 11월 19일에는 소련이 스탈린그라드의 북부와 남부 지역에서 공세를 시작했다. 그들은 양쪽 측면에서 전력이 약한 루마니아군 전선을 돌파했으며 4일 만에 두 개의 군에 소속된 일부 병력과 지원부대들을 포위했다.

이와 같은 연속적인 재앙이 벌어지기 훨씬 전부터 최고사령부는 점차 악화되고 있는 상황을 타개하기 위한 방책을 준비하고 있었다. 10월 14일 히틀러는 작전명령 1호를 발령하여 아직 진행 중인 일부 작전—캅카스와 스탈린그라드에서 진행되고 있는 작전을 의미한다—을 제외하고 모든 전역은 종결됐다고 밝혔다. 그는 작전이 종료된 동부전선의 다른 군사령부는 동계진지를 준비할 것을 요구했는데 그는 동계진지에 대해 괴로울 정도로 세밀하게 설명했으며, 군 지휘관들에게 자신은 어떠한 후퇴나 회피기동도 허락하지 않을 것이라는 사실을 알렸다. 이어서 그는 모든 지휘관들이 이 명령들의 '무조건적 집행'과 관련하여 그에게 직접 보고하게 될 것이라고 말했다. 지난해 겨울의 정지 명령은 절망적인 상황에서 히틀러도 어쩔 수 없이 발령했던 것이지만, 이제 히틀러는 오히려 그것이 모든 방어 상황에 적용되는 올바른 작전교리라고 확신하고 있었다.[90] 차이츨러는 10월 23일 보충 명령을 통해 히틀러의 사수명령을 재차 강조했다. 그는 최후의 일인, 마지막 탄약 한 발이 남을 때까지 저항하라는 히틀러의 요구를 반복한 뒤, "러시아는 현재 장거리 목표를 향해 대규모 공세를 감행할 수 있는 상황이 아니다"라며 육군을 안심시켰다.[91] 분명 독일군의 정보기관들은 임무를 제대로 수행하지 못하고 있었다.[92]

독일의 최우선 순위 중 하나는 더 많은 인력을 전선으로 보내는 것이었고 여기서 그들은 결국 파멸을 초래할 해법을 내놓았다. 편제부와 육군 일반국의 조사 결과 육군은 이미 전력의 최정점에 도달한 상태였고 이 순간 이후부터는 병력 손실을 보충할 길이 없었다. 차이츨러가 히틀러에게 그 조사 결과를 보고했을 때 히틀러는 그 사실을 인정하지 않았고, 차이츨러에게 루프트바페에서 20만 명의 병력을 차출하는 방안을 제시했다. 하지만 괴링이 개입했다. 그는 자신의 루프트바페에 속한 국가사회주의 청년들이 반동적인 육군에 편입되는 꼴을 보고 싶지 않다고 했다. 대신 그는 소위 루프트바페 야전사단이라는 것을 제안했다. 육군이 이들 사단에 모든 장비를 제공해야만 하지만 대신 루프트바페는 장교를 포함한 인력을 제공하겠다는 것이다. 이런 방안은 인력은 물론 장비도 부족한 상태인 육군을 희생시켜야 할 뿐만 아니라 지상전 경험이 전혀 없는 루프트바페의 인원들에게는 확실하게 죽음을 선고하는 것이나 마찬가지였다. 그들은 적절한 훈련이나 지휘도 받지 못한 채 보병으로 싸워야 하기 때문이다. 당시 편제과장이었던 부르크하르트 뮐러힐레브란트Burkhart Müller-Hillebrand 중령은 괴링의 생각이 너무나 터무니없다고 생각해서 서면과 구두로 맹렬하게 반대했으며, 그러다 결국 10월 말 차이츨러에게 해임당했다.[93]

이제 OKW와 OKH의 분열이 전쟁 지휘에 실제로 문제를 일으키기 시작했다. 10월 중순, 차이츨러는 처음으로 히틀러에게 부대를 서유럽에서 동부유럽으로 추가로 전환시켜줄 것을 요청했다. 그 당시 일에 대해 엥겔은 자신과 슈문트는 웃을 수밖에 없었다고 했다. 왜냐하면 차이츨러는 서부전구 최고사령부의 참모장이었던 시절 정확하게 그와 반대되는 요구를 제기하곤 했기 때문이다.[94] 어쨌든 연합군의 서유럽 침공 가능성에 대한 히틀러의 우려와 아프리카의 불리한 상황 전개로 인해 그와 같은 요구가 승인될 가능성은 별로 없었다. 연합군이 알제리와 모로코에 상륙한 뒤, 히틀러는 프랑스의 나머지 지역을 점령하라고 명령하고 아프리카에 있는 독일군을 증강하기로 결정했다. 연말까지 그는 5만 명의 독일군 병력과 1만 8,000명의 이탈리아군, 이에 더해 상당한 양의 장비와 항공 지원 자산을 아프리카로 보냈다. 한편 요들은 동부전선에 관한 의사결정 과정에서 자신이 배제되고 있다는 사실을 파악하고 다른 전구를 배타적으로 운용하기 위한 로비에 들어갔다.

이 순간 이후 두 가지 요인이 독일의 전쟁 수행 노력을 지배하게 될 것이었다. 그것은 적들의 전력이 증강됨에 따라 전략적 궁지에서 도저히 벗어날 수 없는 현실과 그들 자신의 지휘기구 내에서 벌어지는 분쟁이다. 전반적인 상황에 비추어 이들 두 요소가 상대적 중요성을 갖기 때문에 이 요소들은 앞으로도 계속 부각될 것이다. 어떤 완전한 기적이 일어나지 않는 한, 독일은 더 이상 전쟁에서 승리할 수 없는 상황에 몰렸다. 이러한 관점에서 보면 이제부터 지휘 기구는 승패와 전혀 관계가 없다. 그것이 얼마나 잘 혹은 잘못 조직되었든, 어떤 근본적인 차원에서 상황을 변화시킬 수는 없기 때문이다. 하지만 전쟁의 나머지 기간 동안 지휘 기구 조직의 변화와 그들의 효율은 두 가지 이유로 인해 여전히 관심의 대상이 된다. 첫째, 그들은 국가사회주의 정부를 들여다보는 일종의 창을 제공한다. 둘째, 최고사령부의 효율은 비록 전쟁의 근본적인 결과를 바꿀 수는 없더라도 1942년 이후 전쟁의 본질이나 지속 기간을 설명하는 데 필수적인 요소가 된다.

10

/

내분에 빠진 사령부,

1943년 1월부터 1944년 7월

1943년 1월 1일 자 자신의 일일명령에서 히틀러는 병사들을 안심시켰다. 그는 이렇게 썼다. "아마 1943년은 매우 어려운 해가 될 것이다. 하지만 분명 지난 시기만큼 어렵지는 않을 것이다."[1] 그는 병사들에게 더 좋은 장비와 더 많은 탄약을 약속했고 그들에게 최후의 승리에 대한 신념을 잃지 말라고 당부했다. 많은 병사들이 여전히 그를 믿었다. 하지만 그들의 믿음은 헛된 것이었다. 1943년 연합국은 자신들의 모든 전력을 추축국을 향해 투입하기 시작했다. 양측이 가진 역량의 차이가 점점 더 뚜렷해지는 가운데, 독일은 자신이 승리하기 위해, 아니 좀 더 정확하게 말하자면 패배하지 않기 위해 필요한 전력을 만들어내려고 절망적으로 자원을 긁어모으기 시작했다. 하지만 그 노력은 단순히 수단이 부족했다는 이유뿐만 아니라 최고사령부의 조직적인 약점으로 인해 별다른 효과를 거두지 못했다. 독일군은 자신의 지휘체계를 단일화할 수 있는 기회를 놓쳤으며 이제 지휘부 내의 내분은 건전한 참모업무에 심각한 장애요인으로 작용하게 되었다. 그 결과 불리한 상황이 더욱 악화되었다.

쿠르스크를 향한 사전 준비
– 장님이 지휘하는 절름발이 군대

히틀러의 자신감 넘치는 발언에도 불구하고 1943년 새해는 독일군 최고 사령부 요원들에게 별로 활기를 불어넣지 못했다. 지상에서는 아직 그들이 전년도에 점령했던 영토를 거의 대부분 장악하고 있었지만 그들의 장래는 점점 더 암울해지고 있었다. 그들은 동부의 두 번째 전역에 많은 기대를 했지만 그것 역시 실패로 끝났다. 소련은 다시 공세로 전환했으며, 이번에는 비록 독일 병사들이 동계전투에 대한 대비를 잘 갖추고 있었다고 해도 그들의 적은 전해에 비해 훨씬 더 강해졌고 더 좋은 장비를 갖추었으며 더욱 능력이 향상됐다. 아프리카 전선의 경우 국방군이 튀니지에서 영국군과 미군을 격파했지만, 그렇다고 그곳 상황이 희망적이지는 않았다. 그곳의 부대와 리비아에 있는 롬멜의 부대에 대한 보급은 연합군 공군과 해군의 저지로 인해 이미 난관에 빠져들고 있었다.[2] 이번 해에 독일은 양면전쟁에 직면하게 되었으며, 비록 1차전 때보다 훨씬 더 많은 자원을 관리하게 되었지만 그 자원들조차 적이 보유하고 있는 자원에 비하면 아무것도 아니었다.

한 가지 측면에서 1943년 1월의 상황은 1942년 1월과 대단히 비슷했다. 독일 최고사령부의 지도부는 여전히 자신의 상황을 비현실적인 시각으로 바라보고 있었다. 히틀러의 신년 일일명령은 그들의 생각에 대한 실마리를 보여준다. 또 다른 단서는 발터 바를리몬트와 그의 참모진이 수행한 연구보고서로 요들이 1942년 12월 12일에 제출한 "전략적 상황에 대한 개요"이다.[3] 이 연구보고서는 연합군의 상황에 대한 가장 현실적이고 정확한 평가를 제공하지만 독일의 장래에 대한 평가는 거의 환상과 현실의 경계에 머물고 있다. 비록 1942년 독일의 동부전선 공세가 크게 실패했지만—이 연구보고서가 작성될 무렵에는 이미 소련이 스탈린그라드를 포위한 상태였다—, 요들과 바를리몬트는 국방군에게 가능한 가장 빠른 시기에 동부에서 공세를 재개할 것을 요청했다. 작년 여름과 거의 똑같은 목표를 대상으로 말이다![4] 그들의 말에 따르면 캅카스의 경제 자원은 U-보트 전투와 함께 승리의 핵심이었다. 보고서는 독일이 북아프리카를 유지하여 유럽을 방어하는 요새제방으로 삼아야 한다고 규정했다. 만약 연합군이 북아프리카를 점령하면, 그들은 이어서 발칸 반도를 공격할 것이고, 만약을 대비하여 즉시 그곳의 방어태세도 강화해야만 한다. 히틀러의 승인을 받은 이 문서는 전반적으로 전쟁의 나머지 기간 동안 최고사령부가 군사작전을 계획하는 과정을 지배하게 될 어떤 태도를 보여주고 있다. '반드시'는 대단히 크게 강조하지만 '어떻게'에 대한 설명은 별로 없는 것이 바로 그것이다.[5]

실제로 '어떻게'는 점점 더 대답하기 곤란한 질문이 되어가고 있었다. 소련군의 공세는 독일 동맹군의 병력을 거의 다 제거해버렸는데, 그 숫자는 거의 50만에 달했다. 1942년 독일군의 전체 손실은 전사와 부상, 행방불명, 환자를 포함해 전부 190만 명을 넘었다.[6] 1943년의 첫 두 달 동안 이 목록에 수만 명의 손실이 더 추가됐다. 동부에서 1942년 12월 16일에 시작된 소련군의 동계공세는 스탈린그라드 포위망을 목표로 한 독일군의 구원 작전을 중단시켰다. 2월 2일 스탈린그라드에서는 최후의 저항이 종지부를 찍고, 20만 이상의 병력이 독일군 병역명부에서 삭제됐다. 그동안 독일군은 거의 모든 캅카스 점령지를 포기해야만 했고, 훨씬 더 북쪽에서 시작된 소련군의 추가적인 공격으로 도네츠Donetz 강 서안의 상당한 영역을 상실했다. 튀니지에서는 2월 중순 연합군의 전선을 돌파하려는 시도가 실패로 끝났다. 바를리몬트는 일주일 전에 튀니지 전선을 방문하고 그곳의 상황이 '카드로 쌓은 집'처럼 불안하다고 묘사했는데, 그것은 주로 병력과 보급품의 부족 때문이었다.[7] 이때부터 독일군이 몽고메리의 진격을 지연시키기 위해 발버둥치고 있는 튀니지와 리비아의 상황은 지속적으로 악화되기만 했다.

1943년 말이 되자 히틀러는 그해 여름에 시작했던 캅카스 공세를 재개하겠다는 생각을 포기할 수밖에 없었다. 이는 부분적으로 국방군이 더 이상 공세를 수행할 만한 자원을 갖고 있지 않았기 때문이고, 부분적으로는 서부 혹은 남부 유럽에 대한 연합군의 침공 위협 때문이었다. 그 대신 그는 좀 더 제한적인 임무를 수행하는 쪽을 선택했다. 만슈타인은 일련의 반격을 통해 소련의 동계공세를 저지하고 있었는데, 그것이 총통에게 깊은 인상을 주었다. 동시에 중부집단군의 전선을 일부 단축시키는 계획을 집행할 경우 몇몇 부대들이 방어임무에서 풀려날 수 있었다. 차이츨러의 제안처럼 이들로 중앙 예비부대를 형성해 소련군의 어떤 공세에도 반격을 가할 수 있게 준비하는 대신, 히틀러는 춘계 라스푸티차가 끝나는 즉시 파쇄공격, 만슈타인 공격à la Manstein을 수행하기로 결심했다. 그는 중부집단군과 남부집단군에게 쿠르스크 서쪽에 있는 거대한 돌출부를 핀셋으로 조이듯이 잘라내라고 지시할 예정이었다. 그리고 그 공격의 암호명은 치타델레Zitadelle(성채城砦)가 될 것이다.[8] 이 작전이 성공한다면 육군은 방어하기 더 쉬운 전선을 구축하게 됨과 동시에 소련군을 약화시키게 되며, 따라서 일부 기동부대를 방어선에서 빼내어 서유럽으로 보냄으로써 연합군의 어떤 침공도 격퇴시킬 수 있는 가능성을 열게 될 것이다.[9]

3월 13일에 히틀러는 작전명령 5호를 발령하여 자신의 의도를 밝혔다.

그는 토지가 마르는 즉시, 그리고 소련군이 공세를 시작하기 전에 먼저 주도권을 잡으려고 했다.[10] 하지만 작전은 일련의 장애에 부딪혔다. 기후와 기타 여러 가지 사항들을 고려한 결과 가장 빠른 공격일자는 4월 말이었다. 그 날짜가 다가오자 작전에 관계된 장군들이 논쟁을 벌이기 시작했다. 중부집단군의 선봉을 맡은 발터 모델 대장은 작전을 6월까지 연기하고 싶어 했는데, 그때가 되면 신형 전차들을 동원할 수 있었다. 남쪽 공세의 지휘관인 만슈타인은 작전을 지연시킬 경우 독일군보다는 소련군에 더 유리해진다고 경고했고 차이츨러도 이 의견에 동의했다. 구데리안은 히틀러를 설득해 아예 작전 자체를 취소시키려고 했다. 히틀러는 결정을 하지 않기로 결정했다. 하지만 그것은 실질적으로 작전의 연기를 의미했다. 몇 주에 걸쳐 논쟁이 계속됐지만 총통은 애매한 태도를 취할 뿐이었다. 6월 18일, 국방군 지휘참모부는 작전을 취소하고 그로 인해 자유롭게 된 병력을 활용해 두 개의 강력한 중앙 예비부대를 형성해야 한다고 건의했다.[11] 히틀러는 그 건의를 거부하고 마침내 7월 5일을 작전 개시일로 결정했다. 하지만 그때가 되자 상황은 급격하게 변했다. 단순히 소련이 독일의 공격에 대비할 수 있는 시간을 벌게 된 정도가 아니라 그동안 다른 전선에서도 여러 가지 사건들이 진행됐던 것이다.

북아프리카에서는 독일군의 노력이 뒷걸음질 치고 있었다. 이는 연합군의 활동 때문이기도 했지만 이전까지 동맹이었던 국가를 상대로 한 논쟁과 독일군 자체의 계층구조 내에서 벌어진 분쟁의 결과였다. 북아프리카 전구의 지휘체계는 처음부터 뒤죽박죽이었고 시간이 흘러도 전혀 개선되지 않았다. 예를 들어 1943년 1월 말에는 명목상 여전히 북아프리카 전구에 대한 지휘권을 갖고 있던 코만도 수프리모Commando Supremo(이탈리아군 최고사령부)가 무솔리니의 명령을 롬멜에게 전달했는데, 그 명령에서 무솔리니는 리비아에서 현재 진행되고 있는 후퇴를 가능한 지연시켜서 더 많은 병력이 집결할 수 있는 시간을 벌라고 지시했다. 또한 이탈리아군 사령부는 독일군 연락장교인 린텔렌을 통해 명령의 사본을 OKW에도 보내면서 OKW도 똑같은 내용의 명령을 롬멜에게 내려달라고 요청했다. 이탈리아군은 롬멜이 얼마나 비협조적으로 나올 수 있는지를 잘 알고 있었던 것이다. OKW는 남부전구 사령관(알베르트 케셀링Albert Kesserling 원수)을 통해 자신들이 생각하는 전투수행 방침에 따라 이탈리아군의 요구에 대응하면서, OKW는 롬멜에게 명령을 전달해야 할 당위성을 느끼지 못하며 오로지 코만도 수프리모를 통해 권고만 할 뿐이라고 말했다.[12] 3주 뒤, 이탈리아군과 케셀링 사이에 논쟁이 벌어졌다. 이탈리아군은 자기 사령부에 대한 케셀링의 연락 참모진 규모를 줄이려고 했지만 케셀링은 이탈리아군이 단 하나라도 자신의 동의 없이 북아프리카에 명령을 내리는 일이 없도록 반드시 확인하고 싶어 했다.[13] 양 당사자들은 결국 자기들끼리 문제를 해결했지만, 그동안 이탈리아군과 롬멜 사이에 긴장감이 조성됐다. 2월 말에는 코만도 수프리모가 OKW에게 '사막의 여우'를 위한 다른 보직을 알아봐 달라고 요청했다. 히틀러는 그들의 요구를 들어주기로 했는데, 이는 정치적인 이유 때문이기도 하지만 튀니지에 대한 롬멜의 상황판단이 점점 더 비관적인 방향으로 흘러가고 있기 때문이기도 했다.[14]

롬멜의 존재 여부와 관계없이, 북아프리카에서 독일군의 시절은 얼마 남지 않은 상태였다. 간단히 말해 추축국은 지중해를 가로질러 필요한 양의 보급물자를 보낼 능력이 없었던 것이다. 5월 13일 튀니지에서는 전투가 끝나고 27만 5,000명 이상의 추축군 포로들이 연합군의 수중에 떨어졌다. 히틀러는 충격을 받았다. 그는 그 전구에서 패배의 가능성을 결코 인정한 적이 없었음이 분명했다. 하지만 튀니지가 함락당하기 전에 이미 한 가지 문제가 부각되고 있었다. 연합군의 다음 공격 목표는 어디인가? 가장 가능성이 높은 공격 대상은 지중해 서부의 시칠리아Sicilia나 사르데냐Sardinia, 코르시카Corsica 혹은 지중해 동부의 펠로폰네소스Peloponnesus 반도나 도데카네스Dodecanese 제도였다. 5월 12일 국방군 지휘참모부는 모든 관련 사령부에 명령을 내려 그 지역의 방어태세를 강화하며 사르데냐 섬과 펠로폰네소스 반도의 방어에 우선순위를 두라고 지시했다.[15] 그날부터 7월 초 사이에, 독일군의 계획에는 별다른 변동이 없었지만 OKW는 시칠리아와 사르데냐에 대한 침공이 가장 가능성 크다고 보기 시작했으며, 그 다음이 그리스에 대한 상륙작전이었다. 그 당시 이탈리아 본토에 대한 상륙작전은 별로 가능성이 커 보이지 않았는데, 연합군은 추축국이 이탈리아에 쉽게 증원 병력을 파견할 수 있다고 판단할 것이기 때문이다.[16]

서부 연합군의 계획이 무엇이든 독일은 한 가지 문제에 봉착했다. 모든 지역의 방어를 강화하기에는 자원이 부족했던 것이다. 최고사령부는 일련의 부분적이고 임시방편적인 해결책을 실행했는데 그것은 일종의 위기관리 체계로, 그 순간 작전상 중요한 지역에 우선순위를 부여하는 대신 그 밖의 지역에 대한 자원 할당을 줄이는 것이다. 2월 초, 총참모본부 편제과는 그해 가을까지 육군의 인적 필요와 물적 필요를 충족시키기 위한 계획을 제출했다. 그 계획은 스탈린그라드에서 소멸되어버린 6군을 4월 1일까지 편제인원 3,000명의 14개 '전투단'과 16개 사단(이들 중 대부분은 당시 서유럽에 있었다)으로 재건할 것을 요구했다. 편제과의 계획은 서부전선에서 다른 여러 사단들의 편성과 재편을 진행함과 동시에, 러시아와 북아프리카, 발칸 반도, 노르웨이로 부대를 파견하거나 혹은 현지에서 창설할 것을 요구했다. 하지만 사령부에 가해지는 압박도 만만치가 않았다. 계획서에는 "가능한 한 신속하게" 라든가 "상황이 허락하는 한" 혹은 "가능한 한도 내에서" 와 같은 표현들이 계속 등장했다.[17]

자원 상황이 악화되면서 최고사령부의 참모들이 동부전선의 요구와 OKW 전구, 특히 북아프리카와 지중해에서 제기되는 요구 사이에 균형점을 찾으려고 노력하는 가운데, 총참모본부와 OKW 사이의 해묵은 경쟁관계는 새로운 의미와 형태를 취하기 시작했다. 병력 배분이나 보급품 수송 문제와 관련해 분쟁이 자주 발생했고, 많은 경우 히틀러가 결론을 내줄 수밖에 없었다. 예를 들어 2월 말에는 총참모본부가 4월 3일까지 예하 사단을 동부전선으로 이동시키라고 명령했다며 서부전구 사령관인 룬트슈테트가 OKW에 불만을 제기했다. 그는 문제의 사단이 아직 러시아에서 작전을 벌일 수 있는 전비태세에 도달하지 못했다고 말했다. 그러자 국방군 지휘참모부는 총참모본부에게 총통의 정책에 따라 오직 국방군 지휘참모부만이 OKW 전구에 속하는 부대의 출발일자를 결정할 수 있다고 상기시켰다. 결국 이 문제는 히틀러에게도 보고됐고, 그 이후 OKW는 해당 사단이 총참모본부가 지정한 날짜에서 하루가 늦춰진 4월 4일에 이동 가능하게 될 것이라고 총참모본부에 통보했다.[18] 그와 같은 소모전에 참모들은 상당한 업무시간을 빼앗겨야 했다.

히틀러는 지휘구조를 단순화시킴으로써 이런 종류의 분쟁을 피할 수도 있었지만, 그 대신 그는 새로 주름살을 하나 더 추가했다. 그는 자신의 귀중하고 사랑스러운 기갑부대들의 전력을 다시 회복시켜주려고 했다. 그들은 지난 2년간의 전투로 인해 수적으로도 약체화됐을 뿐만 아니라 그들의 상대들이 갖고 있는 장비, 특히 소련 측의 장비에 비해 열세를 면치 못하고 있었다. 이런 문제점들을 처리하기 위해 그는 1943년 2월

28일에 구데리안 중장을 '기갑총감'이라는 새로운 보직에 임명했다. 히틀러는 이미 여러 해 전부터 구데리안을 주목하고 있었다. 그는 기계화전에 있어서 독일의 최고 권위자에 속했다. 또한 슈문트는 1년 전에는 히틀러가 구데리안을 해임시켰음에도 불구하고 그가 "여러 장군들 중 그의[히틀러의] 가장 진실한 추종자" 임을 상기시켰다.[19](심지어 괴벨스는 보통 육군 장성들을 그다지 높이 평가하지 않는 사람임에도 불구하고 구데리안을 좋아했으며, 그가 "분명 진실하고 무조건적인 총통의 신봉자"라고 믿었다.)[20] 새로운 임무 지시에 따르면 구데리안은 카이텔이나 프롬, 차이츨러가 아닌 히틀러의 직접 관할에 들어가게 되며, 다만 그는 육군 참모총장과 '협력'해야만 했다. 히틀러의 임무 지시에 따르면, 그는 구데리안에게 차량의 설계와 구매, 할당을 비롯해 모든 기갑부대와 차량화 부대를 위한 전술의 개발과 훈련에 관계된 모든 권한을 부여했다.[21]

구데리안의 역할에 대한 후대의 평가는 다양하다. 한편에서 구데리안 본인은 자신이 훌륭하게 업무를 수행했다고 주장하며 그에게 협력하지 않았던 다른 군부 인사들에게 비난의 화살을 돌렸지만, 그의 견해에는 많은 의문이 따른다.[22] 그 반대편 진영에서는 다수의 장교들이 바로 '그'의 비협조적인 태도를 비난했다. 더욱이 그들은 히틀러의 직할로 전적으로 새로운 또 하나의 사령부를 창설함으로써 지휘체계의 점진적인 붕괴가 촉진됐다고 주장했다.[23] 진실은 거의 모든 사람들이 알력과 분쟁을 조장하는 데 한몫을 했다는 것이다. 구데리안은 프롬과 차이츨러, 요들, 기타 자신과 영역이 중첩되는 것처럼 보이는 누구와도 뿔을 맞댔다.[24] 예를 들어 1943년 말의 어느 날, 편제부는 구데리안에게 부대에 직접 제안서를 보내지 말고 편제부를 경유해달라고 요청해야만 했다.[25] 그런 분쟁이 초래한 효과를 식별해내기는 곤란하지만 한 가지 사실은 분명

하인츠 구데리안 (독일연방 문서보관소 제공, 사진번호 242-GAP-101-G-2).

했다. 이제 히틀러를 직접 만날 수 있는 장교가 한 명 더 늘었으며, 그는 작전의 수행을 포함해 어떤 문제에 대해서도 주저하지 않고 조언하려고 할 것이고 또한 자원할당 문제와 관련된 논쟁에도 끼어들게 될 것이라는 사실이다.

그런 논쟁은 치타델레 작전의 연기로 인해 더욱 긴박한 양상으로 치달았다. 늦봄이 되자 독일 정보당국은 연합국이 곧 유럽의 남쪽 측면으로 공격해올 것이라는 징후에 대해 보고했다. 동부에서 신속하게 승리를 거둔 뒤 병력을 이동시켜 연합군의 공격을 받아 넘기려는 히틀러의 계획은 더욱 위험해 보였다. OKW는 몇 가지 계획—각각 암호명 알라리히Alarich와 콘스탄틴Konstantin—을 준비하여 만약 이탈리아 정부와 육군이 붕괴할 경우 이탈리아와 발칸 반도를 점령하려고 했다. 히틀러는 이탈리아가 붕괴될 가능성이 대단히 높다고 생각했다. 5월과 6월에 독일은 여러 사단을 이탈리아로 이동시키기 시작했으며 겉으로는 방어를 돕는다는 것이었지만 실제로는 필요할 경우 그곳을 점령하겠다는 의도를 갖고 있었다. 하지만 총통은 유럽의 남쪽 측면을 강화하기 위해 동부에서 병력을 차출할 생각은 없었다. 이탈리아로 이동한 사단들은 서부전구에 배속되어 있던 부대들로 서부전구는 이미 불안할 정도로 약화되어 있었다. 오로지 치타델레 작전이 끝나거나 끔찍한 긴급사태가 발생할 경우에만 히틀러는 OKW 전구들 중 한 곳으로 동부전선의 병력을 전출시키겠지만, 그럼에도 OKW가 동부전선에 있는 몇 개 사단으로 자신의 예비부대를 만들려고 계획 중이었다는 증거가 존재한다.[26]

치타델레 작전은 1943년 7월 5일에 시작되었다. 그것은 곧바로 강력한 소련군의 저항에 부딪혔다. 붉은 군대는 이미 몇 주 전부터 공격에 대비하고 있었던 것이다. 처음 며칠 동안은 느리게 전진했지만, 그 이후는 사실상 정지해버렸다. 7월 12일, 소련은 독일군의 북쪽 공격부대의 측면에 반격을 시작했으며, 다음 날 히틀러는 치타델레 작전의 완전 종결을 선언했다. 하지만 그의 결정이 서쪽의 상황에 어떤 도움이 되기에는 너무 늦었다. 7월 10일에 영국군과 미군이 시칠리아를 침공한 것이다.

이 해의 남은 기간 동안 한 곳의 후퇴가 다른 곳의 후퇴로 꼬리를 물며 이어졌다. 8월 중순에 연합군은 시칠리아를 점령했고 전투가 계속 진행 중인 가운데 이탈리아의 비토리오 에마누엘레Vittorio Emanuele 3세는 무솔리니를 권좌에서 축출하고 그를 체포했다. 9월 3일, 이탈리아는 정전협정에 서명했고 같은 날 연합군이 이탈리아 본토를 침공했다. 독일은 즉시 이탈리아를 점령하고 무솔리니를 석방하여 이탈리아 북부에 파시스트 정권을 세우게 했다. 추축국의 유일한 위안거리는 방어자에게 유리한 지형을 통과하느라 연합군이 그리 멀리까지 전진할 수 없다는 것뿐이었다.[27] 한편 영국과 미국은 독일제국에 대한 공습을 더욱 강화했다. 그들은 여러 도시들을 황폐화시켰는데, 그중 하나인 함부르크Hamburg에서는 7월 말에 이루어진 일련의 공습으로 4만 명의 인명피해가 발생했다. 게다가 카를 되니츠Karl Dönitz 제독은 대서양 중부지역의 잠수함전을 중단시켰는데, 연초까지만 해도 장래성이 높았던 그 지역에서 독일 해군은 터무니없이 막대한 손실을 입었다.[28] 영국의 목을 조르고 미군이 유럽에 도착하지 못하게 막으려고 했던 노력은 종말을 고했다. 적어도 한동안은 말이다.

동부의 독일군은 붉은 군대의 공격을 예측할 능력도 정지시킬 능력도 없었다. 7월 25일, 겔렌은 소련이 치타델레 작전에 대한 반격을 통해 획득한 국지적 성과에 만족하고 있었으며 9월에서 11월까지는 휴식을 취하게 될 것이라고 자신 있게 예측했다.[29] 하지만 2주 뒤, 붉은 군대는 중부집단군과 남부집단군을 공격했다. 이해에는 예상과 달리 진창의 계절이 나타나지 않았고, 소련은 가을 내내 전진을 계속했다. 12월에 소련군이 정지했을 때, 그들은 중부집단군을 프리퍄트 습지 뒤로 밀어냈고 드네프르 강의 방어선을 돌파했으며 크림 반도를 고립시켰다. 도처에서 그들은 300킬로미터 이상 전진했기 때문에, 공세가 끝났을 때 독일은 소련 영토에서 경제적으로 가치가 가장 높은 지역들을 상실했다. 소련군의 예상치 못한 승리는 겔렌을 비관주의에 빠뜨렸으며, 그는 동부전선이 전부 붕괴될 수 있다고 예측했다.[30]

자원 확보를 위한 쟁투

지상전의 상황을 고려했을 때, 최고사령부가 1943년 후반기에 거의 연속적으로 위기상태에 빠졌다는 사실은 별로 놀라운 일도 아니다. 부대와 보급품, 보충병, 장비를 두고 전에 보지 못했던 치열한 분쟁이 벌어지면서 사령부 업무가 거기에 집중되었다. 당연히 독일군은 계속해서 작전 명령을 내리고 있었지만 당시의 명령들은 별로 연구할 만한 가치가 없는데, 이 시기에 작전 명령들은 대체로 소련군의 작용에 대한 반작용의 성격이 강했기 때문이다. 또한 이 시기는 거의 히틀러의 의사만이 단독으로 작용하기 시작하는 시기로 당시의 명령은 일방적인 의사결정 과정을 반영하는 데 불과하기 때문이다. 이 시기의 조직체계에 관련된 문제들은 인력의 확보와 부대의 배치에 대한 일련의 토의와 각서, 보고서, 명령들 속에서 더욱 분명하게 드러나고 있다. 이런 종류의 증거들은 독일제국에 대한 위협의 증가와 정비례하는 비현실적이고 절망적인 분위기를 암시하기도 한다. 실제로 히틀러와 그의 부하들은 두 가지 난제에 끼인 채 이러지도 저러지도 못하는 상황이었다. 이탈리아와 동부전선 모두 더 많은 자원을 요구하고 있었던 것이다. 하지만 다른 전구들도 더 이상의 자원을 포기하면 자신이 취약해질 수밖에 없는 상황이었다. 1943년 여름과 가을, 히틀러와 그의 보좌관들은 가용한 모든 병력을 긁어모아 그들이 가장 큰 효과를 발휘할 수 있는 곳에 재배치하라는 취지가 담긴 일련의 훈령과 명령을 발송했다. 기록을 통해 판단해본 결과, 지도자의 바람은 거의 매일매일 변하는 것처럼 보였다.

7월의 경우 병력 흐름의 지배적인 추세는 이탈리아와 발칸 방면이었다. 여기서 문제는 '누가 어떤 부대를 누구에게 제공해야 하는가?' 하는 것이었다. 어떤 사령부도 병력을 빼앗기길 원하지 않았음은 물론이고 대체 병력이 도착하기 전에 자신의 부대를 내놓으려고 하지도 않았다. 이에 따른 협상이 얼마나 복잡했는지는 아무리 부풀려 말해도 결코 과장일 수 없을 정도였으며, 그 점은 OKW 전쟁일지의 한 항목만 봐도 잘 알 수 있다. 7월 8일, OKW는 (발칸 반도와 같은) '산악지대'에 대한 연합군의 침공 위협으로 인해 두 개의 산악부대, 3산악사단과 5산악사단을 동부전선에서 풀어줄 필요가 있다고 말했다. 총참모본부는 그에 대한 대가로 서부전구의 65보병사단과 113보병사단을 원했는데, OKW는 이미 6월 29일 브리핑 자료에서 그런 식의 개념을 언급한 적이 있었다. OKW의 자료에는 OKH가 100저격병사단을 남동유럽 전구로 보내줄 경우 OKW는 그에 대한 보상으로 서부전구에서 328보병사단과 355보병사단을 보내주겠다는 내용이 들어 있었는데, 서부전구는 이미 5산악사단을 받은 상태였다. 자료는 계속해서 65보병사단과 113보병사단이 빠져나가게 되면 그들을 대체할 부대가 훈련 부족이거나 알라리히 작전에 할당되어 있기 때문에 해안방어가 크게 약해진다고 밝혔다. 더 나아가 3산악사단과 5산악사단은 현재 너무 약화되어 있기 때문에 65보병사단과 113보병사단을 그들과 맞바꾸는 것은 공정한 거래가 아니라는 내용도 있었다. 전쟁일지는 계속해서 양측이 서로 이익을 차지하려고 하다 보니 그 협상이 7월 첫째 주 내내 계속되었다는 사실도 보여주었다. OKW는 5산악사단을 확보하기 위해 113보병사단을 포기할 준비를 하고 있었지만(하지만 그보다 앞서 총참모본부가 5산악사단의 전비태세를 강화시켜야 할 필요가 있었다), 3산악사단의 경우 보상부대를 제공하지 않고 부대를 이동시킬 수 있기를 바랐던 것이다. 결국, OKW는 7월 8일 자로 명령을 내렸으며—이를 위해 지휘참모부는 히틀러의 지원을 끌어내야만 했다—이 명령에는 양측의 입장에 대한 타협안이 반영되어 있었다. 대부분의 타협이 그렇듯이, 그것은 누구에게도 완벽한 만족을 주지 않았다.[31] 어쨌든 이 논쟁으로 인해 참모부에 업무 부담이 발생했다는 것은 분명한 사실이었다. 게다가 이것은 수많은 분쟁들 중 한 사례에 불과했다.

7월 25일 히틀러를 위한 정오 브리핑에서 요들은 그의 참모들이 가을까지의 병력 분할을 위해 작성한 계획을 발표했다.[32] 그 당시 요들은 프랑스의 병력은 충분하다고 생각했다. 추측하건데 그는 연합군이 시칠리아에 몰두하고 있기 때문에 가까운 장래에는 프랑스 전구에 대한 공격이 없을 것으로 예상했을 것이다. 그는 몇 개 사단을 이탈리아 전구로 전출시키는 계획을 갖고 있었는데, 여기에는 동부전선에서 차출될 2친위기갑군단과 두세 개의 사단들이 포함되어 있었다. 또한 그는 E집단군(남동전구 국방군사령부)에 예속되어 있거나 그럴 예정인 부대들과 더불어 한 개 집단군의 현재 상태에 대해 보고했는데, 이 집단군은 잠정적으로 롬멜의 지휘 아래 발칸 반도에서 활용하기 위해 편성이 진행되는 중이었다. 히틀러는 육군이 동부전선을 안정시킬 수 있다면 요들의 계획이 가능할 것으로 보인다고 평가했고 요들도 이에 동의했다. 바로 그것이 다음 날 히틀러를 만났을 때 중부집단군 사령관 클루게가 제기한 논점이었다. 클루게는 곧 자신의 최고부대 중 일부를 잃게 될 것이라는 이야기를 들었을 때 전혀 기쁘지 않았다. 그는 소련의 반격을 저지하기 위해 그 부대들이 필요하다고 주장했는데, 당시 소련의 반격은 쿠르스크 북쪽의 오룔 돌출부에서 지속적으로 전진하고 있었다. 하지만 그는 히틀러의 마음을 바꿀 수 없었다. 총통은 이렇게 말했다. "우리에겐 더 이상 다른 부대가 남아 있지 않다. 나는 그곳[이탈리아]에서 오로지 일등급 부대들, 특히 무엇보다도 정치적으로 신뢰할 수 있는 파시스트 부대들을 갖고 있어야 그나마 무엇인가를 시도해볼 수 있다."[33]

히틀러는 심지어 소련군이 8월 3일 본격적인 하계공세에 돌입한 뒤에도 동부전선에서 부대를 차출하겠다는 결심을 바꾸지 않았다. 하지만 소련군의 전진이 계속되자 그는 이리저리 대안을 궁리하기 시작했다. 차이츨러와 그의 부하들도 마찬가지였다. 슈문트는 이미 프롬에게 OKW와 OKH의 조직들로부터 동부전선에서 근무할 장교들을 소환해야 한다고 전했고, 총참모본부 또한 모든 사령부에 보급부대 병력을 4퍼센트 감축하여 전선을 보강하라는 기본명령을 발령했다.[34] 반면 요들과 그의 참모들을 비롯해 OKW 전구 사령부들은 자기 관할의 모든 병력 감축에 반대했고, 특히 9월 3일 연합군이 이탈리아에 상륙한 이후 반대는 더욱 심해졌다.

차이츨러와 요들 사이의 관계는 새롭게 최악의 상황으로 치달았으며, 이 과정에서 두 사람은 서로는 물론 제3자들—구데리안과 카이텔, 힘러, 괴링, 되니츠, 슈페어Speer, 기타 당 관료들—을 상대로 새로이 사용할 수 있게 된 자산이나 한쪽 사령부가 다른 쪽 사령부에서 빼앗아 오기를 원하는 기존의 부대 등, 온갖 자원을 놓고 경쟁을 벌였다. 그들은 새로운 부대와 보충병, 전차, 탄약, 연료들을 두고 격렬한 논쟁을 벌였다. 단지 열차 한 대 분량의 보급품도 며칠 동안 끊임없이 이어질 논쟁을 촉발할 수 있었다. 예하 참모진도 논쟁에 끼어들게 되었는데, 특히 병참감실의 참모들은 두 곳으로 나뉘어 있는 상급사령부의 서로 배치되는 요구를 충족시켜야만 했다. 결국 거의 모든 경우 히틀러가 결단을 내려야만 했다. 지휘계통에서 그가 유일한 최선임자였고 서로 경쟁 중인 모든 부처들에 대해 권한을 갖고 있는 유일한 인물이 바로 그였던 것이다. 모든 사람이 그 점을 인정하고 있었기 때문에 그들은 가능할 경우 제일 먼저 히틀러를 찾았고, 그는 가장 마지막에 찾아온 사람의 편을 드는 경향이 있었다. 지휘부의 내분은 너무나 심각한 수준에 도달해 9월 11일의 경우, 히틀러가 명령을 내려 요들이나 차이츨러를 만나는 경우에 대한 규칙을 정할 정도였다. 그날 이후 두 사람은 어느 때든 한쪽이 다른 쪽의 전력에 영향을 주게 될 어떤 방안을 두고 히틀러와 의논하기를 원할 때마다 두 사람 모두 그 자리에 참석하게 됐다.[35] 좀 더 개인적인 수준에서는 슈문트가 두 사람 사이를 중재하려고 했지만, 그들의 관계는 이미 너무나 심하게 적대적으로 변했기 때문에 차이츨러는 아예 중재를 거부했다.[36] 두 사람이 전적으로 이기적으로만 행동했던 것은 아니다. 특히 요들은 동부전선의 상황이 심각하다는 사실을 인식하고 있었다. 하지만 그들의 경쟁심으로 인해 협력관계가 회복될 수 있을지에 대한 전망은 어둡기만 했다.

자원 배분과 관련된 논쟁에서 모든 세부사항들이 기록으로 남은 것은 아니지만 논쟁의 본질이나 그러한 논쟁이 얼마나 만연했는지에 대한 정보는 쉽게 찾을 수 있다. 예를 들어 요들과 그의 참모진은 병력분배 문제를 다루는 이런저런 종류의 연구보고서를 자주 작성했는데, 어떤 경우는 히틀러의 지시에 의해, 어떤 경우에는 요들이나 바를리몬트가 총통이나 최고사령부의 다른 사람들에게 제기하는 논지를 증명하기 위해서 그런 작업이 이루어졌다. 9월 14일 자로 되어 있는 이런 보고서들 중 하나는 다른 누구보다도 차이츨러를 비롯해 해군과 루프트바페의 참모총장에게 보내는 것이었다. 표지에서 요들은 그 연구보고서를 통해 "격렬하게 전투가 진행되고 있는 동부전선에서 아무런 이유도 없이 병력을 빼내고 있다는 잘못된 의견을 바로잡아야만 한다. 총통은 이 평가서의 상황판단에 동의했다"고 적었다.[37]

총통의 동의는 아마 요들의 과장인지도 모른다. 왜냐하면 히틀러는 러시아의 육군을 보강하기로 결심했기 때문이다. 9월 1일 총통은 OKW 전구로부터 동부전선으로 대규모 인력 전출을 명령했다. 바를리몬트는 서유럽에 연합군의 공격이 임박했으며 거기에 대응하기에는 예비병력이 부족하다는 점을 지적했지만 아무 소용이 없었다. 9월 23일에는 히틀러가 스스로 결정을 번복한 것처럼 보인다. 요들이 그에게 병력 균형에 대해 보고한 뒤 그는 D집단군(서부전구 최고사령관) 예하로 다섯 개 사단의 진형을 편성하고 서부전구에 중앙예비대를 창설하라고 명령했다. 하지만 10월 2일에 히틀러는 추가로 서쪽에서 동쪽으로 병력 전출을 명령했다. 초기의 증원이 충분하지 않았던 것이다. 이제 국방군 지휘참모부는 다시 한 번 병력균형을 맞추기 위한 계산 작업에 들어가야 했다. 이제는 OKW조차도 동부에 증원의 우선순위를 부여해야 할 필요성을 인정하게 된 것처럼 보였다. 10월 4일, OKW는 이탈리아의 병력을 아펜니노 Appennino 산맥으로 철수시켜 일부 부대를 방어 임무에서 빼내야 한다고 권고했으며, 10월 5일과 8일에 추가로 동부전선에 보낼 수 있는 부대를 제

안했다.[38]

하지만 10월 말이 되자 갑자기 서쪽을 향해 추가 급격하게 기울었다. 이제 OKW는 지중해에 있는 자신들의 부대가 완전한 전력을 회복해야 한다고 주장하기 시작했는데, 이는 총참모본부가 주장하는 것에 배치됐다. OKW의 논지는 지중해 방면의 연합군은 동부전선의 소련군과 달리 싱싱한 상태로 모든 전력을 완비하고 있다는 것이었다. 한편 서부전선 외국군사정보과는 프랑스와 저지 국가에 주둔하고 있는 독일군의 전력은 연합군이 공격을 자제하게 만들 정도가 아니라고 지적했다. 실제로 영국과 미국은 현재 바로 그것을, 공격을 준비하고 있는 것처럼 보였다. 히틀러는 영불해협의 해안지대에 증원을 지시하는 방법으로 대응했다.[39] 그는 그 결정을 11월 3일 자 총통훈령 51호로 지원했는데, 그것은 다음과 같은 내용을 담고 있었다.

> 동부전선의 위험은 아직 사라지지 않았지만 서부전선에서 더욱 커다란 위험이 다가오고 있다. 영미 연합군의 상륙이다! … 내가 다른 전구를 위해 서부전구를 더 약체화시켰을 때 발생하는 책임을 더 이상 감당할 수 없는 이유가 바로 그것이다. … 서유럽과 덴마크에 주둔하고 있는 부대나 진형 중 어떤 것도… 나의 승인 없이 다른 전선으로 차출될 수 없다.… 모든 관련 당국은 관할권 문제로 시간과 인력이 낭비되지 않도록 주의를 기울여야 한다.[40]

며칠 내로 총참모본부의 편제과는 D집단군에서 증원 병력을 파견하여 그 명령을 집행하는 절차를 진행했다.[41] '관할권 문제'로 시간을 낭비하지 말라고 히틀러가 그의 사령부에 내린 명령으로 인해 어떤 변화가 생길 것이라고 생각했다면 그는 자신을 속이고 있는 것이다.

한편 더 많은 인력을 전선으로 보내기 위한 노력도 계속 진행 중이었다. 11월 말에서 12월 초 사이에 히틀러와 차이츨러는 그런 노력을 위해 몇 가지 총통명령과 기본명령을 발령했다. 이들 중 첫 번째는 국방군 지휘참모부가 11월 27일에 발령한 것으로 전투부대의 전투력을 증가시킬 방안을 도입하는 내용이었다.[42] 그것은 특히 전방의 병력 수와 후방의 병력 수 사이의 불균형—히틀러의 시각에서—을 지적했다.[43] 그 명령은 국방군과 무장친위대가 보직을 통합하고, 전투지원 부서들을 샅샅이 훑어 인력을 확보하며, 병역의무를 수행할 수 있는 신체등급을 낮추기 위해 체계를 단순화시키고, 불필요한 프로젝트를 중단하며, 부상자와 병상자의 회복시간을 단축시키고, 서류작업의 양을 축소시키는 등의 수단을 동원하라고 지시했으며, 일선에 근무할 병력 100만을 추가로 확보하는 것을 목표로 설정했다(그 결과는 실망스러웠다. 비록 독일군이 특별 대대를 구성해 후방 근무지를 급습하기도 했지만, 그런 식으로 확보한 인원은 40만에 불과했다). 차이츨러는 12월 20일 히틀러의 명령을 기본명령 22호로 재발령했다.[44] 또한 그는 같은 날 기본명령 20호를 발령했으며 이를 통해 소위 특별 참모부Sonderstäbe를 설치하여 OKH 내부와 각 집단군 수준에서 잉여 인력들을 샅샅이 긁어모았다.[45]

신뢰와 정보

12월 7일 차이츨러는 구데리안의 협조 속에 기본명령 23호를 발령했다. 이 명령은 인력이 아니라 전차 손실을 다루었다.[46] 이 명령서는, 각 사단장은 모든 장갑차량의 손실과 관련된 보고서를 차이츨러에게 제출하고 사본 한 부를 구데리안에게 보내라고 지시했다. 보고서에는 여러 가지 사항들 중에서 장갑차량을 상실하게 된 자세한 이유와 그것을 포기하라고 지시한 사람의 이름, 포기될 당시 차량의 상태, 거기에 장비되어 있던 무전기와 무기의 현재 위치 등을 포함하게 되어 있었다. 언뜻 보기에도 그것은 충격적인 명령이었다. 한 사람의 지휘관이 전투의 혼란 속에서 그와 같은 정보를 수집할 수 있을 것이라는 차이츨러나 구데리안의 기대는 너무나 현실과 동떨어진 것이었다.

좀 더 광범위한 관점에서 보면 기본명령 23호는 최고사령부와 일선 지휘관들 사이에 불신감이 증폭되고 있는 분위기를 시사한다는 점에서 의미가 크다. 특히 보고서의 내용과 그 보고서와 전장에서의 성취 사이의 연관성 부분에서 불신이 컸다. 이것은 전혀 새로운 현상이 아니었다. 예를 들어, 1941년 12월 25일에 할더가 자신의 참모들에게 지시한 내용은 보고서를 충실하게 작성해야 한다는 점을 집단군사령부와 군사령부에 강조하라는 것이었다.[47] 차이츨러도 총참모본부에 내린 그의 첫 번째 명령에서 그 문제를 거론했고, 1942년 11월 7일에는 그 문제에 대한 기본명령을 모든 예하 사령부에 발송했다. 그 명령은 다음과 같은 말로 시작했다. "총통은 **계속되는** 지시에도 불구하고 보고서가 여전히 의도적으로 왜곡되고 있고 모든 사실이 솔직하게 기록되어 있지도 않으며, 더욱이 그런 보고서들이 아무런 검증도 없이 상부로 전달되고 있다는 점에 주목하고 있다."[48] 이어서 당연히 그 명령은 그와 같은 관행을 중단하라고 요구했다.

보고체계의 정확성 문제는 두 가지 방향으로 진전됐다. 첫 번째는 히틀러의 의심과 관련된 것으로 할더도 그 부분을 자신의 기록에서 언급했는데, 히틀러는 지휘관들이 그의 지시를 회피하기 위해 보고서를 조작하고 있다고 생각했다. 총통의 의도를 회피하려는 시도는 드문 일이 아니었다. 적어도 1940년 이래로 할더와 요들을 포함해 다양한 인물들이 그와 같은 방법으로 특정 결과를 얻으려고 했다.[49] 바를리몬트는 국방군 지휘참모부가 때로는 명령의 형식이나 항목을 바꾸어서 현장 지휘관들에게 일종의 도피처를 제공할 수 있었다고 기록했다. 예하 지휘관들은 이런 명령을 '고무줄 명령'이라고 불렀으며, 각급 사령부들은 그런 명령에 대한 보고서를 분명 조작했을 것이다.[50] 하지만 히틀러가 점점 더 세밀한 내용의 명령을 내려보내고 그 결과 지휘관들이 결정할 수 있는 여지가 점점 더 줄어들면서 그와 같은 '퓨렌 운터 덴 한트Führen unter den Hand(대략 은밀한 리더십이라는 의미다)'도 점점 더 어려워졌다.[51] 더 정확하고 자세한 보고서에 대한 히틀러의 욕구는 그의 지휘방식을 보완해주는 것이었다. 그가 예하 지휘관들을 좀 더 강력하게 통제하고 싶어 했다는 사실은 1943년 3월 23일 자 그의 명령에서 잘 드러난다. 그 속에서 히틀러는 총사령관인 그에게 직접 보고되는 내용을 어떤 고위 사령부도 막을 수 없다고 규정했다. 그런 보고서들은 동시에 발송자의 상급사령부에도 전달되어야 하며 상급사령부는 그 보고서에 자신이 적당하다고 생각하는 내용을 추가할 수 있지만 보고서의 전달을 막을 수는 없다.[52]

보고와 관련된 또 다른 측면은 전쟁이 진행되면서 점점 더 일반화된 것으로, 총통에 대한 저항이 아니라 좀 더 이기적이고 경쟁적인 목적과 관계가 있다. 군사 상황이 악화되고 작전이나 전술에 대한 명령이 점점 더 비현실적으로 변질됨에 따라 지휘관이 받는 압박도 증가했다. 그들은 자신의 상관이 모든 실패에 대해 자신에게 책임을 물을 것을 알고 있었다. 차이츨러가 장갑차량의 손실에 대해 보고하라고 지시했던 것이 그런 인상을 주는 좋은 예였다. 그런 압박은 '지도자 원리'가 가지고 있는 부정적 측면들 중 하나로 그것은 지휘관을 부추겨 적의 전력과 손실을 모두 과장하게 만들었다. 동시에 그들은 자신의 약점을 과장함으로써 이익을 얻을 수 있다는 사실도 잘 알고 있었다. 그렇게 함으로써 그들은 자신의 부대가—더불어 그들 자신이—거둔 전공을 더욱 인상적으로 보이게 할 수 있었으며 동시에 병력보충과 재보급에서 더 높은 우선순위를 받을 수 있었던 것이다. 히틀러가 자신의 정예병으로 생각한 루프트바페와 무장친위대와 경쟁을 벌여야 하기 때문에 지휘계통의 고위층에서 받는 유혹은 더욱 커질 수밖에 없었다. 따라서 똑같은 주제를 가지고 서로 다른 기관에서 보낸 보고 내용이 크게 차이가 났다.[53] 어쨌든, 그 배경에 어떤 논리가 숨어 있든, 부정확한 보고로 인해 지휘계통은 시간을 낭비하게 되었고 건전한 결정을 내리는 데 필요한 능력도 감소했다.

당연히 어떤 의사결정 과정에서든 신뢰할 만한 정보를 사용할 수 있다는 것은 가장 기본적인 전제조건이었다(적어도 장점이 됐다). 독일군 최고사령부의 경우, 당시 그곳에 근무했던 사람들의 전후 기록은 보고체계의 결점보다는 그 체계의 속박을, 그들의 주장에 따르면 히틀러가 채웠다는 족쇄를 더 강조하고 있다. 그들의 증언에 따르면 총통은 광적인 비밀주의자였고 그것은 전쟁을 수행하는 그들의 능력에 방해가 됐다. 그들은 이 문제가 처음으로 심각해진 것은 1940년으로 당시 한 장교가 독일군의 서유럽 공격계획의 일부 내용을 소지한 채 벨기에에 비상착륙함으로써 작전을 위기에 빠뜨렸을 때부터라고 주장했다. 히틀러는 비밀유지 명령으로 알려져 있는 기본명령 1호를 통해 그 사건에 반응했다. 그중 일부는 이런 내용이었다. "누구도 … 공식적인 이유로 그가 반드시 알아야 할 내용 이상의 어떤 비밀도 알아서는 안 된다."[54] 이것은 모든 군대에 공통적으로 적용되는 이성적이고 반드시 필요한 조치였지만, 어떤 장교들에게는 그것이 편리한 변명거리로서 만병통치약과 같은 역할을 했다. 그들은 그 명령 때문에 다른 전구에서 일어나는 일이나 심지어는 자기가 속한 전선의 바로 옆 구역에서 일어나는 일조차 파악할 수 없다고 불평했다. 예를 들어 차이츨러는 룬트슈테트가 동부전선의 실제 상황이 어떤지를 알고 있었다면 틀림없이 증원부대를 보내주었을 것이라고 기록했다. 더 나아가 그는 자신과 자신의 참모들이 OKW 전구에서 무슨 일이 일어나고 있는지를 알 수 없었다고 주장했다.[55]

아무리 좋게 봐줘도 이런 주장들은 크게 과장된 것이다. 기록물들을 보면 사령부들 사이에 정보가 자유롭게 전달됐다는 증거가 가득하다. 최고위층의 장교들—특히 요들과 차이츨러—은 히틀러를 위한 브리핑에 참석했으며, 따라서 각자 상대방 전구의 상황을 심도 있게 파악할 기회가 있었다. 더욱이 9월 11일 자 히틀러의 명령은 두 사람의 참석을 의무적인 것으로 만들었다. 더 나아가 총참모본부의 장교들 간에는 모든 계층에 걸쳐 엄청난 양의 비공식적인 논의가 진행되고 있었고, 무엇보다도 그들은 아직도 국방군 내에서 상호 밀접하게 연관된 체제를 유지하고 있었다. 마지막으로 가장 중요한 사실은, 요들이 9월 14일에 공개한 것과 같은 공식 보고서들이 사령부의 모든 부서에 독일군의 모든 부대에 대한 상세한 정보를 제공하고 있다는 것이다.

이것은 오해나 의심이 하나도 존재하지 않았다는 의미가 아니다. 요들이 부대 전력이나 배치에 대한 연구보고서를 준비하게 된 이유 중 하나가 분명 동부전선에서 널리 퍼져 있는 믿음에 대처하려는 데 있었는데, 그 믿음이란 OKW 전구에는 엄청난 숫자의 부대들이 있으며 사실상 그들은 휴가 중이라는 것이다. 다음과 같은 이야기도 널리 퍼져 있었다. “육군의 53퍼센트가 동부전선에서 독일 국민의 생존을 위해 싸우고 있다. 나머지 47퍼센트는 가만히 서서 아무 일도 하지 않는다." 이와 같은 풍문의 또 다른 예는 이런 것이다. "1918년에 우리는 '해군의 존재' 때문에 전쟁에 졌다. 이번 전쟁에서 우리는 '육군의 존재' 때문에 질 것이다."[56] 하지만 이와 같은 정서도 대부분 일반 병사들 수준에만 존재했다. 정책에 영향을 미칠 수 있는 위치의 사람들은 많은 양의 정보를 접할 수 있었다. 더 큰 문제는 그들의 상호 반감과 근시안적 시각이었다.

체제와 전략, 그리고 이념

최고사령부의 구조는 내부의 분쟁을 더욱 악화시켰다. 히틀러의 직속 기관으로서 서로 대등한 위치에서 활동하는 부처들이 많았다는 사실과 더불어 동부전선과 OKW 전구 사이의 분열이 일으킨 효과는 부메랑이 되어 돌아왔다. 총통은 계속해서 대단히 세심한 부분까지 작전의 전개과정을 주시해가면서 자신의 사령부에서 모든 것을 지휘할 수 있다고 믿었다.[57] 하루 두 차례의 브리핑은 전반적인 영역을 다루었으며, 거기에는 정치적 · 경제적 · 전략적 상황전개와 의도에서부터 전술 지침과 무기의 성능, 개별 부대의 현황(때로는 대대급 부대도 파악했다!) 등이 모두 포함되어 있었다. 체계의 문제를 수정하고 총통으로 하여금 좀 더 현명한 역할에 집중하도록 설득하려는 노력은 완전히 실패했다. 1943년 2월, 만슈타인은 히틀러에게 새로운 육군 최고사령관을 임명하거나 적어도 동부전선 전체를 담당할 단일 지휘관을 임명할 것을 제안했다. 그것이 실패하자 이번에는 히틀러에게 OKH와 OKW의 분리 상태를 종식시키고, 단 한 사람의 참모총장 밑에 모든 참모진을 통합해야 한다고 말했다. 히틀러는 자신이 알고 있는 장성들 중에는 그처럼 막중한 책임을 맡길 만한 인물이 단 한 명도 없다며 만슈타인의 말을 계속 가로막았다.[58] 카이텔도 그해 봄에 비슷한 제안을 했다가 똑같은 대답을 들었으며, 똑같은 일이 차이츨러에게도 벌어졌다.[59] 1943년 10월 편제과는 연구보고서를 작성하고 차이츨러에게 그때 당시의 지휘체계 속에서 그가 차지하는 지위에 대해 브리핑할 준비를 했는데, 그 보고서에서 편제과는 차이츨러에게 더 많은 권한을 부여할 수 있도록 몇 가지 가능한 변화를 제안했다. 하지만 그것은 어떤 성과도 얻지 못했다.[60]

국방군 지휘참모부에 있어서 최고사령부의 분열은 OKW 전구에서 이미 진행되고 있거나 앞으로 OKW의 다른 관할 지역으로 확산될 수도 있는 전투 작전들로 인해 업무 부담이 더 커지게 된다는 것을 의미했다. 4월 말까지 OKW 산하에는 24개의 부서와 사령부가 있었고 그중에는 서부전구와 남동전구, 남부전구의 최고사령관들을 비롯해 네덜란드와 노르웨이, 덴마크의 국방군사령관들, 벨기에와 북프랑스 주둔군 지휘관, 루마니아군과 이탈리아군, 슬로바키아군 최고사령부의 독일 장군들이 포함되어 있었다. 더 나아가 OKW 전구 내에서도 지휘관계는 덜하기는커녕 더욱 복잡해졌다. 예를 들어 훈령 51호의 보조명령을 보게 되면 서유럽의 문제가 더욱 크게 부각된다. 이 명령을 통해 히틀러는 덴마크나 서부전구 최고사령관이 통제하는 지역으로부터 모든 부대의 전출을 금지시켰다. 하지만 보충군 사령관 소속의 예비 사단들과 각 군에 소속된 훈련부대, 무장친위대는 예외로 했다. 더불어 기갑총감이 통제하는 기갑부대들과 보충군 사령관 예하의 돌격포 부대, 해군과 루프트바페 소속 부대들은 그때그때 상황을 봐서 결정을 내리겠다고 말했다.[61] OKW에 속하는 영역이 점차 넓어지고 조직체계의 복잡성이 증가하면서 보고서와 명령들도 지속적으로 늘어났으며 특히 명령의 경우 그 이전보다 더 많은 세부작업을 요구했다. 부대를 전출시키거나 새로운 부대를 창설하는 계획이 끊임없이 변경되고 그때마다 다른 부서와 다시 협상을 벌여야 하는 문제가 반복되면서 업무상의 압박은 더욱 거세졌다. 그리고 총통이 자신의 참모진은 그런 일에 초연했으면 좋겠다고 말한 적도 있지만, 언제나 그랬듯이 '주도권 문제'가 있었다. 일례로, 10월 27일 OKW는 총참모본부와 보충군 사령관, 육군 인사국, 친위대를 포함하는 다수의 기관에 통지문을 발송하여 OKW 전구의 전력에 영향을 미치는 모든 명령은 국방군 지휘참모부에서 기안하거나 승인을 해야 한다고 말했다.[62]

1943년 여름 중반까지 국방군 지휘참모부는 여전히 이 모든 업무를 1940년과 같은 수의 장교들로 처리하려고 발버둥치고 있었다. 7월 24일 요들은 마침내 육군 작전과와 병참과, 정보과의 규모를 확대해달라는 바를리몬트의 요청을 승인했다.[63] 하지만 정보나 수송과 같은 분야에서는 육군 총참모본부의 여러 부서들이 제공하는 지원에 계속 의지할 수밖에 없었다.

국방군 지휘참모부가 작전에 대한 책임을 더 많이 맡게 되면서 전략적 지침을 제공한다는 원래의 역할은 희미해졌다. 하지만 우리는 이것이 독일의 전쟁수행 노력에 있어서 그렇게 큰 손실은 아니었다는 점에 주목할 수밖에 없다. 1943년이 저물어가고 있을 때, 국방군 지휘참모부가 전략의 영역에 개입하는 경우가 점차 줄어드는 가운데, 국방군 지휘참모부는 그들이 독일의 상황이 얼마나 심각한지를 아직 깨닫지 못하고 있음을 보여주었다. 11월 7일 요들은 지역 나치당 책임자인 가우라이터Gauleiter들에게 연설을 하면서 지휘참모부가 그를 위해 준비한 메모를 사용했다.[64] 히틀러의 비밀유지 원칙을 생각하면서 그는 정치 지도자들이 가능한 완전한 정보를 제공받아야 할 필요가 있다고 믿으며, 그 이유는 그들이 적군이 수행한 선전전의 결과로 본토에서 번지고 있는 소문과 비관주의에 대항해 싸워야만 하기 때문이라고 말하며 연설을 시작했다. 그는 이렇게 말했다. "겁쟁이들은 하나같이 빠져나갈 구멍을 찾고 있습니다. 아니면 그들이 부르는 것처럼 정치적 해결책을 찾고 있지요." 하지만 그는 이렇게 덧붙였다. "항복은 국가의 종말이자, 독일인의 종말입니다."[65]

요들은 계속해서 세 가지 주요 사안을 포함하는 내용으로 강연을 진행했는데, 그때까지의 상황 전개에서 중요한 국면들과 동부전선을 포함한 각 전구의 현재 상황, 최종 승리를 믿어도 되는 근거에 대해 언급했다. 그가 묘사한 그때까지의 상황전개와 현재의 상황은 전반적으로 냉정하고 정확했다. 하지만 히틀러의 가장 중요한 군사문제 조언자는 마지막 부분에서 자신이 방금 배포한 정보가 갖고 있는 취지를 인정하지 않았다. 비록 그는 현재 상황을 심각하다고 표현하면서 더 많은 위기를 예상하고 있다고 밝히기는 했지만, 몇 가지 사항을 바탕으로 자신이 있다고 말했다. 요들은 선언했다. "결국 그 정점에서는 우리의 투쟁이 갖고 있는 윤리적이고 도덕적인 토대가 끝까지 버티게 됩니다. 그 토대는 게르만 민족의 마음가짐 전반에 깊은 영향을 남겼으며 우리 지도자의 손에서 우리 군대를 절대적으로 신뢰할 수 있는 도구로 만들어 줍니다."[66] 그는 이어서 그 이념적 토대를 독일의 적들이 보여주는 도덕적 · 정치적 · 군사적 분열에 대비했다. 하지만 그에게 신념을 불어넣는 가장 중요한 원천은 독일군 지휘체계의 최정점에 서 있는 인물, 게르만 민족을 밝은 미래로 이끌어줄 바로 그 인물이었다. 요들은 이런 말로 연설을 끝냈다. "우리는 승리할 겁니다. 왜냐하면 우리가 승리해야 하기 때문입니다. 왜냐하면 그렇지 않으면 세계의 역사는 그 의미를 잃게 될 것이기 때문입니다."[67] 제3제국의 최고사령부 내에서 이념의 힘을 가장 잘 보여주는 순간이 있다면, 그것은 분명 요들의 연설이었다.

그럼에도 현실은 때때로 굳건하게 뿌리를 내린 이념과 충돌하는 방법을 알고 있다. 자신의 세계관Weltanschauung을 주장하기 위해, 요들과 히틀러 모두 연합군의 서유럽 침공을 격퇴할 방법을 찾아야만 한다는 사실을 알고 있었다. 12월 20일 총통은 요들에게 이렇게 말했다. "서유럽에 대한 공격이 봄에 있을 것이라는 사실에는 의심의 여지가 없다. … 그들이 서유럽을 공격하면 그 순간 전쟁의 승패가 결정될 것이다. … 공격을 격퇴하면 이야기는 그것으로 끝이다. 그다음에는 우리가 지체 없이 병력을 전용할 수 있게 된다."[68] 이것이 간략하게 표현한 히틀러의 1944년 전략이었다. 우선 그는 동부전선에서 육군이 방어에 전념하는 동안 미영 연합군의 공격을 격퇴할 것이다. 공격의 실패는 서방의 연합국을 한동안 뒤로 물러서게 만들 것이다. 그동안 국방군은 방향을 전환해 소련을 패배시킬 것이다.

전략적 계산에서 독일군의 능력은 4년이라는 전쟁 기간에도 불구하고 별로 개선되지 않았음이 분명하다. 더욱이 요들이 크게 신뢰할 수 있다고 말한 그 도구는 쓰러지기 직전이었다. 산업생산은 실제로 증가하고 있었기 때문에 사용가능한 무장은 아직 남아 있었다. 다만 육군이 요구하는 양을 충족시키기에 약간 부족할 뿐이었다. 하지만 가장 큰 문제는 인력이었다. 특히 장교단은 심각한 손실을 겪었다. 야전군은 전부 합쳐서 10월 중순까지 1만 1,000명의 장교가 부족했고 슈문트는 장교와 부사관 사이의 경계가 점차 희미해지고 있다고 보고했다. 이는 장교의 공백을 메우기 위해 그 자리를 부사관이 임시로 맡으면서, 부사관은 장교가 되는 예비 단계 역할을 하고 있기 때문이었다.[69] 더욱이 이런 구체적인 문제보다 더 심각한 것은 육군의 의지력이 흔들거리기 시작하는 조짐이 보인다는 것이었다. 슈문트는 1943년 3월 말에 이미 스탈린그라드의 붕괴 이래로 독일 본국의 장교들이 군부와 정치의 지도력에 대해 그에 상응하는 지지를 보여주지 않는다는 사실을 언급했다.[70] 6개월 뒤 그는 소련이 생포한 몇 명의 고위 장교들을 '전향'시켰다고 기록했다. 그 장교들은 이제 '자유독일 국가위원회'의 일원으로 제국을 향한 선전 방송에 출연하는 중이었다.[71]

이런 상황전개에 대한 반응의 일부로서, 독일은 육군과 나치당 사이의 유대를 더욱 강화했다. 히틀러는 국방군에게 국가사회주의 세계관에 대한 믿음을 표현하고 그것을 인정하고 있음이 입증된 장성들에게만 보직을 주라고 요구했다. 또한 그는 모든 장교들이 정치사상 교육의 담당자가 되어야 한다고 주장했다.[72] 슈문트는 『우리는 무엇을 위해 싸우는가 Wofür Kämpfen Wir』라는 제목의 소책자를 발간하여 그러한 노력을 지원했다. 하지만 가장 중요한 조치는 남성 핵심단원들의 집합체인 국가사회주의자 지휘 장교단의 창설이다. 이들의 주요 임무는 병사들에게 국가사회주의 이상을 주입시키는 것이 될 예정이었는데, 이는 붉은 군대의 정치위원들이 그들의 병사들에게 공산주의 철학을 세뇌시키는 것과 마찬가지였다. 이 개념은 좀 더 일관성이 있는 논리에 따라 국방군에 정치 교육을 도입하려고 했던 이전의 시도에서 확장된 것이었다. 고위급 보좌단을 창설하려는 슈문트의 생각은 성공을 거두지 못하고 있었다. 보좌단의 장교들은 전에 참모장교에 지원했다가 거부당했던 경력이 있는 경우가 많았는데, 보좌단이 어느 정도 신뢰를 얻기에는 그 사실을 알고 있는 사람들이 너무나 많았다. 위관급 장교들의 경우 높은 사상율과 전투에 대한 스트레스도 정치교육에 지장을 초래하는 경향이 있었다. 많은 지휘관급 장교들의 경우에는 그것이 아니더라도 중요한 할 일이 너무 많았다.[73] 나치당은 육군에서 '실패'했음을 깨닫고 신속하게 그것을 이용하는 조치를 내놓았다.

첫 번째 단계는 국가사회주의자 지휘 참모부Nationalsozialistische Führungsoffiziere를 최상층부인 OKW 내에 설치하며 히틀러에게 직접 보고할 수 있는 권한을 부여하는 것이었다. 나치당 비서실장인 마르틴 보르만이 이를 적극적으로 추진했으며 그 과정에서 카이텔과 당의 비공식 이론가인 알프레트 로젠베르크Alfred Rosenberg는 의표를 찔렀다. 1943년 말이 되자 카이텔은 새로운 장교의 선발과 훈련 과정에 당의 전면적인 참여를 인정할 수밖에 없었다. 이것은 나치당이 국방군의 업무에 직접적으로 개입할 수 있게 된 최초의 사례였다.[74] 헤르만 라이네케 중장이 1944년 1월 1일에 OKW의 국가사회주의자 지휘 참모부장으로 취임하여 대대급 부대까지 확장될 조직을 설립하는 작업에 착수했다. 2월이 시작되자 OKH도 국가사회주의자 지휘 참모부를 갖게 됐고 3월 15일에 페르디난트 쇠르너Ferdinand Schörner 중장이 부장으로 취임했다. 그 또한 히틀러에게 직접 보고하게 되어 있었다.[75] 쇠르너는 장교단 전체에서 가장 광신적인 나치 중 한 명이었다. 자신의 첫 번째 포고문에서 그는 "이 정도 규모의 전쟁에서 승리를 결정하는 것은 인간의 머릿수도 물질적인 문제도 아니다"라고 말하며 "광신적 국가사회주의 병사의 정치 교육"이 그의 조직이 맡게 될 임무임을 밝혔다.[76]

쇠르너의 열정에도 불구하고 육군의 하위 장병들은 새로운 프로그램을 약간은 회의적인 시선으로 보았다. 많은 장교들은 정치교육이 연합군의 우월한 전력을 상쇄시킬 수 있는 근본적인 도구라고 생각했지만, 분명 그와 같은 교육이 위로부터 강요되는 것에는 반대했다. 일부 병력은 그 프로그램을 '총통의 구세군'이라고 불렀다.[77] 하지만 하위 장병들에게 그것이 어떤 영향을 미쳤든 이 프로그램은 국가사회주의가 군대의 지휘체계 속에서 점점 더 비중을 높여가고 있다는 표시였다. 국가사회주의, 특히 아돌프 히틀러 개인에 대한 충성심은 향후의 지휘 결심에 있어서 최우선 고려사항이 됐다. 전문적 군사 기술의 중요성은 그다음 순위로 밀렸다.

동부전선과 서부전선의 패배

독일이 정치라는 지푸라기를 붙잡으려고 애쓰고 있을 때, 군사적 상황은 더욱 절망적으로 변해갔다. 소련은 1944년 1월에 시작되어 춘계 라스푸티차 기간 내내 지속적인 일련의 공세로 계속 전진해 오고 있었다.[78] 3월 말, 히틀러는 북우크라이나 집단군 사령관에 모델을, 남우크라이나 집단군 사령관에 쇠르너를 각각 임명했다. 하지만 그처럼 맹목적으로 복종하는 두 지휘관의 노력에도 불구하고 소련군의 전진을 멈출 수는 없었다.[79] 4월 중순 소련의 공세가 추진력을 상실할 무렵 그들은 남쪽에서는 카르파티아Carpathian 산맥과 폴란드에 거의 도달했으며, 북쪽에서는 레닌그라드로부터 160킬로미터 떨어진 지점까지 독일군을 밀어냈다. 독일군은 헝가리를 점령하여 헝가리 정부가 전쟁에서 이탈하는 사태를 막아야 했다. 국방군은 이탈리아에서 영국군과 미군을 잘 저지하고 있었지만 그곳의 부대는 엄청난 압박을 받고 있었으며, 특히 1월 22일에 연합군이 안치오Anzio에 추가로 상륙하자 그 압박은 더욱 거세졌다. 게다가 제국의 영공을 대상으로 한 공중전은 전선의 항공자원을 고갈시키고 있었다. 루프트바페의 대부분은 이미 독일 영공을 방어하고 있었고 어떤 특정 순간 이후 독일의 모든 대포 중 절반이 '본토의 하늘을 겨냥'하는 순간이 오게 될 운명이었다.[80]

동부전선과 서부전선의 심각한 위협—특히 동부전선—으로 인해 히틀러가 1944년을 위해 결정했던 전략은 완전히 무용지물이 됐다. 그는 심지어 전략의 우선순위를 서부전선에 두겠다고 말하면서 동부전선에서 단 한 치의 땅도 포기하지 않겠다는 결심을 했다. 따라서 그는 동부전선의 지휘관들에게 전력을 보존하기 위한 철수를 허용하지도 않았다. 그 대신 그는 소련의 진격로상에 있는 몇몇 도시를 지정하고 그곳을 '요새화'하기 시작했으며, 각 도시를 최후의 일인까지 사수하라고 지시했다. 히틀러의 의도는 그 요새화된 도시들이 추가적으로 소련군의 움직임을 봉쇄할 것이라는 데 있었다.[81] 그동안 히틀러는 OKW 전구로 갔어야 할 부대를 계속 동부전선으로 보냈다. 요들과 차이츨러, 구데리안—더불어 그들의 참모들—은 분쟁을 멈추지 않았다.[82] 히틀러는 계속 동부전선에 유리한 결정을 내렸고, 그와 같은 결정에 따른 압박이 결국 모습을 드러내기 시작했다. 때때로 그는 그런 결정들에 대한 책임을 회피하려고 했다. 그는 종종 발뺌하거나 다른 사람에게 책임을 전가하곤 했다. 한번은 OKW의 육군참모장인 발터 불레가 히틀러의 우선순위에 이의를 제기하며 항의했다. "하지만 우리가 언제 서부전구의 모든 것을 뽑아갔는지 아십니까! 저는 이런 일이 반복될 때마다 그것이 몇 번이나 되는지 도저히 기억도 나지 않습니다!" 하지만 히틀러는 이렇게 대꾸했다. "귀관은 누구에게 그런 말을 하는 거지? 나는 귀관에게 끊임없이 부대를 빼내는 것에 대해 나를 비난하라고 허락한 적이 없네. 그런 이야기는 차이츨러한테나 하게."[83]

처음에 동부로 가는 증원 병력은 주로 제국 내에서 새로 창설된 부대로 구성되어 있었다. 그러나 3월이 되자 히틀러도 서부전구 최고사령관의 관할 지역에서 부대를 차출하는 방안을 승인하게 되며, 여기에는 다수의 보병사단과 친위기갑군단 전체, 다수의 돌격포 대대가 포함되어 있었다. 그에 대한 보상으로 히틀러는 서부전구의 몇몇 부대의 전력을 보강하라고 총참모본부에 명령했지만, 편제과는 장비의 부족으로 인해 그것은 불가능하다고 주장했다.[84] 그리고 그달 말, 차이츨러는 수송과에 명령해 카르파티아 산맥을 관통하는 통로를 방어하도록 1산악사단을 헝가리로 이동시킬 준비에 들어가게 했다—이것은 1산악사단이 명목상 OKW의 통제하에 있다는 사실을 무시한 행위였다. 요들은 다시 히틀러를 찾아갔다. 그는 1산악사단이 OKW의 관할하에 있는 진짜 마지막 부대라는 점을 설명했다. 그 밖의 다른 모든 부대는 특정 전구나 전선 사령부에 배속되어 있었다. 그는 총통에게 또 한 차례 전력 균형의 현실을 개략적으로 보여주고 이미 OKW가 빼앗긴 부대들을 상기시켰다. 두 사람은 일종의 타협안에 동의했지만 더 중요한 사실은 히틀러가 요들에게 OKW 전구 내의 병력 분배에 대한 이제까지의 것들 중 가장 포괄적인 보고서를 준비하게 한 것으로, 거기에는 부대의 능력과 담당한 전선의 길이, 기동성, 인력 현황 등에 대해 대대수준의 정보까지 포함하게 되어 있었다.[85] 그 보고서는 마침내 히틀러를 자극하여 OKW가 자신의 통제 아래 중앙 예비대를 조직하는 문제를 허가하게 만들었다.

최후의 순간에 이루어진 그 결정 덕분에(어쨌든 연합군의 노르망디 상륙 6주 전에 결정을 내렸다) 독일군은 서부전구에서 어느 정도 수준까지 예비부대를 모을 수 있었다. 실제로 연합군의 광범위한 공습으로 저지당했음에도 불구하고, 서유럽의 국방군 부대들은 상륙전이 벌어지기 전에 자신의 전력과 상륙군의 전력 사이의 격차를 많이 줄일 수 있었다. 하지만 독일의 정보 기능은 다시 그들의 기대를 저버렸고, OKW 전구의 병력 배치는 연합군에게 주도권을 넘겨주는 계기가 되었으며, 연합군은 무사히 해안두보를 확보하는 데 성공했다. 그 이후 연합군의 우월한 제공권과 독일군의 군수 문제로 인해 결과는 불을 보듯 뻔해져서 이후 두 달에 걸친 격렬한 저항은 결과를 바꾸는 데 아무런 도움이 되지 않았다. 더욱이 6월 22일에는 소련군도 하계공세에 돌입했다. 그들은 이번에도 독일군 정보망을 완전히 바보로 만들었다. 겔렌과 그의 동료들은 소련군이 북우크라이나 집단군을 공격할 것이라고 믿었는데, 사실 소련군은 중부집단군에 거대한 양동공격을 가했다.[86] 12일 동안 독일군 25개 사단이——적어도 30만의 병력과 함께——사라져버리면서 독일군은 진격하는 붉은 군대의 전면에 투입할 수 있는 병력을 하나도 보유하지 못한 상태가 되어버렸다. 소련군은 단지 보급품을 전방으로 이동시키고 전진을 재개하기 전에 미리 보급품 수송망을 정비하기 위해 6월 말 잠시 멈췄다. 하지만 그들은 이미 320킬로미터 이상을 전진한 상태였다.

바로 이 순간은 모든 사후 평가를 제외하더라도, 상황에 대한 지식과 평범한 수준의 지능을 갖고 있는 사람이라면 누구나 독일이 전쟁에 졌다는 사실을 깨달을 수 있는 시점이었다. 그리고 많은 사람들이 깨달았다. 당시 원수 계급장을 달고 노르망디에서 집단군을 지휘하고 있던 롬멜은 심지어 히틀러에게 경고를 보내려는 시도도 했다. 7월 15일 자 텔레타이프에서 그는 총통에게 서유럽에서 승리를 거둘 가능성이 전혀 없으며 아무런 목적도 없이 매일 수천 명씩 병사들이 희생되고 있다는 사실을 이해시키고자 노력하고, 그에게 "상황이 이 지경이니 지체 없는 결단"을 내려달라고 요청했다.[87] 6주 뒤에는 당시 서부전구 최고사령관이던 클루게가 비슷한 내용의 간청을 했다. 히틀러는 이처럼 우리가 불리한 상황에서 적이 정치적 해결을 위해 합리적 협상조건을 제시해주기를 기대하는 것은 "아이처럼 유치하고 순진한" 생각이라고 비난했다. 그는 "정치적 해결이 가능한 순간은 [오직] 우리가 승리했을 때만 기대할 수 있다"고 했다.[88] 그와 같은 관점이 요구하는 두뇌 활동에도 불구하고, 히틀러는 아직도 성공할 수 있다고 믿었다—단지 정치적 협상에 필요한 수준의 성공이 아니라 전쟁에서 승리하는 성공을 의미한다. 히틀러는 아직 그의 운명이 독일인들을 승리와 세계 전역의 지배자로 이끄는 것이라고 믿고 있었다. 실제로 클루게가 자신의 청원서를 작성하고 있을 무렵, 그 사이에 벌어진 어떤 사건으로 인해 총통의 자신감은 그 어느 때보다 강했다. 1944년 7월 20일, 천우신조에 의해 겉으로 보기에는 확실했던 죽음으로부터 그가 살아났고, 과업을 완수할 때까지 그의 생명을 유지할 수 있게 되었다. 동시에 그날의 사건은 롬멜과 클루게 그리고 기타 많은 장교들의 운명을 결정했으며, 최고사령부는 혼돈 속에서 최후의 몰락을 맞이하게 되었다.

11
/
파국,
1944년 7월부터 1945년 5월

최고사령부의 소멸을 향한 추락의 마지막 과정은 1944년 7월 20일에 시작됐다. 바로 그날, 육군 대령 클라우스 셴크 폰 슈타우펜베르크 백작은 아돌프 히틀러가 정오 브리핑에 참석했을 때 그의 자리에서 불과 몇 미터 떨어진 곳에 폭탄을 설치했다. 총통은 경미한 부상만을 입은 채 폭발에서 살아남았으며, 얼마 지나지 않아 그는 자신이 생존했다는 그 자체가 일종의 계시라는 결론에 도달했다. 그날 오후 그는 무솔리니에게 이렇게 말했다. "오늘 내가 기적적으로 죽음을 모면한 이후, 우리가 공동으로 추진하는 계획을 성공시키는 것이 바로 나의 운명임을 그 어느 때보다 강하게 확신하게 되었습니다."[1] 그는 그런 확신을 거의 마지막 순간까지 버리지 않았다. 전후, 생존한 히틀러의 부하들은 모든 희망이 다 사라진 상황에서도 국방군으로 하여금 전쟁을 계속하게 했다고 대단히 가혹한 표현을 써가며 그를 비난했다. 그러나 실제로는 바로 그 비난자들이 적극적으로 전쟁의 수행을 지지함으로써 독일 국민들에게 파괴와 고통을 안기는 또 하나의 완전한 조치를 취하는 데 일조한 사람들이었다. 독일 군부 지도자들은 결연하게 히틀러에 대한 충성심을 과시했지만, 그럼에도 히틀러는 그들의 모든 행동을 비난하며 나치당으로 하여금 그들의 영역에 더욱 깊숙이 침투하게 만들었다. 그것은 혼란을 초래했다. 지휘부의 인사이동이 끊임없이 이어지고 자원을 사이에 두고 지속적으로 경쟁이 벌어지면서 최고사령부의 기능은 마비될 수밖에 없었다.

이미 실패한 대의명분에 대한 군부의 맹목적인 집착만이 조금이나마 이 기관이 계속 돌아갈 수 있게 해 주었다.

쿠데타 기도의 후폭풍

히틀러를 암살하려던 시도는 지휘체계에 즉각적이고 심각한 결과를 초래했다. 대부분의 주동자들이 총참모본부의 요원이었다. 이제 히틀러는 참모총장부터 시작해서 그 조직을 말살해야만 하는 또 다른 이유를 갖게 되었다. 암살기도가 있기 이틀 전에 그는 차이츨러와 논쟁을 벌였다. 차이츨러는 사임하겠다고 했으나 히틀러가 그것을 거부하자 이번에는 병가를 내버렸다. 총통의 첫 대응은 어떤 장교도 자발적으로 자신의 보직을 포기할 수 없다고 선언하는 것이었다.[2] 호이징거는 차이츨러가 곧 복귀할 것이라는 논리로 그를 옹호했다. 하지만 폭탄 공격이 있은 뒤 히틀러는 더 이상 그를 신뢰하지 않게 되었고, 따라서 그를 예비역으로 전역시켜버린 뒤 후임자를 물색했다.[3] 그가 처음에 선택한 사람은 불레였다. 하지만 불레는 폭탄이 폭발했을 때 부상을 당한 상태였다. 그가 회복하는 동안 그의 자리를 메우기 위해 히틀러는 구데리안을 선택했다. 그는 차이츨러에 대한 비난을 결코 주저하지 않았으며 7월 20일의 행동은 그가 암살 음모에 연루되지 않았다는 사실을 증명해주었다.[4]

전쟁이 끝난 뒤, 구데리안은 자신이 군사적 천재이자 변함없는 히틀러의 반대자였다고 주장했다. 아마 그는 이전 국방군 지휘관들 중 자신에게 반反나치의 이미지를 부여하는 데 가장 성공한 사람일 것이다. 그는 회고록(독일의 서점에서 최신판을 쉽게 구할 수 있다)과 전후의 여러 글을 통해 히틀러와 OKW가 전쟁의 막바지에 수행했던 역할에 의문을 토로했다. 그는 마지막 보직을 수락한 이유를 그렇게 하라고 "명령을 받았기 때문"이며 동부전선의 무고한 민간인과 용감한 병사들을 러시안인들로부터 보호하지 않는다면 자기 자신을 겁쟁이라고 생각하게 될 것이었기 때문이라고 적었다.[5] 구데리안이 쓴 글 속에는 그가 나치즘에 매력을 느끼고 있었을 수도 있다는 사실을 암시하는 내용은 하나도 없고, 반면 히틀러와 OKW가 그의 말에 귀를 기울이기만 했어도 자신이 독일을 구할 수 있었을 것이라는 뉘앙스를 여러 곳에서 강조하고 있다. 하지만 진실은 이번 새로운 참모총장이 가장 열정적인 총통의 신봉자 중 한 명이었다는 것인데, 비록 두 사람이 군사 문제에 대해 항상 의견이 같지는 않았지만 그 점에는 변함이 없었다. 더 나아가, 구데리안은 최고사령부의 다른 구성원들과 똑같은 전략적 근시안과 최후까지 싸운다는 식의 무정한 결의를 공유하고 있었다.[6]

또한 그는 7월 20일 사건의 공모자들을 신속하게 처리하고 싶어 하는 소망도 공유하고 있었다. 8월 2일 히틀러는 '명예 법원'을 설치하여 육군 소속의 각 용의자들을 심리하고 증거가 인정될 경우 즉시 그를 육군에서 퇴역시켜 소위 인민재판이라는 것에 회부하라고 명령했다. 히틀러가 배심원단을 구성하는 임무를 맡긴 카이텔은 룬트슈테트를 배심원 단장에 임명하고 구데리안을 비롯해 추가로 네 명의 장교를 배심원으로 선임했다.[7] 구데리안은 자신의 회고록에서 명예 법원에 참석하고 싶지는 않았지만 가능한 한 많은 사람을 구하기 위해 노력했다고 적었다. 하지만 실제로는 바로 같은 구절에서 음모 가담자들을 비난했으며, 이어서 이렇게 기록했다.

당연히 이런 의문이 계속 떠올랐다. 암살 음모가 성공했다면 과연 어떤 일이 벌어졌을까? 누구도 명확하게 말할 수는 없다. 다만 한 가지 사실은 확실하다. 당시 대부분의 독일 국민들은 여전히 아돌프 히틀러에 대한 믿음을 버리지 않았으며, 암살 음모가 성공했다면 가혹하지 않은 조건으로 정전협정을 이끌어낼 수 있는 유일한 인물이 제거됐을 것이라고 확신했다. 암살에 따른 오명은 전쟁 기간은 물론 전쟁 후에도 장교단과 장성들 그리고 누구보다도 총참모본부가 지게 됐을 것이다. 국민들은 경멸과 증오감으로 암살을 주도한 병사들에게 등을 돌리게 될 것이다. 그들은 삶과 죽음을 결정하는 투쟁이 한창 진행 중임에도 자신의 맹세를 어기고 국가수반을 암살함으로써 절체절명의 위기에 빠진 국가라는 배에서 선장을 빼앗아간 장본인이 되는 것이다.[8]

회고록 속의 다른 내용들을 고려했을 때 이 글이 암시하는 것은 결국 구데리안이 국민들의 감정에 공감하지 않았으며, 더 이상 히틀러나 독일의 최종적 승리를 믿지 않았다는 것이 된다. 하지만 심지어 전후에 그가 남긴 기록조차 이런 암시에 반대되는 증거들을 보여주며, 1944년에 보여준 행동은 그를 매우 다른 각도에서 조명하게 만든다. 그 사례로 8월 24일에 그가 모든 총참모본부 장교들에게 내린 명령에서 발췌한 내용을 들 수 있는데, 이 명령은 그의 회고록에 전혀 언급되어 있지 않다.

7월 20일은 독일 총참모본부의 역사에서 가장 어두운 날이다.

몇몇 총참모본부 장교들의 반역행위로 인해, 독일 육군과 국방군 전체, 그렇다, 대 독일제국 전체가 파멸의 기로에 몰렸다.…

총통에 대한 충성에 있어서 절대 다른 사람이 자신을 능가하지 못하게 하라.

열정적으로 승리에 대한 확신을 갖고 그것을 전파하는 측면에서 누구도 자신을 따르지 못하게 하라.…

무조건적 복종을 통해 타의 모범이 되라.

국가사회주의 없이는 제국의 미래도 없다.[9]

이 명령을 발령한 것 외에도, 구데리안은 '참모총장을 위한 국가사회주의자 지휘 장교'를 임명했다. 구데리안의 명령은 이 장교가(랑만Langmann 대령) 참모총장의 직속이며 그의 대리인으로서 활동하게 될 것이라고 밝혔다.[10] 이것들은 분명 진실한 반나치 인사의 행동이나 언행이 아니며, 참모총장으로서 구데리안이 갖고 있던 태도에 대해 정황증거를 제공한다. 이들은 또한 대부분의 독일군 고위 장교들이 갖고 있던 견해를 반영한다. 고위 장교들 중 극소수만이 조금이나마 쿠데타에 가담하려는 의향을 내비쳤으며, 그것도 음모가 성공하는 것처럼 보였던 시점까지만 그랬다.

7월 20일 쿠데타 시도에 대한 조사는 OKH 내부에 무시무시한 결과를 초래했다. 체포된 요원의 수는 결국 수백에 달했고(아무도 정확한 수치를 알지 못했다), 가담자의 가족들도 체포 대상에 포함됐다. 나치는 죄수를 고문하고 인민법정에서 그들을 '재판'했으며(실제로는 당국이 미리 판결 내용을 결정해놓은 경우가 많았다) 그들 중 다수를 사형에 처했는데, 대부분 서서히 교수형 시키는 방법을 사용했다.[11] 병참감 바그너와 같은 일부 가담자는 그와 같은 고통을 당하다가 다른 사람의 이름을 실토하느니 차라리 자살하는 쪽을 선택했다. 한편 사건에 관련되지 않은 총참모본부 요원들의 경우도 그들이 업무현장에서 느끼는 긴장이 곳곳에서 드러났다. 어떤 장교가 체포되거나 자살을 했을 경우, 그런 일은 다른 사람이 전화를 걸었다가 그가 더 이상 '전화를 받을 수 없다'는 사실을 알았을 때 비로소 알려지는 경우가 많았다.[12] 남아 있는 사람들 사이에서는 인간 관계가 왜곡되는 현상이 벌어지고 있었다. 자신이 의심을 받고 있을지도 모른다고 생각하는 사람들은 무고하다고 생각되는 동료를 일부러 멀리함으로써 그를 연루시키지 않으려고 하는 경우도 많았다. 동시에 기소된 사람과 친분이 있었던 장교들은 많은 동료들이 그와 접촉을 꺼리는 것을 경험했다.[13] 게슈타포가 사령부 구역을 통제했다. 모든 사람들은 자기 근무지로 갈 때조차도 신분증을 요구받았다. 8월 1일 당시, 루프트바페 총참모본부 참모총장이었던 베르너 크라이페Werner Kreipe 중장이 전하는 이야기에 따르면, 육군 총참모본부의 분위기는 "매우 의기소침해 있었다. … 아직도 솔직한 대화는 오로지 오랜 친구들 사이에서만 가능하다."[14] 그에 따른 결과를 문서로 기록하기는 불가능하지만 몇몇 핵심 요원의 부재와 의사소통의 붕괴는 스트레스의 증가와 더불어 분명 참모 업무에 지장을 초래했을 것이다.

더욱 현실적인 문제들이 암살 음모의 직접적인 후폭풍 속에서 해결책을 요구하고 있었다. 우선 첫째로, 구데리안은 참모진에 발생한 심각한 공백을 채워야 했다. 호이징거는 부상자 명단에 포함되어 있었다(게다가 얼마 지나지 않아 음모를 사전에 알고 있었다는 의심을 받았다). 편제과장과 병참감, 육군통신과장을 포함하는 많은 장교들이 체포됐다. 그들의 자리는 오랫동안 공석으로 놔둘 수 없었다.[15] 호이징거의 자리는 재빨리 대체자가 등장했다. 발터 벵크Walter Wenck 중장은 구데리안이 참모총장에 취임하는 것과 동시에 작전과장으로 부임했다. 6주에 걸쳐 그와 구데리안은 총참모본부를 개편했다. 그들은 '지휘부Führungsgruppe'를 조직해서 여기에 작전과와 편제과, 동부전선군사정보과, 방어시설과를 포함시켰는데 이는 "모든 작전기구들을 한곳에 집중시키기 위한 조치였다."[16] 벵크가 지휘부장을 맡았다. 그의 역할은 이전 작전담당 참모차장의 역할과 비슷했다. 이 시점에서 보기슬라브 폰 보닌Bogislaw von Bonin 대령이 작전과장으로 임명되었다.

OKH의 빈자리들이 속속 채워졌지만 한 가지 까다로운 문제가 여전히 남아 있었다. 핵심 참모들 중 너무나 많은 수가 자신의 보직에 무경험자였다. 따라서 기존 업무관행에 대한 지식이 부족했다. 벵크도 참모장교이기는 했지만 집단군 이상의 사령부에서 근무해본 적은 없었다. 그와 구데리안은 자신이 무엇을 원하는지를 알고 있었고, 전체적인 참모업무의 절차에도 익숙했다. 하지만 두 사람 모두 '마우어발트'의 복잡한 내부사정에 대해서는 모르고 있었다. 게다가 구데리안은 총참모본부에 대해 오래전부터 편견을 갖고 있었는데, 그것은 1930년대로 거슬러 올라가 그가 육군에 현대적인 기갑전 교리를 도입하려고 했을 때 이 기관이 반대를 했었다는, 그의 완강하나 근거는 희박한 믿음에 뿌리를 두고 있었다. 작전과 Ia 반장인 요한 아돌프 킬만스에크 대령이 최고선임 과장이자 OKH에 대해 어느 정도 경험을 갖고 있었다. 그는 1942년 5월부터 육군 총참모본부에서 근무했던 것이다. 구데리안과 벵크는 그에게 많이 의지했고, 어느 정도까지는 그가 총참모본부에 대한 구데리안의 편견을 상쇄시켜줄 수도 있었다. 하지만 8월 8일 게슈타포가 킬만스에크를 체포했으며, 따라서 그의 전문지식도 함께 사라져버렸다.[17]

제국을 위한 마지막 몸부림

이보다 더 안 좋은 시기에 최고사령부의 붕괴가 발생할 수는 없었을 것이다. 프랑스에서는 서방의 연합군이 노르망디에 해안두보를 확보했고, 7월 말이 되자 독일군의 방어선은 돌파당하기 일보 직전에 놓여 있었다. 한편 소련은 중부집단군이 붕괴하면서 발생한 간격을 통해 아직도 전진을 계속하고 있었다. 하지만 7월 31일에 히틀러가 요들과 바를리몬트를 비롯해 여러 보좌관들에게 설명한 것처럼, 그는 독일이 실제로 그렇게 나쁜 상황에 처해 있다고 생각하지 않았다.[18] 평소와 마찬가지로 히틀러가 장황하게 떠들었기 때문에 사고의 흐름을 따라가기가 대단히 어려웠지만 몇 가지 사항은 분명했다. 히틀러는 제국은 전쟁을 지속하기에 충분할 정도로 많은 영토를 통제하고 있다며 이제 후방에 이처럼 거대한 조직을 유지할 필요가 없을지도 모른다고 말했다. 첫 번째 문제는 동부전선을 안정시키는 것인데, 그는 국방군이 그럴 수 있는 능력을 갖고 있다고 확신했다. 국방군은 또한 이탈리아와 발칸 반도를 고수해야만 할 것이다. 이탈리아는 최소의 자원만 투자해도 연합군을 붙잡아둘 수 있기 때문에 유용하고 발칸은 거기에서 나오는 천연자원 때문에 대단히 중요한 곳이다. 하지만 서유럽에서 위기가 발생한다면, 서부전구의 결과가 전쟁의 승패를 결정하기 때문에 두 전구도 병력을 포기해야만 할 것이다. 히틀러는 프랑스 동부에 방어선을 준비하고 모든 항구를 '요새화'하여 연합군이 그것을 사용하지 못하게 하라고 명령했다. 그는 서유럽에서 반격을 가하고 싶어 했지만 항공자원과 기동부대의 부족으로 인해 단기간 내에는 불가능하다는 사실을 인정하고 대신 스스로 기회가 찾아올 때를 대비해 루프트바페와 기동부대의 집중을 명령했다. 히틀러는 참모들에게, 연합군에 정보가 누설될 수 있으므로 서부전구최고사령관(당시에는 클루게였다)에게 장기적인 계획에 대해 절대 알리지 말라고 명령했다—여기서 암살 음모의 영향이 다시 한 번 표면화됐다. 대신 히틀러는 준비상황을 감독하기 위해 OKW 내에 특별 참모부서를 설치하라고 요들에게 지시했다(요들은 '참모부서'에 단 한 명의 인원만을 배치하는 방법으로 그 임무를 회피했다. 그는 국방군 지휘참모부의 권한이 분산되는 꼴을 보고 싶지 않았던 것이다).[19] 클루게는 필요하다면 무슨 수단을 써서라도 특정 부대를 기동 가능한 상태로 유지하라는 명령을 받게 되겠지만 그들의 사용처는 결코 알 수 없을 것이다.[20]

다음 달, 서부는 물론 동부전선 어느 곳에서도 전투는 히틀러가 원하는 방향으로 전개되지 않았다. 소련은 7월 중순부터 두 개의 다른 집단군, '북부집단군'과 '북우크라이나 집단군'에 대한 공격을 시작해 초기의 공세를 더 크게 확대했다. 8월 첫째 주까지, 그들은 북부집단군을 나머지 집단군으로부터 고립시키는 데 거의 성공했으며, 거기서부터 남쪽으로는 동프로이센 국경과 바르샤바 남쪽의 비스툴라 강, 카르파티아 산맥을 따라 헝가리 국경까지 도달했다(결국 독일군은 그들이 다시는 우크라이나로 돌아갈 수 없을 거라는 사실을 인정해야만 했다. 9월에 독일군은 두 개의 집단군에 대한 명칭을 변경했다. '북우크라이나' 집단군은 '남부'집단군으로, '남우크라이나' 집단군은 'A' 집단군으로 바뀌었다). 8월 말, 소련군은 루마니아로 진격했다. 루마니아는 전투를 포기하는 쪽을 선택했고, 독일은 약 두 주에 걸친 지연전을 통해 38만 명 이상의 병력을 상실했다. 이후 3개월에 걸쳐 소련은 불가리아를 점령하고—불가리아는 소련군이 도착하자마자 독일에 선전포고를 했다—, 루마니아로부터 북서쪽으로 전진해(이제는 루마니아의 도움을 받아가며) 트란실바니아Transylvania를 가로질러 헝가리에 진입했다. 12월 중순이 되자 그들은 부다페스트Budapest를 위협하고 있었다. 독일군은 10월에 발칸 반도 남부에서 철수해야만 했는데, 이제는 그곳의 진지들이 공격에 버틸 수 있는 상황이 아니었기 때문이었다. 한편에서는 붉은 군대가 또한 북부집단군을 대부분의 발트해 연안국가로부터 몰아냈고 잔류 병력을 쿠를란트Courland 반도에 고립시켰다.

히틀러가 참모들에게 자신의 의도를 설명하고 있던 바로 그날 저녁에 서유럽에서는 영국군과 미군이 노르망디 해안두보의 서쪽 끝을 돌파했다. 총통은 반격을 명령했지만 그것은 오히려 공격부대를 함정에 빠뜨리는 결과만 초래했다. 연합군의 유럽침공과 해안두보 돌파로 인해 또 다른 25만 명의 병력이 독일군의 전투서열에서 사라져버렸으며 이제 서부전선의 국방군은 붕괴됐다. 9월 중순, 연합군은 거의 프랑스 전역을 해방시켰고 몇몇 지역에서는 독일의 서쪽 국경선에 도달했다. 항구를 끝까지 고수하라는 히틀러의 명령이 상당 부분 기여한 연합군의 보급품 부족 현상만이 연합군을 더 이상 전진하지 못하게 방해하고 있었다.

이런 일련의 패배가 이어지는 와중에도 히틀러는 희망을 포기하지 않았다. 그는 8월 31일에 이렇게 말했다. "우리는 어떤 희생을 치르더라도 이 전투를 계속할 것이다. 프리드리히Friedrich 대왕이 말한 것처럼 우리의 가증스러운 적들 중 하나가 더 이상 싸울 수 없을 정도로 지칠 때까지 그리고 향후 50년 아니 100년 동안 게르만 민족의 생명을 보장하며, 그리고 그 무엇보다도 1918년에 일어난 일처럼 게르만 민족의 명예를 더럽히지 않고 평화를 얻을 수 있을 때까지 싸울 것이다."[21] 총통은 자신의 비밀 로켓 병기와 제트엔진 항공기, 그리고 해군이 실전에 배치하려고 노력을 집중하고 있는 신형 U-보트에 희망을 걸고 있었으며, 무엇보다 계획 중인 서부전선의 반격에 큰 기대를 걸었다.[22] 그는 연합군에게 심각한 타격을 입힘으로써 동맹관계를 붕괴시킬 수 있기를 바랐다. 8월 19일 그는 요들에게 11월에 실시될 공격 계획을 작성하라고 지시했으며, 이때는 나쁜 기상조건으로 인해 연합군의 공군이 무기력해지는 시기였다. 한 달이 채 지나지 않아서 그는 공격을 감행할 구역으로 아르덴 고원을 선택했으며 그곳에 약 30개의 신편 사단들을 투입할 계획이었다. 공세는 미군과 영국군 사이의 접촉점을 타격해 안트베르펜Antwerpen까지 돌진하여 영국군을 제2의 됭케르크 사태로 몰아가는 것이 목표였다. 구데리안은 동부전선의 위기를 이유로 이 공격에 반대했다. 그의 회고록에는 히틀러가 그의 말을 들었다면, 아직은 국방군이 소련군을 저지시킬 수 있었을 것이라고 주장했다. 동시에 요들도 연합군의 제공권 우세를 이유로 반대했지만 히틀러는 요지부동이었다.[23] 이번에도 히틀러는 악천후가 연합군의 공군력을 무력화시킬 것이라고 말했다. 그리고 아직까지는 공격을 지휘하게 될 룬트슈테트에게 공격에 대해 알릴 수 없다는 입장을 여전히 고수하고 있었다.[24]

히틀러와 요들, 카이텔을 비롯해 기타 선발된 일단의 장교들은 이후 3주에 걸쳐 자세한 공격 계획을 작성했다. 9월 25일, 히틀러는 자신의 작전 개념을 요들과 카이텔에게 좀 더 자세히 설명했다. 그는 요들에게 정확한 병력 소요와 함께 작전 계획 초안을 준비하는 과제를 부여하고 동시에 기만과 기밀유지에 대한 특별 지시를 내렸다. 카이텔에게는 연료와 탄약 소요를 파악하라고 지시했다.[25] 10월 9일 세 사람은 한 번 더 모임을 갖고 작전에 대해 토의했다. 요들은 가능성이 있는 다섯 가지 작전에 대해 브리핑했으며 그중 한 가지가 히틀러의 원래 개념과 일치했다. 요들은 네 가지의 다른 방안을 제시함으로써 작전에 좀 더 현실적인 목표를 부여하고자 노력했지만, 그러는 과정에서 그는 히틀러가 그렇게 얻으려고 애쓰고 있는 전략적 이익의 희미한 희망마저 제거해버렸다. 결국 히틀러는 자신의 개념에 요들이 제안한 계획 중 하나를 통합시켰으나 안트베르펜이 목표라는 사실은 결국 변하지 않았다.

이어지는 2주 동안 요들은 세밀한 작전 계획을 작성했다. 한편 OKW는 예상되는 미군의 공격에 대항하기 위해 병력을 집중시키라고 지시했으며, 더불어 그 병력은 OKW 휘하의 예비부대가 될 것이라고 통보했다. 10월 22일이 되어서야 비로소 히틀러는 룬트슈테트와 모델의 참모장들에게 그의 계획을 알렸다. 그는 먼저 그들에게 최대한의 보안을 유지하겠다는 맹세를 받았다.[26] 11월 2일, 요들은 대단히 세밀하게 작성된 서면 명령서를 갖고 후속 브리핑을 했다. 예하 사령부들이 알아서 자신의 작전 계획을 준비해야 했지만, 요들의 명령서는 사실상 집행 명령이었지 진정한 의미의 계획서가 아니었다. 룬트슈테는 물론 요들조차 히틀러의 계획이 성공할 것이라고 믿지 않았기에 반복해서 수정을 요구했음에도 불구하고 그들은 그 계획에서 한 치도 벗어날 수 없었다. 이것은 1939년에서 1941년의 공세를 계획할 때의 절차와 너무나 크게 대비가 됐다.

12월 12일, 히틀러는 아르덴 공세의 선봉을 담당하게 된 사단의 사단장들에게 연설을 했으며 공세는 4일 내에 시작될 예정이었다. 그는 이렇게 말했다. "전쟁은 결국 어느 한쪽이 이제는 더 이상 전쟁에 승리할 수 없다고 인식하게 됨으로써 결정된다. 따라서 가장 중요한 임무는 적에게 이런 인식을 확산시키는 것이다."[27] 그는 계속해서 이렇게 말했다. 수세에 몰려 있더라도 반격을 멈추어서는 안 된다. 그래야만 적은 우리에게 항복을 강요할 수 없다는 결론을 내리게 될 것이다. 그는 또다시 7년 전쟁의 말기에 프리드리히 대왕을 위기에서 구하게 되는 정치적 사건을 인용했다. 그리고 현재 독일이 상대하고 있는 것보다 더 이질적인 동맹은 한 번도 존재한 적이 없었다는 점을 지적했다.

독일은 기습에 성공했으며, 게다가 불리한 기상조건으로 인해 연합군의 항공기가 지상전에 개입하지 못했다. 적어도 초기에는 그랬다. 하지만 연합군의 동맹관계가 분열을 일으킬 조짐을 보이지 않는 것만큼이나 국방군이 안트베르펜에 도달하게 되리라는 희망도 현실적으로는 전혀 존재하지 않았다. 분명 연합국에는 많은 의견 차이가 존재했지만 나치 정권을 패배시키겠다는 결의만큼은 그 문제점들을 한동안 봉합해둘 수 있을 정도로 충분했다. 그달 말이 되자 미군은 독일의 공세를 저지한 다음 '벌지bulge(돌출부)'를 점차 축소시키고 있었는데, 이후 그들은 이 전투에 '벌지'라는 이름을 붙이게 된다. 1945년 1월, 알자스Alsace를 목표로 했던 독일군의 조공도 비슷한 운명을 맞았다(언제나 효율적인 OKW는 1944년 12월 24일 자 명령에서 총참모본부 편제과가 장병들의 로렌Lorraine 지방으로의 휴가를 금지했었다는 사실을 언급했다).[28]

1945년의 첫 주, 연합군은 사방에서 제3제국을 향해 조여들고 있었다. 1944년 12월 31일, 구데리안은 헝가리군 최고사령부에 텔렉스를 보내 부다페스트를 구원하는 것이 독일군의 최우선 과제라고 주장했다. 또한 그는 러시아가 더 이상 헝가리 영토를 점령할 수 없을 것이라고 주장했다.[29] 1월에 히틀러는 그 전해 12월 말에 소련군에 의해 봉쇄당한 부다페스트를 구원하는 공격을 명령했지만, 이 공격은 실패로 돌아갔다. 1월 12일, 소련이 좀 더 북쪽에서 공세를 시작했고, 한 달 만에 오데르Oder 강에 접근했으며 베를린까지는 불과 60킬로미터 거리를 남겨 두고 있었다. 그때부터 4월 중순까지 그들은 계속해서 동프로이센과 포모제Pomorze, 실롱스크Śląsk* 일부를 소탕했으며, 헝가리의 나머지 부분들을 관통해 빈Wien에 도달했다. 한편 영국군과 미군도 꾸준히 진격을 하고 있었다. 그들은

* 슐레지엔의 폴란드어, 현재 실롱스크의 대부분 지역은 폴란드에 속한다.

'벌지'와 콜마르Colmar의 또 다른 돌출부를 제거한 뒤, 3월 셋째 주까지 라인 강 좌안의 대부분을 소탕했다. 운도 따라서 3월 7일에는 쾰른의 남쪽에 있는 레마겐Remagen에서 파괴되지 않은 교량을 확보했고, 그달 말까지 추가로 두 군데의 교두보를 더 확보했다. 이때까지 영국군과 미군은 거의 30만에 이르는 포로를 잡으면서 6만이라는 사상자를 독일군에게 안겼다. 4월 4일 그들은 B집단군을 루르의 공업지대에 고립시켰다. 추가로 20만의 포로가 또다시 연합군의 손에 떨어졌고, 그들의 지휘관인 모델은 권총으로 자살했다. 훨씬 더 남쪽에서는 미군이 베를린을 향해 동진하는 대신 바이에른Bayern을 향해 남동쪽으로 전진함으로써 독일군을 기만했다. 4월 25일 그들은 엘베Elbe 강 유역의 토르가우Torgau에서 소련군과 상봉했다. 한편 붉은 군대는 독일군을 강타하며 독일의 수도를 향해 접근하고 있었다. 올가미가 죄어들고 있었다.

신들의 황혼

1944년 여름부터 전쟁이 점차 독일제국에 가까워지자 최고사령부 내의 분위기는 점점 더 비현실적으로 변해갔다. 히틀러가 그런 분위기를 조성했다. 이 시점이 되면 그는 신체적으로나 심리적으로나 이미 폐인이 되어 있었다. 게다가 처음에는 동프로이센의 벙커에, 뒤이어 베를린 제국 수상관저의 지하 벙커에 자신을 격리시켜놓은 채 휴식도, 신선한 공기도, 자연광도 누리지 못하며 지내는 생활을 계속 이어가고 있었다. 감당하고 있는 책무의 무게와 당면한 상황의 절박함으로 인해 그는 가차 없이 학대를 당하고 있었다. 불면증에도 시달렸다. 그는 매일 진정제를 과다 복용한 끝에 간신히 서너 시간 수면을 취할 수 있었다.[30] 깨어 있는 동안에는 수면제만큼이나 과다하게 각성제에 의존했는데, 이 모든 약물은 그의 주치의가 처방한 것이었다. 1945년 2월 한 젊은 장교는 히틀러의 모습을 이런 식으로 묘사했다. "그의 머리는 약간씩 흔들거리고 있었다. 왼팔은 아무렇게나 늘어져 있었고 손을 몹시 떨었다. 눈에서는 말로는 설명할 수 없는 광채가 깜박거리며 무시무시하고 완전히 사악한 분위기를 뿜어냈다. 그의 얼굴이나 눈 주위는 그가 완전히 탈진했다는 인상을 주었다. 그의 모든 움직임은 고령의 노인을 연상하게 했다."[31] 조금이라도 나쁜 소식이 있거나 논쟁이라도 벌어지게 되면 그는 곧 분노를 터뜨렸고, 어떤 경우는 그것이 너무 심해서 거의 이성을 상실하기도 했다. 하지만 그가 자기 자신이나 군사 상황에 대한 통제력을 잃은 상태에 있을 때조차도 그는 자신의 참모나 예하 지휘관들에게 계속 권위(그것은 일종의 '마력'이라고 할 수도 있다)를 유지했다. 당시 총참모본부 작전과의 Ia 소속이었던 울리히 데 메지에르는 히틀러의 모습이 노인을 연상케 했다는 인상에는 동의했지만, 거기에 더해서 일단 브리핑이 시작되면 상황이 완전히 바뀌었다고 말했다. 그 순간에 종종 히틀러는 마치 마법에 현혹됐다가 거기에서 빠져나오는 것 같은 모습을 보여주었다. 그는 정신을 집중하여 보고를 청취했고 의견을 추가했으며 세심하게 질문을 던졌다.[32] 그의 측근들은 마치 물에 빠진 사람이 지푸라기라도 잡으려는 것처럼 이런 광명의 순간에 매달리고 있는 것 같았다.

전쟁의 막바지에 도달한 이 순간에 히틀러가 어느 정도까지 진심으로 최후의 승리를 믿고 있었는지는 아직 미스터리이다. 분명 객관적 상황은 그와 같은 관점을 지지하지 않았기 때문에 히틀러는 거의 터무니없는 수준으로 자기를 기만하고 있었던 것처럼 보인다. 그는 마지막 순간에 연합군의 동맹이 붕괴될 지도 모른다는 데 희망을 걸고 있었다. 1945년 4월 12일 프랭클린 루스벨트Franklin Roosevelt 미국 대통령이 사망했을 때, 총통은 '브란덴부르크 가문의 기적'*이 이번에도 재현될 것이라고 확신했다.[33] 그 희망은 이전의 다른 많은 희망들과 마찬가지로 환상으로 바뀌었다. 히틀러는 점점 더 깊이 냉소적인 우울증 속에 빠져들었다. 만약 독일이 승자로 떠오를 수 없다면, 국가는 자신과 함께 망각 속으로 사라져야 한다고 그는 결론을 내렸다. 그는 이미 독일 국민들에 대한 궁극적인 경멸감을 적에게 가치가 있는 모든 것들을 파괴하라는 명령을 통해 증명해 보였다(공교롭게도 그 명령은 전후 독일이 현대국가로 생존할 수 있는 길을 열어 주었다).[34] 이제 그는 제국을 위한 최후의 전투를 지휘하며, 만약 필요하다면 적의 손에 포로가 되느니 차라리 자살을 하기 위한 준비에 들어갔다.

이 시기에 히틀러는 특히 육군에 대해 점점 더 강한 증오감과 불신감을 보였다. 이전의 암살기도는 그의 편집증에 기름을 부었고 상황이 그 지경에 이르게 된 모든 실패의 변명거리를 제공했다. 1944년 7월 31일에 그는 '패혈증' 증상이 이미 사령부 내에 굳건하게 뿌리를 내렸다고 말했다.[35] 이어서 그는 이렇게 주장했다. 우리는 최고위층에 배신자들이 있는 상태에서 전선의 병사들이 승리하기를 기대할 수 없다. 분명히 러시아인들이 그렇게 짧은 시간에 그렇게 극적인 발전을 이룰 수는 없었을 것이다. 독일의 배신자들이 오래전부터 그들을 돕고 있었던 것이 틀림없다. 총통은 자신이 전선의 병사들로부터 받았다는 편지들을 인용했는데, 그

* 브란덴부르크 가문은 호엔촐레른 가문을 의미하며 7년 전쟁의 마지막 순간 러시아 엘리자베타 여제의 사망으로 프리드리히 대왕이 간신히 파멸을 면한 사건을 가리킨다.

편지에서 병사들은 지금 무슨 일이 벌어지고 있는지 이해할 수 없다며 오로지 배신만이 그들의 패배에 대해 유일하게 가능한 설명이라고 주장하고 있다고 했다. "반드시 어떤 종말이 있어야 한다. 이런 것은 결코 좋은 상황이 아니다. 우리는 병사들의 제복을 끌어당겨서 이런 상황에 처하게 한 비열한 놈들과 흘러간 과거로부터 다시 등장한 이런 쓰레기들을 두들겨서 몰아내야 한다."[36] 이들 배신자들을 무찌르면 독일의 진정한 도덕과 군사적 우월성이 다시 한 번 자기 역할을 다하게 될 것이라는 말로 히틀러는 결론을 내렸다. 그의 측근 집단 내에서는 그런 일장연설에 자발적으로 청중이 모여들었다. 총통의 정오 브리핑은 경쟁관계에 있는 인물들로 가득 찼는데, 그들 중 다수는 군부와 전혀 관계가 없는 사람이었다.[37] 괴링과 괴벨스, 슈페어, 보르만, 힘러, 되니츠를 비롯해 기타 많은 사람들이 히틀러의 관심을 놓고 경쟁을 벌였다. 그들은 서로를 상대로 경쟁을 하면서 육군을 상대로 지속적인 중상과 유언비어 공격을 가했다.

심지어 7월 20일 암살 음모가 있기 전에도 나치당은 군사 영역에서 더 많은 권력을 쟁취하기 위한 투쟁에서 계속 승리를 거두고 있었다. 힘러와 친위대가 가장 큰 혜택을 받았다. 그들이 가장 최근에 거둔 승리는 7월 15일에 있었으며, 그날 히틀러는 힘러에게 당시 편성이 진행되고 있었던 15개의 소위 '척탄병 사단'을 위한 "훈련과 국가사회주의자 지휘장교, 군기 문제, 사법권 문제에 대해 모든 권한을 친위대와 똑같이" 부여했다.[38] 암살기도의 결과로서, 7월 20일 히틀러는 힘러를 음모 가담자들의 소굴 중 하나였던 보충군 사령관으로 임명하여 그의 권력 기반을 더욱 강화시켜주었다. 이어서 이 친위원수는 그의 오랜 추종자인 친위대장 한스 위트너Hans Jüttner를 지정해 자기 대신 보충군을 운용하도록 했다. 그들의 지시로 척탄병 사단은 '국민 척탄병Volksgrenadier' 사단이 되었으며,

10월에는 육군인사부가 친위대의 통제를 받는 특별 부서를 설치하여 이들 부대의 장교들이 적절한 국가사회주의 정신을 증명하도록 조치했다.[39]

1944년 10월, 히틀러는 시민 의용군인 국민돌격대Volkssturm를 창설함으로써 나치당의 권한을 더욱 확대시켰다. 10월 20일 자 그의 포고령으로 16세에서 60세 사이의 연령대에 속하는 모든 남성들이 국민돌격대에 징병되었으며, 국민돌격대는 적이 발을 들여놓은 독일 영토에서 국방군을 지원하는 최후의 보루 역할을 맡았다. 나치당은 마르틴 보르만과 나치당의 관구지도자들의 지휘 아래 국민돌격대 부대를 창설하고 관리했으며, 한편 힘러와 친위대는 새로운 정규군 부대의 창설과 훈련, 배치를 관리했다.[40] 국민돌격대는 효과적인 전투력으로 발전하지 못했다—사실 그것은 수천 명의 소년과 노인들을 끔찍한 죽음으로 내몬 것 외에 아무런 성과도 거두지 못했다. 하지만 힘러의 경우 그의 통제하에 있는 것은 또 다른 형태의 정규군 조직이었으며, 그것을 무장친위대에 추가할 수도 있었다. 무장친위대는 1944년 말까지 59만 명의 병력을 거느리고 특수 부대와 더불어 24개 사단을 보유했으며, 12개의 군단 사령부, 한 개의 군사령부로 편성된 전력으로 성장했다.[41]

힘러의 야망은 거기가 끝이 아니었다—또한 그는 작전군도 지휘하기 시작했다. 1944년 9월 19일의 명령을 통해, 히틀러는 힘러를 북해와 발트 해 연안 구역들의 방어 대책 책임자로 임명했다. 힘러는 새로운 사령부, 북부해안 작전참모부Führungsstab "Nordküste"를 통해 업무를 수행했다.[42] 이어서 11월 말, 히틀러는 그를 라인 강 상류 최고사령관으로 임명했는데, 빈네발트Bienewald와 스위스 국경 사이의 모든 육군과 무장친위대, 루프트바페 부대가 그의 지휘 아래 들어왔다.[43] 작전군의 지휘관에 그가 임명되면서 지휘부의 효과성은 더욱 저하됐다. 힘러는 아무런 군사적 재능을 갖고 있지 않았다. 그는 자신이 직접 지휘권을 적절하게 행사하지도 못했을 뿐만 아니라 자기 밑에서 복무할 좋은 지휘관과 참모를 선택할 능력도 없었다. 그는 아주 작은 부분에도 끊임없이 개입함으로써 자기 총통의 선례를 그대로 답습했다. 1944년 말에는 어느 한 순간 그의 개입이 너무 심각해져서 심지어 대포 한 문의 배치까지도 직접 명령했다![44] 하지만 힘러가 서부전선에서 완전히 실패했음에도 불구하고 히틀러는 나중에 그를 베를린으로 이어지는 접근로 방어를 위해 새로 편성한 비스툴라 집단군의 사령관으로 임명했다. 이러한 증명이 필요할지 모르겠지만 그가 계속 기용됐다는 것은, 히틀러가 능력보다는 충성심을 더 중요하게 생각했다는 증거가 된다.

만약 그것이 진실이었다면 총통은 육군에 있는 자신의 부하들을 좀 더 긍정적인 시각에서 보았어야만 했다. 무엇보다 점점 더 악화되기만 하는 위기에 대해 그들이 보여준 반응은 절대 복종과 군기에 대한 히틀러의 요구를 지원하는 내용 일색이었다. '지도자 원리'가 신용을 얻어가는 가운데 히틀러와 장성들의 명령은 점점 더 자세하고 집요해졌다. 1944년 11월 23일 구데리안은 동부전선 '요새'들의 지휘관에게 훈령을 내렸으며, 거기에서 그는 "모든 계급의 지휘관들은 내가 총통의 이름으로 발령한 동부전선 요새들에 대한 명령이 성실하고 꼼꼼하게, 지체 없이 집행될 수 있도록 직접 책임을 져야 한다"고 말했다.[45] 이틀 뒤 히틀러는 항복을 원하는 모든 지휘관들은 먼저 그의 예하 장교들과 부사관들, 최종적으로는 모든 사병들에게 끝까지 싸울 수 있는 기회를 제공해야만 한다고 명령했다. 만약 누구든 그 기회를 받아들인다면, 그는 계급에 상관없이 그 부대의 지휘자가 된다.[46] 12월 5일, 그는 장교나 병사들의 태만이나 활력의 부족으로 어떤 진지가 함락될 수밖에 없었다면, 앞으로 그것은 "예측 불가능한 결과의 범죄"에 해당하며 그 범죄에 대해 그는 모든 관련 범죄자들에게 책임을 묻게 될 것이라고 말했다. 이를 위해 그는 서부전구 최고사령관에게 함락된 모든 벙커와 탈영을 했거나 했을 가능성이 있는 실종자들의 수를 보고하라고 요구했다.[47] 그리고 1945년 1월 19일, 히틀러는 자신이 직접 검토할 수 있도록 사단급 부대까지 모든 지휘관들은 계획하고 있는 중요한 병력 이동이나 행동에 대해 어느 정도 시간 여유를 두고 사전에 보고하라고 명령했다. 더 나아가, 그는 모든 지휘관과 참모들은 모든 보고서가 꾸밈없는 사실들만 담고 있는지 여부를 확인하는 책임을 져야 한다고 다시 한 번 강조했다. 어떤 내용에 꾸밈이 있거나 왜곡됐을 경우, 그것이 의도적이든 아니든 해당자는 엄중한 문책을 당하게 될 것이다. 결국 최종적으로 모든 지휘관들은 최고사령부와의 통신연락이 계속 잘 기능하고 있는지 확인해야 할 책임이 있었다. 아마 그렇게 함으로써 지휘관들이 통신 문제를 핑계로 보고를 누락하지 못하게 하려고 했을 것이다.[48] 선임 지휘관들은 이런 명령들을 헌신적으로 부하들에게 하달했으며, 거기에 더해 군기유지를 위한 자신의 대책을 시달하는 명령을 추가하기도 했다. 그들의 명령은 보통 사형이라는 용어를 남발하고 있었다.[49]

육군의 나치화를 촉진시키는 변화는 또 있었다. 어떤 경우 그 변화는 대체로 상징적인 것이었지만 그럼에도 의미가 깊었다. 1944년 7월 23일의 사례를 보면, 괴링의 제안에 따라 기존의 군대식 경례가 공식적으로 나치식 경례로 대체되었다.[50] 하지만 대부분의 새로운 대책들은 좀 더 실제적이었다. 괴벨스는 특별 우체통을 설치했으며, 이를 통해 일반 사병들을 포함한 누구든지 나치 교육 프로그램이 태만하게 운영될 경우 그에 대한 불평이나 고발을 적어서 우표를 붙이지 않고도 발송할 수 있게 되었다.[51] 9월 24일, 히틀러는 국가방위에 대한 기본 법률 조항을 개정해 국방군의 군인도 복무기간 동안 나치당의 당적을 유지할 수 있게 되었다. 새로운 법률은 병사들이 국가사회주의 세계관의 정신에 따라 행동하고, 장교와 부사관, 관료들은 국가사회주의 사상에 따라 그들의 부하들을 교육하고 지도하도록 요구했다.[52] 육군 지휘관들은 자신의 이념적 열정을 주장하는 방법으로 당의 정책에 부응했다. 1944년 11월 6일, 구데리안은 국민돌격대 모임에서 이렇게 말했다. 그들은 적에게 "히틀러의 뒤에는 8,500만의 국가사회주의자들"이 있다는 사실을 증명해 보이게 될 것이며, "우리는 자발적으로 충성을 서약했고, 여러 세기가 흐른 뒤 사람들은 우리 세대가 불굴의 정신으로 모든 적에 대항해 정의를 지켜낸 이야기를 하게 될 것이다."[53] 구데리안의 접근법은 고위 장성들이 이념을 통해 군기를 강화하는 방법으로, 자신의 병력으로부터 최후의 결사적인 저항력을 끌어내는 데 사용했던 전형적인 방식이었다.

새로운 차원의 구조적 혼란

군사적 재앙이 끊이지 않고 전개되자 발작적으로 새로운 조직적 변화가 일어났으며, 그것은 단지 체제의 복잡성을 더욱 심화시키고 지휘체계 내의 경쟁을 더욱 가열시키는 결과만 초래했다. 제일 먼저, 소련이 남동유럽에 진출하자 OKW와 OKH의 영역이 서로 충돌을 일으키기 시작했다. 1944년 말에는 다섯 개의 집단군이 소련군을 상대하고 있었다. 북부집단군은 쿠를란트 반도에 갇혀 있었으며, 중부집단군은 동프로이센과 폴란드 북부를 방어했다. A집단군은 폴란드 중부로부터 남쪽 카르파티아로 이어지는 전선을 담당했고, 남부집단군은 헝가리를, F집단군은 유고슬라비아의 일부를 지키고 있었다. 나머지 한 개는 OKW 전구 사령관에 속하는 남동전구 최고사령관의 집단군 사령부였다. 비록 그 사령부가 이제는 붉은 군대를 상대로 전투를 벌이고 있음에도 불구하고 OKW는 그에 대한 지휘권을 총참모본부에 넘겨줄 의사가 없었으며, 남부집단군과 F집단군 사이의 전적으로 자의적인 전투지경선은 또한 OKW와 OKH 사이의 경계선이기도 했다. 그 영역에 속하는 지역의 사령관들은 무엇이든 중요한 행동을 수행하기 위해서는 한 단계 더 높은 사령부를 통해 업무를 추진할 수밖에 없었다. 예를 들어 1944년 12월, 소련군의 공격이 OKH 쪽으로부터의 반격에 취약하다는 사실을 남동전구 최고사령관이 알았을 때, OKW가 나서서 육군 총참모본부에 남부집단군의 공격을 '제안'해야만 했다.[54]

하지만 남동유럽의 지휘부 조직은 연합군이 독일 본토로 진입하기 시작했을 때의 지휘체계에 비하면 분명 단순하게 보였을 것이다. 개별적인 독일의 주마다 해당 지역 나치당의 관구장이 자원의 동원이나 민간인 소개 등과 같은 문제들을 관할했으며, 각각의 관구장들은 자신의 권한을 지키는 데 열중했다. 군부도 방어체계를 조직하는 과정에서 이들을 간단히 무시해버릴 수는 없었다. 여기에 더해 경제 자산은 또 다른 민간인 당국의 통제하에 있었는데, 그들 역시 자신의 영역을 건드리게 되는 결정에 간섭을 하고 싶어 했다. 카이텔은 1944년 7월 초에 이미 독일 본토 안에서는 국방군의 임무를 전적으로 군사적인 것으로만 제한한다고 규정했다.[55] 또한 히틀러도 명령을 내려 곧 전투지역이 될 제국의 영역들에 대한 지휘관계를 규정했다. 그런 명령들을 통해 해당지역 군대 지휘관은 제국방위위원(민간분야 경제당국과 연락업무 담당)과 지역 나치당 관구장(나치당과 관계된 문제)과 권한을 공유하게 됐다.[56]

서류상으로는 그와 같은 배치가 명료한 체계인 것처럼 보였지만, 그것을 준수하는 것은 악몽인 경우가 많았다. 예를 들어 1945년 1월 10일 자 총참모본부의 명령은 '동부해안 작전참모부Führungsstab Ostküste'를 편성하여 발트 해 연안 지역의 방어를 담당하게 했는데, 이곳은 방어구역 II, 즉 메클렌부르크Mecklenburg 서쪽 경계로부터 포모제 동쪽 경계 사이와 해안으로부터 내륙으로 30킬로미터에 속하는 영역이었다. 친위대 장성이 OKW 소속인 참모부를 지휘하지만, 특정 방어구역과 요새에 대해서는 육군 총참모본부의 지시를 따라야만 했다.[57] 총참모본부는 1월 21일 그런 사례에 해당하는 명령을 내렸다. 이 명령은 예상되는 소련군의 베를린 공격을 막을 수 있도록 진지를 구축하는 문제를 다루었는데, 이 경우는 동부해안 작전참모부의 소관이 아니었지만 어쨌든 명령서의 사본이 거기에도 전달되었던 것이다. 그 외에도 명령서 사본은 OKW의 국방군 지휘참모부와 루프트바페 총참모본부, 보충군 사령관(힘러)과 요새축성을 담당하는 그의 참모들, 중부집단군, 비스툴라 집단군(이번에도 힘러), 수상비서실장(마르틴 보르만), 당비서실장, 내무장관, 군비 및 전쟁물자 생산부장관, 국민돌격대 사령부, 주데텐란트와 베를린의 관구장에게 전달되었다(게다가 이 목록은 총참모본부 내부 조직들은 포함하지도 않은 것이다!).[58] 분명 이와 같은 지휘구조 배치는 각각의 기관들이 자신의 목적을 추구할수록 명령의 집행이 수없이 정체되고 지연될 수밖에 없었을 것이다.

그리고 그들은 실제로 자신만의 목적을 추구했다. 무엇보다 군부와 민간인 관계 당국들 사이의 분쟁에 더해, OKW와 OKH는 아직도 자원을 두고 서로 싸우고 있었다. 히틀러가 아르덴과 알자스에서 공세를 벌이기 위해 병력을 집결시키고 있을 때 구데리안은 계속 동부전선으로 증원 병력을 보내줄 것을 간청했고, 그곳에서는 소련군의 새로운 공세가 임박하고 있었다. 그는 12월 24일 총통과의 단독 면담을 통해 자신의 입장을 설명했고 그해의 마지막 날에도, 그리고 1월 9일에도 병력 증원을 요구했다. 또한 요들에게도 자신의 입장을 지지해달라고 부탁했다.[59] 히틀러는 논쟁을 거부했고 요들은 히틀러의 편에 섰는데, 구데리안의 말에 따르면 요들은 국방군이 서방 연합군으로부터 주도권을 빼앗았으며 계속 그것을 유지할 필요가 있다고 믿고 있었다.[60] 역시 구데리안의 주장에 따르면 유일한 예외는 12월 31일에 있었는데, 구데리안은 사전에 룬트슈테트를 방문해 서부전구에서 4개 사단을 차출하는 방안에 대해 그의 동의를 얻어냈다. 그것은 요들의 등을 밀어주던 바람이 방향을 바꾸게 만들었고 그 결과 총통도 생각을 바꾸었지만, 그럼에도 불구하고 결국 히틀러는 그 사단들을 구데리안이 원하는 곳으로 보내지 않았다. 대신 그들은 실패로 끝날 운명의 부다페스트 구조에 동원됐다.[61]

히틀러의 참모진과 고위 장성들 사이에 벌어지는 다툼이 너무나 심해서, 히틀러는 하급 부대의 지휘관들이 모인 자리에서 그에 대한 불평을 했을 정도였다.

> 동부전선에서는 조용하거나 대규모 교전이 없는 기간이 2주 이상 지속될 수가 없을 지경이다. 서부전구의 장성들은 나를 찾아와 이렇게 말한다. 동부전선에는 아직 가용한 기갑부대가 있습니다. 그들을 우리가 갖지 못할 이유가 도대체 무엇입니까? 서부전선은 거의 하루도 조용히 지나가는 날이 없습니다. 하지만 똑같은 장성이 동부전선으로 가면 즉시 이런 말을 하게 된다. 서부전선은 절대적으로 평온합니다. 그러니 동부전선에 적어도 넷에서 여섯 개의

기갑사단을 더 보낼 수 있습니다. 하지만 내가 어딘가에 예비 사단을 하나 확보하게 되면 이미 다른 곳에서 그것에 눈독을 들이고 있다.[62]

실제로—특히 1944년과 1945년에 있었던 공세의 경우—자원 할당에 대한 논쟁은 지금도 계속 되고 있다. 전후, 구데리안을 필두로 하는 다수의 이전 국방군 장교들은 독일의 최종 예비부대를 그와 같이 무익한 모험으로 소모시켜 버렸다며 히틀러를 비난했다. 다른 때에는 예리한 통찰력을 발휘하던 많은 역사가들이 그들 진영에 가담했다. 그들 모두 심지어 20개 혹은 30개의 사단이 더 있었다고 해도 그 시점에서 독일의 운명을 바꾸지는 못했을 것이라는 사실을 전혀 이해하지 못하고 있다.

최고사령부 내의 거대한 조직상의 문제에 더해, 총참모본부는 인력상의 문제를 지속적으로 경험하고 있었는데 특히 인사이동의 문제가 심각했다. 1945년 3월 말 구데리안은 보직에서 해임됐다. 그와 히틀러는 한때 너무나 격렬한 논쟁을 벌여서 거의 폭발 일보 직전까지 간 적도 있었다. 끝내는 괴링이 구데리안을 방에서 데리고 나가야 했다.[63] 괴벨스에 따르면 구데리안은 점점 '히스테릭하고 침착하지 못한' 인물로 변해가고 있었다.[64] 3월 28일 히틀러는 구데리안의 건강을 이유로(실제로 그는 자주 아팠다) 그를 해임했다. 그리고 그에게 6주간 휴가를 주었다(이때 히틀러는 구데리안에게 어디로 가고 싶은지 물었다. 카이텔은 바트 리벤슈타인Bad Liebenstein을 추천했다. 구데리안은 카이텔에게 그곳이 이미 미군에게 점령당했다는 사실을 상기시켜줘야만 했다).[65]

구데리안의 후임은 한스 크렙스 대장으로 '식을 줄 모르는 낙천주의의'의 인물이자 '상사의 관점에 적응하는 카멜레온 같은 능력'의 소유자였다.[66] 한 단계 밑에서는 벵크가 2월 중순부터 지휘부장의 자리를 계속

한스 크렙스 (독일연방 문서보관소 제공, 사진번호 78/111/10A).

지키다가 이 시점에 자동차 사고를 당했다. 참모총장으로 임명되기 몇 주 전에 크렙스는 원래 벵크의 후임으로 부임했었다. 이어서 에리히 데트레프젠Erich Dethleffsen 소장이 한 달 동안 그 직책을 지켰다. 한편 작전과에서는 보닌이 과장 직책을 수행하다가 1월 18일에 그의 선임 반장인 바스모트 폰 뎀 크네제베크Wasmod von dem Knesebeck 대령과 함께 게슈타포에 체포됐다. 이는 구데리안으로부터 두 사람이 바르샤바 철수를 승인했다는 이야기를 들은 히틀러의 명령으로 이루어진 일이었다.[67] 보닌의 뒤를 이어 쿠르트 브렌네케 소장이 한 달을 조금 넘는 기간 동안 과장으로 근무했고 이포틸로 폰 트로타Ivo-Thilo von Trotha 소장이 두 주를 채 넘기지 못했으며, 그 이후에는 공식적으로 공석이 됐다.[68] 조직 서열의 다음 위치는 작전과의 'Ia'로 심지어 여기서는 그 윗선보다 더 많은 인원이동이 있었다. 1944년 8월 게슈타포는 킬만스에크를 체포했고 이어서 보닌이 그 직책을 수행하다 9월 1일에 작전과장이 됐다. 그 이후에는 크네제베크가 반장의 직책을 수행했다. 그가 체포된 뒤 반장 자리는 거의 한 달 동안 공석으로 남아 있었다.

그 다음 Ia 반장은 울리히 데 메지에르 중령이 맡았는데, 그의 이야기는 전쟁 최종 주간에 총참모본부가 어떤 상태였는지를 잘 요약해서 보여준다. 그는 Ia 반장에 취임했을 때 아직 33세도 되지 않은 젊은이였지만, 그럼에도 2주에 걸친 재임기간(1945년 4월 10일부터 24일) 동안 그는 사실상 작전과장 역할을 수행했다. 1966년에 이루어진 인터뷰에서 그는 작전과장이라는 자리가 예전과 같았다면 그는 결코 그 자리를 맡을 자격조차 얻지 못했을 것이라는 사실을 강조했다. 그는 주요 작전을 계획할 만한 경험이 없었다. 하지만 어차피 당시에는 이미 작전이라고 부를 만한 것도 존재하지 않았기 때문에 작전을 계획할 일도 없었다. 데 메지에르는 대단히 바빴지만 그는 주로 필사원의 역할만 수행했다. 작전과는 항상 그랬던 것처럼 상황보고서들을 대조하고 상황도의 내용을 최신 정보로 교체했다. 히틀러는 브리핑에서 보고서들을 검토하고 직접 결정을 내렸으며 데 메지에르는 그것을 기록했다가 명령서를 작성했다. 대단히 좁은 분야의 기술적 영역을 제외하고, 당시 그의 주특기는 윗선에 있는 다른 사람들과 마찬가지로 대체로 자신의 업무와 전혀 관계가 없었다.[69]

총참모본부의 장교들은 대부분 자신이 적임자가 아니라는 사실을 모르지도 않았다. 그러한 비전문성은 한편으로는 히틀러의 권위와 성격 때문에, 다른 한편으로는 전반적인 전황으로 인해 발생했다. 라이엔은 참모들이 전쟁의 최종 몇 주의 기간 동안 분주하게 매달렸던 '만약 그렇다면' 업무에 대해 기록했다. 즉 그것은 가상의 진지로 존재하지도 않는 병력의 불가능한 이동을 계획하는 것이었다. 많은 사람들이 그 일에 매달렸는데 그것이 총체적 붕괴가 다가오고 있는 현실을 회피할 수 있는 유일한 길이었기 때문이라고 그는 말한다.[70] 업무량은 엄청났으며 공습으로 정상적인 일과가 중단되는 경우도 비일비재했다. 데 메지에르는 경각심과 최면 상태가 뒤섞인 가운데 인생의 이 어려운 시기를 헤쳐 나갔다고 기록했다. 참모들은 충분한 수면을 취하지 못했다. 모두가 팽팽한 긴장상태를 유지한 채 피로에 찌들어 쉽게 화를 냈다.[71] 결국 장교들의 분노가 넘쳐흐르기 시작하여 작전과 전쟁일지에도 스며들었다. 일지는 작전과의 권고와 히틀러의 결정을 보여주었다. 이 둘은 거의 항상 일치하지 않았고 일지 작성자는 히틀러의 결정에 대한 비난을 거리낌 없이 표현했다. 데 메지에르는 어떤 영화에서 나온 대사를 사무실 뒤편에 걸어 놓을 정도로 대담한 행동을 취하기도 했는데, "나에게 부과된 임무가 얼마나 어리석은 것인지를 생각하는 것은 내가 할 일이 아니에요"라는 대사는 그 영화를 본 참모장교들로 하여금 불쾌한 웃음을 자극했다.[72] 한편 나치의 이념은 어느 정도 매력을 잃어가고 있었다. 1944년 12월 30일, 구데리안은 OHK의 장교들에게 국가사회주의 교육의 중요성을 다시 한 번 일깨웠다. 그는 매주 나치 이념 교육에 참가하는 것은 장교들의 의무이지 선택사항이 아니라고 규정했다.[73] 하지만 대부분의 장교들은 아무리 강하게 이념을 주입시켜도 상황에는 아무런 변화가 없을 것이라는 사실을 인정했다. 심지어 요들조차 상황이 절망적이라는 것을 인정했을 정도였다. 3월 말에 그는 일기에 이렇게 고백했다. "아무런 예비 병력을 가지고 있지 않을 때 최후의 일인까지 싸운다는 것은 무의미한 짓이다."[74]

우리는 이 점을 주목해야만 한다. 최고사령부의 모든 불만족에도 불구하고 반란에 대한 이야기가 더 이상 없었다는 것이다. 아무도 자신의 보직에서 사임하지 않았다. 아무도 ― 어쨌든 군부의 고위층에서는 ― 휴전교섭을 위한 방안을 찾으려고 하지 않았다(이것은 히틀러의 최측근들이 보여준 행동과 대조가 되는데, 힘러는 스웨덴의 폴케 베르나도테Folke Bernadotte 백작을 통해 휴전협상을 시도했다).[75] 연합국의 군대가 제국을 집어삼키고 있을 때, 나치의 군사 기구를 이끌고 있는 사람들은 자신의 임무를 계속 수행하고 있었다. 그들의 머릿속에 어떤 동기들이 혼재되어 있었기에 그들이 군무를 이탈하지 않았는지를 알아내기란 어려운 일이다. 몇 사람은 다가오는 재앙에 완전히 무감각했는지도 모른다. 일부는 히틀러가 마지막 한 수를 자신의 소매 속에 감추고 있으리라고 믿었을 수도 있다. 그렇지 않은 사람들은 어쩌면 심리적으로 현실을 대면할 능력이 없었을 것이다. 분명 많은 경우 운명론이 작용했으며, 그만큼 두려움도 큰 역할을 했다. 이들은 개별적인 행동이 투옥과 고문, 죽음을 의미하며 결국 독일의 운명에는 아무런 변화를 주지 못할 것이라는 사실을 알고 있었다. 군기와 충성심도 중요한 인자들 중 하나였다. 그래서 비록 그것이 무의미할지는 몰라도 그들은 자신의 근무지를 이탈하지 않았다. 그래서 참모장교들은 자기 업무의 지엽적인 문제들 속으로 도피했다. 그들은 불쾌한 전략적 현실을 외면했는데, 비록 더욱 힘들기는 했지만 이는 전쟁이 시작되기 전부터 그들이 사용했던 것과 비슷한 방법이었다.

파국

전쟁의 마지막 달에 독일은 패배에 따른 혼란을 극복하기 위한 마지막 시도로서 다시 한 번 지휘체계를 정비했다. 4월 11일, 카이텔은 남동전구와 남서전구, 서부전구, 북서전구를 담당한 각각의 지휘관들과 총참모본부의 책임을 재정의하고 몇 가지 특별 규정을 추가했다. 예를 들어 방어구역 III은 수도 베를린의 방어를 위해 히틀러의 직할 사령부가 됐다.[76] 총통은 베를린에서 자기 요새의 사령관이 되기로 결심한 것이다. 같은 달 중순에 그는 미국과 소련군의 공격으로 자기 제국의 나머지 부분과 단절될 수도 있다는 점을 인식하고 어떤 곳이든 자신이 직접 지휘권을 행사할 수 없는 곳에서는 최후의 방어전을 수행할 대리 지휘관을 임명하기로 했다. 만약 그가 북쪽에 있을 경우에는 케셀링 원수가 남쪽 지역을 지휘하게 됐다. 그가 남쪽에 있을 경우에는 되니츠가 북쪽의 지휘권을 인수할 예정이었다.[77] 이런 구상에 맞추어 히틀러의 생일인 4월 20일에 국방군 지휘참모부는 두 부분으로 분리됐다. 북부지휘참모부(A)는 요들을 책임자로 해서 먼저 크람프니츠Krampnitz로 갔다가 결국 그곳에서 홀슈타인Holstein에 있는 플렌스부르크Flensburg 근처 뮈르비크Mürwik로 이동했다.

남부지휘참모부(B)는 베르히테스가덴Berchtesgaden으로 이동했다. 이들은 요들의 차장인 아우구스트 빈터 중장이 맡았다.[78] 4일 뒤 히틀러는 자신의 의도를 분명하게 했다. 그는 북부의 군대를 베를린에 있는 벙커에서 직접 지휘하고 지휘참모부B를 통해 남부에 있는 병력을 지휘하기로 했다.[79] 따라서 북부의 사령부는 히틀러가 살아 있는 동안 아무런 지휘기능을 수행하지 못했고, 케셀링은 여전히 모든 기본명령들을 OKW에 제출하여 승인을 받아야 했다. 또한 히틀러는 같은 명령을 통해 거의 7년의 평시와 추가적인 5년의 전시를 거쳐 마침내 지휘부를 통합했다. 그는 전반적인 작전 지휘권을 OKW에 부여하고 총참모본부의 지휘부를 공식적으로 요들의 통제 아래에 두었다.[80] 훗날 호이징거가 말한 것처럼, 전쟁의 마지막 2주 동안 독일은 완벽한 지휘체계를 갖고 있었다(사실 OKW는 이런 해결책의 추진을 한 번도 멈춘 적이 없었다. 1945년 4월 7일에는 국방군 지휘참모부의 작전과가 OKW 아래에서 가능한 새로운 최고사령부의 구조에 대해 서면 브리핑을 실시하기도 했다).[81]

물론 브리핑은 라이엔이 '만약 그렇다면' 업무라고 언급했던 것과 정확하게 같은 성질의 내용들로 이루어져 있었다. 소련은 4월 16일에 베를린을 목표로 공세를 시작했다. 히틀러가 지휘체계와 관련하여 마지막 명령을 내렸을 때, 러시아군의 대포가 그의 머리 위에 있는 수상관저의 안마당을 포격하고 있었다. 같은 날, 베를린과 크람프니츠 사이를 왕래하던 카이텔은 적군의 행동으로 베를린으로 가는 길이 차단됐다는 사실을 알았다. 따라서 그는 지휘참모부A가 있는 곳으로 돌아갔고 그곳에서 전쟁이 시작된 이후 처음으로 브리핑을 주관했다. 데트레프젠은 동부전선의 전황을 보고했고 요들이 나머지 전선에 대한 브리핑을 했다. 이어서 요들은 히틀러에게 무전을 보내 카이텔이 결정한 대응책에 대한 승인을 받았다. 카이텔은 이후 며칠을 베를린 구원 작전을 준비하기 위해 노력했으며, 그러다 교전에 휩쓸려버렸다. 한번은 심지어 한 개 마을에 대한 방어를 계획하기 위해 길을 멈춘 적도 있었다![82] 한편 히틀러는 크렙스와 부르크도르프Burgdorf, 보르만을 비롯해 기타 여러 저명인사들과 함께 베를린에 남아 도시 방어를 지휘하려고 노력하면서, 더 이상 존재하지 않는 군사령부에 무전을 발송하거나 유언장과 정치적인 유서(여기서 그는 다른 무엇보다 패배의 책임을 물어 자신의 장군들을 비난했다)를 구술했다. 4월 29일, 베를린의 구원에 대한 모든 희망이 사라지자 그는 자살했다.[83]

이제 되니츠 제독이 히틀러가 지명한 후계자로서 그의 자리를 인수했다. 총통은 죽었을지 모르지만 전쟁은 아직 끝나지 않았다. 이 시점에서 독일 지도자들의 최우선 과제는 가능한 한 많은 사람들을 러시아의 수중에서 탈출시키는 것이었다. 그 목표를 위해 되니츠는 서방 연합군과 개별적인 정전협상을 시도했다. 하지만 당연하게 연합국은 그의 제안을 거부했다.[84] 정전협상에 실패하자 독일군은 최대한 소련군의 전진을 지연시키기 위해 노력했다. 심지어 그들은 그 문제에 대한 히틀러의 훈령에 충실하게 따르며 지휘체계의 재편작업을 계속 수행했다.[85] 하지만 5월 8일, 국방군 지휘부는 자신의 상황을 인정하고 모든 연합국을 상대로 항복문서에 서명했다.

마치 머리를 잃은 개미처럼 지휘부가 사멸하기까지는 아직 어느 정도 시간이 더 필요했다. 미군이 베르히테스가덴에서 지휘참모부B를 휩쓸면서 그곳의 요원들을 모두 포로로 잡았지만, 연합군은 지휘참모부A가 잠시 기능을 유지하도록 허용함으로써 연합군이 항복조건을 집행할 때 지원하도록 했다. 요들은 사령부의 북부 부서와 남부 부서를 다시 통합시키고 싶어 했지만 연합군은 그것을 허락하지 않았다. 5월 10일과 13일에 카이텔은 OKW의 재편성 명령을 발령했으며 이를 통해 항복협정에서 요구하는 과제를 수행하려고 했다.[86] 5월 23일, 결국 연합군은 되니츠를 비롯해 제3제국 정부 각료들과 함께 지휘참모부A의 요원들을 구속했다.

독일군 최고사령부는 사멸했다.

12 / 독일군 최고사령부 - 평가

1941년 12월, 당시 소령이었던 슈타우펜베르크가 독일군 최고사령부의 체계를 '어리석다'고 언급했을 때, 그는 그것이 얼마나 더 나빠질지 전혀 추측할 수 없었다. 더욱이 최고사령부를 그 지경까지 몰고 가게 될 바로 그 힘에 대한 이해도 전혀 보여주지 못했다. 우리가 슈타우펜베르크의 평가가 갖고 있는 한계를 극복해야 한다면—무엇보다 그의 평가가 재치 있고 재미있기는 하지만 그렇다고 특별히 유용하지는 않기 때문이다—, 우리는 최고사령부의 발전과정이나 기능을 좀 더 체계적으로 검토해야만 한다. 그렇게 하는 가장 건설적인 방법은 전쟁 당시와 전후에 지휘체계와 관련하여 발생한 신화를 다시 살펴보고 그것을 중심 테마로 삼아야 하며 동시에 우리가 이 책을 시작하면서 제기했던 질문들에 답을 해야 한다. 그런 방법으로 우리는 좀 더 폭넓은 교훈을 이끌어내고 독일군 지휘체계의 장점과 단점을 확인하며, 독일군 장교단의 책임과 신화 그 자체의 정당성과 관련하여 몇 가지 결론에 도달할 수 있다.

아돌프 히틀러는 여전히 이야기의 핵심적인 인물이다. 전후까지 생존한 그의 장성들과 2차대전에 대한 저술을 남긴 많은 역사학자들에 따르면, 독일 국가와 군부에 떨어진 재앙의 책임은 거의 전적으로 그에게 있다. 실제로 그런 관점을 지지하는 논리적 근거들도 존재한다. 우리가 히틀러 외에 다른 사람은 최고사령부의 구조나 독일의 전반적인 전쟁 노력에 그처럼 거대한 영향을 미치지 않았다고 말해도 별다른 문제는 없다. '위대한 인물'의 측면에서 볼 때 총통과 경쟁을 할 만한 인물은, 간단히 말해 존재하지 않는다. 하지만 이 진술은 히틀러의 역할론을 유리하게 이야기하는 것만큼이나 '위대한 인물'로 접근하는 방법이 가지고 있는 결점도 드러낸다. 그가 경쟁관계에 있는 모든 개별적 인물들을 지배하거나 아니면 아예 배제시켜버린 것도 맞다. 하지만 비록 그가 시도를 해봤는지는 모르지만 지휘체계, 즉 공통적인 가치관과 개념, 관행에 의해 결합되어 있는 개인들의 집합체가 없이는, 그는 어떤 행동도 할 수 없었다. 체계는 그 자체로 여러 세기에 걸쳐 진화해온 특정 문화를 통해 전체 집단에 대한 개인의 복종을 강조한다. 그런 점에서 그것은 히틀러가 통제력을 유지하는 데 도움을 주었는데, 이는 체계가 개인의 경쟁구도를 허용하지 않기 때문이다. 하지만 전체 또한 그 자체로 자신의 내면에서 하나의 실체를 구성하는데, 히틀러는 그 실체를 전적으로 배제하지도 그렇다고 완전히 지배하지도 못했다. 그는 지휘체계 내에서 유일하게 목소리를 낼 수 있는 존재이기를 바랐지만 실제로는 그렇지 않았다. 지휘체계를 정의하는 많은 구성요소들에 대해 그가 질투심 어린 혐오감을 가졌음에도 불구하고 체계가 갖고 있는 문화나 사고는 그것들이 접촉하는 모든 영역에 스며들었다. 거기에는 정치와 전략, 작전, 조직의 영역이 모두 해당된다. 그런 현실이 히틀러의 권력을 제한하기도 했지만, 동시에 전후 장성들이 제공한 변명의 논지에 반증을 제공하기도 한다. 왜냐하면 여러 증거들은 대부분의 경우 최고사령부가 총통을 배척한 것이 아니라 그와 함께하려고 노력했다는 사실을 보여주기 때문이다. 지휘부의 가치관과 사상은 히틀러나 국가사회주의자들이 갖고 있는 것과 그렇게 많이 다르지 않았으며, 이는 히틀러에 대한 신화가 주장하는 것과 차이가 있다. 독일군 최고사령부를 지배했던 군사문화는 나치가 정치적 세력으로 등장하기 전부터 지도자에게 협조하는 태도에 익숙해져 있었다. 히틀러와 군부 사이의 분쟁에 대한 전후의 모든 논의에도 불구하고 양측 모두 독일의 몰락에 기여했다고 봐야 한다.

처음에 양측은 정치적 영역을 통해 접촉을 이루었다. 전후 회고록들을 통해 판단해보면 육군의 지도자들은 처음부터 히틀러와 그의 계획이 혐오스럽고 위험하다고 생각했으며, 그들은 히틀러와 가능한 멀리 거리를 두려고 했다. 그들이 말하는 역사에서는 히틀러가 광적인 속도로 재무장을 밀어붙였고 장성들은 그것에 반대했다. 결국 히틀러는 독일을 또 한 차례의 세계대전으로 끌고 갔으며, 이것은 그의 장교들이 보여준 윤리적 불안감이나 전문적 조언을 무시하고 이루어진 일이었다. 이후 전쟁이 제3제국에 불리하게 전개되기 시작하자 장성들은 최대의 노력을 기울여 저항했지만, 그들이 갖고 있는 의무감이나 그들이 했던 충성의 맹세(후회스럽지만 결코 어길 수 없는), 그리고 그들을 무력하게 만드는 전체주의 국가의 힘이 결합되어 저항을 불가능하게 만들었다.

전반적으로 이 이야기는 아주 그럴싸하게 보이지만, 치밀한 조사 아래 가장 먼저 허구가 드러나는 부분이 바로 여기다. 정치적 관점에서 군부 지도자들은 처음부터 자신의 목표와 나치당의 목표가 일치한다는 것을 증명해 보였다. 그들 역시 히틀러만큼이나 간절하게 독일이 다시 강력한 국가가 되어 베르사유 조약을 파기하고 1차대전에서 잃었던 국토를 회복하기를 원했다. 바이마르 공화국 시절을 통해 그들은 육군이 비정치적이라는 소설 같은 주장을 내세웠지만 그 시기에 그들은 자신이 지키겠다고 맹세한 헌법을 의도적으로 무시했다. 그들은 권위주의 국가를 원했던 것이다. 이는 오로지 그런 체계만이 필수적인 독일의 재무장을 가져다줄 수 있다고 그들이 믿었기 때문이다. 나치가 무대에 등장했을 때 장성들은 완벽한 도구를 발견했다고 생각했다. 그들은 군대에 대한 자신들의 지배력에 아무런 위협을 가하지 않으면서 군부를 위해 히틀러가 독일 사회와 산업 역량을 통제할 수 있다고 믿었으며, 당연히 히틀러는 그런 믿음을 더욱 부추겼다. 심지어 그는 자신의 오랜 동지인 룀을 희생시켜 육군에 대한 자신의 충성심을 증명했고 그 대가로 육군은 그에 대한 개인적 충성을 맹세했다.

그 충성심이 상당히 굳건했다는 사실은 곧 증명되는데, 심지어 육군의 지도자들이 국가 전체에서 육군의 지위가 처음에 생각했던 것만큼 굳건하지 않다는 점을 깨달은 후에도 충성은 계속됐던 것이다. SA에 대한 숙청작업 과정에서 나치당이 육군 장교들을 살해했을 때, 육군은 거의 아무 소리도 못하고 손실을 받아들였다. 히틀러와 그의 패거리들이 1938년 프리치를 모함하고 장교단을 숙청했을 때에도 육군의 반응은 달라지지 않았다. 사실 그 반대의 경향보다는 히틀러 쪽에서 육군의 고위 장성들과 거리를 두려는 경향이 더 강했다. 머지않아 독재자 측에 대한 장성들의 도전과 불신이 증가하게 되면서 동시에 독재자도 모든 분쟁에서 육군을 지지해주지 않는 경향이 그만큼 커졌다. 하지만 이 모든 상황에도 불구하고 대부분의 육군 장교들은 자신의 충성심을 증명하고 자신이 히틀러의 존중과 신뢰를 받을 만한 인재라는 점을 증명하는 데 골몰했다. 그에 대한 예외들—7월 20일의 암살 음모나 기타 공모사건들—은 그들의 용기만큼이나 가담자의 수가 적었다는 점에서 주목할 만하다. 그들의 전우들은 대부분 그들의 시도에 반대하거나 결과가 분명해질 때까지 관망하겠다는 태도를 취했다. 육군은 정치 투쟁에서 패배한 것이 아니라 아예 투쟁에 참여하지 않은 것이다.

독일의 전략적 노력에서도 그것은 마찬가지였다. 육군은 전략에 대한 주도권을 히틀러에게 넘기면서 별다른 불만을 제기하지 않았다. 당연히 처음에는 약간의 저항이 있기는 했다. 1936년 라인란트의 점령은 많은 장성들이 반대하는 가운데 진행됐다. 마찬가지로 1938년, 그렇게 짧은 준비기간만을 주고 히틀러가 육군에게 오스트리아로 진군하라고 명령했을 때, 몇 사람은 겁을 먹었다. 이어서 체코슬로바키아 침공 계획에 대해서는 요란하지만 무익했던 베크의 반대가 있었다. 하지만 각각의 경우 대부분의 장성들은 결국 총통에게 반대하는 노선에 자신의 운명을 걸기를 주저했다. 할더가 베크의 자리를 수락함으로써 거래는 이루어졌다. 그 이후 장성들은 히틀러의 전략적 결정에 대해 진지하게 이의를 제기하지 않았다.

그들의 묵인에는 서로 연관된 두 가지 요인이 작용했다. 첫째는 1936년부터 1941년 봄까지 계속 이어진 일련의 성공이다. 라인란트 재점령과 오스트리아 합병, 체코슬로바키아에 대한 무혈 승리를 이끌어낸 인물과 논쟁을 벌일 이유가 거의 없었던 것이다——폴란드와 노르웨이, 덴마크, 저지 국가들, 특히 프랑스에서 손쉽게 승리를 거둔 후에는 그럴 이유가 더 없었다. 이것은 전후의 진술들을 통해 제기된 논리이며 어느 정도 맞는 부분도 있다. 독일의 성공으로 인해 군부 지도자들이 어느 정도까지는 눈이 멀었기 때문이다.

하지만 그 표면적인 논지 속에는 독일이 건전한 전략적 결정을 내릴 능력이 근본적으로 부족하다는 사실이 내재되어 있다. 이것은 역사적으로 뿌리가 깊은 문제로 그 기원은 최소한 슐리펜과 동시대의 고위 장성들, 그리고 장교들까지 거슬러 올라간다. 거의 예외 없이 나치 시대의 군부와 정부에는 현실적인 전략적 계획을 수립할 수 있도록 목적과 수단

사이에서 정확하게 균형을 잡을 수 있는 인물이 부족했다. 그들은 프랑스와 영국을 상대로 전쟁을 벌이게 될 것이 분명한데도 불구하고 폴란드와의 전쟁을 환영했다. 마찬가지로 그들은 소련을 쉽게 정복할 수 있다고 믿었다. 이어서 그들은 모스크바를 목전에 두고 그 시도가 좌절됐다는 사실을 인정하지 못했을 뿐만 아니라 동시에 눈 한 번 깜박하지 않고 미국과의 전쟁을 받아들였다. 바로 거기서부터 전략적 정세는 가망성이 없어졌지만 장성들은 계속 싸우도록 자신의 병사들을 몰아붙였다. 독일군 최고사령부에 대한 신화는 히틀러에게 전략적 통찰력이 부족했다는 점을 집중적으로 부각시키지만, 그 부분에서 히틀러는 결코 혼자가 아니었다. 전후 장성들이 자신의 무죄를 주장하면서 모든 책임을 전적으로 히틀러에게 돌리려고 했던 것은 여기서 확실한 오류를 드러낸다. 잘 봐주면 그들은 자신을 속이고 있는 것이고, 나쁘게 보면 그들은 냉소적으로 모든 사람들을 기만하고 있는 것이다.

작전과 관련된 상황은 좀 더 복잡하다. 한편으로 히틀러는 분명 아마추어였으며, 작전에 대한 그의 간섭은 나중에 장성들이 주장했던 것처럼 많은 경우 커다란 재앙을 초래했다. 반면 독일은 이번 전쟁에서 작전 기동에 있어 몇몇 위대한 인물을 배출했다. 롬멜과 구데리안, 룬트슈테트, 만슈타인은 2차대전에서 가장 유명한 장군이 됐으며, 그 밖에도 많은 장성들이나 그보다 하위의 장교들이 작전술에 대한 숙련된 기술로 높은 평가를 받았다. 작전술에 대한 독일군의 우월성 덕분에 그들은 1939년부터 1941년 사이에 비교적 손쉬운 승리를 거둘 수 있었다. 결국 그들은 그 크기와 고립으로 인해 국방군에게서 작전을 통한 승리의 기회를 박탈할 정도로 어려운 적을 상대하게 되었으며, 나중에 그 적들은 자신의 작전교리로 독일군을 상대할 수 있을 정도로 성장했다. 그렇다고 해도 독일군은 계속해서 거의 전쟁의 막바지까지 견고한 전술적 능력을 과시했으며, 전후에도 그들의 명성은 거의 전설의 수준에 도달했다.

독일군의 이미지에 따라 다니는 문제는—처음부터 그들의 작전이 그랬던 것처럼—그것이 1차원적이라는 것이다. 그것은 긍정적인 측면을 강조하면서 동시에 부정적인 측면을 호도하고 있다. 히틀러의 실적에 관한 한 우리는 그의 승리에 대한 공적을 그에게 돌려야만 하는데, 그는 종종 부하 장성들의 반대를 무릅쓰고 승리를 거두었다. 1940년 아르덴 고원을 통과하는 공격을 찬성했던 것이나 1941년과 1942년 사이의 '철수불가' 명령이 가장 먼저 떠오르는 사례이다. 분명히, 영감에 따른 결단과 터무니없는 결정 사이의 균형은 히틀러에게 불리한 쪽으로 심하게 기울어진다. 하지만 그의 밑에서 복무했던 사람들은 어떨까? 그들이 갖고 있는 작전 능력에 대한 찬양이 하늘을 찌르는 경우가 아직도 그렇게 많을까? 그들의 기록은 대부분의 사람들이 생각하는 것만큼 긍정적이지 않다. 작전은 전장에서 병력을 이동시키는 능력보다 더 많은 요소들로 구성된다. 작전에서 효과를 거두기 위해 육군은 적이 무엇을 하고 있는지를 파악하고 자신의 의도를 숨기며, 자신의 부대에게 적절한 인력과 보급품을 지속적으로 공급할 수 있어야 한다. 이런 측면에서 독일군은 자신들이 심각하게 부족했다는 사실을 스스로 증명했다. 그들의 정보 능력은 잔인한 농담에 불과했다. 그들은 시종일관 적의 역량과 의도를 잘못 판단했으며, 그런 경향은 동부전선에서 두드러졌다. 동시에 연합군은 독일군의 의도를 꽤나 정확하게 분별해낼 수 있었다. 군수와 인사의 경우도 전략의 경우와 마찬가지로, 독일군은 수단과 목적 사이에서 균형을 잡지 못했다. 그들의 내재적 결함은 장교들이 기동 계획에만 집착하고 전투지원 기능들을 계획 과정에 통합시키려고 하지 않았다는 데 있다.

정치와 전략, 작전 분야의 문제점들은 조직 영역 속에서 각자 대응되는 요소들을 갖고 있다. 정치와 전략, 작전에 관련된 개념이나 사건들이 구조적 형태를 결정하는 데 영향을 주었다. 순차적으로 조직의 구조는 지휘체계에 기회를 제공하는 동시에 제약을 부과했으며, 따라서 그 앞에 열려 있는 정치적이거나 전략적, 작전적 가능성을 정의하는 데 영향을 미쳤다. 예를 들어 소규모 참모진은 다른 모든 것에 우선해 기동을 강조하는 지적 풍조의 소산이었다. 그와 같은 풍조가 발전했기 때문에 소규모 참모진은 기동전이 요구하는 신속한 의사결정과 협조에서는 월등한 능력을 보여주었지만 포괄적인 정보 분석이나 군수 계획 업무를 지속적으로 수행할 수는 없었다. 좀 더 높은 차원에서 최고사령부의 전반적인 구조는 논리보다 정치적 경쟁이 더 깊이 개입되어 있는 과정을 통해 발전했다. 그 결과로 등장한 체계 속에서 소위 국방군 최고사령부는 힘없는 작전 사령부에 불과했다. 그리고 육군 최고사령부는 전쟁이 진행되는 과정에서 작전적 응집력을 상실하고 단지 한 개 전구에 대한 작전을 통제하는 조직으로 전락했다. 게다가 해군과 루프트바페의 최고사령부, 그리고 친위대는 독자적인 노선을 걸었다. 비록 그 안에 속한 사람들이 일관된 전략을 머릿속으로 그려볼 수 있을지는 모르지만, 그와 같은 체계는 분명 그런 전략 계획을 수립하고 집행할 능력이 없었다. 대신 이런 구조로 인해 서로 죽고 죽이는 분쟁이 촉진됐으며 그것은 전쟁 마지막 해에 지휘부를 완전히 마비시킬 정도로 심각한 위협이 되었다.

지금까지의 사항들을 종합하면, 정치적인 것에서부터 조직적인 것에 이르기까지 최고사령부가 갖고 있던 약점들은 전체 문제에서 한 가지 측면이나 특정 차원을 대표한다. 다른 부분은 좀 더 깊은 배경에 속하는 개념적인 것으로 그것은 표면적으로 현시된 것 이면에 내재되어 있다. 하지만 여기서도 널리 알려진 신화와 실제 사이의 격차는 현저하게 드러난다. 이러한 영역에 해당하는 결점은 아무리 상상력을 발휘한다고 해도 나치 정권 시기부터 시작된 것이 아니다. 그것들의 기원은 유구한 역사를 갖고 있다. 나치는 거기에 약간의 이념적인 획을 추가했다. 하지만 그렇다고 해도 그들이 기여한 부분은 독일의 주류 군사사상과 별로 차이가 없었으며, 그 사상은 나치가 집권하기 전부터 존재했다. 실제로 나치가 한 것은 군부 내의 가장 안 좋은 문화적, 지적 성향을 조장하고 부추긴 것에 불과하다. 그런 성향은 세 종류의 주제를 포함하고 있다. 인성 대 지성, 지도자 원리 대 연대책임과 '지령에 의한 지휘' 이념, 그리고 완벽한 통제에 대한 환상이 바로 그것이다.

장교의 교육과 훈련에 대한 기본 원칙으로서 인격과 지능 사이의 경쟁은 19세기 초부터 이어져왔다. 20세기 초가 되자 상대적으로 안정적인 수준에 도달하며 그 속에서 양쪽의 원칙이 나름대로 영역을 구축하고 있었다. 장교들이 임무를 수행할 수 있도록 지적인 측면에서 준비시키는 프로그램이 전투의 압박 속에서도 자신의 능력을 발휘할 수 있도록 강인한 인격을 중시하는 장교 선발의 요구조건과 공존하고 있었다. 분명 이 체계는 나름대로 장점이 있었다. 2차대전에 참가했던 연합군의 지휘관 중 대단히 곤란한 상황에서도 다양한 작전들을 하나로 결집시킬 수 있었던 독일군의 능력을 평가 절하할 사람은 아무도 없다. 그것은 대체로 지휘체계의 모든 단계에서 사령부의 참모들이 갖고 있는 능력에서 나오는 것이었다. 하지만 동시에 지능과 인성을 둘 다 강조하는 관행은 약간의 위험한 방향으로 흘러가기도 했는데, 그것은 독일인들이 두 가지 자질을 어느 정도 왜곡했기 때문이다. 총참모본부의 지적 접근은 폭이 좁고 기계적이었으며, 그것은 전쟁에 필요한 전략과 작전의 차원에서 발생한 문제—이미 언급된 것들—에 일정 부분 기여했다. 동시에 인성에 대한 강조는 장교들을 오만의 길로 이끌었다. 오만으로 인해 그들은 충분한 의지만 있으면 어떤 장애도 극복할 수 있다는 나치의 신조에 쉽게 동조했다. 따라서 우리는 이성적인 계획에 전적으로 헌신했던 것처럼 보였음에도 불구하고 모스크바를 공격하려는 시도를 포기하지 못했을 뿐만 아니라, 12년 뒤에는 포기하기 전까지 전쟁은 진 것이 아니라는 글을 쓰는 할더의 모습을 보게 된 것이다. 게다가 그는 전체 장교단 내에 존재하는 분위기를 보여주는 한 사례에 불과할 뿐이다.

1945년 이후 생존한 장성들은 히틀러의 상명하달식 지휘철학, '지도자 원리'와 오랜 역사를 가진 총참모본부의 연대책임과 '지령에 의한 지휘' 원칙 사이의 충돌을 강조했다. 그와 같은 충돌이 존재했다는 점에는 의문의 여지가 없다. 전사에는 히틀러가 예하 지휘관들에게 명령을 집행하는 과정에서 어떤 융통성도 허락하지 않았던 사례들도 가득하다. 거꾸로 말하면, 독일은 대부분의 전쟁 기간 동안 중간 단계의 지휘관들이 자신의 예하 지휘관들과 참모들에게 습관적으로 부여한 재량권으로 이득을 봤다. 하지만 어떤 지점에서 상명하달과 하의상달 사이의 충돌이 벌어지는 순간 언제나 전자가 승리를 거두었고, 두 접근법 사이의 충돌은 점진적이나 가차 없이 지휘계통을 따라 하위 단계로 전파되어 결국 OKW나 특정 집단군 사령부의 승인 없이는 한 개 중대를 다른 곳으로 움직일 수조차 없는 상태가 되었다. 여기서 가장 중요한 의문은 이것이다. 이것이 히틀러의 잘못일까? 그렇다고 생각하려면 우리는 그가 예하 지휘관들에게 그들의 의지를 꺾고 자신의 지휘 방식을 수용하게 강요했다는 사실을 인정해야 하지만, 증거는 분명 그와 같은 해석을 지지하지 않는다. 고위 장교들은 단지 형식적인 저항만 보인 채 '지도자 원리'를 수용했다. 각종 동기들—무엇보다 의무감이나 두려움, 충성심, 야망—이 어떤 식으로 결부되었든, 그들은 자신의 부하들에게 너무나 기꺼이 절대 복종을 강요했으며, 많은 경우 이것은 생명을 위협하기도 했다.

논리에 대한 의지의 승리, 재량권에 대한 절대 복종의 승리는 절대적인 통제력에 대한 환상과 서로 떨어질 수 없는 존재로, 통제에 대한 환상은 최고사령부 내에 만연되어 있었다. 분명 도덕적인 힘이 모든 장애를 극복할 수 있으며 상급자의 명령이 차상급자의 명령에 우선한다고 믿기 위해서 그들은 상급자가 상황을 더 잘 이해하고 있으며 자신의 의도를 예하 지휘관들에게 완벽하게 전달할 수 있다고 믿어야만 했다. 2차대전에서는 현대 기술 덕분에 그와 같은 체계가 현실적으로 효과를 발휘할 것처럼 보였다. 최하위 제대의 상세한 보고서가 최고위 제대에 전달되기까지 불과 몇 시간이면 충분했다. 명령은 심지어 그보다도 더 빠르게 반대 방향으로 전달됐다. 혼란스러운 현상으로서 오로지 제한적인 통제만이 가능하다는 전쟁에 대한 개념은 독일인의 의식 속에서 사라진 것처럼 보였다. 여기서 다시 한 번, 그것은 히틀러만의 문제가 아니었다. 역사에 대한 '위대한 인물'로의 접근방식과 더불어 전후의 회고록들은 총통의 역할을 강조하는 반면, 그는 자신의 지휘 방식을 따라 그에게 지원을 제공하거나 특정 결정을 교사하는 특정 체계의 최고 정점에서 활동했다. 그 체계는 히틀러의 결정에 대한 자신의 의견과 별개로, 분명 히틀러가 빠졌던 것과 똑같은 함정에 빠졌다. 전선에서 수백 킬로미터 떨어진 후방에서 지휘가 가능하다고 믿었던 것이다.

2차대전은 이제 60년 전의 일이 됐다.* 당시를 기억하는 연령층은 매일같이 줄어들고 있다. 더욱이 정책결정 단계에 대한 경험을 가진 사람들은 소수만이 남아 있다. 이미 관련 문헌만이 당시의 역사에 대해 신뢰할 만한 유일한 지침으로 남아 있을 뿐만 아니라 그들의 기록은 질적으로 고르지 못한 상태이다. 비록 정치적으로는 우직하지만 엄청난 재능을 갖고 야망도 큰 독일 장교단이 어쩔 수 없이 전쟁으로 끌려 들어갔으며, 군사 기술에 대한 이해가 전혀 없는 과대망상증 환자이자 잔혹한 독재자 때문에 독일이 패배했다는 신화가 사라지지 않고 있다. 분명 그 신화는 실제적인 근거가 부족하다. 독일의 고위 군부 지도자들은 권위주의 정부의 출현을 지지했으며 그 정부의 정책으로 인해 그들이 침략전쟁을 벌이게 되리라는 사실을 이미 예상하고 있었다. 그들의 직업 문화와 사고방식 속에 존재하는 약점이 그들의 전략과 작전에 심각한 결함을 초래했다. 그들은 히틀러를 지지하며 독립적으로 독일이 승리할 가능성이 별로 없는 전쟁을 시작한다는 전략적 결정을 내렸다. 그리고 이제는 어떤 노력도 무익하다는 사실이 분명해졌어야 하는 순간을 훨씬 지났을 때까지 그들은 전쟁을 계속했다. 그들은 극히 기계적인 업무를 위해 자신의 권위를 기꺼이 포기했다. 그들의 정보와 인사, 군수 체계는 광범위한 작전 목표를 지원하기에는 너무나 취약했으며, 그들은 목표가 너무 컸다는 사실을 결코 인정하지 않았다. 독일의 참모 체계의 장점과 전술은 공통적인 이념과 초기에는 강하지 않았던 적의 전력 현황과 결합하면서 그들이 가질 수 있는 최대한의 성과를 거둘 수 있게 했다. 그와 같은 이점들이 약화되거나 사라졌을 때, 독일의 전진은 결국 후퇴로 바뀌었다. 따라서 비록 히틀러가 독일군 최고사령부에 대한 이야기에서 여전히 중심에 자리

* 2009년 현재, 2차대전의 시작이라고 말하는 독일의 폴란드 침공이 일어난 지 70년이 되었다.

를 잡고 있지만, 이제 우리는 그를 좀 더 적절한 위치, 거의 무조건적으로 그를 지지했던 어떤 결함 있는 체계의 중심에 놓을 수 있게 되었다.

주

● 서문

1 Ulrich de Maizière, *In der Pflicht. Lebensbericht eines deutschen Soldaten im 20. Jahrhundert* (Herford: E. S. Mittler & Sohn, 1989), 74.

2 국방군 전체의 조직 기재記載에 대한 개요는 다음 문헌을 참조하라. Rolf-Dieter Müller, "Die *Wehrmacht* - Historische Last und Verantwortung. Die Historiographie im Spannungsfeld von Wissenschaft und Vergangenheitsbewältigung," in *Die Wehrmacht: Mythos und Realität*, ed. Rolf-Dieter Müller and Hans-Erich Volkmann (Munich: Oldenbourg, 1999).

3 그런 문헌들 중 하나가 이 문제에 기준을 제공하는 출처로 널리 알려져 있다. Walther Görlitz, *Der deutsche Generalstab. Geschitchte und Gestalt* 1657-1945 (Frankfurt am Main: Verlag der Frankfurter Hefte, 1950). 영어로 번역되어 다음 문헌으로 출판됨. *History of the German General Staff, 1657-1945*, trans. Brian Battershaw (New York: Praeger, 1953). 이 문헌은 몇 가지 귀중한 자료들을 담고 있지만, 출처를 명기하지 않아 가치가 떨어진다. 독자들은 이 문헌의 내용을 참고할 때 세심한 주의를 기울여야 하는데, 특히 나치 정권 시기와 관련된 부분이 그렇다. 비슷한 문제점을 갖고 있는 문헌은 두 가지가 더 있다. Trevor N. Dupuy, *A Genius for War: The German Army and General Staff, 1807-1945* (Englewood Cliffs, N. J.: Prentice-Hall, 1977); Matthew Cooper, *The German Army*, 1933-1945: *Its Political and Military Failure* (Chelsea, Mich.: Scarborough House, 1990).

4 나는 전략과 작전에 대한 정의를 다음 문헌에 따랐다. Allan R. Millett, Williamson Murray, and Kenneth H. Watman, "The Effectiveness of Military Organizations," in *Military Effectiveness*, ed. Allan R. Millett and Williamson Murray(Boston: Unwin Hyman, 1989), vol. 1, *The First World War*, 1-30. 추가 참조, Bradley J. Meyer, "Operational Art and the German Command System in World War I"(Ph.D. diss., Ohio State University, 1988), 2.

● 1장 독일군 지휘체계의 기원

1 먼저 독자들은 '총참모본부'라는 용어가 육군총사령부 내부에 존재했던 중앙의 관료적 기구(이 경우가 거기에 해당된다)를 의미할 수도 있고 참모장교 훈련을 받은 일단의 엘리트 군인을 의미할 수도 있으며, 그들은 반드시 중앙의 사령부에 근무하지 않을 수도 있다는 사실을 알고 있어야 한다.

2 총참모본부 태동기로부터 1세기 동안의 역사를 가장 잘 검토한 자료에는 다음 문헌이 있다. Arden Bucholz, "*Moltke, Schlieffen and Prussian War Planning*"(New York: Berg, 1991); 이 책이 특히 귀중한 이유는 이론적 틀을 제공하면서 검토할 가치가 있는

광범위한 자료들을 제공하기 때문이다.

3 헬무트 폰 몰트케는 1906년부터 1914년까지 독일군 참모총장을 역임한 그의 조카와 구분하기 위해 '대몰트케'로 부른다.

4 다음을 참조하라. Schmidt-Richberg, *Die Generalstäbe*, 49-52; Holger H. Herwig, *The First World War: Germany and Austria-Hungary, 1914-1918* (New York: Arnold, 1997), 259-66; Herwig, "Strategic Uncertainties," 272; Martin Kitchen, *The Silent Dictatorship: The Politics of the German High Command Under Hindenburg and Ludendorff, 1916-1918* (New York: Croom Helm, 1976).

5 그뢰너에 대해서는 다음을 참조하라. Craig, The Politics, 345-50; Johannes Hürter, *Wilhelm Groener: Reichswehrminister am Ende der Weimarer Republik(1928-1932)* (Munich: Oldenbourg, 1993); Wilhelm Groener, *Lebenserinnerungen: Jugend-Generalstab-Weltkrieg* (Göttingen: Vandenhoeck & Ruprecht, 1957). 제크트에 대해서는 다음을 참조하라. Hans Meier-Welcker, Seeckt(Frankfurt am Main: Bernard & Graefe, 1967), 236-40; James S. Corum, *The Roots of Blitzkrieg: Hans von Seeckt and German Military Reform* (Lawrence: University Press of Kansas, 1992), 33-37; Waldemar Erfurth, *Die Geschichte des deutschen Generalstbes von 1918 bis 1945*, 2d ed.(Göttingen: Musterschmidt, 1960), 61-63. 전문적으로 볼 때, 바이마르 공화국 시절 육군은 육군Reichsheer이라는 이름을 갖고 있었지만 이후 국방군Wehrmacht의 경우처럼, 많은 사람들이 그 당시부터 이후로도 계속해서 좀 더 폭넓은 용어인 바이마르 공화국군Reichswehr을 사용했다.

6 Manfred Messerschmidt, "German Military Effectiveness between 1919 and 1939" in *Military Effectiveness*, ed. Allan R. Millet and Williamson Murray, vol. 2, *The Interwar Period* (Boston: Unwin Hyman, 1989), 220-21.

7 분명히 문화적인 요소와 지적인 요소는 서로 중첩되는 부분도 있다. 이번 연구의 목적상, 나는 뿌리 깊은 다른 관행이나 태도들과 함께 전쟁의 본질에 대한 총참모본부의 이해를 '문화'의 단락에 포함시키고 작전교리나 전략, 정책에 관련된 주장들은 '개념' 단락에 포함시켰다.

8 가치관에 대한 이런 분쟁의 개요를 간략하게 파악하기 위해서는, 다음을 참조하라. David Fraser, *Knight's Cross: A Life of Field Marshal Erwin Rommel* (New York: HarperCollins, 1993), 10-11. 추가 참조. Bucholz, *Prussian War Planning*, 22-23; Karl Demeter, *Das deutsche Offizierkorps in Gesellschaft und Staat*, 1650-1945, 2d ed.(Frankfurt am Main: Bernard & Graefer, 1962), 69-71.

9 다음을 참조하라. David N. Spires, *Image and Reality: The Making of the German Officer, 1921-1933* (Westport, Conn.: Greenwood Press, 1984), 5, 21, 28-29.

10 독일군 장교들은 클라우제비츠의 교훈을 활용한다고 하더라도 선택적으로만 활용했을 뿐이다. 그들은 작전수행에 바로 활용할 수 있는 실제적 지침을 원했지, 클라우제비츠의 사색적 이론을 원하지 않았다. 따라서 그의 영향은 간접적일 수밖에 없었다. 다음을 참조하라. Jehuda L. Wallach, "Misperceptions of Clausewitz's *On War* by German Military," *Journal of Strategic Studies 9* (1986): 214; Williamson Murray, "Clausewitz: Some Thoughts on What the Germans Got Right," *Journal of Strategic*

Studies 9 (1986): 269-70.

11 Allan Beyerchen, "Clausewitz, Nonlinearity, and the Unpredictability of War," *International Security* 17, no. 3(1992-93): 70.

12 Carl von Clausewitz, *On War*, indexed edition, edited and translated by Michael Howard and Peter Paret (Princeton, N. J.: Princeton University Press, 1984), 108; 강조는 원문에 따랐다.

13 좀 더 긴 인용문은 다음 문헌에 있다. Heinz-Ludger Borgert, "Grundzüge der Landkriegführung von Schlieffen bis Guderian," in *Handbuch zur deuteschen Militärgeschichte*: 1648-1939, ed. Militärgeschichtliches Forschungsamt (Munich: Bernard & Graefe, 1979), 9:556. 보르게르트Borgert가 인용한 『부대지휘』는 1933년에 배포됐다. 그런 사실은 19세기에 등장한 지휘 원칙이 오랫동안 장수했다는 사실을 증명한다.

14 Germany, Heer, H.Dv.300/1, *Truppenführung* (Berlin: E. S. Mittler & Sohn, 1936), 3. 미틀러Mittler는 총참모본부의 공식 출판 대행사였다.

15 Germany, Heer, *Heeresdienstvorschrift92* (HDv92), *Handbuch für den Generalstabsdienst im Kriege, Teil I, II, abgeschlossen am 1.8.1939* (Berlin: der Reichsdruckerei, 1939), 2-3.

16 『부대지휘』 9.에서 인용.

17 Spires, *Image and Reality*, 36, 47.

18 Hansgeorg Model, *Der deutsche Generalstabsoffizier: Seine Auswahl und Ausbildung in Reichswehr, Wehrmacht und Bundeswehr* (Frankfurt am Main: Bernard & Graefe, 1968), 17; Bradley J. Meyer, "Operational Art and the German Command System in World War I," (Ph.D. diss., Ohio State University, 1988), 60.

19 Spires, *Image and Reality*, esp. 2-6, 105 참조.

20 Craig, Politics, 63; White, *Enlightened Soldier*, 168; Rolf Elble, *Führungsdenken, Stabsarbeit. Entwicklung und Ausblick - ein Versuch* (Darmstadt: Wehr und Wissen Verlagsgesellschaft, 1967), 57. 지령에 의한 지휘, 즉 몰트케의 표현처럼, "*Führung durch Direcktiven*"을 처음으로 언급한 것은 1806년의 규정이다.

21 Walther Görlitz, *Der deutsche Generalstab: Geschichte und Gestalt, 1657-1945* (Frankfurt am Main: Verlag der Frankfurter Hefte, 1950), 100.

22 Meyer, "Operational Art," chap. 5; David T. Zabecki, *Steel Wind: Colonel Georg Bruchmüller and die Birth of Modern Artillery* (Westport, Conn.: Praeger, 1994). 마이어Meyer는 게오르크 브루흐뮐러Georg Bruchmüller의 포병 전술이 말하는 것과 달리 독일군은 중앙으로 집중된 통제가 더 적절한 경우에 권한을 위임하지 않았다는 점을 지적했다.

23 Meyer, "Operational Art," chap. 6.

24 Ibid., 372-73.

25 이와 같은 참모장교단은 결국 'Truppengeneralstab' 즉, '실병지휘 참모장교'로 알려지게 된다.

26 지휘계통은 계층화된 육군의 전투서열에서 각 계층을 차지하는 지휘관으로만 구성된다. 일반적인 상황에서 참모장교는 아무런 지휘권을 갖지 못한다. 즉 그는 지휘관의 이

름으로 명령하거나 지휘관의 허가를 받는 경우를 제외하고는 명령을 내릴 수 없다.

27 Görlitz, *Generalstab*, 57; 추가 참조. Craig, Politics, 63; White, *Enlightened Soldier*, 165.

28 1차 세계대전 이후 대부분의 장교들이 같은 수준의 교육과 훈련을 받으면서 이 원칙에 대한 관심이 점차 줄어들기 시작했다. 이 원칙의 공식적인 포기에 대해 좀 더 자세한 내용은 3장을 참조할 것.

29 Bucholz, *Prussian War Planning*, 22-23, 72-77; Meyer, "Operational Art," 52-55; Detlef Bald, Der deutsche Generalstab 1859-1939: *Reform und Restauration in Ausbildung und Bildung* (Munich: Sozialwissenschaftliches Institut der Bundeswehr, 1977), 65-69. 우리는 모든 전문 분야에서 기술적 특화를 지향하는 것이 이 시기의 추세였음을 주목할 필요가 있다.

30 몰트케의 금언은 다음 문헌에서 인용했다. Herwig, "Dynamics of Necessity," 88.

31 슐리펜 계획의 자세한 내용은 다음을 참조하라. Gerhard Ritter, *The Schlieffen Plan: Critique of a Myth* (New York: Praeger, 1958); Bucholz, *Prussian War Planning*, 270; Gunther Rothenberg, "Moltke, Schlieffen, and the Doctrine of Strategic Envelopment," in *Makers of Modern Strategy from Machiavelli to the Nuclear Age*, ed. Peter Paret (Princeton N.J.: Princeton University Press, 1986), 314. 마이클 가이어Michael Geyer는 이 문제를 비롯해 독일의 전략과 관련된 좀 더 광범위한 주제에 대해 흥미로운 견해를 갖고 있으며, 그가 작성한 소론은 다음 문헌에 포함되어 있다. "German Strategy in the Age of Machine Warfare, 1914-1945," in Paret, *Makers of Modern Strategy*, 527-97, 하지만 그의 논법은 물론 문체가 너무 복잡하여 대부분의 독자들은 그것을 읽으면서 머리를 긁적이게 될 것이다.

32 Clausewitz, *On War*, bk. 1, chap. 1 참조.

33 Volkmar Regling, "Grundzüge der Landkriegführung zur Zeit des Absolutismus und im 19. Jahrhundert," in *Handbuch zur deutschen Militärgeschichte: 1648-1939*, vol. 9, ed. Militärgeschichtliches Forschungsamt (Munich: Bernard & Graefe, 1979), 388-89; Murray, "Clausewitz," 268; Wallach, "Misperceptions," 228.

34 Michael Howard, *The Franco-Prussian War: The German Invasion of France, 1870-1871* (New York: Dorset Press, 1961), chaps. 6-9, 11; also Craig, Politics, 195-215 참조.

35 Herwig, "Strategic Uncertainties," 242-43, and "Dynamics of Necessity," 87-88; Rothenberg, "Doctrine of Strategic Envelopment," 316 참조.

36 앞에 나온 두 개와 이번 언급은 다음 문헌에서 인용했다. Paul Heider, "Der totale Krieg - seine Vorbereitung durch Reichswehr und Wehrmacht," in *Der Weg deutscher Eliten in den zweiten Weltkrieg*, ed. Ludwig Nestler(Berlin: Akademie, 1990), 43-44.

37 Manfred Messerschmidt, "Aussenpolitik und Kriegsvorbereitung," in *Das Deutsche Reich und der Zweite Weltkrieg*, ed. Militärgeschichtliches Forschungsamt (Stuttgart: Deutsche Verlags-Anstalt, 1979-90) (hereafter: DRZW), 1:549.

38 Stig Forster, "Der deutsche Generalstab und die Illusion des kurzen Krieges, 1871-

1914: Metakritik eines Mythos," *Militärgeschichtliche Mitteilungen* 54 (1995): 61-93; Helmut Otto, "Illusion und Fiasko: Der Blitzkriegsstrategie gegen Frankreich 1914," *Militärgeschichte* 28 (1989): 301-8 참조.

39 1918년 공세와 관련하여 루덴도르프의 논평을 인용하지 않을 역사가는 거의 없다. "나는 '작전' 이라는 말에 반대한다. 우리는 [적의 전선에] 구멍을 뚫을 것이다. 나머지 부분은 상황을 봐가며 결정하면 된다. 우리는 이미 러시아에서도 그렇게 한 적이 있다!" Herwig, First World War, 400 에서 인용.

40 Klaus-Jürgen Müller, *Das Heer und Hitler: Armee und nationalsozialistisches Regime, 1933-1940* (Stuttgart: Deutsche Verlags-Anstalt, 1969), 17-18.

41 Heider, "Der totale Krieg," 35,38,47,48; Wilhelm Deist, "The Road to Ideological War: Germany, 1918-1945," in *The Making of Strategy*, 356-59; Klaus-Jürgen Müller, "Deutsche Militär-Elite in der Vorgeschichte des Zweiten Weltkrieges," in *Die deutschen Eliten und der Weg in den Zweiten Weltkrieg*, ed. Martin Broszat and Klaus Schwabe (Munich: C. H. Beck, 1989), 239; also Ludwig Beck, *Studien*, edited and with an introduction by Hans Speidel (Stuttgart: K. F. Koehler, 1955), 30, 72.

42 Geyer, "German Strategy," 561.

43 Geyer, "German Strategy," 555-56; Borgert, "Grundzüge der Landkriegführung," 535-38; Corum, *Roots of Blitzkrieg*, 29-33.

44 Corum, *Roots of Blitzkrieg*, 262-66; Geyer, "German Strategy," 557-560; Müller, "Militär-Elite," 249.

45 Geyer, "German Strategy," 561-63; Müller, "Militär-Elite," 251; Wilhelm Deist, "Die Aufrüstung der Wehrmacht," in DRZW 1:531; Messerschmidt, "German Military Effectiveness," 228; Deist, *Wehrmacht and German Rearmament*, 12-14, 24.

46 Deist, "Ideological War," 359, 370; Geyer, "Revisionism," 109-10.

47 Müller, "Militär-Elite," 240.

48 Ibid., 239; Heider, "Der totale Krieg," 42-43, 46.

49 Messerschmidt, "German Military Effectiveness," 229; Müller, "Militär-Elite," 257-60; Geyer, "German Strategy," 564; Deist, *Wehrmacht and German Rearmament*, 26.

● 2장 팽창과 논쟁, 1933년 1월부터 1937년 11월

1 글라이히샬퉁*Gleichschaltung*은 종종 '동기화' 나 '협조' 로 번역되곤 하지만 '노선을 일치시키거나 강요하는 것' 이라는 좀 더 최신의 축어적인 번역이 아마도 더 분명하게 의미를 전달해줄 것이다.

2 리프만Liebmann 소장의 수기는 다음 문헌에 인용되어 있다. Thilo Vogelsang, "Neue Dokumente zur Geschichte der Reichswehr, 1930-1933," *Vierteljahrshefte für Zeitgeschichte* 2 (1954): 434-36.

3 Harold Deutsch, *Hitler and His Generals: The Hidden Crisis, January-June 1938* (Minneapolis: University of Minnesota Press, 1974), 14.

4 KKlaus-Jürgen Müller, *Armee und drittes Reich, 1933-1939: Darstellung und Dokumentation* (Paderborn: Schöningh, 1987), 31. 블롬베르크의 임명에 히틀러는 관계하지 않았다.

5 Wilhelm Deist, "Die Aufrüstung der Wehrmacht," in DRZW 1:396; Deutsch, *Hitler and His Generals*, 8-10; Waldemar Erfurth, *Die Geschichte des deutschen Generalstabes von 1918 bis 1945*, 2d ed.(Göttingen: Musterschmidt, 1960), 162; Robert J. O'Neill, *The German Army and the Nazi Party*, 1933-1939 (London: Cassell, 1966), 19.

6 1933년 2월 3일 블롬베르크가 집단군과 방어관구 사령관들에게 행한 연설은 다음 문헌에서 인용했다. Vogelsang, "Neue Dokumente," 432.

7 나는 기술적으로 병무국이라고 해야 맞는 몇몇 상황에 일부러 '총참모본부' 라는 용어를 사용했는데, 이는 조직의 연속성을 강조하기 위한 배려다. 그런 방식은 당시의 관행하고도 일치한다. 바이마르 공화국군의 장교들은 병무국이라는 위장용 호칭에 별로 신경 쓰지 않았다.

8 불름베르크와 그뢰너가 분쟁을 일으키게 된 원인은 1927-1928년과 1928-1929년의 동계 전쟁 연습에 있다. 전쟁 연습의 결과는 독일이 폴란드나 프랑스의 공격을 방어할 수 없다는 사실을 알려주었다. 하지만 블롬베르크는 그런 결론을 받아들이려고 하지 않았다. 그는 어떤 위대한 국가도 "군사적 저항 없이 군사적 모독을 참지는 못한다"고 주장했다. 그와 같은 태도는 그뢰너의 합리적 견해와 대조를 이룬다. 다음을 참조하라. Michael Geyer, *Aufrüstung oder Sicherheit: Die Reichswehr in der Krise der Machtpolitik, 1924-1936* (Wiesbaden: Franz Steiner,1980), 95-97, 191-94, 207-13; also Deist, "Aufrüstung," DRZW, 1:387.

9 O'Neill, *German Army and the Nazi Party*, 16-17.

10 Deist, "Aufrüstung," DRZW, 1:383. 실제로 그뢰너는 병무국의 정치과 과장인 쿠르트 폰 슐라이허Kurt von Schleicher의 협조하에 정치과를 국방부로 이관시켰다. 새로운 역할을 맡게 되면서 해당 참모조직은 베르마흐트압타일룽Wehrmacht-Abteilung, 즉 국방군과로 명칭이 바뀌었다. 1929년 2월 슐라이허는 이 조직을 확장하고 국방장관실로 개칭했다.

11 Deutsch, *Hitler and His Generals*, 9; Taylor, *Sword and Swastika*, 78; Klaus-Jürgen Müller, *Das Heer und Hitler: Armee und nationalsozialistisches Regime, 1933-1940* (Stuttgart: Deutsche Verlags-Anstalt, 1969), 52-53.

12 Wilhelm Deist, "The Road to Ideological War: Germany, 1918-1945," in *The Making of Strategy: Rulers, States and War*, ed. Williamson Murray, MacGregor Knox, and Alvin Bernstein (New York: Cambridge University Press, 1994), 379.

13 Moriz von Faber du Faur, *Macht und Ohnmacht: Erinnerungen eines alten Offiziers* (Stuttgart: Hans E. Giinther, 1953), 159. 블롬베르크가 당시 런던 주재 대사관 무관이었던 가이어 폰 슈베펜부르크Geyr von Schweppenburg에게 그런 말을 남겼던 브리핑 석상에는 파버 뒤 포르Faber du Faur도 참석했다. 블롬베르크가 의도했던 바의 전체 내용에 대해서는 다음을 참조하라. Deist, "Aufrüstung," DRZW, 1:528-29.

14 Deist, "Aufrüstung," DRZW, 1:397-98; 이에 대한 논쟁은 같은 저자의 다음 문헌에 영어로 재현되어 있다. *Wehrmacht and German Rearmament*, 22-23. 1933년 10월에

히틀러는 독일의 군축회담 불참과 국제연맹 탈퇴를 승인하게 되는데, 이는 독일보다 앞선 프랑스의 제안이 실제 군비축소로 이어지기 때문이었다.

15 Michael Geyer, "German Strategy in the Age of Machine Warfare, 1940-1945," in *Makers of Modern Strategy from Machiavelli to the Nuclear Age*, ed. Peter Paret (Princeton, N.J.: Princeton University Press, 1986), 565.

16 O'Neill, *German Army and the Nazi Party*, 24-29; Müller, *Armee und drittes Reich*, 33, 34; Deutsch, *Hitler and His Generals*, 25-29; Taylor, *Sword and Swastika*, 78. 프리치에게는 모순적인 감정이 병존하고 있었는데 당시 괴벨스는 그를 가리켜 나치당에 "전적으로 충성하는" 인물이라고 했을 정도였다. 다음을 참조하라. Hans-Erich Volkmann, "Von Blomberg zu Keitel: Die Wehrmachtfuhrung und die Demontage des Rechtsstaates," in Die Wehrmacht: Mythos und Realität, ed. Rolf-Dieter Müller and Hans-Erich Volkmann (Munich: Olden-bourg, 1999), 48.

17 베크에 대한 다양한 관점들 중 몇 가지를 보려면 다음을 참조하라. Wolfgang Foerster, *Generaloberst Ludwig Beck: Sein Kampf gegen den Krieg. Ausnachgelassenen Papieren des Generalstabschefs* (Munich: Isar, 1953); Klaus-Jürgen Müller, *General Ludwig Beck: Studien und Dokumente zur politisch-militärischen Vorstellungswelt und Tätigkeit des Generalstabschefs des deutschen Heeres, 1933-1938* (Boppard: Harald Boldt, 1980); Peter Hoffmann, "Generaloberst Ludwig Becks militärpolitisches Denken," *Historische Zeitschrift* 234 (1982): 101-21; and Hoffmann, "Ludwig Beck: Loyalty and Resistance," *Central European History* 14 (1981): 332-50. 푀르스터Foerster는 베크의 동료로서 그를 대단히 긍정적으로 보았다. 따라서 그의 자료는 신뢰성이 떨어진다. 뮐러는 학술적인 관점에서 가장 포괄적으로 베크의 참모총장 재임기간을 검토했다. 호프만Hoffmann은 뮐러가 사용한 분석적 틀과 그가 내린 여러 결론들 중에서 특정한 주제만을 취했다. 학술적으로 베크의 모든 면을 다룬 전기물은 아직 나오지 않았다.

18 O'Neill, *German Army and the Nazi Party*, 29. 『부대지휘』에 대한 내용은 1장에 있다.

19 Heinz-Ludger Borgert, "Grundzüge der Landkriegführung von Schlieffen bis Guderian," in *Handbuch zur deutschen Militärgeschichte: 1648-1939*, ed. Militärgeschichtliches Forschungsamt (Munich: Bernard & Graefe, 1979) 9:570-71; Geyer, "German Strategy," 567-68.

20 Borgert, "Grundzüge der Landkriegführung," 569. 비록 재무장에 대한 베크의 최초 목표는 근본적으로 방어적인 것이었지만, 그것은 단지 '첫 단계' 에만 해당될 뿐이었다. 다음을 참조하라. "Denkschrift General Becks über eine Verbesserungder Angriffskraft des Heeres vom 30. Dezember 1935," in Müller, *Armee und drittes Reich*, 295.

21 Deist, "Aufrüstung," DRZW, 1:408.

22 다음을 참조하라. "Stellungnahme des Chefs des Truppenamtes, Generalleutnant Beck, zu einem Vorschlag des Allgemeinen Heeresamtes (AHA) über den Heeresaufbau, vom20. Mai 1934," 제안된 군비확장에 대한 베크의 반대론은 다음 문헌에 자세히 설명되어 있다. Müller, *Armee und drittes Reich*.

23 Deist, "Aufrüstung," DRZW, 1:413-15.

24 Klaus-Jürgen Müller, "Deutsche Militär-Elite in der Vorgeschichte des Zweiten Weltkrieges," in *Die deutschen Eliten und der Weg in den Zweiten Weltkrieg*, ed. Martin Broszat and Klaus Schwabe (Munich: C. H. Beck, 1989), 261-66; Wilhelm Deist, *The Wehrmacht and German Rearmament* (London: Macmillan, 1981), 36-38; "Aufrüstung," DRZW, 1:409-16. 또한 다이스트Deist는 신속한 재무장의 배경 속에 존재하는 정치적 동기를 지적했다. 육군은 돌격대를 상대로 무력충돌에 대비하고 있었던 것이다.

25 Deist, "Aufrüstung," DRZW, 1:500-501; Caspar and Schottelius, "Organisation des Heeres," 319-20; Burkhart Müller-Hillebrand, *Das Heer*, 1933-1945: *Entwicklung des organisatorischen Aufbaues* (Darmstadt: E. S. Mittler, 1954-69), 1:102-3.

26 Deutsch, *Hitler and His Generals*, 24; O'Neill, *German Army and the Nazi Party*, 19; Müller, *Heer und Hitler*, 161.

27 Müller, *Beck*, 105.

28 Chef T 2 Nr. 1218/33 g.Kdos., Den 7.12.1933, "Befugnisse der obersten politischen und militärischen Führung in Krieg und Frieden," Entwurf, in Bernfried von Beesten, *Untersuchungen zum System der militärischen Planung im Dritten Reich von 1933 bis zum Kriegsbeginn: Vorstellungen, Voraussetzungen, Beweggründe und Faktoren* (Münster: Lit-verlag, 1987), 640-45. 앞선 인용문은 육군 편제과장인 게오르크 폰 조덴슈테른Georg von Sodenstern 중령이 작성한 별첨 서류에 언급된 것이다. 실제로 이미 국방위원회와 그 하부의 운영회의는 존재하고 있었다. 베크는 1933년 10월부터 운영회의 의장직을 맡고 있었다.

29 "Denkschrift des Chefs des Truppenamtes über die Organisation der obersten militärischen Fuhrung(15.1.34)," in Müller, *Beck*, 345-49.

30 Deutsch, *Hitler and His Generals*, 24.

31 Müller-Hillebrand, Heer, 1:105; *Müller, Heer und Hitler*, 217 and n. 59; Müller, *Beck*, 115; Beesten, *Untersuchungen*, 192-93.

32 Deist, "Aufrüstung," DRZW, 1:502.

33 Ibid., 1:502, 505.

34 Erich von Manstein, *Aus einem Soldatenleben*. 1887-1939 (Bonn: Athenäum, 1958), 291-92. 만슈타인은 1935년 7월 1일부터 1936년 10월 1일까지 작전과장으로 복무했고 이어서 1938년 2월 4일까지는 작전담당 참모차장으로 근무했다. 만약 그 대화에 대한 만슈타인의 기억이 정확하다면, 그 대화는 그가 총참모본부를 떠나기 바로 직전에 이루어졌음이 분명하다. 왜냐하면 1938년 2월 4일 자 법령에 의해 전쟁부는 OKW (Oberkommando der Wehrmacht)가 되기 때문이다. OKH는 육군최고사령부(Oberkommando des Heeres)의 약자로 이전에는 육군 지도부였다. OKH로 명칭이 바뀐 것은 1935년의 일이다.

35 Deutsch, *Hitler and His Generals*, 12.

36 Taylor, *Sword and Swastika*, 65-66; O'Neill, *German Army and the Nazi Party*, 21.

37 Michael Salewski, *Die deutsche Seekriegsleitung, 1935-1945* (Frankfurt am Main:

Bernard & Graefe, 1970), 1:3.

38 Williamson Murray, *The Change in the European Balance of Power, 1938-1939: The Path to Ruin* (Princeton, N.J.: Princeton University Press, 1984), 28; Taylor, *Sword and Swastika*, 81; Deist, "Aufrüstung," DRZW, 1:500, 504, 508.

39 R. J. Overy, *Goering: The "Iron Man"* (London: Routledge & Kegan Paul, 1984), 11-15, 32-33; Williamson Murray, *Luftwaffe* (Baltimore: Nautical and Aviation Publishing Company of America, 1985), 6; Taylor, *Sword and Swastika*, 130-32; Deutsch, *Hitler and His Generals*, 34; Joachim Fest, *The Face of the Third Reich: Portraits of the Nazi Leadership* (New York: Pantheon, 1970), 71-82. 블롬베르크는 공군장관직의 창설을 지지했다.

40 Alan Bullock, *Hitler and Stalin: Parallel Lives* (New York: Vintage Books, 1993), 333; Fest, *Face of the Third Reich*, 136-48.

41 룀의 숙청과 관련하여 더 자세한 내용은 다음을 참조하라. Müller, *Armee und drittes Reich*, 62-68; Bullock, *Hitler and Stalin*, 334-41; and Deutsch, *Hitler and His Generals*, 13-19.

42 Müller, *Armee und drittes Reich*, 69.

43 Deist, "Aufrüstung," DRZW, 1:514-17.

44 O'Neill, *German Army and the Nazi Party*, 55.

45 Hoffmann, "Loyalty and Resistance," 335.

46 라이헤나우의 의도에 관련된 인용이나 주장은 모두 다음 문헌에서 인용했다. Deutsch, *Hitler and His Generals*, 22.

47 전후 생존한 독일 장성들은 자신이 나치 정권에 충직하게 봉사할 수밖에 없었던 사실을 변명하기 위해 이 선서와 그것이 그들에게 부여한 의무감을 이유로 들었다. 게르하르트 바인베르크Gerhard Weinberg는 바이마르 공화국 하에서 많은 장성들이 자신의 선서를 파기하고도 꽤나 즐거워했으며, 그 이후에도 뉘른베르크 전범재판에서 계속 위증을 했다는 사실을 지적하며 그와 같은 변명을 적절한 시각에서 조명했다. *A World at Arms: A Global History of World War II* (New York: Cambridge University Press, 1994), 481-82를 참조하라. 이 선서의 진정한 의미는 대부분의 장교들이 자신의 판단에 따라 그것을 기꺼이 수용하고 끝까지 준수했다는 데 있다.

48 E. M. Robertson, *Hitler's Pre-War Policy and Military Plans*, 1933-1939 (New York: Citadel Press, 1967), 56.

49 Wiegand Schmidt-Richberg, *Die Generalstäbe in Deutschland, 1871-1945: Aufgaben in der Armee und Stellung im Staate* (Stuttgart: Deutsche Verlags-Anstalt, 1962), 73-74; Müller-Hillebrand, *Heer*, 1:26-27, 106, 180; 변동사항은 1935년 7월 1일부터 효력을 발휘했다. 추가 참조. Deist, "Aufrüstung," DRZW, 1:516-18.

50 Murray, *Change in the European Balance*, 22-23.

51 Deist, "Aufrüstung," DRZW, 1:421.

52 Deist, *Wehrmacht and German Rearmament*, 46.

53 Müller, "Militar-Elite," 267; Deist, *Wehrmacht and German Rearmament*, 40.

54 BA-MA RW 4/v. 841: Aufbau des Offizierskorps unter besonderer

Berücksichtigung des Bekenntnisses der Bewerber zum nationalsozialistischen Staat. Der Reichskriegsminister und Oberbefehlshaber der Wehrmacht, Nr.1390/35 geh. L. II d. Berlin, den 22.Juli 1935.

55 Jürgen Förster, "Vom Führerheer der Republik zur nationalsozialistischen Volksarmee," in *Deutschland in Europa. Kontinuität und Bruch. Gedenkschrift für Andreas Hillgruber*, ed. Jost Dülffer, Bernd Martin, and Günter Wollstein (Frankfurt am Main: Propyläen, 1990), 314.

56 Erfurth, *Geschichte*, 165-68,197-98; Gordon Craig, *The Politics of the Prussian Army*, 1640-1945 (New York: Oxford University Press, 1956) 481-84; Förster, "Volksarmee," 315-16; Deist, "Aufrüstung," DRZW, 1:421.

57 O'Neill, *German Army and the Nazi Party*, 92-93; Deist, "Aufrüstung," DRZW, 1:434-36; Deist, *Wehrmacht and German Rearmament*, 46-49; Müller, "Militär-Elite," 267-68. 머리Murray는 독일이 겪고 있는 경제난의 심각성을 고려한다면, 좀 더 일관성이 있는 계획 체계를 갖춘다고 해도 문제해결에는 별로 도움이 되지 않았을 것이라는 사실을 지적했다. 실제로 독일은 이미 자신이 달성한 수준보다 훨씬 더 신속하게 무기를 생산할 수 있는 방법을 갖고 있지 않았다. 다음을 참조하라. *Change in the European Balance*, 12-15, 23.

58 Müller, "Militär-Elite," 270; Deist, *Wehrmacht and German Rearmament*, 46;Deist, "Aufrüstung," DRZW, 1:418.

59 히틀러는 스페인 국민당의 신속한 승리가 아니라 내전의 장기화를 목적으로 지원의 수위를 신중하게 조절했다. Gerhard Weinberg, *The Foreign Policy of Hitler's Germany: Diplomatic Revolution in Europe, 1933-36* (Chicago: University of Chicago Press, 1983), 297-98; Murray, *Change in the European Balance*, 129-33. 1936년 10월부터 11월 사이에 독일이 군부대까지 동원해가며 스페인 내전에 개입하자 그것은 유럽에서 독일의 상황에도 중요한 영향을 미쳤다. 즉 독일-이탈리아의 관계가 개선되면서 민주주의 국가와 파시스트 국가라는 대립적 이해관계의 구도가 점점 더 구체적 성격을 띠게 됐다. Messerschmidt, "Aussenpolitik und Kriegsvorbereitung," DRZW, 1:608-11.

60 이 명령은 다음 문헌에 기록되어 있다. Müller, *Beck*, 438 n. 2.

61 Müller, *Beck*, 118-19 and documents 28 and 29: "Schreiben Becks an den Chef der Heeresleitung mit Ankündigung seines Rücktritts für den Fall konkreter Kriegsvorbereitungen gegen Österreich [sic] vom 3.5.1935" and "Stellungnahme Becks zu einer Weisung des Reichkriegsministers über operative Planungen gegen die Tschechoslowakei (Unternehmen "Schulung")(o.D.)," 438-44.

62 Müller, *Beck*, 119; Deist, "Aufrüstung," DRZW, 1:505-6. 히틀러의 목표에 대한 베크와 프리치의 태도에 대해 다음 문헌도 참조할 것. Karl-Heinz Janssen and Fritz Tobias, Der Sturz der Generäle: Hitler und die Blomberg-Fritsch-Krise, 1938 (Munich: Beck, 1994), 13-20.

63 Geyer, "German Strategy," 569-70.

64 Ibid., 569; Müller, "Militär-Elite," 271; Deist, *Wehrmacht and German Rearmament*, 49.

65 Müller, *Beck*, 438 n 2.

66 첫 번째 각서는 다음과 같다. "Der Reichskriegsminister und Oberbefehlshaber der Wehrmacht.W.A.Nr.1571/35geh.LIa,24.8.1935, *Betr.*: Unterrichtung des W.A., *Bezug*: Nr. 90/34 g.K. W II b v. 31.1.34, Ziffer 3 und W.A. Nr. 1399/34 g.K. L Ia v. 17.10.34," in BA-MA RH 2/134, 48; 두 번째 각서는 다음과 같다. "Der Reichskriegsminister und Oberbefehlshaberder Wehrmacht, W.A.Nr.1571/35 [sic] geh.L Ia, Betr.: Unterrichtung des W.A., *Bezug*: W.A. Nr.1571/35 geh.L Ia v. 24.8.35," in BA-MA RH 2/134, 24.

67 Seaton, *German Army*, 77; Erfurth, *Geschichte*, 194.

68 Caspar and Schottelius, "Organisation des Heeres," 322-24; Müller-Hillebrand, *Heer*, 1:105-80; 슈베들러는 전후 독일 전사연구소의 게오르크 마이어Georg Meyer 박사에게 베크의 요구에 대해 이야기했다.

69 Caspar and Schottelius, "Organisation des Heeres," 324-25; Deist, "Aufrüstung," DRZW, 1:506.

70 Müller, *Beck*, 120, and document 36, "Denkschrift Becks über die Stellung und Befügnisse der Heeresführung im Kriegsfall," 466-69.

71 Müller, *Beck*, 121-22. 해군 최고사령관인 라에더 제독 역시 진급과 함께 장관의 지위에 올랐다.

72 Deutsch, *Hitler and His Generals*, 56-57; Keitel papers, BA-MA N 54, 4:31; Walter Görlitz, ed., *The Memoirs of Field Marshal Keitel*, translated by David Irving (New York: Stein & Day, 1966), 36; Taylor, *Sword and Swastika*, 140-41.

73 각서는 다음 문헌에 전문이 실려 있다. Walter Görlitz, ed., *Generalfeldmarschall Keitel: Verbrecher oder Offizier? Erinnerungen, Briefe, Dokumente des Chefs OKW* (Göttingen: Musterschmidt-Verlag, 1961), 123-42.

74 블롬베르크의 답신이 프리치의 각서 끝에 첨부되어 있다. Görlitz, *Generalfeldmarschall Keitel*, 142; GMS 5: annex la, 31.

75 Deutsch, *Hitler and His Generals*, 57.

76 Deist, "Aufrüstung," DRZW, 1:507; Manstein, *Aus einem Soldatenleben*, 292.

77 Amtliches Tagebuch vom Chef des Wehrmachtführungsstabes, Abt. Landesverteidigung, Oberst Jodl, für die Zeit vom4.1.1937-24.8.1939, in BA-MARW4/31, entries for Jan. 7 and 27, Feb. 2, Apr. 28-30, May 14, and July 15, 1937; Keitel papers, 4:47. 카이텔 문서는 이 시점에서 실제로 그가 조직 재편성을 추진했다는 인상을 주지만 그것은 사실이 아니다. (3장을 참조할 것) 카이텔은 뉘른베르크의 자기 감방에서 진술서를 작성했으며 그가 기억하는 날짜는 별로 신빙성이 없다.

● 3장 수렴하는 경향, 1937년 11월부터 1939년 3월

1 회의 자체에 대해서는 다음을 참조하라. Williamson Murray, *The Change in the European Balance of Power, 1938-1939: The Path to Ruin* (Princeton, N.J.: Princeton University Press, 1984), 135-37; Manfred Messerschmidt, "Aussenpolitik und

Kriegsvorbereitung," in *Das Deutsche Reich und der Zweite Weltkrieg*, ed. Militärgeschichtliches Forschungsamt (Stuttgart: Deutsche Verlags-Anstalt, 1979-90) (hereafter: DRZW), 1:623-25; Klaus-Jürgen Müller, *General Ludwig Beck: Studien und Dokumente zur politisch-militärischen Vorstellungswelt und Tätigkeit des Generalstabschefs des deutschen Heeres 1933-1938* (Boppard: Harald Boldt, 1980), 249-53; Harold Deutsch, *Hitler and His Generals: The Hidden Crisis, January-June 1938* (Minneapolis: University of Minnesota Press, 1974), 59-69; Karl-Heinz Janssen and Fritz Tobias, *Der Sturz der Generäle: Hitler und die Blomberg-Fritsch-Krise 1938* (Munich: Beck, 1994), 9-12; Telford Taylor, *Munich: The Price of Peace* (Garden City, N.Y.: Doubleday, 1979), 299-302. 머리의 연구는 정치적, 전략적 요인들과 경제적 요인을 통합시켰다는 점에서 특히 유용하다. 이른바 호스바흐Hossbach 각서는 다음 문헌에서 찾을 수 있다. Friedrich Hossbach, *Zwischen Wehrmacht und Hitler 1934-1938* (Wolfenbuttel: Wolfenbutteler Verlagsanstalt, 1949), 207-17. 이어지는 내용이 주로 그 문헌에서 발췌된 것이다. 이 문헌의 영어 버전은 다음 문헌에서 볼 수 있다. *German Foreign Policy, 1918-1945* (Washington, D.C.: U.S. Government Printing Office, 1949-66). 문서 그 자체에 대한 비판적 평가와 호스바흐가 그것을 사용한 방법에 대한 내용은 다음을 참조할 것. Jonathan Wright and Paul Stafford, "Hitler, Britain and the Hossbach Memorandum," *Militärgeschichtliche Mitteilungen* 2 (1987): 77-123.

2 다음을 참조하라. Murray, *Change in the European Balance*, 135-36.

3 다음을 참조하라. Janssen and Tobias, *Der Sturz der Generäle*, 13-20.

4 *Deutsch, Hitler and His Generals*, 71, 74-75. 회의에 대한 기록은 존재하지 않는다. 회의가 있었다는 증거는 전후 호스바흐와 노이라트Neurath의 증언에서 나오는데, 당시 두 사람은 자신에 대해 긍정적인 측면을 최대로 부각시켜야 할 필요가 있었다. 그러나 한편으로는 그들의 주장을 반박하는 증거 역시 존재하지 않는다.

5 Bemerkungen Becks zur Niederschrift des Obersts i.G. Hossbach über eine Besprechung in der Reichskanzlei am 05.11.1937 vom 12.11.1937, in Müller, Beck, 498-501.

6 Peter Hoffmann, "Generaloberst Ludwig Becks militärpolitisches Denken," *Historische Zeitschrift* 234 (1982): 115; Müller, Beck, 266; and Müller, *Armee und drittes Reich 1933-1939. Darstellung und Dokumentalion* (Paderborn: Schöningh, 1987), 305.

7 Wilhelm Deist, *The Wehrmacht and German Rearmament* (London: Macmillan, 1981), 98; Deist, "Die Aufrüstung der Wehrmacht," DRZW 1:523; Klaus-Jürgen Müller, "Deutsche Militär-Elite in der Vorgeschichte des Zweiten Weltkrieges," in *Die deutschen Eliten und der Weg in den Zweiten Weltkrieg*, ed. Martin Broszat and Klaus Schwabe (Munich: C. H. Beck, 1989), 276; Manfred Messerschmidt, "German Military Effectiveness Between 1919 and 1939," in *Military Effectiveness*, ed. Allan R. Millett and Williamson Murray, vol. 2, *The Interwar Period* (Boston: Unwin Hyman, 1990), 236.

8 대부분의 역사가들은 히틀러가 블롬베르크와 프리치를 해임하는 데 필요한 구실을 찾고

있었다고 믿는다. Wilhelm Deist, "The Road to Ideological War: Germany, 1918-1945," in *The Making of Strategy: Rulers, States and War*, ed. Williamson Murray, MacGregor Knox, and Alvin Bernstein (New York: Cambridge University Press, 1994), 379; Murray, *Change in the European Balance*, 138; Murray, "Net Assessment in Nazi Germany in the 1930s," in *Calculations: Net Assessment and the Coming of World War II*, ed. Williamson Murray and Allan R. Millett (New York: Free Press, 1992), 73; and especially Deutsch, *Hitler and His Generals*, 75-76. 이와 대립적인 관점에 대해서는 다음을 참조하라. Janssen and Tobias, *Der Sturz der Generäle*, 9, 20-21. 그들의 주장이 어느 정도 장점을 갖고 있기는 하지만 완벽한 확신을 주지는 않는다.

9 Janssen and Tobias, Der Sturz der Generäle, 15; Robert J. O'Neill, *The German Army and the Nazi Party*, 1933-1939 (London: Cassell, 1966), 128-30; Deutsch, *Hitler and His Generals*, 40-41.

10 괴링이 언제 그런 생각을 품게 됐는지에 대해서는 진술이 엇갈린다. 얀센Janssen과 토비아스Tobias는 블롬베르크가 몰락의 길로 들어서기 전까지 괴링은 그런 것을 꿈도 꾸지 못했다고 주장한다. 다음을 참조하라. *Der Sturz der Generäle*, 48. 다른 대부분의 저자들은 괴링의 야심 혹은 적어도 그의 질투가 아주 오래전부터 존재한 것으로 묘사하고 있다.

11 Deist, "Aufrüstung," DRZW, 1:516-17; Deutsch, *Hitler and His Generals*, 40; Taylor, *Munich*, 314.

12 블롬베르크-프리치 사건에 대한 최고의 출처는 다음 문헌이다. Janssen and Tobias, *Der Sturz der Generäle*, and Harold Deutsch, *Hitler and His Generals*. 그 사건은 너무나 중요하기 때문에 그 시대를 다루는 모든 역사서가 그것을 다루고 있다. 특히 다음을 참조하라. Müller, *Das Heer und Hitler: Armee und nationalsozialistisches Regime 1933-1940* (Stuttgart: Deutsche Verlags-Anstalt, 1969), 255-99; Bullock, *Hitler and Stalin*, 554-55; Taylor, *Sword and Swastika*, 147-61; and Taylor, *Munich*, 315-27. 블롬베르크 사건에서 주요 등장인물들이 수행한 정확한 역할은 아직도 분명하지 않다. 괴링은 오래전부터 블롬베르크 부인이 '특정 과거'를 갖고 있음을 알고 있었으며(블롬베르크가 결혼 전에 이미 그 사실을 밝힌 적이 있었다) 자신에게 더 많은 정보를 전해줄 수 있는 경찰력을 장악하고 있었지만, 그의 사전지식이 어느 정도에 이르렀는지는 확인이 불가능하다. 그 정보는 분명 히틀러를 비롯해 다른 육군 장교들에게도 충격을 주었다. 블록Bullock은 프리치가 히틀러에게 블롬베르크를 해임할 것을 건의했다고 기록했지만, 그에 대한 어떤 증거도 제시하지 않았다. 다음을 참조하라. *Hitter and Stalin*, 555.

13 이들 회의에 대한 정보는 주로 1945년 9월 23일 미국 측이 블롬베르크를 심문했던 기록에서 나왔다.

14 Walter Görlitz, ed., *The Memoirs of Field Marshal Keitel*, trans. David Irving (New York: Stein & Day, 1966), 47-49.

15 Peter Bor, *Gespräche mit Halder* (Wiesbaden: Limes, 1950), 115-16.

16 Görlitz, *Memoirs of Keitel*, 29;

17 Amtliches Tagebuch vom Chef des Wehrmachtführungsstabes, Abt.

Landesverteidigung, Oberst Jodl, für die Zeit vom 4.1.1937-24.8.1939 (hereafter: Jodl diary), in BA-MA RW 4/31, 97: Jan. 28, 1938. 세 번째 조건의 '현재의 지휘체계'는 카이텔이 구상한 국방군 최고사령부로 일원화되는 지휘체계를 의미하는 것이 분명한데, 이는 히틀러가 단서 조항을 생각할 때 그도 조언을 했기 때문이다. 다음을 참조하라. Müller, *Heer und Hitler*, 264 n 46.

18 이 일의 전후사정은 여전히 논란거리로 남아 있다. 대부분의 저자들은 브라우히치를 전적으로 부정적인 관점에서 기술하고 있다. Deutsch, *Hitler and His Generals*, 222-27; Christian Hartmann, *Halder: Generalstabschef Hitlers 1938-1942* (Paderborn: Schöningh, 1991), 88-89; Taylor, *Sword and Swastika*, 167; Taylor, *Munich*, 322-23; O'Neill, *German Army and the Nazi Party*, 146-47. 이에 대한 대안적 관점으로는 다음을 참조하라. Janssen and Tobias, *Der Sturz der Generäle*, 197-228. 얀센과 토비아스는 브라우히치가 자기 힘으로 이혼 소송을 해결했으며, 육군 최고사령관에 취임한 것도 육군을 보호하기 위해서, 즉 라이헤나우가 최고사령관이 되지 못하게 하기 위해서라고 주장한다.

19 Hartmann, *Halder*, 87-89.

20 Jodl diary, 95: Jan. 27, 1938.

21 Deutsch, *Hitler and His Generals*, 132; Deist, "Aufrüstung," DRZW, 1:508.

22 Müller, *Beck*, 130; Jodl diary, 96: Jan. 28, 1938.

23 Waldemar Erfurth, *Die Geschichte des deutschen Generalstabes von 1918 bis 1945*, 2d ed. (Göttingen: Musterschmidt, 1960), 207.

24 Deutsch, *Hitler and His Generals*, 263-65.

25 카이텔은 회고록에서 자신의 성격을 부각시키는 어떤 일화를 언급했다. 3월 11일 그는 브라우히치를 포함해 몇 명의 고위 장교들에게 전화를 받았으며, 그들은 그가 총통에게 작전의 연기를 요청해야 한다고 주장했다. 카이텔은 나중에 그들에게 다시 전화를 걸어 총통이 거부했다는 사실을 알렸다(사실 그때 그는 히틀러에게 그 이야기를 꺼내지도 않았다). 이어서 카이텔은 "육군 지도부에 대한 히틀러의 판단이 파괴적인 결과를 초래하게 될지도 모르며, 나는 양쪽이 이런 환멸을 갖지 않길 원했다." Görlitz, *Memoirs of Keitel*, 58-59.

26 Deutsch, *Hitler and His Generals*, 265.

27 Ibid., 261-62; Janssen and Tobias, *Der Sturz der Generäle*, 149-52; Murray, *Change in the European Balance*, 138-39; Nicolaus von Below, *Als Hitlers Adjutant 1937-45* (Mainz: v.Hase & Koehler, 1980), 74. 이들 사건의 배후 동기에 대해서는 약간의 논쟁이 존재한다. 도이치와 머리는 히틀러가 자신에게 반대하는 장교단을 숙청했다는 널리 알려진 관점을 제시한다. 슈베들러와 같은 일부의 경우 그것이 사실이지만, 얀센과 토비아스는 관련된 대부분의 장교들이 총통이나 나치당과 아무런 문제가 없었다는 점을 자신 있게 주장하고 있다. 분명 만슈타인은 얀센과 토비아스가 주장하는 경우에 해당될 것이다. 그는 다른 집단과 마찬가지로 이 시점 이후에도 성공적으로 군생활을 계속했다.

28 Burkhart Müller-Hillebrand, *Das Heer, 1933-1945: Entwicklung des organisatorischen Aufbaues* (Darmstadt: E. S. Mittler, 1954-69), 1:111; Albert Seaton, *The German Army*, 1933-45 (London: Weidenfeld and Nicolson, 1982), 86,

100; Taylor, *Sword and Swastika*, 106; Deutsch, *Hitler and His Generals*, 131.

29 Janssen and Tobias, *Der Sturz der Generdle*, 137; Below, *Als Hitlers Adjutant*, 71; Deutsch, *Hitler and His Generals*, 274-75; 슈문트의 별명에 대해서는 다음을 참조하라. General a.D. Johann Adolf Graf von Kielmansegg, interview by the author, Bad Krozingen, Germany, April 29, 1996. '자기 주인의 입(His Master's Voice)' 은 당시 RCA 빅터 축음기 회사의 슬로건이었다. 따라서 그의 별명은 슈문트가 아무런 자기 의견을 갖고 있지 않았다는 사실을 암시하고 있다.

30 Hartmann, Halder, 79; Müller, *Beck*, 131-32; Deist, "Aufrüstung," DRZW, 1:508; Jodldiary, 110-11:Mar. 5, 1938.

31 Müller, *Beck*, 133.

32 Ibid., 133; Brauchitsch memo in GMS, 5: annex lb.

33 Keitel memo in GMS, 5: annex lc, 4.

34 Deist "Aufrüstung," DRZW, 1:508-9; Keitel memo in GMS, 5: annex lc.

35 Müller, *Beck*, 133, 135; Deist, "Aufrüstung," DRZW, 1:509.

36 Görlitz, *Memoirs of Keitel*, 62-63. 추가로 다음을 참조하라. Müller, *Heer und Hitler*, 300-301. 테일러Taylor(*Munich*, 387, 389)는 히틀러의 지시에 의해 OKH가 계획에 대해 전달받지 못했다고 말한다.

37 Müller, *Heer und Hitler*, 301-5; Müller, *Beck*, 136.

38 Stellungnahme zu den Ausführungen Hitlers vom 28.05.1938 über die politischen und militärischen Voraussetzungen einer Aktion gegen die Tschechoslowakei vom 29.05.1938, in Müller, *Beck*, 521-28; the quote is from 528.

39 Erfurth, *Geschichte*, 211; Taylor, *Munich*, 681.

40 Der Oberste Befehlshaber der Wehrmacht Nr. 932/38, 30.5.38: Ausführungsbestimmungen zu dem Erlass vom 4.2.1938 über die Führung der Wehrmacht, in BA-MA RW 3/4.

41 Denkschrift für den Oberbefehlshaber des Heeres über die Voraussetzungen und Erfolgsaussichten einer kriegerischen Aktion gegen die Tschechoslowakei aus Anlass einer Weisung des Oberbefehlshabers der Wehrmacht vom 03.06.1938, in Müller, *Beck*, 528-37, 137-39.

42 Müller, *Beck*, 304-11, 7월 16일과 19일 자 각서와 브리핑에 대한 메모 542-56페이지를 참조하라.

43 1938년 7월 21일 만슈타인이 베크에게 보낸 편지는 다음을 참조하라. BA-MA N 28/3 (Beck-papers).

44 Erfurth, *Geschichte*, 214; Müller, *Beck*, 135.

45 Murray, *Change in the European Balance*, 183; Hoffmann, "Loyalty and Resistance," 348.

46 Erfurth, *Geschichte*, 215; Seaton, *German Army*, 107-8.

47 Erfurth, *Geschichte*, 215-16.

48 Bor, *Gesprdche mit Halder*, 86.

49 1938년에 계획됐던 쿠데타와 그것에 미친 뮌헨 협정의 영향, 할더의 참가에 대해서는

다음을 참조하라. Peter Hoffmann, *The History of the German Resistance, 1933-1945*, trans. Richard Barry (Cambridge, Mass.: MIT Press, 1977), 81-102; Hartmann, *Halder*, 99-116; Müller, "Militär-Elite," 284.

50 Hartmann, *Halder*, 105-6; Görlitz, *Memoirs of Keitel*, 67-69. 머리는 계획 과정을 상세하게 기술했다. 다음을 참조하라. *Change in the European Balance*, 217-63, on this incident esp. 225-29; 머리는 육군이 제안한 것에 대해 히틀러의 계획이 갖고 있는 분명한 장점들을 지적했다.

51 O'Neill, *German Army and the Nazi Party*, 67-68.

52 Murray, *Change in the European Balance*, 264-94; Hartmann, *Halder*, 122-23.

53 "Keitel Memorandum," in GMS 5: annex lc, 7.

54 Gerhard Buck, "Der Wehrmachtführungsstab im Oberkommando der Wehrmacht," in *Jahresbibliographie* 1973, Bibliothek für Zeitgeschichte (Munich: Bernard & Graefe, 1973), 408-9. 피반Viebahn은 영향력을 확보하기 위한 또 다른 무익한 시도 중 하나로서 베크가 선택한 후보였다.

55 Helmuth Greiner, *Die Oberste Wehrmachtführung 1939-1943* (Wiesbaden: Limes, 1951), 11.

56 Burkhart Müller-Hillebrand, "The Organizational Problems of the German High Command and Their Solutions: 1939-1945" (MS #P-041f, 1953), 11, 15, in The German Army High Command, 1939-1945 (Arlington, Va.: University Publications of America, n.d., microfilm) (이후로는 GAHC). GAHC의 문서들은 별로도 페이지 번호가 부여됐다. 전집 전체를 아우르는 마스터 페이지 번호는 사용되지 않았다.

57 Heinz von Gyldenfeldt, "Army High Commander and Adjutant Division" (MS #P-041c, 1952), 1, 5, in GAHC; Wiegand Schmidt-Richberg, *Die Generalstäbe in Deutschland 1871-1945: Aufgaben in der Armee und Stellung im Staate* (Stuttgart: Deutsche Verlags-Anstalt, 1962), 78.

58 Burkhart Müller-Hillebrand, "The German Army High Command" (MS #P-041a, 1952?), 7, in GAHC.

59 Gyldenfeldt, "Army High Commander," 2.

60 Dienstanweisungen für den Chef des Generalstabes des Heeres im Frieden sowie Friedensgliederung des Generalstabes des Heeres ab 1.7.1935," BA-MA RH 2/ 195, 30; Caspar and Schottelius, "Organisation des Heeres," 332; Schmidt-Richberg, *Die Generalstäbe*, 79.

61 "Dienstanweisung für den Chef des Generalstabes"; Gyldenfeldt, "Army High Commander," 2, 21. 약자 'I.A.'와 작전참모를 의미하는 'Ia'를 혼동해서는 안 된다.

62 1935년에서 1938년 사이에 발생한 총참모본부의 변화에 대한 설명은 다음을 참조하라. Absolon, *Wehrmacht*, 4:178; Müller-Hillebrand, *Heer*, 111-12; Erfurth, *Geschichte*, 184.

63 Franz Halder, "The Chief of the Army General Staff" (MS #P-041d, 1952), 2, in GAHC; Alfred Zerbel, "Organization of the Army Quartermaster" (MS #P-041b, 1952), 2, in GAHC; Gyldenfeldt, "Army Commander," 23-24.

64 전쟁 발발 전까지 각 과들은 기능적 업무분야가 아니라 숫자로 표시됐다.

65 Hans von Greiffenberg, "Operations Branch of the Army General Staff" (MS #P-041e, 1952), 2-5, in GAHC. 이 뒤를 이어 각 부서의 임무에 대해 개략적으로 살펴보는 내용은 다음을 참조했다. Erfurth, *Geschichte*, 185-88.

66 Burkhart Müller-Hillebrand, "Schematische Darstellung der obersten führung des deutschen Heeres 1938 bis Kriegsende mit Erläuterungen über organisatorische Beziehungen, Aufgaben und Verantwortlichkeiten der einzelnen Dienststellen des OKH im Laufe der Jahre 1938-1945" (MS #P-041a, unpublished), 28; Erfurth, *Geschichte*, 184; Günther Blumentritt and Alfred Zerbel, "Top-Level Agencies of the Army General Staff: The Chiefs of Operations, Training, and Organization" (MS #P-041d, 1952?), 1, in GAHC; Halder, "Chief," 2, 3.

67 Deist, "Aufrüstung," DRZW, 1:507.

68 Deutsch, *Hitler and His Generals*, 259.

69 Walter Görlitz, *Der deutsche Generalstab: Geschichte und Gestalt 1657-1945* (Frankfurt am Main Verlag der Frankfurter Hefte, 1950), 457.

70 Heinz Guderian, "General Critique of MSS #P-041a-P-041hh and a Report on the June 1944-March 1945 Period" (MS #P-041jj), 4, in GAHC.

71 1938년 말 현역 장교 2만 2,600명 중 1933년 이전에 장교단에 합류한 인원은 전체 인원의 7분의 1에 불과했다. Jürgen Förster, "Vom Führerheer der Republik zur nationalsozialistischen Volksarmee," in *Deulschland in Europa. Kontinuitdt und Bruch. Gedenkschrift für Andreas Hillgruber*, ed. Jost Dülffer, Bernd Martin, and Günter Wollstein (Frankfurt am Main: Propyläen, 1990), 315.

72 Bor, *Gespräche mit Halder*, 126.

73 Reinhard Stumpf, *Die Wehrmacht-Elite. Rang- und Herkunftstruktur der deutschen Generale und Admirale 1933-1945* (Boppard: Harald Boldt, 1982), 321; Seaton, *German Army*, 86; Erfurth, *Geschichte*, 210.

74 Germany, Heer, Heeresdienstvorschrift 92 (HDv 92), *Handbuch für den Generalstabsdienst im Kriege, Teill, II, abgeschlossen am 1.8.1939* (Berlin: der Reichsdruckerei, 1939), 2.

75 다음을 참조하라. Hartmann, *Halder*, 118; Müller, *Heer und Hitler*, 381-82 and n. 13; Erfurth, *Geschichte*, 226.

76 괴를리츠(*Generalstab*, 318쪽)와 울리히 데 메지에르Ulrich de Maizière(1996년 5월 25일 저자와 인터뷰) 모두 그 원칙이 1차 대전 이후에 폐지됐다고 주장했지만, 그 절차는 신속하지도 간단하지도 않았다. 베크의 재임기간 내내 그리고 할더가 참모총장이 된 뒤에도 1년 동안 이 문제에 대한 광범위한 논의가 있었다.

77 Hartmann, *Halder*, 119.

78 Winter and others, "Armed Forces High Command," 3: chapter B, 11, 15-16.

79 1945년 11월 14일부터 1946년 10월 1일까지 열렸던 뉘른베르크 국제전범 재판 이전의 1946년 4월 3일 주요 전범에 대한 국제군사재판 당시 카이텔의 모두冒頭 증언 참조 (Nuremberg: International Military Tribunal, 1947), 10:473. 카이텔에게는 자신의 역

할을 축소시키는 것이 분명 이익이 되기 때문에 그와 같은 증언은 극도로 주의해서 다루어야 하지만 이 경우에는 그의 주장을 증명하는 많은 일화적 증거가 존재한다.

80 Winter and others, "Armed Forces High Command," 3: chap. B, 9.

● **4장 전쟁 발발과 초기의 승리, 1939년 3월부터 1940년 6월**

1 히틀러가 브라우히치에게 보낸 각서는 다음을 참조하라. Paul R. Sweet and others, *Akten zur deutschen auswärtigen Politik 1918-1945* (Baden-Baden: Imprimerie Nationale, 1956) (hereafter ADAP), 6:98-99.

2 Christian Hartmann, *Halder: Generalstabschef Hitlers 1938-1942* (Paderborn: Schöningh, 1991), 122-23; Walter Warlimont, *Im Hauptquartier der deutschen Wehrmacht 1939-1945: Grundlagen, Formen, Gestalten* (Frankfurt am Main: Bernard & Graefe, 1962), 34.

3 Rohde, "Hitlers erster 'Blitzkrieg,'" DRZW, 2:92; Warlimont, *Hauptquartier*, 34-35; Helmuth Greiner, *Die Oberste Wehrmachtführung 1939-1943* (Wiesbaden: Limes, 1951), 30-31

4 ADAP 6:187-88.

5 Ibid., 6:154; 추가 참조. Nuernberg Military Tribunals, *Trials of War Criminals Before the Nuernberg Military Tribunals Under Control Council Law No. 10, Nuernberg, October 1946-April 1949* (Washington, D.C.: U.S. Government Printing Office, 1949-53) (hereafter *Trials of the (minor) War Criminals*), 10:683-84; August Winter and others, "The Progress of Preparations for 'Case White'" (MS T-101 Annex 8), 5, in *World War II German Military Studies: A Collection of 213 Special Reports on the Second World War Prepared by Former Officers of the Wehrmacht for the United States Army*, ed. Donald Detwiler, assoc. ed. Charles B. Burdick and Jürgen Rohwer (New York: Garland, 1979) (이후로는 GMS), vol. 5.

6 Christian Hartmann and Sergij Slutsch, "Franz Halder und die Kriegsvorbereitungen im Frühjahr 1939: Eine Ansprache des Generalstabschefs des Heeres," *Vierteljahrshefte für Zeitgeschichte* 2 (1997): 467-95; 인용된 문장은 483쪽에 있다. 그의 표현이 암시하는 바와 같이 할더의 태도는 전후 재판정에서 그가 했던 증언과 판이하게 대조를 이루는데, 재판정에서 그는 육군은 스스로의 의지와 상관없이 전역에 끌려들어갔다고 주장했다.

7 Rohde, "Hitlers erster 'Blitzkrieg,'" DRZW, 2:93. Albert Seaton, *The German Army, 1933-45* (London: Weidenfeld & Nicolson, 1982), 114. 이 참고 문헌은 Greiner (*Oberste Wehrmachtführung*, 53)를 인용하여 히틀러가 3군의 임무를 변경시킨 것으로 말하고 있다. Waldemar Erfurth, *Die Geschichte des deutschen Generalstabes von 1918 bis 1945*, 2d ed. (Göttingen: Musterschmidt, 1960), 222. 이 문헌에서도 같은 이야기를 하고 있지만 근거를 밝히지는 않았다. Franz Halder, "Der Komplex OKH-OKW," in the Halder papers, BA-MA N 220/95, 20. 이 문헌은 히틀러가 수정한 부분은 단지 디르샤우Dirschau에 대한 공격 계획뿐이라고 말하고 있다. 로데Rohde는 이에 대해

전혀 언급하지 않았다. 어쨌든 총통이 큰 역할을 수행하지 않았다는 점만은 분명하다.

8 Rohde, "Hitlers erster 'Blitzkrieg,'" DRZW, 2:93; Hartmann, *Halder*, 123, 127-28.

9 Warlimont, *Hauptquartier*, 35-36, 39; Halder, "Komplex," 14-15; 4월 3일의 훈령은 작전의 시간표를 작성하는 과업을 OKW에 할당했다. 다음을 참조하라. ADAP, 6:154.

10 Weinberg, *A World at Arms*, 34-42, for background; also Bernd Stegemann, "Politik und Kriegführung in der ersten Phase der deutschen Initiative," DRZW, 2:15-16.

11 예를 들어, 다음을 참조하라. 2.Abteilung Nr.1098/37 g.Kdos. Ill C, 1.7.37, *Betr.*: Gliederung des Gen St d H im Mob.Fall ab Herbst 1938. Besprechung am 25.6.37, in BA-MA RH 2/ 1063, 144. 이것은 일종의 회의록으로 그 회의에는 참모총장을 비롯해 중앙과장과 훈련과장, 편제과장이 참석했다. 그들은 사령부의 구조를 2원적인 체계로 전환한다는 데 합의하게 되는데 그에 대해서는 나중에 자세히 설명할 것이다.

12 다음을 참조하라. Generalstab des Heeres, 2.Abt. (Ill C), Nr.1879/37 g.Kdos., *Betr.*: Kriegsspitzengliederung (Heer), 20.1.38, in BA-MA RH 2/1063, 178; 이것은 2과에서 다른 과로 발송한 각서로 수신인에게 최신 동원계획에 대한 정보를 알려달라고 요청하고 있다.

13 따로 언급하는 경우를 제외하고, OKH의 동원에 대한 이 부분의 정보는 다음 문헌에서 인용했다. Müller-Hillebrand, Heer, 1:115-25; 추가 참조. Hartmann, *Halder*, 94-95; and Erfurth, *Geschichte*, 229-31.

14 Burkhart Müller-Hillebrand, "Schematische Darstellung der obersten Führung des deutschen Heeres 1938 bis Kriegsende mit Erläuterungen über organisatorische Beziehungen, Aufgaben und Verantwortlichkeiten der einzelnen Dienststellen des OKH im Laufe der Jahre 1938-1945" (MS #P-041a, unpublished), 37; and Burkhart Müller-Hillebrand, "The German Army High Command" (MS #P-041a, 1952?), 18, in *The German Army High Command 1938-1945* (Arlington, Va.: University Publications of America, n.d. Microfilm) (hereafter: GAHC); Heinz von Gyldenfeldt, "Army High Commander and Adjutant Division" (MS #P-041c, 1952), 3-4, in GAHC; Seaton, *German Army*, 103; Alfred Zerbel, "Organization of the Army Quartermaster" (MS #P-041b, 1952), 2, in GAHC.

15 Müller-Hillebrand, "Army High Command," 32.

16 Günther Blumentritt and Alfred Zerbel, "Top-Level Agencies of the Army General Staff: The Chiefs of Operations, Training, and Organization" (MS #P-041d, 1952?), 2, 6, 11-12,13, in GAHC.

17 Hans von Greiffenberg, "Operations Branch of the Army General Staff" (MS #P-041e, 1952), 1, in GAHC. 전쟁의 발발과 함께 작전과는 기존의 숫자 명칭을 버리고 기능에 따른 명칭을 사용하게 된다.

18 Greiffenberg, "Operations Branch," 5-6, 18.

19 Alan Bullock, *Hitler and Stalin: Parallel Lives* (New York: Vintage Books, 1993), 643-44; Gerhard Engel, in "Effect of the Composition and Movement of Hitler's Field Headquarters on the Conduct of the War" (MS #T-101 Annex 16), 3, in GMS,

vol. 5. 여기서 우리는 전역을 직접 지휘하고자 하는 히틀러의 소망은 물론, 정치 선전이라는 동기에도 주목해야 한다. 하지만 사령부의 크기나 전역 기간 동안 그의 활동을 고려하면 첫 번째 동기에 대해서는 의심의 여지가 있다.

20 히틀러의 특별열차와 기타 사령부의 배치 상황에 대해 좀 더 자세한 정보를 원한다면, 다음을 참조하라. Peter Hoffmann, *Hitler's Personal Security* (Cambridge, Mass.: MIT Press, 1979).

21 Franz Josef Schott, "Der Wehrmachtführungsstab im Führerhauptquartier 1939-1945" (Ph.D. diss., University of Bonn, 1980), 17, 39, 40.

22 Greiner, *Oberste Wehrmachtführung*, 8-9; Schott, "Wehrmachtführungsstab," 40.

23 Walter Görlitz, ed., *The Memoirs of Field Marshal Keitel*, trans. David Irving (New York: Stein & Day, 1966), 92; Bullock, *Hitler and Stalin*, 644.

24 Percy Ernst Schramm, ed., *Kriegstagebuch des Oberkommandos der Wehrmacht (Wehrmachtführungsstab)* (Munich: Manfred Pawlak, 1982) (hereafter OKW KTB), 1:174E-75E. Rohde, "Hitlers erster 'Blitzkrieg'" 이 문헌은 111-132쪽에 걸쳐 전역에 대해 세부적인 내용을 설명하고 있지만 작전 문제에 히틀러가 개입했다는 언급은 전혀 없다. 하지만 카이텔은 여러 차례 히틀러가 개입했음을 지적하고 있다. 이에 대한 내용은 다음을 참조하라. Görlitz, *Memoirs of Keitel*, 94.

25 Greiner, *Oberste Wehrmachtführung*, 13-14; Görlitz, *Memoirs of Keitel*, 94.

26 Greiner, *Oberste Wehrmachtführung*, 15; Warlimont, *Hauptquartier*, 47.

27 Halder, "Komplex," 21; Halder KTB, 1:30 (Aug. 25, 1939). 이 항목은 OKW에 보내는 할더의 경고를 언급하고 있다.

28 Halder KTB, 1:50-85 (Sept. 1-27, 1939). 이 항목에는 OKH와 OKW에 있는 참모장교들과 회의를 하거나 전화 통화한 내용, 육해공 각 군의 고위 지휘관들과 해외주재무관들을 상대로 통화한 내용들이 기록되어 있다.

29 Rohde, "Hitlers erster 'Blitzkrieg,'" DRZW, 2:104-10, 이 문헌은 폴란드 계획을 전반적으로 검토한 훌륭한 자료들을 담고 있다. 추가 참조. Robert M. Kennedy, *The German Campaign in Poland, 1939* (Washington, D.C.: Department of the Army, 1956). Nicholas Bethell, *The War That Hitler Won: September 1939* (London: Allen Lane The Penguin Press, 1972), 이 문헌들은 폴란드와 서구 연합국이 취한 군사적, 외교적 대응에 대한 자세한 진술을 담고 있다.

30 Rohde, "Hitlers erster 'Blitzkrieg,'" DRZW, 2:118.

31 1939년 9월부터 1940년 5월까지 연합국이 취한 행동과 그에 따른 영향에 대해서는 다음을 참조하라. Murray, *Change in the European Balance*, 326-34, 347-51.

32 Rohde, "Hitlers erster 'Blitzkrieg,'" DRZW, 2:115; Kennedy, *Campaign in Poland*, 92-93. 우리는 이 시점에서 보크는 물론 OKH조차 소련군의 침공 계획에 대해 전혀 알지 못했다는 사실을 명심해야 한다.

33 *Das deutsche Reich und der Zweite Weltkrieg*. 이 문헌은 전역의 모든 단계를 보여주는 훌륭한 지도들을 포함하고 있다. 폴란드 전역을 좀 더 자세히 보고자 한다면 다음을 참조하라. Klaus-Jürgen Thies, ed., *Der Polenfeldzug: Ein Lageatlas der Operationsabteilung des Generalstabes des Heeres; neu gezeichnet nach den*

Unterlagen im Bundesarchivl Militärarchiv (Osnabrück: Biblio Verlag, 1989). 이 문서는 총참모본부의 작전과가 작성한 일일 상황도를 포함하고 있다. 여기서는 다른 전역에 대한 지도들도 볼 수 있으며 시리즈 제목은 다음과 같다. *Der Zweite Weltkrieg im Kartenbild.*

34 Rohde, "Hitlers erster 'Blitzkrieg,'" 123-24; Kennedy, *Campaign in Poland*, 101-2.

35 Rohde, "Hitlers erster 'Blitzkrieg,'" DRZW, 2:126-29.

36 Halder KTB, 1:80 (Sept. 20, 1939).

37 Ibid., 1:70 (Sept. 10, 1939).

38 프랑스 침공 계획에 대한 가장 완벽한 출처는 다음 문헌이다. Hans-Adolf Jacobsen, *Fall Gelb: Der Kampf um den deutschen Operationsplan zur Westoffensive 1940* (Wiesbaden: Franz Steiner Verlag, 1957). 하지만 이 문헌은 세심한 주의를 기울여 취급할 필요가 있다. 대부분의 초기 연구와 마찬가지로, 이 문헌도 육군 지도부의 견해에 심하게 동조하는 경향이 있다.

39 처음으로 할더에게 통보가 이루어진 것에 대해서는 다음을 Halder KTB, 1:84 (Sept. 25, 1939), 9월 27일 회의에 대해서는 다음을 참조하라. Umbreit, "Kampf," 238; Weinberg, *A World at Arms*, 108. 회의 내용에 대한 자세한 기록은 다음 문헌에 있다. Halder KTB, 1:86-90. 하지만 우리는 경계심을 갖고 이 자료를 다루어야 한다. 할더는 그 내용을 1950년 이후에 자신의 일기에 추가했기 때문이다. 추가 참조. OKW KTB 1:951. 이 문헌은 전쟁일지를 위해 작성됐지만 바를리몬트의 명령으로 삭제된 기록을 포함하고 있다.

40 컨퍼런스에서 작성된 각서는 다음 문헌에 기록되어 있다. Halder KTB, 1:101-3

41 The Halder KTB, 1:70 (Sept. 10, 1939). 이 문헌은 할더가 육군으로 하여금 진지전을 준비하도록 재편성을 계획하는 내용을 언급하고 있다. Jacobsen, *Fall Gelb*, 10. 이 문헌은 스튈프나겔의 참모연구를 논의한다. 또 다른 언급은 다음 문헌에서 찾을 수 있다. OKW KTB, 1:950. 이 문헌은 9월 25일 자 전쟁일지의 원본을 보여준다.

42 Halder KTB, 1:93 (Sept. 29, 1939). Umbreit, "Kampf," DRZW, 2:239; Doughty, *Breaking Point*, 21참조. 이것은 독일인들이 자신들의 '전격전'에 대해 얼마나 확신을 갖지 못하고 있는지를 보여주는 좋은 지표이다. 사실 전쟁의 양 당사자 모두 1940년 당시 프랑스군의 효과성에 대해 과대평가하고 있었다. 프랑스군은 규모도 크고 장비도 잘 갖추고 있었지만, 그들의 전술교리는 절망적으로 시대에 뒤떨어져 있었다.

43 Umbreit, "Kampf," DRZW, 2:244. 카이텔도 회의에 참석했다. 이 회의록은 OKW의 전투일지에 기록되어 있다. 다음을 참조하라. OKW KTB 1:951-52.

44 Halder KTB, 1:101-3 (Oct. 10,1939). 추가로 1940년 1월 20일 자 할더의 컨퍼런스 노트를 참조하라. ibid., 1:165-67.

45 훈령에 대해서는 다음을 Hubatch, *Weisungen*, 34-46; 브라우히치에 대한 히틀러의 불신은 다음을 참조하라. Keitel papers, BA-MA N 54, 5:57. 히틀러는 1939년 자신의 공격 계획에 대해 육군이 반발하자 분개했다. Jacobsen, Fall Gelb, 12 13 참조.

46 Doughty, *Breaking Point*, 22; Jacobsen, *Fall Gelb*, 40; Taylor, *March of Conquest*, 164-67.

47 할더에게 있어서 작전 계획 과정에 대한 히틀러의 간섭은 실제로 큰 타격이 되어 다가왔

다. 다음을 참조하라. Hartmann, *Halder*, 182.

48 Klaus A. Maier, "Die Sicherung der europaischen Nordflanke; Die deutsche Strategie" DRZW, 2:197.

49 Warlimont, *Hauptquartier*, 83.

50 Maier, "Sicherung," DRWZ, 2:197; 다음 문헌에 따르면 '베저위붕' 작전의 준비명령은 1940년 1월 27일 자로 발령됐다. Office of United States Chief of Council for Prosecution of Axis Criminality, *Nazi Conspiracy and Aggression* (이후로는 *Nazi Conspiracy*) (Washington, D.C.: U.S. Government Printing Office, 1946), 6:883; Jodl's diary entries for February 18 and 21, 1940, in *Nazi Conspiracy*, 4:385.

51 Hubatsch, *Weisungen*, 47-49.

52 August Winter and others, "The German Armed Forces High Command, OKW (Oberkommando der Wehrmacht): A Critical Historical Study of Its Development, Organization, Missions and Functioning from 1938 to 1945" (MS #T-101), 3: chap. Bla, 24-25, in GMS, vol. 4.

53 Seaton, *German Army*, 132.

54 Warlimont, *Hauptquartier*, 89-90.

55 Ibid., 88-89.

56 Halder KTB, 1:204 (Feb. 21, 1940).

57 Lossberg, *Im Wehrmachtführungsstab*, 67-69; BA-MA RW 4/32: Tagebuch Jodl (WFA) vom 1.2.-26.5.1940, 35 (14.4.1940); 요들의 일기에 기록된 이 기간에 대한 다른 항목들은 다음 문헌에 기록되어 있다. Warlimont, *Hauptquartier*, 93-94.

58 Lossberg, *Im Wehrmachtführungsstab*, 69. 히틀러의 자신감 상실에 대한 다른 사례는 다음을 참조하라. Stegemann, "'Weserübung,'" DRZW, 2:219.

59 BA-MA RH 2/93: OKH, Gen St d H Op.Abt.(IVb), Nr. 20 065/40 g.Kdos., 6.4.40: Neugliederung der Operationsabteilung, Stand: 7.4.1940.

60 Warlimont, *Hauptquartier*, 55-56.

61 Ibid., 55; Winter and others, "Armed Forces High Command," 3: chap. Bla, 60; Engel, "Hitler's Field Headquarters," 2. Schott, "Wehrmachtführungsstab," 43. 이 문헌들은 히틀러가 자신의 참모진 규모를 제한한 이유가 분명하지는 않지만, 1차 대전 당시 독일황제가 대규모 참모진을 운영하면서 다루는 데 어려움을 겪었던 점에 부정적인 영향을 받았을지도 모른다고 말한다. 그러나 아마도 사실은 히틀러가 자신을 야전지휘관으로 보았을 뿐만 아니라 참모 기능에 대한 이해가 부족했기 때문일 것이다.

62 OKW KTB, 1:881-82. 1939년 10월 16일, OKW 내의 총국들은 국으로 명칭이 바뀌었다. Rudolf Absolon, *Die Wehrmacht im Dritten: Reich. Aufbau, Gliederung, Recht, Verwaltung* (Boppard: Harald Boldt, 1969-95), 5:51.

63 Schott, "Wehrmachtführungsstab," 10, 40-42. Greiner, *Oberste Wehrmachtführung*, 11. 이 문헌들은 기타 인원들의 수를 50에서 75명으로 잡고 있다. 전쟁 초기 OKW 내에서 각 구성요소들이 갖고 있는 임무와 조직에 대해서는 다음을 참조하라. OKW KTB, 1:877-946. 이 순간 이후, 국가방위과 야전제대는 간단하게 국가방위과로 부른다.

64 Schott, "Wehrmachtführungsstab," 64.

65 이 회의의 개최 일시와 주제에 대해서는 다음을 참조하라. OKW KTB, 1:158E. 하지만 브라우히치는 보통 전화로 하루 두 차례 히틀러와 접촉했다. Halder, "Komplex," 28.

66 Görlitz, *Memoirs of Keitel*, 146; Warlimont, *Hauptquartier*, 58-59; Halder, "Komplex," 28.

67 Lossberg, *Im Wehrmachtführungsstab*, 22.

68 Warlimont, *Hauptquartier*, 60-62. 우리는 이 문제와 관련한 바를리몬트의 진술을 어느 정도 경계심을 갖고 다루어야만 한다. 다른 많은 생존자들처럼, 그는 전시나 전후에 사망한 장교들을 희생시켜가며 자신을 좋게 보이게 하려는 경향이 있다. 하지만 바를리몬트의 진술을 직접 반박할 수 있는 증거도 존재하지 않고 로스베르크의 확인으로 인해 그의 진술에 더욱 무게가 실리는데, 이는 로스베르크가 바를리몬트의 부하였을 뿐만 아니라 요들의 친구이기도 했기 때문이다.

69 Winter and others, "Armed Forces High Command," 3: chap. Bla, 42-43; Helmuth Greiner, "OKW, World War II" (MS #C-065b), 8-9, in GMS, vol. 7; Görlitz, *Memoirs of Keitel*, 110-11; Schott, "Wehrmachtführungsstab," 56-57; OKW KTB, 1: 138E-39E. 1941년 봄까지 요들에게 제공된 브리핑의 주제는 OKW KTB를 검토하여 얻은 사실들을 취합한 것이다.

70 Winter and others, "Armed Forces High Command," 3: chap. Bla, 43; Schott, "Wehrmachtführungsstab," 57. 쇼트Schott가 지적한 것처럼, 우리는 그와 같은 요구가 군대의 참모 업무에서 이례적인 경우가 아니었다는 사실을 명심해야 한다.

71 Gerhard Engel, "Adolf Hitler as Supreme Commander of the Armed Forces" (MS#T101Annex15), 7, inGMS, vol. 5.

72 Warlimont, *Hauptquartier*, 65-66.

73 Halder KTB, 1:336 (June 6, 1940).

74 Ibid., 1:303 (May 18, 1940).

75 Hartmann, *Halder*, 191.

76 Umbreit, "Kampf," DRZW, 2:289.

77 Halder KTB, 1:302 (May 17, 1940).

78 Ibid., 1:302 (May 18, 1940).

79 Umbreit, "Kampf," DRZW, 2:289-90.

80 Ibid., 2:293-96; Taylor, *March of Conquest*, 256-63. 움브라이트는 전후에 룬트슈테트가 말한 것처럼, 히틀러가 영국군을 놓아주면서 그것이 일종의 화해의 선물로 작용하기를 바랐다는 인식에 대해 설득력 있는 반박을 제시했다.

81 Halder KTB, 1:319 (May 25, 1940), and 1:326 (May 30,1940).

82 Ibid., 1:319-35 (May 25-June 5, 1940).

● 5장 새로운 전선, 새로운 문제, 1940년 6월부터 1941년 6월

1 프랑스가 항복조건을 제안한 이후 그 호칭을 생각해낸 사람은 분명 카이텔이었을 것이다. 다음을 참조하라. Christian Hartmann, *Halder: Generalstabschef Hitlers 1938-1942*

(Paderborn: Schöningh, 1991), 205 and n 13. 일부 고위 장교들은 그 호칭을 왜곡한 조롱거리 별명 'GroFaZ'를 만들었는데 이것은 '역사상 가장 위대한 야전지휘관Grösster Feldherr aller Zeiten'의 약자였다.

2 1940년 6월 30일 자인 이 문서의 전체는 다음 문헌 속에 있다. International Military Tribunal, *Trial of the Major War Criminals Before the International Military Tribunal, Nuremberg, 14 November 1945-1 October 1946* (Nuremberg: International Military Tribunal, 1947) (hereafter: *Trial of the Major War Criminals*), 28:301-3;

3 Umbreit, "Landung," DRZW, Z:369-70; Hillgruber, *Hitlers Strategie*, 163.

4 7월 13일에 히틀러는 할더와 브라우히치에게 그런 위험을 언급했다. 다음을 참조하라. Franz Halder, *Kriegstagebuch: Tägliche Aufzeichnungen des Chefs des Generalstabes des Heeres 1939-1942*, ed. Arbeitskreis für Wehrforschung, Stuttgart (Stuttgart: Kohlhammer,1962) (이후로는 Halder KTB), 2:21.

5 Hillgruber, *Hitlers Strategie*, 144-57 참조.

6 Order OKW/WFA/L Nr. 33124/40 g.Kdos.Chefs., 2.7.1940, betr. Kriegführung gegen England, cited in Karl Klee, *Das Untemehmen "Seelowe": Die geplante deutsche Landung in England 1940* (Gottingen: Musterschmidt 1958). 클레Klee의 연구는 여전히 제뢰베 작전에 대한 최고의 검토서로 남아 있다. 그 자매편, *Dokumenten zum Untemehmen "Seelöwe"*는 1959년에 나왔다.

7 OKW/WFA/L Nr. 33 160/40 g.Kdos. Chefsache, 16.7.1940, Weisung Nr. 16, in Walther Hubatsch, *Hitlers Weisungen für die Kriegführung 1939-1945: Dokumente des Oberkommandos der Wehrmacht* (Frankfurt am Main: Bernard & Graefe, 1962), 61-65.

8 Burdick, *Spain*, 18, 21; Creveld, in *Hitler's Strategy* 참조. 비록 거기에 너무 큰 비중을 두고 있는 것이 문제이지만 이 문헌들은 '주변부' 전략을 세밀하게 검토하고 있다.

9 Halder KTB, 2:31 (July 22,1940).

10 지브롤터 공격을 위한 준비과정을 가장 잘 연구한 것은 다음 문헌이다. Burdick, *Spain*.

11 Ernst Klink, "Die militärische Konzeption des Krieges gegen die Sowjetunion: 1. Die Landkriegführung," DRZW, 4:203.

12 Ibid., DRZW, 4:213-14; Halder KTB, 2:21 (July 13), 31-32 (July 22); Burdick, *Spain*, 18, 22-23; Hillgruber, *Hitlers Strategie*, 216-19. 소비에트연방 침공에 대한 군사 계획의 과정은 다음 장에서 다룬다.

13 이 회의에 대해서는 다음을 참조하라. Halder KTB, 2:46-50; Gerhard Wagner, ed., *Lagevortädge des Oberbefehlshabers der Kriegsmarine vor Hitler 1939-1945* (Munich: J. F. Lehmanns, 1972), 126-28; Burdick, *Spain*, 31-32; Schreiber, "The Mediterranean in Hitler's Strategy," 248; Klink, "Landkriegführung," DRZW, 4:215-16; Hillgruber, *Hitlers Strategie*, 171, 222-26. 이 회의는 역사가들이 이 사건들을 어떻게 다루어왔는지 보여주는 좋은 사례이다. 모두들 그 회의가 커다란 의미를 갖고 있다고 말하지만 그것을 전부 다루는 저자는 단 한 명도 없었다. 대부분의 경우 저자들은 히틀러의 머릿속에서 작전이 최우선 순위를 차지한다고 생각하고 전체 회의 중 작전을 다루는 부분에만 집중하고 있다.

14 Umbreit, "Landung," DRZW, 2:374.

15 Wagner, *Lagevortädge*, 136 (6.9.1940), 143 (26.9.1940) 참조.

16 Hans Umbreit, "Die Rückkehr zu einer indirekten Strategie gegen England," DRZW, 2:412-13; Paul Preston, *Franco: A Biography* (New York: Basic Books, 1994), esp. chap 15.

17 Hillgruber, *Hitlers Strategie.* 237-42, 352-61; also Umbreit, "Rückkehr" DRZW, 2:412 참조.

18 Umbreit, "Rückkehr," DRZW, 2:410.

19 이탈리아군의 공세에 대해 다음을 참조하라. Gerhard Schreiber, "Die politische und militärische Entwicklung im Mittelmeerraum 1939/40," DRZW, 3:239-49; 영국군의 응전에 대해서는 다음을 참조하라. Bernd Stegemann, "Die italienisch-deutsche Kriegführung im Mittelmeer und in Afrika," DRZW, 3:591-98.

20 Gerhard Schreiber, "Deutschland, Italien und Südosteuropa. Von der politischen und wirtschaftlichen Hegemonie zur militärischen Aggression," DRZW, 3:368-94 참조. 북아프리카와 그리스에 대한 이탈리아군의 시도에 대해서는 다음을 참조하라. MacGregor Knox, *Mussolini Unleashed, 1939-1941: Politics and Strategy in Fascist Italy's Last War* (New York: Cambridge University Press, 1982), esp. chap. 5.

21 마리타 작전에 대한 훈령은 1940년 12월에, 조넨블루메 작전과 알펜파일헨 작전에 대한 훈령은 1941년 1월에 발령됐다. 다음을 참조하라. Hubatsch, *Weisungen*, 79-81, 93-97.

22 Schreiber, "The Mediterranean and Hitler's Strategy," 240-41, 245.

23 Umbreit, "Rückkehr," DRZW, 2:411; Hillgruber, "Noch einmal," 216.

24 Klink, "Landkriegführung," DRZW, 4:235-36.

25 동부를 공격하기로 한 결정에 대한 가장 철저하고 설득력 있는 분석은 다음 문헌이다. Hillgruber's *Hitlers Strategie.* 크레펠트Creveld (*Hitler's Strategy*)는 정당한 정도 이상으로 주변부 전략에 그 책임을 돌리고 있다. *A World at Arms* 속에 담긴 바인베르크의 간략한 분석은 오히려 그 반대의 성격을 보여준다. 이런 분석은 히틀러의 '프로그램' 을 너무 경직되어 있는 것처럼 보이게 만든다.

26 Halder KTB, 2:191.

27 Ibid., 2:194.

28 이 논란을 전반적으로 살펴보기 위해서는 다음을 참조하라. Klee, *"Seelöwe,"* 91-112.

29 Halder KTB, 2:26.

30 Williamson Murray, *Luftwaffe* (Baltimore, Md.: Nautical and Aviation Publishing Company of America, 1985), 46-47; Michael Salewski, *Die deutsche Seekriegsleitung 1935-1945* (Frankfurt am Main: Bernard & Graefe, 1970-75), 1:258-60.

31 이어지는 설명은 다음의 문헌들을 참조했다. Percy Ernst Schramm, ed., *Kriegstagebuch des Oberkommandos der Wehrmacht(Wehrmachtführungsstab)* (Munich: Bernard & Graefe, 1961-65; Manfred Pawlak, 1982) (이후로는 OKW KTB), 1:3-14(Aug. 1-8, 1940); Klee, *"Seelöwe"*.

32 Halder KTB 2:55 (Aug. 5,1940), "Seekriegsleitung schickt 2 Schreiben, ..." 참조

33 Ibid., 2:57 (Aug. 6,1940).

34 이러한 경향과 그것의 영향에 대한 개관은 다음을 참조하라. Geoffrey P. Megargee, "Triumph of the Null: Structure and Conflict in the Command of German Land Forces, 1939-1945," *War in History* 4 (1997): 60-80.

35 OKW KTB, 1:134.

36 OKW KTB 1:326. 또한 OKW는 1940년 5월 18일에 네덜란드 국방군 최고사령부를 창설했다. 다음을 참조하라. BA-MA RW 37/ 1: Stammtafeln des Stabes Kommando Wehrmachtbefehlshaber in den Niederlanden. 늦어도 1941년 3월이 되면, OKW가 이들 사령부에 해안방어에 대한 명령을 보내게 되었다.

37 이것은 Halder KTB와 OKW KTB, 2:490-796 속에 있는 1941년 6월 22일부터 12월 6일까지의 총참모본부 작전과 일일보고서를 검토한 결과에 근거를 두고 있다. 어느 시점에 지휘체계에 변화가 있었는지는 확인이 불가능하다. 다음을 참조하라. Albert Seaton, *The German Army*, 1933-45 (London: Weidenfeld & Nicolson, 1982); Hartmann, *Halder*, Hans-Adolf Jacobsen (OKW KTB에 대한 소개); Müller-Hillebrand, *Heer*. 이들과 같은 대부분의 2차적 출처들은 바르바로사 작전이 시작되기 전에 OKW는 이미 자신의 전구들을 모두 확보한 상태였다고 주장한다. 카이텔 또한 그렇게 말했다. 바를리몬트를 비롯해 대부분의 다른 저자들은 그 시기를 좀 더 뒤로 보고 있는데, 일부 문서 증거들도 그런 주장을 지지하기는 하지만 그 시기는 명쾌하게 규명되지 않았다.

38 Walter Warlimont, *Im Hauptquartier der deutschen Wehrmacht 1939-1945: Grundlagen, Formen, Gestalten* (Frankfurt am Main: Bernard & Graefe, 1962), 157-58; OKW KTB, 1:362 (Mar. 18, 1941).

39 OKW/WFSt/Abt. L Nr. 33 406/40 g.K.Chefs., 13.12.1940, Weisung Nr. 20: Untemehmen Marita, in Hubatsch, *Weisungen*, 81-83; the quote is on page 82.

40 OKW/WFSt/Abt.L (I Op) Nr. 44 379/41 g.K. Chefs., 27.3.41, Weisung Nr. 25, in ibid., 106-8 참조.

41 OKW/WFSt/Abt.L Nr. 44395/41 g.K.Ch., 3.4.41, in ibid., 108-11; 인용은 109쪽. 할더는 애석해하며 헝가리군이 독일군 지휘하에 들어오지 않으려 한다는 사실을 기록했다. Halder KTB, 2:342 (Apr. 3, 1941), "OQu IV teilt mit ..." 참조.

42 OKW/WFSt/Abt.L (I Op-IV/Qu) Nr. 44 900/41 g.K. Chefs., 9.6.41, in Hubatsch, *Weisungen*, 122-25.

43 Vogel, "Eingreifen auf dem Balkan," DRZW, 3:488.

44 Halder KTB, 2:433 (May 28, 1941); August Winter and others, "The German Armed Forces High Command, OKW (Oberkommando der Wehrmacht): A Critical Historical Study of Its Development, Organization, Missions and Functioning from 1938 to 1945" (MS #T-101), in *World War II German Military Studies: A Collection of 213 Special Reports on the Second World War Prepared by Former Officers of the Wehrmacht for the United States Army*, ed. Donald Detwiler, assoc. ed. Charles B. Burdick and Jürgen Rohwer (New York: Garland, 1979) (이후로는 GMS), 3: chap. Bla, 28. 독일군은 자신들의 계획이 시간 단위까지 정확하게 영국군에게 알려지면서 더욱 큰 어려움을 겪었다.

45 OKW/WFSt/Abt. L Nr. 44018/41 g.K. Chefs., 11.1.41, Weisung Nr. 22: Mithilfe

deutscher Kräfte bei den Kämpfen im Mittelmeerraum; and OKW/WFSt/Abt.L (I Op) Nr. 44075/41 gK. Chefs., ?.2.41, Betr.: Verhalten deutscher Truppen auf italienischen Kriegsschauplätzen, in Hubatsch, *Weisungen*, 93-95,99-100; OKW KTB, 1:321; Seaton, *German Army*, 154-55.

46 Halder KTB, 2:272 (Feb. 7, 1941); Seaton, *German Army*, 155.

47 Halder KTB, 2:272 (Feb. 7, 1941). 파울루스는 1940년 9월 3일부터 OQu I로 근무했다.

48 Siegfried Westphal, *The German Army in the West* (London: Cassell, 1951), 144; Seaton. *German Army*, 197; Warlimont, *Hauptquartier*, 210.

49 Waldemar Erfurth, *Die Geschichte des deutschen Generalstabes von 1918 bis 1945*, 2d ed. (Göttingen: Musterschmidt, 1960), 253, 257-58.

50 Oberkommando der Wehrmacht, WFSt/Abt. L (IV/Qu) Nr. 44125/41 g.K. Chefs., 13. März 1941, Richtlinien auf Sondergebieten zur Weisung Nr.21 (*Barbarossa*), in Hubatsch, *Weisungen*, 88-91

51 Hartmann, *Halder*, 242.

52 *Hauptquartier*, 228.

53 Walter Görlitz, ed., *The Memoirs of Field Marshal Keitel*, trans. David Irving (NewYork: Stein & Day, 1966), 129, 141, 146; Winter and others, "Armed Forces High Command," 3: chap. Bla, 31-32; Helmuth Greiner, "OKW, World War II" (MS #C-065b), 8, in GMS, vol. 7.

54 Letter from Lossberg to Wilhelm-Ernst Paulus, Sept. 7, 1956, in Lossberg papers, BA-MA N 219, vol. 5.

55 Johann Adolf Graf von Kielmansegg, interview by Geoffrey P. Megargee, April 29, 1996, Bad Krozingen, Germany.

56 Warlimont, *Hauptquartier*, 77 참조.

57 BA-MA RH 2/459: "Sonnenblume": Chefsachen and other records of the OpAbt, from Jan. 41 to March 42,' 24.

58 Halder KTB, 2:384 (April 28, 1941); 의사록과 결정사항(육군에 유리한)을 알리는 텔레타이프 메시지는 다음 문헌으로 보존되어 있다. National Archives and Records Administration, National Archives Collection of Captured German War Records Microfilmed at Alexandria, Va., Microfilm Publication (NAMP) T-77 (Records of Headquarters, German Armed Forces High Command), roll 1429, frame 842.

59 Ferdinand Prinz von der Leyen, *Rückblick zum Mauerwald: Vier Kriegsjahre im OKH* (Munich: Biederstein, 1965), 15.

60 OKW KTB, 1:15 (Aug. 8, 1940).

61 Keitel papers, BA-MA N 54, 5:76. 카이텔은 7월 19일에 육군 원수로 진급했다. 다른 진급자들은 다음과 같다. 요들은 육군 중장으로 룬트슈테트와 보크, 레프(프랑스 전역 당시 군사령관)는 육군 원수로, 할더는 육군 대장으로 진급했으며, 괴링은 제국 원수가 됐는데, 이것은 히틀러가 임시로 제정한 계급이다.

62 Hartmann, *Halder*, 210. 불행하게도 할더의 반응에 대해서는 기록이 남아 있지 않다.

63 독일군의 최초 유고슬라비아 침공계획은 다음을 참조. Creveld, *Hitler's Strategy*, 145.

64 OKW KTB, 1:368 (27.3.1941); Hillgruber, *Hitlers Strategie* Appendix 7, Hitler's itinerary from Sept. 1, 1939, to Dec. 12, 1941,687; Halder KTB, 2:330-31.

65 호이징거는 1940년 10월 1일 그라이펜베르크로부터 작전과장 직책을 인계받았다.

66 Halder KTB, 2:331-37 (Mar. 28-30, 1941).

67 Ibid., 2:331 (Mar. 28), 338-40 (Mar. 31-Apr. 2); OKW KTB, 1:369 (Mar. 28), 370(Mar. 29), 371(Mar. 31), 374(Apr. 1); Hubatsch, *Weisungen*, 108-10.

68 Creveld, *Hitler's Strategy*, 145.

● 6장 군사정보와 동쪽을 향한 공격계획

1 이와 함께 몇 가지를 미리 경고해두고자 한다. 여기서는 여전히 전략적, 작전적 의사결정 과정에 초점을 맞춘다. 최고사령부 내의 전투지원 기능을 검토하는 작업은 쉽게 방첩과 자원 및 인력 할당 · 무기 구매 · 과학 연구 · 민군 관계와 같은 영역으로 가지를 치게 될 수 있다. 그런 분야들도 그 자체로 중요하기는 하지만 이번 연구의 목적에는 적합하지 않다.

2 Franz Halder, "Der Komplex OKH-OKW," in the Halder papers, BA-MA N 220/95, 36,46-47.

3 Adolf Heusinger, interrogation by U.S. Army Intelligence, February 1, 1946, unpublished.

4 Heinz Guderian, *Erinnerungen eines Soldaten* (Heidelberg: Kurt Vowinckel, 1951), 128.

5 Franz Halder, *Kriegstagebuch: Tägliche Aufzeichnungen des Chefs des Generalstabes des Heeres 1939-1942*, ed. Arbeitskreis für Wehrforschung, Stuttgart (Stuttgart: Kohlhammer, 1962) (이후에는 Halder KTB), 2:46.

6 General a.D. Ulrich dc Maizière, interview by the author, Bonn, Germany, May 25, 1996.

7 Walter Görlitz, ed., *Generalfeldmarschall Keitel: Verbrecher oder Offizier? Erinnerungen, Briefe, Dokumente des Chefs OKW* (Göttingen: Musterschmidt-Verlag, 1961), 242-45; Andreas Hillgruber, "Noch einmal: Hitlers Wendung gegen die Sowjetunion 1940," Geschichte in Wissenschaft und Unterricht 33 (1982): 223.

8 Halder KTB, 2:261 (Jan. 28, 1941).

9 Hillgruber, "Noch einmal," 220. 히틀러는 1940년 6월 25일에 카이텔에게 그런 말을 했다.

10 Halder KTB, 2:6. 할더의 동기가 바로 이것이라는 추측이 여전히 우세하다. Ernst Klink, in "Die militärische Konzeption des Krieges gegen die Sowjetunion: 1. Die Landkriegführung," in Das Deutsche Reich und der Zweite Weltkrieg, ed. Militärgeschichtliches Forschungsamt (Stuttgart: Deutsche Verlags-Anstalt, 1979-90) (hereafter: DRZW), 4:207. 이 문헌들은 할더와 그라이펜베르크 모두 러시아의 패배가 영국에게서 승리에 대한 마지막 희망마저 빼앗을 것이라는 가정에서 출발했다고 말한다. KTB에는 이런 결론을 지지하는 내용이 없지만, 히틀러는 그런 개념을 이미 한 주 전에 브라우히치에게 언급한 적이 있었다. 어쨌든 할더의 논평은 7월 30일 그와 브라우히치가 함께 도달했던 결론과 양립하기 어렵다. 가장 그럴듯한 해석은 이 시점(7월 3일)까

지 할더는 영국이 곧 붕괴될 것이고, 그 이후 독일은 소비에트연방을 상대하게 될 것이라고 가정했다는 것이다. 어쨌든 그와 그라이펜베르크 사이의 논의는 할더가 러시아와의 전역이라는 개념을 거부하지는 않았다는 사실을 암시한다. 다음을 참조하라. Andreas Hillgruber, *Hitlers Strategie: Politik und Kriegsführung 1940-41* (Frankfurt am Main: Bernard & Graefe, 1965), 210-12.

11 Klink, "Landkriegführung," 216 참조.

12 Guderian, *Erinnerungen*, 128. 구데리안은 그가 자신의 참모장을 OKH로 보내 이의를 제기했다고 주장하지만 그의 주장을 증명해주는 문서는 존재하지 않는 것처럼 보인다. 또한 구데리안은 여러 차례에 걸쳐 소련군을 낮게 평가하는 의견을 밝힌 적이 있었다.

13 이어지는 개략적 설명은 다음 문헌에서 발췌한 것이다. Klink, "Landkriegführung," DRZW, 4:207-37.

14 Walter Warlimont, *Im Hauptquartier der deutschen Wehrmacht 1939-1945: Grundlagen, Formen, Gestalten* (Frankfurt am Main: Bernard & Graefe, 1962), 126.

15 Klink, "Landkriegführung," DRZW, 4:230-33.

16 OKW의 정보기관에 대한 임무 설명과 조직도는 다음 문헌에 실려 있다. "Kriegsspitzengliederung des Oberkommandos der Wehrmacht, Heft 1, Ausgabe 1.3. 1939," in Percy Ernst Schramm, ed., *Kriegstagebuch des Oberkommandos der Wehrmacht (Wehrmachtführungsstab)* (Munich: Manfred Pawlak, 1982) (hereafter: OKW KTB), 1:884-87, 901-2; David Kahn, *Hitler's Spies: German Military Intelligence in World War II* (New York: Macmillan, 1978), 47. 칸Kahn의 연구는 독일 정보기관 분야에서 가장 완벽한 것이지만 그 질이 일정하지 않으며, 게다가 그는 소수의 역사적 사례만 분석했을 뿐이다. 뛰어난 부가적 분석 내용은 다음을 참조하라. Michael Geyer, "National Socialist Germany: The Politics of Information," in K*nowing One's Enemies: Intelligence Assessment Before the Two World Wars*, ed. Ernest R. May (Princeton, N.J.: Princeton Universty Press, 1984), 310-46; Hans-Heinrich Wilhelm, "Die Prognosen der Abteilung Fremde Heere Ost 1942-1945," in *Zwei Legenden aus dem Dritten Reich* (Stuttgart: Deutsche Verlags-Anstalt, 1974), 7-75.

17 로안 페인Lauran Paine은 이 과가 또한 광범위한 방첩망을 유지하고 있었다고 주장하지만, 불행하게도 그의 작품에는 출처에 대한 언급이 없다. 다음을 참조하라. *German Military Intelligence in World War II: The Abwehr* (New York: Stein & Day, 1984), 10-11.

18 정보국과 방첩과, 외국군사정보과의 내부 업무 방식은 다음 문헌에 있다. "Kriegsspitzengliederung," in OKW KTB 1:916-21.

19 불행하게도 그 기록들은 정보 당국이 특정 조직체계를 다른 것보다 더 선호하게 된 이유를 밝혀주지 않는다. 우리는 단지 반장들이 과장의 감독하에 자기 반에 적합한 체계를 만들어냈다는 사실만 알고 있을 뿐이다. 국장인 카나리스는 아마 각 반의 체계에 대해서는 아무런 간섭을 하지 않았겠지만 아마도 각 과의 조직에 대해서는 발언권을 행사했을 수도 있으며, 분명 정보국의 전반적 구조에 대해서는 그가 승인을 했을 것이다.

20 Gerhard Matzky, Lothar Metz, and Kurt von Tippelskirch, "Army High Command. Organization and Working Methods of the Intelligence Division" (MS #P-041i), 71-72,73-74, in *The German Army High Command, 1938-1945* (Arlington, Va.:

University Publications of America, n.d. Microfilm) (이후로는 GAHC); Kahn, *Hitler's Spies*, 191-93,373-79.

21 일례로 다음을 참조하라. Halder KTB, 2:12 (July 5, 1940). 이 문헌은 당시의 논의 대상이던 러시아와 루마니아 사이의 두 가지 긴장관계를 보여준다.

22 Halder KTB, 2:8-153.

23 예를 들어 10월 8일과 15일, 할더와 에츠도르프의 만남의 경우 두 사람은 브렌네르 고개에서 있었던 히틀러와 무솔리니의 회담에 대해 논의했다. Ibid., 2:129,136.

24 티펠스키르히와 그의 후임인 게르하르트 마츠키 대령의 약력은 다음 문헌에서 볼 수 있다. Kahn, *Hitler's Spies*, 391-92. 마츠키는 1941년 1월 5일 티펠스키르히의 후임으로 부임했다. 할더는 두 사람 모두를 알고 있었을 뿐만 아니라 호감을 갖고 있었다.

25 Matzky and others, "Intelligence Division," GAHC, 6.

26 Günther Blumentritt, "Der 'Oberquartiermeister I' im O.K.H. Generalstab des Heeres" (MS #P-041d, chap. 2, unpublished), 4. 티펠스키르히와 할더 사이의 개별적인 만남은 할더의 일기에 언급되어 있다.

27 Gliederung und Stellenbesetzung der Abteilung O.Qu. IV /Fremde Heere, BA-MA RH 2/1472, 27.

28 Matzky and others, "Intelligence Division," GAHC; page 8.

29 Ibid., 5.

30 Ibid., 9-15; David Thomas, "Foreign Armies East and German Military Intelligence in Russia, 1941-45," *Journal of Contemporary History* 22 (1987): 262.

31 Reinhard Gehlen, *Der Dienst: Erinnerungen, 1942-1971* (Mainz-Wiesbaden: v.Hase & Koehler, 1971), 10.

32 이는 칸이 언급한 내용이다. Kahn, *Hitler's Spies*, 401.

33 Germany, Heer, Heeresdienstvorschrift 92 (H.Dv. 92), *Handbuch für den Generalstabsdienst im Kriege*, Teil I, II, abgeschlossen am 1.8.1939 (Berlin: der Reichsdruckerei, 1939), 18-20.

34 H.Dv. g. 89, *Feindnachrichtendienst*, March 1, 1941, 11-12, quoted in Kahn, *Hitler's Spies*, 400.

35 Kahn, *Hitler's Spies*, 400.

36 Gehlen, *Der Dienst*, 42-43; Matzky and others, "Intelligence Division," GAHC, 42.

37 Gliederung und Stellenbesetzung der Abteilung O.Qu. IV /Fremde Heere, BA-MA RH 2/1472, 6-10. 우리는 독일군의 모든 참모조직이 소규모였다는 사실에 주목해야만 한다. 이 문제는 다음 장에서 좀 더 자세히 검토할 것이다.

38 Gehlen, *Der Dienst*, 43.

39 Hillgruber, "Russland-Bild" 참조.

40 이런 견해에 대해서는 다음을 참조하라. Jürgen Förster, "Hitlers Entscheidung für den Krieg gegen die Sowjetunion," DRZW, 4:23.

41 이런 이미지는 크림 전쟁 이후의 시기까지 거슬러 올라간다. 다음을 참조하라. Hillgruber, "Russland-Bild," 296.

42 Halder KTB, 2:86 (Sept. 3, 1940).

43 Thomas, "Foreign Armies East," 275; Kahn, *Hitler's Spies*, 450-55.
44 Klink, "Landkriegführung," DRZW, 4:197; Wilhelm, "Prognosen," 13-14.
45 John Erickson, *The Soviet High Command: A Military-Political History, 1918-1941* (London: Macmillan, 1962), 506.
46 Halder KTB, 2:86 (Sept. 3, 1940).
47 Kahn, *Hitler's Spies*, 456.
48 Halder KTB, 2:29-30. 이것은 독일의 군부 지도자들이 1940년 12월 히틀러가 훈령 21호를 발령한 후에야 비로서 정보기관에 조언을 구했다는 칸의 주장에 배치된다. 다음을 참조하라. *Hitler's Spies*, 445.
49 Halder KTB, 2:37 (July 26,1940).
50 Hillgruber, "Russland-Bild," 303 참조.
51 Klink, "Landkriegführung," DRZW, 4:219-23; Hillgruber, "Russland-Bild," 299-300.
52 Hillgruber, "Russland-Bild," 305.
53 ibid., 305, 306; Klink, "Landkriegführung," DRZW, 4:198-200; Thomas, "Foreign Armies East," 275-77; Kahn, *Hitler's Spies*, 459.
54 Thomas, "Foreign Armies East," 277-78.
55 Kahn, *Hitler's Spies*, 457-59.
56 David Glantz, *Soviet Military Intelligence in War* (London: Frank Cass, 1990), 44. 글란츠Glantz는 소련이 독일의 공격을 억제하기 위해 독일로 하여금 국경선을 따라 실제보다 더 강력한 붉은 군대가 배치되어 있다고 믿도록 기만전술을 실행했을 수도 있다고 지적했다.
57 Robert Cecil, *Hitler's Decision to Invade Russia* (London: Davis-Poynter, 1975), 121; Hillgruber, "Russland-Bild," 309.
58 Cecil, *Hitler's Decision to Invade Russia*, 121.
59 Klink, "Landkriegführung," DRZW, 4:220.
60 Hillgruber, "Russland-Bild," 300; Klink, "Landkriegführung," DRZW, 4:225.
61 Klink, "Landkriegführung," DRZW, 4:300.
62 Ibid., 226-27.
63 Ibid., 228-29.
64 Ibid., 244; Halder KTB, 2:319 (Mar. 17, 1941). 클린크Klink는 동부전선 외국군사정보과가 할더에게 알리지도 않고 그를 위한 초기 보고서를 준비했다는 인상을 주지만 그랬을 가능성은 별로 없다.
65 Geyer, "Politics of Information," 343 참조.

● 7장 군수와 인사, 그리고 바르바로사 작전

1 Erich von Manstein, *Verlorene Siege* (Bonn: Athenaum, 1955), 305-6.
2 Oberkommando der Wehrmacht 11 b 10 WFSt/Abt.L (II) 2750/40 geh., 4.11.40, in BA-MA RW 19/686, 19.
3 Percy Ernst Schramm, *Kriegstagebuch des Oberkommandos der Wehrmacht(*

Wehrmachtführungsstab) (Manfred Pawlak, 1982) (B OKW KTB), 1:144, "146 (Nov. 1,1940), 149 (November 4,1940).

4 이후로 '육군 장비부장 겸 보충군사령관' 은 간단히 보충군 사령관으로 표기한다.

5 바그너는 1940년 10월 1일 자로 육군 중장 오이겐 뮐러Eugen Müller로부터 병참감의 지위를 인계받았다. 그전까지 바그너는 뮐러의 참모장이었다. 다음을 참조하라. Franz Halder, *Kriegstagebuch. Tägliche Aufzeichnungen des Chefs des Generalstabes des Heeres 1939-1942*, ed. Arbeitskreis für Wehrforschung, Stuttgart (Stuttgart: Kohlhammer, 1962) (hereafter: Halder KTB), 2:120.

6 Günther Blumentritt, "Der 'Oberquartiermeister I' im O.K.H. Generalstab des Heeres" (MS #P-041d. chap. 2. unpublished). 4.

7 Rudolf Absolon, *Die Wehrmacht im Dritten Reich. Aufbau, Gliederung, Recht, Verwaltung* (Boppard: a.Rh.: Harald Boldt, 1969-95), 5:56-57.

8 August Winter and others, "The German Armed Forces High Command, OKW (Oberkommando der Wehrmacht): A Critical Historical Study of Its Development, Organization, Missions and Functioning from 1938 to 1945" (MS #T-101), in *World War II German Military Studies: A Collection of 213 Special Reports on the Second World War Prepared by Former Officers of the Wehrmacht for the United States Army*, ed. Donald Detwiler, assoc. ed. Charles B. Burdick and Jürgen Rohwer (New York: Garland, 1979) (이후로는 GMS), 3: chap. Blc, 13.

9 Ernst Klink, "Die militärische Konzeption des Krieges gegen die Sowjetunion: 1. Die Landkriegführung," in *Das Deutsche Reich und der Zweite Weltkrieg*, ed. Militärgeschichtliches Forschungsamt (Stuttgart: Deutsche Verlags-Anstalt, 1979-90) (이후로는 DRZW), 4:248.

10 병참감실의 조직을 보여주는 차트는 다음 문헌에 있다. DRZW, 4:250.

11 Winter and others, "Armed Forces High Command," 3: chap. Blc, 13-15.

12 Peter Bor, *Gespädche mit Halder* (Wiesbaden: Limes, 1950), 85-86.

13 Johann Adolf Graf von Kielmansegg, interview by the author, June 14, 1996, Bad Krozingen, Germany.

14 Halder KTB, 2:176; Martin van Creveld, *Supplying War: Logistics from Wallenstein to Patton* (Cambridge: Cambridge University Press, 1980), 150.

15 Wilhelm von Rücker, "Die Vorbereitungen für den Feldzug gegen Russland," in *Der Generalquartiermeister. Briefe und Tagebuchaufzeichnungen des Generalquartiermeisters des Heeres, General der Artillerie Eduard Wagner*, ed. Elizabeth Wagner, (Munich: Günter Olzog, 1963), 313.

16 Creveld, *Supplying War*, 149-51.

17 Ibid., 151-54; Klink, "Landkriegführung," DRZW, 4:252-58; Rücker, "Vorbereitungen," 314-15.

18 Klink, "Landkriegführung," DRZW, 4:234-35.

19 Robert Cecil, *Hitler's Decision to Invade Russia* (London: Davis-Poynter, 1975), 128-29.

20 Absolon, *Wehrmacht*, 5:49.

21 Halder KTB, 2:143. 여기서 내가 사용한 '가진급frocking'은—독일어 '*Charakter-Verleihung*'의 번역어—오늘날 미국 육군에서 생각하는 것과는 약간 의미가 다르다. 여기서는 진급을 할 수 없는 장교가 자기보다 한 단계 높은 계급과 권위를 갖지만 그에 따른 보수나 혜택은 받지 못하는 제도를 의미한다. '잉여장교*Ergdnzungsoffiziere*'는 연령이나 질병, 부상 등의 사유로 일선근무에 부적합한 장교들을 의미한다.

22 OKW KTB, 1:879, 899,907.

23 Jürgen Förster, "Vom Führerheer der Republik zur nationalsozialistischen Volksarmee," in *Deutschland in Europa. Kontinuitdt und Bruch. Gedenkschrift für Andreas Hillgruber*, ed. Jost Dulffer, Bernd Martin, and Günter Wollstein (Frankfurt am Main: Propyläen, 1990), esp. 314.

24 Gerhard Papke, "Offizierkorps und Anciennität," in *Untersuchungen zur Geschichte des Offizierkorps. Anciennitat und Beforderung nach Leistung*, ed. Militärgeschichtliches Forschungsamt (Stuttgart: Deutsche Verlags-Anstalt, 1962), 199, cited in Förster, "Volksarmee," 313.

25 이런 현상을 철저하게 다룬 내용은 다음을 참조하라. Norman J. W. Goda, "Black Marks: Hitler's Bribery of His Senior Officers During World War II," *Journal of Modern History*, forthcoming.

26 "Dienstanweisung für den Chef des Generalstabes des Heeres im Frieden," May 31, 1935, in BA-MA RH 2/195, 31.

27 BA-MA RH 2/238: "Die personelle Entwicklung des GenStdH (1939-1942)," 3. 이 파일은 총참모본부 참모장교의 숫자와 보직에 대한 중앙과의 기록을 포함하고 있다.

28 RH 2/238: "Personelle Entwicklung," 5; Halder, "Leitung," 8-10.

29 Halder, "Leitung," 10-11,15.

30 Ibid., 13-15.

31 Ibid., 16-17.

32 OKH, GenStdH, Op.Abt. Nr. 1110/41 g.Kdos.(IV), 6.6.41, "Neugliederung der Op.Abt. mit Wirkung vom 1.6.1941," in BA-MA RH 2/1520, 186. 이 기록은 또한 이날 이후 육군이 'OKW 전구'에 대한 작전 통제권을 완전히 포기하게 됐다는 사실을 암시한다. 또 다른 장교 집단이 서부유럽과 발칸 반도를 관리했다.

33 다음을 참조하라. David Kahn, *Hitler's Spies: German Military Intelligence in World War II* (New York: Macmillan, 1978), 404. 킬만스에크와 데 메지에르 모두 독일 육군이 전통적으로 참모진을 소규모로 유지했다는 사실을 확인해주었다(각각 6월 14일과 5월 25일에 이루어진 인터뷰를 통해).

34 Absolon, *Wehrmacht*, 5:60-62; Müller-Hillebrand, "Darstellung," 24, 32. 또한 작전과는 육군의 전투력에 대해 광범위한 평가를 수행했는데, 여기서 그들은 육군의 각 사단을 네 가지 등급으로 구분했다. 즉 전비태세 완비 등급과 제한적으로 강력한 공격임무가능 등급, 주요전선 방어 임무와 가벼운 공격가능 등급, 비전투지역 방어가능 등급이 그것이다. 다음을 참조하라. Gen St d H, Org. Abt.fl .St.) Nr.267/39 g.Kdos., 13.12.1939: "Beurteilung des Kampfwertes der Divisional Mitte Dezember 1939,"

in BA-MA RH 2/1520.

35 Klink, "Landkriegführung," DRZW, 4:260-67; van Creveld, *Supplying War*, 150.

36 Halder KTB, 2:422.

37 Klink, "Landkriegführung," DRZW, 4:269-70.

38 Germany, Heer, Heeresdienstvorschrift 300/1 (H.Dv. 300/1), I.Teil, *Truppenführung* (Berlin: E. S. Mittler & Sohn, 1936), 1. 이것은 전적으로 클라우제비츠의 사상과 일치한다.

39 Walther Hubatsch, *Hitlers Weisungen für die Kriegführung 1939-1945: Dokumente des Oberkommandos der Wehrmacht* (Frankfurt am Main; Bernard & Graefe, 1962), 85-86.

40 Klink, "Landkriegführung," DRZW, 4:240-42 참조.

41 Walter Warlimont, *Im Hauptquartier der deutschen Wehrmacht 1939-1945: Grundlagen, Formen, Gestalten* (Frankfurt am Main: Bernard & Graefe, 1962), 194-95.

42 Halder KTB, 3:38-39.

43 Oberquartiermeister I des Generalstabes des Heeres Nr. 430/41 g.Kdos. Chefs., 3.7.41: Vorbereitung der Operationen für die Zeit nach Barbarossa, in BA-MA RH2/ 1520, 217.

44 Halder KTB, 3:107.

45 Lauran Paine, *German Military Intelligence in World War II: The Abwehr* (New York: Stein & Day, 1984), 152; Alan Clark, *Barbarossa: The Russian-German Conflict, 1941-45* (New York: William Morrow, 1965), 111. 총참모본부의 한 장교는 압베르의 기여도를 '미스트Mist(흐릿하다)'라고 묘사했는데, 이는 "아무 쓸모없다"는 의미를 예의 바르게 표현한 것이다.

46 Creveld, *Supplying War*, 155-59.

47 Landesverteidigung-Chef Nr. 441339/41 g.K.Ch., 6.8.1941: Kurzer strategischer Überblick über die Fortführung des Krieges nach dem Ostfeldzug, in BA-MA RM 7/258, 6.

48 Halder KTB, 3:170.

49 이것은 1941년 6월 25일 자 OKW KTB, 1:409-410의 항목에 근거를 두고 있다. 불행하게도 1941년도의 실제 일지가 남아 있는 것은 이날이 마지막이다(이는 공개된 목차와는 다르다).

50 이 대화에 대한 기록은 다음 문헌의 부록에 있다. OKW KTB, 1:1035-36.

51 Halder KTB, 3:15.

52 Ibid., 3:25.

53 Ibid., 3:39.

54 Gyldenfeldt, "Ob.d.H.," 27-29. 다음을 참조하라. Klink, "Landkriegführung," DRZW, 4:248, 여기서는 브라우히치의 시도에 할더가 저항함으로써 작전에 영향을 미치게 되는 내용을 다루고 있다.

55 다음을 참조하라. OKW KTB, 1:1036-37, 1043-44, 1054-55; 마지막 두 부분은 동부전

선의 상황에 대한 국방군 지휘참모부의 조사보고서로 모스크바를 공격해야 한다는 주장을 담고 있다.

56 마르틴 반 크레펠트Martin van Creveld는 7월과 8월, 9월에 중부집단군에 이미 보급 곤란 현상이 발생했음을 고려할 때, 남쪽을 향한 우회작전은 모스크바로의 전진을 기껏해야 1주 내지 2주 이상 지연시키지는 않았을 것이라고 주장한다. 다음을 참조하라. *Supplying War*, 176.

57 Wagner, *Generalquartiermeister*, 207.

58 Ibid., 202 (letter of Sept. 29,1941).

59 Ibid., 204.

60 OKW KTB, 1:1038-40. 그것은 독일군이 러시아 남부 진지로부터 1,600킬로미터 이상을 전진해야 한다는 의미이다.

61 Ibid., 1:1072-73.

62 Wagner, *Generalquartiermeister*, 210.

63 Halder KTB, 3:283. 히틀러 예하 참모들은 4개월 전에 이런 결론에 도달했었다는 사실에 주목해야 하라.

64 오르샤 회의와 그것을 위한 할더의 준비에 대해서는 다음을 참조하라. Ziemke and Bauer, *Moscow to Stalingrad*, 43-46; Earl F. Ziemke, "Franz Halder at Orsha: The German General Staff Seeks a Consensus," *Military Affairs* 39, no. 4 (1975), 173-76; Reinhardt, *Wende*, 139-41.

65 Halder KTB, 3:306 (Nov. 23, 1941); emphasis in the original.

66 할더가 유리한 기상조건을 예상했다는 부분에 대해서는 다음을 참조하라. Reinhardt, Wende, 139-40; Bernhard von Lossberg, *Im Wehrmachtführungsstab. Bericht eines Generaistabsoffiziers* (Hamburg: Nolke, 1950), 138. 모스크바 공격 계획에 대해서는 다음을 참조하라. GenStdH OpAbt (IM) Nr. 1571/41 g.Kdos. Chefs., 12.10.41, in OKW KTB, 1:1070-71.

67 Ziemke and Bauer, *Moscow to Stalingrad*, 47-48.

68 Halder KTB, 3:286.

69 Organisationsabteilung (Ia) Nr. 731/41 g.Kdos. Chef-Sache!, 6.11.41, Beurteilung der Kampfkraft des Ostheeres, in OKW KTB 1:1074-75.

70 Creveld, *Supplying War*, 172-73.

71 Reinhardt, *Wende*, 126-27.

72 Otto Eckstein, "Maschinenschriftliche Aufzeichnung von Oberst a.D. Otto Eckstein über General E. Wagner, seine Arbeitsgebiet Quartiermeisterwesen und den Aufbau seiner Dienststelle," in BA-MA N510/27 (Wagner papers), 19-20.

73 Halder KTB, 3:311.

74 Ziemke and Bauer, *Moscow to Stalingrad*, 50-68; Reinhardt, *Wende*, 202-13.

75 Halder KTB, 3:331.

76 Gerhard Weinberg, *A World at Arms: A Global History of World War II* (New York: Cambridge University Press, 1994), 250, 262; and Weinberg "Why Hitler Declared War on the United States," *MHQ: The Quarterly Journal of Military History* 4, no. 3

(1992): 18-23.

77 Werner Jochmann, ed., *Adolf Hitler. Monologe im Führerhauptquartier 1941-1944. Die Aufzeichnungen Heinrich Heims* (Munich: A. Knaus, 1982), 101 (night of October 21-22, 1941).

78 Halder KTB, 3:136 (July 31, 1941).

79 Ibid., 3:332.

80 Leyen, *Rückblick zum Mauerwald*, 40.

81 Halder KTB, 3:348.

82 Walter Görlitz, ed., *Generalfeldmarschall Keitel: Verbrecher oder Offizier? Erinnerungen, Briefs, Dokumente des Chefs OKW* (Göttingen: Musterschmidt-Verlag, 1961), 287 n. 142. 히틀러가 브라우히치에게 사임을 강요했는지 아니면 뉘른베르크 전범재판 당시 본인이 증언했던 것처럼 12월 7일에 브라우히치가 해임을 요청했는지의 여부에 대해서는 약간의 의문이 존재한다.

83 Warlimont, *Hauptquartier*, 226 참조.

84 Görlitz, *Generalfeldmarschall Keitel*, 317.

85 Christian Hartmann, *Halder: Generalstabschef Hitlers 1938-1942* (Paderborn: Schöningh, 1991), 301-4; Müller-Hillebrand, "Darstellung," 20.

86 Hartmann, *Halder*, 305.

87 Burkhart Müller-Hillebrand, *Das Heer, 1933-1945: Entwicklung des organisatorischen Aufbaues* (Darmstadt: E. S. Mittler, 1954-69), 3:37.

88 Gyldenfeldt, "Ob.d.H.," 46.

89 Görlitz, *Generalfeldmarschall Keitel*, 320.

90 Müller-Hillebrand, *Heer*, 3:37-40.

91 Ulrich de Maizière, *In der Pflicht: Lebensbericht eines deutschen Soldaten im 20. Jahrhundert* (Herford: E. S. Mittler & Sohn, 1989), 70.

92 Weinberg, .*A World at Arms*, 281.

93 Ziemke and Bauer, *Moscow to Stalingrad*, 42.

● 8장 조직의 작동, 한 주간 최고사령부의 일상

1 여기에 요약되어 있는 제1단계 소련군의 반격은 다음 문헌에서 발췌했다. Earl F. Ziemke and Magna E. Bauer, *Moscow to Stalingrad: Decision in the East* (Washington, D.C.: U.S. Government Printing Office, 1987), 65-80.

2 Walther Hubatsch, *Hitlers Weisungen für die Kriegführung 1939-1945: Dokumente des Oberkommandos der Wehrmacht* (Frankfurt am Main: Bernard & Graefe 1962), 171 -74; and Percy Ernst Schramm, ed., *Kriegstagebuch des Oberkommandos dei Wehrmacht (Wehrmachtführungsstab)* (Munich: Bernard & Graefe, 1961-65; Manfred Pawlak, 1982) (hereafter: OKW KTB), 1:1076-82 참조.

3 Ziemke and Bauer, *Moscow to Stalingrad*, 78.

4 OKH, GenStdH, Op.Abt. Nr. 1110/41 g.Kdos.(IV), 6.6.41: Neugliederung dei Op.Abt. mit Wirkung vom 1.6.1941, in BA-MA RH 2/1520, 186-87. 호이징거는 12월

1일에 소장으로 진급했다.

5 작전과 내에서 벌어지는 활동에 대한 이 진술은 다음의 문헌을 참조했다. Johann Adolf Graf von Kielmansegg, interviews by the author, April 29, 1996, Bad Krozingen, Germany; Hans von Greiffenberg, "Die Operationsabteilung des O.K.H. (Generalstab des Heeres)" (MS #P-041e, unpublished), 7.

6 Günther Blumentritt, "Der 'Oberquartiermeister I' im O.K.H. Generalstab des Heeres." (MS #P-041d, chap. 2, unpublished), 4; Kielmansegg interview, April 29. 1996; Franz Halder, "The Chief of the Army General Staff (MS #P-041d, 1952), 10, in *The German Army High Command, 1938-1945* (Arlington, Va.: University Publications of America, n.d., microfilm) (hereafter: GAHC); Alfred Zerbel, "Organization of Army Quartermaster," (MS #P-041b) 1952,2-3, in GAHC. 어떤 사유로 인해 특정 과장이 참석하지 못할 경우, 작전담당 참모차장이 나중에 그에게 브리핑 내용을 알려주었다. 이날 참석자의 명단은 평상시 브리핑에 참석하던 사람들의 명단을 근거로 한 추측이다.

7 Heinz von Gyldenfeldt, "Die oberste Führung des deutschen Heeres (OKH) im Rahmen der Wehrmachtführung. a) Ob.d.H. mit Adjutantur" (MS #P-041c, unpublished), 41-42. 브라우히치는 보통 자신의 주요 보좌관들을 총참모본부 아침 회의 이전과 이후에 만났다.

8 중부집단군은 남쪽에서부터 북쪽의 순서로 2군과 2기갑군, 4군, 9군으로 구성되어 있었다.

9 할더의 활동에 대한 개관은 다음을 바탕으로 했다. Franz Halder, *Kriegstagebuch: Tägliche Aufzeichnungen des Chefs des Generalstabes des Heeres 1939-1942*, ed. Arbeitskreis für Wehrforschung, Stuttgart (Stuttgart: Kohlhammer, 1962), (hereafter: Halder KTB), 3:346-48 (Dec. 15,1941).

10 Halder KTB, 3:347; HGr M KTB, 124.

11 Halder KTB, 3:347; BA-MA RH 19 III/769, Heeresgruppe Nord KTB 1.-31.12.41 (hereafter: HGrNKTB), 88-94; ChefOKW/WFSt/LNr. 442174/41 g.Kdos. Ch., 15.12.41, in BA-MA RH2/1327, Chefsachen "Barbarossa," Sept. 41-Feb.42, 90-91. 이 부분은 다음 문헌으로 발행되었다. OKW KTB1:1083. HGrNKTB는 요들이 브렌네케에게 전화를 건 시각이 오후 7시 2분임을 지적하고 있지만 이 주장은 신빙성이 떨어지는데 왜냐하면 그 순간 카이텔이 레프와 통화하고 있었기 때문이다. 또한 여기에 언급된 명령은 요들이 브렌네케와 통화한 시간을 오후 8시 10분으로 표시하고 있다.

12 HGr N KTB, 92-93; Halder KTB, 3:349; Wilhelm Ritter von Leeb, *Generalfeldmarschall Wilhelm Ritter von Leeb: Tagebuchaufzeichnungen und Lagebeurteilungen aus zwei Weltkriegen*, ed. Georg Meyer, (Stuttgart: Deutsche Verlags-Anstalt, 1976), 418.

13 Halder KTB, 3:348.

14 그가 일상적인 절차를 따랐을 경우 그렇다. 다음을 참조하라. Blumentritt, '"Oberquartiermeister I,"' 5.

15 Bernhard von Lossberg, *Im Wehrmachtführungsstab: Bericht eines Generalstabsoffiziers* (Hamburg: Nolke, 1950), 146-47. 로스베르크는 이 대화를 나누었던 시

기를 명확하게 제시하지 않았다. 그의 책에서는 이 대화가 여기에 제시된 날짜보다 1주일 전의 일이라는 몇 가지 증거들이 보이지만 히틀러의 일정이나 동부전선의 상황과 일치하는 것으로 보이는 유일한 시점은 12월 15일과 16일 사이의 밤이다.

16 Peter Hoffmann, *Hitler's Personal Security* (Cambridge, Mass.: MIT Press, 1979), 234. 호프만Hoffmann의 저서는 '볼프스산체' 의 물리적 형태(사령부 단지와 주변 환경을 묘사하는 세 장의 지도를 포함)와 경비 배치에 대한 좋은 자료를 제공한다.

17 Walter Görlitz, ed., *Generalfeldmarschall Keitel: Verbrecher oder Offizier? Erinnerungen, Briefe, Dokumente des Chefs OKW* (Göttingen: Musterschmidt-Verlag, 1961), 265-66.

18 August Winter and others, "The German Armed Forces High Command, OKW (Oberkommando der Wehrmacht): A Critical Historical Study of Its Development, Organization, Missions and Functioning from 1938 to 1945" (MS #T-101), in *World War II German Military Studies: A Collection of 213 Special Reports on the Second World War Prepared by Former Officers of the Wehrmacht for the United States Army*, ed. Donald Detwiler, assoc. ed. Charles B. Burdick and Jürgen Rohwer (New York: Garland, 1979) (hereafter: GMS), 3: chap. Bla, 60.

19 Warlimont, *Hauptquartier*, 192.

20 Alan Bullock, *Hitler: A Study in Tyranny* (New York: Harper & Row, 1962), 719.

21 Warlimont, *Hauptquartier*, 190.

22 Schott, "Wehrmachtführungsstab," 52-54.

23 Leeb, *Leeb*, 418 (Dec. 16, 1941), 419 (Dec. 17; 이 시점까지 레프는 전날의 사건들을 상세하게 기록했다); HGr M KTB, 98.

24 Der Führer und Oberbefehlshaber der Wehrmacht Nr. 442182/41 g.K.Chefs. WFSt/Abt.L (I Op), 16.12.41, in BA-MA RW 4/677. OKH가 중부집단군에 발송한 명령은 다음 문헌에 있다. BA-MA RH 2/1327, 92-94. OKW KTB, 1:1083. 작전과는 훈령의 원본에서 중부집단군에 해당되는 구절들을 발췌하고, 남부집단군 사령부의 협조가 필요한 경우 남부집단군에 해당하는 부분들을 발췌해서 이 명령서를 작성했다.

25 Heinz Guderian, *Erinnerungen eines Soldaten* (Heidelberg: Kurt Vowinckel. 1951), 238.

26 연락장교의 활용에 대해서는 다음을 참조하라. Winter and others, "Armed Forces High Coir mand," 3: chap. Bla, 57; Warlimont, *Hauptquartier*, 107.

27 HGr M KTB, 129. 3기갑집단과 4기갑집단은 각각 9군과 4군의 예하에 있었다.

28 HGr M KTB, 138. 짐케와 바우어의 저서에서는 명령서의 도착일자가 이 책의 내용과 하루 차이를 보이고 있다. 다음을 참조하라. Ziemke and Bauer, *Moscow to Stalingrad*, 82.

29 Order Nr. 442182/41, 주 24번에 언급된 것과 같다.

30 HGr M KTB, 129-32. 당시 히틀러의 루프트바페 보좌관이었던 니콜라우스 폰 벨로Nicolaus von Below에 따르면, 히틀러는 이날 밤 육군지휘권을 인수하기로 결심했다. 다음을 참조하라. *Als Hitlers Adjutant 1937-45* (Mainz: v.Hase & Koehler, 1980), 298.

31 Winter and others, "Armed Forces High Command," 3: chap. Bla, 32,42; Helmuth Greiner, "OKW, World War II" (MS #C-065b), in GMS, vol. 7; Görlitz,

Generalfeldmarschall Keitel, 269. 히틀러가 받는 브리핑의 일반적 형태에 대해서는 4장을 참조.

32 Halder KTB, 3:350 (Dec. 16,1941). 할더를 비롯해 기타 참모들은 이 명령을 받고 놀라지 않았을 것이다. OKW는 그것을 밤 11시에 OKH로 발송했으며, 따라서 OKH는 정확하게 그것을 검토할 수 있을 만큼만 시간 여유를 가진 뒤 그것을 예하 부대로 발송할 수 있었을 것이다.

33 HGr M KTB, 132-33. 이 시점이 되면 아마 슈문트도 히틀러에게 구데리안의 견해를 전달했을 것이다.

34 Hoffmann, *Security*, 234.

35 Ferdinand Prinz von der Leyen, *Rückblick zum Mauerwald. Vier Kriegsjahre in OKH* (Munich: Biederstein, 1965), 17.

36 BA-MA N 124/17: Aussage C. Kühlein v.23.4.1948, quoted in Christian Hart mann, *Halder: Generalstabschef Hitlers 1938-1942* (Paderborn: Schöningh, 1991), 69.

37 Hartmann, *Halder*, 70.

38 Kielmansegg interview, June 14, 1996.

39 Ibid.

40 Warlimont, *Hauptquartier*, 190.

41 Ibid., 104.

42 Lossberg, *Im Wehrmachtführungsstab*, 122-26; OKW KTB, 1:140E; Below, *Als Hitlers Adjutant*, 282-83 참조.

43 Leyen, *Rückblick zum Mauerwald*, 22-23. 또한 독일군은 임무중심형 업무체계에 거의 접근했던 유일한 군대였다. 예를 들어, 우리는 중령이 소령 밑에서 활동하는 경우도 볼 수 있다. 이 경우 해당 중령은 '운터스텔트*unterstellt*'라기 보다는 '나흐게오르트네트*nachgeordnet*', 즉 실제로 종속 관계가 아니라 어떤 특별 임무를 중심으로 한 배속 관계이다. 아직까지도 세상 어느 나라의 육군에서 그와 같은 업무관계를 도입했다는 이야기는 들리지 않는다.

44 OKW/WFSt/Abt.L (I Op) Nr. 442164/41 gK. Chefs. B., 15.12.41, in BA-MA RW 4/521, 7

45 Chef OKW/WFSt/L Nr. 442174/41 g.Kdos. Ch., 15.12.1941; 주 11번 참조.

46 Generalstab des Heeres/Ausb.Abt.(Ia)/Nr. 3122/41 g, 15.12.41, in BA-MA RH 2/428, 113.

47 호이징거가 파울루스에게 보낸 메모와 파울루스의 응답(같은 종이에 타자로 작성된)은 다음 문헌에 있다. BA-MA RH 2/428, 111.

48 Op IIa Nr. 38195/41 g.Kdos. to HGr D, info BdE/AHA, 16.12.41, in BA-MA RH 2/538, 55.

49 Op IIa to HGrn D & N, 16.12.41, in BA-MA RH 2/538, 53. 비록 하나의 분반에서 이 메시지를 기안하고 발송했지만 호이징거가 거기에 서명을 했다는 사실에 주목해야 한다. 그런 방식으로 그는 참모진의 활동과 외부의 상황전개에 대한 최신 정보를 파악할 수 있었다.

50 1941년 12월 15일에서 17일 사이에 Op.Abt. IIa가 관리하던 차트는 다음을 참조하라.

BA-MA RH 2/531, 70.
51 Halder KTB, 3:349 (December 16).
52 Order Nr. 442182/41; 주 24번 참조.
53 Ibid., 3:351. 이 시점에서 두 사람은 또한 보크를 교체하는 문제를 논의했는데, 이는 그의 건강이 악화되고 있었기 때문이다.
54 Halder KTB, 3:351 (December 17).
55 호이징거와 게르케의 활동에 대해서는 다음을 참조하라. ibid., 3:352.
56 HGr M KTB, 138. 불행하게도 참조 문헌의 기록들은 OKH와 중부집단군이 어떻게 의견 차이를 해소했는지를 보여주지 않는다.
57 이날 시작된 소련의 2단계 공세기간 중 처음 며칠의 상황에 대한 개관은 다음을 참조하라. Ziemke and Bauer, *Moscow to Stalingrad*, 88-97.
58 HGr N KTB, 106; Halder KTB, 3:353.
59 HGr M KTB, 139; Halder KTB, 3:354. 지휘부의 교체는 12월 19일 정오부터 효력을 발휘하게 될 것이다.
60 Halder KTB, 3:353-54.
61 HGr S KTB, 127. 군단은 일부 특수병과 전투지원 병력과 더불어 2개 이상의 사단을 보유하고 있는 사령부이다.
62 Ibid., 127-28,131-32.
63 Oberkommando des Heeres/Gen St d H/Op.Abt.(III) Nr. 1068/41 g.Kdos., 6.6.1941, *Betr.*: Meldungen an OKH, in BA-MA RH 2/459, 94-101.
64 OKH와 전선부대 사이에는 시차가 존재하지 않는다는 점에 주목하기 바란다. 다시 말해, OKH가 아침 8시이면 각 집단군사령부도 아침 8시였다.
65 BA-MA RM 7/271: 1. Sk1 KTB Teil D 1: Lageberichte "Kriegsmarine" an OKW (Bd. 6) 21.7.-31.12.41 and RM 7/772:1. Sk1 KTB Teil D 8 g: Lage Kriegsmarine 1941 für GenStdH Fremde Heere Ost, Bd. 5(1.11.-31.12.1941). 출처에서는 해군이 육군에 통보하는 상황보고서가 동부전선 외국군사정보과로 들어오는 이유를 밝히지 않았다.
66 BA-MA RH 2/479: Lagenberichte der Operationsabteilung, Bd 9 (1.-31.12.41). 불행하게도 이 일지는 의도나 명령에 대한 내용을 포함하고 있지 않다. 이것은 단순히 시간별로 사건을 기록해놓은 것에 불과했다.
67 BA-MA RH 2/734: Lageorientierung Ostfront sowie Beitrag Heer zum Wehrmachtbericht, Bd 1: 23.6.-26.12.41.
68 BA-MA RH 2/614: Lageorientierungen Nordafrika der Operationsabteilung GenStdH (II b).
69 BA-MA RH 2/1498: Lageberichte West Nr.483-578, Juni-Dez. 1941.
70 BA-MA RH 2/1973: Wesentliche Merkmale der Feindlage (Ostfront) 9.12.41-31.1.42.
71 BA-MA RH 2/2094: Starke und Verteilung der sowjetischen Landstreitkräfte-Tägliche Berechnungen des Feindkräfteeinsatzes an der deutschen Ostfront, Bd. 3:1.12.41-31.3.42.
72 BA-MA RH 2/1613: Das Gesamtheer des Britischen Reiches. Verwendungsfähige

Verbände, 1941-44.

73 BA-MA RH 2/1251a/b: Die japanische Wehrmacht, 1941-44, 76.

74 Der Wehrmachtbefehlshaber in den Niederlanden Ic/WPr Nr.52555/41 geh., 16.12.41, Lagebericht für die Woche vom 8.-14.12.41, in BA-MA RW 37/2: Wöchentliche Lageberichte des Wehrmachtbefehlshabers in den Niederlanden, Januar-Dezember 1941, 245.

75 BA-MA RH 2/428: Ops Abt. Chefsachen for late 1941-early 1942, 193.

76 Halder KTB, 3:354.

77 Ibid., 3:355.

78 Peter Bor, *Gespädche mit Halder* (Wiesbaden: Limes, 1950), 214. 표현 자체는 정확하지 않을 수도 있다. 우리가 알고 있는 한 할더는 전쟁이 끝날 때까지 당시 히틀러의 말을 기록해두지 않았다. 하지만 인용문의 취지는 정확하며 이후 히틀러는 행동을 통해 그것을 증명하게 된다.

79 Halder KTB, 3:354-55.

80 BA-MA RH 19 1/258, Anlagen zum KTB HGr Süd, 179.

81 BA-MA RH 19 III/772: Grundlegende Befehle und Weisungen, 27.4.40-17.4.42 참조.

82 Halder KTB, 3:355.

83 호이징거의 문헌에 묘사된 것처럼, 브라우히치의 지위는 호이징거와 길덴펠트Gyldenfeldt 사이의 대화에서 한때 화젯거리가 된 적이 있었다. Heusinge, *Befehl im Widerstreit: Schicksalsstunden der deutschen Armee 1923-1945* (Tübingen: Rainer Wunderlich, 1950), 151-53. 불행하게도 그 진술의 신빙성은 확인이 불가능하다. 호이징거는 의도적으로 자신의 책에 관련 진술들을 모호하게 기록했으며 그것을 입증할 자료도 갖고 있지 않다. 그는 다만 당시 사건들의 분위기를 묘사하고 싶어 했을 뿐이다. 그리고 당연히 그것은 그가 자신의 시각에서 사건을 기술했다는 의미이기도 하다.

84 Warlimont, *Hauptquartier*, 232; Görlitz, *Generalfeldmarschall Keitel*, 269. 이 시기에 할더가 브리핑을 위해 작성한 메모는 그의 개인 서류들 속에 포함되어 있다. 다음을 참조하라. BA-MA N 220/58, Tägliche Aufzeichnungen als Chef des GenStdH, insbesondere zu den Täglichen Lagebesprechungen, zu Besprechungen innerhalb des OKH und zu Fergesprächen; Kommentierte Ausgabe der Historical Division, bearbeitet von Franz Halder und Alfred Philippi, Band 1: Dez 1941 (이후로는 "Halder Notes"). 이 출처는 Halder KTB와 함께 활용할 경우 할더의 활동을 더욱 정확하게 묘사할 수 있는 자료를 제공하는데, 다만 12월 15일에서 19일 사이의 기간에는 KTB에 기록된 것 외에 다른 메모가 남아 있지 않다.

85 Warlimont, *Hauptquartier*, 233; OKW KTB, L138-39E; Kielmansegg interview, April 29, 1996.

86 Warlimont, *Hauptquartier*, 233.

87 Halder KTB, 3:356-59.

88 예를 들면 히틀러가 1941년 12월 24일 국방군 지휘참모부를 통해 OKH에 보낸 총통훈령을 참조하라. 이것은 다음 문헌에 기록되어 있다. OKW KTB, 1:1086. 이후 작전과가 그 훈령을 중부집단군으로 발송했다.

89 다음을 참조하라. OKW/WFSt/ Abt.L(I Op.) Nr. 442217/41 g.K.Chefs., 21.12.1941, in BA-MA RW 4/578, 176; 문서 안에 있는 내용들은 인쇄되어 배포 목록 없이 다음 문헌에 실렸다. OKW KTB, 1:1085-86. 구체적으로 말하자면 각서는 국방군 지휘참모부 국가방위과 육군 작전반의 작품이다. 작전과와 더불어 각서는 일지 담당부서와 루프트바페 작전반, 병참반에도 전달됐는데, 이들은 모두 국가방위과 소속이다.

90 Halder KTB, 3:356.

91 구데리안은 이 면담에 대해 자세한 진술을 남겼다. 다음을 참조하라. *Erinnerungen*, 240-43. 그가 직접 인용한 표현들은 매우 의심스럽지만, 그래도 그것이 격렬한 논쟁이었다는 사실에는 의심의 여지가 없다.

92 Halder KTB, 3:361.

93 HGr M KTB, 165.

94 Halder KTB, 3:362. 클루게는 실제로 정지명령을 내렸다. 이날 작성된 할더의 메모를 참조하라.

95 Ibid., 3:362.

96 Leyen, *Rückblick zum Mauerwald*, 47.

97 HGr M KTB, 172: telephone conversation at 11:00 P.M.

98 Germany, Heer, Heeresdienstvorschrift 92 (H.Dv. 92), *Handbuch für den Generalstabsdienst im Kriege*, Teil I, II, abgeschlossen am 1.8.1939 (Berlin: der Reichsdruckerei, 1939), approved by Halder on August 1, 1939, 14.

99 패튼이 아이젠하워의 결정을 두고 루즈벨트 대통령에게 탄원하는 장면을 생각해보라. 독일군과 미군의 지휘체계가 너무나 다르기 때문에 이런 비교는 그 자체로 멍청한 짓인 것처럼 보인다. 하지만 바로 그것이 내가 하고 싶은 말이다.

100 Elizabeth Wagner, ed., D*er Generalquartiermeister. Briefe und Tagebuchaufzeichnungen des Generalquartiermeisters des Heeres, General der Artillerie Eduard Wagner* (Munich: Günter Olzog, 1963), 202; 강조는 저자가 한 것이다.

101 Ibid., 205.

102 Geoffrey Parker, *The Grand Strategy of Philip II* (New Haven, Conn.: Yale University Press, 1998).

103 참모진의 규모에 대한 문제는 상당한 연구를 요구하는 분야이다. 하지만 현재까지는 그런 연구가 존재하지 않는다.

● 9장 최후의 안간힘, 1942년

1 WFSt/L (I K Op) Nr. 44 2173/41 g.K.Chefs., 14.12.41: Überblick über die Bedeutung des Kriegseintritts der U.S.A und Japans, in BA-MA RM 7/258. 이 평가서는 주로 해군의 작품이다. 그것의 시초가 되는 연구 초안도 파일 속에 같이 들어 있다. 다음을 참조하라. Bernd Wegner, "Hitlers Strategie zwischen Pearl Harbor und Stalingrad," in *Das Deutsche Reich und der Zweite Weltkrieg*, ed. Militärgeschichtliches Forschungsamt (Stuttgart: Deutsche Verlags-Anstalt, 1979-90) (이후로는 DRZW), 6:101-5.

2 베그너Wegner도 같은 내용을 지적했다. "Strategie," DRZW, 6:105 n 39 참조.

3 Franz Halder, *Kriegstagebuch. Tägliche Aufzeichnungen des Chefs des Generalstabes des Heeres 1939-1942*, ed. Arbeitskreis für Wehrforschung, Stuttgart (Stuttgart: Kohlhammer, 1962) (hereafter: Halder KTB), 3:371-72 (Jan. 2, 1942).

4 다음 문헌에 인용되어 있다. Ziemke and Bauer, *Moscow to Stalingrad*, 148.

5 Der Chef des Generalstabes des Heeres Nr.10/42 g.Kdos. Chefs., 17.1.42, Betr.: Beurteilung der Feindlage, in BA-MA RH 2/2582, 46.

6 Oberkommando der Wehrmacht WZ(I) Nr. 4768/41 geh, WFSt (Org.) Nr. 3870/ 41 geh, 14.12.41, in BA-MA RW 4/459, 2.

7 히틀러의 강요에 의해 1942년 1월 1일 부틀라르브란덴펠스가 로스베르크의 뒤를 이었다. 분명 총통은 전임자의 태도를 좋아하지 않았다. 다음을 참조하라. Bernhard von Lossberg, *Im Wehrmachtführungsstab: Bericht eines Generalstabsoffiziers* (Hamburg: Nolke, 1950), 149; Walter Warlimont, *Im Hauptquartier der deutschen Wehrmacht 1939-1945: Grundlagen, Formen, Gestalten* (Frankfurt am Main: Bernard & Graefe, 1962), 231.

8 Warlimont, *Hauptquartier*, 229-31; NOKW 168, 3-4.

9 약간 더 실질적인 변화가 가을에 있었다. 이 시기에 국방군 지휘참모부는 Ic(Feindlage: 적의 상태)를 추가해서 정보를 수집, 평가하게 됐다. 하지만 과장 한 명과 세 명의 장교만으로는 이 부서가 독일군의 정보평가 역량과 관련된 커다란 변화의 상징이 될 수는 없었다. 다음을 참조하라. Schott, "Wehrmachtführungsstab," 77.

10 OKW Az 11 b WZ (I) 17637/41, 8.12.41, Betr.: Schriftverkehr mit den dem OKW nachgeordneten Dienststellen, in BA-MA RW 19/521, 21.

11 Chef OKW Az. B 13 geh 4840/41 WZ (I), 31.12.41, Betr.: Dienstverkehr OKH-OKW, in BA-MA RH 2/156, 29.

12 BA-MA RH 2/821: KTB GenStdH/Organisationsabteilung, Bd. 3: 1.1.-31.7.1942, 173.

13 Der Chef des Oberkommandos der Wehrmacht Nr. 1662/42 geh WFSt/Org (I), 14.5.1942, in BA-MA RW 19/687,96.

14 Bernd Wegner, "Der Krieg gegen die Sowjetunion 1942/43," in DRZW 6:778-79.

15 Wegner, "Krieg 1942/43," DRZW, 6:786-88. 대포의 수에는 대전차포와 대공포의 수도 포함되어 있다.

16 Williamson Murray, *Luftwaffe* (Baltimore, Md.: Nautical and Aviation Publishing Company of America, 1985), 101.

17 Halder KTB, 3:401 n 1.

18 Wegner, "Krieg 1942/43," DRZW, 6:774-77 참조.

19 Halder KTB, 3:422.

20 Reinhard Gehlen, *Der Dienst: Erinnerungen, 1942-1971* (Mainz-Wiesbaden: v.Hase & Koehler, 1971), 17 · 42 · 55~56 참조.

21 동부전선 외국군사정보과는 3월 23일에 인력자원에 대한 평가보고서를 제출했고 OKW의 국방경제 및 병기국은 3월 31일에 소련의 산업 잠재력에 대한 평가보고서를 제출했다. 이 문서들의 자세한 내용과 그들이 미친 영향은 다음을 참조하라. Wegner, "Krieg 1942/43," DRZW, 6:798-815.

22 OKW Nr. 00 956/42-g.Kdos.WFSt/Op., 17.3.42, in BA-MA RM 7/259,143 참조.

23 Percy Ernst Schramm, ed., *Kriegstagebuch des Oberkommandos der Wehrmacht (Wehrmachtführungsstab)* (Munich: Manfred Pawlak, 1982), 2:314. 히틀러는 OKW의 조사보고서를 4월 7일에 처음으로 접했다.

24 이는 Halder KTB의 3월 23일부터 4월 10일까지 내용을 검토한 사실에 근거를 두고 있다.

25 라이헤나우가 뇌졸중을 일으킨 뒤 1월 19일 자로 보크가 남부집단군 사령관이 됐다.

26 Halder KTB, 3:420-21.

27 Der Führer und Oberste Befehlshaber der Wehrmacht OKW/WFSt Nr. 55616/ 42 g.K. Chefs., 5.4.1942, Weisung 41, in Walther Hubatsch, *Hitlers Weisungen für die Kriegführung 1939-1945: Dokumente des Oberkommandos der Wehrmacht* (Frankfurt am Main: Bernard & Graefe, 1962), 183-88; 인용은 184.

28 OKW KTB, 2:316 (April 5, 1942). 사실 국방군 지휘참모부의 1942년 전쟁일지는 사라진 상태이다. 출판된 문헌에서 이 부분은 OKW 전사과의 전쟁일지로 이루어져 있다.

29 지도를 포함해 작전계획에 대한 논의는 다음을 참조하라. Ziemke and Bauer, *Moscow to Stalingrad*, 286-90; also Wegner, "Krieg 1942/43," DRZW, 6:761-62, and map opposite 773; also Manfred Kehrig, Stalingrad: Analyse und Dokumentation einer Schlacht (Stuttgart: Deutsche Verlags-Anstalt, 1974).

30 Hubatsch, *Weisungen*. 187.

31 실제로 이제 작전은 브라운슈바이크Braunschweig라는 이름으로 진행됐는데, 그것은 6월 19일 한 참모장교가 모든 지시사항을 어긴 채, 공격계획의 일부를 소지하고 경비행기에 탔다가 비행기가 항로를 잃으면서 소련 영토에 불시착했기 때문이다. 독일인들에게는 다행스럽게도, 스탈린은 입수된 계획서가 가짜라고 판단하고 무시해버렸다. 그는 독일군이 모스크바를 목표로 공세를 펼칠 것이라고 예상했다. 당연히 이 사건으로 보안에 대한 히틀러의 집착은 더욱 심해졌다.

32 7월 9일에 이미 그는 한 건의 문서를 통해 영국이 대륙을 침공하거나 아니면 정치적 군사적 요인으로서 소련을 상실하는 선택의 기로에 놓이게 될 것이라고 예측했다. 다음을 참조하라. OKW/WFSt Nr. 551213/42 g.Kdos. Chefs., in the Müller-Hillebranc papers, BA-MA N 553/56.

33 7월 9일에 독일은 남부집단군을 A집단군과 B집단군으로 분리했다. 다음을 참조하라. Hubatsch, *Weisungen*, 196-200, for Directive No. 45.

34 Halder KTB, 3:489.

35 Ibid., 3:475.

36 Ibid., 3:493-94.

37 Walter Görlitz, ed., *Generalfeldmarschall Keitel: Verbrecher oder Offizier? Erinnerungen, Briefe, Dokumente des Chefs OKW* (Göttingen: Musterschmidt-Verlag 1961), 305-6. 불행하게도, 그 결과로 발생한 사료적 보물들은 히틀러의 의사를 무시한 한 나치당 관료의 명령으로 전쟁 말기에 소각되어 약 10만 3,000쪽 분량의 사본들 중 극히 일부만이 남았다. 그것들은 다음 문헌으로 출판됐다. Helmut Heiber, ed., *Hitlers Lagebesprechungen: Die Protokollfragmente seiner militärischen*

Konferenzen 1942-1945 (Stuttgart: Deutsche Verlags-Anstalt, 1962). 1964년에는 축약본이 나왔다.

38 Halder KTB, 3:519.

39 1942년 7월 16일부터 11월 1일까지, 히틀러는 우크라이나의 빈니차Vinnitsa 북쪽에 위치한 야전사령부에서 군대를 지휘했다.

40 Görlitz, *Generalfeldmarschall Keitel*, 165 참조.

41 Hartmann, *Halder*, 328-29 참조.

42 크리스티안 하르트만Christian Hartmann의 이야기에 따르면 이것이 사건의 진상이다. 다음을 참조하라. ibid., 331. 아돌프 호이징거는 당시의 설전을 목격하고 그것을 자신의 저서에 기록했다. *Befehl im Widerstreit Schicksalsstunden der deutschen Armee 1923-1945* (Tubingen: Rainer Wunderlich 1950), 200-201. 하지만 그는 히틀러의 마지막 말을 왜곡했는데, 이는 할더가 전투 중 부상을 입은 적이 없다는 사실이 공개되는 것을 그 자신이 꺼렸기 때문이다. 따라서 히틀러의 마지막 발언은 게르하르트 엥겔 소령의 다음 문헌에서 나온 것이다. Gerhard Engel, *Heeresadjutant bei Hitler, 1938-1943: Aufzeichnungen des Majors Engel*, ed. Hildegard von Kotze (Stuttgart: Deutsche Verlags-Anstalt, 1974), 125, entry dated Sept. 4, 1942.

43 킬만스에크와의 인터뷰, 1996년 4월 29일, Bad Krozingen, Germany.

44 Halder KTB, 3:519.

45 Halder KTB, 3:524.

46 Ibid., 3:528; Görlitz, *Generalfeldmarschall Keitel*, 309.

47 킬만스에크와의 인터뷰, 1996년 4월 29일. 불행하게도 킬만스에크는 히틀러가 정확하게 어떻게 말했는지 기록해놓지 않았다. 할더를 예비역으로 전역시키고 그의 자리에 차이츨러를 임명하는 명령에 대해서는 다음을 참조하라. BA-MA RH 2/157, 48.

48 Hartmann, *Halder*, 335-36.

49 Ibid., 336.

50 1951년 8울 6일 귄터 블루멘트리트Günther Blumentritt에게 보낸 편지, the Halder papers, BA-MA N 220/8. 할더는 이어서 이렇게 적었다. "하지만 인간의 피를 부르는 독일의 저 상무주의가 다시 한 번 노력을 해보지 않고는 당연히 그 어떤 독일 병사도 외국인에게 그런 답을 줄 수 없다."

51 지금까지 이야기에 대립되는 관점에서는 할더가 전쟁에서 승리할 수 없다고 판단했기 때문에 해임을 당하기 위해 공작을 펼쳤다고 한다. 이런 관점에 대해서는 다음을 참조하라. Wegner, "Krieg 1942/43," DRZW, 6:954-56.

52 Albert Seaton, *The German Army, 1933-45* (London: Weidenfeld & Nicolson, 1982), 193. 슈문트는 1941년 12월 1일에 가진급이 되었고 1942년 1월 1일에 준장으로 진급했다.

53 Görlitz, *Generalfeldmarschall Keitel*, 308-9; Warlimont, *Hauptquartier*, 271.

54 할더는 블루멘트리트의 출발과 그 목적을 일기에 기록했다. Halder KTB, 3:524. 블루멘트리트는 1942년 1월에 작전담당 참모차장에 취임했으며 그때 파울루스는 청색 사태를 위해 6군 사령관으로 부임했다.

55 이것은 차이츨러 본인의 진술이다. Zeitzler papers, BA-MA N 63/18.

56 별명에 대한 정보를 제공하고 이어서 차이츨러가 '마우어발트'에서 총참모본부 참모장교들과 처음 만나던 장면을 설명해준 사람은 바로 킬만스에크이다. 1996년 4월 29일 인터뷰.

57 BA-MA RH 2/157, 50; emphasis in original.

58 Ulrich de Maizière, *In der Pflicht: Lebensbericht eines deutschen Soldaten im 58. Jahrhundert* (Bonn: E. S. Mittler & Sohn, 1989), 79-80 참조. 퇴역장성인 데 메지에르와 킬만스에크 모두 각각 1996년 5월 25일과 4월 29일에 있었던 인터뷰에서 차이츨러에 대한 귀중한 배경 정보를 제공해주었다.

59 Walter Görlitz, *Der deutsche Generalstab: Geschichte und Gestalt 1657-1945* (Frankfurt am Main: Verlag der Frankfurter Hefte, 1950), 596. 불행하게도 괴를리츠는 이 주장을 증명할 증거를 제공하지 않았다.

60 Waldemar Erfurth, *Die Geschichte des deutschen Generalstabes von 1918 bis 1945*, 2d ed. (Göttingen: Musterschmidt, 1960), 233; Zeitzler papers, BA-MA N 63/99, 78.

61 Erfurth, *Geschichte*, 233.

62 OKH, Der Chef d Gen St d H, Org. Abt. (II), Nr.9900/42 geh., 8.10.42, Grundlegender Befehl Nr. 1 (Hebung der Gefechtsstärke), in BA-MA RH 2/2919, 5. 전후 호이징거는 히틀러가 참모 규모의 축소를 명령했다고 진술했다. 이것은 1946년 2월 5일 미국 유럽전구 사령부의 군사정보지원 본부에서 수행한 심문 내용에 포함되어 있다.

63 Der Chef d Gen St d H, Az. 12 G Z (13), Nr. 3753/42 geh., 14.10.42, Bezug: O.K.H. Der Chef des Gen St d H / Org.Abt. (II), Nr. 9900/42 geh. vom 8.10.42., Betr.: Verringerung der Iststarken, in BA-MA RH 2/2919, 16.

64 1942년 10월 1일 자 총통훈령. BA-MA RH 2/2919, 3.

65 Dermot Bradley and Richard Schulze-Kossens, eds., *Tätigkeitsbericht des Chef des Heerespersonalamtes General der Infanterie Rudolf Schmundt, 1.10.1942-29.10.1944* (Osnabrück: Biblio, 1984), 1-2. 두 개의 직책을 수행하는 데 따르는 과중한 업무 부담을 일부 덜기 위해, 슈문트는 육군 인사국 차장의 직책을 신설하고 빌헬름 부르크도르프Wilhelm Burgdorf 준장을 임명했다.

66 BA-MA RH 2/157은 이 문제에 몇 가지 영감을 제공할 수 있는 일련의 문서들을 포함하고 있다. BA-MA RH 2/157, 59-66, 101-110. 이 문서들은 결국 슈문트와 차이츨러가 각자의 권한과 책임에 대해 합의에 이르는 한 편의 각서로 종결된다.

67 Oberkommando des Heeres Az. 12 / P A / Gen St d H / G Z (I1) Nr. 4310/4:2 geh., 14.11.1942, in BA-MA RH 2/471b, 79-80.

68 Bradley and Schulze-Kossens, *Schmundt*, 2-4. 1942년 10월 초에 복무 중인 장교들 중 대략 7명 중 한 명이 정규군 장교이고 나머지는 예비역이었다.

69 Ibid., 4-5.

70 Bradley and Schulze-Kossens, *Schmundt*, 8 (Oct. 9, 1942); Stumpf, *Wehrmacht-Elite*, 329. 히틀러는 말이 점점 줄어들고 있는 중에도 그와 같은 변화를 논의했다. 다음을 참조하라. Max Domarus, *Hitler: Reden und Proklamationen 1932-1945* (Würzburg Schmidt, Neustadt a.d. Aisch, 1962-63), 2:1922. 그 결정의 배경이 되는 부

분적인 이유 중 하나는 그저 장교 수요를 감당할 수 있을 만큼 중등교육 이수자들의 수가 많지 않다는 현실 때문이었다.

71 Bradley and Schulze-Kossens, *Schmundt*, 6.

72 Ibid., 25; Stumpf, *Wehrmacht-Elite*, 328-29.

73 Stumpf, *Wehrmacht-Elite*, 328.

74 Rudolf Absolon, *Die Wehrmacht im Dritlen Reich. Aufbau, Gliederung, Recht Verwaltung* (Boppard: Harald Boldt, 1969-95), 6:505.

75 Stumpf, *Wehrmacht-Elite*, 329; Bradley and Schulze-Kossens, *Schmundt*, 16.

76 Förster, "Volksarmee," 318.

77 Stumpf, *Wehrmacht-Elite*, 330-31.

78 Ferdinand Prinz von der Leyen, *Rückblick zum Mauerwald: Vier Kriegsjahre im OKH* (Munich: Biederstein, 1965), 23.

79 Leyen, *Rückblick zum Mauerwald*, 78-79.

80 ibid., 80-81 참조.

81 Görlitz, *Generalfeldmarschall Keitel*, 309.

82 Zeitzler papers, BA-MA N 63/18, 49-50.

83 Zeitzler papers, BA-MA N 63/15, 66; Zeitzler, "Critique," in GAHC, 47-48.

84 Warlimont, *Hauptquartier*, 272-73.

85 카이텔은 이런 일이 '자주' 발생했다고 진술했다. (Görlitz, *Generalfeldmarschall Keitel*, 309).

86 실제로는 그라이너Greiner나 바를리몬트, 카이텔이 생각하는 것처럼 이런 전개가 그렇게 갑작스럽지는 않았다. 예를 들어, 1942년 12월 1일 저녁 브리핑에서 요들과 히틀러는 러시아 남부의 상황에 대해 깊게 논의했다. 불행하게도 어떤 주의 깊은 분석을 시도하기에는 너무나 적은 양의 속기록만이 남아 있다.

87 Hans von Greiffenberg, "Die Operationsabteilung des O.K.H. (Generalstab des Heeres)" (MS #P-041e, unpublished), 9, and tables 4 and 5.

88 다음 문헌의 검토 결과에 근거를 두고 있다. Hubatsch, *Weisungen*.

89 다음 문헌에서 이 기간에 발령된 훈령을 보면 변화가 분명하다. Hubatsch, Weisungen.

90 *Operationsbefehl Nr. 1*, as above, in BA-MA RH 2/470,40.

91 OKH/Chef d GenStdH/Op Abt (I) Nr.420858/42 g.Kdos.Chefs., H.Qu.OKH, 23.10.42:1. *Ergänzung zum Operationsbefehl Nr. 1*, in BA-MA RH 2/470, 51.

92 이 중차대한 시기에 독일군 정보기관의 실패에 대해서는 다음을 참조하라. Hans-Heinrich Wilhelm, "Die Prognosen der Abteilung Fremde Heere Ost 1942-1945," in *Zwei Legenden aus dem Dritten Reich* (Stuttgart: Deutsche Verlags-Anstalt, 1974), 47-48; David Glantz, *Soviet Military Deception in the Second World War* (London: Frank Cass, 1989), 108-19.

93 Maizière, *In der Pflicht*, 80-81; BA-MA RH 2/824: KTB GenStdH/ Org.Abt., Bd 4: 1.8.-31.12.42, 85.

94 Engel, *Heeresadjutant*, 132 (Oct. 22,1942).

● **10장 내분에 빠진 사령부, 1943년 1월부터 1944년 7월**

1 Ernst Klink, *Das Gesetz des Handelns: Die Operation "Zitadelle" 1943* (Stuttgart: Deutsche Verlags-Anstalt, 1966), 32.

2 이것은 독일군의 통신문을 도청하는 연합군의 능력이 중요한 결과를 초래했던 많은 영역들 중 하나이다.

3 이 문서의 내용과 그에 대한 분석은 다음을 참조하라. Jürgen Förster, "Strategische Überlegungen des Wehmachtführungsstabes für das Jahr 1943," in *Militärgeschichtliche Mitteilungen* 13/1(1973); 95-107.

4 그 조사보고서가 동부전선을 언급하고 있다는 자체가 흥미롭다. 이것은 동부전선의 근본적인 전략에 대해 요들이 개입을 시도한 마지막 사례이다.

5 베른트 베크너[Bernd Wegner] 박사는 이 간결한 평가('반드시' 대 '어떻게')를 다음에서 발표했다. Militärgeschichtliches Forschungsamt's (MGFA) international academic conference "Die Wehrmacht: Selbstverstandnis, Professionalitat, Vcrantwortlichkeit," Potsdam Germany. Sept. 8-11, 1997.

6 이것은 편제과의 통계치 집계에서 나온 것이다. 다음을 참조하라. Percy Ernst Schramm, ed., *Kriegstagebuch des Oberkommandos der Wehrmacht (Wehrmachtführungsstab)* (Munich: Manfred Pawlak, 1982) (이후로는 OKW KTB), 2:95.

7 OKW KTB, 3:130-33.

8 치타델레 작전의 계획과 실행에 대한 세밀한 검토 결과를 보려면 다음을 참조하라. Klink, *Gesetz.* 클린크의 일부 광범위한 결론은 의문의 여지가 있다. 전반적으로 그는 히틀러에게 너무나 많은 비난을 가하면서 장성들에게는 너무나 많은 재능과 총통에게도 기꺼이 반대할 수 있는 용기를 부여했다.

9 이것은 다음 문헌에 실려 있는 해석이다. Klink, *Gesetz,* 58. 실제로 누가 무엇을 하라고 경고했는지를 밝히기는 곤란하다. Albert Seaton, *The German Army, 1933-45* (London: Weidenfeld & Nicolson, 1982), 204. 이 문헌은 차이츨러가 공격하는 쪽을 선호했고 요들과 구데리안은 서부전선에 사용할 병력을 원한 것으로 말하고 있지만 아무런 증거도 제시하지 않았다. 그의 회고록이 신뢰할 만하다면, 하인츠 구데리안은 1943년에 모든 대규모 공격을 반대했다. 다음을 참조하라. *Erinnerungen eint Soldaten* (Heidelberg: Kurt Vowinckel, 1951), 270. 히틀러는 구데리안을 복귀시켜 기갑총감에 임명했다. 본문 아래의 내용을 참조하라.

10 OKH/GenStdH/OpAbt Nr. 430 163/43 g.Kdos./Chefs., 13.3.43, in Klink, *Gesetz,* 277-78.

11 Ziemke, *Stalingrad to Berlin,* 131-32.

12 OKW KTB, 3:77 (Jan. 27, 1943).

13 Ibid., 3:140-41 (Feb. 18, 1943).

14 이탈리아 측의 요청에 대해서는 다음을 참조하라. Dermot Bradley and Richard Schulze-Kossens, eds., *Tätigkeitsbericht des Chefs des Heerespersonalamtes General der Infanterie Rudolf Schmundt,* 1.10.1942-29.10.1944 (Osnabrück: Biblio, 1984), 47 (Feb. 22, 1943).

15 OKW/WFSt/Op Nr. 661055/43 gKdos - Chefsache, 12.5.1943, in OKW KTB 3:1429.

16 Ibid., 3:763-64 (July 9, 1943).

17 Oberkommando des Heeres GenStdH/Org.Abt.(I) Nr. 1002/43 g.K.Chefs., 6.2.1943, Betr.: Personal-und Materialplanung des Heeres 1943, in ibid., 3:1415-17.

18 Ibid., 3:165 (Feb. 27,1943).

19 Bradley and Schulze-Kossens, *Schmundt*, 47 (Feb. 28, 1943). 구데리안은 그와 같은 평가를 자신의 회고록에서는 편리하게 무시해 버렸다.

20 Louis P. Lochner, ed., *The Goebbels Diaries* (New York: Eagle Books, 1948), 474.

21 Dienstanweisung für den Generalinspektor der Panzertruppen, appendix to Burkhart Müller-Hillebrand, "Schematische Darstellung der obersten Führung des deutschen Heeres 1938 bis Kriegsende mit Erläuterungen über organisatorische Beziehungen, Aufgaben und Verantwortlichkeiten der einzelnen Dienststellen des OKH im Laufe der Jahre 1938-1945" (MS#P-041a, unpublished). 구데리안의 영역에서 벗어난 유일한 기갑 전력은 돌격포로 이들은 포병의 통제에 남아 있었다.

22 Guderian, *Erinnerungen*, 266-67. 일부 저자들은 구데리안의 말을 그대로 믿는 경향이 있다. 예를 들면 다음을 참조하라. Matthew Cooper, The German Army, 1933-1945: Its Political and Military Failure (Chelsea, Mich.: Scarborough House, 1990), 454.

23 다음을 참조하라. Burkhart Müller-Hillebrand, "The German Army High Command" (MS #P-041a) 1952(?), in *The German Army High Command 1938-1945* (Arlington, Va.: University Publications of America, n.d. Microfilm) (이후로는 GAHC). 정의된 바에 따르면 구데리안의 역할은 편제과의 영역을 침해하는데, 뮐러힐레브란트는 한때 편제과의 과장이었다.

24 Seaton, *German Army*, 203 참조.

25 다음 문헌 속에 포함된 1943년 9월 3일자 각서. BA-MA RH 2/831: Anlagen zum KTB Org.Abt., Bd. VI 1: 31.8.-15.9.43.

26 다음을 참조하라. Walter Warlimont, *Im Hauptquartier der deutschen Wehrmacht 1939-1945. Grundlagen, Formen, Gestalten* (Frankfurt am Main: Bernard & Graefe, 1962), 347-48; 또한 아래에서 다루고 있는 7월 25일 히틀러의 정오 브리핑은 다음을 참조하라. Helmut Heiber, ed., *Hitlers Lagebesprechungen: Die Protokollfragmente seiner militärischen Konferenzen 1942-1945* (Stuttgart: Deutsche Verlags-Anstalt, 1962), 299-302. 블록(*Hitler and Stalin*, 792) 또한 히틀러가 필요할 경우 동부전선에서 부대를 차출할 준비를 하고 있었다고 언급했지만 출처를 밝히지 않았다. *Hitler and Stalin: Parallel Lives* (New York: Vintage Books, 1993), 792 참조. 바를리몬트는 차이츨러가 부대의 위치와 상태에 대한 정보를 고의로 감추었으며 OKW는 그 부대에 기대를 걸고 있었다고 주장했지만 그 주장에 대한 증거는 존재하지 않는다.

27 이탈리아 전역의 개요를 훌륭하게 정리한 자료는 다음을 참조하라. Dominick Graham and Shelford Bidwell, *Tug of War: The Battle for Italy, 1943-1945* (New York: St. Martin's Press, 1986).

28 1943년 1월 되니츠가 라에더의 후임으로 해군 최고사령관에 취임했다.

29 Hans-Heinrich Wilhelm, "Die Prognosen der Abteilung Fremde Heere Ost 1942-1945," in *Zwei Legenden aus dem Dritten Reich* (Stuttgart: Deutsche Verlags-

Anstalt, 1974), 53-54.

30 Ibid., 54.

31 OKW KTB, 3:759-60 (July 8,1943).

32 Heiber, *Lagebesprechungen*, 299-302.

33 Ibid., 373 (July 26, 1943). 이 경우 차이츨러는 클루게에 반대하며 분명하게 히틀러의 편을 들었는데, 심지어 그것이 OKW에게 부대를 빼앗기게 된다는 것을 의미한다고 해도 그는 마음을 바꾸지 않았다.

34 슈문트와 프롬의 논의에 대해서는 다음을 참조하라. Bradley and Schulze-Kossens, *Schmundt*, 88 (Aug. 17, 1943). 총참모본부에 대한 명령은 다음을 참조하라. OKW KTB, 3:987 (Aug. 22, 1943).

35 OKW KTB, 3:1091 (Sept. 11,1943).

36 Bradley and Schulze-Kossens, *Schmundt*, 97-98 (Sept. 27, 1943).

37 Der Chef des Wehrmachtführungsstabes im Oberkommando der Wehrmacht Nr.662214/43 g.K.Chefs. OKW/WFSt/Op(H), 14.9.43, in BA-MARM7/260,321.

38 OKW KTB, 3:1043, 1131-35, 1168-70, 1209.

39 Ibid, 3:1212 (Oct. 21), 1219-20 (Oct. 25), 1223-24 (Oct. 27).

40 Walther Hubatsch, *Hitlers Weisungen für die Kriegführung 1939-1945: Dokumente des Oberkommandos der Wehrmacht* (Frankfurt am Main:: Bernard & Graefe, 1962), 233-37.

41 BA-MA RH 2/828: KTB GenStdH/Org.Abt., Bd VII: 1.10.-31.12.43, 43 (Nov. 6), 61 (Nov. 18) 참조.

42 OKW KTB 3:1314-15 (Nov. 27, 1943): Bradley and Schulze-Kossens, *Schmundt*, 115-16 참조.

43 독일 육군에는 전투지원 부대에 대해 편견이 만연했다. 베른하르트 크뢰너Bernhard Kroener 박사도 1997년 9월 10일 포츠담에서 열린 MG-FA 컨퍼런스에서 그 점을 지적했다.

44 Bradley and Schulze-Kossens, *Schmundt*, 116; and Ziemke, *Stalingrad to Berlin*, 214-15 참조.

45 KH, Der Chef des GenStdH, Op.Abt./Org.Abt./Gen.Qu. Nr. II/2150/43 g.Kdos., 5.12.1943, in BA-MA RH 2/940, 101-6. Sec also the supplementary orders: Oberkommando des Heeres GenStdH/Org.Abt. Nr. 11/23247/43 geh., 13.12.1943 (BA-MA RH 2/940, 137-38); Oberkommando des Heeres GenStdH/Org.Abt. Nr. 11/ 31139/44 geh., 14.2.1944 (BA-MA RH 2/940, 140-42).

46 OKH, Der Chef des GenStdH, Der Generalinspekteur der Panzertruppen Nr. 2861/43 geh., 7.12.1943, in BA-MA RH 2/940, 172-74.

47 Halder papers, BA-MA N 220/58: Tägliche Aufzeichnungen als Chef des GenStdH, insbesondere zu den Täglichen Lagebesprechungen, zu Besprechungen innerhalb des OKH und zu Ferngesprachen, Dez. 1941, (이후로는 Halder Notes), 111-12. 어쩌면 전후에 추가됐을 수도 있는 추가 메모에서는, 점차적으로 증가하는 거짓 보고는 히틀러가 내리는 어리석은 명령을 미리 회피하기 위한 대응책이라고 기록되어 있다.

48 OKH, Der Chef des Generalstabes des Heeres, Op.Abt. (I) Nr. 11 609/42 geh.,

7.11.42: Grundlegender Befehl Nr.6 (Op Abt) (Aufrichtigkeit und Anstandigkeit der Führung), in BA-MA RH 2/940, 38; 강조는 원문을 따랐다.

49 1945년 11월 14일부터 1946년 10월 1일까지 열렸던 뉘른베르크 국제 전범재판 이전에 주요 전범에 대한 국제 군사재판에서 요들이 한 진술을 참조하라. (Nuremberg: International Military Tribunal, 1947), 15:297-98. 또한 본서 4장 참조.

50 Warlimont, *Hauptquartier*, 106-7; August Winter and others, "The German Armed Forces High Command, OKW (Oberkommando der Wehrmacht): A Critical Historical Study of Its Development, Organization, Missions and Functioning from 1938 to 1945" (MS #T-101), in *World War II German Military Studies: A collection of 213 Special Reports on the Second World War Prepared by Former Officers of the Wehrmacht for the United States Army*, ed. Donald Detwiler, assoc. ed. Charles B. Burdick and Jürgen Rohwer (New York: Garland, 1979) (이후로는 GMS), 3: chap. Bla, 56.

51 위르겐 푀르스터는 1943년부터 이런 관행이 점점 더 약해지기는커녕 더욱 만연했다고 주장한다. 다음을 참조하라. "The Dynamics of *Volksgemeinschaft*: The Effectiveness of the German Military Establishment in the Second World War," in *Military Effectiveness*, ed. Allan R. Millett and Williamson Murray, vol. 3, *The Second World War* (Boston: Unwin Hyman, 1990), 201. 독일군의 고위 지휘관들이 자신의 명령에 대해서 조금이라도 벗어나는 내용의 보고를 받았을 때 보여주는 성향을 고려하면 이것은 별로 신빙성이 없는 것처럼 보인다.

52 OKW KTB. 3:239 (March 24, 1943).

53 Wilhelm, "Prognosen," 21-26 참조. 빌헬름이 지적한 것처럼, 역사가들은 모든 보고서들을 특히 전쟁 마지막 해의 보고서들은 회의적인 시각을 갖고 다루어야만 한다.

54 OKW KTB, 1:1156. 문제의 전령은 비밀 자료를 소지하고 비행기에 탑승하지 말라는 현용 명령에 노골적으로 불복종했다.

55 Zeitzler papers, BA-MA N 63/15, 48 and N 63/99, 103.

56 OKW KTB, 4:113.

57 1943년 중반이 되면, 히틀러는 긴장으로 인해 눈에 띄게 건강이 악화된다. 그는 여러 차례에 걸쳐 격렬한 두통과 팔 떨림, 다리의 마비 증세, 위경련, 불면증, 우울증 등의 증상을 겪었다. 그의 개인 주치의인 모렐Morell 박사는 그에게 호르몬과 스트리크닌, 아트로핀이 함유된 특허약을 처방했다. Bullock, *Hitler and Stalin*, 797-98 참조. 엘렌 기벨스Ellen Gibbels는 히틀러가 파킨슨병을 앓았다고 설득력 있는 주장을 내놓았지만, 그 병이나 그가 먹은 약은 히틀러가 내린 결정에 어떤 의미 있는 수준의 영향을 미치지 못했을 가능성이 높다. "Hitlers Nervenkrankheit: Eine neurologisch-psychiatrische Studie," *Vierteljahrshefte für Zeitgeschichte* 42 (1994): 155-220 참조.

58 Nicolaus von Below, *Als Hitlers Adjutant 1937-45* (Mainz: v.Hase & Koehler, 1980), 329 (Feb. 6, 1943).

59 Walter Görlitz, ed., *Generalfeldmarschall Keitel: Verbrecher oder Offizier? Erinnerungen, Briefe, Dokumente des Chefs OKW* (Göttingen: Musterschmidt-Verlag, 1961), 318, 321-22; Zeitzler papers, BA-MA N 63/15, 67-69. 그와 같은 노력

은 1944년까지 계속 이어졌고 장성들은 자신이 제안한 변화를 히틀러가 받아들이지 않았다고 혹평했다. 하지만 당시 그들은 새로운 지휘 체계가 어떻게 그들에게 승리를 가져다줄 수 있는지를 설명하지 못했던 것이다.

60 Organisationsabteilung Nr. II/12872/43 g.Kdos., 8.10.43, Betr.: Stellung des Chef des Generalstabes des Heeres in der Spitzengliederung der Wehrmacht und Gliederung des Generalstabes des Heeres, in Item OKW/2236, National Archives Microfilm Publication (NAMP) T77, Roll 786, frame 5514286. 그 조사보고서는 우리가 알고 있는 한 최고사령부에 구조적 문제가 있음을 시인하는 최초의 공식 문서였다.

61 Hubatsch, *Weisungen*, 240 참조.

62 OKW KTB 3:1223 참조.

63 Ibid, 3:826 (July 24, 1943); BA-MA RW 4/10: Stellenbesetzung im WFSt, Stand 25.8.1943.

64 Unterlagen für einen Vortrag des Gen.-Obersten Jodl, des Chefs WFStab, vor den Reichs- und Gauleitern über die militärische Lage (Munich, 7 November 1943), in OKW KTB 4:1534-62.

65 OKW KTB 4:1537.

66 Ibid., 4:1560.

67 Ibid., 4:1562.

68 Heiber, *Lagebesprechungen*, 440-41, 444.

69 Bradley and Schulze-Kossens, *Schmundt*, 100 (Oct. 10, 1943), and 101 (Oct 12,1943).

70 Ibid., 55 (Mar. 29, 1943).

71 Ibid., 96 (Sept. 12, 1943).

72 Ibid., 111-12 (Nov. 10, 1943), 115 (Nov. 20, 1943). 대략 이 시기 쯤 몇 명의 육군 원수들이(룬트슈테트, 클라이스트, 롬멜, 부쉬, 만슈타인, 바이크스) 히틀러에게 충성 선언서를 제출했는데, 이는 러시아의 포로가 된 독일군 장교들이 벌이는 선전의 효과를 무력화시키기 위한 조치였다. 선언서는 슈문트의 생각이었다. ibid., 129-30, 131, 134 참조.

73 Arne W. Zoepf, *Wehrmacht zwischen Tradition und Ideologie: Der NS-Führungs offizier im Zweiten Weltkrieg* (Frankfurt am Main: Lang, 1988), 48-52.

74 Zoepf, *NS-Führungsoffizier*, 74-81.

75 Absolon, Wehrmacht, 6:193; Zoepf, *NS-Führungsoffizier*, 104-5.

76 쇠르너의 첫 번째 법령에서 발췌한 것으로 다음 문헌에 인용되어 있다. Müller-Hillebrand, *Heer*, 3:160.

77 Zoepf, *NS-Führungsoffizier*, 99. 최프Zoepf의 연구는 프로그램의 효과성이나 인기 측면에서 불확실한 부분이 많다. 대부분의 경우, 그는 프로그램이 효과는 물론 인기도 없었다고 지적하지만 다른 출처들은 정치 사상교육이 널리 수행됐으며 커다란 영향을 끼쳤다는 사실을 보여준다. 다음을 참조하라. Russell A. Hart, "Learning Lessons: Military Adaptation and Innovation in the American, British, Canadian, and German Armies During the 1944 Normandy Campaign" (Ph.D. diss., Ohio State University, 1997), 344-45.

78 겔렌과 동부전선 외국군사정보과는 소련의 공세 이전부터 공세가 진행되는 동안 일련의 장기적 전망을 내놓았지만, 그들 중 어느 것도 정확하지 않았다. 다음을 참조하라. Wilhelm, "Prognosen," 56-59.

79 집단군 명칭의 변경은 사령부의 변화와 동시에 효력이 발생됐다. 북우크라이나 집단군은 남부집단군이 됐고, 남우크라이나 집단군은 A집단군이 되었다.

80 Weinberg, *A World at Arms*, 617; Williamson Murray, *Luftwaffe* (Baltimore, Md.: Nautical and Aviation Publishing Company of America, 1985), 176-82, 214-18.

81 Der Führer, Oberkommando des Heeres, Gen.St.d.H./Op. Abt.(I) Nr. 2434/44 g.Kdos., 8.3.1944, Führerbefehl Nr. 11 (Kommandanten der festen Plätze und Kampfkommandanten), in Hubatsch, *Weisungen*, 243-50 참조.

82 5월 초, 구데리안과 차이츨러 사이의 적대감은 구데리안이 총참모본부에 대한 비난이라고 간주할 수 있는 몇 가지 소견을 밝히면서 절정에 이르렀다. 두 사람을 화해시켜보려는 노력은 실패로 돌아갔다. 차이츨러는 히틀러에게 불만을 토로한 뒤 만약 총통이 총참모본부의 충성심에 일말의 의구심이라도 갖고 있다면 사임하겠다는 의사를 밝혔다. 하지만 히틀러는 그를 진정시켰다.

83 Heiber, *Lagebesprechungen*, 449

84 OKW KTB, 4:107-9.

85 Ibid., 4:112-15; Ziemke, *Stalingrad to Berlin*, 309-10. 요들의 브리핑을 돕기 위해 국방군 지휘참모부가 작성한 차트는 다음 문헌에 남아 있다. BA-MA RW 4/845: Zustand der Divisionen auf den OKW- Kriegsschauplätzen, Stand: 1.4.-1.7.44. 이것들은 다른 모든 부서들 중 총참모본부의 작전과와 편제과로 바로 전달됐다.

86 Wilhelm, "Prognosen," 60. 소련이 공세를 시작한 지 5일이나 지난 시점에도 동부전선 외국군사정보과는 훨씬 더 남쪽에서 '주공'이 있을 것으로 예상했다.

87 Fernschreiben des Gen.-Feldm.s Rommel, des OB der Heeresgr. B, an Hitler über die Lage an der Invasionsfront in der Normandie (15. Juli), in OKW KTB, 4:1572-73.

88 Besprechung des Führers mit Gen.-Lt. Westphal (ab 9. September Chef des Gen.-Stabs des OB West) und Gen.-Lt. Krebs (ab 5. September Chef des Gen.-Stabs der Heeresgruppe B) in der "Wolfsschanze" (Ostpreussen), in OKW KTB, 4:1633-35; 인용된 부분은 1,634쪽에 있다.

● 11장 파국, 1944년 7월부터 1945년 5월

1 Alan Bullock, *Hitler and Stalin: Parallel Lives* (New York: Vintage Books, 1993), 837. 이 문헌의 833-841쪽은 폭발 음모에 대한 전반적인 내용을 포함하고 있다. 히틀러에 대한 저항운동과 7월 20일 쿠데타 시도에 대한 전면적인 검토는 다음을 참조하라. Peter Hoffmann, *The History of the German Resistance, 1933-1945*, trans. Richard Barry (Cambridge, Mass.: MIT Press, 1977). 이 문헌은 또한 재판 절차에 대해서도 검토를 했지만, 최고사령부에 미친 영향에 대한 정보는 제공하지 않는다.

2 Dermot Bradley and Richard Schulze-Kossens, eds, *Tätigkeitsbericht des Chefs des Heerespersonalamtes General der Infanterie Rudolf Schmundt, 1.10.1942-*

29.10.1944 (Osnabrück: Biblio, 1984), 160 (July 18, 1944).

3 Rudolf Absolon, *Die Wehrmacht im Dritten Reich. Aufbau, Gliederung, Recht, Verwaltung* (Boppard: Harald Boldt, 1969-95), 6:196.

4 Ziemke, *Stalingrad to Berlin*, 335 참조. 구데리안의 지위가 일시적이었다는 사실은 히틀러가 그를 참모총장에 임명하지 않고 총참모본부의 업무를 관리하게만 했다는 사실에서 잘 나타난다. Bradley and Schulze-Kossens, *Schmundt*, 169(July 20, 1944); And Absolon, *Wehrmacht*, 6:196 참조. 히틀러가 구데리안에게 참모총장의 직책을 주지 않았다는 사실은 그 자체로 독일군 지휘체계 내에서 그 직책이 갖는 중요성을 보여주는 증거가 된다.

5 Heinz Guderian, *Erinnerungen eines Soldaten* (Heidelberg: Kurt Vowinckel 1951), 307.

6 전쟁의 마지막 단계에 해당하는 이 순간 구데리안과 다른 군부 지도자들의 역할에 대한 검토는 다음을 참조하라. Heinrich Schwendemann, "Strategie der Selbstvernichtung: Die Wehrmachtführung im 'Endkampf' um das 'Dritte Reich,'" in *Die Wehrmacht: Mythos und realität*, im Auftrag des Militärgeschichtlichen Forschungsamtes, ed. Rolf-Dieter Müller and Hans-Erich Volkmann (Munich: Oldenbourg, 1999), 224-44.

7 Bradley and Schulze-Kossens, *Schmundt*, 186-87 (Aug. 2, 1944). 명예법원은 각 피고에 대해 "증언 청취나 정식 증거, 배심원 판정도 없이" 단지 게슈타포가 제출한 조사 결과 보고서만 보고 판결을 통과시켰다. Hoffmann, *Resistance*, 525.

8 Guderian, *Erinnerungen*, 315.

9 Telex dated Aug. 24, 1944, "An alle Generalstabsoffiziere des Heeres," in B. MARH 1911/203, 128-29. OKH 사령부에서 이 명령을 직접 들은 장교들은 전부터 자신의 무기를 곁에 놔두고 근무해야만 했다. 다음을 참조하라. Müller-Hillebrand, *Heer*, 3:192.

10 Dienstanweisung für den NS-Führungsoffizier beim Chef des Generalstabes des Heeres, 23.8.1944, in BA-MA RH 19 II/203, 141-42.

11 Hoffmann, *Resistance*, 524-34 참조. 체포된 사람들이 모두 유죄판결을 받은 것은 아니었다. 그중에서도 킬만스에크는 증거부족으로 석방됐다.

12 Ferdinand Prinz von der Leyen, R*ückblick zum Mauerwald: Vier Kriegsjahre im OKH* (Munich: Biederstein, 1965), 156.

13 Siegfried Westphal, *Erinnerungen* (Mainz: v.Hase & Koehler, 1975), 265 참조.

14 BA-MA RL 2 I/21: General der Fl. Kreipe, Chef des Generalstabes, 1.8.-28.10.44 (Persönliches Tagebuch, Fotokopie mit Anlagen), 5.

15 Müller-Hillebrand, *Heer*, 3:192. ; BA-MA RH 7/30. 이 문헌은 7월 20일 이후 처형이나 자살, 체포당한 장교들의 명단을 포함한다.

16 조직 개편은 1944년 9월 1일에 효력이 생겼다. Burkhart Müller- Hillebrand, "Schematische Darstellung der obersten Führung des deutschen Heeres, 1938 bis Kriegsende mit Erläuterungen über organisatorische Beziehungen, Aufgaben und Verantwortlichkeiten der einzelnen Dienststellen des OKH im Laufe der Jahre 1938-1945" (MS #P-041a, unpublished), Übersichtsblatt III/2. 구데리안은 조직 재편이 자신의 생각이라고 주장했지만(*Erinnerungen*, 310에서 인용) 킬만스에크는 그것이

호이징거의 생각이었으며 벵크가 실행에 옮겼다고 주장한다. 1996년 4월 29일 인터뷰.

17 1996년 4월 29일 킬만스에크와의 인터뷰.

18 Helmut Heiber, ed., *Hitlers Lagebesprechungen: Die Protokollfragmente seiner militärischen Konferenzen 1942-1945* (Stuttgart: Deutsche Verlags-Anstalt, 1962), 584-609.

19 Heiber, *Lagebesprechungen*, 593 n 1 참조.

20 클루게는 7월 6일 룬트슈테트의 후임으로 서부전구 최고사령관에 취임했다. 룬트슈테트의 해임은 아마 7월 1일의 사건과 관계가 있을지도 모른다. 당시 독일군은 캉Caen에 있는 영국군의 진지를 공격했지만 실패했다. 룬트슈테트가 카이텔에게 공격 실패를 보고했을 때 카이텔은 무기력하게 이렇게 물었다. "이제 어떻게 하지? 이제 어떻게 해야 하지?" 룬트슈테트는 이렇게 대답했다. "바보 같으니라고, 평화협상에 나서야지. 우리가 그밖에 뭘 더 할 수 있겠어?" Richard Brett-Smith, *Hitler's Generals* (London: Osprey, 1976), 35. 히틀러는 총 네 번에 걸쳐 룬트슈테트를 해임하는데 이것이 세 번째 해임이다.

21 Heiber, *Lagebesprechungen*, 620

22 특별히 언급하지 않는 한, 1944년 아르덴 공세의 계획 과정에 대한 개관은 다음 문헌에서 인용한 것이다. Hermann Jung, *Die Ardennenoffensive 1944/45: Ein Beispiel für die Kriegführung Hitlers* (Göttingen: Musterschmidt, 1971), 101-41.

23 Guderian, *Erinnerungen*, 334.

24 9월 16일에 열린 이 회의에 대해서는 다음을 참조하라. Kreipe war diary (BA-MA RL 2 1/21), 21. 룬트슈테트는 9월 5일 모델로부터 서부전구 최고사령관 직책을 인수하는데, 모델은 8월 18일에 클루게의 후임으로 그 자리에 부임했었다.

25 이미 연료부족 현상이 너무나 심각한 수준에 도달했기 때문에 8월 25일 히틀러는 명령을 내려 "의도적이든 아니든 전쟁에 결정적인 역할을 하지 못하는 어떤 용도에 연료를 사용하는 자는 누구든 사보타주를 일으킨 것"으로 간주한다고 선언했다. BA-MA RW 4/458, 2 참조.

26 모델은 이 공격을 집행할 B집단군을 지휘했다. 당시 룬트슈테트의 참모장이었던 지그프리트 베스트팔Siegfried Westphal은 자신의 회고록에서 그 회의에 대해 언급했는데, 그는 회의 날짜를 10월 24일로 기록했다. Westphal, *Erinnerungen*, 290-94.

27 Heiber, *Lagebesprechungen*, 721.

28 Stabsbefehl Nr.20, 24.12.44, BA-MA RW 4/458, 62.

29 구데리안은 텔렉스의 끝에서 헝가리군 최고사령부에 독일군이 원활하게 이동할 수 있도록 철도를 이용한 민간인의 철수를 금지시켜 달라고 요청했다. OKH/GenStdH/Op Abt(I/S) Nr. 13739/44 g.Kdos, 31.12.44, in BA-MA RH 2/317, 204.

30 Bullock, *Hitler and Stalin*, 858.

31 게르하르트 볼트Gerhard Boldt 대위의 말로 다음에 인용되어 있다. ibid, 874.

32 Ulrich de Maizière, *In der Pflicht: Lebensbericht eines deutschen Soldaten im 20 Jahrhundert* (Herford: E. S. Mittler & Sohn, 1989), 104-5. 남아 있는 브리핑 기록의 사본들 중 마지막인 3월 23일 자 사본을 검토한 결과 그것은 데 메지에르가 받은 인상을 입증해주는 것처럼 보인다. Heiber, *Lagebesprechungen*, 922-46 참조.

33 다음을 참조하라. Bullock, *Hitler and Stalin*, 880.

34 3월 19일 자 명령 참조, "Zerstörungsmassnamen im Reichsgebiet," in Walther Hubatsch, *Hitlers Weisungen für die Kriegführung 1939-1945: Dokumente des Oberkommandos der Wehrmacht* (Frankfurt am Main: Bernard & Graefe, 1962), 303.

35 Heiber, *Lagebesprechungen*, 587.

36 Ibid, 588.

37 예를 들어, 1월 27일 정오 브리핑에는 23명의 인원이 그와 합류했다. ibid, 820.

38 Der Führer/Chef OKW/Heeresstab (I) Nr. 1835/44, 15.7.1944.

39 친위대로 권력이 이동하게 되는 현상에 대해서는 다음을 참조하라. Absolon, *Wehrmacht*, 6:200; Müller-Hillebrand, *Heer*, 3:166-67; Albert Seaton, *The German Army, 1933-45* (London: Weidenfeld & Nicolson, 1982), 233. 슈문트는 폭탄 암살 음모 당시 심한 부상을 입었고 10월 1일에 사망했다. 그의 후임자는 빌헬름 부르크도르프 소장으로 그가 고인이 된 자신의 선임자보다 더 뛰어난 것이 있다면, 그것은 나치의 대의명분에 대한 뜨거운 열정이었다.

40 Absolon, *Wehrmacht*, 6:592; Jung, *Ardennenoffensive*, 13.

41 Jung, *Ardennenoffensive*, 12. 심지어 힘러는 1944년 가을에 친위대 공군을 창설하려는 시도도 했지만 괴링의 반대에 부딪쳐 실패했다.

42 OKW/WFSt/OP.(H)/Qu Nr. 00 11325/44 g.K., 19.9.44, in BA-MA RL 2 II/10.

43 Absolon, *Wehrmacht*, 6:225.

44 Jung, *Ardennenoffensive*, 12.

45 Telex: Chef des Generalstabes des Heeres Nr. 4177/44 g.Kdos., 23.11.44, in BA-MA RL 2 II/10: Kriegführung alle Fronten/Verteidigung Reich (Wehrmacht) (Befelhle WFSt., Genst. d.H), 1944-45.

46 Der Führer, *Hauptquartier*, den 25.11.44, in Hubatsch, *Weisungen*, 298-99.

47 Jung, *Ardennenoffensive*, 14.

48 BA-MA RW 4/571: Führerbefehl betr. volle und unverzügliche Berichterstattung, 19.1.45.

49 Schwendemann, "Strategie der Selbstvernichtung," 234-35 참조.

50 Bradley and Schulze-Kossens, *Schmundt*, 174.

51 Arne W. Zoepf, *Wehrmacht zwischen Tradition und Ideologie: Der NS-Führungsoffizier im Zweiten Weltkrieg* (Frankfurt am Main: Lang, 1988), 254.

52 Ibid., 256; Absolon, *Wehrmacht*, 6:512-13. 해당 조항은 10월 1일에 발효됐다.

53 Schwendemann, "Strategie der Selbstvernichtung," 228.

54 OKW/WFSt/Op (H) Siüdost Nr. 0014139/44 g.Kdos., 1.12.44, in BA-MA RH 2/317, 10.

55 Befehl des Chefs OKW betr. Vorbereitungen für die Verteidigurig des Reichs, 19.7.44, in Hubatsch, *Weisungen*, 260-64.

56 Vorbereitungen für die Verteidigung des Reiches, 24.7.44, in ibid., 255-60.

57 OKH/GenStdH/Op Abt/Abt Lds Bef Nr. 60/45 g.Kdos., 10.1.45, in BA-M RL 2 II/10.

58 OKH/GenStdH/Op Abt/Abt Lds Bef (röm 1) Nr. 1 139/45 g.Kdos, 27.1.45, in BA-

MA RL 2 II/10.

59 Guderian, *Erinnerungen*, 346-50; Jodl's diary, in BA-MA RW 4/33, 72: "구데리안이 19:20시에 전화를 걸어 모든 자원을 동부로 돌려줄 것을 긴급하게 요구했다."

60 Guderian, *Erinnerungen*, 347.

61 Ibid., 348-49.

62 Heiber, *Lagebesprechungen*, 752-53 (Dec. 28, 1944).

63 Guderian, *Erinnerungen*, 374-75. 메지에르는 이 논쟁을 목격했다. *In der Pflicht*, 103-04 참조.

64 Schwendemann, "Strategie der Selbstvernichtung," 225.

65 Guderian, *Erinnerungen*, 389.

66 Ziemke, *Stalingrad to Berlin*, 465.

67 Guderian, *Erinnerungen*, 359-60 참조.

68 Fritz Frhr. von Siegler, *Die höheren Dienststellen der deutschen Wehrmacht 1933-1945* (Munich: Institut für Zeitgeschichte, 1953), 12. 지글러는 데 메지에르가 1945년 4월 10일부터 작전과장으로 근무했다고 했지만, 데 메지에르는 공식적으로 그 자리를 맡은 적이 없다고 주장했다. 1996년 5월 25일 인터뷰.

69 다음을 참조하라. Maizière, *In der Pflicht*, 100-102; 1996년 5월 25일 인터뷰. 데 메지에르와 킬만스에크 모두 전후 독일의 군대인 연방군에서 고위 장성의 지위에 올랐다.

70 Leyen, *Rückblick zum Mauerwald*, 177.

71 Maizière, *In der Pflicht*, 102-3.

72 Ibid., 81.

73 Der Chef des Generalstabes des Heeres Az. NSFO No. 750/44 geh. dtd 30.12.44, Betr.: NS-Führung und politisch-weltanschauliche Schulung im H.Qu.OKH, in BA-MA RH 2/1985, 3.

74 Jung, *Ardennenoffensive*, 21.

75 Bullock, *Hitler and Stalin*, 883-84 참조.

76 Oberkommando der Wehrmacht WFSt/Op./Qu 2 Nr. 02147/45 g., 11.4.45, in BA-MA RM 7/850, 54.

77 Der Führer OKW/WFSt/OpNr.88813/45 Gkdos Chefs., 15.4.45, in BA-MA RM 7/850, 124.

78 1944년 11월 8일 빈터는 바를리몬트로부터 그 자리를 인계받았는데, 이후 바를리몬트에게 7월 20일 폭발의 지연효과가 나타나기 시작했다.

79 Der Führer Nr. 88 875/45 g.Kdos.Chefs., 24.4.45, in BA-MA RW 44 I/33, 168.

80 히틀러는 새로운 지휘체계를 4월 26일에 승인했다. 다음을 참조하라. OKW/WFSt/Op/Qu Nr. 003857/45 g.Kdos, 26.4.45, in BA-MA RW 4 I/33, 155.

81 WFSt/Org. Nr.88777/45 g.K.Chefs, F.H.Qu., den 7.April 1945, in BA-MA RW 4/490 참조.

82 Walter Görlitz, ed., *Generalfeldmarschall Keitel: Verbrecher oder Offtzier? Erinnerungen, Briefe, Dokumente des Chefs OKW* (Göttingen: Musterschmidt-Verlag, 1961), 354-56.

83 비록 그것이 본 연구에는 별로 가치가 없지만, 히틀러 최후의 날에 대한 이야기는 대단히 매력적인 읽을거리를 제공한다. 다음을 참조하라. H. R. Trevor-Roper, *The Last Days of Hitler* (New York: Macmillan, 1947); Ada Petrova and Peter Watson, *The Death of Hitler: The Full Story with New Evidence from Secret Russian Archives* (New York: W. W. Norton, 1995); and Bullock, *Hitler and Stalin*, 881-87.

84 Gerhard Weinberg, *A World at Arms: A Global History of World War II* (New York: Cambridge University Press, 1994), 826.

85 다음을 참조하라. OKW/WFSt/Org Abt (H) Nr. 5808/45 g.K, 1.5.45, in BA-MA RW 44 I/58. 이 문헌은 육군 총참모본부와 국방군 지휘참보부의 부서들을 통합해 '(육군)지휘부' 를 편성하는 과정을 자세히 다루고 있다.

86 OKW Chefgruppe/Org Abt (H) Nr. 5813/45, 10.5.45: *Befehl zur Neugliederung des Oberkommandos der Wehrmacht*, in BA-MA RW 44 I/59 참조.

찾아보기

ㄴ

ㄹ

ㅁ

ㅂ

ㅇ

ㅈ

ㅊ

ㅋ

ㅌ

ㅍ

ㅎ

한국국방안보포럼(KODEF)은 21세기 국방정론을 발전시키고 국가안보에 대한 미래 전략적 대안을 제시하기 위해 뜻있는 군·정치·언론·법조·경제·문화 마니아 집단이 만든 사단법인입니다. 온·오프라인을 통해 국방정책을 논의하고, 국방정책에 관한 조사·연구·자문·지원 활동을 하고 있으며, 국방 관련 단체 및 기관과 공조하여 국방 교육 자료를 개발하고 안보의식을 고양하는 사업을 하고 있습니다. http://www.kodef.net

| KODEF 안보총서 21 |

히틀러 최고사령부 1933~1945년

사상 최강의 군대 히틀러군의 신화와 진실

개정2판 1쇄 인쇄 | 2022년 12월 2일
개정2판 1쇄 발행 | 2022년 12월 9일

지은이 | 제프리 메가기
옮긴이 | 김홍래
펴낸이 | 김세영

펴낸곳 | 도서출판 플래닛미디어
주소 | 04029 서울시 마포구 잔다리로 71 아내뜨빌딩 502호
전화 | 02-3143-3366
팩스 | 02-3143-3360
블로그 | http://blog.naver.com/planetmedia7
이메일 | webmaster@planetmedia.co.kr
출판등록 | 2005년 9월 12일 제313-2005-000197호

ISBN | 979-11-87822-71-4 03390